普通高等教育“十一五”国家级规划教材

高等数学

GAODENG SHUXUE

第五版 上册

金 路 童裕孙 於崇华 张万国 编

高等教育出版社·北京

内容提要

　　本书是在第四版的基础上修改而成的。作者根据大量的教学信息反馈和更加深刻的教学体会,对原书作了适当的修改,并增删了部分内容,其目的是使本书更适用于大学数学基础课的实际教学过程,符合实际需要,并且使教学内容更易于学生理解和接受;同时,还通过二维码附加了部分拓展性的数字资源,以满足学生个性化的学习需求。本书的主要特色是以现代数学的观点审视经典的内容,科学组织并简洁处理相对成熟的素材,对分析、代数、几何等方面作了统一的综合处理,揭示数学的本质、联系和发展规律;注重数学概念的实际背景和几何直观的引入,强调数学建模的思想和方法;在适度运用严格数学语言的同时,注意论述方式的自然朴素,以便读者理解;配有丰富的图示、多样的例题和习题,便于学生理解和训练。

　　全书分上、下两册。上册包括一元微积分、线性代数、空间解析几何;下册包括多元微积分、级数、常微分方程、概率论与数理统计。

　　本书可作为高等学校理工科非数学类专业的教材,也可供经济、管理等有关专业使用,其中微积分部分(包括标"＊"号内容)也可作为工科、经管类数学分析课程的教材使用,并可作为上述各专业的教学参考书。

图书在版编目(ＣＩＰ)数据

　　高等数学.上册/金路等编.--5版.--北京:高等教育出版社,2020.6(2023.4重印)

　　ISBN 978-7-04-053600-3

　　Ⅰ.①高…　Ⅱ.①金…　Ⅲ.①高等数学-高等学校-教材　Ⅳ.①O13

　　中国版本图书馆 CIP 数据核字(2020)第 023788 号

高等数学

Gaodeng Shuxue

策划编辑　张彦云	责任编辑　安 琪	封面设计　王 洋	版式设计　马 云
插图绘制　于 博	责任校对　刘娟娟	责任印制　刘思涵	

出版发行	高等教育出版社	网　　址	http://www.hep.edu.cn
社　址	北京市西城区德外大街 4 号		http://www.hep.com.cn
邮政编码	100120	网上订购	http://www.hepmall.com.cn
印　刷	佳兴达印刷(天津)有限公司		http://www.hepmall.com
开　本	787mm×1092mm　1/16		http://www.hepmall.cn
印　张	27.75	版　　次	2001 年 9 月第 1 版
字　数	660 千字		2020 年 6 月第 5 版
购书热线	010-58581118	印　　次	2023 年 4 月第 3 次印刷
咨询电话	400-810-0598	定　　价	55.00 元

本书如有缺页、倒页、脱页等质量问题,请到所购图书销售部门联系调换

版权所有　侵权必究

物 料 号　53600-00

第五版前言

本次修订是在第四版的基础上完成的，它保持了原来的编写宗旨、特色、结构框架和内容，并充分考虑了教师和学生的建议和要求，主要修订之处在于：

一、进一步加强了基础理论部分的内容，补充了一些重要定理的证明，增强了教材的系统性和严谨性，并且增加了数学理论知识的介绍，增加的内容大多以 * 号标出，作为选讲内容，也为希望深入学习的学生提供更充实的数学知识。同时，适度增加了一些例题和习题。

二、增加了一些数学模型的内容和一些数学现象的介绍，一方面为了提高学生的学习兴趣，另一方面也使学生对教材中一些结论成立的条件有更加深刻的认识，进而进行更深入的思考。

三、在对全书作全面梳理的同时，对部分内容作了进一步加工，希望既能使整体讲授的逻辑衔接更为紧密，也便于各部分内容分开独立讲授。其中讲授微积分部分内容，只需第一章至第三章，第四章的前三节，以及第六章至第十章的内容便可，这一部分的内容（包括打 * 号的部分）也可作为数学分析课程的教材使用；讲授线性代数部分，只需第四章至第五章的内容便可，它们可自成一体；讲授概率论与数理统计部分，只需第十一章至第十二章的内容便可，所需的基础是简单的微积分知识。

四、在教材中尝试添加数字资源（可扫描二维码获取），对一些教学内容进行扩展和深化，满足学生个性化的学习要求。

本次修订工作由金路完成。本书自出版以来一直得到同行和读者的关心和支持，在此致以深切的谢意。我们深知一本成熟的教材需久经锤炼，因而诚挚地恳请各位同行继续提出批评和建议。

编者

2018 年 11 月

第四版前言

本书第三版出版之后，编者在收到大量教学信息反馈的同时，还注意到了社会发展的多样化及其产生的新需求，科技创新与数学科学的关联越来越密切，以及国内外教材发展的新信息，这一切促使我们不断对教材进行修改、充实和完善。在保持原教材的教学理念和编写宗旨的基础上，我们充分重视同行的意见，并汲取国内外先进的教学经验、教学思想和教学内容，注意将其融入教材的改进之中。第四版主要修订之处在于：

一、对全书各章节从整体上作了全面梳理，调整了一些叙述次序，以使条理更清晰。对许多内容的叙述进行了细致的补充和修改，增加了例题和习题，力争使叙述更加简单易懂。此外，借助于数学软件全面丰富了图示和一些数学现象，使之更确切、生动和直观，便于学生理解与探索。

二、在注重分析、代数、几何之间的有机结合与相互渗透的同时，对各部分的衔接作了进一步加工，使它们既利于学生融会贯通，也便于教师将各部分内容分开独立讲授或部分讲授，适于各专业教学的取舍。其中讲授微积分部分，只需第一章至第三章，第四章的前三节，以及第六章至第十章的内容便可；讲授线性代数部分，只需第四章至第五章的内容便可，它们可自成一体；讲授概率论与数理统计部分，只需第十一章至第十二章的内容便可，所需的基础是简单的微积分知识。

三、充分借鉴了一些国外教材重视计算技术与应用数学的思想，对原书中许多部分进行了进一步的加工，增加了数值分析方法和数学模型的介绍，使之更贴近于实际应用和科学研究的需要。

四、补充了一些内容，如空间曲线和曲面的几何特征、常微分方程组、内积空间、线性回归分析等，并增加了一些与后继课程相衔接的例题或内容，补充了一些具有理论应用和科学计算意义的习题。目的是使这本教材更适用于大学中各基础课和专业课的实际需要。

五、应广大读者的要求，增加了关于习题的答案与提示内容，对计算题给出了答案，并对证明题给出了提示。

本次修订工作由金路和童裕孙完成。修订工作得到了复旦大学教务处、复旦大学数学科学学院和学院同事的支持和帮助，编者在此谨致衷心的谢意，同时也诚挚地恳请各位同行继续提出批评和建议。

编者

2015 年 9 月

第三版前言

本书第二版自出版以来被多所学校选用，许多具有丰富教学经验的教师提供了积极、中肯的意见和建议，使用本教材的学生们也经常谈及他们的体会。第三版已列入普通高等教育“十一五”国家级规划教材，为保证修订工作的质量，我们在较大范围内听取了教师们的意见，并认真总结了多年来的教学经验，对教材作了全面的审阅、思考和修改。

在这次修订过程中，我们在原教材编写宗旨和结构框架基础上作了以下进一步的考虑：

一、由于数学的思想、方法和技术在自然科学、工程技术、社会科学以及日常生活中发挥着越来越重要的作用，对数学的教学提出了更高的要求，因此大学数学的教学要能够在不增加或少增加教学学时的前提下，使学生学到更丰富、更实用的现代数学知识，具有更强的运用数学方法、工具和技术的能力，以适应时代发展的需要。因此，我们对教材内容的取材深度与广度作了反复斟酌，对全书各章节从整体上作了全面梳理，并作了适当的增删。

二、进一步对教材内容的安排作综合考虑和整体优化，致力于以现代数学的观点处理经典的素材，加强了分析、代数、几何之间的有机结合与相互渗透。因此，我们对教材的相关内容，特别是对线性代数部分作了加工和修改，希望使之更加符合现代数学的发展趋势，更贴近于现代科技的要求。

三、注重教材内容的叙述更加符合认知规律，强调数学概念的实际背景和几何直观，致力于把形式逻辑推导所掩盖的背景来源、概念间的内在联系、解决问题的思想方法等生动而又直接地揭示出来，引导学生逐步理解数学的本质和发展规律。同时，更加强调数学建模的思想和方法，注重培养学生的应用能力和创新意识。因此，我们对全书许多部分的叙述和题材作了调整、修改和补充，并重新编写了概率论与数理统计部分。

四、注重数学教学的严密性、系统性和揭示科学的思想性，注意恰当运用严格的数学语言与推理，使学生适度接触精彩的数学抽象，积累逻辑思维的经验，锻炼理性思维和科学辨析能力。因此，我们对全书从整体叙述上作了进一步的加工，使之更确切、科学和规范。

五、根据教学需要增删了一些例题，调整了部分习题，以利于提高教学与训练的效果。

本次修订工作由金路和童裕孙完成。修订工作得到了复旦大学教务处、复旦大学数学科学学院和学院同事的支持，编者在此谨致衷心的谢意。我们深知作为基础课教材“没有最好，只有更好”，因而诚挚地恳请使用这本教材的老师和同学们继续提出批评和意见。

编者

2008 年 4 月

第二版前言

本书第一版问世以来，我校理科和技术学科各专业、经济类各专业乃至医学类各专业的高等数学课程均采用了这本教材。在使用过程中，不少教师和学生提出了十分中肯的意见和很好的建议，为我们这次修订提供了充足的依据。

修订后的第二版并不改变原教材的编写宗旨、结构框架和主要内容，因为原书的特色正是通过它们体现出来的。主要修订之处在于：改写了原书中叙述不太确切或由于条理、文字等因素致使效果不佳的段落；对教材中过于简略的部分作了调整和充实；增加了一些必要的或较精彩的例题；删去了若干多次同类重复或有问题的题目，并补充了一些综合性的习题。这些修改散见于全书各篇，其中变动最大的是线性代数各章节。在这一部分中，我们在多处更改了例题，重作了证明，调整了叙述次序，以使条理更清晰，全书风格也更为一致。此外，我们还补充了关于曲率、反常积分等基本内容。对每一部分的修改，我们都反复推敲，再三权衡，目的是使这本教材更适用于大学数学基础课的实际教学过程。

如果说本书第一版因编写时间匆促，略嫌粗糙的话，这一版因有大量教学信息的反馈，使我们能较好地把握修订质量。我们深知一本成熟的教材须久经锤炼，因而仍然热切地期望广大师生一如既往，不吝指正。以期通过共同努力，把这本教材的质量提升到一个新的台阶。

编者

2003 年 8 月

第一版前言

大学数学课程的建设历来受到高等院校教育工作者的广泛关注,适应不同需要的教科书品种繁多。在长期的教学工作中,我们曾接触过一些很有特色的教材,受益匪浅。然而,课堂教学的实践、与各专业老师的共同探讨以及来自学生的信息反馈,仍使我们多年前就萌发了编写一本通用于我校理科和技术学科各专业高等数学教材的意向。

计划早已列出,大纲亦几经斟酌,年复一年却迟迟未能下笔。这固然缘于诸多客观因素,但其实因为我们深知这门课程的分量,所以希望再看一看、想一想,冷静地把编写思路整理得更清晰些。在此期间,教育部组织并启动了高等教育改革研究的计划,理科非数学类高等数学课程的建设被列为其中一项。作为项目参加成员,我们有机会与兄弟院校的同行一起作深入的研讨,从教育观念上达到了一个明确而重要的共识:大学数学教育的目标不仅在于为学生提供学习专业知识的工具,更重要的在于引导学生掌握一种现代科学的语言,学到一种理性思维的模式,接受包括归纳、分析、演绎等各项数学素质的训练。根据这一理解,就有可能较为自觉而准确地把握好知识传授与能力培养的关系、基本技能训练和应用意识熏陶的关系、逻辑体系的继承性与教学内容现代化的关系。

基于对高等数学课程的认识与体验,我们在教材编写过程中特别注意了以下几个方面:

首先,大学数学基础课的教材,无疑应包含分析、代数、几何和随机数学这几部分的内容。作为一部完整的教材,须对全书的内容作统一的综合处理,使其不致沦为零星素材的简单堆砌。在本书中,第二篇线性代数与空间解析几何既是一个相对独立的篇章,又在第一篇一元函数微积分与第三篇多元函数微积分之间架起了一座桥梁。线性代数的语言与方法渗透于多元微积分的展开之中,将有利于学生对这两方面知识的理解与深化。

其次,由于本教材以非数学类学生为对象,取材的深度与广度自有一定限制。我们一方面尽量以学生易于接受的自然形式,展开各章节的数学材料,以帮助学生理解概念提炼的必然性、条件引入的合理性和证明过程的科学性;另一方面也注意恰当地运用严格的数学语言与推理,切实保证教材必要的系统性和严谨性,使学生有机会适度接触精彩的数学抽象、积累理性思维的经验,这是提高学生数学素质的重要环节。

再次,我们致力于以现代数学的观点统率经典的内容。在避免人为地提高课程平台的前提下,精心组织并简洁处理相对成熟的材料,在一定程度上缩小教材的篇幅,以适应多数专业的学时分配。

同时,我们在较为广泛的范围内选取了一些应用性的例题和习题,并试图从中体现数学建模的思想与方法,以培养学生的应用意识,提高学生融会贯通地分析问题、解决问题的能力。教学实践证明这是增强高等数学课程活力的有效途径。

此外，我们在注意力求使教材的基本内容准确到位的同时，还先易后难地配置了相当数量的习题。例题和习题的选取兼顾了各类学生的需要，教师可根据学生的不同程度选择使用。

一般说来，大学教材并非教师照本宣科的脚本。同一本教材可以适用于不同的对象，教出不同的风格。我们把本书的目标定位在一本适用于理工类大部分专业的数学基础课程的教材，其内容经选择也应适用于对数学要求较高的其他各类（如经管、师范）有关专业的高等数学课程。作为本书前身的同名讲义，曾经在我校物理、电子工程、材料、电光源等系的各个大班和理、化、生各理科基地班使用。从 2001 年秋起，我校物理类、化学类各系和生命学院各系将同时使用这本教材。根据我们的经验，学生在两个学期内能学完前四篇的全部内容，第五篇可作为第三学期数学课程的内容。对于仅开设两学期数学课程的院系，为讲完全书主要内容，可以略去第二篇的“线性空间和线性变换”一章中除特征值问题外的其他各节、第三篇的“多元函数积分学”一章中关于曲线积分、曲面积分和场论等内容以及第五篇的“数理统计”一章中的部分内容。

复旦大学数学系每年都有近二十名教师承担高等数学的教学任务，多年来，我们在与大家的教学交流中获得了大量的启示；朱胜林教授、曹源副教授与翁史伟老师和我们一起试用过这本讲义，提出了许多宝贵的意见；在本书编写过程中，我们还自始至终获得了复旦大学前副校长严绍宗教授、副校长孙莱祥教授的关心与鼓励；教务处方家驹教授多年来一直支持着我们的工作；高等教育出版社的胡乃冏同志和徐刚同志以及上海分部的陈建新主任为本书的顺利出版提供了热情的帮助，值此本书面世之际，我们谨向以上诸位致以诚挚的谢意。

限于水平，我们的一些主观设想写成文字后也许走了样，全书的缺陷也在所难免。殷切地期望广大读者不吝指正，希望通过共同努力，经日后修订，使这本教材日趋成熟。

编者

2001 年 3 月于复旦

目录

第一篇　一元函数微积分

第二篇　线性代数与空间解析几何

第一篇　一元函数微积分

微积分作为一门科学，产生于17世纪后半期，基本完成于19世纪，而它的一些基本思想则萌芽于人类文明社会早期．

原始的极限思想在世界上的不同地区、不同时代多次出现．对任意的封闭曲线所围成的平面图形面积的计算是微积分概念的主要来源之一．这类问题在Euclid(欧几里得)的《几何原本》就有所反映．公元前3世纪，古希腊数学家Archimedes(阿基米德)提出用逼近的方法计算圆周率，正是对此类方法的重要贡献．我国古代成书于春秋末年的《庄子》中记载了一个命题："一尺之棰，日取其半，万世不竭"，就涉及无限的概念．我国魏晋时代的数学家刘徽提出了割圆术，即利用圆内接正多边形面积来推算圆面积的方法．二百多年后，祖冲之的儿子沿着刘徽的思路完成了球体积的推导，并概括出"祖暅原理"："缘幂势既同，则积不容异"，即横截面积相同的空间区域体积也相同．这些工作实际上都朦胧地体现出微积分的思想．

由于受到社会生产力和科学本身发展的制约，在相当长的一个历史阶段中，这些萌芽了的工作未被后人所直接继续．直至16世纪中叶，伴随着大工业的发展，数学符号化的成熟和解析几何的问世，大量数学问题迅速涌现，这就为数学家创造性的工作开拓了方向．当时有代表性的问题大致是以下几类：对各类运动讨论的过程中，已知位移求速度和加速度，或者反之，已知加速度求速度和位移；由天文观察中透镜形状设计的需要，求曲线的切线；诸如与行星离太阳的最远点、最近点等有关的问题，求函数的最大值与最小值；求曲线的长度，曲面的面积和空间区域的体积．百余年间，上述各类问题被多位著名的和一批不那么知名的欧洲科学家具体研究过，包括Galileo(伽利略)、Descartes(笛卡儿)、Kepler(开普勒)和Fermat(费马)，其中也出现过不少极其成功的、富有启发性的方法．

任何一种理论终究并非由各种特例堆积而成．科学中每一项重大的进展，一方面无一例外地建立在长期以来许多人所作出的一点一滴的贡献之上，另一方面需要有人跨出关键的一步．这样的人必须具备敏锐的目光、丰富的想象和过人的胆略．对微积分而言，这样的科学先驱便是英国数学家Newton(牛顿)和德国数学家Leibniz(莱布尼茨)，他们不仅提炼了前人的方法，而且揭示了微分和积分的相互关系，最终建立了微积分基本定理．至此，微积分终于成为一个新的、富有生命力的数学分支．

微积分诞生以后，迅速在实际应用中取得惊人的成功．但是，至18世纪中叶，有关的数学概念与方法仍然缺乏精确的表述形式．把微积分建立在严格的极限理论基础上的工作，是由法国数学家Cauchy(柯西)、德国数学家Weierstrass(魏尔斯特拉斯)完成的．以极限理论为基础的微积分体系的完成是19世纪数学最重要的成就之一，极限方法的成熟也是这门学科严格化的标志．时至今日，微积分已经成为一个在理论科学和实践应用中不可缺少的重要工具．

本篇介绍一元函数微积分的基本知识．第一章讨论极限与连续．极限运算和极限方法是研究变化过程的有效手段，数列极限和函数极限则是两类最基本的极限．函数的连续性是利用极限概念描述的一类重要性质，微积分研究的主体正是连续函数．微分是讨论变量在小范围中变化性态的重要工具，伴随着微分概念的导数概念，则刻画了变量变化的快慢．导数的几何背景是切线斜率，其物理原型是瞬时速度．第二章对导数和微分作出系统的讨论，进而介绍它们在某些理论和实际问题中的应用．第三章介绍一元函数的积分．不定积分是微分运算的逆运算，变速直线运动的路程、曲线的弧长以及曲边形的面积等问题均可归结为定积分的计算．这一章介绍的微积分基本定理——Newton-Leibniz 公式不仅使积分运算方便易行，而且建立了微分和积分的本质联系，使微分学和积分学融合成一个不可分割的有机整体．

第一章 极限与连续

微积分的主要课题在于研究变量的变化性态．为了利用变量的变化趋势、变化速度以及变化的累积效应等要素刻画变化过程的特征，人们提出并发展了极限的理论和方法．实际上，导数是一类特殊的极限，定积分又是另一类型的极限，极限的理论与方法构成了整个微积分的基础．本章就来介绍极限的基本概念、基本性质和基本运算，并且利用极限描述函数的连续性．连续函数是最常见的一类函数，它具有一系列很好的性质和基本运算，本篇展开的微积分理论将以连续函数为主要对象．

§1 函数

我们生活在永恒运动着的客观世界中，变化无处不在．诸如行星围绕太阳转动时，相对位置的改变；城市人口数逐年的增减；转炉中钢水温度的升降；流水线上完成产品的多少；国际贸易中逆差的变化，等等，它们都可以用数学上的变量来描述．人们注意到在同一个自然现象、生产实践或科学实验过程中，往往同时有几个量相互联系、相互影响地变化着，遵循着一定的客观规律．如果能用数学方式精确地描述出这些变化的因果关系，就有可能准确地预测事物未来的进程，提出有效的工作方案，把握事物的发展趋势．本节讨论的函数就是变量变化关系最基本的数学描述，这个概念在数学思想中处于真正核心的位置．

函数的概念

用有限小数或无限循环小数表示的数称为**有理数**．我们知道，有理数也可以表示为分数$\frac{p}{q}$（q 为正整数，p 为整数）形式．而无限不循环小数表示的数称为**无理数**．有理数和无理数统称为**实数**，实数全体称为**实数集**．实数理论指出，在实数集中可以定义大小关系，即顺序关系；加、减、乘、除运算关系，并相应满足运算的交换律、结合律和分配律；任何两个不同实数之间必有有理数，也有无理数．**数轴**是一条取定了原点，规定了正方向和单位长度的直线．实数与数轴上的点之间具有一一对应关系，即每个实数对应数轴上唯一的一个点，而数轴上的每个点也对应唯一的一个实数．这样，实数充满了整个数轴且没有“空隙”，这一性质也称为**实数的连续性**．

我们用 $\mathbf{Z}$ 表示整数集，$\mathbf{Q}$ 表示有理数集，$\mathbf{R}$ 表示实数集，$\mathbf{C}$ 表示复数集.

定义 1.1.1　设 D 是实数全体 $\mathbf{R}$ 的一个子集，如果按某规则 f，对于 D 中每个数 x，均有唯一确定的实数 y 与之对应，则称 f 是以 D 为**定义域的(一元)函数**，称 x 为**自变量**，y 为**因变量**. 这个函数关系记作

$$f: D\to\mathbf{R},$$
$$x\mapsto y,$$

并记 $y=f(x)$. 这个函数也常简记作 $f: D\to\mathbf{R}$. 称

$$R=\{f(x)\mid x\in D\}$$

为函数 f 的**值域**.

如上定义的函数也常记作

$$y=f(x),\quad x\in D.$$

有时为明确起见，记上述函数 f 的定义域为 $D(f)$，值域为 $R(f)$.

例如，按对应规则 $x\mapsto x^2\,(x\in(-\infty,+\infty))$ 便确定了一个函数，即 $y=x^2$，其定义域为 $(-\infty,+\infty)$，值域为 $[0,+\infty)$.

在函数定义中出现两个变量：取值于定义域 D 的自变量 x 和取值于值域 R 的因变量 y. 反映这两个变量联系的数学概念就是函数关系 f. 由定义可见，确定函数有两个要素：定义域和对应规则，如果两个函数 f_1 和 f_2 满足

$$D(f_1)=D(f_2)$$

且

$$f_1(x)=f_2(x),\quad x\in D(f_1),$$

则有 $f_1=f_2$.

例 1.1.1　若三个函数 f,g,h 分别定义为

$$f(x)=x^2,\quad D(f)=[0,1];$$
$$g(t)=t^2,\quad D(g)=[0,1];$$
$$h(s)=s^2,\quad D(h)=[-1,1].$$

则显然有

$$f=g,\quad g\neq h.$$

函数的定义域多种多样，不一而足. 在实际问题中建立的函数关系，其定义域往往要根据实际背景来确定.

例 1.1.2　设有半径为 r 的圆，记其内接正 n 边形的周长为 $l(n)$，则

$$l(n)=2nr\sin\frac{\pi}{n}.$$

上式给出了边数与周长的函数关系 l，显然

$$D(l)=\{n\mid n\in\mathbf{N}_+,n\geqslant 3\},$$

其中 $\mathbf{N}_+$ 表示正整数集合.

在实际应用中，虽然从观察中可以发现两个变量之间具有函数关系，但具体表达并非易事，有时可以引入新的变量(参数)来间接描述这个关系.

例 1.1.3　从地面向上抛射一物体，用 x,y 分别表示该物体的在水平和垂直方向的位移量，则在不计空气阻力的情况下，物体运动的轨迹方程为

$$\begin{cases} x=v_1t, \\ y=v_2t-\dfrac{1}{2}gt^2, \end{cases} \quad t\in\left[0,\frac{2v_2}{g}\right],$$

其中 v_1,v_2 分别是物体初速度的水平和垂直方向的分量值,g 是重力加速度,t 是抛射体飞行时间,而$\dfrac{2v_2}{g}$为从初始抛射到落地的物体的总飞行时间.

在上式中,x 和 y 都是 t 的函数,把对应于同一个 t 的 x 与 y 看作是对应的,就确定了 x 与 y 之间的函数关系.这种以$\begin{cases} x=\varphi(t), \\ y=\psi(t), \end{cases}$ $t\in I$(I 是区间)表示函数的形式称为**函数的参数表示**.在此例中,从函数的参数表示式中消去参数 t,便得到函数的显式表示

$$y=\frac{v_2}{v_1}x-\frac{g}{2v_1^2}x^2, \quad x\in\left[0,\frac{2v_1v_2}{g}\right].$$

函数的图像

借助于图形的直观形象,有利于掌握函数的变化规律.例如,汽车的计速器把车轮转动的角速度转换为表盘上指针的相应位置,即指示汽车的速度.画出车速关于时间的图形,得到车辆起步后的速度图(见图 1.1.1).

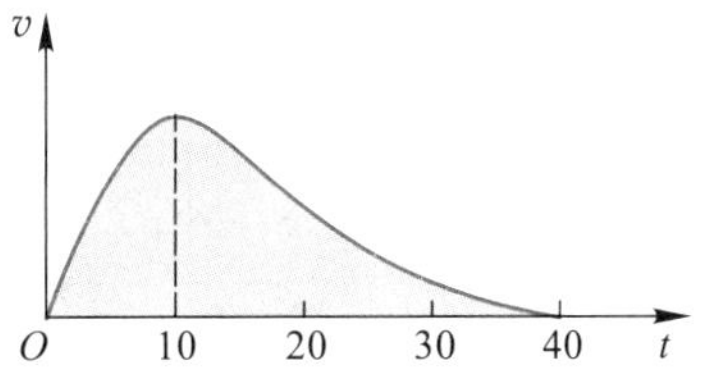

图 1.1.1

从图 1.1.1 中我们可以清晰地看到车辆加速和减速的全过程:车辆起步后迅速加速,至 10 min 后又缓缓减速,直至 40 min 时停下.

如何得到这 40 min 间汽车经过的路程,并把它显示在里程表上?一般是通过机械装置的运转实现的,这个装置运转的结果实际上是算出了图中阴影部分的面积,读者学了积分学就会知道这部分面积恰是汽车经过的路程.

由此可见,反映变量间依赖关系的几何图形对研究变量的关系起着十分重要的作用,这种图形就是函数的图像,它直观、有整体感,可以体现函数的重要特点,是研究函数的重要工具之一.

定义 1.1.2　设函数 f 的定义域为 D,在平面直角坐标系中,记

$$G(f)=\{(x,f(x))\mid x\in D\},$$

称 $G(f)$ 为函数 f 的**图像**.

例 1.1.4　**符号函数** sgn. 它定义于$(-\infty,+\infty)$,且

$$\operatorname{sgn} x=\begin{cases} -1, & x\in(-\infty,0), \\ 0, & x=0, \\ 1, & x\in(0,+\infty). \end{cases}$$

这是一个分段函数,其图像见图 1.1.2.

例 1.1.5　**取整函数** $y=[x]$,其中$[x]$是不超过 x 的最大整数.它定义于$(-\infty,+\infty)$,且

$$[x]=k, \quad x\in[k,k+1),$$
$$k=0,\pm1,\pm2,\cdots.$$

这个函数的图像见图 1.1.3.

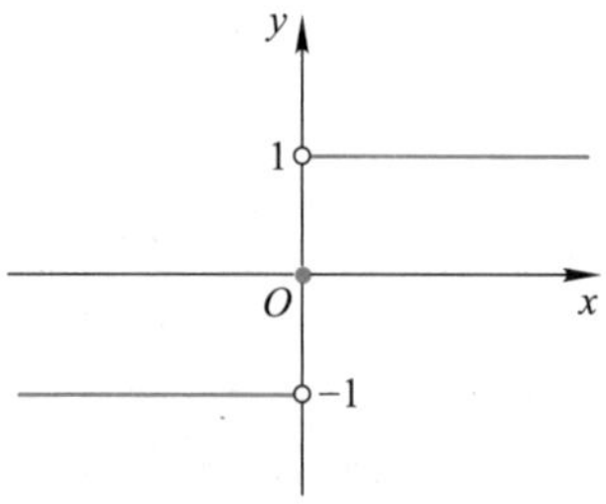

图 1.1.2

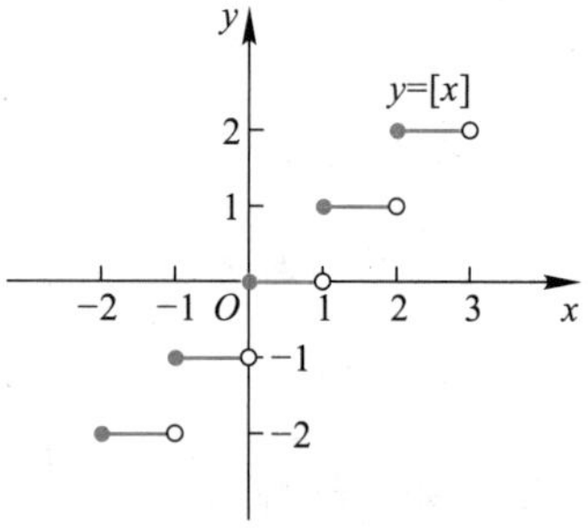

图 1.1.3

对于一般的函数,它们的图像常常并不易画出来,我们在第二章中将会介绍函数图像的描绘方法. 现在随着计算机技术和数学技术的飞速发展,人们已可以借助数学软件等轻易画出函数的图像. 例如,图 1.1.4 和图 1.1.5 分别是用数学软件画出的函数 $f(x)=x^3-x-1$ 和函数 $\begin{cases} x=\dfrac{1}{100}t^2+t, \\ y=\sin\sqrt{t} \end{cases}$ $(t\geqslant 0)$ 的图像.

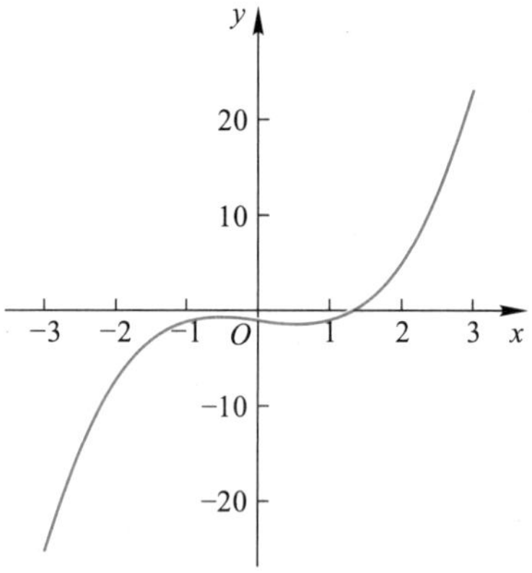

图 1.1.4

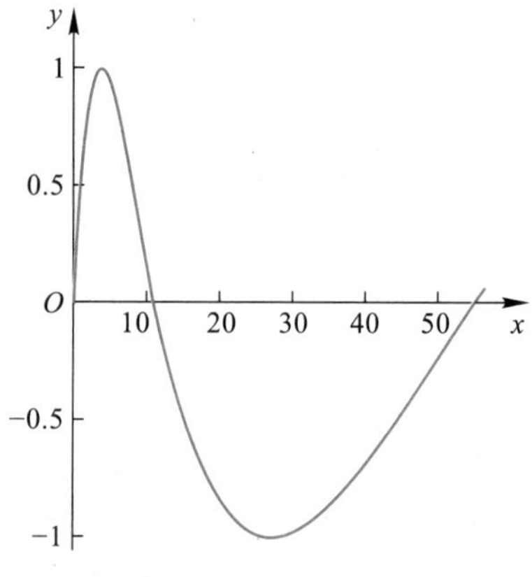

图 1.1.5

并不是所有函数的图像都可以绘制出来. 例如,Dirichlet(狄利克雷)函数

$$D(x)=\begin{cases} 1, & x \text{ 是有理数}, \\ 0, & x \text{ 是无理数} \end{cases}$$

的图像就是无法绘制的.

函数的性质

各类函数的变化规律,表现于它们各自具有一些特殊的性质. 人们考察具体函数时,往往先从分析它们是否具有下列特性着手.

(一) 奇偶性

设函数 f 的定义域关于原点对称,即对于每个 $x\in D(f)$,都有 $-x\in D(f)$. 如果

$$f(-x)=f(x),\quad x\in D(f),$$

则称 f 为**偶函数**. 如果

$$f(-x)=-f(x),\quad x\in D(f),$$

则称 f 为**奇函数**.

偶函数的图像关于 y 轴对称,奇函数的图像关于坐标原点对称.

例如,定义于 $(-\infty,+\infty)$ 的函数 $f(x)=\sin x$ 是奇函数,$g(x)=\cos x$ 是偶函数,而 $h(x)=\sin x+\cos x$ 既非奇函数又非偶函数.

(二) 周期性

对于函数 f,如果存在正数 T,使得

$$f(x\pm T)=f(x),\quad x\in D(f),$$

则称 f 是以 T 为**周期**的**周期函数**,满足上述关系的最小正数 T 称为 f 的**最小正周期**. 注意在这个定义中,对 $D(f)$ 实际包含了要求:若 $x\in D(f)$,则 $x\pm T\in D(f)$.

例如,$f(x)=\sin x$,$g(x)=\cos x$ 都是以 2π 为最小正周期的周期函数,$h(x)=\tan x$ 是以 π 为最小正周期的周期函数.

注意并不是每个周期函数均有最小正周期. 例如前面提到的 Dirichlet 函数,每个正有理数都是它的周期,但是没有最小的正有理数.

(三) 单调性

对于函数 f,且 $D\subset D(f)$. 如果对于任意 $x_1,x_2\in D$,当 $x_1<x_2$ 时,恒有

$$f(x_1)\leqslant f(x_2)\quad (f(x_1)\geqslant f(x_2)),$$

则称 f 在 D 上是**单调增加(单调减少)**的,也称 f 是 D 上的**单调增加(单调减少)函数**,这两类函数统称为**单调函数**;如果上述关系式中等号均不成立,则称 f 在 D 上是**严格单调增加(严格单调减少)**的,也称 f 是 D 上的**严格单调增加(严格单调减少)函数**,这两类函数统称为**严格单调函数**.

例如,在 $(-\infty,+\infty)$ 上 $f(x)=[x]$ 是单调增加函数,但不是严格单调增加函数;函数 $g(x)=x^2$ 在 $[0,+\infty)$ 上是严格单调增加的,在 $(-\infty,0]$ 上是严格单调减少的,但它在 $(-\infty,+\infty)$ 上却不是单调函数.

(四) 有界性

设有函数 f,且 $D\subset D(f)$. 如果存在常数 M,使得

$$f(x)\leqslant M,\quad x\in D,$$

则称函数 f 在 D 上**有上界**,称 M 为 f 的一个**上界**;如果存在常数 m,使得

$$f(x)\geqslant m,\quad x\in D,$$

则称函数 f 在 D 上**有下界**,称 m 为 f 的一个**下界**;若 f 在 D 上既有上界又有下界,则称 f 在 D 上**有界**,也称 f 是 D 上的**有界函数**. 显然,f 是 D 上的有界函数等价于存在正常数 K,使得

$$|f(x)|\leqslant K,\quad x\in D.$$

如果这样的数 K 不存在,则称 f 在 D 上**无界**,也称 f 是 D 上的**无界函数**.

例如,函数 $f(x)=\sin x$ 在 $(-\infty,+\infty)$ 上是有界的,这是因为

$$|f(x)|\leqslant 1,\quad x\in(-\infty,+\infty).$$

又如函数 $f(x)=\lg x$ 在 $(0,10)$ 上有上界 1 而无下界,在 $(0.1,+\infty)$ 上有下界 -1 而无上界. 同

时也说明这个函数在(0,10)和(0.1,+∞)上均无界,但它在区间(0.1,10)上有界.实际上

$$|\lg x|\leqslant 1,\quad x\in(0.1,10).$$

复合函数

如果某个过程中同时出现几个变量,其中第一个量依赖于第二个量,第二个量又取决于第三个量,于是,第一个量实际上由第三个量所确定.这类多个变量的连锁关系就产生了复合函数的概念.把一个复杂的函数分解为几个简单函数的复合,以及引入新变量,通过函数复合而简化运算的方法,都是微积分中经常使用的有效手段.

定义 1.1.3　设有函数 f 和 g,称定义在

$$\{x\mid x\in D(g),g(x)\in D(f)\}$$

上的函数 $f\circ g$ 为 f 和 g 的**复合函数**,其中

$$(f\circ g)(x)=f[g(x)].$$

对于复合函数 $f\circ g$,称 $u=g(x)$ 为**中间变量**,其中 $x\in D(f\circ g)$ 为自变量.

例 1.1.6　设函数 f 和 g 分别为

$$f(u)=\sqrt{u},\quad D(f)=[0,+\infty),$$
$$g(x)=a^2-x^2,\quad D(g)=(-\infty,+\infty),$$

其中 $a>0$. 于是

$$(f\circ g)(x)=\sqrt{a^2-x^2}.$$

而 $f\circ g$ 的定义域为

$$D(f\circ g)=\{x\mid x\in(-\infty,+\infty)\text{且 }a^2-x^2\in[0,+\infty)\}=\{x\mid -a\leqslant x\leqslant a\}.$$

同样的,可以讨论多个函数的复合函数.

例 1.1.7　设

$$f(u)=\log_3 u,\quad D(f)=(0,+\infty);$$
$$g(v)=\sqrt{4+v},\quad D(g)=[-4,+\infty);$$
$$h(x)=x^6,\quad D(h)=(-\infty,+\infty),$$

则有

$$(f\circ g\circ h)(x)=\log_3\sqrt{4+x^6},$$
$$D(f\circ g\circ h)=(-\infty,+\infty).$$

例 1.1.8　试把

$$F(x)=2^{\arccos\sqrt{1-x^2}},\quad D(F)=[-1,1]$$

分解为几个简单函数的复合.

解　取

$$f(u)=2^u,\quad D(f)=(-\infty,+\infty);$$
$$g(v)=\arccos v,\quad D(g)=[-1,1];$$
$$h(w)=\sqrt{w},\quad D(h)=[0,+\infty);$$
$$j(y)=1-y,\quad D(j)=(-\infty,+\infty);$$
$$k(x)=x^2,\quad D(k)=(-\infty,+\infty),$$

则显然有

$$F=f\circ g\circ h\circ j\circ k.$$

反函数

一个函数可以看作从其定义域到值域的一种运算,现在讨论这种运算的可逆性及其逆运算,这就引出了反函数的概念.

定义 1.1.4　设有函数 f,如果对每一个 $y\in R(f)$,有唯一的 $x\in D(f)$ 满足 $y=f(x)$,则称这个定义在 $R(f)$ 上的对应关系

$$y\mapsto x$$

为函数 f 的**反函数**,记作 f^{-1},并记 $x=f^{-1}(y)$.

按定义,$D(f^{-1})=R(f)$,显然又有 $R(f^{-1})=D(f)$.

如果 f 的反函数存在,那么易知

$$(f^{-1}\circ f)(x)=x,\quad x\in D(f),$$
$$(f\circ f^{-1})(y)=y,\quad y\in D(f^{-1}).$$

显然,严格单调增加(减少)函数的反函数是存在的,而且也是严格单调增加(减少)的.

注　在定义 1.1.4 中是用 y 表示自变量,x 表示因变量. 习惯上,常将 x 表示自变量,y 表示因变量,此时 f 的反函数 f^{-1} 在 $x\in R(f)$ 的值便记为 $y=f^{-1}(x)$. 例如,习惯上将函数 $y=a^x(a>0,a\neq 1)$ 的反函数记为 $y=\log_a x$.

设 $g(x)=x^2$,$D(g)=(-\infty,+\infty)$,则函数 g 的反函数不存在. 这是因为当 $x_1=-x_2$ 时,$g(x_1)=x_1^2=(-x_2)^2=g(x_2)$,因此,$g$ 的值域中的每个 y 并不一定唯一地对应于定义域中的 x.

但是,若 $h(x)=x^2$,$D(h)=[0,+\infty)$,则函数 h 的反函数却是存在的,这里

$$h^{-1}(x)=\sqrt{x},\quad D(h^{-1})=R(h)=[0,+\infty).$$

如果 f^{-1} 存在,则 f 的图像 $G(f)$ 与其反函数 f^{-1} 的图像 $G(f^{-1})$ 关于直线 $y=x$ 是对称的(见图 1.1.6). 实际上

$$G(f)=\{(x,f(x))\mid x\in D(f)\}.$$

由于 $y=f(x)$ 时 $x=f^{-1}(y)$,所以

$$G(f^{-1})=\{(y,f^{-1}(y))\mid y\in D(f^{-1})\}$$
$$=\{(f(x),x)\mid x\in D(f)\}.$$

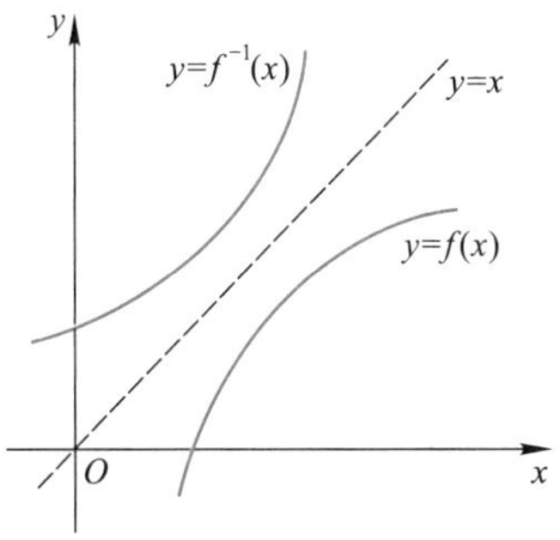

图 1.1.6

例 1.1.9　求 $y=\dfrac{ax+b}{cx+d}(ad-bc\neq 0)$ 的反函数.

解　当 $c\neq 0$ 时,由 $y=\dfrac{ax+b}{cx+d}$ 解得 $x=\dfrac{-dy+b}{cy-a}$,因此 $y=\dfrac{ax+b}{cx+d}$ 的反函数为

$$y=\frac{-dx+b}{cx-a},\quad x\neq\frac{a}{c}.$$

当 $c=0$ 时,由 $ad-bc\neq 0$ 知 $a\neq 0,d\neq 0$,于是由 $y=\dfrac{ax+b}{d}$,解得 $x=\dfrac{dy-b}{a}$. 于是反函数为

$$y=\frac{d}{a}x-\frac{b}{a},\quad x\in(-\infty,+\infty).$$

初等函数

初等函数是在理论和应用中最常遇到的一大类函数. 以下六种函数是最基本的初等函数,称为**基本初等函数**.

（一）常数函数

$$f(x)=c,\quad D(f)=(-\infty,+\infty),$$

其中 c 是某实数.

（二）幂函数

$$f(x)=x^{\alpha}\quad(\alpha\neq 0).$$

当指数 α 为有理数,即 $\alpha=\dfrac{p}{q}$,其中 p,q 为互质的整数,且 $q>0$,则

$$D(f)=\begin{cases}(-\infty,+\infty), & q\text{ 是奇数,且 }p>0,\\ (-\infty,0)\cup(0,+\infty), & q\text{ 是奇数,且 }p<0,\\ [0,+\infty), & q\text{ 是偶数,且 }p>0,\\ (0,+\infty), & q\text{ 是偶数,且 }p<0.\end{cases}$$

当 α 是无理数时,$D(f)=(0,+\infty)$.

图 1.1.7 是一些幂函数的图像.

（三）指数函数

$$f(x)=a^{x}\quad(a>0,a\neq 1),\quad D(f)=(-\infty,+\infty).$$

当 $0<a<1$ 时,f 单调减少;当 $a>1$ 时,f 单调增加.

图 1.1.8 是指数函数的图像.

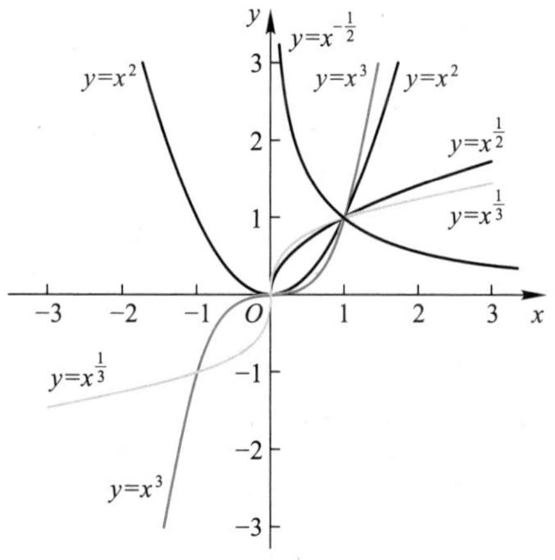

图 1.1.7　一些幂函数图像

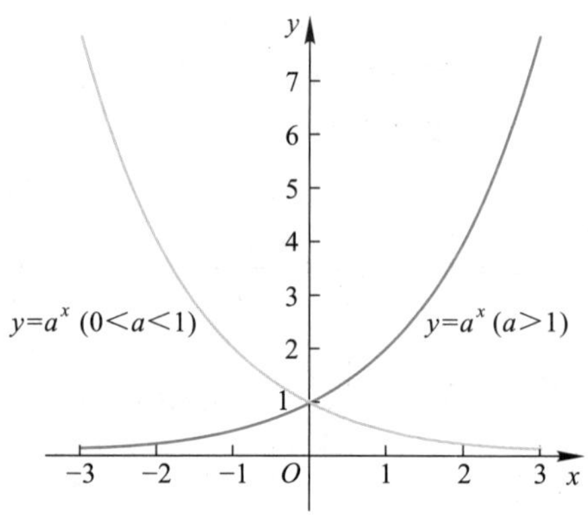

图 1.1.8　指数函数图像

（四）对数函数

$$f(x)=\log_a x \quad (a>0, a\neq 1), \quad D(f)=(0,+\infty).$$

当 $0<a<1$ 时，f 单调减少；当 $a>1$ 时，f 单调增加．图 1.1.9 是对数函数的图像．

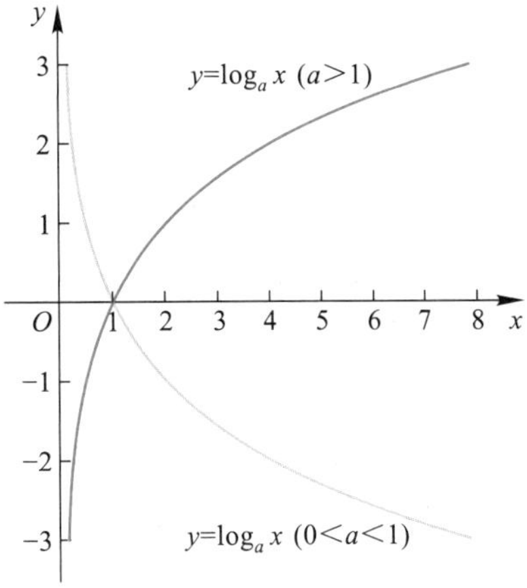

图 1.1.9　对数函数图像

（五）三角函数

$$\sin,\quad \cos,\quad \tan,\quad \cot,\quad \sec,\quad \csc,$$

其中

$$D(\sin)=D(\cos)=(-\infty,+\infty),$$

$$D(\tan)=D(\sec)=\bigcup_{k=-\infty}^{+\infty}\left(k\pi-\frac{\pi}{2},k\pi+\frac{\pi}{2}\right),$$

$$D(\cot)=D(\csc)=\bigcup_{k=-\infty}^{+\infty}(k\pi,(k+1)\pi), \quad k\in\mathbf{Z}.$$

它们都是周期函数，其中 sin，cos，sec，csc 的最小正周期均为 2π，tan 和 cot 的最小正周期为 π；sin，csc，tan，cot 都是奇函数，cos 和 sec 都是偶函数．

常用三角函数公式

图 1.1.10—图 1.1.15 是这些三角函数的图像．

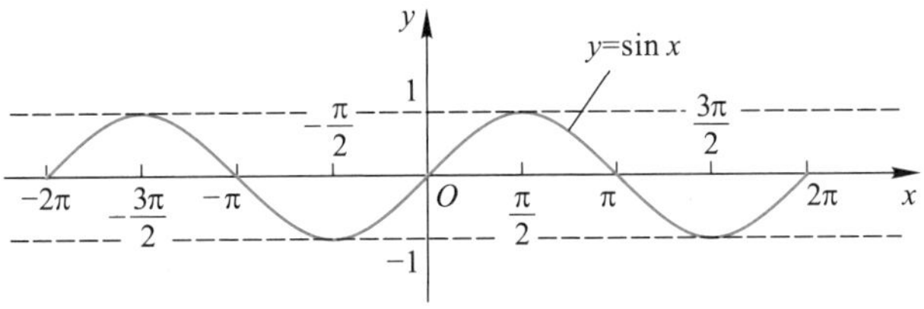

图 1.1.10　正弦函数图像

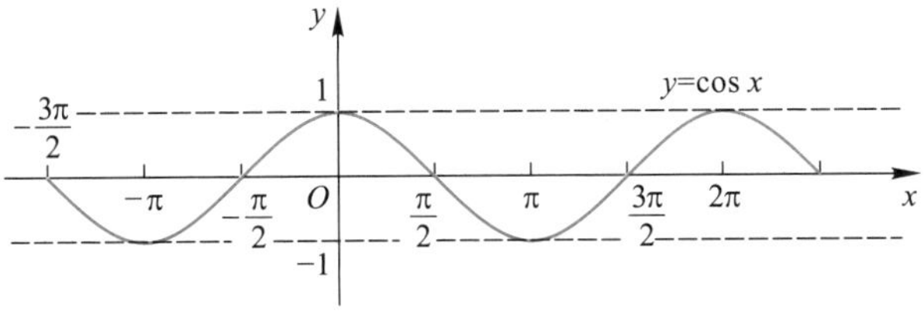

图 1.1.11　余弦函数图像

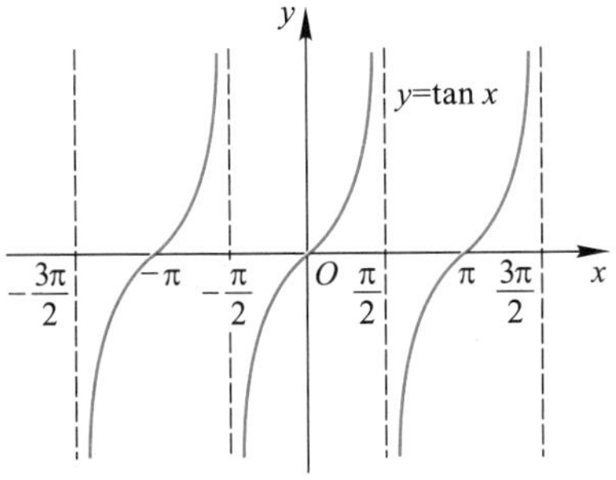

图 1.1.12　正切函数图像

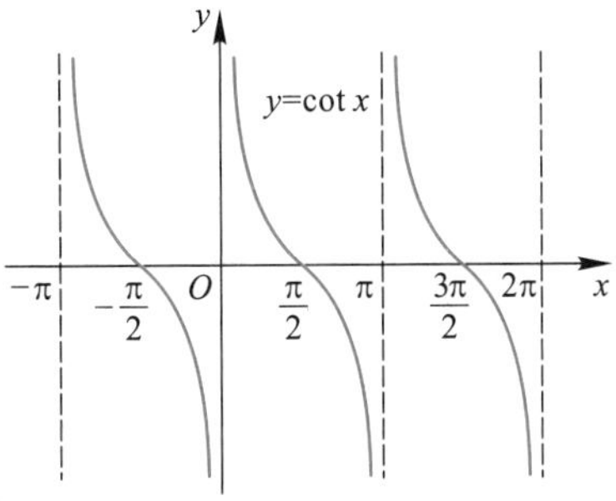

图 1.1.13　余切函数图像

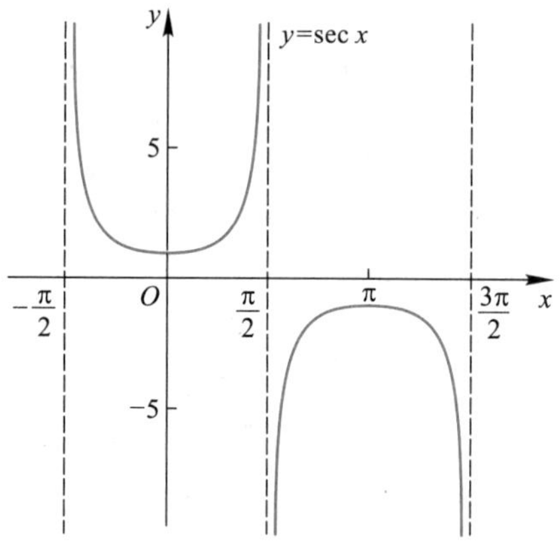

图 1.1.14　正割函数图像

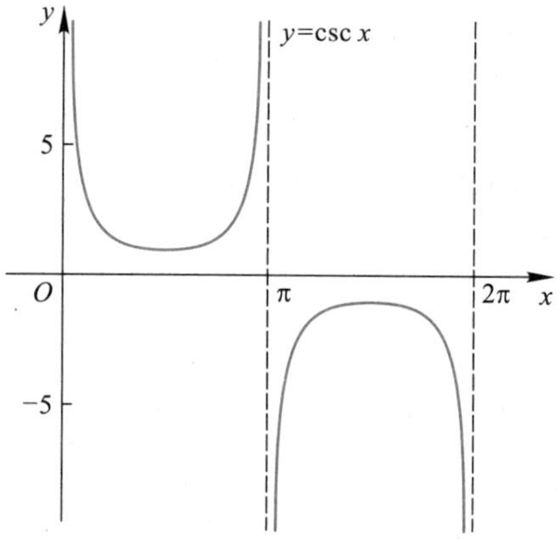

图 1.1.15　余割函数图像

（六）反三角函数

由于三角函数都是周期函数，所以它们的反函数并不存在．但是，如果对三角函数的定义域加以限制，其反函数是可以存在的．

例如，考察正弦函数的一个限制

$$f_1(x)=\sin x,\quad D(f_1)=\left[-\frac{\pi}{2},\frac{\pi}{2}\right],$$

f_1 在其定义域上显然是严格单调增加的，它的反函数 f_1^{-1} 存在，称之为反正弦函数．记

$$f_1^{-1}(x)=\arcsin x,$$

则 $D(\arcsin)=[-1,1]$，$R(\arcsin)=\left[-\frac{\pi}{2},\frac{\pi}{2}\right]$.

同样的，反余弦函数定义为

$$f_2(x)=\cos x,\quad D(f_2)=[0,\pi]$$

的反函数，记

$$f_2^{-1}(x)=\arccos x,$$

则 $D(\arccos)=[-1,1]$，$R(\arccos)=[0,\pi]$.

反正切函数是

$$f_3(x)=\tan x,\quad D(f_3)=\left(-\frac{\pi}{2},\frac{\pi}{2}\right)$$

的反函数，记

$$f_3^{-1}(x)=\arctan x,$$

则 $D(\arctan)=(-\infty,+\infty)$，$R(\arctan)=\left(-\frac{\pi}{2},\frac{\pi}{2}\right)$.

反余切函数是

$$f_4(x)=\cot x,\quad D(f_4)=(0,\pi)$$

的反函数，记

$$f_4^{-1}(x)=\operatorname{arccot} x,$$

则 $D(\operatorname{arccot})=(-\infty,+\infty)$，$R(\operatorname{arccot})=(0,\pi)$.

图 1.1.16—图 1.1.19 是这些反三角函数的图像．

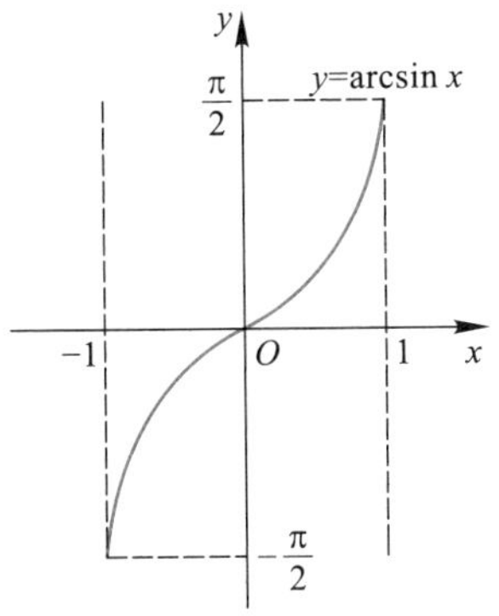

图 1.1.16　反正弦函数图像

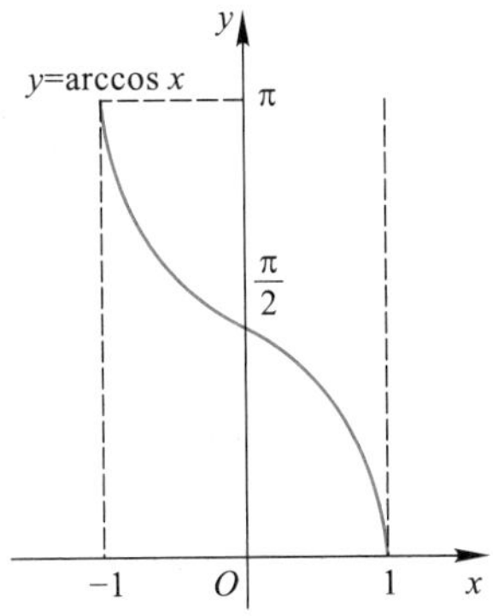

图 1.1.17　反余弦函数图像

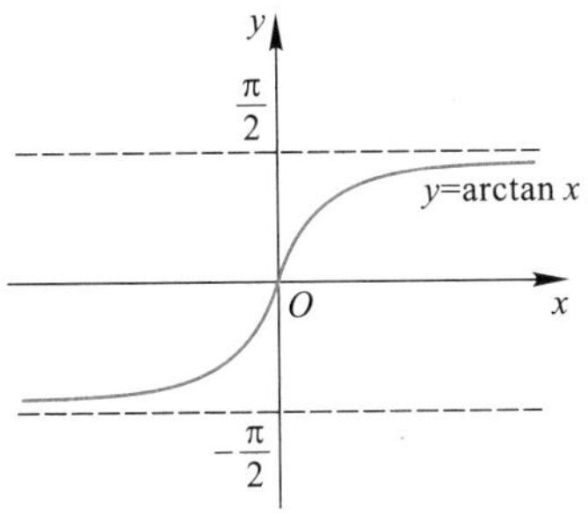

图 1.1.18　反正切函数图像

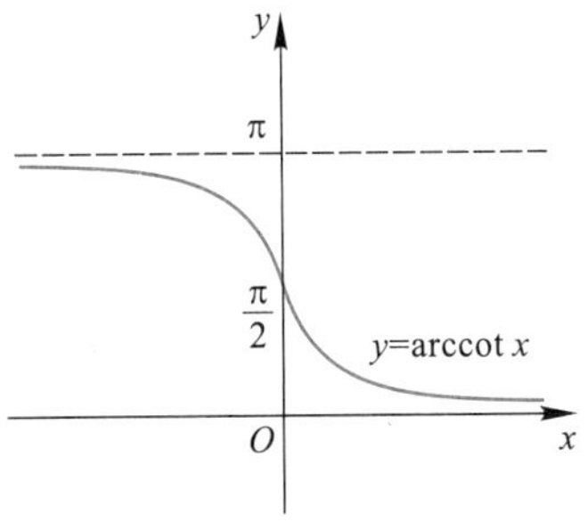

图 1.1.19　反余切函数图像

由上述的基本初等函数经过有限次代数运算和复合所构成的函数，统称为**初等函数**．

初等函数均可由解析形式表示，其定义域即是使相应的解析表达式有意义的自变量的取值范围．因而，当我们论及初等函数时，往往不另行列出其定义域．

例如

$$f(x)=x\sin\frac{1}{x},\quad g(x)=\frac{\sin x+\sqrt{\cos x}}{1+\tan x}+\log_3(1+x^2)$$

都是初等函数．

形如

$$p(x)=a_0+a_1x+\cdots+a_nx^n\quad(a_n\neq 0)$$

的初等函数称为(***n* 次**)**多项式函数**；两个多项式函数的商，即形如

$$R(x)=\frac{a_0+a_1x+\cdots+a_nx^n}{b_0+b_1x+\cdots+b_mx^m}$$

的函数称为**有理函数**．

非初等函数是多种多样的．前面提及的符号函数及取整函数都是非初等函数；又如对于数列 $\{a_n\}$(即 $a_1,a_2,\cdots,a_n,\cdots$)，在正整数集合 $\mathbf{N}_+$ 上定义函数 f 为

$$f(n)=a_n,$$

这样，我们可以把数列 $\{a_n\}$ 和定义在 $\mathbf{N}_+$ 上的函数 f 等同起来．这样的 f 一般是一个非初等函数．

上确界和下确界

实数集 **R** 的子集，常称为**数集**．设 S 是一个非空数集，如果存在实数 M，使得对于任意 $x\in S$，总有 $x\leqslant M$，则称 M 是 S 的一个**上界**；如果存在实数 m，使得对于任意 $x\in S$，总有 $x\geqslant m$，则称 m 是 S 的一个**下界**．当数集 S 既有上界，又有下界时，称 S 为**有界集**．显然 S 为有界集的充要条件为：存在正实数 X，使得对于任意 $x\in S$，总有 $|x|\leqslant X$.

设 S 是一个数集，如果存在 $\xi\in S$，使得对于任意 $x\in S$，总有 $x\leqslant\xi$，则称 ξ 是数集 S 的**最大数**，记为 $\max S$，即 $\xi=\max S$；如果存在 $\eta\in S$，使得对于任意 $x\in S$，总有 $x\geqslant\eta$，则称 η 是数集 S 的**最小数**，记为 $\min S$，即 $\eta=\min S$.

例如，若

$$S=\{y\mid y=\sin x,x\in(-\infty,+\infty)\},$$

则 $\min S=-1,\max S=1$.

当非空数集 S 只含有有限个实数时，$\max S$ 与 $\min S$ 显然存在，且 $\max S$ 是这些数中的最大者，$\min S$ 是这些数中的最小者．但是当 S 含有无限个实数时，即使 S 是一个有界集，其最大数或最小数却可能存在，也可能不存在．例如，数集 $\{x\mid 0<x<1\}$ 既没有最大数，也没有最小数．数集 $\{y\mid y=\arctan x,x\geqslant 0\}$ 有最小数 0，但没有最大数．

定义 1.1.5　设 S 是一个非空有上界的数集，若实数 β 满足：

(1) β 是 S 的上界，即对于任意 $x\in S$，总有 $x\leqslant\beta$；

(2) 任何小于 β 的数都不是 S 的上界，即对于任意小于 β 的实数 γ，总存在 $x\in S$，使得 $x>\gamma$，

则称 β 是 S 的上确界，记为 $\sup S$，即 $\beta=\sup S$.

定义 1.1.6　设 S 是一个非空有下界的数集，若实数 α 满足：

(1) α 是 S 的下界，即对于任意 $x\in S$，总有 $x\geqslant\alpha$；

(2) 任何大于 α 的数都不是 S 的下界，即对于任意大于 α 的实数 γ，总存在 $x\in S$，使得 $x<\gamma$，

则称 α 是 S 的下确界，记为 $\inf S$，即 $\alpha=\inf S$.

显然，有上界数集的上确界就是该数集的最小上界，有下界数集的下确界就是该数集的最大下界．

关于确界的存在性，下面我们给出实数理论中的一个重要结论（证明略去），它深刻地刻画了实数的连续性．

定理 1.1.1（确界存在定理）　非空有上界的数集必有唯一的上确界，非空有下界的数集必有唯一的下确界．

前面提到的数集 $\{x\mid 0<x<1\}$ 虽然没有最大数和最小数，但它有上确界 1 和下确界 0. 数集 $\{y\mid y=\arctan x,x\geqslant 0\}$ 虽然没有最大数，但它有上确界 $\dfrac{\pi}{2}$，显然它的下确界等于它的最小数 0.

对于无上界的数集 S，我们规定 $\sup S=+\infty$；对于无下界的数集 T，我们规定 $\inf T=-\infty$．注意，关于 $+\infty$ 和 $-\infty$ 的引入，实际上已经规定了 $-\infty<+\infty$，且任意实数 x 与它们的关系为 $-\infty<x<+\infty$．

习　题

1. 确定下列初等函数的定义域：

(1) $f(x)=\dfrac{x+1}{x^2-x-2}$；　　(2) $f(x)=\sqrt{x^2-4}$；

(3) $f(x)=\arcsin\dfrac{x-1}{2}$；　　(4) $f(x)=\dfrac{\lg(5-x)}{x^2}$；

(5) $f(x)=\sqrt{\lg(5x-x^2)-\lg 4}$；　　(6) $f(x)=\sqrt{\sin x-\cos x}$.

2. 作出下列函数的图像：

(1) $f(x)=\sin x-|\sin x|$；　　(2) $f(x)=2-|x-1|$；

(3) $f(x)=\begin{cases}\sqrt{1-x^2}, & |x|\leqslant 1,\\ x-1, & 1<x<2,\\ x+1, & -2<x<-1.\end{cases}$

3. 判断下列函数的奇偶性：

(1) $f(x)=\sqrt{1-x}+\sqrt{1+x}$；　　(2) $f(x)=\dfrac{10^x-1}{10^x+1}\lg\dfrac{1-x}{1+x}$；

(3) $f(x)=a^x+a^{-x}+x\sin x$；　　(4) $f(x)=\lg(x+\sqrt{1+x^2})$.

4. 证明：两个奇函数的乘积是偶函数，一个奇函数与一个偶函数的乘积是奇函数.

5. 设函数 f 满足：$D(f)$ 关于原点对称，且

$$af(x)+bf\left(\frac{1}{x}\right)=\frac{c}{x},$$

其中 a,b,c 都是常数，且 $|a|\neq|b|$，试证明 f 是奇函数.

6. 下列函数中，哪些是周期函数？如果是周期函数，写出它们的最小正周期：

(1) $f(x)=x^2\sin x$；　　(2) $f(x)=\sin^2 x$；

(3) $f(x)=|\cos 2x|$；　　(4) $f(x)=1+\sin(\pi x-2)$.

7. 设 f 是定义于 $(-a,a)$ 上的偶函数，若它在 $(0,a)$ 上单调减少，证明 f 在 $(-a,0)$ 上是单调增加的.

8. 判断下列函数在给定区间上是否有界：

(1) $f(x)=\dfrac{x+2}{x-2}$，$x\in(2,4)$；　　(2) $f(x)=x^2\sin x$，$x\in(0,+\infty)$；

(3) $f(x)=\dfrac{1}{x}\sin\dfrac{1}{x}$，$x\in(0,1)$；　　(4) $f(x)=x+\sin x$，$x\in(1,+\infty)$.

9. 设 $f(x)=x^2$，$g(x)=2^x$. 求 $f\circ g$，$g\circ f$，$f\circ f$，$g\circ g$.

10. 下列函数分别是由哪几个较简单的函数复合而成的：

(1) $f(x)=\sqrt{3x-5}$；　　(2) $f(x)=\sqrt{\lg\sqrt{x}}$；　　(3) $f(x)=\sin[\lg(x^2+1)]$.

11. 求下列函数的反函数，并指出反函数的定义域：

(1) $f(x)=2\sin 3x$；　　(2) $f(x)=\dfrac{a^x}{a^x+1}$；

(3) $f(x)=\dfrac{a^x-a^{-x}}{2}$；　　(4) $f(x)=4\arcsin\sqrt{1-x^2}$，$D(f)=[0,1]$.

§2　数列的极限

人们是从研究数列一般项的变化趋势开始认识并建立极限理论的．用圆内接正多边形周长逼近圆周长就是一个成功的尝试．再以边长为 1 的正方形对角线长度为例，由于$\sqrt{2}$是一个无理数，它的十进制展开具有无限不循环的小数部分，因而涉及数列

$$1.4, 1.41, 1.414, \cdots,$$

只有从整体上考察这一无穷多个数的集合，才能给出$\sqrt{2}$的任意精确度的刻画．实际上，有理数集扩充到实数集的数学基础，正是数列极限的理论．

一般地，具体分析某一数列，可能取到多个视角，但是，数列中一般项的变化趋势，无疑是最值得重视的．

几个例子

先分析几个特殊的数列

a. $0, \frac{1}{2}, \frac{2}{3}, \cdots, \frac{n-1}{n}, \cdots$;

b. $1, \frac{1}{2}, \frac{1}{4}, \cdots, \frac{1}{2^{n-1}}, \cdots$;

c. $\sin 1, 2\sin\frac{1}{2}, 3\sin\frac{1}{3}, \cdots, n\sin\frac{1}{n}, \cdots$;

d. $-1, \frac{3}{2}, -\frac{1}{3}, \cdots, \frac{1+2(-1)^n}{n}, \cdots$.

记这些数列的通项为 a_n，把点列$\{(n, a_n) \mid n=1,2,\cdots\}$画在直角坐标系中，得到的图像分别是图 1.2.1 中的(a)，(b)，(c)，(d)．

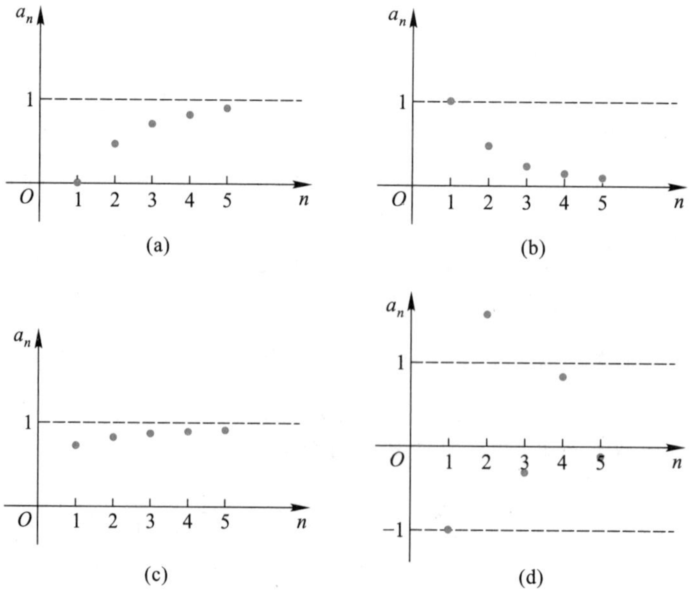

图 1.2.1

从图 1. 2. 1 可见，这些数列 $\{a_n\}$ 的项可以分解为两部分之和：

$$a_n = A+\varepsilon_n,\quad n\in \mathbf{N}_+,$$

其中 A 是某一实数，相应于上述数列，A 分别取值为 1，0，1，0；ε_n 是微小的"扰动"，粗略地说，它的特征是当 n 充分大时，$|\varepsilon_n|$ 将会充分地接近于 0. 这类 $\{\varepsilon_n\}$ 就是下面讨论的"无穷小量". 由于 $|\varepsilon_n|$ 只是在 n 无限增大的过程中才能实现任意地小，即当 n 足够大时，a_n 才能达到预期的"与 A 相差无几"，故而更确切地说，A 是当 n 趋向无限大时 $\{a_n\}$ 的极限．

以上的分解刻画了 $\{a_n\}$ 内在的一项重要特征，这一点还反映在分解的唯一性上．实际上，若

$$a_n = B+\eta_n,\quad n\in \mathbf{N}_+$$

是另一个分解，其中 B 是常数，$\{\eta_n\}$ 是如同上述的"无穷小量"，则有

$$A-B=\eta_n-\varepsilon_n.$$

显然，当 n 趋于无穷大时，A 与 B 无限地接近，但 A，B 又都是常数，所以只能 $A=B$，从而又有 $\varepsilon_n=\eta_n, n\in \mathbf{N}_+$.

根据以上讨论，我们自然会提出以下两个问题：(1) 数列 $\{a_n\}$ 何时能分解为常数和无穷小量相加？这种分解的实质何在？(2) 如何求出 $\{a_n\}$ 的极限？为了解决这些问题，首先得对起关键作用的无穷小量作出准确的数学描述．实际上极限方法的本质就是对无穷小量的分析．

无穷小量

定义 1. 2. 1　设有数列 $\{\varepsilon_n\}$，如果对于任意给定的正数 $\eta>0$，都能取到正整数 N，使得当 $n>N$ 时成立

$$|\varepsilon_n|<\eta,$$

则称 $n\to\infty$ 时 $\{\varepsilon_n\}$ 是**无穷小量**，记作

$$\varepsilon_n = o(1),\quad n\to\infty.$$

上述定义的直观含义是指：只要 n 充分地大，ε_n 的绝对值就能任意地小，从而在考虑问题时常可以合理地将 ε_n 略去．

前面已经提及，任何数列都可视作定义在正整数集上的函数．于是，无穷小量是一类具有特殊性质的变量．当然，任何一个常数均可看作在某一过程中取值恒定的变量．但是，任何一个非零常数 c，不论其绝对值如何小，数列 $\{c\}$（即 $c,c,\cdots$）都不是无穷小量．不能把无穷小量混同于习惯上说的"很小的量"，后者只是一种相对的而且较为模糊的对象，并无确切的数学内涵．$\{0\}$ 是一个特殊的数列，它是一个无穷小量．

直观上很容易举出一些无穷小量的例子．例如，圆周长和内接于这个圆的正多边形周长之差，当其边数无限增加时，就是一个无穷小量．

例 1. 2. 1　考察数列

$$1,\frac{1}{4},\frac{1}{9},\cdots,\frac{1}{n^2},\cdots,$$

它是一个无穷小量．

实际上，对任意给定的 $\varepsilon>0$，为使

$$\left|\frac{1}{n^2}\right|<\varepsilon,$$

即 $n^2>\dfrac{1}{\varepsilon}$，只要 $n>\sqrt{\dfrac{1}{\varepsilon}}$. 为此，取 $N=\left[\sqrt{\dfrac{1}{\varepsilon}}\right]$，则当 $n>N$ 时，便有

$$\frac{1}{n^2}<\varepsilon.$$

例 1.2.2　设 $|q|<1$，考察数列

$$q,q^2,\cdots,q^n,\cdots,$$

它是一个无穷小量．

实际上，对任意给定的 $\varepsilon>0$，为使

$$|q^n|<\varepsilon,$$

即 $n\lg|q|<\lg\varepsilon$，只要 $n>\dfrac{\lg\varepsilon}{\lg|q|}$. 为此，取 $N=\left[\dfrac{\lg\varepsilon}{\lg|q|}\right]$，则当 $n>N$ 时，便有

$$|q^n|<\varepsilon.$$

无穷小量的运算

数列作为特殊的函数，能够进行四则运算：设有数列 $\{a_n\}$ 和 $\{b_n\}$，分别称数列

$$\{a_n+b_n\},\{a_n-b_n\},\{a_n\cdot b_n\},\left\{\frac{a_n}{b_n}\right\}$$

为数列 $\{a_n\}$ 与 $\{b_n\}$ 的和、差、积、商（对商的情况，要求一切 $b_n\neq 0$）.

定理 1.2.1　*两个无穷小量的和与差都是无穷小量．*

证　设 $\{a_n\}$ 和 $\{b_n\}$ 都是无穷小量．对任意给定的 $\varepsilon>0$，分别取正整数 N_1,N_2，使得当 $n>N_1$ 时，$|a_n|<\dfrac{\varepsilon}{2}$；当 $n>N_2$ 时，$|b_n|<\dfrac{\varepsilon}{2}$. 再取 $N=\max\{N_1,N_2\}$，则当 $n>N$ 时成立

$$|a_n\pm b_n|\leqslant|a_n|+|b_n|<\frac{\varepsilon}{2}+\frac{\varepsilon}{2}=\varepsilon.$$

因此，$\{a_n\pm b_n\}$ 是无穷小量．

证毕

以上结果可以很容易地推广为

定理 1.2.2　*有限多个无穷小量的代数和为无穷小量．*

作为有界函数的特例，称数列 $\{a_n\}$ 为**有界数列**，是指存在正常数 M，使得

$$|a_n|\leqslant M,\quad n=1,2,\cdots.$$

显然，无穷小量是有界量．

定理 1.2.3　*有界量与无穷小量的乘积是无穷小量．*

证　设 $\{a_n\}$ 是有界量，$\{b_n\}$ 是无穷小量．对于任意给定的正数 ε，先取常数 $M>0$，使得

$$|a_n|\leqslant M,\quad n=1,2,\cdots.$$

再取正整数 N，使得当 $n>N$ 时

$$|b_n|<\frac{\varepsilon}{M}.$$

于是，当 $n>N$ 时成立

$$|a_nb_n|<M\cdot\frac{\varepsilon}{M}=\varepsilon,$$

所以 $\{a_nb_n\}$ 是无穷小量．

证毕

因为无穷小量是有界量，由上述定理可知，两个无穷小量的乘积是无穷小量．

例 1.2.3　显然 $\left\{\frac{1}{n}\right\}$ 是无穷小量，$\{\sin(n^2+1)\}$ 是有界量（因为 $|\sin(n^2+1)|<1, n=1, 2,\cdots$），因此 $\left\{\frac{1}{n}\sin(n^2+1)\right\}$ 是无穷小量．

在讨论常量与无穷小量的商时，自然地引出了无穷大量的概念．

定义 1.2.2　设 $\{a_n\}$ 是数列．如果对于任意给定的数 $K>0$，存在正整数 N，使得当 $n>N$ 时，成立

$$|a_n|>K,$$

则称 $\{a_n\}$ 是**无穷大量**．

如果上述不等式可改作 $a_n>K$（$a_n<-K$），则称 $\{a_n\}$ 是**正（负）无穷大量**．

定理 1.2.4　设 $\{a_n\}$ 是无穷小量，且 $a_n\neq 0$，则 $\left\{\frac{1}{a_n}\right\}$ 是无穷大量；反之亦然．

证　对任意给定的正数 K，由于 $\{a_n\}$ 是无穷小量，可取正整数 N，使得当 $n>N$ 时，$|a_n|<\frac{1}{K}$，这样

$$\left|\frac{1}{a_n}\right|>K.$$

因此，$\left\{\frac{1}{a_n}\right\}$ 是无穷大量．

读者不难根据无穷小量和无穷大量的定义写出另一部分的证明．

证毕

例如，对于满足 $|q|>1$ 的常数 q，由例 1.2.2 知 $\left\{\left(\frac{1}{q}\right)^n\right\}$ 为无穷小量，因此 $\{q^n\}$ 为无穷大量．再例如，由例 1.2.3 知 $\left\{\frac{1}{n}\sin(n^2+1)\right\}$ 是无穷小量，因此 $\left\{\frac{n}{\sin(n^2+1)}\right\}$ 是无穷大量．

关于两个无穷小量的商，则可能出现各种情况．例如，设 $a_n=\frac{1}{n}, b_n=\frac{1}{n^2}, c_n=\frac{2}{n}$，那么 $\left\{\frac{a_n}{c_n}\right\}=\left\{\frac{1}{2}\right\}$ 是常数数列，$\left\{\frac{a_n}{b_n}\right\}=\{n\}$ 是无穷大量，$\left\{\frac{b_n}{a_n}\right\}=\left\{\frac{1}{n}\right\}$ 是无穷小量．

数列的极限

极限是刻画变量变化趋势的重要工具．

定义 1.2.3 设 $\{a_n\}$ 是数列．如果存在常数 A,使得

$$a_n=A+\alpha_n,\quad n=1,2,\cdots,$$

其中 $\{\alpha_n\}$ 是无穷小量,则称 $n\to\infty$ 时 $\{a_n\}$ 以 A 为**极限**,或称 $\{a_n\}$ **收敛**于 A,记作

$$\lim_{n\to\infty}a_n=A.$$

否则,就称数列 $\{a_n\}$ **不收敛**或**发散**．

前面已经指出,如果能把一个数列分解为某常数与一个无穷小量之和,则这种分解必是唯一的．这个结论实际上说明了收敛数列极限的唯一性．

由定义可知,$\{a_n\}$ 以 A 为极限,等价于 $\{a_n-A\}$ 是无穷小量,也就是说,对任意给定的 $\varepsilon>0$,存在正整数 N,使得当 $n>N$ 时,成立

$$|a_n-A|<\varepsilon.$$

关于极限定义的进一步说明

例 1.2.4 设 $a>1$,证明 $\lim\limits_{n\to\infty}\sqrt[n]{a}=1$.

证 记 $y_n=\sqrt[n]{a}-1$,只要证明 $\{y_n\}$ 是无穷小量就可以了．为此,对 y_n 作如下估计:由二项式定理

$$a=(1+y_n)^n=1+ny_n+\frac{n(n-1)}{2}y_n^2+\cdots+y_n^n>1+ny_n,$$

因此

$$0<y_n<\frac{a-1}{n}.$$

于是,对任意给定的 $\varepsilon>0$,取 $N=\left[\frac{a-1}{\varepsilon}\right]$,则当 $n>N$ 时,有

$$|y_n|<\varepsilon.$$

因此,$\{y_n\}$ 是无穷小量,于是 $\lim\limits_{n\to\infty}\sqrt[n]{a_n}=1$.

证毕

在上例中,为了验证 $\lim\limits_{n\to\infty}a_n=A$,需要证明 $\{a_n-A\}$ 是无穷小量,由于这个量一般比较复杂,往往适度作一些放大处理,以便估计．这种“以退为进”的方法是常用的数学技巧．

根据极限的定义,若 $\{a_n\}$ 是无穷小量,则有

$$\lim_{n\to\infty}a_n=0.$$

换句话说:无穷小量是以零为极限的变量．

此外,当 $\{a_n\}$ 是无穷大量(或正、负无穷大量)时,习惯上也称 $\{a_n\}$ 的极限为**无穷大**(或**正、负无穷大**),记作

$$\lim_{n\to\infty}a_n=\infty\ (\text{或}\lim_{n\to\infty}a_n=+\infty,\ \lim_{n\to\infty}a_n=-\infty).$$

但这并不意味着 $\{a_n\}$ 收敛和它的极限存在,反而此时 $\{a_n\}$ 是发散数列．

收敛数列的性质

数列极限有一些常用的运算性质．

定理 1.2.5(极限的四则运算法则) 设 $\lim\limits_{n\to\infty}a_n=A$,$\lim\limits_{n\to\infty}b_n=B$,则

$$\lim_{n\to\infty}(a_n\pm b_n)=A\pm B,$$
$$\lim_{n\to\infty}(a_nb_n)=AB,$$

且当 $B\neq0$ 时，

$$\lim_{n\to\infty}\frac{a_n}{b_n}=\frac{A}{B}.$$

证　由已知条件，有无穷小量 $\{\alpha_n\}$，$\{\beta_n\}$，使得 $a_n=A+\alpha_n$，$b_n=B+\beta_n$，于是

$$a_n\pm b_n=(A\pm B)+(\alpha_n\pm\beta_n),$$
$$a_nb_n=AB+(B\alpha_n+A\beta_n+\alpha_n\beta_n).$$

由于 $\{\alpha_n\pm\beta_n\}$，$\{B\alpha_n\}$，$\{A\beta_n\}$，$\{\alpha_n\beta_n\}$ 均为无穷小量，所以

$$\lim_{n\to\infty}(a_n+b_n)=A+B,\quad \lim_{n\to\infty}a_nb_n=AB.$$

为了证明 $\lim\limits_{n\to\infty}\frac{a_n}{b_n}=\frac{A}{B}$，只要证明 $\left\{\frac{a_n}{b_n}-\frac{A}{B}\right\}$ 是无穷小量．因为

$$\frac{a_n}{b_n}-\frac{A}{B}=\frac{A+\alpha_n}{B+\beta_n}-\frac{A}{B}=\frac{B\alpha_n-A\beta_n}{B(B+\beta_n)},$$

而 $\left\{\frac{B\alpha_n-A\beta_n}{B}\right\}$ 是无穷小量，所以只要证明 $\left\{\frac{1}{B+\beta_n}\right\}$ 是有界量即可．实际上，因为 $B\neq0$，$\{\beta_n\}$ 是无穷小量，所以可以取正整数 N，使得当 $n>N$ 时，$|\beta_n|<\frac{|B|}{2}$ 成立．此时

$$|B+\beta_n|>\frac{|B|}{2}$$

（这也顺便说明了当 n 充分大时 $b_n\neq0$），即

$$\left|\frac{1}{B+\beta_n}\right|<\frac{2}{|B|}.$$

由此易见 $\left\{\frac{1}{B+\beta_n}\right\}$ 是有界的，故而 $\lim\limits_{n\to\infty}\frac{a_n}{b_n}=\frac{A}{B}$.

证毕

例 1.2.5　设 $a_n=\dfrac{3-n+2n^2}{4-n^2}$ $(n=1,2,\cdots)$，求 $\lim\limits_{n\to\infty}a_n$.

解　利用定理 1.2.5 的运算法则得

$$\lim_{n\to\infty}a_n=\lim_{n\to\infty}\frac{3-n+2n^2}{4-n^2}=\lim_{n\to\infty}\frac{\frac{3}{n^2}-\frac{1}{n}+2}{\frac{4}{n^2}-1}$$

$$=\frac{\lim\limits_{n\to\infty}\frac{3}{n^2}-\lim\limits_{n\to\infty}\frac{1}{n}+\lim\limits_{n\to\infty}2}{\lim\limits_{n\to\infty}\frac{4}{n^2}-\lim\limits_{n\to\infty}1}=\frac{2}{-1}=-2.$$

例 1.2.6　设 $a_n=\dfrac{3\cdot5^n+7\cdot11^n}{10\cdot11^n-(-9)^n}$ $(n=1,2,\cdots)$，求 $\lim\limits_{n\to\infty}a_n$.

解　利用定理 1.2.5 的运算法则以及例 1.2.2 的结论得

$$\lim_{n\to\infty}a_n=\lim_{n\to\infty}\frac{3\cdot 5^n+7\cdot 11^n}{10\cdot 11^n-(-9)^n}=\lim_{n\to\infty}\frac{3\cdot\left(\frac{5}{11}\right)^n+7}{10-\left(-\frac{9}{11}\right)^n}=\frac{7}{10}.$$

例 1.2.7　证明:当 $a>0$ 时,$\lim\limits_{n\to\infty}\sqrt[n]{a}=1$.

证　由例 1.2.4 可知,当 $a>1$ 时,$\lim\limits_{n\to\infty}\sqrt[n]{a}=1$;当 $a=1$ 时,结论显然成立;当 $0<a<1$ 时,则有 $\frac{1}{a}>1$,利用极限的运算性质即得

$$\lim_{n\to\infty}\sqrt[n]{a}=\frac{1}{\lim\limits_{n\to\infty}\sqrt[n]{\frac{1}{a}}}=1.$$

证毕

收敛数列还有一些基本的性质.

定理 1.2.6(有界性)　*若数列 $\{a_n\}$ 收敛,则 $\{a_n\}$ 是有界数列.*

证　设 $\lim\limits_{n\to\infty}a_n=A$. 由定义,对于 $\varepsilon=1$,可取得正整数 N,使得当 $n>N$ 时,成立

$$|a_n-A|<1,$$

从而 $|a_n|<|A|+1$. 取

$$M=\max\{|a_1|,|a_2|,\cdots,|a_N|,|A|+1\},$$

于是对一切正整数 n,均有

$$|a_n|\leqslant M,$$

即数列 $\{a_n\}$ 是有界的.

证毕

但是,有界数列未必收敛. 例如:$\{(-1)^n\}$ 是有界数列,但它是发散的.

定理 1.2.7(夹逼性)　*设 $\{a_n\}$,$\{b_n\}$,$\{c_n\}$ 为数列. 如果自某项以后均有 $a_n\leqslant b_n\leqslant c_n$,且 $\lim\limits_{n\to\infty}a_n=\lim\limits_{n\to\infty}c_n=A$,则*

$$\lim_{n\to\infty}b_n=A.$$

证　因为数列的极限与该数列前有限项无关,不妨设对一切正整数 n,均有 $a_n\leqslant b_n\leqslant c_n$.

对于任意给定的正数 ε,取正整数 N_1,使得当 $n>N_1$ 时,$|a_n-A|<\varepsilon$;取正整数 N_2,使得当 $n>N_2$ 时,$|c_n-A|<\varepsilon$. 记 $N=\max\{N_1,N_2\}$,则当 $n>N$ 时,成立

$$A-\varepsilon<a_n\leqslant b_n\leqslant c_n<A+\varepsilon,$$

所以 $\lim\limits_{n\to\infty}b_n=A$.

证毕

注　在上述三个数列中,$\{b_n\}$ 往往是被要求计算极限的"目标",$\{a_n\}$ 和 $\{c_n\}$ 则是另行物色用作辅助的数列,关键在于 $\{a_n\}$ 和 $\{c_n\}$ 必须具有同一个极限,否则,夹而不逼,无济于事.

例 1.2.8　计算极限

$$\lim_{n\to\infty}\left[\frac{1}{(n+1)^2}+\frac{1}{(n+2)^2}+\cdots+\frac{1}{(2n)^2}\right].$$

解　记 $b_n=\frac{1}{(n+1)^2}+\frac{1}{(n+2)^2}+\cdots+\frac{1}{(2n)^2}$，显然有

$$\frac{1}{4n}=\frac{n}{(2n)^2}\leqslant b_n\leqslant\frac{n}{(n+1)^2}\leqslant\frac{n}{n^2}=\frac{1}{n},$$

因为 $\lim\limits_{n\to\infty}\frac{1}{4n}=\lim\limits_{n\to\infty}\frac{1}{n}=0$，由极限的夹逼性质即得

$$\lim_{n\to\infty}\left[\frac{1}{(n+1)^2}+\frac{1}{(n+2)^2}+\cdots+\frac{1}{(2n)^2}\right]=0.$$

例 1.2.9　证明 $\lim\limits_{n\to\infty}\frac{n}{2^n}=0$.

证　由二项式定理

$$\begin{aligned}2^n&=(1+1)^n=1+n+\frac{n(n-1)}{2}+\cdots+1\\&=1+n+\frac{n^2}{2}-\frac{n}{2}+\cdots+1=1+\frac{n}{2}+\frac{n^2}{2}+\cdots+1,\end{aligned}$$

所以

$$2^n\geqslant\frac{n^2}{2}.$$

因此

$$0<\frac{n}{2^n}\leqslant\frac{2}{n},$$

因为 $\lim\limits_{n\to\infty}0=\lim\limits_{n\to\infty}\frac{2}{n}=0$，由极限的夹逼性质，即得 $\lim\limits_{n\to\infty}\frac{n}{2^n}=0$.

证毕

定理 1.2.8（保序性）　设 $\lim\limits_{n\to\infty}a_n=A$，$\lim\limits_{n\to\infty}b_n=B$，且 $a_n\leqslant b_n(n\geqslant N_0)$，则

$$A\leqslant B.$$

证　用反证法．若 $A>B$，这时 $\varepsilon=\frac{A-B}{2}>0$.

由 $\lim\limits_{n\to\infty}a_n=A$ 可知，存在正整数 N_1，使得当 $n>N_1$ 时，$|a_n-A|<\varepsilon$. 于是此时成立

$$a_n>A-\varepsilon=\frac{A+B}{2}.$$

由 $\lim\limits_{n\to\infty}b_n=B$ 可知，存在正整数 N_2，使得当 $n>N_2$ 时，$|b_n-B|<\varepsilon$. 于是此时成立

$$b_n<B+\varepsilon=\frac{A+B}{2}.$$

记 $N=\max\{N_0,N_1,N_2\}$，则当 $n>N$ 时，成立

$$b_n<\frac{A+B}{2}<a_n,$$

这与定理的假设矛盾，因此 $A\leqslant B$.

证毕

注　从条件$\lim\limits_{n\to\infty}a_n=A$，$\lim\limits_{n\to\infty}b_n=B$，且$a_n<b_n(n>N_0)$，并不能得出$A<B$的结论，这只要看数列$a_n=\dfrac{1}{n^2}$与$b_n=\dfrac{1}{n}$就可以知道．

单调有界数列

极限反映了收敛数列一般项的变化趋势．并非每个数列都有极限，但是，对于单调数列而言，其变化趋势却总是确定的．

设数列$\{a_n\}$满足

$$a_n\leqslant a_{n+1},\quad n\geqslant 1,$$

则称$\{a_n\}$是**单调增加数列**，也称作**单调上升数列**；如果

$$a_n\geqslant a_{n+1},\quad n\geqslant 1,$$

则称$\{a_n\}$是**单调减少数列**，也称作**单调下降数列**．这两类数列统称为**单调数列**．

定理 1.2.9　*单调有界数列必有极限．*

证　不妨设数列$\{a_n\}$单调增加且有上界．由确界存在定理知，由$\{a_n\}$构成的数集必有上确界A. 此时A满足：

(1) $a_n\leqslant A(n=1,2,\cdots)$；(2) 对于任意给定的$\varepsilon>0$，$A-\varepsilon$不再是$\{a_n\}$的上界，因此存在$\{a_n\}$中的项$a_{n_0}$，使得$a_{n_0}>A-\varepsilon$.

取$N=n_0$，则当$n>N$时有

$$A-\varepsilon<a_{n_0}\leqslant a_n\leqslant A<A+\varepsilon,$$

因此$|a_n-A|<\varepsilon$成立．于是由极限的定义可知

$$\lim_{n\to\infty}a_n=A.$$

证毕

我们以一个十分重要的极限说明这个定理的作用．

例 1.2.10　设$a_n=\left(1+\dfrac{1}{n}\right)^n(n=1,2,\cdots)$，证明数列$\{a_n\}$有极限．

证　首先，证明数列$\{a_n\}$是单调增加的．根据二项式定理，有

$$\begin{aligned}a_n&=\left(1+\frac{1}{n}\right)^n=1+\frac{n}{1!}\frac{1}{n}+\frac{n(n-1)}{2!}\frac{1}{n^2}+\frac{n(n-1)(n-2)}{3!}\frac{1}{n^3}+\cdots+\frac{n(n-1)\cdots1}{n!}\cdot\frac{1}{n^n}\\&=1+\frac{1}{1!}+\frac{1}{2!}\left(1-\frac{1}{n}\right)+\frac{1}{3!}\left(1-\frac{1}{n}\right)\left(1-\frac{2}{n}\right)+\cdots+\frac{1}{n!}\left(1-\frac{1}{n}\right)\cdots\left(1-\frac{n-1}{n}\right).\end{aligned}$$

同样的，

$$\begin{aligned}a_{n+1}=1&+\frac{1}{1!}+\frac{1}{2!}\left(1-\frac{1}{n+1}\right)+\frac{1}{3!}\left(1-\frac{1}{n+1}\right)\left(1-\frac{2}{n+1}\right)+\cdots+\frac{1}{n!}\left(1-\frac{1}{n+1}\right)\cdots\left(1-\frac{n-1}{n+1}\right)+\\&\frac{1}{(n+1)!}\left(1-\frac{1}{n+1}\right)\left(1-\frac{2}{n+1}\right)\cdots\left(1-\frac{n}{n+1}\right).\end{aligned}$$

比较a_n和a_{n+1}展开式的各项，易见除前两项相等外，从第三项起a_{n+1}的各项均大于a_n的对应项，而且a_{n+1}还多出最后一个取正值的项，因此

$$a_n<a_{n+1},\quad n=1,2,\cdots.$$

其次，再证明 $\{a_n\}$ 是有界的．由以上所得的 a_n 的展开式，可得

$$a_n<1+1+\frac{1}{2!}+\frac{1}{3!}+\cdots+\frac{1}{n!}<1+1+\frac{1}{2}+\frac{1}{2^2}+\cdots+\frac{1}{2^{n-1}}=1+\frac{1-\frac{1}{2^n}}{1-\frac{1}{2}}<1+\frac{1}{1-\frac{1}{2}}=3.$$

因此，根据定理 1.2.9，数列 $\{a_n\}$ 有极限．

证毕

常记数列 $\left\{\left(1+\frac{1}{n}\right)^n\right\}$ 的极限为 e，即 $e=\lim\limits_{n\to\infty}\left(1+\frac{1}{n}\right)^n$．可以证明

$$e=2.718\ 281\ 828\ 459\ 045\cdots$$

是一个无理数．这个极限不仅在理论上十分重要，而且在实际应用方面，如复利的计算、细胞的繁殖、树木的生长、镭的衰变等问题中，常被用作描述一些事物生长或消失的数量规律．以 e 为底的对数称为**自然对数**，并记

$$\ln x=\log_e x.$$

例 1.2.11　设数列 $\{a_n\}$ 满足

$$a_1=2,$$

$$a_{n+1}=\frac{1}{2}a_n+\frac{1}{a_n},\quad n=1,2,\cdots.$$

证明它是一个单调有界数列，并求出其极限．

解　由 $a_1=2$ 和 $a_{n+1}=\frac{1}{2}a_n+\frac{1}{a_n}$，易知 $a_n>0(n=1,2,\cdots)$，且

$$a_{n+1}\geqslant 2\sqrt{\frac{1}{2}a_n\cdot\frac{1}{a_n}}=\sqrt{2}.$$

所以 $\{a_n\}$ 有下界 $\sqrt{2}$．又

$$a_{n+1}-a_n=-\frac{1}{2}a_n+\frac{1}{a_n}=\frac{2-a_n^2}{2a_n}\leqslant 0,$$

所以 $\{a_n\}$ 是单调减少数列．由定理 1.2.9 可知 $\lim\limits_{n\to\infty}a_n$ 存在．

设 $a=\lim\limits_{n\to\infty}a_n$，显然有 $a>0$．在递推关系式 $a_{n+1}=\frac{1}{2}a_n+\frac{1}{a_n}$ 两边取极限，得

$$a=\lim_{n\to\infty}a_{n+1}=\lim_{n\to\infty}\left(\frac{1}{2}a_n+\frac{1}{a_n}\right)=\frac{1}{2}a+\frac{1}{a},$$

由此解得 $a=\sqrt{2}$，即

$$\lim_{n\to\infty}a_n=\sqrt{2}.$$

事实上，这个例子给出了利用迭代算法在计算机上实现 $\sqrt{2}$ 的数值计算的一种方案．下表列出了 $\{a_n\}$ 的前 6 项.

n	1	2	3	4	5	6
a_n	2	1.5	1.416 666 666 667	1.414 215 686 275	1.414 213 562 375	1.414 213 562 373

此时，以 a_6 近似 $\sqrt{2}$，其误差已不超过 10^{-12}. 至于如何构造这样的数列 $\{a_n\}$，我们将在下一章给出方法.

子列

我们现在引入子列的概念.

定义 1.2.4　设 $\{a_n\}$ 是一个数列，而

$$n_1<n_2<\cdots<n_k<n_{k+1}<\cdots$$

是一列严格单调增加的正整数，则

$$a_{n_1},a_{n_2},\cdots,a_{n_k},a_{n_{k+1}},\cdots$$

也形成一个数列，称为数列 $\{a_n\}$ 的**子列**，记为 $\{a_{n_k}\}$.

注意，定义中的子列 $\{a_{n_k}\}$ 中的第 k 项恰好是原数列 $\{a_n\}$ 中的第 n_k 项. 例如，在数列 $\{a_n\}$ 中，取其偶数项所构成的子列可表示为 $\{a_{2k}\}$（此时 $n_k=2k,k=1,2,\cdots$），即它是通过依次选取原数列中的第 2 项，第 4 项，第 6 项，第 8 项……而构成的数列：

$$a_2,a_4,\cdots,a_{2k},\cdots$$

由子列下标的严格单调增加性质，可知 $n_k\geqslant k(k\in\mathbf{N}_+)$.

定理 1.2.10　若数列 $\{a_n\}$ 收敛于 A，则它的任何子列 $\{a_{n_k}\}$ 也收敛于 A.

证　由 $\lim\limits_{n\to\infty}a_n=A$ 可知，对于任意给定的 $\varepsilon>0$，存在正整数 N，使得当 $n>N$ 时，成立

$$|a_n-A|<\varepsilon.$$

取 $K=N$，于是当 $k>K$ 时，有 $n_k\geqslant k>N$，因而成立

$$|a_{n_k}-A|<\varepsilon.$$

证毕

定理 1.2.10 也常被用来判断一个数列的发散.

例 1.2.12　证明数列 $\left\{\sin\dfrac{n\pi}{4}\right\}$ 发散.

证　记 $a_n=\sin\dfrac{n\pi}{4}(n=1,2,\cdots)$. 显然

$$a_{4k}=0,\quad a_{8k+2}=1,\quad k=1,2,\cdots,$$

因此 $\{a_n\}$ 的子列 $\{a_{4k}\}$ 收敛于 0，$\{a_{8k+2}\}$ 收敛于 1. 若 $\{a_n\}$ 收敛，则由定理 1.2.10 可知，这两个子列应收敛于同一极限，这就得到了矛盾. 因此数列 $\left\{\sin\dfrac{n\pi}{4}\right\}$ 发散.

证毕

引理 1.2.1　任何一个数列中必可取出一个单调的子列.

证　设 $\{a_n\}$ 是一个数列，如果它的某一项大于其后面的所有项，我们就称该项为**凸出项**.

（1）如果 $\{a_n\}$ 中有无穷多个凸出项，那么将这些项依次取出来，便得到 $\{a_n\}$ 的一个单调减少的子列.

（2）如果 $\{a_n\}$ 中只有有限多个凸出项，这时取出最后一个凸出项的下一项，记为 a_{n_1}.

因为 a_{n_1} 不是凸出项,所以在它后面必有一项 $a_{n_2}(n_1<n_2)$,满足 $a_{n_1}\leqslant a_{n_2}$;因为 a_{n_2} 不是凸出项,所以在它后面必有一项 $a_{n_3}(n_2<n_3)$,满足 $a_{n_2}\leqslant a_{n_3}$. 如此下去,由归纳原理,可得到 $\{a_n\}$ 的一个单调增加的子列 $\{a_{n_k}\}$.

证毕

定理 1.2.11(Bolzano-Weierstrass(波尔查诺-魏尔斯特拉斯)定理) 有界数列必含有收敛的子列.

证 设 $\{a_n\}$ 是一个有界数列. 由引理 1.2.1 可知,$\{a_n\}$ 中含有单调的子列 $\{a_{n_k}\}$. 显然 $\{a_{n_k}\}$ 也是有界的,由定理 1.2.9 可知,$\{a_{n_k}\}$ 是收敛的.

证毕

例如,例 1.2.12 中的数列 $\left\{\sin\dfrac{n\pi}{4}\right\}$ 是有界数列,它有收敛的子列 $\{a_{4k}\}$.

Cauchy 收敛准则

单调数列毕竟是一类特殊的数列. 人们自然要问:一般地,能不能根据数列各项自身的情况来判断其极限存在与否? 关于这一点,下述的 Cauchy 收敛准则给出了一个基本的结论.

定理 1.2.12(Cauchy 收敛准则) 数列 $\{a_n\}$ 收敛的充要条件是对于任意给定的 $\varepsilon>0$,存在正整数 N,使得当 $m,n\geqslant N$ 时,成立

$$|a_n-a_m|<\varepsilon.$$

满足 Cauchy 收敛准则的充分条件的数列称为**基本数列**,Cauchy 收敛准则表明,实基本数列 $\{x_n\}$ 必在实数范围内有极限,这一性质称为**实数系的完备性**.

***证** 必要性:设数列 $\{a_n\}$ 收敛于 A,则由定义知,对于任意给定的 $\varepsilon>0$,存在正整数 N,当 $n,m>N$ 时,成立

$$|a_n-A|<\frac{\varepsilon}{2},\quad |a_m-A|<\frac{\varepsilon}{2},$$

于是

$$|a_n-a_m|\leqslant|a_n-A|+|a_m-A|<\varepsilon.$$

充分性:由于数列 $\{a_n\}$ 满足对于任意给定的 $\varepsilon>0$,存在正整数 N,使得当 $m,n\geqslant N$ 时,成立

$$|a_n-a_m|<\varepsilon,$$

因此取 $\varepsilon=1$,则存在 N_0,当 $n>N_0$ 时成立

$$|a_n-a_{N_0+1}|<1.$$

令 $M=\max\{|a_1|,|a_2|,\cdots,|a_{N_0}|,|a_{N_0+1}|+1\}$,则对一切正整数 n,均有

$$|a_n|\leqslant M,$$

即数列 $\{a_n\}$ 是有界的.

由 Bolzano-Weierstrass 定理,可知 $\{a_n\}$ 中必有收敛子列 $\{a_{n_k}\}$,记

$$\lim_{k\to\infty}a_{n_k}=A.$$

现证 $\{a_n\}$ 也收敛于 A. 由假设知,对于任意给定的 $\varepsilon>0$,存在正整数 N,使得当 $m,n\geqslant N$

时,成立:

$$|a_n-a_m|<\frac{\varepsilon}{2}.$$

因此当 k 充分大,满足 $n_k>N$ 时,便有

$$|a_n-a_{n_k}|<\frac{\varepsilon}{2}.$$

在上式中令 $k\to\infty$,便得到

$$|a_n-A|\leqslant\frac{\varepsilon}{2}<\varepsilon.$$

由定义可知,数列 $\{a_n\}$ 收敛于 A.

证毕

例 1.2.13　设 $a_n=1+\frac{1}{2}+\frac{1}{3}+\cdots+\frac{1}{n}(n=1,2,\cdots)$,证明数列 $\{a_n\}$ 发散.

为了证明 $\{a_n\}$ 发散,只要证明它不满足 Cauchy 收敛准则的条件,也就是要证明:存在某个 $\varepsilon>0$,对于任何正整数 N,存在正整数 $m,n\geqslant N$,使得 $|a_n-a_m|\geqslant\varepsilon$.

证　取 $\varepsilon=\frac{1}{2}$,对于任何正整数 N,注意到

$$\begin{aligned}|a_{2N}-a_N|&=\frac{1}{N+1}+\frac{1}{N+2}+\cdots+\frac{1}{2N}\\&>\frac{1}{2N}+\frac{1}{2N}+\cdots+\frac{1}{2N}=\frac{N}{2N}=\frac{1}{2}=\varepsilon,\end{aligned}$$

故而由 Cauchy 收敛准则,$\{a_n\}$ 是发散的.

证毕

例 1.2.14　设 $a_n=1-\frac{1}{2}+\frac{1}{3}-\cdots+(-1)^{n+1}\frac{1}{n}$ $(n=1,2,\cdots)$,证明数列 $\{a_n\}$ 收敛.

证　对于任何正整数 m,n,当 $m>n$ 时,有

$$a_m-a_n=(-1)^n\left[\frac{1}{n+1}-\frac{1}{n+2}+\cdots+(-1)^{m-n+1}\frac{1}{m}\right].$$

注意到 $\frac{1}{n+1}-\frac{1}{n+2}+\cdots+(-1)^{m-n+1}\frac{1}{m}>0$,所以

$$\begin{aligned}|a_m-a_n|&=\frac{1}{n+1}-\frac{1}{n+2}+\cdots+(-1)^{m-n+1}\frac{1}{m}\\&=\frac{1}{n+1}-\left[\frac{1}{n+2}-\cdots+(-1)^{m-n}\frac{1}{m}\right]<\frac{1}{n+1},\end{aligned}$$

于是,对任意给定的 $\varepsilon>0$,只要取 $N=\left[\frac{1}{\varepsilon}\right]$,则当 $m>n>N$ 时,便有

$$|a_m-a_n|<\varepsilon.$$

由 Cauchy 收敛准则可知 $\{a_n\}$ 收敛.

证毕

读者将能利用以后介绍的幂级数方法算得

$$\lim_{n\to\infty}\left[1-\frac{1}{2}+\frac{1}{3}-\cdots+(-1)^{n+1}\frac{1}{n}\right]=\ln 2.$$

在本节中,我们从确界存在定理出发,证明了单调有界数列的收敛定理、闭区间套定理(见习题 11)、Bolzano-Weierstrass 定理与 Cauchy 收敛准则. 需要指出的是,这五个定理是等价的,即从其中任何一个定理出发都可以推断出其他的定理,因此,这五个定理也常被称为实数基本定理.

习　题

1. 证明:数列 $1,\frac{1}{\sqrt{2}},\frac{1}{\sqrt{3}},\cdots,\frac{1}{\sqrt{n}},\cdots$ 为无穷小量.

2. 证明:若数列 $\{a_n\}$ 收敛于 a,则数列 $\{|a_n|\}$ 收敛于 $|a|$. 并问其逆命题是否成立?

3. 求下列极限:

(1) $\lim\limits_{n\to\infty}\frac{3n^2-1}{n^2+n}$;　(2) $\lim\limits_{n\to\infty}\left(\frac{n^2}{n-1}-\frac{n^2}{n+1}\right)$;

(3) $\lim\limits_{n\to\infty}\frac{(-2)^n+3^n}{(-1)^n+3^n}$;　(4) $\lim\limits_{n\to\infty}\frac{n\sin(n!)}{n^2+1}$;

(5) $\lim\limits_{n\to\infty}\frac{1+a+a^2+\cdots+a^n}{1+b+b^2+\cdots+b^n}\ (|a|<1,|b|<1)$;　(6) $\lim\limits_{n\to\infty}\left(\frac{1}{n^2}+\frac{2}{n^2}+\cdots+\frac{n-1}{n^2}\right)$;

(7) $\lim\limits_{n\to\infty}\left(\frac{1}{1\times2}+\frac{1}{2\times3}+\cdots+\frac{1}{n(n+1)}\right)$;　(8) $\lim\limits_{n\to\infty}\frac{a^n-a^{-n}}{a^n+a^{-n}}\ (a>0)$.

4. 下列命题是否正确? 正确的请给予证明,不正确的请举出反例:

(1) 若 $\{a_n\}$ 收敛,$\{b_n\}$ 发散,则 $\{a_n+b_n\}$ 与 $\{a_nb_n\}$ 均发散;

(2) 若 $\{a_n\}$,$\{b_n\}$ 均发散,则 $\{a_n+b_n\}$,$\{a_nb_n\}$ 也均发散.

5. 设 $a_n=\frac{1}{2}\times\frac{3}{4}\times\cdots\times\frac{2n-1}{2n}$,证明 $a_n<\frac{1}{\sqrt{2n+1}}$,并求出 $\lim\limits_{n\to\infty}a_n$.

6. 证明:$\lim\limits_{n\to\infty}\left[\frac{1}{(n+1)^3}+\frac{2}{(n+2)^3}+\cdots+\frac{n}{(2n)^3}\right]=0$.

7. 利用"单调有界数列必有极限",证明下列数列 $\{a_n\}$ 收敛,并求出它们的极限:

(1) $a_1=\sqrt{2},a_{n+1}=\sqrt{2a_n},\ n=1,2,\cdots$;　(2) $a_1=\sqrt{2},a_{n+1}=\sqrt{2+a_n},\ n=1,2,\cdots$;

(3) $a_1=1,a_{n+1}=1+\frac{a_n}{1+a_n},\ n=1,2,\cdots$.

8. 利用 Cauchy 收敛准则,证明以下数列 $\{a_n\}$ 的收敛性:

(1) $a_n=\frac{\sin 1}{2}+\frac{\sin 2}{2^2}+\cdots+\frac{\sin n}{2^n}$;　(2) $a_n=\frac{\cos 1}{1\cdot2}+\frac{\cos 2}{2\cdot3}+\cdots+\frac{\cos n}{n(n+1)}$;

(3) $a_n=1+\frac{1}{2^2}+\frac{1}{3^2}+\cdots+\frac{1}{n^2}$.

9. 设 $\lim\limits_{n\to\infty}a_{2n}=\lim\limits_{n\to\infty}a_{2n+1}=a$,证明:$\lim\limits_{n\to\infty}a_n=a$.

10. **Fibonacci(斐波那契)数列** $\{a_n\}$ 如下定义:

$$a_1=1,\quad a_2=1,\quad a_{n+1}=a_n+a_{n-1}\quad(n=2,3,\cdots),$$

记 $b_n=\dfrac{a_{n+1}}{a_n}(n=1,2,\cdots)$.

(1) 证明 $\{b_n\}$ 收敛;

(2) 求 $\lim\limits_{n\to\infty}b_n$.

*11. **(闭区间套定理)** 设一列闭区间 $[a_n,b_n](n=1,2,\cdots)$ 满足

(1) $[a_{n+1},b_{n+1}]\subset[a_n,b_n]$, $n=1,2,\cdots$;

(2) $\lim\limits_{n\to\infty}(b_n-a_n)=0$,

证明:存在唯一的实数 ξ 属于所有的 $[a_n,b_n]$,且 $\xi=\lim\limits_{n\to\infty}a_n=\lim\limits_{n\to\infty}b_n$.

§ 3　函数的极限

对于自变量的变化过程中相应函数值变化趋势的讨论,引出了函数极限的概念. 由于自变量变化过程不同,函数的极限表现为不同的形式. 数列极限就是定义在正整数集上的函数当自变量趋于无穷大时的极限. 本节对于定义在实数直线某区间上的函数,讨论当自变量在其定义域中连续地趋于某个值(有限或无限)时,函数值的变化趋势.

自变量趋于有限值时函数的极限

首先考虑自变量 x 趋于 x_0 的过程中函数值的变化趋势. 设函数 f 在 x_0 附近有定义,如果在 x 趋于 x_0 的过程中,函数值 $f(x)$ 无限地接近于常数 A,即 $f(x)-A$ 趋于 0,就称 A 是 $f(x)$ 当 $x\to x_0$ 时的极限,它的精确数学描述如下:

定义 1.3.1 如果对任意给定的 $\varepsilon>0$,总存在 $\delta>0$,使得当 $0<|x-x_0|<\delta$ 时成立

$$|f(x)-A|<\varepsilon,$$

则称 $f(x)$ 在 $x\to x_0$ 时以 A 为**极限**,也称 A 为 $f(x)$ 在 x_0 点的极限,记作

$$\lim_{x\to x_0}f(x)=A.$$

注意,这个定义中对 x 的要求是 $0<|x-x_0|<\delta$,其中 $|x-x_0|>0$ 表示研究 $x\to x_0$ 时 $f(x)$ 的极限与函数 f 在 $x=x_0$ 处的状况无关. 因为我们关心的是 x 无限地趋于 x_0 时 $f(x)$ 的变化趋势,这个趋势与函数 f 在 x_0 点有无定义毫无关系. 例如,$f(x)=\dfrac{x^2-1}{x-1}$ 在 $x=1$ 点无定义,而 $g(x)=x+1$ 与 $f(x)$ 仅在 $x=1$ 点不相等. 显然,当 $x\to1$ 时函数 f 与 g 的变化趋势是相同的,它们都以 2 为极限.

$\lim\limits_{x\to x_0}f(x)=A$ 有十分直观的几何解释:对任意给定的正数 ε,作一个介于直线 $y=A+\varepsilon$ 与 $y=A-\varepsilon$ 之间的条形区域. 相应于这个区域,存在以 x_0 为中心的区间 $(x_0-\delta,x_0+\delta)$,如果横坐标位于该区间但又非 x_0,则函数 f 的图像上的点落在上述条形区域中(见图 1.3.1).

讨论与极限有关的问题时,还经常使用“邻域”的术语.设 $\varepsilon>0$,称以 a 为中心的开区间 $(a-\varepsilon,a+\varepsilon)$ 为 a 的 **ε 邻域**,记作 $O(a,\varepsilon)$.

这样,$\lim\limits_{x\to x_0}f(x)=A$ 可叙述为:对 A 的任何 ε 邻域,存在 x_0 的某 δ 邻域,当 x 属于该邻域且非 x_0 时,$f(x)$ 落在 A 的 ε 邻域中.即,对于任意给定的 $\varepsilon>0$,存在 $\delta>0$,当 $x\in O(x_0,\delta)\setminus\{x_0\}$ 时,$f(x)\in O(A,\varepsilon)$.

例 1.3.1 证明 $\lim\limits_{x\to 0}x\sin\dfrac{1}{x}=0$(图 1.3.2).

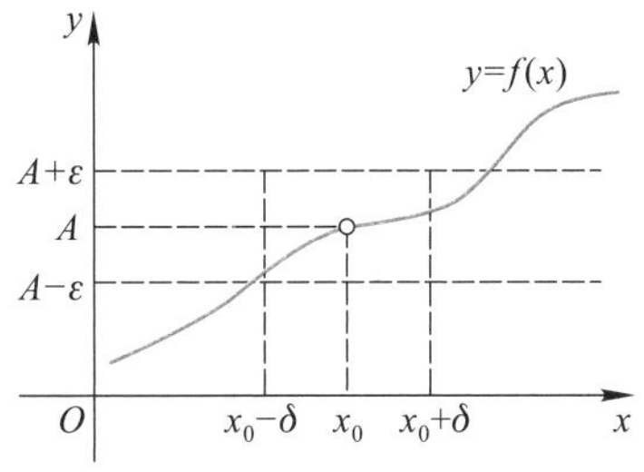

图 1.3.1

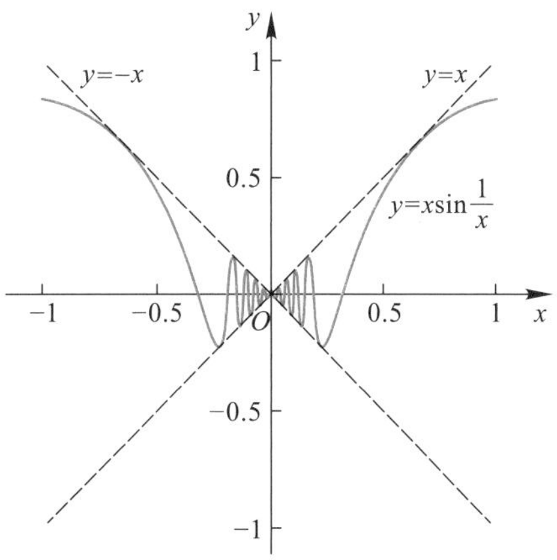

图 1.3.2

证 对于任意给定的 $\varepsilon>0$,为使

$$\left|x\sin\frac{1}{x}-0\right|<\varepsilon,$$

只要取 $\delta=\varepsilon$,则当 $0<|x-0|<\delta$ 时,便成立

$$\left|x\sin\frac{1}{x}-0\right|=|x|\left|\sin\frac{1}{x}\right|\leqslant|x|<\delta=\varepsilon.$$

因此,$\lim\limits_{x\to 0}x\sin\dfrac{1}{x}=0$.

证毕

函数极限的概念也可以用数列极限的形式表述.

定理 1.3.1(Heine(海涅)定理) $\lim\limits_{x\to x_0}f(x)=A$ 的充分必要条件是对于任何满足 $x_n\neq x_0(n=1,2,\cdots)$ 且收敛于 x_0 的数列 $\{x_n\}$,均有 $\lim\limits_{n\to\infty}f(x_n)=A$.

***证** 必要性:设 $\lim\limits_{x\to x_0}f(x)=A$,则由函数极限的定义得,对于任意给定的 $\varepsilon>0$,存在 $\delta>0$,使得当 $0<|x-x_0|<\delta$ 时成立

$$|f(x)-A|<\varepsilon.$$

由数列极限的定义,对于满足 $x_n\neq x_0(n=1,2,\cdots)$ 且收敛于 x_0 的数列 $\{x_n\}$,必存在正整数 N,当 $n>N$ 时成立 $0<|x_n-x_0|<\delta$,所以由上式得

$$|f(x_n)-A|<\varepsilon.$$

因此 $\lim\limits_{n\to\infty}f(x_n)=A$.

充分性：设对于每个满足 $x_n\neq x_0(n=1,2,\cdots)$ 且收敛于 x_0 的数列 $\{x_n\}$，均有 $\lim\limits_{n\to\infty}f(x_n)=A$. 若 $\lim\limits_{x\to x_0}f(x)=A$ 不成立，则存在 $\varepsilon_0>0$，使得对于每个 $\delta>0$，存在 x'，满足 $0<|x'-x_0|<\delta$，使得

$$|f(x')-A|\geqslant\varepsilon_0.$$

因此，对于 $\delta=1$，存在 x_1，满足 $0<|x_1-x_0|<1$，使得 $|f(x_1)-A|\geqslant\varepsilon_0$；对于 $\delta=\dfrac{1}{2}$，存在 x_2，满足 $0<|x_2-x_0|<\dfrac{1}{2}$，使得 $|f(x_2)-A|\geqslant\varepsilon_0$……对于 $\delta=\dfrac{1}{n}$，存在 x_n，满足 $0<|x_n-x_0|<\dfrac{1}{n}$，使得 $|f(x_n)-A|\geqslant\varepsilon_0(n=1,2,\cdots)$. 这样，我们可以得到一个数列 $\{x_n\}$，满足 $0<|x_n-x_0|<\dfrac{1}{n}(n=1,2,\cdots)$ 以及 $|f(x_n)-A|\geqslant\varepsilon_0$. 显然 $x_n\neq x_0(n=1,2,\cdots)$ 且 $\lim\limits_{n\to\infty}x_n=x_0$，但 $\{f(x_n)\}$ 不以 A 为极限，这与假设矛盾，因此 $\lim\limits_{x\to x_0}f(x)=A$.

证毕

例 1.3.2　证明：$x\to0$ 时，$\sin\dfrac{1}{x}$ 无极限（见图 1.3.3）.

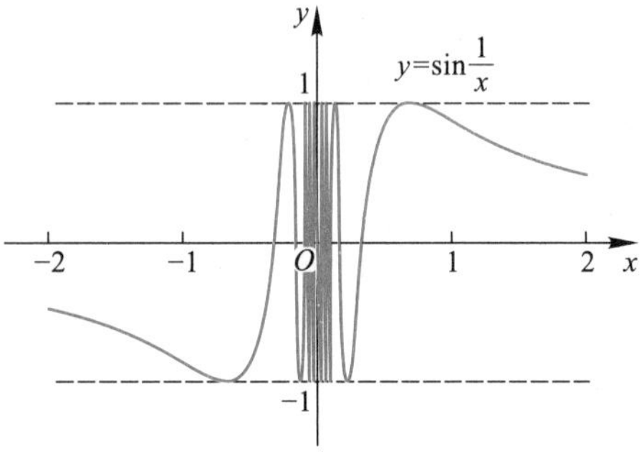

图 1.3.3

证　取数列

$$x_n=\left(2n\pi+\frac{\pi}{2}\right)^{-1},\quad y_n=(n\pi)^{-1},\quad n=1,2,\cdots.$$

显然，$x_n\neq0$，$y_n\neq0$，且

$$\lim_{n\to\infty}x_n=\lim_{n\to\infty}y_n=0.$$

但是

$$\lim_{n\to\infty}\sin\frac{1}{x_n}=1,\quad \lim_{n\to\infty}\sin\frac{1}{y_n}=0.$$

由定理 1.3.1 可知，如果 $x\to0$ 时 $\sin\dfrac{1}{x}$ 存在极限，则上述两个极限应该相等，所以 $x\to0$ 时 $\sin\dfrac{1}{x}$ 无极限.

证毕

极限的性质

关于函数极限，也有类似于数列极限的四则运算法则.

定理 1.3.2（四则运算法则）　若 $\lim\limits_{x\to x_0}f(x)$ 与 $\lim\limits_{x\to x_0}g(x)$ 均存在，则

$$\lim_{x\to x_0}[f(x)\pm g(x)]=\lim_{x\to x_0}f(x)\pm\lim_{x\to x_0}g(x),$$

$$\lim_{x\to x_0}[f(x)g(x)]=\lim_{x\to x_0}f(x)\lim_{x\to x_0}g(x),$$

$$\lim_{x\to x_0}\frac{f(x)}{g(x)}=\frac{\lim\limits_{x\to x_0}f(x)}{\lim\limits_{x\to x_0}g(x)},$$

最后一个关系式要求$\lim\limits_{x\to x_0} g(x)\neq 0$.

证　设$A=\lim\limits_{x\to x_0} f(x)$,$B=\lim\limits_{x\to x_0} g(x)$. 由定理 1.3.1,对任何收敛于$x_0$的数列$\{x_n\}$,$x_n\neq x_0(n=1,2,\cdots)$,均有$\lim\limits_{n\to\infty} f(x_n)=A$,$\lim\limits_{n\to\infty} g(x_n)=B$. 利用数列极限的性质,得到

$$\lim_{n\to\infty}[f(x_n)\pm g(x_n)]=\lim_{n\to\infty} f(x_n)\pm\lim_{n\to\infty} g(x_n)=A\pm B.$$

再次利用定理 1.3.1,可知$\lim\limits_{x\to x_0}[f(x)\pm g(x)]$存在,且等于$A\pm B$,即$\lim\limits_{x\to x_0} f(x)\pm \lim\limits_{x\to x_0} g(x)$.

类似地可以证得另外两式.

证毕

特别地,在定理 1.3.2 的条件下,对任意的实数α,β,均有

$$\lim_{x\to x_0}[\alpha f(x)+\beta g(x)]=\alpha\lim_{x\to x_0} f(x)+\beta\lim_{x\to x_0} g(x).$$

例 1.3.3　设有n次多项式

$$P_n(x)=\sum_{k=0}^{n} a_k x^k=a_0+a_1x+a_2x^2+\cdots+a_nx^n\quad(a_n\neq 0),$$

求$\lim\limits_{x\to x_0} P_n(x)$.

解　由定理 1.3.2 可知

$$\begin{aligned}\lim_{x\to x_0} P_n(x)&=\lim_{x\to x_0}\sum_{k=0}^{n} a_k x^k=\sum_{k=0}^{n}\lim_{x\to x_0}(a_k x^k)\\&=\sum_{k=0}^{n} a_k\left(\lim_{x\to x_0} x\right)^k=\sum_{k=0}^{n} a_k x_0^k=P_n(x_0).\end{aligned}$$

例 1.3.4　设$p_n(x)$,$q_m(x)$分别为n次和m次多项式,且$q_m(x_0)\neq 0$,求$\lim\limits_{x\to x_0}\dfrac{p_n(x)}{q_m(x)}$.

解　由定理 1.3.2 和上例可知

$$\lim_{x\to x_0}\frac{p_n(x)}{q_m(x)}=\frac{\lim\limits_{x\to x_0} p_n(x)}{\lim\limits_{x\to x_0} q_m(x)}=\frac{p_n(x_0)}{q_m(x_0)}.$$

函数极限也具有重要的夹逼性质.

定理 1.3.3(夹逼性)　设$r>0$. 若当$0<|x-x_0|<r$时成立

$$f(x)\leqslant g(x)\leqslant h(x),$$

且$\lim\limits_{x\to x_0} f(x)=\lim\limits_{x\to x_0} h(x)=A$,则$\lim\limits_{x\to x_0} g(x)=A$.

证　任取数列$\{x_n\}$,$x_n\neq x_0(n=1,2,\cdots)$,且满足$\lim\limits_{n\to\infty} x_n=x_0$,则当$n$充分大时有$0<|x_n-x_0|<r$,因此由条件可知此时成立

$$f(x_n)\leqslant g(x_n)\leqslant h(x_n).$$

由定理 1.3.1 可知,$\lim\limits_{n\to\infty} f(x_n)=\lim\limits_{n\to\infty} h(x_n)=A$,从而由定理 1.2.7 可知$\lim\limits_{n\to\infty} g(x_n)=A$. 根据$\{x_n\}$的任意性,再次应用定理 1.3.1 即得$\lim\limits_{x\to x_0} g(x)=A$.

证毕

例 1.3.5　证明:$\lim\limits_{x\to 0}\cos x=1$和$\lim\limits_{x\to 0}\dfrac{\sin x}{x}=1$.

证　作单位圆周在第一象限的一部分,如图 1.3.4 所示. 设圆心角 COA 的弧度数为 $x\left(0<x<\dfrac{\pi}{2}\right)$. 显然

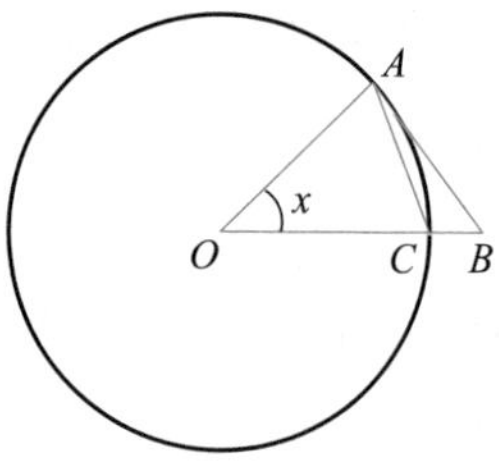

图 1.3.4

$$\triangle OAC\text{ 的面积} < \text{扇形 } OAC \text{ 的面积} < \triangle OAB \text{ 的面积},$$

亦即

$$\sin x<x<\tan x.$$

由此得到

$$\cos x<\frac{\sin x}{x}<1.$$

因为 $\cos(-x)=\cos x,\dfrac{\sin(-x)}{-x}=\dfrac{\sin x}{x}$,所以上式对于 $-\dfrac{\pi}{2}<x<0$ 也成立.

如能证得 $\lim\limits_{x\to 0}\cos x=1$,由上式及极限的夹逼性质便得 $\lim\limits_{x\to 0}\dfrac{\sin x}{x}=1$. 为此,估计 $1-\cos x$,有

$$0\leqslant 1-\cos x=2\sin^2\frac{x}{2}\leqslant 2\left(\frac{x}{2}\right)^2=\frac{1}{2}x^2,$$

由例 1.3.3 可知 $\lim\limits_{x\to 0}\dfrac{1}{2}x^2=0$,利用极限的夹逼性质即得 $\lim\limits_{x\to 0}(1-\cos x)=0$,因此

$$\lim_{x\to 0}\cos x=1.$$

证毕

注　由于 $\dfrac{\sin x}{x}$ 就是弧度为 $2x$ 的圆心角所对应的弦长与弧长之比, $\lim\limits_{x\to 0}\dfrac{\sin x}{x}=1$ 说明当 x 充分小时,可以“以直代曲”,用弦长来近似弧长.

$x\to x_0$ 时 $f(x)$ 的极限,反映了当 x 趋于 x_0 时函数值变化过程最终的趋势,它自然与 f 在 x_0 附近的局部性态有关. 极限概念的重要性,还在于由极限可以反过来推断函数的某些局部性质.

定理 1.3.4　*如果 $\lim\limits_{x\to x_0}f(x)$ 存在,则存在 $\delta>0$,使得当 $0<|x-x_0|<\delta$ 时,函数 f 有界.*

证　设 $\lim\limits_{x\to x_0}f(x)=A$,则对于 $\varepsilon=1$,存在 $\delta>0$,使得 $0<|x-x_0|<\delta$ 时成立 $|f(x)-A|<1$. 这就是说,当 $0<|x-x_0|<\delta$ 时,成立

$$A-1<f(x)<A+1,$$

因此,f 在 $0<|x-x_0|<\delta$ 上有界.

证毕

定理 1.3.5　*设 $\lim\limits_{x\to x_0}f(x)=A,\lim\limits_{x\to x_0}g(x)=B$,且 $A>B$,则存在 $\delta>0$,使得当 $0<|x-x_0|<\delta$ 时成立*

$$f(x)>g(x).$$

证　取 $\varepsilon=\dfrac{A-B}{2}>0$,由于 $\lim\limits_{x\to x_0}f(x)=A$,故存在 $\delta_1>0$,使得 $0<|x-x_0|<\delta_1$ 时,$|f(x)-A|<\varepsilon$;又由于 $\lim\limits_{x\to x_0}g(x)=B$,故存在 $\delta_2>0$,使得 $0<|x-x_0|<\delta_2$ 时,$|g(x)-B|<\varepsilon$. 取 $\delta=\min\{\delta_1,\delta_2\}$,则当 $0<|x-x_0|<\delta$ 时,成立

$$f(x)>A-\varepsilon=\frac{A+B}{2}=B+\varepsilon>g(x).$$

证毕

推论 1.3.1　设$\lim\limits_{x\to x_0}f(x)=A>B$，则存在 $\delta>0$，使得当 $0<|x-x_0|<\delta$ 时，

$$f(x)>B.$$

只要令 $g(x)=B$，由上一定理即得．

推论 1.3.2　如果$\lim\limits_{x\to x_0}f(x)$和$\lim\limits_{x\to x_0}g(x)$均存在，且当 $0<|x-x_0|<r$ 时，$f(x)\leqslant g(x)$，则

$$\lim_{x\to x_0}f(x)\leqslant\lim_{x\to x_0}g(x).$$

这只要利用定理 1.3.5 并使用反证法即得．

请读者关于数列的极限写出并证明与定理 1.3.5 及推论 1.3.1、推论 1.3.2 相应的结论，并与定理 1.2.8 的证明进行比较．

定理 1.3.6（复合函数的极限）　设函数 f 满足$\lim\limits_{u\to u_0}f(u)=A$，而函数 g 在某个 $O(x_0,\delta)\setminus\{x_0\}$ 上有定义，且 $g(x)\neq u_0$．若$\lim\limits_{x\to x_0}g(x)=u_0$，则

$$\lim_{x\to x_0}f\circ g(x)=\lim_{x\to x_0}f[g(x)]=A.$$

证　对于任意给定的 $\varepsilon>0$，由于$\lim\limits_{u\to u_0}f(u)=A$，所以存在 $\eta>0$，当 $0<|u-u_0|<\eta$ 时，成立

$$|f(u)-A|<\varepsilon.$$

又因为$\lim\limits_{x\to x_0}g(x)=u_0$，所以对于正数 η，存在 $\delta>0$，当 $0<|x-x_0|<\delta$ 时，成立

$$|g(x)-u_0|<\eta.$$

注意 $g(x)\neq u_0$，因此当 $0<|x-x_0|<\delta$ 时，成立 $0<|g(x)-u_0|<\eta$，于是

$$|f[g(x)]-A|<\varepsilon,$$

因此$\lim\limits_{x\to x_0}f[g(x)]=A$．

证毕

注意在这个定理中，如果 $g(x)\neq u_0$ 的条件不满足，便不能得出$\lim\limits_{x\to x_0}f\circ g(x)$存在的结论．例如：

$$y=f(u)=\begin{cases}0, & u=0,\\ 1, & u\neq 0,\end{cases}\qquad u=g(x)=x\sin\frac{1}{x},$$

显然有

$$\lim_{x\to 0}g(x)=0,\qquad \lim_{u\to 0}f(u)=1,$$

但是$\lim\limits_{x\to 0}f\circ g(x)$不存在（请读者自己给出证明）．

例 1.3.6　求极限$\lim\limits_{x\to 9}\dfrac{\sqrt{x}-3}{x-9}$．

解　由极限的四则运算法则得

$$\lim_{x\to 9}\frac{\sqrt{x}-3}{x-9}=\lim_{x\to 9}\frac{(\sqrt{x}-3)(\sqrt{x}+3)}{(x-9)(\sqrt{x}+3)}=\lim_{x\to 9}\frac{x-9}{(x-9)(\sqrt{x}+3)}$$

$$=\lim_{x\to 9}\frac{1}{\sqrt{x}+3}=\frac{1}{3+3}=\frac{1}{6}.$$

这里利用了$\lim\limits_{x\to a}\sqrt{x}=\sqrt{a}\,(a>0)$,其证明留做习题.

例 1.3.7　求极限$\lim\limits_{x\to 1}\left(\dfrac{1}{1-x}-\dfrac{3}{1-x^3}\right)$.

解　由极限的四则运算法则得

$$\lim_{x\to 1}\left(\frac{1}{1-x}-\frac{3}{1-x^3}\right)=\lim_{x\to 1}\frac{x^2+x-2}{1-x^3}$$
$$=\lim_{x\to 1}\frac{(x-1)(x+2)}{(1-x)(x^2+x+1)}=\lim_{x\to 1}\left(-\frac{x+2}{x^2+x+1}\right)=-1.$$

例 1.3.8　求极限$\lim\limits_{x\to 0}\dfrac{\tan x}{x}$.

解　由极限的四则运算法则和$\lim\limits_{x\to 0}\dfrac{\sin x}{x}=1$得到

$$\lim_{x\to 0}\frac{\tan x}{x}=\lim_{x\to 0}\frac{\sin x}{x}\cdot\frac{1}{\cos x}=1.$$

例 1.3.9　求极限$\lim\limits_{x\to 0}\dfrac{\sin 8x}{\tan x}$.

解　令$u=8x$,则当$x\to 0$时有$u\to 0$. 由复合函数的极限的性质与例 1.3.5 知

$$\lim_{x\to 0}\frac{\sin 8x}{8x}=\lim_{u\to 0}\frac{\sin u}{u}=1.$$

因此由极限的四则运算法则得

$$\lim_{x\to 0}\frac{\sin 8x}{\tan x}=\lim_{x\to 0}8\cdot\frac{\sin 8x}{8x}\cdot\frac{1}{\dfrac{\sin x}{x}}\cdot\cos x=8.$$

在计算复合函数的极限时,并不需要将中间变量的运用详细写出,例如,可直接写$\lim\limits_{x\to 0}\dfrac{\sin 8x}{8x}=1$.

例 1.3.10　求极限$\lim\limits_{x\to 0}\dfrac{1-\cos x}{x^2}$.

解　由极限的四则运算法则和$\lim\limits_{x\to 0}\dfrac{\sin x}{x}=1$得

$$\lim_{x\to 0}\frac{1-\cos x}{x^2}=\lim_{x\to 0}\frac{2\sin^2\dfrac{x}{2}}{x^2}=\lim_{x\to 0}\frac{1}{2}\left(\frac{\sin\dfrac{x}{2}}{\dfrac{x}{2}}\right)^2=\frac{1}{2}\cdot 1^2=\frac{1}{2}.$$

下面介绍的函数极限存在的充要条件在理论研究中有着重要应用.

定理 1.3.7(函数极限的 Cauchy 收敛准则)　函数极限$\lim\limits_{x\to x_0}f(x)$存在的充分必要条件是:对于任意给定的$\varepsilon>0$,存在$\delta>0$,使得当$x',x''\in O(x_0,\delta)\setminus\{x_0\}$时,成立

$$|f(x')-f(x'')|<\varepsilon.$$

* **证**　必要性:设$\lim\limits_{x\to x_0}f(x)=A$. 由定义,对于任意给定的$\varepsilon>0$,存在$\delta>0$,使得当$0<|x-$

$x_0|<\delta$ 时，成立

$$|f(x)-A|<\frac{\varepsilon}{2}.$$

因此当 $x',x''\in O(x_0,\delta)\setminus\{x_0\}$ 时，成立

$$|f(x')-A|<\frac{\varepsilon}{2},\quad |f(x'')-A|<\frac{\varepsilon}{2},$$

于是

$$|f(x')-f(x'')|\leqslant|f(x')-A|+|f(x'')-A|<\varepsilon.$$

充分性：设对于任意给定的 $\varepsilon>0$，存在 $\delta>0$，使得当 $x',x''\in O(x_0,\delta)\setminus\{x_0\}$ 时，成立

$$|f(x')-f(x'')|<\varepsilon.$$

对于任意满足 $x_n\neq x_0(n=1,2,\cdots)$ 且收敛于 x_0 的数列 $\{x_n\}$，由数列极限的定义，对于上述 $\delta>0$，存在正整数 N，使得当 $m,n\geqslant N$ 时，成立

$$0<|x_m-x_0|<\delta,\quad 0<|x_n-x_0|<\delta,$$

于是由假设知

$$|f(x_m)-f(x_n)|<\varepsilon.$$

根据数列的 Cauchy 收敛准则，可知数列 $\{f(x_n)\}$ 收敛．

设 $\{y_n\}$ 是满足 $y_n\neq x_0(n=1,2,\cdots)$ 且收敛于 x_0 的另一数列，则如上所证，$\{f(y_n)\}$ 也收敛，现说明数列 $\{f(x_n)\}$ 与 $\{f(y_n)\}$ 有相同的极限．由于数列

$$\{z_n\}:x_1,y_1,x_2,y_2,\cdots,x_n,y_n,\cdots$$

也满足通项不等于 x_0 且收敛于 x_0，如上所证，$\{f(z_n)\}$ 也收敛，于是作为它的子列，$\{f(x_n)\}$ 和 $\{f(y_n)\}$ 有相同的极限．

这说明对于任意满足 $x_n\neq x_0(n=1,2,\cdots)$ 且收敛于 x_0 的数列 $\{x_n\}$，数列 $\{f(x_n)\}$ 均收敛于同一极限，因而由 Heine 定理可知，$\lim\limits_{x\to x_0}f(x)$ 存在．

证毕

单侧极限

函数 f 在某 x_0 两侧变化趋势不一致的情况是经常发生的．有时，f 原来就只定义于 x_0 的一侧．这就需要用单侧极限来刻画自变量从 x_0 的一侧趋于 x_0 时函数值的变化趋势．

定义 1.3.2　如果存在实数 A，对于任意给定的 $\varepsilon>0$，存在 $\delta>0$，使得当 $x_0-\delta<x<x_0$ 时成立

$$|f(x)-A|<\varepsilon,$$

则称 A 为 $f(x)$ 在 x_0 点的**左极限**，记作 $\lim\limits_{x\to x_0-0}f(x)=A$ 或 $f(x_0-0)=A$.

类似地可以定义 $f(x)$ 在 x_0 点的**右极限** $\lim\limits_{x\to x_0+0}f(x)$，即 $f(x_0+0)$．左极限与右极限统称为**单侧极限**．

关于函数的极限与左、右极限，显然存在以下关系．

定理 1.3.8　$\lim\limits_{x\to x_0}f(x)=A$ 的充要条件是

$$\lim_{x\to x_0-0} f(x)=\lim_{x\to x_0+0} f(x)=A.$$

这就是说，极限存在等价于左、右极限同时存在且相等.

例 1.3.11　符号函数 sgn x 在 $x=0$ 点，显然有

$$\lim_{x\to 0-0}\operatorname{sgn} x=-1,\quad \lim_{x\to 0+0}\operatorname{sgn} x=1,$$

即它在 $x=0$ 点的左、右极限均存在，但不相等. 因此 $x\to 0$ 时，sgn x 的极限并不存在.

关于函数的极限，还有一类重要的情况，即自变量趋于无限的情况.

自变量趋于无限时函数的极限

定义 1.3.3　如果对于任意给定的 $\varepsilon>0$，存在 $X>0$，使得当 $|x|>X$ 时成立

$$|f(x)-A|<\varepsilon,$$

则称 x 趋于无穷大时，$f(x)$ 以 A 为极限，记作

$$\lim_{x\to\infty} f(x)=A.$$

例如，当 $|x|$ 充分大时，$\dfrac{1}{x}$ 将与 0 充分接近，所以 $\lim\limits_{x\to\infty}\dfrac{1}{x}=0.$

很多场合中，当 x 趋于正、负无穷大时，$f(x)$ 的变化趋势未必一致，这又需要借助以下概念描述.

定义 1.3.4　如果对于任意给定的 $\varepsilon>0$，存在 $X>0$，使得当 $x>X$ 时成立

$$|f(x)-A|<\varepsilon,$$

则称 x 趋于正无穷大时，$f(x)$ 以 A 为极限，记作 $\lim\limits_{x\to+\infty} f(x)=A.$

类似地，可以给出 $\lim\limits_{x\to-\infty} f(x)$ 的定义.

关于以上几个概念，显然有类似于定理 1.3.8 的以下关系.

定理 1.3.9　$\lim\limits_{x\to\infty} f(x)=A$ 的充要条件是

$$\lim_{x\to+\infty} f(x)=\lim_{x\to-\infty} f(x)=A.$$

例 1.3.12　问当 $x\to\infty$ 时，arctan x 是否有极限？

解　由反正切函数的性质，有

$$\lim_{x\to+\infty}\arctan x=\frac{\pi}{2},$$

$$\lim_{x\to-\infty}\arctan x=-\frac{\pi}{2}.$$

根据定理 1.3.8，当 $x\to\infty$ 时，arctan x 没有极限.

对于单侧极限和自变量趋于无限时的几类极限，定理 1.3.2—1.3.7 的相应结论依然成立. 读者可自行写出各自的形式.

例 1.3.13　证明

$$\lim_{x\to\infty}\left(1+\frac{1}{x}\right)^{x}=\mathrm{e}.$$

证　首先证明 $\lim\limits_{x\to+\infty}\left(1+\dfrac{1}{x}\right)^{x}=\mathrm{e}$. 对于任何正实数 x，有 $[x]\leqslant x<[x]+1$，因此当 $x\geqslant 1$

时,有

$$\left(1+\frac{1}{[x]+1}\right)^{[x]}<\left(1+\frac{1}{x}\right)^{x}<\left(1+\frac{1}{[x]}\right)^{[x]+1}.$$

利用$\lim\limits_{n\to\infty}\left(1+\frac{1}{n}\right)^{n}=\mathrm{e}$,得到

$$\lim_{x\to+\infty}\left(1+\frac{1}{[x]+1}\right)^{[x]}=\lim_{x\to+\infty}\left(1+\frac{1}{[x]+1}\right)^{[x]+1}\left(1+\frac{1}{[x]+1}\right)^{-1}=\mathrm{e}.$$

同样的,

$$\lim_{x\to+\infty}\left(1+\frac{1}{[x]}\right)^{[x]+1}=\lim_{x\to+\infty}\left(1+\frac{1}{[x]}\right)^{[x]}\left(1+\frac{1}{[x]}\right)=\mathrm{e}.$$

因此由极限的夹逼性质得到

$$\lim_{x\to+\infty}\left(1+\frac{1}{x}\right)^{x}=\mathrm{e}.$$

其次,证明$\lim\limits_{x\to-\infty}\left(1+\frac{1}{x}\right)^{x}=\mathrm{e}$. 为此,记 $y=-x$. 于是当 $x\to-\infty$ 时,$y\to+\infty$,注意到

$$\left(1+\frac{1}{x}\right)^{x}=\left(1-\frac{1}{y}\right)^{-y}=\left(\frac{y}{y-1}\right)^{y}=\left(1+\frac{1}{y-1}\right)^{y},$$

所以

$$\lim_{x\to-\infty}\left(1+\frac{1}{x}\right)^{x}=\lim_{y\to+\infty}\left(1+\frac{1}{y-1}\right)^{y}=\lim_{y\to+\infty}\left(1+\frac{1}{y-1}\right)^{y-1}\left(1+\frac{1}{y-1}\right)=\mathrm{e}.$$

由于 x 趋于$\pm\infty$ 时,$\left(1+\frac{1}{x}\right)^{x}$ 均以 e 为极限,因此

$$\lim_{x\to\infty}\left(1+\frac{1}{x}\right)^{x}=\mathrm{e}.$$

证毕

注 在上例中令 $x=\frac{1}{y}$,则可得到$\lim\limits_{y\to0}(1+y)^{\frac{1}{y}}=\mathrm{e}$.

例 1.3.14 求下列极限:

(1) $\lim\limits_{x\to\infty}\left(1-\frac{2}{x}\right)^{x}$; (2) $\lim\limits_{x\to0}(1+3x)^{\frac{2}{x}}$.

解 (1) 利用$\lim\limits_{x\to\infty}\left(1+\frac{1}{x}\right)^{x}=\mathrm{e}$ 以及$\lim\limits_{u\to\mathrm{e}}u^{-2}=\lim\limits_{u\to\mathrm{e}}\frac{1}{u^{2}}=\frac{1}{\mathrm{e}^{2}}$得

$$\lim_{x\to\infty}\left(1-\frac{2}{x}\right)^{x}=\lim_{x\to\infty}\left[\left(1+\frac{1}{-\frac{x}{2}}\right)^{-\frac{x}{2}}\right]^{-2}=\frac{1}{\mathrm{e}^{2}}.$$

(2) 利用$\lim\limits_{u\to0}(1+u)^{\frac{1}{u}}=\mathrm{e}$,得

$$\lim_{x\to0}(1+3x)^{\frac{2}{x}}=\lim_{x\to0}\left[(1+3x)^{\frac{1}{3x}}\right]^{6}=\mathrm{e}^{6}.$$

例 1.3.15(放射物的质量) 放射物的放射速率与放射物的剩余量成正比. 设初始时

刻 $t=0$ 时,放射物质量为 M_0,试确定时刻 t 时放射物的质量 $M(t)$.

随着时间流逝,放射物质量不断减少,放射速率也逐渐变小,为便于讨论,我们把时间区间 $[0,t]$ 划分为 n 个小时段

$$\left[0,\frac{t}{n}\right],\left(\frac{t}{n},\frac{2t}{n}\right],\cdots,\left(\frac{n-1}{n}t,t\right],$$

并近似地认为在每个小时段中放射物具有不变的放射速率:

$$kM_0,kM\left(\frac{t}{n}\right),\cdots,kM\left(\frac{n-1}{n}t\right),$$

其中 $k>0$ 是比例常数. 这样,

$$M\left(\frac{t}{n}\right)\approx M_0-kM_0\frac{t}{n}=M_0\left(1-\frac{kt}{n}\right).$$

类似地,可得

$$M\left(\frac{2t}{n}\right)\approx M\left(\frac{t}{n}\right)\left(1-\frac{kt}{n}\right)\approx M_0\left(1-\frac{kt}{n}\right)^2.$$

如此类推,便得

$$M(t)\approx M_0\left(1-\frac{kt}{n}\right)^n.$$

上式左、右两边存在误差的原因在于假设每个小时段中放射速率不变. 自然设想可以增大 n 以提高精确度,从而得到

$$M(t)=\lim_{n\to\infty}M_0\left(1-\frac{kt}{n}\right)^n=\lim_{n\to\infty}M_0\left[\left(1+\frac{1}{\frac{-n}{kt}}\right)^{-\frac{n}{kt}}\right]^{-kt}=M_0\mathrm{e}^{-kt}.$$

需要指出的是,本例中先取近似值,再通过极限过程求得精确解的方法,体现了微积分的一种基本思想.

例 1.3.16(连续复利)　设本金为 A_0,每期(如一年)的利率为 r,期数为 t. 按复利计算,如果每期结算一次,则第 t 期后的本利和为 $A=A_0(1+r)^t$. 如果每期结算 m 次,则每次利率为 $\frac{r}{m}$,第 t 期后的本利和为

$$A_m=A_0\left(1+\frac{r}{m}\right)^{mt}.$$

利用二项式定理可知

$$\left(1+\frac{r}{m}\right)^m=1+r+\frac{m(m-1)}{2}\cdot\left(\frac{r}{m}\right)^2+\cdots+\left(\frac{r}{m}\right)^m>1+r,$$

所以

$$A_0\left(1+\frac{r}{m}\right)^{mt}>A_0(1+r)^t.$$

这就是说,每期结算 m 次的本利和比只结算一次的本利和大,而且还可以证明,$A_m=A_0\left(1+\frac{r}{m}\right)^{mt}$ 随 m 的增加而增大,因此,结算次数越频繁,第 t 期后的本利和越大. 若结算间

隔无限小,任意时刻的本利和立即进行重复计息,第 t 期后的本利和会如何呢? 会不会大得无法控制呢? 这就是连续复利问题.

显然,结算间隔任意小,前期利息归入本金后立即进行重复计息问题,可看成结算次数 $m\to\infty$ 的极限情形,此时第 t 期后的本利和为

$$A(t)=\lim_{m\to\infty}A_0\left(1+\frac{r}{m}\right)^{mt}=A_0\mathrm{e}^{rt}.$$

这就是**连续复利**时的第 t 期后的本利和,它是有限的数.

这个模型称为**连续复利模型**. 上式中的变量 t 也经常被视为连续变量,从而使之成为一个理论公式,在经济理论与应用中作为本利和的一种估计.

下表中列出了年利率为 5.5% 时,存款 100 元在 5 年中分别按复利和连续复利计算的本利和,可以看出按连续复利收益更好.

存期	按复利计算	按连续复利计算
一年	105.50	105.65
二年	111.30	111.63
三年	117.42	117.94
四年	123.88	124.61
五年	130.70	131.65

注 严格地说,以上两例推导中都应用了结论:若 $\lim\limits_{x\to\infty}f(x)=\mathrm{e}$,则 $\lim\limits_{x\to\infty}f(x)^a=\mathrm{e}^a$($a$ 是实数). 它利用了幂函数的连续性,这一点下节将会提到.

习 题

1. 按定义证明:

(1) $\lim\limits_{x\to3}\sqrt{1+x}=2$; (2) $\lim\limits_{x\to0}2^{-\frac{1}{x^2}}=0$.

2. 设 $\lim\limits_{x\to a}f(x)=A>0$,证明 $\lim\limits_{x\to a}\sqrt{f(x)}=\sqrt{A}$.

3. 求下列极限:

(1) $\lim\limits_{x\to2}\dfrac{x^2-4}{x^2-3x+2}$; (2) $\lim\limits_{x\to a}\dfrac{x^n-a^n}{x-a}$ (n 是正整数);

(3) $\lim\limits_{h\to0}\left(\dfrac{1}{x+h}-\dfrac{1}{x}\right)\dfrac{1}{h}$; (4) $\lim\limits_{x\to0}\dfrac{(1+x)(1+2x)(1+3x)-1}{x}$;

(5) $\lim\limits_{x\to1}\left(\dfrac{1}{1-x}-\dfrac{2}{1-x^2}\right)$; (6) $\lim\limits_{x\to1}\dfrac{x+x^2+\cdots+x^n-n}{x-1}$.

4. 求下列极限:

(1) $\lim\limits_{x\to0}\dfrac{\sin mx}{\sin nx}$; (2) $\lim\limits_{x\to0}\dfrac{1-\cos 2x}{x\sin 2x}$;

(3) $\lim\limits_{h\to0}\dfrac{\cos(x+h)-\cos x}{h}$; (4) $\lim\limits_{x\to0}\dfrac{\cos mx-\cos nx}{x^2}$;

(5) $\lim\limits_{n\to\infty}2^n\sin\dfrac{x}{2^n}$；　　(6) $\lim\limits_{x\to\frac{\pi}{2}}\left(x-\dfrac{\pi}{2}\right)\tan x$；

(7) $\lim\limits_{x\to\pi}\dfrac{\sin 3x}{\tan 5x}$；　　(8) $\lim\limits_{x\to\frac{\pi}{4}}\tan 2x\cdot\tan\left(\dfrac{\pi}{4}-x\right)$.

5. 讨论函数

$$f(x)=\begin{cases}\dfrac{1}{2x}, & x\in(0,1],\\ x^2, & x\in(1,2],\\ 2x, & x\in(2,3)\end{cases}$$

在 $x=0,1,2$ 三个点的单侧极限．

6. 讨论 $f(x)=\dfrac{1}{x}-\dfrac{1}{[x]}$ 在各整数点处的单侧极限．

7. 求下列极限：

(1) $\lim\limits_{x\to\infty}\left(1+\dfrac{4}{x}\right)^{2x}$；　　(2) $\lim\limits_{x\to\infty}\left(1-\dfrac{1}{x}\right)^{5x}$；

(3) $\lim\limits_{x\to\infty}\left(\dfrac{x}{1+x}\right)^{x}$；　　(4) $\lim\limits_{x\to\infty}\left(\dfrac{3-2x}{2-2x}\right)^{x}$.

§ 4　连续函数

现实世界中的许多现象，如气温的升降、河水的流动、植物的生长等过程，都给人们一种“连续不断”的直观印象，即当时间仅发生微小变化时，气温的升降也很微小，河水的流速增减不大，植物的高度相差无几．这类特征在数学上的反映就是函数的连续性．

微积分讨论的对象主要是连续函数或者间断点不太多的函数．“连续”与“间断”的概念可用函数图像作几何解释．例如，函数 $f(x)=x^2$ 的图像是一条抛物线，图像上的点连绵不断，构成了曲线“连续”的外观；而符号函数 sgn x 的图像也清晰地显示其“连续性”在 $x=0$ 点遭到破坏，即出现了间断．

为了准确地处理“连续”和“间断”的情况，需要给出确切的数学描述．

函数在一点的连续性

直观的分析告诉我们，函数 $y=f(x)$ 在某点 x_0 连续，应当是指当自变量 x 在 x_0 处有微小变化时，$f(x)$ 也在 $f(x_0)$ 附近作微小变化．变量的变化可以用“增量”来描述．下面记自变量的**增量**（或**改变量**）为 $\Delta x=x-x_0$，因变量的增量（或改变量）为 $\Delta y=f(x)-f(x_0)=f(x_0+\Delta x)-f(x_0)$．讨论增量的极限过程，就有以下定义．

定义 1.4.1　设函数 $y=f(x)$ 在 x_0 点的某个邻域中有定义，记 $\Delta x=x-x_0$，$\Delta y=f(x_0+\Delta x)-f(x_0)$．如果

$$\lim_{\Delta x\to 0}\Delta y=0,$$

则称函数 f 在 x_0 点**连续**，称 x_0 为 f 的**连续点**．

由于 $\Delta x\to 0$ 等价于 $x\to x_0$，而

$$\lim_{\Delta x\to 0}\Delta y=\lim_{\Delta x\to 0}[f(x_0+\Delta x)-f(x_0)]=\lim_{x\to x_0}[f(x)-f(x_0)],$$

所以上述定义中 $\lim\limits_{\Delta x\to 0}\Delta y=0$ 可用其等价形式

$$\lim_{x\to x_0}f(x)=f(x_0)$$

代替．这就是说，某函数在 x_0 点连续是指：(1) 该函数在点 x_0 的某邻域有定义；(2) 当 $x\to x_0$ 时函数值的极限存在；(3) 极限值等于在 x_0 点的函数值．根据对极限的讨论，"函数 f 在 x_0 点连续"可以表述为：对于任意给定的 $\varepsilon>0$，存在 $\delta>0$，当 $|x-x_0|<\delta$ 时成立

$$|f(x)-f(x_0)|<\varepsilon.$$

例 1.4.1　证明函数 $f(x)=\mathrm{e}^x$ 在 $x=0$ 点连续．

证　按定义，要证明函数 e^x 在 $x=0$ 点连续，就是对于任意给定的 $\varepsilon>0$（不妨设 $0<\varepsilon<1$），要找到 $\delta>0$，使得当 x 满足 $|x-0|<\delta$ 时，成立

$$|\mathrm{e}^x-1|<\varepsilon.$$

显然，这只要 $\ln(1-\varepsilon)<x<\ln(1+\varepsilon)$ 即可．因此，取 $\delta=\min\{\ln(1+\varepsilon),-\ln(1-\varepsilon)\}$，则当 x 满足 $|x-0|<\delta$ 时，便成立

$$|\mathrm{e}^x-1|<\varepsilon,$$

即函数 e^x 在 $x=0$ 点连续．

证毕

例 1.4.2　证明函数 $f(x)=\sin x$ 在 $(-\infty,+\infty)$ 中的任何点连续．

证　对每个 $x_0\in(-\infty,+\infty)$，当自变量有增量 Δx 时，$y=f(x)$ 的增量为

$$\Delta y=\sin(x_0+\Delta x)-\sin x_0=2\sin\frac{\Delta x}{2}\cos\left(x_0+\frac{\Delta x}{2}\right).$$

因为

$$\left|\cos\left(x_0+\frac{\Delta x}{2}\right)\right|\leqslant 1,\quad \left|\sin\frac{\Delta x}{2}\right|\leqslant\left|\frac{\Delta x}{2}\right|,$$

所以

$$|\Delta y|\leqslant 2\cdot\frac{|\Delta x|}{2}=|\Delta x|,$$

从而由极限的夹逼性质得 $\lim\limits_{\Delta x\to 0}\Delta y=0$，即函数 f 在 x_0 点连续．

证毕

例 1.4.3　设 $f(x)=\dfrac{p_n(x)}{q_m(x)}$，其中 $p_n(x)$ 和 $q_m(x)$ 分别为 n 次和 m 次多项式，且 $q_m(x_0)\neq 0$，由例 1.3.3，即进行简单的极限运算，可知

$$\lim_{x\to x_0}f(x)=\lim_{x\to x_0}\frac{p_n(x)}{q_m(x)}=\frac{p_n(x_0)}{q_m(x_0)}=f(x_0),$$

所以 f 在 x_0 点连续．

应用和上例一样的方法，可得更一般的如下定理．

定理 1.4.1　如果函数 f 和 g 在 x_0 点连续，则这两个函数的和 $f+g$，差 $f-g$，积 $f\cdot g$，商 $\dfrac{f}{g}$（当 $g(x_0)\neq 0$ 时）在 x_0 点连续．

证　因为函数 f,g 在 x_0 连续，由极限运算法则得

$$\lim_{x\to x_0}[f(x)+g(x)]=\lim_{x\to x_0}f(x)+\lim_{x\to x_0}g(x)=f(x_0)+g(x_0).$$

所以 $f+g$ 在 x_0 连续．

同样可证两个函数的差、积、商的连续性．

证毕

关于复合函数的连续性有如下结论：

定理 1.4.2　设有函数 f 和 g，$x_0\in D(g)$，$u_0=g(x_0)\in D(f)$．如果 g 在 x_0 点连续，f 在 u_0 点连续，则复合函数 $f\circ g$ 在 x_0 点连续．

这个定理可用类似于证明定理 1.3.6 的方法来证明，此处从略．

函数 f 在 x_0 点的连续性相当于

$$\lim_{x\to x_0}f(x)=f(x_0)=f(\lim_{x\to x_0}x),$$

即极限运算与函数的作用可交换顺序，由上述定理可知

$$\lim_{x\to x_0}f[g(x)]=f[g(\lim_{x\to x_0}x)]=f[\lim_{x\to x_0}g(x)].$$

若函数 f 在开区间 (a,b) 上每一个点都连续，则称 f 在 (a,b) 上**连续**，此时也称 f 为 (a,b) 上的**连续函数**．

由例 1.4.2 知，正弦函数 $f(x)=\sin x$ 在 $(-\infty,+\infty)$ 上连续；由例 1.4.3 知，函数 $g(x)=\dfrac{x^2}{x^2-4}$ 分别在区间 $(-\infty,-2)$、$(-2,2)$ 和 $(2,+\infty)$ 上连续．

将 $\cos x=\sin\left(\dfrac{\pi}{2}-x\right)$ 看成连续函数 $\sin u$ 与 $u=\dfrac{\pi}{2}-x$ 的复合函数，由定理 1.4.2 可知 $\cos x$ 在 $(-\infty,+\infty)$ 上连续．

$\tan x=\dfrac{\sin x}{\cos x}$ 和 $\cot x=\dfrac{\cos x}{\sin x}$ 为两个 $(-\infty,+\infty)$ 上的连续函数之商，因此由定理 1.4.1 可知 $\tan x$ 和 $\cot x$ 分别在其定义域上连续．

例 1.4.4　考察函数 $f(x)=\left|\dfrac{x\cos x}{x^2+4}\right|$ 的连续性．

解　将函数 f 看成函数 $g(u)=|u|$ 与 $h(x)=\dfrac{x\cos x}{x^2+4}$ 的复合，易知 $g(u)=|u|$ 在 $(-\infty,+\infty)$ 上连续．进一步由定理 1.4.1 知，$h(x)=\dfrac{x\cos x}{x^2+4}$ 在 $(-\infty,+\infty)$ 上连续．因此复合函数 $f=g\circ h$ 在 $(-\infty,+\infty)$ 上连续，其图像见图 1.4.1.

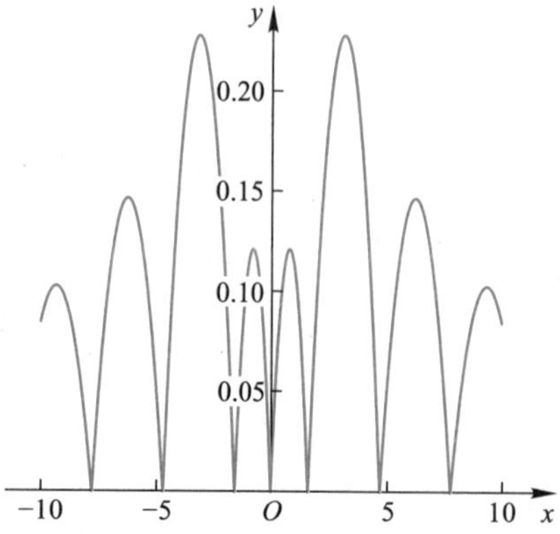

图 1.4.1

设函数 f 和 g 定义在区间 (a,b) 上，函数 $\max\{f,g\}$ 和 $\min\{f,g\}$ 如下定义：

$$\max\{f,g\}(x)=\max\{f(x),g(x)\},\quad x\in(a,b),$$
$$\min\{f,g\}(x)=\min\{f(x),g(x)\},\quad x\in(a,b).$$

若函数 f 和 g 在区间 (a,b) 上连续，则函数 $\max\{f,g\}$ 和 $\min\{f,g\}$ 也在区间 (a,b) 上连续．这是因为

$$\max\{f,g\}=\frac{f+g}{2}+\frac{|f-g|}{2},\quad \min\{f,g\}=\frac{f+g}{2}-\frac{|f-g|}{2},$$

由定理 1.4.1 和定理 1.4.2 便知结论成立．

设 f 是定义在闭区间 $[a,b]$ 上的函数，如果 f 是 (a,b) 上的连续函数，而且满足 $f(a+0)=f(a)$，$f(b-0)=f(b)$，则称 f 在闭区间 $[a,b]$ 上连续，也称 f 是闭区间 $[a,b]$ 上的连续函数．

关于反函数的连续性，我们不加证明地给出如下结论：

定理 1.4.3 设函数 $y=f(x)$ 在区间 I 上连续且严格单调增加（单调减少），则它的反函数 $x=f^{-1}(y)$ 在对应的区间 $R(f)=\{y\mid y=f(x),x\in I\}$ 上连续且严格单调增加（单调减少）．

例如，函数 $y=\sin x$ 在 $\left[-\frac{\pi}{2},\frac{\pi}{2}\right]$ 上连续且严格单调增加，因此它的反函数 $y=\arcsin x$ 在 $[-1,1]$ 上连续且严格单调增加．

由于函数 $y=\tan x$ 在 $\left(-\frac{\pi}{2},\frac{\pi}{2}\right)$ 上连续且严格单调增加，因此其反函数 $y=\arctan x$ 在 $(-\infty,+\infty)$ 上连续且严格单调增加．

同理可得出 $y=\operatorname{arccos} x$ 和 $y=\operatorname{arccot} x$ 分别在其定义域上连续．

例 1.4.5 函数 $y=a^x$ 在 $(-\infty,+\infty)$ 上连续，$y=\log_a x$ 在 $(0,+\infty)$ 上连续 $(a>0,a\neq 1)$．

证 对于每个 $x_0\in(-\infty,+\infty)$，由例 1.4.1 知

$$\lim_{x\to x_0}e^x=\lim_{x\to x_0}e^{x_0}\cdot e^{x-x_0}=\lim_{x\to x_0}e^{x_0}\cdot\lim_{x\to x_0}e^{x-x_0}=e^{x_0}\cdot 1=e^{x_0},$$

因此函数 e^x 在 $(-\infty,+\infty)$ 上连续．又由于 e^x 在 $(-\infty,+\infty)$ 上严格单调增加，因此由定理 1.4.3 知，其反函数 $y=\ln x$ 在 $(0,+\infty)$ 上连续且严格单调增加．

由于 $y=a^x=e^{x\ln a}$，它可以看成连续函数 $y=e^u$ 与 $u=x\ln a$ 的复合，由定理 1.4.2 可知 $y=a^x$ 在 $(-\infty,+\infty)$ 上连续．进一步由定理 1.4.3 可知其反函数 $y=\log_a x$ 在 $(0,+\infty)$ 上连续．

证毕

对于任意实数 α，幂函数 $y=x^\alpha$ 可以如下定义：

$$y=x^\alpha=e^{\alpha\ln x},\quad x\in(0,+\infty).$$

即它是由连续函数 $y=e^u(u\in(-\infty,+\infty))$ 与 $u=\alpha\ln x(x\in(0,+\infty))$ 复合而成的，因此 $y=x^\alpha$ 在 $(0,+\infty)$ 上连续．对于具体给定的 α，$y=x^\alpha$ 的定义域可能会扩大，但可以证明，幂函数在其定义域上是连续的（细节从略）．

函数的间断点

函数 f 在 x_0 点连续等价于

$$f(x_0-0)=f(x_0)=f(x_0+0).$$

反之，如果上述等式中某一项不存在，或者三者不全相等，f 的图像在 x_0 点就发生间断，此时

称 x_0 为 f 的**间断点**(或**不连续点**).

例 1.4.6　讨论函数 f,g,h 在 $x=0$ 点的连续性,其中

$$f(x)=\frac{1}{x},$$

$$g(x)=\operatorname{sgn} x,$$

$$h(x)=\begin{cases}x^2, & x\neq 0,\\ 1, & x=0.\end{cases}$$

解　因为函数 f 在 $x=0$ 点无定义,所以 f 在 $x=0$ 点不连续.

因为

$$g(0-0)=-1,\quad g(0+0)=1,$$

所以当 $x\to 0$ 时,$g(x)$ 的极限不存在,从而函数 g 在 $x=0$ 点不连续.

因为

$$\lim_{x\to 0} h(x)=\lim_{x\to 0} x^2=0\neq 1=h(0),$$

所以函数 h 在 $x=0$ 点不连续.

上例中的函数 f 在 $x=0$ 点无定义,所以 $x=0$ 点是间断点. 即使给 f 在 $x=0$ 点补充定义函数值,注意 $x\to 0$ 时 $|f(x)|$ 无限地增大,$x=0$ 点还是间断点. 我们把这样的间断点称为**无穷间断点**.

上例中的函数 g 在 $x=0$ 点左、右极限虽都存在,但并不相等,我们把这样的间断点称为**跳跃间断点**.

上例中的函数 h 虽然在 $x=0$ 点间断,但如果重新规定 h 在 $x=0$ 点的函数值,令它在 $x=0$ 点取值为 0,则调整后的函数在该点连续. 我们把这样的间断点称为**可去间断点**.

当然,还有其他一些发生间断的情况. 例如,函数 $f(x)=\sin\dfrac{1}{x}$,当 $x\to 0$ 时其函数值在 -1 与 $+1$ 之间无限次振荡(见图 1.3.3),不管在 $x=0$ 点处如何补充 $f(0)$ 的定义,$x=0$ 都是 f 的一个间断点. 我们把这样的间断点称为**振荡间断点**.

可去间断点和跳跃间断点统称为**第一类间断点**. 第一类间断点的特点是函数在该点处的左、右极限皆存在. 不属于第一类间断点的统称为**第二类间断点**. 第二类间断点的特点是函数在该点处的左、右极限至少有一个不存在.

初等函数定义域的进一步讨论

初等函数的连续性

综合前面关于基本初等函数连续性的讨论,根据初等函数的定义,可以得出一个十分重要的事实(这里略去细节),这就是

定理 1.4.4　一切初等函数都在其定义区间上连续.

一个函数的**定义区间**,是指包含在其定义域中的区间. 这个定理提供了利用函数值来求初等函数极限的一种方法.

例 1.4.7　求下列极限:

(1) $\lim\limits_{x\to\frac{\pi}{2}} \ln(\sin x)$;　(2) $\lim\limits_{x\to 0}\dfrac{\sqrt{1+x}-1}{x}$;　(3) $\lim\limits_{x\to 0}\dfrac{\ln(1+x)}{x}$.

解　(1) 由于对数函数和三角函数的复合在其定义域上是连续函数,由连续性得

$$\lim_{x\to\frac{\pi}{2}}\ln(\sin x)=\ln\sin\frac{\pi}{2}=\ln 1=0.$$

(2) 所讨论的函数在 $x=0$ 点无定义. 我们可先采取“分子有理化”的方法,消去使分子、分母同趋于 0 的因子,再利用连续性做计算,有

$$\lim_{x\to 0}\frac{\sqrt{1+x}-1}{x}=\lim_{x\to 0}\frac{(\sqrt{1+x}-1)(\sqrt{1+x}+1)}{x(\sqrt{1+x}+1)}$$

$$=\lim_{x\to 0}\frac{1}{\sqrt{1+x}+1}=\frac{1}{2}.$$

(3) 利用对数函数的连续性,可得

$$\lim_{x\to 0}\frac{\ln(1+x)}{x}=\lim_{x\to 0}\ln(1+x)^{\frac{1}{x}}=\ln\left[\lim_{x\to 0}(1+x)^{\frac{1}{x}}\right]=\ln e=1.$$

如同上例中第三个极限,一般地,若 $\lim\limits_{x\to x_0}g(x)=a$,而函数 f 在 $u=a$ 点连续,则

$$\lim_{x\to x_0}f[g(x)]=\lim_{u\to a}f(u)=f(a)=f[\lim_{x\to x_0}g(x)].$$

即极限运算 lim 与函数 f 的作用可以交换次序.

闭区间上连续函数的性质

闭区间上的连续函数有一些非常好的性质,它们在理论和应用问题中起着特别重要的作用.

定理 1.4.5(有界性定理)　设 f 是 $[a,b]$ 上的连续函数,则 f 在 $[a,b]$ 上有界.

*__证__　用反证法. 假设 f 在 $[a,b]$ 上无界,则对于常数 1,存在 $x_1\in[a,b]$,使得 $|f(x_1)|>1$;对于常数 2,存在 $x_2\in[a,b]$,使得 $|f(x_2)|>2$. 如此下去,可知存在 $x_n\in[a,b]$,使得

$$|f(x_n)|>n,\quad n=1,2,\cdots.$$

因为 $\{x_n\}$ 是有界数列,由 Bolzano-Weierstrass 定理可知,存在 $\{x_n\}$ 中的收敛子列 $\{x_{n_k}\}$,记 $\lim\limits_{k\to\infty}x_{n_k}=\xi$,显然 $\xi\in[a,b]$. 由 f 的连续性可知 $\lim\limits_{k\to\infty}f(x_{n_k})=f(\xi)$,所以 $\{f(x_{n_k})\}$ 收敛. 但由 $f(x_{n_k})(k=1,2,\cdots)$ 的选取可知,$\{f(x_{n_k})\}$ 是无界数列,这就与收敛数列必有界的结论相矛盾. 因此 f 在 $[a,b]$ 上有界.

证毕

注意,开区间上的连续函数未必有界. 例如,$(0,1)$ 上的连续函数 $f(x)=\dfrac{1}{x}$ 就是无界的.

定理 1.4.6(最大最小值定理)　设 f 是 $[a,b]$ 上的连续函数,则 f 在这个区间上必能取到其最大值和最小值.

这就是说,如果 f 在 $[a,b]$ 上连续,则必定存在 $\xi_1,\xi_2\in[a,b]$,使得

$$f(\xi_1)=\max\{f(x)\mid x\in[a,b]\},$$

$$f(\xi_2)=\min\{f(x)\mid x\in[a,b]\}.$$

*证　由定理 1.4.5 可知，f 的值域 $R(f)=\{f(x)\mid x\in[a,b]\}$ 是有界集，所以必有上确界与下确界．我们只证 f 在区间 $[a,b]$ 上必能取到最大值，最小值的情况类似．

记 $M=\sup R(f)$，只要证明存在 $\xi\in[a,b]$，使得 $f(\xi)=M$ 即可．

由上确界的定义，对一切 $x\in[a,b]$，成立 $f(x)\leqslant M$；另一方面，对于任意给定的 $\varepsilon>0$，存在 $x'\in[a,b]$，使得 $f(x')>M-\varepsilon$. 因此取 $\varepsilon_n=\dfrac{1}{n}(n=1,2,\cdots)$，相应地得到 $[a,b]$ 中一个数列 $\{x_n\}$，满足

$$M-\frac{1}{n}<f(x_n)\leqslant M,\quad n=1,2,\cdots.$$

因为 $\{x_n\}$ 是有界数列，由 Bolzano-Weierstrass 定理可知，存在 $\{x_n\}$ 中的收敛子列 $\{x_{n_k}\}$，记 $\lim\limits_{k\to\infty}x_{n_k}=\xi$，显然 $\xi\in[a,b]$. 由 f 的连续性可知 $\lim\limits_{k\to\infty}f(x_{n_k})=f(\xi)$. 显然，上式蕴含了 $M-\dfrac{1}{n_k}<f(x_{n_k})\leqslant M(k=1,2,\cdots)$，在此式中令 $k\to\infty$，由极限的夹逼性便得

$$f(\xi)=M.$$

证毕

注意，开区间上的连续函数未必有最大值或最小值．例如，$(0,1)$ 上的连续函数 $f(x)=x$ 就是一个例子．

定理 1.4.7（介值定理）　设 f 是 $[a,b]$ 上的连续函数，m 与 M 分别是 f 在 $[a,b]$ 上的最小值和最大值，则对介于 m 和 M 之间的任一实数 c，至少存在一点 $\xi\in(a,b)$，使得

$$f(\xi)=c.$$

介值定理可以由以下常用的结论直接得到：

定理 1.4.8（零点存在定理）　设 f 是 $[a,b]$ 上的连续函数，且 $f(a)$ 与 $f(b)$ 异号，则至少存在一点 $\xi\in(a,b)$，使得

$$f(\xi)=0.$$

*证　不妨设 $f(a)<0$，$f(b)>0$，此时由 f 在 a 点右连续可知，存在 $\delta_1>0$，使得当 $x\in[a,a+\delta_1]$ 时成立 $f(x)<0$. 定义

$$V=\{x\mid f(x)<0,x\in[a,b]\},$$

则集合 V 非空且有界，因此必有上确界．记 $\xi=\sup V$，显然 $\xi\in[a,b]$.

现证明 $\xi\in(a,b)$，且 $f(\xi)=0$.

显然 $\xi>a$. 由于 ξ 是 V 的上确界，所以存在 $x_n\in V(n=1,2,\cdots)$，使得 $x_n\to\xi(n\to\infty)$. 因为 $f(x_n)<0$，所以

$$f(\xi)=\lim_{n\to\infty}f(x_n)\leqslant 0.$$

由于 $f(b)>0$，所以 $\xi<b$. 若 $f(\xi)<0$，由 f 在点 ξ 的连续性可知，存在 $\delta>0(\delta<b-\xi)$，使得在 $(\xi-\delta,\xi+\delta)$ 上成立

$$f(x)<0,$$

这与 $\xi=\sup V$ 矛盾，于是 $f(\xi)=0$，且 $\xi\in(a,b)$.

证毕

图 1.4.2 和图 1.4.3 分别给出了定理 1.4.7 和定理 1.4.8 的几何说明．

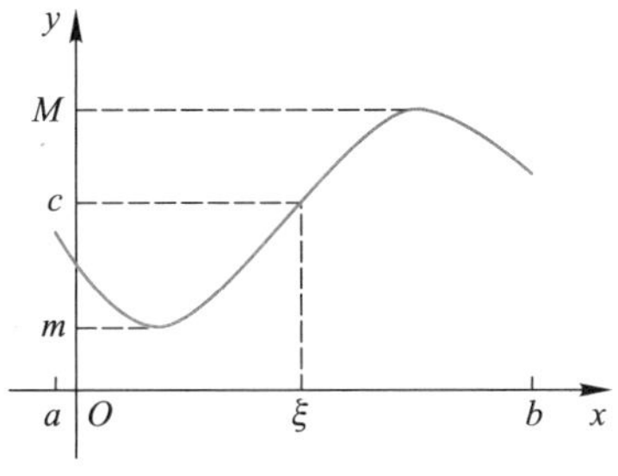

图 1.4.2

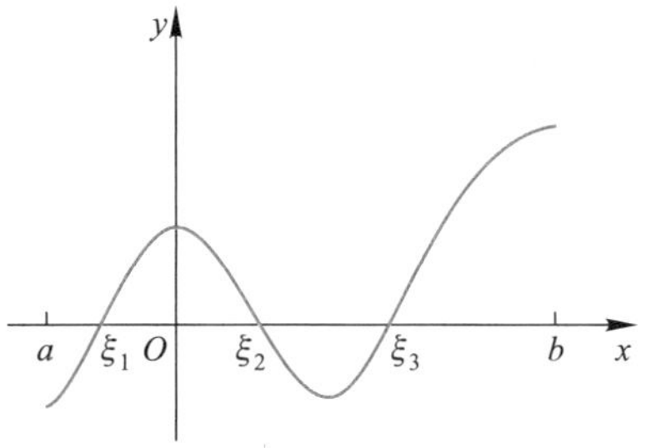

图 1.4.3

例 1.4.8　证明 $x^3-x-1=0$ 在 $(1,2)$ 内有一个实根，并求出其近似值，使误差不超过 $\frac{1}{10}$.

解　记 $f(x)=x^3-x-1$. 因为 $f(1)=-1$，$f(2)=5$，由零点存在定理，在 $(1,2)$ 间必有一个实数 ξ，使 $f(\xi)=0$（见图 1.1.4）.

下面把区间逐次二等分，并求出相应分点的函数值.

$[1,2]$ 中点的函数值 $f\left(\frac{3}{2}\right)=\frac{7}{8}$，故可设 $\xi\in\left(1,\frac{3}{2}\right)$；

$\left[1,\frac{3}{2}\right]$ 中点的函数值 $f\left(\frac{5}{4}\right)=-\frac{19}{64}$，故可设 $\xi\in\left(\frac{5}{4},\frac{3}{2}\right)$；

$\left[\frac{5}{4},\frac{3}{2}\right]$ 中点的函数值 $f\left(\frac{11}{8}\right)=\frac{115}{512}$，故可设 $\xi\in\left(\frac{5}{4},\frac{11}{8}\right)$；

这样，可取 $\left[\frac{5}{4},\frac{11}{8}\right]$ 的中点 $\frac{21}{16}$ 作为方程一个根的近似值，其误差不超过该区间长度之半，即 $\frac{1}{16}$.

注　本例中，逐次对分方程的解所在的区间，以求近似解的方法，称之为解方程的“对分法”. 其近似解收敛速度虽不快，但因对所涉函数要求不高，故而用途仍较广.

无穷小和无穷大的连续变量

上一节已经介绍过，如果数列 $\{a_n\}$ 以 0 为极限，则称 $\{a_n\}$ 当 $n\to\infty$ 时为无穷小量. 关于函数的极限，相应的概念同样是重要的.

为简单起见，我们在叙述中以 lim 代表自变量的各种变化过程中的 $\lim\limits_{x\to x_0}$，$\lim\limits_{x\to x_0+0}$，$\lim\limits_{x\to x_0-0}$，$\lim\limits_{x\to\infty}$，$\lim\limits_{x\to+\infty}$，$\lim\limits_{x\to-\infty}$ 等，表示对这些情况都适用.

定义 1.4.2　若在自变量的某个变化过程中 $\lim\alpha(x)=0$，则称在该变化过程中 $\alpha(x)$ 是**无穷小量**，记作 $\alpha(x)=o(1)$.

例如，由于 $\lim\limits_{x\to\pi}\sin x=0$，故当 $x\to\pi$ 时，$\sin x$ 是无穷小量.

根据极限运算的性质易知，关于无穷小量的数列的运算性质，对连续变量为无穷小量时也是成立的. 例如，$\lim f(x)=A$ 的充要条件是 $f(x)-A=o(1)$，无穷小量的代数和是无穷小量，无穷小量和有界量之积是无穷小量.

例 1.4.9　设 $\lambda>0$，求 $\lim\limits_{t\to+\infty}\mathrm{e}^{-\lambda t}\sin(\omega t+\alpha)$.

解　因为 $t\to+\infty$ 时 $\mathrm{e}^{-\lambda t}=o(1)$，而 $|\sin(\omega t+\alpha)|\leqslant 1$，则由无穷小量的性质，得

$$\lim_{t\to+\infty}\mathrm{e}^{-\lambda t}\sin(\omega t+\alpha)=0.$$

出于对函数增长性状的刻画需要，还需引入无穷大量的概念．

定义 1.4.3　如果在自变量的某个变化过程中，$\lim\dfrac{1}{f(x)}=0$，则称在该变化过程中 $f(x)$ 为**无穷大量**，记作

$$\lim f(x)=\infty.$$

例如，因为 $\lim\limits_{x\to0}\sin x=0$，所以 $\lim\limits_{x\to0}\csc x=\infty$.

显然，在一个自变量的变化过程中，$f(x)$ 为无穷大量的定义可等价地表述为：对于任意给定的 $K>0$，存在某个时刻，使得在这个时刻之后，总成立 $|f(x)|>K$.

无穷区间上单调函数的极限

由定义立即可知，如果在自变量的某个变化过程中 $\lim f(x)=0$，且 $f(x)\neq0$，则 $\lim\dfrac{1}{f(x)}=\infty$.

若在自变量的某个变化过程中，$f(x)$ 为无穷大量，且在自变量变化的某一时刻之后，$f(x)$ 总为正（负）值，则称在该变化过程中 $f(x)$ 为**正（负）无穷大量**，记为 $\lim f(x)=+\infty$ （$\lim f(x)=-\infty$）.

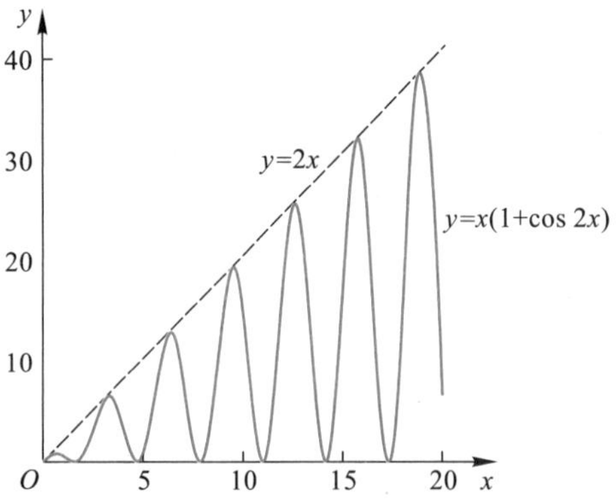

图 1.4.4

注　(1) 如果在自变量的某变化过程中 $\lim f(x)=\infty$，则在这个变化过程中 $f(x)$ 的极限并不存在，只是它的变化趋势是 $|f(x)|$ 无限地增大，趋于 $+\infty$.

(2) 如果在自变量的某变化过程中 $\lim f(x)=\infty$，则在这个自变量的变化范围中 f 是无界量．但在某个变化过程中的无界量并不一定是无穷大量．例如 $f(x)=x(1+\cos 2x)$，它在 $[0,+\infty)$ 上无界，但当 $x\to+\infty$ 时，它并不是无穷大量，其图像如图 1.4.4 所示．

例 1.4.10　考察函数 $f(x)=\begin{cases}\mathrm{e}^{-\frac{1}{x^2}}, & x>0,\\ 0, & x\leqslant0\end{cases}$ 的连续性（见图 1.4.5）.

解　由初等函数的连续性定理，函数 f 在 $x\neq0$ 的点连续．

在 $x=0$ 点．因为 $\lim\limits_{y\to-\infty}\mathrm{e}^{y}=0$，作变换 $y=-\dfrac{1}{x^2}$，则当 $x\to0$ 时，$y\to-\infty$，于是

$$\lim_{x\to0+0}f(x)=\lim_{x\to0+0}\mathrm{e}^{-\frac{1}{x^2}}=\lim_{y\to-\infty}\mathrm{e}^{y}=0.$$

显然

$$\lim_{x\to0-0}f(x)=\lim_{x\to0-0}0=0.$$

因此当 $x\to0$ 时，函数 f 的极限存在，且 $\lim\limits_{x\to0}f(x)=0=f(0)$，所以函数 f 在 $x=0$ 点连续．

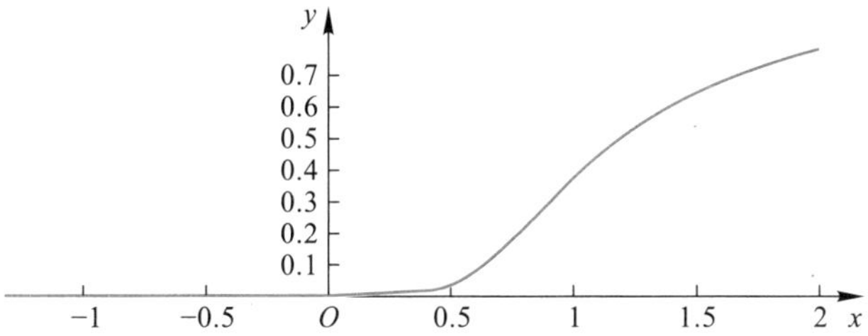

图 1.4.5

综上，函数 f 在 $(-\infty,+\infty)$ 上连续．

当我们作无穷小分析时，常常需要对两个无穷小量作比较．这时，最简单而直接的办法就是尝试讨论它们之比的变化趋势．

定义 1.4.4　设在自变量的某一个变化过程中，变量 u 和 v 均为无穷小量，即 $\lim u=\lim v=0$.

如果 $\lim \dfrac{u}{v}=0$，则称 u 是比 v **高阶的无穷小量**，或称 v 是比 u **低阶的无穷小量**，记作 $u=o(v)$；

如果 $\lim \dfrac{u}{v}=A\neq 0$，则称 u 和 v 是**同阶的无穷小量**；

如果 $\lim \dfrac{u}{v}=1$，则称 u 和 v 是**等价的无穷小量**，记作 $u\sim v$.

若 u 和 v 在自变量的某个变化过程中是等价的无穷小量，则在这个变化过程中

$$\frac{u}{v}=1+o(1),$$

因此

$$u=v+o(1)v=v+o(v).$$

例如，从 $\lim\limits_{x\to 0}\dfrac{\sin x}{x}=1$ 知，当 $x\to 0$ 时 $\sin x\sim x$，因此 $\sin x=x+o(x)\ (x\to 0)$.

例 1.4.11　因为 $\lim\limits_{x\to 0}\dfrac{\sin x}{x}=1$，$\lim\limits_{x\to 0}\dfrac{\tan x}{x}=1$，所以

$$\sin x\sim x\quad (x\to 0),$$
$$\tan x\sim x\quad (x\to 0).$$

由此还可以得到

$$\arcsin x\sim x\quad (x\to 0),$$
$$\arctan x\sim x\quad (x\to 0).$$

实际上，当 $x\to 0$ 时，

$$x=\sin(\arcsin x)\sim \arcsin x.$$

类似地可导出第二个关系式．

例 1.4.12　计算极限 $\lim\limits_{x\to 0}\dfrac{\tan x-\sin x}{x^3}$.

解　利用 $\lim\limits_{x\to 0}\dfrac{\sin x}{x}=1$ 以及上一节得到的 $\lim\limits_{x\to 0}\dfrac{1-\cos x}{x^2}=\dfrac{1}{2}$，有

$$\lim_{x\to0}\frac{\tan x-\sin x}{x^3}=\lim_{x\to0}\frac{\sin x}{x}\frac{1}{\cos x}\frac{1-\cos x}{x^2}=\frac{1}{2}.$$

由此例可得

$$1-\cos x\sim\frac{1}{2}x^2\quad(x\to0),$$

$$\tan x-\sin x\sim\frac{1}{2}x^3\quad(x\to0).$$

由例 1.4.7 知$\lim\limits_{x\to0}\frac{\ln(1+x)}{x}=1$,所以

$$\ln(1+x)\sim x\ (x\to0).$$

例 1.4.13　计算极限$\lim\limits_{x\to0}\frac{e^x-1}{x}$.

解　记 $y=e^x-1$,则 $x=\ln(1+y)$. 显然当 $x\to0$ 时 $y\to0$,所以

$$\lim_{x\to0}\frac{e^x-1}{x}=\lim_{y\to0}\frac{y}{\ln(1+y)}=1.$$

由此例可得

$$e^x-1\sim x\quad(x\to0).$$

例 1.4.14　设 n 是正整数,计算极限$\lim\limits_{x\to0}\frac{\sqrt[n]{1+x}-1}{x}$.

解　利用幂函数的连续性得

$$\lim_{x\to0}\frac{\sqrt[n]{1+x}-1}{x}=\lim_{x\to0}\frac{1+x-1}{x[(1+x)^{\frac{n-1}{n}}+(1+x)^{\frac{n-2}{n}}+\cdots+1]}$$
$$=\lim_{x\to0}\frac{1}{(1+x)^{\frac{n-1}{n}}+(1+x)^{\frac{n-2}{n}}+\cdots+1}=\frac{1}{n}.$$

此例说明,当 n 是正整数时

$$\sqrt[n]{1+x}-1\sim\frac{1}{n}x\quad(x\to0).$$

一般地,对于 $\alpha\neq0$,我们还有

$$(1+x)^\alpha-1\sim\alpha x\quad(x\to0).$$

这是因为

$$(1+x)^\alpha-1=e^{\alpha\ln(1+x)}-1\sim\alpha\ln(1+x)\sim\alpha x\quad(x\to0).$$

定理 1.4.9　设 f,u 和 v 是定义在自变量的某一个变化过程中的函数,且在这个自变量的变化过程中 u 和 v 是等价无穷小量,即 $u\sim v$.

(1)　若在这个自变量的变化过程中 $\lim f\cdot v=A$,则 $\lim f\cdot u=A$;

(2)　若在这个自变量的变化过程中 $\lim\frac{f}{v}=A$,则 $\lim\frac{f}{u}=A$.

这个定理的证明可运用极限的四则运算法则得到. 它说明在计算两个函数的乘积或相除的极限时,可以用相应的等价无穷小量替代后再计算极限,这种方法常常可以简化计算.

例 1.4.15　求极限$\lim\limits_{x\to 0}\dfrac{\ln(1+xe^{x})}{\ln(\sin x+\sqrt{1+x})}$.

解　因为 $x\to 0$ 时分子、分母均是无穷小量,利用 $\ln(1+x)\sim x$ 可得,当 $x\to 0$ 时,

$$\ln(1+xe^{x})\sim xe^{x}\sim x,$$

$$\ln(\sin x+\sqrt{1+x})=\ln[1+(\sin x+\sqrt{1+x}-1)]\sim \sin x+\sqrt{1+x}-1.$$

因此

$$\lim_{x\to 0}\frac{\ln(1+xe^{x})}{\ln(\sin x+\sqrt{1+x})}=\lim_{x\to 0}\frac{x}{\sin x+\sqrt{1+x}-1}$$

$$=\lim_{x\to 0}\left(\frac{\sin x}{x}+\frac{\sqrt{1+x}-1}{x}\right)^{-1}=\frac{1}{1+\frac{1}{2}}=\frac{2}{3}.$$

上面最后一个极限式的计算中,我们还利用了当 $x\to 0$ 时成立

$$\sin x\sim x,\quad \sqrt{1+x}-1\sim\frac{1}{2}x.$$

例 1.4.16　求极限$\lim\limits_{x\to\infty}x^{2}\left(e^{\frac{2}{x^{2}}}-1\right)$.

解　由于$\dfrac{2}{x^{2}}\to 0(x\to\infty)$,利用 $e^{x}-1\sim x(x\to 0)$得

$$e^{\frac{2}{x^{2}}}-1\sim\frac{2}{x^{2}}\quad(x\to\infty).$$

于是

$$\lim_{x\to\infty}x^{2}\left(e^{\frac{2}{x^{2}}}-1\right)=\lim_{x\to\infty}x^{2}\cdot\frac{2}{x^{2}}=2.$$

曲线的渐近线

利用函数的极限可以讨论某些曲线的渐近线. 我们知道双曲线$\dfrac{x^{2}}{a^{2}}-\dfrac{y^{2}}{b^{2}}=1$ 有两条渐近线 $y=\pm\dfrac{b}{a}x$,这就是说,当 $x\to\infty$ 时,双曲线上与直线 $y=\dfrac{b}{a}x$ 或 $y=-\dfrac{b}{a}x$ 上横坐标同为 x 的点无限地接近,即其纵坐标之差趋于 0.

在一般的情况下,若

$$\lim_{x\to\infty}[f(x)-(ax+b)]=0,$$

则称直线 $y=ax+b$ 为曲线 $y=f(x)$的**渐近线**(其中 $x\to\infty$ 也可以是 $x\to+\infty$ 或 $x\to-\infty$).

现在的问题是对于给定的函数 f,如果有这种渐近线存在,如何来确定 a 和 b?

首先,如果直线 $y=ax+b$ 是渐近线,则

$$\lim_{x\to\infty}\frac{f(x)-(ax+b)}{x}=\lim_{x\to\infty}\frac{1}{x}\lim_{x\to\infty}[f(x)-(ax+b)]=0,$$

由此即得

$$a=\lim_{x\to\infty}\frac{f(x)}{x}.$$

其次，再由 $\lim\limits_{x\to\infty}[f(x)-(ax+b)]=0$，可得

$$b=\lim_{x\to\infty}[f(x)-ax].$$

反之，若如上确定了 a 和 b，则直线 $y=ax+b$ 便是曲线 $y=f(x)$ 的渐近线．

一个特殊情况是 $a=0$，即如果 $\lim\limits_{x\to+\infty}f(x)=b$ 或 $\lim\limits_{x\to-\infty}f(x)=b$，则称直线 $y=b$ 是曲线 $y=f(x)$ 的**水平渐近线**．相对应地，$a\neq0$ 时，称渐近线 $y=ax+b$ 为**斜渐近线**．

例如，$\lim\limits_{x\to\infty}\frac{1}{x}=0$，因此直线 $y=0$ 是曲线 $y=\frac{1}{x}$ 的水平渐近线．

值得注意的是曲线 $y=\frac{1}{x}$ 还以 $x=0$ 为渐近线，这类与 x 轴垂直的渐近线（称为**垂直渐近线**）并不能用 $y=ax+b$ 的形式来描述．容易知道，曲线 $y=f(x)$ 以直线 $x=x_0$ 为垂直渐近线的充要条件是

$$\lim_{x\to x_0+0}f(x)=\infty \text{ 或 } \lim_{x\to x_0-0}f(x)=\infty.$$

例 1.4.17　设 $f(x)=\frac{x^3}{(x-1)^2}$，求曲线 $y=f(x)$ 的渐近线．

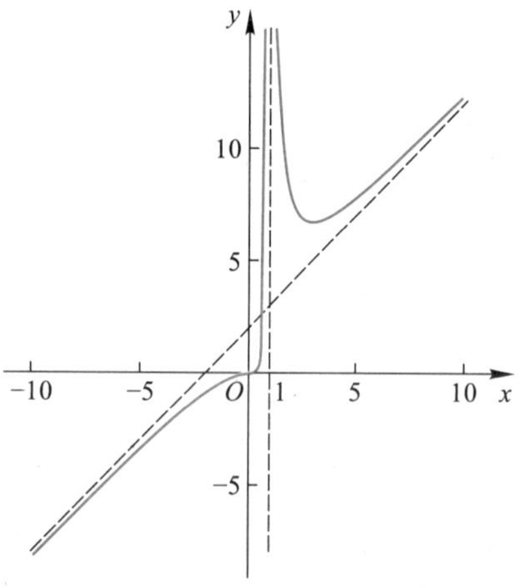

图 1.4.6

解　显然，$\lim\limits_{x\to1}f(x)=\infty$，所以直线 $x=1$ 为垂直渐近线．设直线 $y=ax+b$ 也是 $y=f(x)$ 的渐近线，则由前面给出的计算公式得

$$a=\lim_{x\to\infty}\frac{f(x)}{x}=\lim_{x\to\infty}\frac{x^3}{(x-1)^2x}=1,$$

以及

$$\begin{aligned}b&=\lim_{x\to\infty}[f(x)-ax]=\lim_{x\to\infty}\left[\frac{x^3}{(x-1)^2}-x\right]\\&=\lim_{x\to\infty}\frac{x^3-x(x-1)^2}{(x-1)^2}=2.\end{aligned}$$

这就得到了另一条渐近线 $y=x+2$（函数的图像见图 1.4.6）．

例 1.4.18　设 $f(x)=\frac{x^2\sqrt{x^2-1}}{2x^2-1}$，$D(f)=(-\infty,-1]\cup[1,+\infty)$．求曲线 $y=f(x)$ 的渐近线．

解　易知曲线 $y=f(x)$ 并无垂直渐近线．设直线 $y=ax+b$ 是它的渐近线，现计算 a 和 b．由计算公式得

$$a=\lim_{x\to+\infty}\frac{f(x)}{x}=\lim_{x\to+\infty}\frac{x^2\sqrt{x^2-1}}{x(2x^2-1)}=\lim_{x\to+\infty}\frac{x^2}{2x^2-1}\sqrt{1-\frac{1}{x^2}}=\frac{1}{2},$$

$$b=\lim_{x\to+\infty}[f(x)-ax]=\lim_{x\to+\infty}\frac{2x^2\sqrt{x^2-1}-x(2x^2-1)}{2(2x^2-1)}$$

$$= \lim_{x\to+\infty} \frac{x}{2(2x^2-1)} \cdot \frac{4x^2(x^2-1)-(2x^2-1)^2}{2x\sqrt{x^2-1}+(2x^2-1)}$$

$$= \lim_{x\to+\infty} \frac{x}{2(2x^2-1)} \cdot \frac{-1}{2x\sqrt{x^2-1}+(2x^2-1)} = 0.$$

因此,曲线 $y=f(x)$ 有渐近线 $y=\frac{1}{2}x$. 因为 f 是偶函数,其图像关于 y 轴对称,因此曲线 $y=f(x)$ 还以直线 $y=-\frac{1}{2}x$ 为渐近线(函数的图像见图 1.4.7).

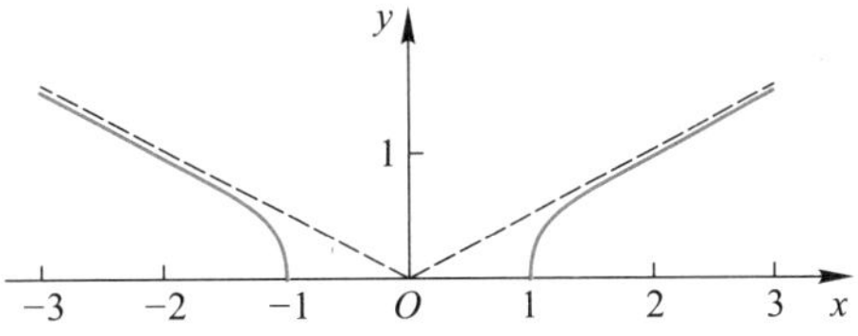

图 1.4.7

*函数的一致连续性

函数 f 在某个区间 I 上连续,是指 f 在区间 I 上的每一点连续(对区间端点是指左连续或右连续). f 在 I 中的 x_0 点连续是指对于任意给定的 $\varepsilon>0$,存在 $\delta>0$,使得当 $x\in I$ 且 $|x-x_0|<\delta$ 时,成立 $|f(x)-f(x_0)|<\varepsilon$.

我们已经知道,函数 $f(x)=\frac{1}{x}$ 在 $(0,1)$ 上连续,即对于每个 $x_0\in(0,1)$,它在 x_0 点连续. 事实上,对于任意给定的 $\varepsilon(0<\varepsilon<1)$,可以如下精确地找到当 $|x-x_0|<\delta$ 时,使 $|f(x)-f(x_0)|<\varepsilon$ 成立的最小 δ:

对任意 $x\in(0,1)$,关系式 $\left|\frac{1}{x}-\frac{1}{x_0}\right|<\varepsilon$ 等价于 $\frac{x_0}{1+x_0\varepsilon}<x<\frac{x_0}{1-x_0\varepsilon}$,即

$$-\frac{x_0^2\varepsilon}{1+x_0\varepsilon}<x-x_0<\frac{x_0^2\varepsilon}{1-x_0\varepsilon},$$

由此可得当 $|x-x_0|<\delta$ 时,使 $|f(x)-f(x_0)|<\varepsilon$ 成立的最小 δ 为

$$\delta=\min\left\{\frac{x_0^2\varepsilon}{1+x_0\varepsilon},\frac{x_0^2\varepsilon}{1-x_0\varepsilon}\right\}=\frac{x_0^2\varepsilon}{1+x_0\varepsilon}.$$

注意,这里的 $\delta>0$ 既依赖于 ε,也依赖于所讨论的点 x_0. 也就是说,δ 应表述为 $\delta=\delta(x_0,\varepsilon)$. 显然,不存在对区间 $(0,1)$ 中一切点都适用的 δ.

这样就产生一个问题:对任意给定的 $\varepsilon>0$,能否找到一个仅与 ε 有关,而对区间 I 上一切点都适用的 $\delta=\delta(\varepsilon)>0$? 出于这个考虑便引入下面的定义:

定义 1.4.5　设函数 f 在区间 I 上定义,若对于任意给定的 $\varepsilon>0$,存在 $\delta>0$,使得当 $x',x''\in I$ 且 $|x'-x''|<\delta$ 时,成立 $|f(x')-f(x'')|<\varepsilon$,则称函数 f 在区间 I 上**一致连续**.

显然,若函数 f 在区间 I 上一致连续,它就在区间 I 上连续. 但反之不然. 通过刚才对函数 $f(x)=\frac{1}{x}$ 的讨论,便知它在 $(0,1)$ 上不一致连续.

定义 1.4.6　设 $\alpha>0$. 若函数 f 在区间 I 上满足:存在正数 M,使得对于任意的 $x',x''\in I$,成立

$$|f(x')-f(x'')|\leqslant M|x'-x''|^{\alpha},$$

则称 f 在区间 I 上满足 α 阶 **Hölder(赫尔德)条件**. 当 $\alpha=1$ 时,也称 f 满足 **Lipschitz(利普希**

茨)条件.

定理 1.4.10　若函数 f 在区间 I 上满足 α 阶 Hölder 条件,则 f 在区间 I 上一致连续.

证　对于任意给定的 $\varepsilon>0$,取 $\delta=\left(\frac{\varepsilon}{M}\right)^{\frac{1}{\alpha}}$,则当 $x',x''\in I$ 且 $|x'-x''|<\delta$ 时有

$$|f(x')-f(x'')|\leqslant M|x'-x''|^{\alpha}<M\delta^{\alpha}=\varepsilon,$$

由定义可知,函数 f 在区间 I 上一致连续.

证毕

例 1.4.19　证明函数 $f(x)=\sin x$ 在 $(-\infty,+\infty)$ 上一致连续.

证　由于对于任意的 $x',x''\in(-\infty,+\infty)$,有不等式

$$|\sin x'-\sin x''|=2\left|\cos\frac{x'+x''}{2}\sin\frac{x'-x''}{2}\right|\leqslant|x'-x''|,$$

因此由定理 1.4.10,可知 $\sin x$ 在 $(-\infty,+\infty)$ 上一致连续.

证毕

下面不加证明地给出一个判断一致连续性的充要条件,它在具体应用时比较方便.

定理 1.4.11　设函数 f 在区间 I 上有定义,则 f 在 I 上一致连续的充分必要条件是:对于区间 I 中的任何两个数列 $\{x'_n\}$ 和 $\{x''_n\}$,当 $\lim\limits_{n\to\infty}(x'_n-x''_n)=0$ 时,成立 $\lim\limits_{n\to\infty}[f(x'_n)-f(x''_n)]=0$.

例 1.4.20　证明函数 $f(x)=\sin\frac{1}{x}$ 在 $(0,1)$ 上不一致连续.

证　取 $(0,1)$ 中的数列 $x'_n=\dfrac{1}{2n\pi+\frac{\pi}{2}}$ 和 $x''_n=\dfrac{1}{2n\pi}$ $(n=1,2,\cdots)$,则显然有 $\lim\limits_{n\to\infty}(x'_n-x''_n)=0$. 但

$$\lim_{n\to\infty}[f(x'_n)-f(x''_n)]=\lim_{n\to\infty}(1-0)=1,$$

因此由定理 1.4.11 可知,$f(x)=\sin\frac{1}{x}$ 在 $(0,1)$ 上不一致连续.

证毕

Cantor 定理的证明

虽然开区间上的连续函数并不一定在该区间上一致连续,但对于闭区间上的连续函数,有下面的著名定理:

定理 1.4.12(Cantor(康托尔)定理)　若函数 f 在闭区间 $[a,b]$ 上连续,则它在 $[a,b]$ 上一致连续.

Cantor 定理在理论研究中有着重要应用.

习　题

1. 下述命题是否正确,请对正确的给予证明,并对错误的举出反例:

(1) 设函数 f 在 x_0 点连续,则 $|f|$ 在 x_0 点也连续;

(2) 设 $|f|$ 在 x_0 点连续,则 f 在 x_0 点也连续;

(3) 设 f 在 x_0 点连续,g 在 x_0 点间断,则 $f+g$ 在 x_0 点间断;

(4) 设 f 和 g 在 x_0 点都间断,则 $f+g$ 在 x_0 点一定间断.

2. 确定下列函数的间断点及其类型:

(1) $f(x)=\dfrac{4}{(x+1)^{3}}$；　(2) $f(x)=\dfrac{x+1}{x^{2}+1}$；

(3) $f(x)=\left(1-\mathrm{e}^{\frac{x}{1-x}}\right)^{-1}$；　(4) $f(x)=\operatorname{sgn}\left(\sin\dfrac{n}{x}\right)$，$n\in\mathbf{N}_{+}$；

(5) $f(x)=[x]+[-x]$；　(6) $f(x)=(1+2x)^{\frac{1}{x}}$.

3. 设 $\lim\limits_{x\to x_0}f(x)>0$，且 $\lim\limits_{x\to x_0}g(x)$ 存在．证明

$$\lim_{x\to x_0}f(x)^{g(x)}=\left[\lim_{x\to x_0}f(x)\right]^{\lim\limits_{x\to x_0}g(x)}.$$

4. 利用上题结果，求极限：

(1) $\lim\limits_{n\to\infty}\tan^{n}\left(\dfrac{\pi}{4}+\dfrac{1}{n}\right)$；　(2) $\lim\limits_{x\to\infty}\left(1+\dfrac{1}{x^{2}}\right)^{x}$.

5. 求下列极限：

(1) $\lim\limits_{x\to3}\dfrac{\sqrt{1+x}-2}{x-3}$；　(2) $\lim\limits_{x\to2}\dfrac{\sqrt[3]{x}-\sqrt[3]{2}}{x-2}$；

(3) $\lim\limits_{x\to+\infty}\dfrac{\sqrt{x^{2}+x+1}}{\sqrt[3]{x^{3}+2}}$；　(4) $\lim\limits_{x\to\infty}\left(\sqrt{x^{2}+1}-\sqrt{x^{2}-1}\right)$；

(5) $\lim\limits_{x\to-\infty}\left(\sqrt{x^{2}+2x}-\sqrt{x^{2}-2x}\right)$；　(6) $\lim\limits_{x\to0}(1+\sin x)^{\cot x}$；

(7) $\lim\limits_{x\to+\infty}x[\ln(x-2)-\ln x]$；　(8) $\lim\limits_{x\to\infty}\dfrac{(x+a)^{x+a}(x+b)^{x+b}}{(x+a+b)^{2x+a+b}}$；

(9) $\lim\limits_{x\to0}\left[\tan\left(\dfrac{\pi}{4}-x\right)\right]^{\cot x}$；　(10) $\lim\limits_{x\to\infty}\left(\sin\dfrac{1}{x}+\cos\dfrac{1}{x}\right)^{x}$.

6. 利用等价无穷小替代的方法计算：

(1) $\lim\limits_{x\to0}\dfrac{[(1+x)^{x}-1]\ln\cos x}{x^{4}}$；

(2) $\lim\limits_{x\to\frac{\pi}{2}}\dfrac{1-\sin^{\alpha+\beta}x}{\sqrt{(1-\sin^{\alpha}x)(1-\sin^{\beta}x)}}$，其中 $\alpha>0,\beta>0$.

7. 当 $x\to0$ 时，用 kx^{α}（α,k 为常数）形式表示下列函数的等价无穷小量：

(1) $4x^{2}+6x^{3}-x^{5}$；　(2) $\sqrt{x^{2}}+\sqrt[3]{x}$；

(3) $\sqrt{1+2x}-\sqrt[3]{1+3x}$；　(4) $\ln(1+x)-\ln(1-x)$；

(5) $\sqrt{x\sin x}$；　(6) $\sqrt{1+\tan x}-\sqrt{1+\sin x}$.

8. 设函数 f 在 $(-\infty,+\infty)$ 上连续，且 $\lim\limits_{x\to\infty}f(x)=A$，证明 f 在 $(-\infty,+\infty)$ 上有界．

9. 证明方程 $3^{x}-5x+1=0$ 在 $(0,1)$ 内有实根．

10. 证明方程 $x^{3}-4x+1=0$ 在 $(0,1)$ 内有且仅有一个实根．

11. 设 f 是 $[0,2a]$ 上的连续函数，$f(0)=f(2a)$，证明：存在 $\xi\in[0,a]$，使得

$$f(\xi)=f(\xi+a).$$

12. 设 f 是 $[0,1]$ 上的连续函数，且 $0\leqslant f(x)\leqslant1$ 对一切 $x\in[0,1]$ 成立．证明：至少存在

一点 $\xi\in[0,1]$，使得 $f(\xi)=\xi$（满足这个关系式的 ξ 称为 f 的**不动点**）.

13. 设 $a>0,b>0$，证明：方程

$$x=a\sin x+b$$

至少有一个不超过 $a+b$ 的正根.

14. 设 f 是 $[a,b]$ 上的连续函数，且 $f(x)\neq 0, x\in[a,b]$，证明 $f(x)$ 在 $[a,b]$ 上恒正或恒负.

15. 设 f 是 $[a,b]$ 上的连续函数，$a\leqslant x_1<x_2<\cdots<x_n\leqslant b$，证明在 $[x_1,x_n]$ 中必有 ξ，使得

$$f(\xi)=\frac{1}{n}[f(x_1)+f(x_2)+\cdots+f(x_n)].$$

16. 求曲线 $y=\dfrac{x^2+1}{x+1}$ 的渐近线.

17. 求曲线 $y=\sqrt{x^2-x+1}$ 的渐近线.

18. 求曲线 $y=\dfrac{x^2}{x^2+x-2}$ 的渐近线.

*19. 试利用闭区间套定理（见§1.2 习题 11）证明零点存在定理.

*20. 设函数 f 在区间 $(a,c]$ 和 $[c,b)$ 上均一致连续，证明：f 在区间 (a,b) 上也一致连续.

*21. 判断下列函数在指定区间上是否一致连续：

（1）$f(x)=\dfrac{1}{x^2}$，在 $(0,1)$ 上；

（2）$f(x)=\sqrt{x}$，在 $[0,+\infty)$ 上；

（3）$f(x)=\sin x^2$，在 $(-\infty,+\infty)$ 上.

*22.（1）证明在 $(-\infty,+\infty)$ 上连续的周期函数必在 $(-\infty,+\infty)$ 上一致连续；

（2）证明 $\sin x^3$ 不是周期函数.

第二章 微分与导数

在上一章中，为了讨论函数 f 在点 x 处的局部性态，我们引入并初步讨论了自变量的增量 Δx 和因变量的增量 $\Delta y=f(x+\Delta x)-f(x)$ 的关系．例如 f 在 x 点连续就是以当 $\Delta x\to 0$ 时 Δy 为无穷小量来刻画的．但是，连续性只是对函数变化性态的粗略描述，很多理论和应用问题都要求更深入地了解 f 的各种变化特征，这就要求对 Δx 和 Δy 作出进一步的分析．本章介绍的微分和导数就是十分有效的两个基本手段，其基本思想是将函数在一点附近线性化，并由此提供关于函数的变化主部和变化率等重要信息．

§1　微分与导数的概念

一般说来，当函数关系中的自变量有微小变化时，因变量随之有相应的变化．微分的原始思想在于寻找一种方法，当因变量的改变也很微小时，能够精确而又简便地估计出这个改变量．

一个实例

维持卫星做环绕地球的圆周运动所需要的最低速度称为第一宇宙速度．根据重力等于向心力，可得这个速度约为 7.9 km/s. 下面我们尝试以另一条思路作推导．

设某时刻卫星处于地球表面附近的 A 点（见图 2.1.1），其运动速度沿圆周切线方向．若无外力影响，一秒钟后它本应到达切线上 B 点，线段 AB 的长度即圆周运动速度的大小．但实际上卫星受地球引力的作用到达 C 点，BC 的长度即自由落体在第一秒中走过的路程．

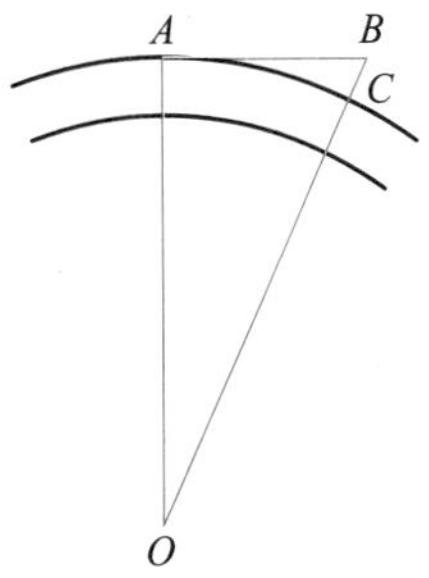

图 2.1.1

当 OA 和 OC 近似地取为地球的平均半径 6 371 000 m 时，AB 长度即卫星所应具有的最小飞行速度的大小．注意到 $BC=\frac{1}{2}g\cdot 1^2=4.9(\text{m})$，点 O,B,C 认为在一条直线上，所以

$$AB^2=(6\ 371\ 000+4.9)^2-6\ 371\ 000^2.$$

显然，直接按上式计算 AB^2 是不可取的．这将导致两个 10^{13} 量级的数相减，计算量甚大，并且在字长较短的计算机上还可能产生较大的

误差．

利用乘法公式把上式改写为

$$AB^2=2\times 6\ 371\ 000\times 4.9+4.9^2.$$

上式右端的两项相比，第二项显然大大地小于第一项，从而可以忽略不计．于是，可把计算简化为

$$AB^2\approx 2\times 6\ 371\ 000\times 4.9,$$

由此得到

$$AB\approx 7.9(\mathrm{km}).$$

这就是说，卫星速度至少要达到 7.9 km/s 才能维持其环绕地球的飞行，此即所求的第一宇宙速度．

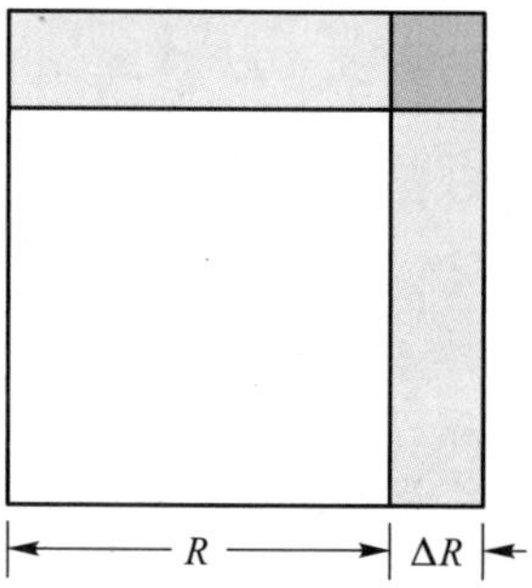

图 2.1.2

我们再对上面关于 AB^2 的计算作一个几何解释：作一个边长为 $R=OA$ 的正方形，当它的边长由 R 增加到 $R+\Delta R$ 时（这里 $\Delta R=BC$），记其面积 $S=R^2$ 改变的大小为 ΔS（见图 2.1.2），即

$$\Delta S=(R+\Delta R)^2-R^2.$$

显然，ΔS 即所求的 AB^2．易知

$$\Delta S=2R\Delta R+(\Delta R)^2.$$

可见 ΔS 分为两部分：第一部分 $2R\Delta R$ 是 ΔR 的"线性函数"，即图 2.1.2 中两个小矩形面积之和，而第二部分为 $(\Delta R)^2$，对应于图 2.1.2 中右上角的小正方形．因为 $\Delta R\to 0$ 时 $(\Delta R)^2=o(\Delta R)$，所以当边长 R 改变很微小，即 $|\Delta R|$ 很小时，面积改变量 ΔS 理所当然地可以用第一部分近似代替，这一部分就被称作 S 的微分．这里，略去关于 ΔR 的高阶无穷小，而以 ΔR 的线性函数取代 ΔS 的处理方法，正是微分概念的本质所在．

微分的概念

定义 2.1.1　设函数 $y=f(x)$ 定义于 x 点的某个邻域，如果存在与 Δx 无关的数 k，使得

$$f(x+\Delta x)-f(x)=k\Delta x+o(\Delta x),$$

则称函数 f 在 x 点**可微**，称 $k\Delta x$ 为因变量 $y=f(x)$ 在 x 点对应于自变量增量 Δx 的**微分**，记作 $\mathrm{d}y$ 或 $\mathrm{d}f(x)$．

我们再对这个定义作几点说明．

首先，这里的 k 仅与 x 有关而与 Δx 无关，因而 k 是使函数 f 可微的点 x 的集合上的一个函数：$k=k(x)$．

其次，如取 $g(x)=x$，则

$$g(x+\Delta x)-g(x)=\Delta x,$$

于是

$$\mathrm{d}x=\mathrm{d}g(x)=\Delta x.$$

因此，我们规定：自变量的微分等于自变量的增量，即 $\mathrm{d}x=\Delta x$．于是，对于 $y=f(x)$，其微分 $\mathrm{d}y=k\Delta x$ 或 $\mathrm{d}f(x)=k\Delta x$ 又可写作

$$\mathrm{d}y=k\mathrm{d}x,\quad 或\quad \mathrm{d}f(x)=k\mathrm{d}x.$$

由于一般来说，k 随 x 变化而变化，故而由 $\mathrm{d}y=k(x)\mathrm{d}x$ 可见因变量的微分 $\mathrm{d}y$ 依赖于两

个量：自变量和自变量的增量，即 x 和 $\mathrm{d}x$.

由定义可知，如果函数 $y=f(x)$ 在 x 点可微，则当 $\Delta x\to 0$ 时，

$$\Delta y-\mathrm{d}y=o(\Delta x).$$

如果 $k\neq 0$，则当 $\Delta x\to 0$ 时，

$$\frac{\Delta y}{\mathrm{d}y}=\frac{k\Delta x+o(\Delta x)}{k\Delta x}=1+o(1),$$

即当 $\Delta x\to 0$ 时，

$$\Delta y\sim \mathrm{d}y.$$

例 2.1.1　设 $y=x^2$，则对任意的 $x\in(-\infty,+\infty)$ 有

$$\Delta y=(x+\Delta x)^2-x^2=2x\Delta x+(\Delta x)^2.$$

由定义，函数 $y=x^2$ 在 x 点可微，且其微分为

$$\mathrm{d}y=2x\mathrm{d}x,$$

这正是我们用来计算第一宇宙速度的近似式．

在函数 f 的可微点处，因为当 $\Delta x\to 0$ 时 $\Delta y=k\Delta x+o(\Delta x)$，所以 $\Delta y=o(1)\ (\Delta x\to 0)$，这个事实可表述为以下定理：

定理 2.1.1　*若函数 f 在 x 点可微，则 f 在 x 点连续．*

例 2.1.2　讨论 $y=x^{\frac{2}{3}}$ 在 $x=0$ 点的连续性与可微性．

解　由于 $\Delta y=(\Delta x)^{\frac{2}{3}}-0=(\Delta x)^{\frac{2}{3}}$，所以 $\Delta x\to 0$ 时 $\Delta y\to 0$. 因此 $y=x^{\frac{2}{3}}$ 在 $x=0$ 处连续；但因 $\Delta x\to 0$ 时 Δy 作为无穷小量，比 Δx 低阶，因而不能表为 Δx 的线性项与高阶项之和．按定义，它在 $x=0$ 点是不可微的．

如果函数 f 在区间 (a,b) 中每一点处均是可微的，则称 f 在 (a,b) 上**可微**，此时也称 f 是 (a,b) 上的**可微函数**．

例 2.1.1 说明 $f(x)=x^2$ 是 $(-\infty,+\infty)$ 上的可微函数．

由定理 2.1.1 可知，若 f 是 (a,b) 上的可微函数，则 f 也是 (a,b) 上的连续函数.

一般说来，当自变量 x 有增量 Δx 时，因变量的增量 Δy 不但可能形式复杂，而且计算量很大．但是如前所述，当这个函数在 x 点可微时，只要 Δx 充分小，用 $\mathrm{d}y$ 代替 Δy 不失是一种有效的近似计算方法．因为 $\mathrm{d}y=k(x)\mathrm{d}x$，所以问题归结为 $k(x)$ 的计算．下面我们就来讨论这个量．

导数的概念

若函数 f 在 x 点可微，则 $\mathrm{d}f(x)=k\mathrm{d}x$，所以

$$k=\frac{\mathrm{d}f(x)}{\mathrm{d}x},$$

即 k 是因变量的微分与自变量的微分之商，这就是下面要讨论的导数概念. 为了对这一概念有更直接的理解，我们再从增量出发引入导数的定义．

对于在 x 点可微的函数 $y=f(x)$，当 $\Delta x\to 0$ 时，$\Delta y=k\Delta x+o(\Delta x)$，因此，$k=\dfrac{\Delta y}{\Delta x}+o(1)$，这就

是说，k 是因变量的增量与自变量增量之比的极限．

定义 2.1.2　设函数 $y=f(x)$ 在 x 点的某个邻域有定义．如果极限

$$\lim_{\Delta x\to 0}\frac{\Delta y}{\Delta x}=\lim_{\Delta x\to 0}\frac{f(x+\Delta x)-f(x)}{\Delta x}$$

存在，则称 f 在 x 点**可导**，并称此极限值为 f 在 x 点的**导数**，记作 $f'(x)$ 或 $y'(x)$，$\frac{\mathrm{d}y}{\mathrm{d}x}(x)$，$\frac{\mathrm{d}f}{\mathrm{d}x}(x)$．

把上述定义中的 $\Delta x\to 0$ 改为 $\Delta x\to 0-0$ 或 $\Delta x\to 0+0$，相应地得到 f 在 x 点的**左导数**和**右导数**的概念，分别记作 $f'_-(x)$ 和 $f'_+(x)$．显然，f 在 x 点可导等价于它在该点的左、右导数均存在且相等．

既然可导和可微都是研究 Δy 关于 Δx 变化的性态，它们之间必然有本质的联系，下面定理 2.1.2 说明了这一点．

定理 2.1.2　设函数 f 定义于 x 点的某个邻域，则 f 在 x 点可导的充要条件是 f 在 x 点可微，且此时成立

$$f(x+\Delta x)-f(x)=f'(x)\Delta x+o(\Delta x).$$

即

$$\mathrm{d}f(x)=f'(x)\,\mathrm{d}x.$$

证　显然，f 在 x 点可导等价于当 $\Delta x\to 0$ 时，

$$\frac{f(x+\Delta x)-f(x)}{\Delta x}=f'(x)+o(1),$$

即

$$f(x+\Delta x)-f(x)=f'(x)\Delta x+o(1)\cdot\Delta x.$$

显然 $o(1)\cdot\Delta x=o(\Delta x)$，因此，上式又导出 f 在 x 点可微．

另一方面，前面的分析已指出 f 在 x 点可微时必在 x 点可导，同时易知定理所示的两个关系式在函数可微的条件下成立．

证毕

定理 2.1.2 说明，$f'(x)$ 与 $\mathrm{d}f(x)$ 同时存在，且 $\mathrm{d}f(x)=f'(x)\mathrm{d}x$，于是导数 $f'(x)$ 也可直接用微分记号表示为 $\frac{\mathrm{d}f(x)}{\mathrm{d}x}$ 或 $\frac{\mathrm{d}y}{\mathrm{d}x}$，因而导数也称为**微商**．

由定理 2.1.1 和定理 2.1.2 便知，若函数 f 在 x 点可导，则 f 在 x 点连续．

如果 f 是 (a,b) 上的可微函数，则也称 f 是 (a,b) 上的**可导函数**（注意此时 f 在 (a,b) 上每一点皆可导，因此也称 f 在 (a,b) 上可导）．从而我们可得到定义于 (a,b) 上的一个新的函数

$$f':x\mapsto f'(x),\quad x\in(a,b),$$

称 f' 为 f 的**导函数**，简称**导数**．函数 $y=f(x)$ 的导数（导函数）也常记为 $f'(x)$ 或 y'，$\frac{\mathrm{d}f}{\mathrm{d}x}$，$\frac{\mathrm{d}y}{\mathrm{d}x}$.

在例 2.1.1 中，函数 $y=x^2$ 在 $(-\infty,+\infty)$ 中的每一点皆可微，因此也在 $(-\infty,+\infty)$ 上可导，且其导数为 $\frac{\mathrm{d}y}{\mathrm{d}x}=2x$.

例 2.1.3 考察函数$f(x)=|x|$在$x=0$点的可导情况.

解 当$x<0$时,$f(x)=|x|=-x$.所以$f(x)$在$x=0$点的左导数为

$$f'_-(0)=\lim_{\Delta x\to 0-0}\frac{f(0+\Delta x)-f(0)}{\Delta x}=\lim_{\Delta x\to 0-0}\frac{-\Delta x}{\Delta x}=-1;$$

而当$x>0$时,$f(x)=|x|=x$.所以$f(x)$在$x=0$点的右导数为

$$f'_+(0)=\lim_{\Delta x\to 0+0}\frac{f(0+\Delta x)-f(0)}{\Delta x}=\lim_{\Delta x\to 0+0}\frac{\Delta x}{\Delta x}=1.$$

这说明,$f(x)=|x|$在$x=0$点的左、右导数都存在,但不相等,因此f在$x=0$点不可导.f的图像见图 2.1.3.

例 2.1.4 在例 2.1.2 中已经知道函数$f(x)=x^{\frac{2}{3}}$在$x=0$点不可微,因此它在$x=0$点也不可导.事实上

$$\lim_{\Delta x\to 0+0}\frac{f(0+\Delta x)-f(0)}{\Delta x}=\lim_{\Delta x\to 0+0}\frac{1}{(\Delta x)^{\frac{1}{3}}}=+\infty,$$

$$\lim_{\Delta x\to 0-0}\frac{f(0+\Delta x)-f(0)}{\Delta x}=\lim_{\Delta x\to 0-0}\frac{1}{(\Delta x)^{\frac{1}{3}}}=-\infty.$$

函数f的图像见图 2.1.4.

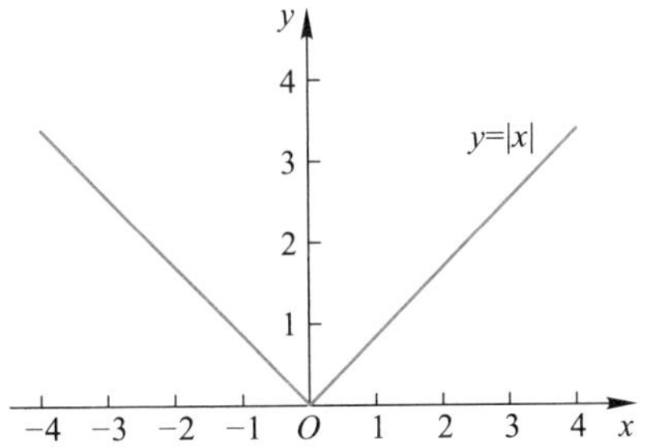

图 2.1.3

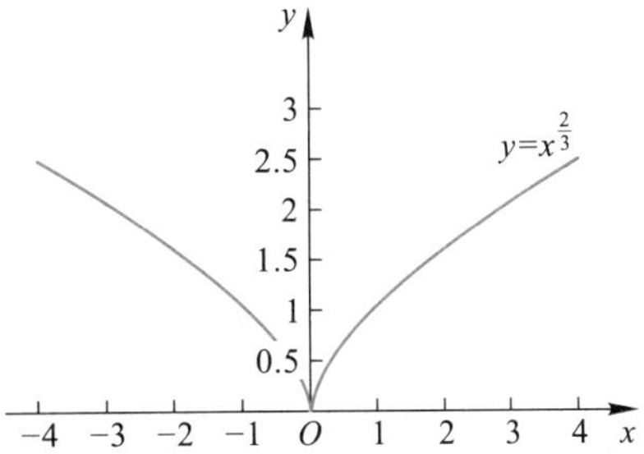

图 2.1.4

导数的意义

在数学发展的历史上,导数是伴随着微分的出现派生而来的.但是,人们很快发现,导数这一概念有其自身的特殊意义,在处理有关微分学的问题时,无论是形式地思考还是具体地推演,由导数着手往往比从微分着手更为简洁,因而在理论研究与实际应用方面导数都扮演着极为重要的角色.

下面我们将通过一些实例的分析介绍导数的科学意义.

例 2.1.5 直线运动的速度

设有某质点沿直线做运动,已知其位移量s与时间t具有函数关系:$s=s(t)$,要求出在时刻t_0时质点运动的速度(瞬时速度).

如果质点做的是匀速运动,考察时段$[t_0,t_0+\Delta t]$中位移量的变化$\Delta s=s(t_0+\Delta t)-s(t_0)$,则有

$$v=\frac{\Delta s}{\Delta t}=\frac{s(t_0+\Delta t)-s(t_0)}{\Delta t}.$$

如果质点做的是变速运动,上式只能表示相应时段中的平均速度．当时间间隔 Δt 很小时,可以认为上述平均速度是 t_0 时刻瞬时速度的一个近似．为了精确地求得瞬时速度 $v(t_0)$,还得借助于 $t\to t_0$ 的极限过程,即

$$v(t_0)=\lim_{\Delta t\to 0}\frac{s(t_0+\Delta t)-s(t_0)}{\Delta t},$$

因此,$v(t_0)=s'(t_0)$.

例如,自由落体的运动方程为 $s=\frac{1}{2}gt^2$,因而时刻 t_0 的瞬时速度为

$$v(t_0)=s'(t_0)=\lim_{\Delta t\to 0}\frac{\Delta s}{\Delta t}=\lim_{\Delta t\to 0}\frac{\frac{1}{2}g(t_0+\Delta t)^2-\frac{1}{2}gt_0^2}{\Delta t}$$

$$=\lim_{\Delta t\to 0}\frac{1}{2}g(2t_0+\Delta t)=gt_0.$$

例 2.1.6　细菌的增长率

设 t 时刻细菌的总数为 $N(t)$,则在时段 $[t_0,t_0+\Delta t]$ 中细菌数的变化量为 $\Delta N=N(t_0+\Delta t)-N(t_0)$,$\frac{\Delta N}{\Delta t}$ 是细菌在该时段的平均增长率,当 $\Delta t\to 0$ 时其极限 $N'(t_0)$ 就是 t_0 时刻细菌的瞬时增长率.

在例 2.1.3 和例 2.1.4 中,导数都是用来度量某个量变化快慢,即变化速度的．这类问题其实随处可见．诸如物理学中的光、热、磁、电的各种传导率、化学中的反应速率乃至经济学中的资金流动比率、人口学中的人口增长速率等,都是各种广义的"速度",因而都可以用导数表述．一言以蔽之,导数是因变量关于自变量的变化率.

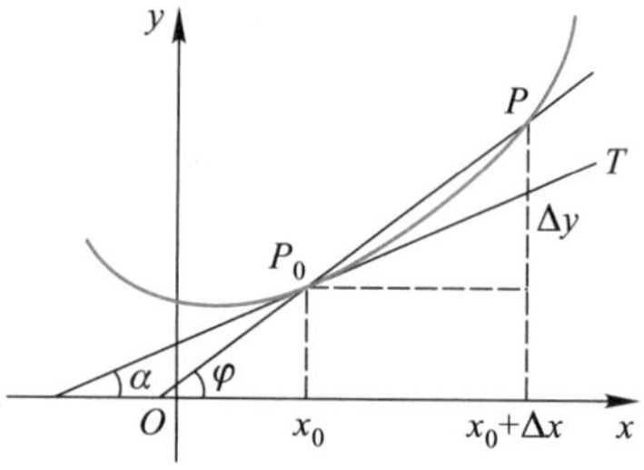

图 2.1.5

导数研究的另一重大动力源自数学自身的需要．这方面典型的数学问题是求切线的斜率.

设平面上有一条光滑的曲线 $y=f(x)$. $P_0(x_0,y_0)$ 是曲线上一点,要求出这条曲线在 P_0 点切线的斜率(见图 2.1.5).

在曲线上 P_0 附近取一点 $P(x,y)$,作割线 P_0P(即过 P_0,P 两点的直线),当点 P 沿曲线趋于 P_0 时,如果割线 P_0P 趋于一确定的极限位置 P_0T,就称直线 P_0T 为曲线在 P_0 点的**切线**.

记 $\Delta x=x-x_0$,$\Delta y=f(x)-f(x_0)$,则割线 P_0P 的斜率为

$$\bar{k}=\tan\varphi=\frac{\Delta y}{\Delta x}.$$

显然当 $P\to P_0$ 时 $x\to x_0$,即 $\Delta x\to 0$,因此切线的斜率 $k=\tan\alpha$ 为

$$k=\lim_{\Delta x\to 0}\bar{k}=\lim_{\Delta x\to 0}\frac{\Delta y}{\Delta x},$$

于是 $k=f'(x_0)$. 这就是说,导数 $f'(x_0)$ 的几何意义是曲线 $y=f(x)$ 在点 $(x_0,f(x_0))$ 处的切线的斜率.

由此进一步可得,曲线 $y=f(x)$ 在点 $P_0(x_0,f(x_0))$ 点的切线方程是

$$y-f(x_0)=f'(x_0)(x-x_0).$$

过 P_0 点且与切线垂直的直线称为曲线 $y=f(x)$ 在点 P_0 处的**法线**. 于是当 $f'(x_0)\neq 0$ 时,法线方程是

$$y-f(x_0)=-\frac{1}{f'(x_0)}(x-x_0).$$

例 2.1.7　求抛物线 $y^2=2px(p>0)$ 上点 (x_0,y_0) 处切线的斜率.

解　显然,在点 $(0,0)$ 处切线即 y 轴,又该抛物线关于 x 轴对称,对称点上切线斜率互为相反数,所以不妨只讨论 $x_0>0,y_0>0$ 的情况(见图 2.1.6).

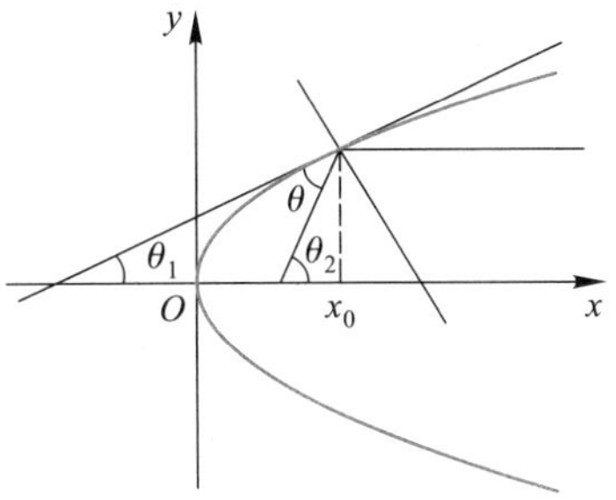

图 2.1.6

对于上半平面的抛物线部分有 $y=\sqrt{2px}$. 在 $(x_0,\sqrt{2px_0})$ 点处切线斜率为

$$\begin{aligned}\left.\frac{\mathrm{d}y}{\mathrm{d}x}\right|_{x=x_0}&=\lim_{\Delta x\to 0}\frac{\sqrt{2p(x_0+\Delta x)}-\sqrt{2px_0}}{\Delta x}\\&=\sqrt{2p}\lim_{\Delta x\to 0}\frac{\Delta x}{(\sqrt{x_0+\Delta x}+\sqrt{x_0})\Delta x}\\&=\sqrt{2p}\cdot\frac{1}{2\sqrt{x_0}}=\sqrt{\frac{p}{2x_0}}=\frac{p}{y_0}.\end{aligned}$$

设切线与 x 轴夹角为 θ_1,则

$$\tan\theta_1=\frac{p}{y_0}.$$

设 (x_0,y_0) 与焦点 $\left(\frac{p}{2},0\right)$ 的连线与 x 轴夹角为 θ_2,则

$$\tan\theta_2=\frac{y_0}{x_0-\frac{p}{2}}.$$

设这条连线与切线夹角为 θ,则 $\theta=\theta_2-\theta_1$,因此

$$\tan\theta=\frac{\tan\theta_2-\tan\theta_1}{1+\tan\theta_2\tan\theta_1}=\left(\frac{y_0}{x_0-\frac{p}{2}}-\frac{p}{y_0}\right)\left(1+\frac{y_0}{x_0-\frac{p}{2}}\cdot\frac{p}{y_0}\right)^{-1}=\frac{p}{y_0}=\tan\theta_1.$$

因而 θ 恰好等于切线与 x 轴的夹角 θ_1.

这个例子实际上证明了几何光学中旋转抛物面对于平行光的聚焦原理. 所谓旋转抛物面是由抛物线绕其对称轴旋转而成的曲面. 根据光线的反射定律:入射角等于反射角(入、反射光线与反射面法线夹角相等). 由这个例子的结论 $\theta=\theta_1$ 可知,平行于对称轴的入射光

线,由于旋转抛物面的反射,会聚于它的焦点上. 由于光路可逆,放在焦点处的点光源发出的光,经旋转抛物面反射后,成为一束平行于对称轴的光线射出(见图 2.1.7). 探照灯、伞形太阳灶等都是上述性质应用的实例.

微分的几何意义

由导数的几何意义可以作出微分的几何解释.

设 $P_0(x_0,y_0)$ 是曲线 $y=f(x)$ 上的一点,当自变量有微小增量 Δx 时,得到曲线上另一点 $P(x_0+\Delta x,y_0+\Delta y)$,过 P_0 作切线 P_0T,从图 2.1.8 中可见

$$\Delta y=QP,$$

$$\mathrm{d}y=f'(x_0)\Delta x=QM.$$

这就是说,相应于 Δy 作为曲线 $y=f(x)$ 上点的纵坐标的增量,$\mathrm{d}y$ 就是曲线的切线上点的纵坐标的对应增量. 在 $\Delta x\to 0$ 的过程中,$MP=|\Delta y-\mathrm{d}y|$ 是比 Δx 高阶的无穷小量,因此,在点 P_0 附近我们可以用切线段近似地代替原有的曲线段.

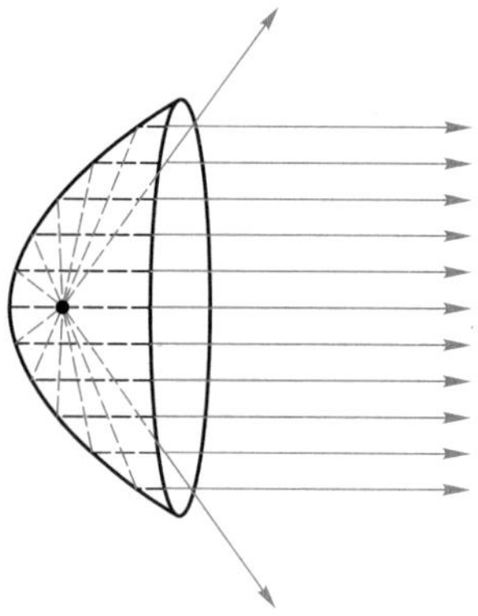

图 2.1.7

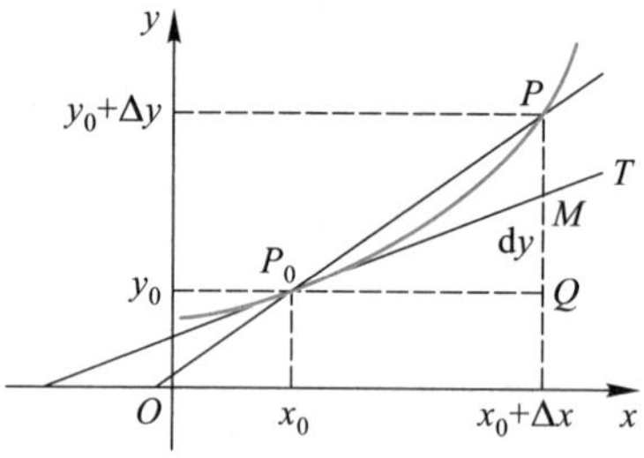

图 2.1.8

习　题

1. 半径为 1 cm 的铁球表面要镀一层厚度为 0.01 cm 的铜,试用求微分的方法计算每只球需用铜多少克?(铜的密度为 8.9 g/cm³.)

2. 求下列函数的微分:

(1) $y=x^3$;　　(2) $y=\dfrac{1}{x}$.

3. 设函数 f 在 $x=x_0$ 点可导,计算下列极限:

(1) $\lim\limits_{\Delta x\to 0}\dfrac{f(x_0-\Delta x)-f(x_0)}{\Delta x}$;　　(2) $\lim\limits_{\Delta x\to 0}\dfrac{f(x_0)-f(x_0-\Delta x)}{\Delta x}$;

(3) $\lim\limits_{\Delta x\to 0}\dfrac{f(x_0+\Delta x)-f(x_0-\Delta x)}{\Delta x}$.

4. 设 f 是 $(-\infty,+\infty)$ 上的可微函数,证明:当 f 是奇函数时,f' 是偶函数;当 f 是偶函数时,f' 是奇函数.

5. 设$f(x)=\begin{cases}|x|^{\alpha}\sin\dfrac{1}{x}, & x\neq 0,\\ 0, & x=0.\end{cases}$ 试就正数 α 的不同取值，讨论 f 在 $x=0$ 点的可导性．

6. 求抛物线 $y=x^2$ 上点 (x_0,y_0) 点的切线方程和法线方程．

7. 设函数

$$f(x)=\begin{cases}x^2+b, & x>2,\\ ax+1, & x\leqslant 2,\end{cases}$$

确定 a,b，使得 f 在 $x=2$ 点可导．

8. 证明：椭圆 $\dfrac{x^2}{a^2}+\dfrac{y^2}{b^2}=1(a>b>0)$ 上任一点 (x_0,y_0) 处的切线方程为 $\dfrac{x_0x}{a^2}+\dfrac{y_0y}{b^2}=1$. 并由此证明：从椭圆一个焦点发出的任一束光线，经椭圆反射后，必定经过它的另一个焦点．

§ 2 求导运算

导数和微分的实用性，还在于有一套行之有效的计算方法．本节就来介绍基本初等函数的求导公式和关于函数的四则运算及函数复合等运算的求导法则.

几个初等函数的导数

我们先从导数的定义出发，求出一些基本初等函数的导数（导函数）.

1. 常数函数 $f(x)=c$，其导数为

$$f'(x)=0.$$

因为

$$\frac{f(x+\Delta x)-f(x)}{\Delta x}=\frac{c-c}{\Delta x}=\frac{0}{\Delta x}=0,$$

在上式中令 $\Delta x\to 0$，便知 $f'(x)=0$.

2. 幂函数 $f(x)=x^n(n\in\mathbf{N}_+)$，其导数为

$$f'(x)=nx^{n-1}.$$

因为

$$f(x+\Delta x)-f(x)=(x+\Delta x)^n-x^n=\sum_{k=1}^{n}\mathrm{C}_n^k x^{n-k}(\Delta x)^k$$

$$=nx^{n-1}\Delta x+\sum_{k=2}^{n}\mathrm{C}_n^k x^{n-k}(\Delta x)^k=nx^{n-1}\Delta x+o(\Delta x).$$

由定理 2.1.2 知 $f'(x)=nx^{n-1}$.

3. 指数函数 $f(x)=\mathrm{e}^x$，其导数为

$$f'(x)=\mathrm{e}^x.$$

因为

$$\frac{f(x+\Delta x)-f(x)}{\Delta x}=\mathrm{e}^x\,\frac{\mathrm{e}^{\Delta x}-1}{\Delta x},$$

由于 $\lim\limits_{\Delta x\to 0}\dfrac{\mathrm{e}^{\Delta x}-1}{\Delta x}=1$，在上式中令 $\Delta x\to 0$，便知 $f'(x)=\mathrm{e}^x$.

4. 正弦函数 $f(x)=\sin x$，其导数为

$$f'(x)=\cos x.$$

因为

$$\begin{aligned}f(x+\Delta x)-f(x)&=\sin(x+\Delta x)-\sin x\\&=\cos x\sin\Delta x+\sin x\cos\Delta x-\sin x,\end{aligned}$$

所以

$$\frac{f(x+\Delta x)-f(x)}{\Delta x}=\cos x\,\frac{\sin\Delta x}{\Delta x}+\sin x\,\frac{\cos\Delta x-1}{\Delta x}.$$

因为 $\lim\limits_{\Delta x\to 0}\dfrac{\sin\Delta x}{\Delta x}=1$，$\lim\limits_{\Delta x\to 0}\dfrac{\cos\Delta x-1}{\Delta x}=0$，在上式中令 $\Delta x\to 0$，便知 $f'(x)=\cos x$.

至于其他基本初等函数的求导公式，我们将在介绍一些求导法则后，从上述几个初等函数的求导公式推导出来.

四则运算的求导法则

定理 2.2.1（四则运算的求导法则）　设 f 和 g 均是可导函数，α,β 是常数，则

$$(\alpha f+\beta g)'=\alpha f'+\beta g',$$
$$(fg)'=f'g+fg'.$$

对满足 $g(x)\neq 0$ 的点 x，有

$$\left(\frac{f}{g}\right)'=\frac{f'g-fg'}{g^2}.$$

证　对一般的函数 F，记 $\Delta F(x)=F(x+\Delta x)-F(x)$. 显然

$$\Delta(\alpha f+\beta g)(x)=\alpha\Delta f(x)+\beta\Delta g(x),$$

所以

$$(\alpha f+\beta g)'(x)=\alpha\lim_{\Delta x\to 0}\frac{\Delta f(x)}{\Delta x}+\beta\lim_{\Delta x\to 0}\frac{\Delta g(x)}{\Delta x}=\alpha f'(x)+\beta g'(x).$$

由计算易知

$$\Delta(fg)(x)=\Delta f(x)\cdot g(x+\Delta x)+f(x)\Delta g(x),$$

从而

$$(fg)'(x)=\lim_{\Delta x\to 0}\frac{\Delta f(x)}{\Delta x}\lim_{\Delta x\to 0}g(x+\Delta x)+f(x)\lim_{\Delta x\to 0}\frac{\Delta g(x)}{\Delta x}.$$

由 g 的可导性，可知 g 是连续函数，故而

$$(fg)'(x)=f'(x)g(x)+f(x)g'(x).$$

同样的，当 $g(x)\neq 0$ 时，成立

$$\frac{\Delta\left(\frac{f}{g}\right)(x)}{\Delta x}=\frac{\Delta f(x)\cdot g(x)-f(x)\cdot\Delta g(x)}{g(x+\Delta x)g(x)\Delta x},$$

再次利用 g 的连续性,即得

$$\left(\frac{f}{g}\right)'(x)=\frac{f'(x)g(x)-g'(x)f(x)}{g^2(x)}.$$

证毕

注 形如 $\frac{\Delta F(x)}{\Delta x}$ 的运算称为**差商**. 由于它与平均变化率相对应,因而也有广泛的应用. 容易看到,函数经四则运算后再求差商往往相当复杂. 然而,当我们从差商中略去一个无穷小量而考察 $\frac{\mathrm{d}F(x)}{\mathrm{d}x}$ 时,它就具有很好的可计算性. 这就是要引入导数概念的重要原因之一.

例 2.2.1 求 $2x^2+3x+1$ 的导数.

解 利用定理 2.2.1 的求导法则得

$$(2x^2+3x+1)'=2(x^2)'+3(x)'+(1)'=4x+3.$$

例 2.2.2 求 $3\mathrm{e}^x+x^2\sin x$ 的导数.

解 利用定理 2.2.1 的求导法则得

$$\begin{aligned}(3\mathrm{e}^x+x^2\sin x)'&=3(\mathrm{e}^x)'+(x^2\sin x)'\\&=3\mathrm{e}^x+(x^2)'\sin x+x^2(\sin x)'\\&=3\mathrm{e}^x+2x\sin x+x^2\cos x.\end{aligned}$$

例 2.2.3 求 $\frac{x}{x^2+1}$ 的导数.

解 利用函数之商的求导法则得

$$\begin{aligned}\left(\frac{x}{x^2+1}\right)'&=\frac{(x)'(x^2+1)-(x^2+1)'x}{(x^2+1)^2}\\&=\frac{x^2+1-2x\cdot x}{(x^2+1)^2}=\frac{1-x^2}{(x^2+1)^2}.\end{aligned}$$

例 2.2.4 求 $\frac{1}{x^m}$ 的导数,这里 $m\in\mathbf{N}_+$.

解 利用函数之商的求导法则得

$$\left(\frac{1}{x^m}\right)'=\frac{(1)'x^m-(x^m)'\cdot 1}{x^{2m}}=-m\frac{x^{m-1}}{x^{2m}}=\frac{-m}{x^{m+1}}.$$

由例 2.2.4 可见,求导公式 $(x^n)'=nx^{n-1}$ 对一切非零整数都成立.

两个函数的乘积求导法则可以推广到任意 n 个函数的乘积求导的情况:设 $u_1,u_2,\cdots,u_n$ 均是可导函数,则

$$(u_1u_2\cdots u_n)'=u_1'u_2\cdots u_n+u_1u_2'\cdots u_n+\cdots+u_1u_2\cdots u_n'.$$

即 n 个函数的乘积的导数应是 n 项的和,其中每一项是 n 个函数之一的导数与其他 $n-1$ 个函数之积.

例 2.2.5 求 $x^2\mathrm{e}^x\sin x$ 的导数.

解　利用函数乘积求导法则得

$$\begin{aligned}(x^2\mathrm{e}^x\sin x)'&=(x^2)'\mathrm{e}^x\sin x+x^2(\mathrm{e}^x)'\sin x+x^2\mathrm{e}^x(\sin x)'\\&=2x\mathrm{e}^x\sin x+x^2\mathrm{e}^x\sin x+x^2\mathrm{e}^x\cos x\\&=x\mathrm{e}^x(2\sin x+x\sin x+x\cos x).\end{aligned}$$

复合函数的链式求导法则

复合函数的链式求导法则是微积分运算技巧的重要基础.

定理 2.2.2（链式求导法则）　*如果函数 φ 在 x_0 点可导，函数 f 在 $u_0=\varphi(x_0)$ 点可导，则复合函数 $f\circ\varphi$ 在 x_0 点可导，且*

$$(f\circ\varphi)'(x_0)=f'(u_0)\varphi'(x_0)=f'[\varphi(x_0)]\varphi'(x_0).$$

证　记 $u=\varphi(x)$，则 $\Delta u=\varphi(x_0+\Delta x)-\varphi(x_0)$. 因为 $y=f(u)$ 在 u_0 点可导，所以当 $\Delta u\neq 0$ 时

$$\Delta y=f'(u_0)\Delta u+\alpha\Delta u,$$

其中 $\lim\limits_{\Delta u\to 0}\alpha=0$. 因为 $\Delta u=0$ 时 $\Delta y=0$，不妨规定此时 $\alpha=0$，这样，Δy 的上述表达式仍成立. 于是

$$\lim_{\Delta x\to 0}\frac{\Delta y}{\Delta x}=\lim_{\Delta x\to 0}\left[f'(u_0)\frac{\Delta u}{\Delta x}+\alpha\frac{\Delta u}{\Delta x}\right].$$

因为函数 φ 在 x_0 点可导，所以它在 x_0 点连续，因此 $\Delta x\to 0$ 时 $\Delta u\to 0$，从而 $\lim\limits_{\Delta x\to 0}\alpha=\lim\limits_{\Delta u\to 0}\alpha=0$. 而 $\lim\limits_{\Delta x\to 0}\dfrac{\Delta u}{\Delta x}=\varphi'(x_0)$，于是

$$(f\circ\varphi)'(x_0)=f'(u_0)\varphi'(x_0).$$

证毕

利用微分记号，复合函数求导可以表述为如下**链式形式**：

$$\frac{\mathrm{d}y}{\mathrm{d}x}=\frac{\mathrm{d}y}{\mathrm{d}u}\frac{\mathrm{d}u}{\mathrm{d}x}.$$

应用复合函数的链式求导法则和前面介绍的求导公式，又可求得一些基本初等函数的导数.

例 2.2.6　一般的指数函数 $f(x)=a^x(a>0,a\neq 1)$ 的导数.

解　因为 $a^x=\mathrm{e}^{x\ln a}$，所以 f 可视为函数 g 和 h 的复合，其中

$$g(u)=\mathrm{e}^u,\quad h(x)=x\ln a.$$

这样

$$f'(x)=g'(u)h'(x)=\mathrm{e}^u\ln a=\mathrm{e}^{x\ln a}\ln a=a^x\ln a,$$

即 $(a^x)'=a^x\ln a$.

例 2.2.7　求 $f(x)=(2x^2+1)^8$ 的导数.

解　将 f 视为函数 g 和 h 的复合，其中

$$g(u)=u^8,\quad h(x)=2x^2+1.$$

因此

$$[(2x^2+1)^8]'=(u^8)'(2x^2+1)'=8u^7\cdot 4x=32x(2x^2+1)^7.$$

例 2.2.8　余弦函数 $f(x)=\cos x$ 的导数．

解　因为 $\cos x=\sin\left(\frac{\pi}{2}-x\right)$．记 $g(u)=\sin u, h(x)=\frac{\pi}{2}-x$，则 $f(x)=\cos x=(g\circ h)(x)$，即 f 是函数 g 和 h 的复合．所以

$$f'(x)=(\sin u)'\left(\frac{\pi}{2}-x\right)'=\cos u\cdot(-1)=-\cos\left(\frac{\pi}{2}-x\right)=-\sin x,$$

即 $(\cos x)'=-\sin x$.

由此可以导出其他三角函数的求导公式．例如，

$$(\tan x)'=\left(\frac{\sin x}{\cos x}\right)'=\frac{(\sin x)'\cos x-(\cos x)'\sin x}{\cos^2 x}$$
$$=\frac{\cos^2 x+\sin^2 x}{\cos^2 x}=\sec^2 x.$$

读者还可以自行验证以下公式：

$$(\cot x)'=-\csc^2 x;$$
$$(\sec x)'=\tan x\sec x$$
$$(\csc x)'=-\cot x\csc x.$$

链式求导法则可以推广到多个中间变量的情况．例如，设 $y=f(u), u=\varphi(v), v=\psi(x)$，如果这些函数在相应的点上都可导，则它们的复合函数的导数为

$$\frac{\mathrm{d}y}{\mathrm{d}x}=\frac{\mathrm{d}y}{\mathrm{d}u}\frac{\mathrm{d}u}{\mathrm{d}v}\frac{\mathrm{d}v}{\mathrm{d}x}.$$

例 2.2.9　设 $y=(\sin 2^x)^2$，求 y'.

解　$y=(\sin 2^x)^2$ 是 $y=u^2, u=\sin v, v=2^x$ 的复合函数，利用链式法则，可得

$$y'=\frac{\mathrm{d}u^2}{\mathrm{d}u}\frac{\mathrm{d}\sin v}{\mathrm{d}v}\frac{\mathrm{d}2^x}{\mathrm{d}x}$$
$$=2u\cdot\cos v\cdot 2^x\ln 2=(\ln 2)2^x\sin(2^{x+1}).$$

在运算熟练后，只要心中有数，就不必将中间变量详细写出．

例 2.2.10　设 $y=\sin kx\cdot\sin^k x$，求 y'，其中 k 为正整数．

解　利用乘积求导和复合函数求导法则，可得

$$y'=(\sin kx)'\cdot\sin^k x+\sin kx\cdot(\sin^k x)'$$
$$=k\cos kx\cdot\sin^k x+\sin kx\cdot(k\sin^{k-1}x\cdot\cos x)$$
$$=k\sin^{k-1}x(\cos kx\cdot\sin x+\sin kx\cdot\cos x)$$
$$=k\sin^{k-1}x\cdot\sin(k+1)x.$$

例 2.2.11　一架飞机在离地面 2 km 的高度以每小时 200 km 的速度，飞临某目标上空作航空摄像．求飞机在目标正上方时摄像机镜头为捕捉目标转动的角速度．

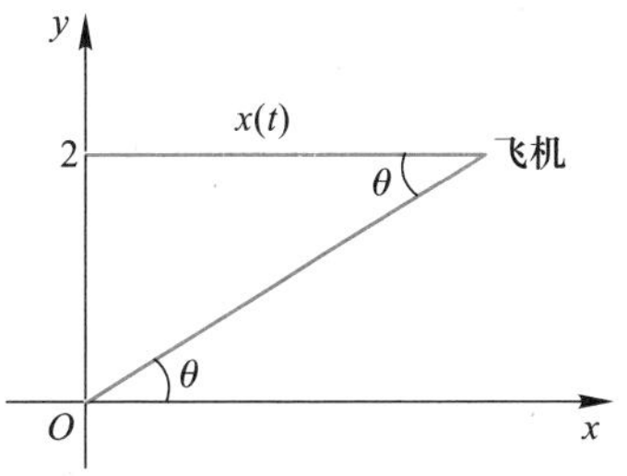

图 2.2.1

解　以既定目标为原点，取 x 轴平行于飞行方向且与其逆向，y 轴垂直于地面且方向向上(图 2.2.1)．设在时刻 t，飞机离目标的水平距离为 $x=x(t)$，飞机与目标连线和地面夹角为 $\theta=\theta(t)$，则有

$$\tan\theta=\frac{2}{x}.$$

利用复合函数求导法则，两边对 t 求导，得

$$\sec^2\theta\frac{\mathrm{d}\theta}{\mathrm{d}t}=-\frac{2}{x^2}\frac{\mathrm{d}x}{\mathrm{d}t}.$$

注意到$\cos^2\theta=\frac{x^2}{x^2+4}$，所以

$$\frac{\mathrm{d}\theta}{\mathrm{d}t}=-\frac{2\cos^2\theta}{x^2}\frac{\mathrm{d}x}{\mathrm{d}t}=-\frac{2}{x^2+4}\frac{\mathrm{d}x}{\mathrm{d}t}.$$

因为$\frac{\mathrm{d}x}{\mathrm{d}t}=-200$，而当飞机飞临目标时 $x=0$，此时

$$\frac{\mathrm{d}\theta}{\mathrm{d}t}=-\frac{2}{4}\cdot(-200)=100(\mathrm{rad/h})=\frac{5}{\pi}(°/\mathrm{s}),$$

即飞机在目标正上方时，摄像机镜头为捕捉目标转动的角速度为$\frac{5}{\pi}$°/s.

例 2.2.11 属于所谓“相关变化率”的问题．一般来说，设 $x=x(t)$ 和 $y=y(t)$ 都是可导函数，而且变量 x 与 y 之间存在某种关系，就称相互依赖的变化率$\frac{\mathrm{d}x}{\mathrm{d}t}$与$\frac{\mathrm{d}y}{\mathrm{d}t}$为**相关变化率**．相关变化率问题就是根据这两个变化率的关系，从一个变化率求出另一个变化率.

反函数的求导法则

对任意给定的函数，一般说来其反函数未必存在．但是，如果函数 f 是严格单调增加（减少）的函数，按定义，其反函数 f^{-1} 一定存在，而且也是严格单调增加（减少）的．不仅如此，还可以证明：如果 f 是严格单调增加（减少）的连续函数，那么，f^{-1} 也是严格单调增加（减少）的连续函数．

定理 2.2.3（反函数求导法则）　设 f 是 (a,b) 上严格单调的连续函数，$x_0\in(a,b)$. 如果 f 在 x_0 点可导，且 $f'(x_0)\neq 0$，那么反函数 f^{-1} 在 $y_0=f(x_0)$ 点可导，且

$$(f^{-1})'(y_0)=\frac{1}{f'(x_0)}.$$

证　记 $y=f(x)$，由 f 的严格单调性，$\Delta y=f(x_0+\Delta x)-f(x_0)\neq 0$ 等价于 $\Delta x=f^{-1}(y_0+\Delta y)-f^{-1}(y_0)\neq 0$. 再注意到 f^{-1} 也是连续的，所以 $\Delta y\to 0$ 时 $\Delta x\to 0$. 这样

$$(f^{-1})'(y_0)=\lim_{\Delta y\to 0}\frac{f^{-1}(y_0+\Delta y)-f^{-1}(y_0)}{\Delta y}$$

$$=\lim_{\Delta x\to 0}\frac{\Delta x}{f(x_0+\Delta x)-f(x_0)}=\frac{1}{f'(x_0)}.$$

证毕

借助于微分符号，反函数求导法则可表示为

$$\frac{\mathrm{d}x}{\mathrm{d}y}=\frac{1}{\frac{\mathrm{d}y}{\mathrm{d}x}}.$$

利用反函数求导法则，可以求出另一些基本初等函数的导数．

例 2.2.12　求对数函数 $y=\log_a x(a>0$ 且 $a\neq 1)$ 的导数．

解　因为 $y=\log_a x$ 为

$$x=a^y,\quad y\in(-\infty,+\infty)$$

的反函数，所以

$$(\log_a x)'=\frac{1}{(a^y)'}=\frac{1}{a^y\ln a}=\frac{1}{x\ln a}.$$

特别地，当 $a=\mathrm{e}$ 时，有

$$(\ln x)'=\frac{1}{x}.$$

由此，可以求得一般幂函数 x^{μ}(μ 是非零常数)的导数．实际上，当 $x>0$ 时，

$$(x^{\mu})'=(\mathrm{e}^{\mu\ln x})'=\mathrm{e}^{\mu\ln x}(\mu\ln x)'=x^{\mu}\frac{\mu}{x}=\mu x^{\mu-1}.$$

其形式与 μ 为非零整数的情况相一致．例如，$y=\sqrt{x}$ 的导数 $y'=\dfrac{1}{2\sqrt{x}}$.

例 2.2.13　求反正弦函数 $y=\arcsin x$ 的导数．

解　由于反正弦函数 $y=\arcsin x$ 是

$$x=\sin y,\quad y\in\left[-\frac{\pi}{2},\frac{\pi}{2}\right]$$

的反函数，因此对 $y=\arcsin x$，有

$$(\arcsin x)'=\frac{1}{(\sin y)'}=\frac{1}{\cos y}=\frac{1}{\sqrt{1-\sin^2 y}}=\frac{1}{\sqrt{1-x^2}}.$$

根据定理 2.2.3 的要求，上式成立的范围是 $-1<x<1$.

类似地，可得

$$(\arccos x)'=-\frac{1}{\sqrt{1-x^2}},\quad -1<x<1.$$

例 2.2.14　求反正切函数 $y=\arctan x$ 的导数．

解　由于反正切函数 $y=\arctan x$ 是

$$x=\tan y,\quad y\in\left(-\frac{\pi}{2},\frac{\pi}{2}\right)$$

的反函数，所以

$$(\arctan x)'=\frac{1}{(\tan y)'}=\frac{1}{\sec^2 y}=\frac{1}{1+\tan^2 y}=\frac{1}{1+x^2},\quad x\in(-\infty,+\infty).$$

类似地，可得

$$(\operatorname{arccot} x)'=-\frac{1}{1+x^2},\quad x\in(-\infty,+\infty).$$

例 2.2.15　双曲函数及其导数．

双曲正弦函数为 $\sinh x=\dfrac{e^x-e^{-x}}{2}$ $(x\in(-\infty,+\infty))$．

双曲余弦函数为 $\cosh x=\dfrac{e^x+e^{-x}}{2}$ $(x\in(-\infty,+\infty))$．

利用函数之差的求导法则和复合函数的链式求导法则得到

$$(\sinh x)'=\frac{1}{2}[(e^x)'-(e^{-x})']=\frac{1}{2}[e^x-e^{-x}(-x)']=\frac{1}{2}(e^x+e^{-x})=\cosh x.$$

类似地，可得

$$(\cosh x)'=\sinh x.$$

双曲正弦函数和双曲余弦函数的图像见图 2.2.2．

双曲正切函数为 $\tanh x=\dfrac{e^x-e^{-x}}{e^x+e^{-x}}$ $(x\in(-\infty,+\infty))$．

双曲余切函数为 $\coth x=\dfrac{e^x+e^{-x}}{e^x-e^{-x}}$ $(x\neq 0)$．

双曲正切函数和双曲余切函数的图像见图 2.2.3．

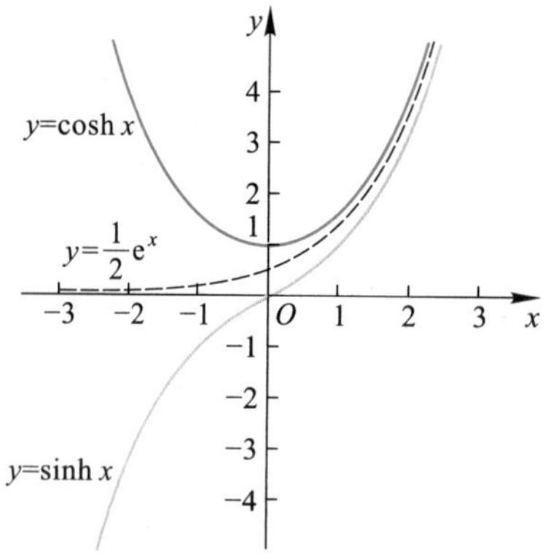

图 2.2.2

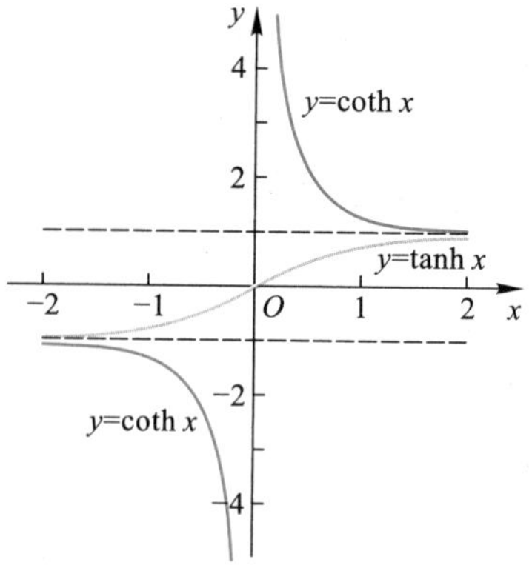

图 2.2.3

注意有恒等式

$$\cosh^2 x-\sinh^2 x=1,\quad \tanh^2 x+\frac{1}{\cosh^2 x}=1,\quad \coth^2 x-\frac{1}{\sinh^2 x}=1.$$

显然 $\tanh x=\dfrac{\sinh x}{\cosh x}$，$\coth x=\dfrac{\cosh x}{\sinh x}$，利用四则运算的求导法则，可以算出它们的导数为

$$(\tanh x)'=\left(\frac{\sinh x}{\cosh x}\right)'=\frac{(\sinh x)'\cosh x-\sinh x(\cosh x)'}{\cosh^2 x}=\frac{\cosh^2 x-\sinh^2 x}{\cosh^2 x}=\frac{1}{\cosh^2 x},$$

以及

$$(\coth x)'=-\frac{1}{\sinh^2 x}.$$

利用初等方法可以得到：

双曲正弦函数的反函数为

$$\sinh^{-1}x=\ln(x+\sqrt{x^2+1}),\quad x\in(-\infty,+\infty).$$

双曲余弦函数的反函数为

$$\cosh^{-1}x=\ln(x+\sqrt{x^2-1}),\quad x\in[1,+\infty).$$

注意 $\cosh x$ 是偶函数，它并没有使定义域 $(-\infty,+\infty)$ 与值域具有一一对应关系，但是，它却使 $[0,+\infty)$ 与值域具有一一对应关系．实际上，这个反函数是函数 $\cosh x(x\in[0,+\infty))$ 的反函数．而函数 $\cosh x(x\in(-\infty,0])$ 的反函数为 $\ln(x-\sqrt{x^2-1})(x\in[1,+\infty))$.

双曲正切函数的反函数为

$$\tanh^{-1}x=\frac{1}{2}\ln\frac{1+x}{1-x},\quad x\in(-1,1).$$

双曲余切函数的反函数为

$$\coth^{-1}x=\frac{1}{2}\ln\frac{x+1}{x-1},\quad x\in(-\infty,-1)\cup(1,+\infty).$$

现在计算它们的导数．由链式法则得

$$\begin{aligned}(\sinh^{-1}x)'&=[\ln(x+\sqrt{x^2+1})]'=\frac{1}{x+\sqrt{x^2+1}}[1+(\sqrt{x^2+1})']\\&=\frac{1}{x+\sqrt{x^2+1}}\left[1+\frac{1}{2\sqrt{x^2+1}}(x^2+1)'\right]\\&=\frac{1}{x+\sqrt{x^2+1}}\left(1+\frac{x}{\sqrt{x^2+1}}\right)=\frac{1}{\sqrt{x^2+1}}.\end{aligned}$$

也可以按反函数的求导法则来计算这个公式．记 $y=\sinh^{-1}x$，则 $x=\sinh y$ 是其反函数，于是

$$(\sinh^{-1}x)'=\frac{1}{(\sinh y)'}=\frac{1}{\cosh y}=\frac{1}{\sqrt{1+\sinh^2 y}}=\frac{1}{\sqrt{x^2+1}},\quad x\in(-\infty,+\infty).$$

读者不难利用求导法则得到：

$$(\cosh^{-1}x)'=\frac{1}{\sqrt{x^2-1}},\quad x\in(1,+\infty),$$

$$(\tanh^{-1}x)'=\frac{1}{1-x^2},\quad x\in(-1,1),$$

$$(\coth^{-1}x)'=\frac{1}{1-x^2},\quad x\in(-\infty,-1)\cup(1,+\infty).$$

基本初等函数的导数表

综合上面的讨论得到以下公式：

1. $(c)'=0$，c 是常数；
2. $(x^\mu)'=\mu x^{\mu-1}(\mu\neq0)$；
3. $(a^x)'=a^x\ln a(a>0,a\neq1)$，特别地，$(e^x)'=e^x$；

4. $(\log_a x)'=\dfrac{1}{x\ln a}\ (a>0,a\neq 1)$,特别地,$(\ln x)'=\dfrac{1}{x}$;

5. $(\sin x)'=\cos x$;

6. $(\cos x)'=-\sin x$;

7. $(\tan x)'=\sec^2 x$;

8. $(\cot x)'=-\csc^2 x$;

9. $(\sec x)'=\sec x\tan x$;

10. $(\csc x)'=-\csc x\cot x$;

11. $(\arcsin x)'=\dfrac{1}{\sqrt{1-x^2}}$;

12. $(\arccos x)'=-\dfrac{1}{\sqrt{1-x^2}}$;

13. $(\arctan x)'=\dfrac{1}{1+x^2}$;

14. $(\operatorname{arccot} x)'=-\dfrac{1}{1+x^2}$;

15. $(\sinh x)'=\cosh x$;

16. $(\cosh x)'=\sinh x$;

17. $(\tanh x)'=\dfrac{1}{\cosh^2 x}$;

18. $(\coth x)'=-\dfrac{1}{\sinh^2 x}$.

上述求导公式在相应的函数定义域中(可能去掉区间端点)成立.

例 2.2.16　求函数 $y=\ln|x|(x\neq 0)$ 的导数.

解　显然

$$\ln|x|=\begin{cases}\ln x, & x>0,\\ \ln(-x), & x<0,\end{cases}$$

因此要在$(-\infty,0)$和$(0,+\infty)$两个区间上分别考虑其导数.

当 $x>0$ 时,

$$(\ln|x|)'=(\ln x)'=\frac{1}{x}.$$

当 $x<0$ 时,利用复合函数的链式求导法则得

$$(\ln|x|)'=[\ln(-x)]'=\frac{1}{-x}\cdot(-x)'=\frac{1}{-x}\cdot(-1)=\frac{1}{x}.$$

综上计算有

$$(\ln|x|)'=\frac{1}{x},\quad x\neq 0.$$

例 2.2.17　设 $f(x)=x\arcsin\dfrac{x}{2}+\sqrt{4-x^2}$,求 $f'(x)$.

解　利用导数的四则运算法则和复合函数的链式求导法则得

$$
\begin{aligned}
f'(x)&=(x)'\arcsin\frac{x}{2}+x\left(\arcsin\frac{x}{2}\right)'+(\sqrt{4-x^2})'\\
&=\arcsin\frac{x}{2}+x\frac{1}{\sqrt{1-\left(\frac{x}{2}\right)^2}}\left(\frac{x}{2}\right)'+\frac{1}{2\sqrt{4-x^2}}(4-x^2)'\\
&=\arcsin\frac{x}{2}+\frac{2x}{\sqrt{4-x^2}}\left(\frac{1}{2}\right)+\frac{1}{2\sqrt{4-x^2}}(-2x)=\arcsin\frac{x}{2}.
\end{aligned}
$$

对数求导法

所谓“对数求导法”，主要用于形如

$$u(x)^{v(x)}\quad (u(x)>0)$$

的函数的求导，这类函数也被称为**幂指函数**．

利用对数函数与指数函数的关系和链式求导法则，得到

$$
\begin{aligned}
[u(x)^{v(x)}]'&=[e^{v(x)\ln u(x)}]'\\
&=e^{v(x)\ln u(x)}[v(x)\ln u(x)]'\\
&=u(x)^{v(x)}\left[v'(x)\ln u(x)+v(x)\frac{u'(x)}{u(x)}\right].
\end{aligned}
$$

对此类函数的另一种求导方法是先在 $y=u(x)^{v(x)}$ 两边取自然对数得

$$\ln y=v(x)\ln u(x),$$

再对等式两边关于 x 求导得

$$\frac{y'}{y}=v'(x)\ln u(x)+v(x)\frac{u'(x)}{u(x)}.$$

由此得到

$$y'=u(x)^{v(x)}\left[v'(x)\ln u(x)+v(x)\frac{u'(x)}{u(x)}\right].$$

例 2.2.18　设 $y=(\sin x)^{\cos x}$，求 y'.

解　对 $y=(\sin x)^{\cos x}$ 取自然对数得

$$\ln y=\cos x\ln\sin x,$$

上式两端对 x 求导，得

$$\frac{y'}{y}=-\sin x\ln\sin x+\cos x\frac{\cos x}{\sin x},$$

于是

$$
\begin{aligned}
y'&=y\left(-\sin x\ln\sin x+\frac{\cos^2 x}{\sin x}\right)\\
&=(\sin x)^{\cos x}\left(\frac{\cos^2 x}{\sin x}-\sin x\ln\sin x\right).
\end{aligned}
$$

由于对数的性质，对数求导法还适用于类似下例中函数的求导．

例 2.2.19　求 $y=\sqrt[5]{\dfrac{(x-2)^{2}(x+5)^{3}}{(x+4)^{4}}}$ 的导数．

解　取绝对值，再取自然对数可得

$$\ln|y|=\frac{1}{5}[2\ln|x-2|+3\ln|x+5|-4\ln|x+4|],$$

两端对 x 求导，注意到 $(\ln|x|)'=\dfrac{1}{x}$ 便得

$$\frac{1}{y}\frac{\mathrm{d}y}{\mathrm{d}x}=\frac{2}{5}\frac{1}{x-2}+\frac{3}{5}\frac{1}{x+5}-\frac{4}{5}\frac{1}{x+4},$$

因此

$$\frac{\mathrm{d}y}{\mathrm{d}x}=\frac{1}{5}\sqrt[5]{\frac{(x-2)^{2}(x+5)^{3}}{(x+4)^{4}}}\left(\frac{2}{x-2}+\frac{3}{x+5}-\frac{4}{x+4}\right).$$

高阶导数

在直线运动中，速度是位移关于时间的变化率，而加速度则是速度关于时间的变化率．由于对“变化率的变化率”讨论的需要，引出了**高阶导数**的概念．

如果函数 $y=f(x)$ 的导数（导函数）f' 仍是可导函数，则可进而求出它的导数 $(f')'$，称之为 f 的**二阶导数**，记作 f'' 或 y''，$\dfrac{\mathrm{d}^2y}{\mathrm{d}x^2}$，$\dfrac{\mathrm{d}^2f}{\mathrm{d}x^2}$. 一般地，函数 f 的 $\boldsymbol{n}$ **阶导数**被递推定义为（如果存在的话）

$$\frac{\mathrm{d}^ny}{\mathrm{d}x^n}=\frac{\mathrm{d}}{\mathrm{d}x}\left(\frac{\mathrm{d}^{n-1}y}{\mathrm{d}x^{n-1}}\right),$$

$\dfrac{\mathrm{d}^ny}{\mathrm{d}x^n}$ 也可记作 $y^{(n)}$，或 $f^{(n)}$，$\dfrac{\mathrm{d}^nf}{\mathrm{d}x^n}$.

例 2.2.20　设 $f(x)=\sin x$，求 $f^{(n)}(x)$，$n\in\mathbf{N}_+$.

解　由求导公式知，$f'(x)=\cos x$，$f''(x)=-\sin x$，$f'''(x)=-\cos x$. 为了得到一般的 $f^{(n)}$，我们用另一种形式写出求导过程：

$$f(x)=\sin x,$$

$$f'(x)=\cos x=\sin\left(x+\frac{\pi}{2}\right).$$

可导与连续的关系的进一步说明

利用复合函数求导，可得

$$f''(x)=\sin\left[\left(x+\frac{\pi}{2}\right)+\frac{\pi}{2}\right]\left(x+\frac{\pi}{2}\right)'=\sin\left(x+2\cdot\frac{\pi}{2}\right).$$

依次类推，若已得到

$$f^{(n-1)}(x)=\sin\left(x+(n-1)\frac{\pi}{2}\right),$$

则有

$$f^{(n)}(x)=\sin\left[\left(x+(n-1)\cdot\frac{\pi}{2}\right)+\frac{\pi}{2}\right]\left(x+(n-1)\frac{\pi}{2}\right)'=\sin\left(x+n\cdot\frac{\pi}{2}\right).$$

类似地,可得

$$(\cos x)^{(n)}=\cos\left(x+n\cdot\frac{\pi}{2}\right),\quad n\in\mathbf{N}_+.$$

例 2.2.21　求 $y=\ln x$ 的 n 阶导数($n\in\mathbf{N}_+$).

解　因为

$$(\ln x)'=\frac{1}{x}=x^{-1},$$

所以

$$(\ln x)''=(x^{-1})'=-x^{-2},$$
$$(\ln x)'''=(-x^{-2})'=2x^{-3}.$$

依次类推,可以得到

$$(\ln x)^{(n)}=(-1)^{n-1}(n-1)(n-2)\cdots3\cdot2x^{-n}=(-1)^{n-1}\frac{(n-1)!}{x^n}.$$

这里还附带得到了

$$\left(\frac{1}{x}\right)^{(n)}=(\ln x)^{(n+1)}=(-1)^n\frac{n!}{x^{n+1}}.$$

如果函数 f 和 g 都是 n 阶可导函数,则容易知道,对任意常数 α,β,函数 $\alpha f+\beta g$ 也是 n 阶可导的,而且

$$(\alpha f+\beta g)^{(n)}=\alpha f^{(n)}+\beta g^{(n)}.$$

例 2.2.22　求 $f(x)=\dfrac{1}{x^2+3x+2}$ 的 n 阶导数.

解　由初等运算可得

$$\frac{1}{x^2+3x+2}=\frac{1}{(x+1)(x+2)}=\frac{1}{x+1}-\frac{1}{x+2},$$

因此

$$\begin{aligned}f^{(n)}(x)&=\left(\frac{1}{x+1}\right)^{(n)}-\left(\frac{1}{x+2}\right)^{(n)}\\&=(-1)^n n!\left[\frac{1}{(x+1)^{n+1}}-\frac{1}{(x+2)^{n+1}}\right].\end{aligned}$$

最后,讨论当函数 f 和 g 均为 n 阶可导时,其乘积的 n 阶导数.

因为

$$(fg)'=f'g+fg',$$

继续求导,可得

$$(fg)''=f''g+2f'g'+fg'',$$
$$(fg)'''=f'''g+3f''g'+3f'g''+fg'''.$$

用数学归纳法,不难证明下面的 **Leibniz 公式**:

$$(fg)^{(n)}=\sum_{k=0}^{n}\mathrm{C}_n^k f^{(k)}g^{(n-k)},$$

其中 $f^{(0)}=f,g^{(0)}=g$.

例 2.2.23 设 $f(x)=x^2e^{3x}$,求 $f^{(10)}(x)$.

解 易知 $(e^{3x})^{(k)}=3^ke^{3x}(k\geqslant1)$. 注意到当正整数 $k\geqslant3$ 时,$(x^2)^{(k)}=0$,利用 Leibniz 公式即得

$$\begin{aligned}f^{(10)}(x)&=(x^2e^{3x})^{(10)}\\&=x^2(e^{3x})^{(10)}+10(x^2)'(e^{3x})^{(9)}+\frac{10\cdot9}{2}(x^2)''(e^{3x})^{(8)}\\&=3^{10}x^2e^{3x}+20\cdot3^9xe^{3x}+90\cdot3^8e^{3x}\\&=3^9(3x^2+20x+30)e^{3x}.\end{aligned}$$

例 2.2.24 求函数 $y=\arctan x$ 在 $x=0$ 点的各阶导数.

解 因为 $y'=\dfrac{1}{1+x^2}$,故 $y'(1+x^2)=1$. 在这个式子两边对 x 求 n 阶导数,应用 Leibniz 公式,即得

$$(1+x^2)y^{(n+1)}+2nxy^{(n)}+n(n-1)y^{(n-1)}=0.$$

令 $x=0$,得

$$y^{(n+1)}(0)=-n(n-1)y^{(n-1)}(0).$$

因为 $y'(0)=1$,所以对一切 $n\in\mathbf{N}_+$,有

$$y^{(2n+1)}(0)=-(2n-1)2ny^{(2n-1)}(0)=\cdots=(-1)^n(2n)!\ .$$

又因为 $y''(0)=-\left.\dfrac{2x}{(1+x^2)^2}\right|_{x=0}=0$,所以对一切 $n\in\mathbf{N}_+$,有

$$y^{(2n)}(0)=0.$$

习　题

1. 求下列函数的导数:

(1) $f(x)=3+4x+5x^2$;

(2) $f(x)=x\cos x+e^x\sin x$;

(3) $f(x)=\left(\dfrac{4x}{3+2x}\right)^2$;

(4) $f(x)=x^2(3\tan x+2\sec x)$;

(5) $f(x)=x^2e^{3x}\cos 4x$;

(6) $f(x)=\dfrac{x\sin x+\cos x}{x\sin x-\cos x}$;

(7) $f(x)=\dfrac{x+\sec x}{x-\csc x}$;

(8) $f(x)=e^x+e^{e^x}$.

2. 求下列函数的导数:

(1) $f(x)=3^x+\log_3x$;

(2) $f(x)=x^2\arcsin x$;

(3) $f(x)=(e^x+\ln x)\arcsin x$;

(4) $f(x)=\arccos x(x^2-\sinh x)$;

(5) $f(x)=\ln\dfrac{a+x}{a-x}$;

(6) $f(x)=\dfrac{x}{2}\sqrt{x^2+a^2}+\dfrac{a^2}{2}\ln(x+\sqrt{x^2-a^2})$;

(7) $f(x)=\dfrac{1}{\sqrt{a^2-b^2}}\arctan\left(\sqrt{\dfrac{a-b}{a+b}}\tan\dfrac{x}{2}\right)\ (a>b>0)$.

3. 证明:

(1) $(\coth x)'=-\dfrac{1}{\sinh^2 x}$；　　(2) $(\tanh^{-1} x)'=\dfrac{1}{1-x^2}$.

4. 求下列函数的导数：

(1) $f(x)=x^{\tan x}$；　　(2) $f(x)=\left(\dfrac{x}{1+x}\right)^{x^2}$；

(3) $f(x)=x^{1+x}+(\sin x)^{\sin x}$；　　(4) $f(x)=\sqrt[5]{\dfrac{(x-1)(x-2)}{(x-3)(x-4)}}$.

5. 求曲线 $y=\cos x$ 在点$\left(\dfrac{\pi}{3},\dfrac{1}{2}\right)$处的切线方程.

6. 证明：曲线 $xy=a^2$ 在第一象限部分任意点上的切线与两坐标轴组成的三角形面积等于常数.

7. 一块石头落在平静的水面上产生的水波呈同心圆，若最外圈水波半径的增长率总是 5 m/s，问在 3 s 末被扰动水面的面积的增长率是多少？

8. 将水注入深为 6 m，顶圆直径为 12 m 的倒立正圆锥形容器中，其速率为 0.05 m^3/s. 问当水深为 5 m 时，水面上升的速率是多少？

9. 有一根棒 AB 长 5 m，设其一端 A 沿 y 轴以等速 3 m/s 向下滑动，从而另一端 B 沿 x 轴向右滑动，求 B 点在离坐标原点 2.5 m 处的滑动速率.

10. 求下列函数的二阶导数：

(1) $f(x)=\cos(\ln x)$；　　(2) $f(x)=x\arcsin x$；

(3) $f(x)=e^{2x}\sin 3x$；　　(4) $f(x)=x^4e^{3x}$；

(5) $f(x)=e^{e^x}$；　　(6) $f(x)=x^x$.

11. 求下列函数的 n 阶导数：

(1) $f(x)=\ln(1+x)$；　　(2) $f(x)=\dfrac{1-x}{1+x}$；

(3) $f(x)=\sin^2\omega x$；　　(4) $f(x)=2^x$；

(5) $f(x)=e^{\alpha x}\sin\beta x$.

12. 求下列函数所指定的阶的导数：

(1) $f(x)=x^2\sin 2x$，求 $f^{(50)}(x)$；　　(2) $f(x)=x\sinh x$，求 $f^{(100)}(x)$.

13. 设 $f(x)=\arcsin x$，求 $f^{(n)}(0)$.

14. 设 $f(x)=\begin{cases}\sin ax, & x>0,\\ e^{2x}+b, & x\leqslant 0.\end{cases}$ 问 a,b 取何值时，函数 f 在 $x=0$ 点可导？

15. 若函数 f 的二阶导数 f'' 存在，求下列函数的二阶导数：

(1) $y=f(x^2)$；　　(2) $y=\ln[f(x)]$.

16. 证明：$\sum\limits_{k=1}^{n}k^2C_n^k=n(n+1)2^{n-2}$.

17. 试从$\dfrac{dx}{dy}=\dfrac{1}{y'}$导出

(1) $\dfrac{d^2x}{dy^2}=-\dfrac{y''}{(y')^3}$；　　(2) $\dfrac{d^3x}{dy^3}=\dfrac{3(y'')^2-y'y'''}{(y')^5}$.

§3　微分运算

“微分”具有双重意义，它既表示一个与增量有关的特殊的量，又表示一种与求导密切相关的运算．一方面，微分作为增量的近似，对研究函数变化起着重要作用．对于可微的情况，在微小的局部我们可以用直线来近似代替曲线，或者说将函数局部线性化．另一方面，由微分的商可以求得导数，这就便于我们面临具体问题时，可以审时度势选择采用求导或微分的手段．

基本初等函数的微分公式

对可微函数 $y=f(x)$，其微分

$$dy=f'(x)dx,$$

因而微分运算和求导运算有直接的联系．由上一节求导公式和求导运算法则的讨论，可以直接得到如下的微分公式和微分运算法则．

1. $d(c)=0$，c 是常数；
2. $d(x^{\mu})=\mu x^{\mu-1}dx\quad(\mu\neq 0)$；
3. $d(a^{x})=a^{x}\ln a dx\quad(a>0,a\neq 1)$，特别地，$d(e^{x})=e^{x}dx$；
4. $d(\log_{a}x)=\dfrac{1}{x\ln a}dx\quad(a>0,a\neq 1)$，特别地，$d(\ln x)=\dfrac{1}{x}dx$；
5. $d(\sin x)=\cos x dx$；
6. $d(\cos x)=-\sin x dx$；
7. $d(\tan x)=\sec^{2}x dx$；
8. $d(\cot x)=-\csc^{2}x dx$；
9. $d(\sec x)=\sec x\tan x dx$；
10. $d(\csc x)=-\csc x\cot x dx$；
11. $d(\arcsin x)=\dfrac{1}{\sqrt{1-x^{2}}}dx$；
12. $d(\arccos x)=-\dfrac{1}{\sqrt{1-x^{2}}}dx$；
13. $d(\arctan x)=\dfrac{1}{1+x^{2}}dx$；
14. $d(\operatorname{arccot} x)=-\dfrac{1}{1+x^{2}}dx$；
15. $d(\sinh x)=\cosh x dx$；
16. $d(\cosh x)=\sinh x dx$；

17. $\mathrm{d}(\tanh x)=\dfrac{1}{\cosh^2 x}\mathrm{d}x$;

18. $\mathrm{d}(\coth x)=-\dfrac{1}{\sinh^2 x}\mathrm{d}x$.

微分运算法则

设 f,g 都是可微函数,α 与 β 是常数,则

$$\mathrm{d}(\alpha f+\beta g)=\alpha\mathrm{d}f+\beta\mathrm{d}g;$$

$$\mathrm{d}(fg)=f\mathrm{d}g+g\mathrm{d}f;$$

$$\mathrm{d}\left(\frac{f}{g}\right)=\frac{g\mathrm{d}f-f\mathrm{d}g}{g^2}.$$

最后一个关系式是在 $g(x)\neq 0$ 的点成立.

一阶微分的形式不变性

若 $y=f(u)$,$u=g(x)$ 都是可微函数,那么复合函数 $y=f\circ g(x)$ 也是可微的. 现在考察它的微分. 由复合函数的求导公式可得

$$\mathrm{d}y=(f\circ g)'(x)\mathrm{d}x=f'[g(x)]g'(x)\mathrm{d}x=f'(u)\mathrm{d}u.$$

由此可见,无论 u 是自变量还是中间变量,微分形式

$$\mathrm{d}y=f'(u)\mathrm{d}u$$

始终保持不变. 我们把这一特性称为"**一阶微分的形式不变性**".

一阶微分的形式不变性常被用于计算较复杂的函数的微分.

例 2.3.1 设 $y=\ln(1+\mathrm{e}^{2x})$,求 $\mathrm{d}y$.

解 利用一阶微分的形式不变性得

$$\begin{aligned}\mathrm{d}y&=\mathrm{d}\ln(1+\mathrm{e}^{2x})=\frac{1}{1+\mathrm{e}^{2x}}\mathrm{d}(1+\mathrm{e}^{2x})\\&=\frac{1}{1+\mathrm{e}^{2x}}\mathrm{e}^{2x}\mathrm{d}(2x)=\frac{2\mathrm{e}^{2x}}{1+\mathrm{e}^{2x}}\mathrm{d}x.\end{aligned}$$

隐函数求导法

如果 $F(x,y)$ 是变量 x 和 y 的一个关系式,在一定的条件下,由方程

$$F(x,y)=0$$

决定了一个 y 关于 x 的函数 $y=y(x)$,我们称这类函数为**隐函数**. 有时,可以通过适当的途径由 $F(x,y)=0$ 把 y 解为 x 的"显函数". 如由

$$\frac{x^2}{a^2}+\frac{y^2}{b^2}=1$$

确定了取值分别为非负和非正的两个显函数:

$$y=\pm\frac{b}{a}\sqrt{a^2-x^2},\quad x\in[-a,a].$$

但大量的隐函数处于不能或难以“显化”的情况．一个典型的例子是反映行星运动的 Kepler（开普勒）方程

$$y-x-\varepsilon\sin y=0,$$

其中 $0<\varepsilon<1$. 在这个方程中,x 是时间的函数,y 是行星与太阳的连线扫过的扇形的弧度,ε 是行星运动的椭圆轨道的离心率．从天体力学的角度分析,可确定 y 是 x 的函数($\varepsilon=0.5$ 时的函数图像见图 2.3.1,可以看出 y 是 x 的函数),但是 y 无法用 x 的初等函数来显式表示.

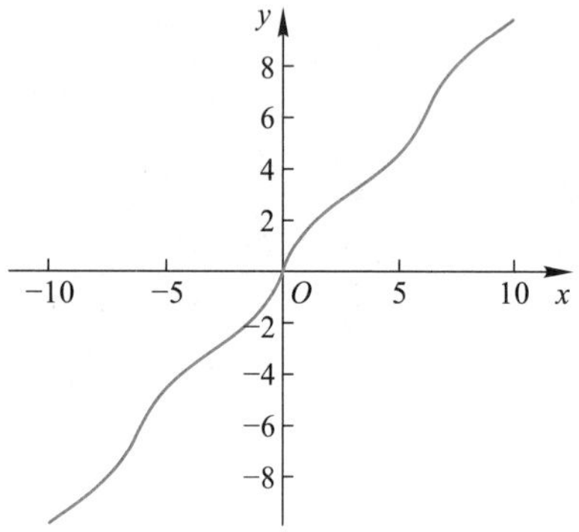

图 2.3.1

为了求这个隐函数的导数,我们对 Kepler 方程两边求微分,得

$$\mathrm{d}(y-x-\varepsilon\sin y)=0,$$

利用微分运算法则和一阶微分的形式不变性,得

$$\mathrm{d}y-\mathrm{d}x-\varepsilon\cos y\mathrm{d}y=0,$$

由此解得

$$\frac{\mathrm{d}y}{\mathrm{d}x}=\frac{1}{1-\varepsilon\cos y}.$$

由于一阶微分形式不变性的基础是复合函数的链式求导法则,因而上述过程相当于在方程 $F(x,y)=0$ 两边同时对 x 求导,并注意 y 是 x 的函数,运用求导的四则运算法则和链式求导法则得到关于 y' 的关系式,从而解得 y'. 这个方法具有一般性,其过程称为**隐函数求导法**.

例 2.3.2　求由 $y^5+2y-x-3x^7=0$ 所确定的隐函数 $y=y(x)$ 在 $x=0$ 点的导数.

解　方程两边同时对 x 求导,得到

$$5y^4\frac{\mathrm{d}y}{\mathrm{d}x}+2\frac{\mathrm{d}y}{\mathrm{d}x}-1-21x^6=0,$$

由此便得

$$\frac{\mathrm{d}y}{\mathrm{d}x}=\frac{1+21x^6}{5y^4+2}.$$

当 $x=0$ 时,从原方程解得 $y=0$,所以

$$\left.\frac{\mathrm{d}y}{\mathrm{d}x}\right|_{x=0}=\left.\frac{1+21x^6}{5y^4+2}\right|_{x=0,y=0}=\frac{1}{2}.$$

例 2.3.3　求由 $x^2-xy+y^2=1$ 所确定的隐函数 $y=y(x)$ 的导数 y' 和 y''.

解　方程两边同时对 x 求导,得

$$2x-y-xy'+2yy'=0,$$

再求一次导数,得

$$2-2y'-xy''+2(y')^2+2yy''=0.$$

由上述第一式解得

$$y'=\frac{2x-y}{x-2y}.$$

把 y' 的表达式代入第二式，解得

$$y''=\frac{6}{(x-2y)^3}.$$

由参数方程确定的曲线的斜率

在平面直角坐标系中，许多曲线并不能用形为 $y=f(x)$ 的方程来描述，其中一个原因是可能存在与 y 轴平行的直线与曲线相交多于一次．类似地，也不能用形为 $x=g(y)$ 的方程来描述．因此人们采用如下形式的参数方程来描述曲线：

$$\begin{cases}x=\varphi(t),\\ y=\psi(t),\end{cases}\quad t\in I,$$

其中 I 是某个区间.

若 φ 和 ψ 在 I 上均具有连续导数，且 $\varphi'(t)\neq 0$，那么可以证明 y 也是 x 的可导函数，现在要求曲线的切线的斜率 $\frac{\mathrm{d}y}{\mathrm{d}x}$.

分别求出 x 和 y 的微分，有

$$\mathrm{d}y=\psi'(t)\,\mathrm{d}t,\quad \mathrm{d}x=\varphi'(t)\,\mathrm{d}t,$$

以上两式的两边分别相除，消去 $\mathrm{d}t$，便得曲线的切线的斜率

$$\frac{\mathrm{d}y}{\mathrm{d}x}=\frac{\psi'(t)}{\varphi'(t)}.$$

事实上，若上述参数方程确定了函数 $y=y(x)$，上式也就是它的求导法则．而且，若 φ 和 ψ 还是 I 上的二阶可导函数，那么

$$\frac{\mathrm{d}^2y}{\mathrm{d}x^2}=\frac{\mathrm{d}}{\mathrm{d}x}\left(\frac{\mathrm{d}y}{\mathrm{d}x}\right)=\frac{\left[\frac{\psi'(t)}{\varphi'(t)}\right]'}{\varphi'(t)}=\frac{\psi''(t)\varphi'(t)-\psi'(t)\varphi''(t)}{[\varphi'(t)]^3}.$$

例 2.3.4　在例 1.1.3 的抛射体运动中，若当 $t=0$ 时其水平速度和垂直速度分别等于 v_1 和 v_2，问在什么时刻该物体的飞行速度与地面平行.

解　取抛射点为原点，抛射的水平方向为 x 轴，铅直向上方向为 y 轴（见图 2.3.2）．把抛射体运动按水平方向和铅直方向分解，即得物体运行轨迹的参数方程

$$\begin{cases}x=v_1t,\\ y=v_2t-\frac{1}{2}gt^2,\end{cases}\quad 0\leqslant t\leqslant\frac{2v_2}{g}.$$

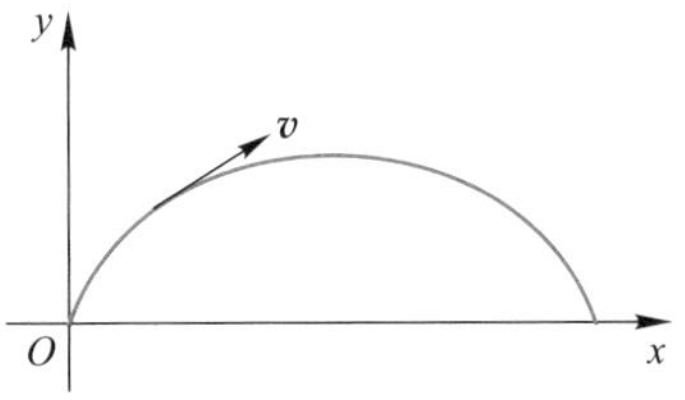

图 2.3.2

由于飞行速度方向即运动轨迹的切线方向，所以原问题就是求使 $\frac{\mathrm{d}y}{\mathrm{d}x}=0$ 的时刻 t．由参数方程确定的函数的求导法则，得

$$\frac{\mathrm{d}y}{\mathrm{d}x}=\frac{\left(v_2t-\frac{1}{2}gt^2\right)'}{(v_1t)'}=\frac{v_2-gt}{v_1}.$$

因此，$\frac{dy}{dx}=0$ 时，$\frac{v_2-gt}{v_1}=0$，即

$$t=\frac{v_2}{g}.$$

例 2.3.5　一个半径为 a 的圆沿直线无滑动滚动时，其圆周上一定点的运动轨迹，称为**旋轮线或摆线**（见图 2.3.3）. 若将滚动开始时圆周的触地点取为坐标原点，则该触地点轨迹的参数方程为

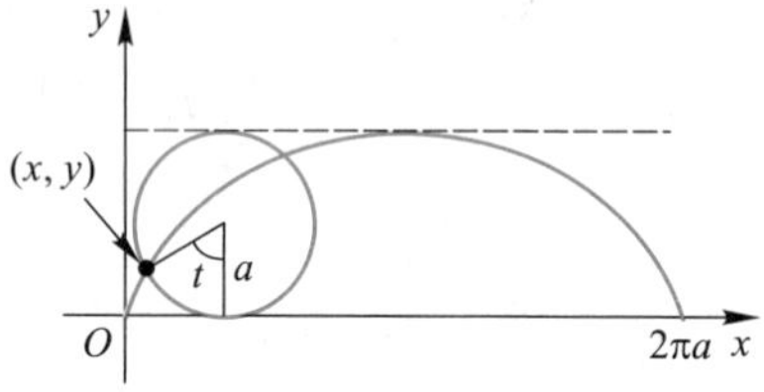

图 2.3.3

$$\begin{cases}x=a(t-\sin t),\\ y=a(1-\cos t).\end{cases}$$

求当 $t\in(0,2\pi)$ 时该参数方程所确定的函数 $y=y(x)$ 的二阶导数 $\frac{d^2y}{dx^2}$.

解　由关于参数方程确定的函数的求导法则，得

$$\frac{dy}{dx}=\frac{\frac{d}{dt}[a(1-\cos t)]}{\frac{d}{dt}[a(t-\sin t)]}=\frac{a\sin t}{a(1-\cos t)}=\frac{\sin t}{1-\cos t}.$$

再次利用该求导法则，得

$$\frac{d^2y}{dx^2}=\frac{d}{dx}\left(\frac{dy}{dx}\right)=\frac{\frac{d}{dt}\left(\frac{\sin t}{1-\cos t}\right)}{\frac{d}{dt}[a(t-\sin t)]}$$

$$=\frac{\cos t(1-\cos t)-\sin^2 t}{(1-\cos t)^2}\cdot\frac{1}{a(1-\cos t)}=-\frac{1}{a(1-\cos t)^2}.$$

若一曲线的方程由极坐标形式 $r=r(\theta)$（$\theta\in I\subset[0,2\pi)$）给出，利用直角坐标与极坐标的关系 $x=r\cos\theta$，$y=r\sin\theta$，便得曲线的参数方程

$$\begin{cases}x=r(\theta)\cos\theta,\\ y=r(\theta)\sin\theta,\end{cases}\quad \theta\in I.$$

由此可得该曲线的切线的斜率为

$$\frac{dy}{dx}=\frac{[r(\theta)\sin\theta]'}{[r(\theta)\cos\theta]'}=\frac{r'(\theta)\sin\theta+r(\theta)\cos\theta}{r'(\theta)\cos\theta-r(\theta)\sin\theta}.$$

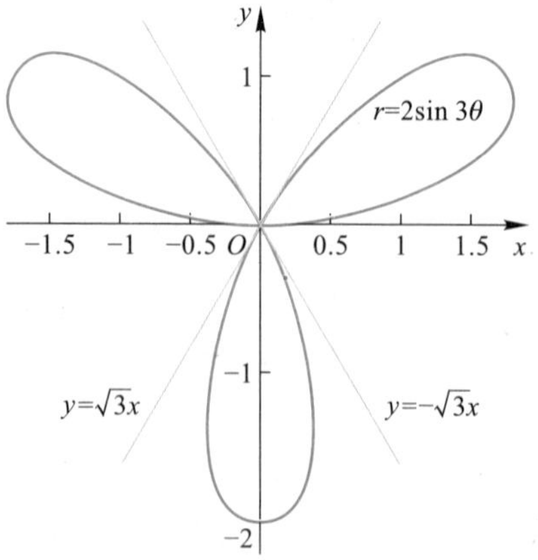

图 2.3.4

例 2.3.6　求三叶玫瑰线

$$r=2\sin 3\theta$$

在极点的切线（见图 2.3.4）.

解　由曲线方程的周期性，只考虑曲线在参数 $\theta\in[0,\pi]$ 所对应的一段. 曲线的参数方程可表为

$$\begin{cases}x=2\sin 3\theta\cos\theta,\\ y=2\sin 3\theta\sin\theta,\end{cases}$$

因此

$$\frac{\mathrm{d}y}{\mathrm{d}x}=\frac{\dfrac{\mathrm{d}y}{\mathrm{d}\theta}}{\dfrac{\mathrm{d}x}{\mathrm{d}\theta}}=\frac{6\cos 3\theta\sin\theta+2\sin 3\theta\cos\theta}{6\cos 3\theta\cos\theta-2\sin 3\theta\sin\theta}.$$

注意到当 $\theta=0,\frac{\pi}{3},\frac{2\pi}{3},\pi$ 时曲线过极点，且

$$\left.\frac{\mathrm{d}y}{\mathrm{d}x}\right|_{\theta=0}=\left.\frac{\mathrm{d}y}{\mathrm{d}x}\right|_{\theta=\pi}=0,\quad \left.\frac{\mathrm{d}y}{\mathrm{d}x}\right|_{\theta=\frac{\pi}{3}}=\sqrt{3},\quad \left.\frac{\mathrm{d}y}{\mathrm{d}x}\right|_{\theta=\frac{2\pi}{3}}=-\sqrt{3}.$$

于是三叶玫瑰线在极点处有三条切线

$$y=0,\quad y=\sqrt{3}x\quad 和\quad y=-\sqrt{3}x.$$

事实上，直线 $y=0$ 是三叶玫瑰线在极坐标系中的点 $(0,0)$ 和 $(0,\pi)$ 处的切线，直线 $y=\sqrt{3}x$ 是点 $\left(0,\frac{\pi}{3}\right)$ 处的切线，直线 $y=-\sqrt{3}x$ 是点 $\left(0,\frac{2\pi}{3}\right)$ 处的切线.

微分的应用：近似计算

用微分代替增量是一个行之有效的近似计算方法.

设函数 f 在 x_0 点可微，按微分定义有

$$f(x_0+\Delta x)-f(x_0)=f'(x_0)\Delta x+o(\Delta x).$$

当 Δx 很小时，略去高阶无穷小量的项，得到

$$f(x_0+\Delta x)-f(x_0)\approx f'(x_0)\Delta x,$$

即

$$f(x_0+\Delta x)\approx f(x_0)+f'(x_0)\Delta x.$$

以上两式就是微分用作近似计算的基本依据.

例 2.3.7　求 $\sin 30°30'$ 的近似值.

解　把近似计算公式用于正弦函数，得

$$\sin(x_0+\Delta x)\approx\sin x_0+(\sin x)'\big|_{x=x_0}\Delta x=\sin x_0+\cos x_0\cdot\Delta x.$$

于是取 $x_0=\frac{\pi}{6},\Delta x=\frac{\pi}{360}$，得

$$\begin{aligned}\sin 30°30'&=\sin\left(\frac{\pi}{6}+\frac{\pi}{360}\right)\approx\sin\frac{\pi}{6}+\cos\frac{\pi}{6}\cdot\frac{\pi}{360}\\&=\frac{1}{2}+\frac{\sqrt{3}}{2}\frac{\pi}{360}\approx 0.500\,0+0.007\,6=0.507\,6.\end{aligned}$$

例 2.3.8　为使摆长为 $l=20$ cm 的单摆振动周期增加 0.05 s，其摆长应调整为多少？

注　单摆振动的周期 T（单位：s）与摆长 l（单位：cm）的函数关系为

$$T=2\pi\sqrt{\frac{l}{g}},$$

其中 $g=981\ \mathrm{cm/s^2}$.

解　因为 $T=T(l)$ 是严格单调增加函数，故其反函数 $l=l(T)$ 存在．设摆长为 $l=20$ cm 时相应的周期为 T. 问题中周期增大 $\Delta T=0.05$ s，摆长便应为

$$\begin{aligned} l(T+\Delta T) &\approx l(T)+l'(T)\Delta T \\ &=l(T)+\frac{1}{T'(l)}\Delta T=l(T)+\frac{\sqrt{gl}}{\pi}\Delta T \\ &=20+\frac{\sqrt{981\times 20}\times 0.05}{3.142}\approx 20+2.23=22.23(\mathrm{cm}). \end{aligned}$$

即，为使振动周期增加 0.05 s，摆长应调整为 22.23 cm.

在近似计算公式 $f(x_0+\Delta x)\approx f(x_0)+f'(x_0)\Delta x$ 中，取 $x_0=0$，记 Δx 为 x，则可得到当 $|x|$ 很小时的近似关系式

$$f(x)\approx f(0)+f'(0)x,$$

把这个关系式用于具体函数，可以得到一些常用的近似计算公式：

$$\begin{aligned} &(1+x)^{\alpha}\approx 1+\alpha x; \\ &\sin x\approx x; \\ &\tan x\approx x; \\ &\mathrm{e}^{x}\approx 1+x; \\ &\ln(1+x)\approx x. \end{aligned}$$

例 2.3.9　求 $\sqrt[3]{7.95}$ 的近似值.

解　应用近似计算公式 $(1+x)^{\frac{1}{3}}\approx 1+\frac{1}{3}x$，得

$$\begin{aligned} \sqrt[3]{7.95}=\sqrt[3]{8-0.05}&=\sqrt[3]{8\left(1-\frac{0.05}{8}\right)} \\ &=2\left(1-\frac{0.05}{8}\right)^{\frac{1}{3}}\approx 2\left(1-\frac{1}{3}\,\frac{0.05}{8}\right)\approx 1.995\ 833. \end{aligned}$$

微分的应用：误差估计

在科学实验和生产实践中，经常需要测量各种数据．如果某个量的精确值为 x，它的近似值为 x_0，那么称 $|x-x_0|$ 为 x_0 的**绝对误差**，称绝对误差与 $|x_0|$ 的比值 $\frac{|x-x_0|}{|x_0|}$ 为 x_0 的**相对误差**.

由于精确值 x 实际上是无法知道的，因而只能根据测量仪器的精度等因素，设法确定误差的范围．如果可以确定

$$|x-x_0|<\delta_x,$$

则称 δ_x 为**绝对误差限**，称 $\delta_x^*=\frac{\delta_x}{|x_0|}$ 为**相对误差限**.

大量的实际问题中，有些量是难以直接测量的．为此人们往往先测量出与之有关的另一个量，再通过某些公式算出所要的数据．例如，先测量 x 的值，再根据关系式 $y=f(x)$ 计算

y. 这就要求根据 x 的误差范围估计 y 的误差范围．微分运算为我们提供了这种估计的方法.

在上面的记号下,易知

$$|\Delta y| \approx |dy| = |f'(x_0)\Delta x| \leqslant |f'(x_0)|\delta_x,$$

因而可取

$$\delta_y = |f'(x_0)|\delta_x.$$

又因为

$$\frac{\delta_y}{|y_0|} = \frac{|f'(x_0)|\delta_x}{|f(x_0)|} = \left|\frac{x_0 f'(x_0)}{f(x_0)}\right| \frac{\delta_x}{|x_0|},$$

从而得到

$$\delta_y^* = \left|\frac{x_0 f'(x_0)}{f(x_0)}\right| \delta_x^*.$$

例 2.3.10 设测得圆形材料截面的直径 $D_0 = 60.03$ mm,测量的绝对误差限 $\delta_D = 0.05$ mm,试估计由此计算得到的截面积 A_0 的绝对误差和相对误差.

解 由圆的面积 A 与直径 D 的关系式 $A = \frac{\pi}{4}D^2$,得

$$\delta_A = |A'(D_0)|\delta_D = \frac{\pi}{2}D_0 \cdot \delta_D = \frac{\pi}{2} \cdot 60.03 \cdot 0.05 \approx 4.715(\text{mm}^2),$$

$$\delta_A^* = \frac{\delta_A}{A(D_0)} = \frac{\frac{\pi}{2}D_0 \cdot \delta_D}{\frac{\pi}{4}D_0^2} = 2\frac{\delta_D}{D_0} = 2 \cdot \frac{0.05}{60.03} \approx 0.17\%.$$

因而,绝对误差 $|\Delta A| \leqslant 4.715\ \text{mm}^2$,相对误差 $\left|\frac{\Delta A}{A_0}\right| \leqslant 0.17\%$.

习 题

1. 求下列函数的微分:

(1) $y = x\sin 2x$;　　(2) $y = \frac{\ln x}{\sqrt{x}}$;

(3) $y = \frac{x}{\sqrt{x^2+1}}$;　　(4) $y = x^3 e^{2x}$;

(5) $y = \tan^2 x + \ln\cos x$;　　(6) $y = e^{-x}\sin(2x+3)$;

(7) $y = \arctan\frac{1-x^2}{1+x^2}$;　　(8) $y = e^{x^2}\tan^2(1+3x^2)$.

2. 已知 $u = u(x)$, $v = v(x)$ 均为可微函数,求下列函数的微分:

(1) $y = \arctan\frac{u}{v}$;　　(2) $y = \ln\sqrt{u^2+v^2}$.

3. 求由下列方程确定的隐函数 $y = y(x)$ 的导数 $\frac{dy}{dx}$:

（1）$x^3+y^3-3axy=0$；　　（2）$xy=e^{x+y}$；

（3）$y=1-\ln(x+y)+e^y$；　　（4）$y^2=1-xe^y$.

4. 求由下列方程确定的隐函数 $y=y(x)$ 的二阶导数$\dfrac{d^2y}{dx^2}$：

（1）$y-xe^y=1$；　　（2）$y=\tan(x+y)$；

（3）$b^2x^2-a^2y^2=a^2b^2$；　　（4）$x-y+\dfrac{1}{2}\sin y=0$.

5. 求双曲线$\dfrac{x^2}{a^2}-\dfrac{y^2}{b^2}=1$在$(2a,\sqrt{3}b)$点的切线方程和法线方程.

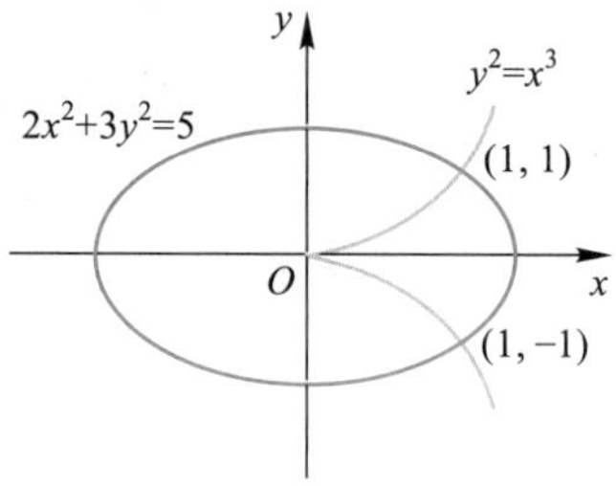

图 2.3.5

6. 问曲线 $2x^2+3y^2=5$ 和 $y^2=x^3$（见图 2.3.5）在$(1,\pm1)$点的切线有何关系？

7. 求由下列参数方程所确定的函数的导数：

（1）$\begin{cases}x=2t-t^2,\\ y=3t-t^3;\end{cases}$　　（2）$\begin{cases}x=t(1-\sin t),\\ y=t\cos t;\end{cases}$

（3）$\begin{cases}x=e^t\cos t,\\ y=e^t\sin t.\end{cases}$

8. 求由下列参数方程确定的函数的二阶导数$\dfrac{d^2y}{dx^2}$：

（1）$\begin{cases}x=a\cos t,\\ y=b\sin t;\end{cases}$　　（2）$\begin{cases}x=3e^{-t},\\ y=2e^t.\end{cases}$

9. 验证$\begin{cases}x=e^t\sin t,\\ y=e^t\cos t\end{cases}$满足方程

$$(x+y)^2\frac{d^2y}{dx^2}=2\left(x\frac{dy}{dx}-y\right).$$

10. 水管的截面是一个圆环，设它的内半径为 R_0，壁厚为 h，用微分表示这个圆环面积的近似值.

11. 设扇形的圆心角 $\alpha=60°$，半径 $R=100$ cm，如果 R 不变，α 减少 $30'$，问扇形面积约改变了多少？又若 α 不变，R 增加 1 cm，问扇形面积约变化多少？

12. 重力加速度随高度 h 变化的计算公式为

$$g=g_0\left(1+\frac{h}{R}\right)^{-2},$$

其中 g_0 为海平面处的重力加速度，R 为地球半径，给出 g 的近似公式.

13. 计算下列函数值的近似值：

（1）$\sin 29°$；　　（2）$\cos 151°$；

（3）$\arctan 1.03$；　　（4）$\sqrt[6]{65}$；

（5）$\ln(1.002)$.

14. 设测量所得球的直径为 $d_0=20$ cm，其绝对误差限 $\delta_d=0.05$ cm，估计由此算得的球体积 V_0 的绝对误差 δ_V 和相对误差 δ_V^*.

15. 一圆柱体材料，测得其截面直径 $d_0=60$ cm，为了保证计算后截面积的相对误差在 0.2% 以下，试求测量直径 d_0 的绝对误差不能超过多少？

§4　微分学中值定理

由前两节可知，导数和微分是讨论小增量 $\Delta f(x)=f(x+\Delta x)-f(x)$ 的有效工具．自然进而要问：这一工具是否也有助于对宏观增量 $f(b)-f(a)$ 的研究？本节介绍的微分学中值定理将对此作出肯定的回答．这个定理是微分学的重要理论基础，它将导数或微分这种函数的局部特性与其整体性质联系起来．由此出发，可以利用导数进一步分析函数变化的各种特征性质.

局部极值与 Fermat 定理

定义 2.4.1　设有函数 f，如果在点 x_0 的某个邻域 $O(x_0,\delta)$ 上恒成立

$$f(x)\leqslant f(x_0)\quad (f(x)\geqslant f(x_0)),$$

则称 x_0 为函数 f 的**局部极大值点**（**局部极小值点**），简称为**极大值点**（**极小值点**），称 $f(x_0)$ 是函数 f 的**局部极大值**（**局部极小值**），简称为**极大值**（**极小值**）.

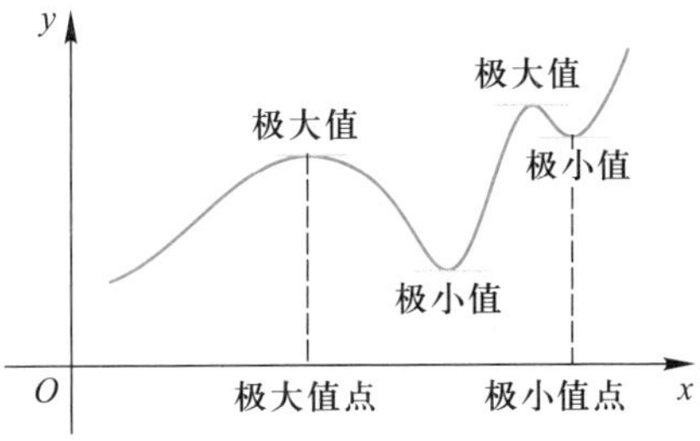

图 2.4.1

极大值点与极小值点统称为**极值点**，极大值与极小值统称为**极值**．必须注意，极值只取决于点 x_0 邻近函数 f 的性状，即只是在 x_0 的某邻域内才相对地有意义，所以是一种局部性质（见图 2.4.1）.

定理 2.4.1（Fermat（费马）定理）　若点 x_0 是函数 f 的一个极值点，且 f 在 x_0 点可导，则必有

$$f'(x_0)=0.$$

证　不妨设在邻域 $O(x_0,\delta)$ 上有 $f(x)\leqslant f(x_0)$．于是，当 $x<x_0$ 时成立

$$\frac{f(x)-f(x_0)}{x-x_0}\geqslant 0,$$

当 $x>x_0$ 时成立

$$\frac{f(x)-f(x_0)}{x-x_0}\leqslant 0.$$

由导数定义和极限性质，即得

$$0\geqslant \lim_{x\to x_0+0}\frac{f(x)-f(x_0)}{x-x_0}=f'(x_0)=\lim_{x\to x_0-0}\frac{f(x)-f(x_0)}{x-x_0}\geqslant 0,$$

因此，$f'(x_0)=0$.

证毕

导函数的介值性质

Fermat 定理的几何意义：函数 f 的图像如果在相应于极值的点处有切

线的话,那一定是一条水平切线.

Rolle 定理

为了导出微分学中值定理,我们先介绍它的一种特殊形式.

定理 2.4.2(Rolle(罗尔)定理) 设函数 f 在 $[a,b]$ 上连续,在 (a,b) 上可导,且 $f(a)=f(b)$,则至少有一点 $\xi\in(a,b)$,使得 $f'(\xi)=0$.

证 因为 f 在 $[a,b]$ 上连续,所以它在 $[a,b]$ 上必定能取得最大值 M 和最小值 m.

如果 $M=m$,显然 f 在 $[a,b]$ 上恒取常值 M,此时可取 (a,b) 内任何一点作为 ξ,便有 $f'(\xi)=0$. 如果 $M>m$,因为 $f(a)=f(b)$,所以 M 和 m 之一必不等于 $f(a)$,不妨设 $M\neq f(a)$($m\neq f(a)$ 的情况可类似讨论),此时必有点 $\xi\in(a,b)$,使得 $f(\xi)=M$. 因为 f 在 ξ 点可导,且取到最大值,由 Fermat 定理即得 $f'(\xi)=0$.

证毕

Rolle 定理的几何意义:在定理的条件下,曲线 $y=f(x)$ 上必有一点,使得曲线在该点处的切线与 x 轴平行(见图 2.4.2).

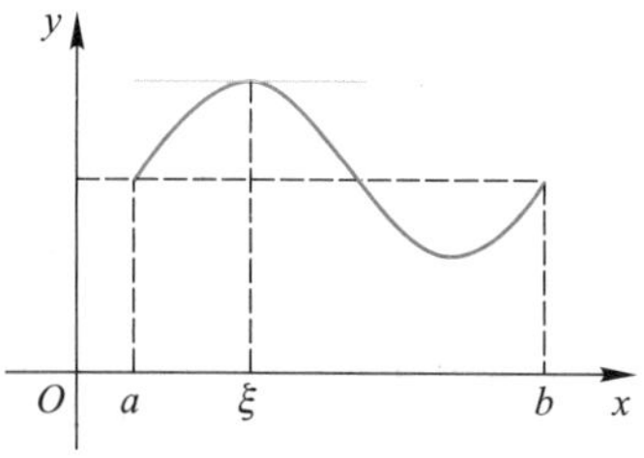

图 2.4.2

例 2.4.1 证明方程 $x^4+px+q=0$ 至多有两个不同实根(p,q 为实数).

证 用反证法. 记 $f(x)=x^4+px+q$. 若所给方程有三个不同实根 x_1,x_2,x_3($x_1<x_2<x_3$),即 $f(x_1)=f(x_2)=f(x_3)=0$,则由 Rolle 定理知,函数 f' 分别在 (x_1,x_2) 和 (x_2,x_3) 内至少有一个零点,即 f' 至少有两个不同的实零点. 但显然函数 $f'(x)=4x^3+p$ 是严格单调增加的,因此它最多有一个实零点(实际上它只有一个实零点,不计重数). 这就得到矛盾.

证毕

例 2.4.2 在数学物理问题中有一个常用的特殊函数:**Legendre(勒让德)多项式**

$$P_n(x)=\frac{1}{2^n n!}\frac{\mathrm{d}^n}{\mathrm{d}x^n}[(x^2-1)^n],\quad n=1,2,\cdots.$$

我们用 Rolle 定理来证明:n 次 Legendre 多项式有 n 个相异的实根,且它们全在区间 $(-1,1)$ 内.

首先,对任何小于 n 的自然数 k,由计算导数的 Leibniz 公式得

$$\frac{\mathrm{d}^k}{\mathrm{d}x^k}[(x^2-1)^n]=\sum_{i=0}^{k}\mathrm{C}_k^i\frac{\mathrm{d}^i[(x-1)^n]}{\mathrm{d}x^i}\frac{\mathrm{d}^{k-i}[(x+1)^n]}{\mathrm{d}x^{k-i}},$$

因而 $k<n$ 时,±1 都是多项式 $\dfrac{\mathrm{d}^k[(x^2-1)^n]}{\mathrm{d}x^k}$ 的根.

由 Rolle 定理,可知 $\dfrac{\mathrm{d}}{\mathrm{d}x}[(x^2-1)^n]$ 有一个根 $\xi_{11}\in(-1,1)$.

再一次用 Rolle 定理,可知 $\dfrac{\mathrm{d}^2}{\mathrm{d}x^2}[(x^2-1)^n]$ 有根 $\xi_{21}\in(-1,\xi_{11})$ 和 $\xi_{22}\in(\xi_{11},1)$.

以此类推，可知$\dfrac{\mathrm{d}^{n-1}}{\mathrm{d}x^{n-1}}[(x^2-1)^n]$在$(-1,1)$内有$n-1$个根$\xi_{n-1,1},\xi_{n-1,2},\cdots,\xi_{n-1,n-1}$，满足

$$-1<\xi_{n-1,1}<\xi_{n-1,2}<\cdots<\xi_{n-1,n-1}<1.$$

最后，仍根据 Rolle 定理，$P_n(x)$有n个相异的根

$$\xi_{n,1}\in(-1,\xi_{n-1,1}),\quad \xi_{n,i}\in(\xi_{n-1,i-1},\xi_{n-1,i})\ (i=2,3,\cdots,n-1),\quad \xi_{n,n}\in(\xi_{n-1,n-1},1).$$

证毕

微分学中值定理

Rolle 定理中$f(a)=f(b)$是一个相当特殊的条件，它使这个定理的应用范围受到很大的限制，取消这个条件，就得到了十分重要的微分学中值定理（也称为 **Lagrange（拉格朗日）中值定理**）.

定理 2.4.3（微分学中值定理）　设函数f在$[a,b]$上连续，在(a,b)上可导，则至少有一点$\xi\in(a,b)$，使得

$$f(b)-f(a)=f'(\xi)(b-a).$$

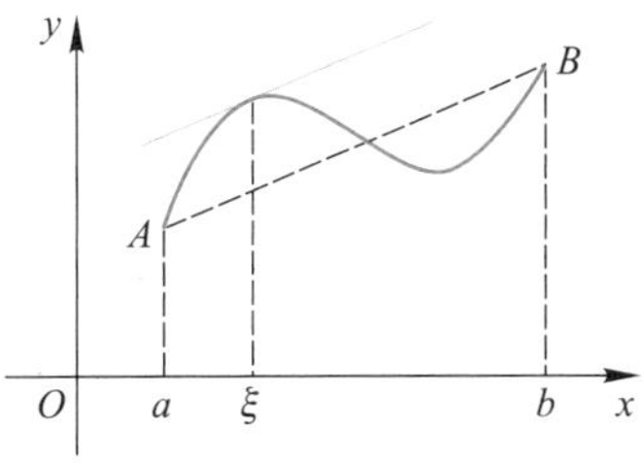

图 2.4.3

在证明之前，先说明一下这个定理的几何意义．在直角坐标系中作出$[a,b]$上的曲线$y=f(x)$，用线段联结曲线上两个端点$A(a,f(a))$，$B(b,f(b))$得到弦AB（图 2.4.3）．易见弦AB的斜率为$\dfrac{f(b)-f(a)}{b-a}$．中值定理告诉我们，在相应的条件下，可以在曲线$y=f(x)$上找到一点，使得曲线在该点处的切线与弦AB平行.

显然，Rolle 定理是 Lagrange 定理的特殊情况，我们将用构造辅助函数的方法，利用特殊情况下的结论来处理一般的问题.

证　引入辅助函数

$$\varphi(x)=f(x)-f(a)-\frac{f(b)-f(a)}{b-a}(x-a),\quad x\in[a,b].$$

显然，函数φ在$[a,b]$上连续，在(a,b)上可导，且$\varphi(a)=\varphi(b)=0$．由 Rolle 定理可知，至少存在一点$\xi\in(a,b)$，使得$\varphi'(\xi)=0$，此即

$$f'(\xi)=\frac{f(b)-f(a)}{b-a}.$$

这就是所要证明的.

证毕

微分学中值定理的关系式还可写成

$$f(b)=f(a)+f'(a+\theta(b-a))(b-a),$$

其中$0<\theta<1$．如果记$x=a$，$\Delta x=b-a$，则上式可表述为

$$f(x+\Delta x)=f(x)+f'(x+\theta\Delta x)\Delta x,$$

其中$0<\theta<1$．这些关系式都被称作 **Lagrange 公式**.

我们已经知道常值函数的导数恒为 0，由微分学中值定理，可以证明：

推论 2.4.1　设 f 是 (a,b) 上的可微函数，且对任何 $x\in(a,b)$，$f'(x)=0$，则 f 在 (a,b) 上恒为常数.

证　取定一点 $x_0\in(a,b)$. 对任何 $a<x_1<b$，由 Lagrange 中值定理得

$$f(x_1)-f(x_0)=f'(\xi)(x_1-x_0)=0,$$

其中 ξ 在 x_0 与 x_1 之间. 因此 $f(x_1)=f(x_0)$，从而 f 恒为常数.

证毕

推论 2.4.2　设 f 和 g 均是 (a,b) 上的可微函数，且对任何 $x\in(a,b)$，$f'(x)=g'(x)$，则必有常数 c，使得 $f(x)=g(x)+c$ 在 (a,b) 上恒成立.

证　这只要对函数 $f-g$ 用推论 2.4.1 的结论即可.

证毕

例 2.4.3　证明等式：

$$\arctan x+\arctan\frac{1}{x}=\frac{\pi}{2},\quad x\in(0,+\infty).$$

证　设 $f(x)=\arctan x+\arctan\dfrac{1}{x}$，则

$$f'(x)=\frac{1}{1+x^2}+\frac{1}{1+\left(\dfrac{1}{x}\right)^2}\left(-\frac{1}{x^2}\right)=0,\quad x\in(0,+\infty).$$

因此 f 在 $(0,+\infty)$ 上恒为常数. 于是 $f(x)=f(1)$，即

$$\arctan x+\arctan\frac{1}{x}=\frac{\pi}{2},\quad x\in(0,+\infty).$$

证毕

例 2.4.4　证明：当 $x>0$ 时成立

$$\frac{x}{1+x^2}<\arctan x<x.$$

证　对函数 $\arctan x$ 应用 Lagrange 公式，得到

$$\begin{aligned}\arctan x&=\arctan x-\arctan 0\\&=(\arctan x)'\big|_{x=\xi}(x-0)=\frac{x}{1+\xi^2},\end{aligned}$$

其中 $0<\xi<x$，注意到 $1<1+\xi^2<1+x^2$ 即得结论.

证毕

例 2.4.5　设 $a,b\in[-1,1]$ 且 $a\neq b$，证明：

$$|a\sin a-b\sin b|<2|a-b|.$$

证　作函数 $f(x)=x\sin x$，则 $f'(x)=\sin x+x\cos x$. 当 $a,b\in[-1,1]$ 且 $a\neq b$ 时，由 Lagrange 中值定理，得到

$$f(a)-f(b)=f'(\xi)(a-b),$$

即

$$a\sin a-b\sin b=(\sin\xi+\xi\cos\xi)(a-b),$$

其中 ξ 在 a 与 b 之间，于是 $|\xi|<1$，且成立

$$|a\sin a-b\sin b|=|\sin \xi+\xi\cos \xi|\cdot|a-b|$$
$$\leqslant(|\sin \xi|+|\xi|\cdot|\cos \xi|)|a-b|<2|a-b|.$$

证毕

Cauchy 中值定理

作为 Lagrange 中值定理的推广，下面给出 Cauchy 中值定理，它在理论研究中有着重要的应用．下一节就会看到，由此可以导出非常重要的 L'Hospital（洛必达）法则．

定理 2.4.4（Cauchy 中值定理）　设函数 f 和 g 均在 $[a,b]$ 上连续，在 (a,b) 上可导，且在 (a,b) 上 $g'(x)\neq 0$，则至少存在一点 $\xi\in(a,b)$，使得

$$\frac{f(b)-f(a)}{g(b)-g(a)}=\frac{f'(\xi)}{g'(\xi)}.$$

证　由于在 (a,b) 上 $g'(x)\neq 0$，所以由 Lagrange 中值定理知 $g(b)-g(a)\neq 0$．作辅助函数

$$\varphi(x)=f(x)-f(a)-\frac{f(b)-f(a)}{g(b)-g(a)}[g(x)-g(a)],\quad x\in[a,b],$$

则 φ 在 $[a,b]$ 上连续，在 (a,b) 内可导，且 $\varphi(a)=\varphi(b)=0$，从而由 Rolle 定理知，必有 $\xi\in(a,b)$，使得 $\varphi'(\xi)=0$，即

$$f'(\xi)-\frac{f(b)-f(a)}{g(b)-g(a)}g'(\xi)=0.$$

由此便得结论．

证毕

注　当 $g(x)=x$ 时，这个定理又回到了 Lagrange 中值定理，因此 Cauchy 中值定理是 Lagrange 中值定理的一个推广．

Cauchy 中值定理有类似于 Lagrange 中值定理的几何解释：设在直角坐标系中，有以参数方程

$$\begin{cases}x=g(t),\\ y=f(t),\end{cases}\quad t\in[a,b]$$

给出的连续曲线，其中 f 和 g 都是可微的，且 $g'(t)\neq 0$．注意到 $\dfrac{f'(t)}{g'(t)}$ 为曲线切线的斜率，那么存在 $\xi\in(a,b)$，使得 $\dfrac{f(b)-f(a)}{g(b)-g(a)}=\dfrac{f'(\xi)}{g'(\xi)}$ 说明，在曲线上至少能找到一点，使得曲线在该点处的切线与曲线两端的连线平行．

例 2.4.6　证明：当 $x>0$ 时，成立不等式

$$\frac{1}{2(1+x)}<\frac{x-\ln(1+x)}{x^2}<\frac{1}{2}.$$

π 是无理数的证明

证　设 $f(x)=x-\ln(1+x)$，$g(x)=x^2$，则

$$f'(x)=1-\frac{1}{1+x}=\frac{x}{1+x},\quad g'(x)=2x.$$

当 $x>0$ 时，应用 Cauchy 中值定理，得

$$\frac{x-\ln(1+x)}{x^2}=\frac{f(x)-f(0)}{g(x)-g(0)}=\frac{f'(\xi)}{g'(\xi)}=\frac{\frac{\xi}{1+\xi}}{2\xi}=\frac{1}{2(1+\xi)},$$

其中 $0<\xi<x$. 注意到 $1<1+\xi<1+x$ 即得结论.

证毕

习　题

1. 设函数 $f(x)=(x-1)(x-2)(x-3)(x-4)$，说明 $f'(x)=0$ 的实根个数，并指出这些根所在的区间.

2. (1) 设 $f(x)=ax^4+bx^3+cx^2-(a+b+c)x$，验证 f 在 $[0,1]$ 上满足 Rolle 定理的条件；

(2) 证明：$4ax^3+3bx^2+2cx=a+b+c$ 在区间 $(0,1)$ 内至少有一个实根.

3. 设 $\frac{a_0}{n+1}+\frac{a_1}{n}+\cdots+a_n=0$，证明方程

$$a_0x^n+a_1x^{n-1}+\cdots+a_n=0$$

在 $(0,1)$ 内至少有一个实根.

4. 应用微分学中值定理证明下列不等式：

(1) $|\arctan b-\arctan a|\leqslant|b-a|$；

(2) $\frac{x}{1+x}<\ln(1+x)<x\quad(x>0)$；

(3) $nb^{n-1}(a-b)\leqslant a^n-b^n\leqslant na^{n-1}(a-b)\quad(n\geqslant1,a>b>0)$.

5. 证明：

(1) $\arcsin x+\arccos x=\frac{\pi}{2},\quad -1\leqslant x\leqslant1$；

(2) $\arctan x=\arcsin\frac{x}{\sqrt{1+x^2}},\quad -\infty<x<+\infty$.

6. 设 $\lim\limits_{x\to+\infty}f'(x)=A$，证明：对任意的 $B>0$，有

$$\lim_{x\to+\infty}[f(x+B)-f(x)]=AB.$$

7. 设 n 为正整数. 证明

$$\lim_{x\to+\infty}(\sin^n\sqrt{x^2+1}\cos\sqrt{x^2+1}-\sin^n x\cos x)=0.$$

8. 设函数 f 在 $(-\infty,+\infty)$ 上可导且有界，证明方程

$$f'(x)(1+x^2)=2xf(x)$$

至少有一个实根.

9. 设 $0<a<b$. 证明：存在 $\xi\in(a,b)$，使得

$$a\mathrm{e}^b-b\mathrm{e}^a=(1-\xi)\mathrm{e}^{\xi}(a-b).$$

10. 设 f 是 $[0,+\infty)$ 上的可导函数，$f(0)=0$，且 f' 单调下降. 证明：对于任何正数 a,b，成立

$$f(a+b)\leqslant f(a)+f(b).$$

11. 设函数 f 在 $x=0$ 的某邻域中有 n 阶导数，且 $f(0)=f'(0)=\cdots=f^{(n-1)}(0)=0$，用 Cauchy 中值定理证明：在该邻域上成立

$$\frac{f(x)}{x^n}=\frac{f^{(n)}(\theta x)}{n!},$$

其中 $0<\theta<1$.

12. 若 x_0 满足 $f(x_0)=x_0$，则称 x_0 为函数 f 的不动点.

(1) 若 f 在 $(-\infty,+\infty)$ 上可导，且 $f'(x)\neq 1$，证明 f 至多只有一个不动点；

(2) 说明函数 $f(x)=x+\frac{1}{1+e^x}$ 满足 $0<f'(x)<1$，但 f 没有不动点；

(3) 设正常数 $A<1$，定义在 $(-\infty,+\infty)$ 上的函数 f 满足 $|f'(x)|\leqslant A$. 任取 $x_1\in(-\infty,+\infty)$，且递推定义

$$x_{n+1}=f(x_n),\quad n=1,2,\cdots.$$

证明：数列 $\{x_n\}$ 收敛，且极限 $\xi=\lim\limits_{n\to\infty}x_n$ 就是 f 的不动点.

§ 5　L'Hospital 法则

借助于初等函数的连续性等性质，我们常可以利用极限的四则运算法则来解决初等函数的求极限问题．但对于两个无穷小量（或无穷大量）的商，即使其各自极限存在，也不能直接利用极限的四则运算法则来计算，需另寻他法．这类极限可能存在，也有可能不存在，因此被称为**不定型**的极限．本节介绍的 L'Hospital 法则就是以导数为工具处理这类不定型极限的有效方法.

不定型主要有以下几种形式：

$\frac{0}{0}$ 型，如 $\lim\limits_{x\to 0}\frac{\sin x-x}{x^3}$；

$\frac{\infty}{\infty}$ 型，如 $\lim\limits_{x\to+\infty}\frac{x^2}{e^x}$；

$0\cdot\infty$ 型，如 $\lim\limits_{x\to 0+0}x^3\ln x$；

$\infty-\infty$ 型，如 $\lim\limits_{x\to\frac{\pi}{2}}(\sec x-\tan x)$；

0^0 型，如 $\lim\limits_{x\to 0+0}(\sin x)^x$；

∞^0 型，如 $\lim\limits_{x\to 0+0}(\cot x)^{\frac{1}{\ln x}}$；

1^∞ 型，如 $\lim\limits_{x\to 0}\left(\frac{\sin x}{x}\right)^{\frac{1}{x^2}}$，

其中 $\frac{0}{0}$ 和 $\frac{\infty}{\infty}$ 是最基本的不定型，其他不定型都可以先化为这两类不定型，再行计算.

$\frac{0}{0}$型的 L'Hospital 法则

先讨论当 $x\to a$ 时的$\frac{0}{0}$型不定型的情形.

定理 2.5.1　设函数 f 和 g 满足:

(1) $\lim\limits_{x\to a} f(x)=\lim\limits_{x\to a} g(x)=0$;

(2) 在 a 的某邻域中除 a 点外可导,且 $g'(x)\neq 0$;

(3) $\lim\limits_{x\to a}\frac{f'(x)}{g'(x)}$存在(或为$\infty$,$+\infty$,$-\infty$),

则有

$$\lim_{x\to a}\frac{f(x)}{g(x)}=\lim_{x\to a}\frac{f'(x)}{g'(x)}.$$

这就是说,如果 $x\to a$ 时 $\frac{f'(x)}{g'(x)}$的极限存在(或为∞,$+\infty$,$-\infty$),则 $\frac{f(x)}{g(x)}$的极限也存在,且与之相等(或为∞,$+\infty$,$-\infty$).

证　因为 $x\to a$ 时的极限与点 a 处的函数值无关,故不妨重新定义 $f(a)=g(a)=0$. 设 x 是条件(2)所给邻域中的点,且 $x\neq a$,那么在以 x 和 a 为端点的区间上,Cauchy 中值定理的条件均满足,因而必有介于 x 与 a 之间的点 ξ,使得

$$\frac{f(x)}{g(x)}=\frac{f(x)-f(a)}{g(x)-g(a)}=\frac{f'(\xi)}{g'(\xi)}.$$

在上式左、右两边同时令 $x\to a$,注意到此时 $\xi\to a$,即得

$$\lim_{x\to a}\frac{f(x)}{g(x)}=\lim_{x\to a}\frac{f'(x)}{g'(x)}.$$

证毕

例 2.5.1　设 $a>0,b>0$,求极限$\lim\limits_{x\to 0}\frac{a^x-b^x}{x}$.

解　这是一个求$\frac{0}{0}$型极限的问题. 应用 L'Hospital 法则得

$$\lim_{x\to 0}\frac{a^x-b^x}{x}=\lim_{x\to 0}\frac{a^x\ln a-b^x\ln b}{1}=\ln a-\ln b.$$

例 2.5.2　求极限$\lim\limits_{x\to 0}\frac{\sin x-x}{x^3}$.

解　连续两次对$\frac{0}{0}$型极限使用 L'Hospital 法则,得

$$\lim_{x\to 0}\frac{\sin x-x}{x^3}=\lim_{x\to 0}\frac{\cos x-1}{3x^2}=-\lim_{x\to 0}\frac{\sin x}{6x}=-\frac{1}{6}.$$

例 2.5.3　求极限$\lim\limits_{x\to 1}\frac{x^3-3x+2}{x^3-x^2-x+1}$.

解　连续两次对$\frac{0}{0}$型极限使用 L'Hospital 法则，得

$$\lim_{x\to1}\frac{x^3-3x+2}{x^3-x^2-x+1}=\lim_{x\to1}\frac{3x^2-3}{3x^2-2x-1}=\lim_{x\to1}\frac{6x}{6x-2}=\frac{3}{2}.$$

应当注意，在以上计算中，$\lim\limits_{x\to1}\frac{6x}{6x-2}$已非不定型，不能对它盲目应用 L'Hospital 法则，否则将导致错误的结果.

我们指出，对自变量 x 其他的变化过程，如 $x\to a+0$，$x\to a-0$，$x\to+\infty$，$x\to-\infty$，$x\to\infty$，$\frac{0}{0}$型的 L'Hospital 法则也相应地成立.

例 2.5.4　求极限$\lim\limits_{x\to+\infty}\frac{\ln\left(\frac{2}{\pi}\arctan x\right)}{\ln\left(1+\frac{1}{x^2}\right)}$.

解　这是一个$\frac{0}{0}$型极限. 运用等价无穷小量代换后，再使用 L'Hospital 法则，得

$$\lim_{x\to+\infty}\frac{\ln\left(\frac{2}{\pi}\arctan x\right)}{\ln\left(1+\frac{1}{x^2}\right)}=\lim_{x\to+\infty}\frac{\ln\left(\frac{2}{\pi}\arctan x\right)}{\frac{1}{x^2}}=\lim_{x\to+\infty}\frac{\frac{1}{(1+x^2)\arctan x}}{-\frac{2}{x^3}}$$

$$=-\lim_{x\to+\infty}\frac{x^3}{2(1+x^2)\arctan x}=-\infty.$$

$\frac{\infty}{\infty}$型的 L'Hospital 法则

定理 2.5.2　设函数 f 和 g 满足

(1) $\lim\limits_{x\to a}f(x)=\lim\limits_{x\to a}g(x)=\infty$；

(2) 在 a 的某邻域中除 a 点外可导，且 $g'(x)\neq0$；

(3) $\lim\limits_{x\to a}\frac{f'(x)}{g'(x)}$存在（或为$\infty$，$+\infty$，$-\infty$），

则有

$$\lim_{x\to a}\frac{f(x)}{g(x)}=\lim_{x\to a}\frac{f'(x)}{g'(x)}.$$

我们略去这个定理的证明，同时指出上述的"$x\to a$"可以改为 $x\to a+0$，$x\to a-0$，$x\to+\infty$，$x\to-\infty$ 等变化过程.

例 2.5.5　求极限$\lim\limits_{x\to0+0}\frac{\ln\sin mx}{\ln\sin nx}$，其中 $m,n\in\mathbf{N}_+$.

解　先对$\frac{\infty}{\infty}$型极限，再对$\frac{0}{0}$型极限使用 L'Hospital 法则，得

$$\lim_{x\to0+0}\frac{\ln\sin mx}{\ln\sin nx}=\lim_{x\to0+0}\frac{\dfrac{m\cos mx}{\sin mx}}{\dfrac{n\cos nx}{\sin nx}}=\lim_{x\to0+0}\frac{m\cos mx}{n\cos nx}\cdot\frac{\sin nx}{\sin mx}$$

$$=\frac{m}{n}\lim_{x\to0+0}\frac{\sin nx}{\sin mx}=\frac{m}{n}\lim_{x\to0+0}\frac{n\cos nx}{m\cos mx}=1.$$

例 2.5.6　求极限 $\lim\limits_{x\to+\infty}\dfrac{\ln x}{x^{\alpha}}$ $(\alpha>0)$.

解　对这个$\dfrac{\infty}{\infty}$型极限使用 L'Hospital 法则,得

$$\lim_{x\to+\infty}\frac{\ln x}{x^{\alpha}}=\lim_{x\to+\infty}\frac{\dfrac{1}{x}}{\alpha x^{\alpha-1}}=\lim_{x\to+\infty}\frac{1}{\alpha x^{\alpha}}=0.$$

例 2.5.7　求极限 $\lim\limits_{x\to+\infty}\dfrac{x^{\alpha}}{e^{\lambda x}}$,$\lambda$ 和 α 均为正数.

解　这是$\dfrac{\infty}{\infty}$型极限．当 α 为正整数时,运用 α 次 L'Hospital 法则,得

$$\lim_{x\to+\infty}\frac{x^{\alpha}}{e^{\lambda x}}=\lim_{x\to+\infty}\frac{\alpha x^{\alpha-1}}{\lambda e^{\lambda x}}=\cdots=\lim_{x\to+\infty}\frac{\alpha!}{\lambda^{\alpha}e^{\lambda x}}=0.$$

当 α 不是正整数时,取 $n=[\alpha]+1$,运用 n 次 L'Hospital 法则,得

$$\lim_{x\to+\infty}\frac{x^{\alpha}}{e^{\lambda x}}=\lim_{x\to+\infty}\frac{\alpha x^{\alpha-1}}{\lambda e^{\lambda x}}=\cdots=\lim_{x\to+\infty}\frac{\alpha(\alpha-1)\cdots(\alpha-n+1)}{\lambda^{n}e^{\lambda x}x^{n-\alpha}}=0.$$

其他不定型的极限

下面通过一些例子说明求其他各种不定型极限的方法.

例 2.5.8　求极限 $\lim\limits_{x\to0+0}x^{\alpha}\ln x$ $(\alpha>0)$.

解　这是 $0\cdot\infty$ 型极限．将它化为$\dfrac{\infty}{\infty}$型极限再运用 L'Hospital 法则,得

$$\lim_{x\to0+0}x^{\alpha}\ln x=\lim_{x\to0+0}\frac{\ln x}{\dfrac{1}{x^{\alpha}}}=\lim_{x\to0+0}\frac{\dfrac{1}{x}}{-\dfrac{\alpha}{x^{\alpha+1}}}=\lim_{x\to0+0}\left(-\frac{x^{\alpha}}{\alpha}\right)=0.$$

例 2.5.9　求极限 $\lim\limits_{x\to\frac{\pi}{2}}(\sec x-\tan x)$.

解　这是 $\infty-\infty$ 型极限．先变形成$\dfrac{0}{0}$型极限,再使用 L'Hospital 法则,得

$$\lim_{x\to\frac{\pi}{2}}(\sec x-\tan x)=\lim_{x\to\frac{\pi}{2}}\frac{1-\sin x}{\cos x}=\lim_{x\to\frac{\pi}{2}}\frac{-\cos x}{-\sin x}=0.$$

例 2.5.10 求极限$\lim\limits_{x\to 0}\left[\dfrac{1}{\ln(1+x)}-\dfrac{1}{e^x-1}\right]$.

解 这是一个$\infty-\infty$型极限．先变形成$\dfrac{0}{0}$型极限,运用等价无穷小量代换后,再连续使用 L'Hospital 法则,得

$$\lim_{x\to 0}\left[\frac{1}{\ln(1+x)}-\frac{1}{e^x-1}\right]=\lim_{x\to 0}\frac{e^x-1-\ln(1+x)}{(e^x-1)\ln(1+x)}=\lim_{x\to 0}\frac{e^x-1-\ln(1+x)}{x^2}$$

$$=\lim_{x\to 0}\frac{e^x-\dfrac{1}{1+x}}{2x}=\lim_{x\to 0}\frac{e^x+\dfrac{1}{(1+x)^2}}{2}=1.$$

例 2.5.11 求极限$\lim\limits_{x\to 0+0}(\sin x)^x$.

解 这是0^0型极限．因为$(\sin x)^x=e^{x\ln\sin x}$,且

$$\lim_{x\to 0+0}x\ln\sin x=\lim_{x\to 0+0}\frac{\ln\sin x}{\dfrac{1}{x}}=\lim_{x\to 0+0}\frac{\dfrac{\cos x}{\sin x}}{-\dfrac{1}{x^2}}$$

$$=\lim_{x\to 0+0}\left(-x\cos x\cdot\frac{x}{\sin x}\right)=0.$$

从而

$$\lim_{x\to 0+0}(\sin x)^x=e^{\lim\limits_{x\to 0+0}x\ln\sin x}=e^0=1.$$

例 2.5.12 求极限$\lim\limits_{x\to 0}\left(\dfrac{\sin x}{x}\right)^{\frac{1}{x^2}}$.

解 这是1^∞型极限．由于$\left(\dfrac{\sin x}{x}\right)^{\frac{1}{x^2}}=e^{\frac{1}{x^2}\ln\frac{\sin x}{x}}$,且

$$\lim_{x\to 0}\frac{1}{x^2}\ln\frac{\sin x}{x}=\lim_{x\to 0}\frac{\ln|\sin x|-\ln|x|}{x^2}$$

$$=\lim_{x\to 0}\frac{\dfrac{\cos x}{\sin x}-\dfrac{1}{x}}{2x}=\lim_{x\to 0}\frac{x\cos x-\sin x}{2x^2\sin x}$$

$$=\lim_{x\to 0}\frac{x\cos x-\sin x}{2x^3}=\lim_{x\to 0}\frac{\cos x-x\sin x-\cos x}{6x^2}$$

$$=\lim_{x\to 0}\frac{-\sin x}{6x}=-\frac{1}{6}.$$

因此

$$\lim_{x\to 0}\left(\frac{\sin x}{x}\right)^{\frac{1}{x^2}}=e^{\lim\limits_{x\to 0}\frac{1}{x^2}\ln\frac{\sin x}{x}}=e^{-\frac{1}{6}}.$$

例 2.5.13 求极限$\lim\limits_{x\to 0+0}(\cot x)^{\frac{1}{\ln x}}$.

解　这是∞^0型极限．由于$(\cot x)^{\frac{1}{\ln x}}=e^{\frac{\ln\cot x}{\ln x}}$，且

$$\lim_{x\to0+0}\frac{\ln\cot x}{\ln x}=\lim_{x\to0+0}\frac{-\frac{\csc^2x}{\cot x}}{\frac{1}{x}}=\lim_{x\to0+0}\left(-\frac{x}{\sin x}\cdot\frac{1}{\cos x}\right)=-1,$$

因此

$$\lim_{x\to0+0}(\cot x)^{\frac{1}{\ln x}}=e^{\lim\limits_{x\to0+0}\frac{\ln\cot x}{\ln x}}=e^{-1}.$$

例 2.5.14　求数列极限$\lim\limits_{n\to\infty}\sqrt[n]{n}$.

解　直接计算数列$\{\sqrt[n]{n}\}$的极限有一定的难度．但如果能计算$\lim\limits_{x\to+\infty}x^{\frac{1}{x}}$，则附带就得到了所求数列的极限值．用 L'Hospital 法则，可得

$$\lim_{x\to+\infty}x^{\frac{1}{x}}=e^{\lim\limits_{x\to+\infty}\frac{\ln x}{x}}=e^{\lim\limits_{x\to+\infty}\frac{1}{x}}=e^0=1.$$

所以

$$\lim_{n\to\infty}\sqrt[n]{n}=\lim_{x\to+\infty}x^{\frac{1}{x}}=1.$$

我们要指出，在自变量x的某个变化过程中，当$\frac{f'(x)}{g'(x)}$的极限不存在时，$\frac{f(x)}{g(x)}$的极限还是可能存在的，只是此时不能用 L'Hospital 法则来计算．例如，

$$\lim_{x\to\infty}\frac{x+\sin x}{x-\sin x}=\lim_{x\to\infty}\frac{1+\frac{\sin x}{x}}{1-\frac{\sin x}{x}}=1,$$

但是，当$x\to\infty$时，$\frac{(x+\sin x)'}{(x-\sin x)'}=\frac{1+\cos x}{1-\cos x}$并无极限.

最后要指出，有时尽管 L'Hospital 法则的条件都满足，但用这个法则也未必能算得极限．例如，用 L'Hospital 法则可得

$$\lim_{x\to+\infty}\frac{e^x+e^{-x}}{e^x-e^{-x}}=\lim_{x\to+\infty}\frac{e^x-e^{-x}}{e^x+e^{-x}}=\lim_{x\to+\infty}\frac{e^x+e^{-x}}{e^x-e^{-x}},$$

如此循环反复，无法算出极限．事实上这个极限可以直接求得

$$\lim_{x\to+\infty}\frac{e^x+e^{-x}}{e^x-e^{-x}}=\lim_{x\to+\infty}\frac{1+e^{-2x}}{1-e^{-2x}}=1.$$

习　题

1. 求下列极限：

(1) $\lim\limits_{x\to0}\frac{e^x-e^{-x}}{\sin x}$；　　(2) $\lim\limits_{x\to\pi}\frac{\sin 3x}{\tan 5x}$；

(3) $\lim\limits_{x\to\frac{\pi}{2}}\frac{\ln\sin x}{(\pi-2x)^2}$；　　(4) $\lim\limits_{x\to\frac{\pi}{4}}\frac{\tan x-1}{\sin 4x}$；

(5) $\lim\limits_{x\to 7}\dfrac{\sqrt{x+2}-\sqrt[3]{x+20}}{x-7}$;　　(6) $\lim\limits_{x\to 0}\dfrac{x-\tan x}{x-\sin x}$;

(7) $\lim\limits_{x\to+\infty}\dfrac{\ln\left(1+\dfrac{1}{x}\right)}{\arctan\dfrac{1}{x}}$;　　(8) $\lim\limits_{x\to 0}\dfrac{\ln(1+x^2)}{\sec x-\cos x}$;

(9) $\lim\limits_{x\to 0}\dfrac{xe^{\cos x}}{1-\sin x-\cos x}$;　　(10) $\lim\limits_{x\to 0}\dfrac{x^2-\ln(1+x^2)}{x^4}$;

(11) $\lim\limits_{x\to 0}\dfrac{(a+x)^x-a^x}{x^2}(a>0,a\neq 1)$;　　(12) $\lim\limits_{x\to+\infty}\dfrac{x^2\ln x}{e^x}$;

(13) $\lim\limits_{x\to 0}x^2e^{x^{-2}}$;　　(14) $\lim\limits_{x\to+\infty}\dfrac{\ln(1+e^x)}{\sqrt{1+x^2}}$;

(15) $\lim\limits_{x\to+\infty}\dfrac{\ln x}{\ln(\ln x)}$;　　(16) $\lim\limits_{x\to 1}\left(\dfrac{1}{\ln x}-\dfrac{x}{x-1}\right)$;

(17) $\lim\limits_{x\to 0}\dfrac{1}{x}\left(\cot x-\dfrac{1}{x}\right)$;　　(18) $\lim\limits_{x\to 0}\left(\dfrac{1}{x}-\dfrac{1}{e^x-1}\right)$;

(19) $\lim\limits_{x\to 0}\left(\dfrac{\tan x}{x}\right)^{x^{-2}}$;　　(20) $\lim\limits_{x\to+\infty}\left(\cos\dfrac{1}{x}\right)^{x}$;

(21) $\lim\limits_{x\to+\infty}\left(\dfrac{x+1}{x-1}\right)^{x}$;　　(22) $\lim\limits_{x\to 0+0}(\arcsin x)^{\tan x}$;

(23) $\lim\limits_{n\to\infty}n^{\sin(\pi/n)}$;　　(24) $\lim\limits_{n\to\infty}\ln\left(1-\dfrac{1}{n}\right)\csc\dfrac{1}{n}$.

2. (1) 设 $a>0$,求 $\lim\limits_{x\to 0}\dfrac{a^x-1}{x}$;

(2) 求数列极限 $\lim\limits_{n\to\infty}n^2\left(a^{\frac{1}{n}}-a^{\frac{1}{n+1}}\right)$.

3. 设 $f(x)=\begin{cases}e^{-x^{-2}}, & x\neq 0,\\ 0, & x=0,\end{cases}$ 求 $f'(0)$.

4. 讨论函数

$$f(x)=\begin{cases}\left[\dfrac{(1+x)^{\frac{1}{x}}}{e}\right]^{\frac{1}{x}}, & x>0,\\ e^{-\frac{1}{2}}, & x\leqslant 0\end{cases}$$

在点 $x=0$ 处的连续性.

5. 设

$$f(x)=\begin{cases}\dfrac{g(x)}{x}, & x\neq 0,\\ 0, & x=0,\end{cases}$$

其中函数 g 在 $x=0$ 点二阶可导,且 $g(0)=0,g'(0)=0,g''(0)=10$. 求 $f'(0)$.

§6　Taylor 公式

用简单的函数近似表示较复杂的函数是一种经常使用的数学方法．我们已经知道，如果函数 f 在 x_0 点可微，那么在 x_0 邻近就有

$$f(x)=f(x_0)+f'(x_0)(x-x_0)+o(x-x_0).$$

这意味着用一次多项式 $f(x_0)+f'(x_0)(x-x_0)$ 近似代替 $f(x)$ 时，其精确度相对于 $x-x_0$ 而言，只达到一阶，即误差为 $o(x-x_0)$．为了提高精确度，必须考虑用更高次数的多项式作逼近．由于多项式是一类比较简单的函数，借助于近似多项式研究函数的性态无疑会带来很大的方便．而且，在实际计算中，由于多项式只涉及加、减、乘三种运算，以它取代复杂的函数作运算也将有效地节约工作量.

Taylor 公式提供了用多项式逼近函数的一条途径，在理论上和应用中都起着重要的作用.

带 Peano 余项的 Taylor 公式

我们的讨论从下面的问题开始：设函数 f 在 x_0 点 n 阶可导，试找出一个关于 $x-x_0$ 的 n 次多项式

$$a_0+a_1(x-x_0)+\cdots+a_n(x-x_0)^n,$$

使这个多项式与 f 之差是比 $(x-x_0)^n$ 高阶的无穷小.

首先，如果成立着

$$f(x)=\sum_{k=0}^{n}a_k(x-x_0)^k+o((x-x_0)^n),$$

我们来讨论一下多项式各项的系数 a_k 与 f 的关系.

在上式两边令 $x\to x_0$，利用 f 在 x_0 点的连续性，得

$$a_0=f(x_0).$$

把 a_0 代入上式，并移项后得

$$\frac{f(x)-f(x_0)}{x-x_0}=\sum_{k=1}^{n}a_k(x-x_0)^{k-1}+o((x-x_0)^{n-1}),$$

在上式两边再令 $x\to x_0$，由 $f'(x_0)$ 的定义可得

$$f'(x_0)=a_1.$$

把 a_0,a_1 代入 f 的表达式，并移项后得

$$\frac{f(x)-f(x_0)-f'(x_0)(x-x_0)}{(x-x_0)^2}=\sum_{k=2}^{n}a_k(x-x_0)^{k-2}+o((x-x_0)^{n-2}),$$

在上式两边令 $x\to x_0$，右边的极限为 a_2，左边的极限为

$$\lim_{x\to x_0}\frac{f(x)-f(x_0)-f'(x_0)(x-x_0)}{(x-x_0)^2}=\lim_{x\to x_0}\frac{f'(x)-f'(x_0)}{2(x-x_0)}=\frac{1}{2}f''(x_0).$$

因此，$a_2=\frac{1}{2}f''(x_0)$. 以此类推，可得

$$a_k=\frac{1}{k!}f^{(k)}(x_0),\quad k=0,1,2,\cdots,n,$$

其中记 $f^{(0)}(x)=f(x)$.

因此，可以设想用多项式

$$\begin{aligned}T_n(x)&=\sum_{k=0}^{n}\frac{1}{k!}f^{(k)}(x_0)(x-x_0)^k\\&=f(x_0)+\frac{f'(x_0)}{1!}(x-x_0)+\frac{f''(x_0)}{2!}(x-x_0)^2+\cdots+\frac{f^{(n)}(x_0)}{n!}(x-x_0)^n\end{aligned}$$

来近似 f，它称为 f 在 x_0 点的**(n 阶)Taylor(泰勒)多项式**. 这就是下面的定理.

定理 2.6.1　设函数 f 在 x_0 点 n 阶可导，则有

$$f(x)=\sum_{k=0}^{n}\frac{1}{k!}f^{(k)}(x_0)(x-x_0)^k+o((x-x_0)^n).$$

证　记 $R(x)=f(x)-\sum_{k=0}^{n}\frac{1}{k!}f^{(k)}(x_0)(x-x_0)^k$，则有

$$R(x_0)=R'(x_0)=R''(x_0)=\cdots=R^{(n)}(x_0)=0.$$

反复应用 L'Hospital 法则，可得

$$\begin{aligned}\lim_{x\to x_0}\frac{R(x)}{(x-x_0)^n}&=\lim_{x\to x_0}\frac{R'(x)}{n(x-x_0)^{n-1}}\\&=\lim_{x\to x_0}\frac{R''(x)}{n(n-1)(x-x_0)^{n-2}}=\cdots=\lim_{x\to x_0}\frac{R^{(n-1)}(x)}{n!\ (x-x_0)}\\&=\frac{1}{n!}\lim_{x\to x_0}\frac{R^{(n-1)}(x)-R^{(n-1)}(x_0)}{x-x_0}=\frac{1}{n!}R^{(n)}(x_0)=0.\end{aligned}$$

因此，$R(x)=o((x-x_0)^n)$.

证毕

此定理中 $f(x)$ 的表示式称为**带 Peano(佩亚诺)余项的(n 阶)Taylor 公式**.

带 Lagrange 余项的 Taylor 公式

另一种常见的余项形式由下面的定理给出.

定理 2.6.2　设函数 f 在 $[a,b]$ 上有 n 阶连续导数，且在 (a,b) 上 $n+1$ 阶可导，$x_0\in[a,b]$ 为一定点，则对于每个 $x\in[a,b]$，成立

$$f(x)=\sum_{k=0}^{n}\frac{1}{k!}f^{(k)}(x_0)(x-x_0)^k+\frac{1}{(n+1)!}f^{(n+1)}(x_0+\theta(x-x_0))(x-x_0)^{n+1},$$

其中 $0<\theta<1$.

证　记 $R(x)=f(x)-\sum_{k=0}^{n}\frac{1}{k!}f^{(k)}(x_0)(x-x_0)^k\quad(x\in[a,b])$，则有

$$R(x_0)=R'(x_0)=\cdots=R^{(n)}(x_0)=0,$$

且

$$R^{(n+1)}(x)=f^{(n+1)}(x),\quad x\in(a,b).$$

利用 Cauchy 中值定理可得，当 $x\in[a,b]$ 时，成立

$$\frac{R(x)}{(x-x_0)^{n+1}}=\frac{R(x)-R(x_0)}{(x-x_0)^{n+1}}=\frac{R'(\xi_1)}{(n+1)(\xi_1-x_0)^n},$$

其中 ξ_1 介于 x_0 与 x 之间，从而

$$\frac{R(x)}{(x-x_0)^{n+1}}=\frac{R'(\xi_1)-R'(x_0)}{(n+1)(\xi_1-x_0)^n}=\frac{R''(\xi_2)}{(n+1)n(\xi_2-x_0)^{n-1}},$$

其中 ξ_2 介于 x_0 与 ξ_1 之间，从而介于 x_0 与 x 之间．以此类推，即得

$$\frac{R(x)}{(x-x_0)^{n+1}}=\frac{R^{(n+1)}(\xi)}{(n+1)!}=\frac{f^{(n+1)}(\xi)}{(n+1)!},$$

其中 ξ 介于 x_0 与 x 之间．记 $\xi=x_0+\theta(x-x_0)$，则必有 $0<\theta<1$. 这样

$$R(x)=\frac{f^{(n+1)}(x_0+\theta(x-x_0))}{(n+1)!}(x-x_0)^{n+1}.$$

证毕

此定理中的 $R(x)=\dfrac{f^{(n+1)}(x_0+\theta(x-x_0))}{(n+1)!}(x-x_0)^{n+1}$ 称为 **Lagrange 余项**，$f(x)$ 的这种表示式称为**带 Lagrange 余项的（n 阶）Taylor 公式**．显然，这种 Taylor 公式是 Lagrange 中值定理的推广.

如果函数 f 的 $n+1$ 阶导数在 (a,b) 上有界，即存在正常数 M，使得 $|f^{(n+1)}(x)|\leqslant M(x\in(a,b))$，$x_0\in(a,b)$ 为一定点，则在 (a,b) 上有如下的余项估计：

$$|R(x)|\leqslant\frac{M}{(n+1)!}|x-x_0|^{n+1},\quad x\in(a,b).$$

例 2.6.1　求 $f(x)=\sqrt{1+x}$ 在 $x=0$ 点的带 Lagrange 余项的 2 阶 Taylor 公式.

解　直接计算得

$$f'(x)=\frac{1}{2\sqrt{1+x}},\quad f''(x)=-\frac{1}{4(1+x)^{\frac{3}{2}}},\quad f'''(x)=\frac{3}{8(1+x)^{\frac{5}{2}}}.$$

因此

$$f(0)=1,\quad f'(0)=\frac{1}{2},\quad f''(0)=-\frac{1}{4}.$$

于是，$f(x)=\sqrt{1+x}$ 在 $x=0$ 点的带 Lagrange 余项的 2 阶 Taylor 公式为

$$\sqrt{1+x}=1+\frac{1}{2}x-\frac{1}{8}x^2+\frac{1}{16[1+\theta x]^{\frac{5}{2}}}x^3,$$

其中 $0<\theta<1$.

Maclaurin 公式

如果 $x_0=0$，那么带有以上两种余项形式的 Taylor 公式又称为**（n 阶）Maclaurin（麦克劳**

林)公式,此即

$$f(x)=f(0)+f'(0)x+\cdots+\frac{f^{(n)}(0)}{n!}x^n+o(x^n)$$

和

$$f(x)=f(0)+f'(0)x+\cdots+\frac{f^{(n)}(0)}{n!}x^n+\frac{f^{(n+1)}(\theta x)}{(n+1)!}x^{n+1},$$

其中 $0<\theta<1$. 由此得到近似公式

$$f(x)\approx f(0)+f'(0)x+\cdots+\frac{f^{(n)}(0)}{n!}x^n.$$

常用的带 Peano 余项的 Maclaurin 公式有

$$\mathrm{e}^x=1+\frac{x}{1!}+\frac{x^2}{2!}+\cdots\frac{x^n}{n!}+o(x^n);$$

$$\sin x=x-\frac{x^3}{3!}+\frac{x^5}{5!}-\cdots+(-1)^{n-1}\frac{x^{2n-1}}{(2n-1)!}+o(x^{2n});$$

$$\cos x=1-\frac{x^2}{2!}+\frac{x^4}{4!}-\cdots+(-1)^n\frac{x^{2n}}{(2n)!}+o(x^{2n+1});$$

$$(1+x)^\alpha=1+\alpha x+\frac{\alpha(\alpha-1)}{2!}x^2+\cdots+\frac{\alpha(\alpha-1)\cdots(\alpha-n+1)}{n!}x^n+o(x^n);$$

$$\ln(1+x)=x-\frac{x^2}{2}+\frac{x^3}{3}-\frac{x^4}{4}+\cdots+(-1)^{n-1}\frac{x^n}{n}+o(x^n).$$

读者不难由下面的五个结论导出以上 Maclaurin 公式:

$$(\mathrm{e}^x)^{(n)}=\mathrm{e}^x;$$

$$(\sin x)^{(n)}=\sin\left(x+\frac{n\pi}{2}\right);$$

$$(\cos x)^{(n)}=\cos\left(x+\frac{n\pi}{2}\right);$$

$$[(1+x)^\alpha]^{(n)}=\alpha(\alpha-1)\cdots(\alpha-n+1)(1+x)^{\alpha-n};$$

$$[\ln(1+x)]^{(n)}=\frac{(-1)^{n-1}(n-1)!}{(1+x)^n}.$$

从本节开始得出的结论可以看出,对于在 x_0 点 n 阶可导的函数 f,若在 x_0 附近成立

$$f(x)=\sum_{k=0}^{n}a_k(x-x_0)^k+o((x-x_0)^n),$$

则 $\sum\limits_{k=0}^{n}a_k(x-x_0)^k$ 便是 f 在 x_0 点的 n 阶 Taylor 多项式,且上式便是带 Peano 余项的 n 阶 Taylor 公式. 这个结论为我们计算复杂函数的 Taylor 公式带来很大方便.

例 2.6.2　求 $f(x)=\sqrt[3]{1-3x+x^2}$ 的带 Peano 余项的 3 阶 Maclaurin 公式.

解　利用 $(1+x)^{\frac{1}{3}}$ 的带 Peano 余项的 3 阶 Maclaurin 公式得

$$\sqrt[3]{1-3x+x^2}=[1+(x^2-3x)]^{\frac{1}{3}}$$
$$=1+\frac{1}{3}(x^2-3x)+\frac{\frac{1}{3}\left(\frac{1}{3}-1\right)}{2!}(x^2-3x)^2+\frac{\frac{1}{3}\left(\frac{1}{3}-1\right)\left(\frac{1}{3}-2\right)}{3!}(x^2-3x)^3+$$
$$o((x^2-3x)^3)$$
$$=1-x-\frac{2}{3}x^2-x^3+o(x^3).$$

例 2.6.3　求 $f(x)=\begin{cases}\ln\dfrac{\sin x}{x}, & x\neq 0,\\ 0, & x=0\end{cases}$ 的 Maclaurin 公式(到含 x^6 的项).

解　利用

$$\sin x=x-\frac{x^3}{3!}+\frac{x^5}{5!}-\frac{x^7}{7!}+o(x^8),$$
$$\ln(1+u)=u-\frac{u^2}{2}+\frac{u^3}{3}+o(u^3),$$

得到

$$f(x)=\ln\left[1+\left(-\frac{x^2}{3!}+\frac{x^4}{5!}-\frac{x^6}{7!}+o(x^7)\right)\right]$$
$$=\left(-\frac{x^2}{3!}+\frac{x^4}{5!}-\frac{x^6}{7!}+o(x^7)\right)-\frac{1}{2}\left(-\frac{x^2}{3!}+\frac{x^4}{5!}+o(x^5)\right)^2+\frac{1}{3}\left(-\frac{x^2}{3!}+o(x^3)\right)^3+o(x^6)$$
$$=-\frac{x^2}{6}-\frac{x^4}{180}-\frac{x^6}{2\,835}+o(x^6).$$

例 2.6.4　求 $f(x)=\ln x$ 在 $x=2$ 点的带 Peano 余项的 Taylor 公式.

解　利用 $\ln(1+x)$ 的带 Peano 余项的 Maclaurin 公式

$$\ln(1+x)=x-\frac{1}{2}x^2+\cdots+(-1)^{n-1}\frac{1}{n}x^n+o(x^n),$$

得

$$\ln x=\ln[2+(x-2)]=\ln 2+\ln\left(1+\frac{x-2}{2}\right)$$
$$=\ln 2+\frac{1}{2}(x-2)-\frac{1}{2\cdot 2^2}(x-2)^2+\cdots+(-1)^{n-1}\frac{1}{n\cdot 2^n}(x-2)^n+o((x-2)^n).$$

例 2.6.5　利用带 Peano 余项的 Maclaurin 公式计算极限

$$\lim_{x\to 0}\frac{\sin x-x\cos x}{e^{x^3}-1}.$$

解　因为

$$\sin x=x-\frac{x^3}{3!}+o(x^3),$$
$$x\cos x=x-\frac{x^3}{2!}+o(x^3),$$

所以

$$\sin x-x\cos x=x-\frac{1}{3!}x^3+o(x^3)-x+\frac{x^3}{2!}-o(x^3)=\frac{1}{3}x^3+o(x^3).$$

又因为当 $x\to 0$ 时，$e^{x^3}-1\sim x^3$，故而

$$\lim_{x\to 0}\frac{\sin x-x\cos x}{e^{x^3}-1}=\lim_{x\to 0}\frac{\frac{1}{3}x^3+o(x^3)}{x^3}=\frac{1}{3}.$$

例 2.6.6 求 $\sqrt{37}$ 的近似值，要求精确到小数点后第 5 位.

解 因为 $\sqrt{37}=\sqrt{36+1}=6\sqrt{1+\frac{1}{36}}$，如果用 $\sqrt{1+x}$ 的 2 阶 Maclaurin 公式（见例 2.6.1）

$$\sqrt{1+x}=1+\frac{1}{2}x-\frac{1}{8}x^2+\frac{1}{16}(1+\theta x)^{-\frac{5}{2}}x^3$$

来计算，其误差不会超过

$$6\cdot\frac{1}{16}\cdot\frac{1}{36^3}<0.803\ 8\times 10^{-5},$$

它保证了小数点后面的 5 位有效数字．因此

$$\sqrt{37}\approx 6\left(1+\frac{1}{2}\cdot\frac{1}{36}-\frac{1}{8}\cdot\frac{1}{36^2}\right)\approx 6.082\ 75.$$

例 2.6.7 在区间 $\left[0,\frac{1}{2}\right]$ 上用一个 4 次多项式作为函数 $\frac{x}{\sqrt[3]{1+x}}$ 的近似，并估计误差.

解 对 $(1+x)^{-\frac{1}{3}}$ 写出其 3 阶 Maclaurin 公式：

$$(1+x)^{-\frac{1}{3}}=1-\frac{1}{3}x+\frac{1\cdot 4}{2!3^2}x^2-\frac{1\cdot 4\cdot 7}{3!3^3}x^3+R_3(x),$$

其中 $R_3(x)=\frac{1\cdot 4\cdot 7\cdot 10}{4!\ 3^4}\frac{x^4}{(1+\xi)^{13/3}}\left(0<\xi<\frac{1}{2}\right)$．由此可得

$$\frac{x}{\sqrt[3]{1+x}}\approx x-\frac{1}{3}x^2+\frac{2}{9}x^3-\frac{14}{81}x^4,\quad x\in\left[0,\frac{1}{2}\right],$$

其误差可估计为

$$|xR_3(x)|=\left|\frac{1\cdot 4\cdot 7\cdot 10x^5}{4!\ 3^4(1+\xi)^{13/3}}\right|\leqslant\frac{4\cdot 7\cdot 10}{4!\ 3^4}\left(\frac{1}{2}\right)^5=\frac{35}{6^5}<0.004\ 501\ 03.$$

注意，若在 $\left[0,\frac{1}{4}\right]$ 上运用上述 4 阶 Maclaurin 公式，则其误差可估计为

$$|xR_3(x)|\leqslant\frac{4\cdot 7\cdot 10}{4!\ 3^4}\left(\frac{1}{4}\right)^5=\frac{35}{12^5}<0.000\ 141.$$

*插值公式

在应用 Taylor 公式时，我们用 Taylor 多项式

$$f(x_0)+f'(x_0)(x-x_0)+\frac{f''(x_0)}{2!}(x-x_0)^2+\cdots+\frac{f^{(n)}(x_0)}{n!}(x-x_0)^n$$

的值来近似函数 f 在 x_0 点附近的值，得到了令人满意的结果．并且我们也知道，这种近似只是在 x_0 点附近比较精确，而在更大的范围便可能失效．因此一个自然的想法就是希望在整个区间 $[a,b]$ 上用多项式来近似已知函数，并达到要求的近似度．实际上，在实际应用中，人们往往只能测量出一个函数在一些点的值，进而希望能找出一个多项式，它在这些点的值等于这个函数的值，并在整体上能近似这个函数，因为多项式形式简单，便于计算．

已知函数 f 在点 $x_0,x_1,\cdots,x_n(x_0<x_1<\cdots<x_n)$ 的值

$$f(x_0),f(x_1),\cdots,f(x_n),$$

称 $x_0,x_1,\cdots,x_n$ 为**插值节点**（简称**节点**）．通过 f 在这些节点处的值来算出 f 在其他点处的值的问题，就是最基本的插值问题．

作 $n+1$ 次多项式

$$\omega(x)=(x-x_0)(x-x_1)\cdots(x-x_n),$$

易知 $\omega'(x_i)=(x_i-x_0)\cdots(x_i-x_{i-1})(x_i-x_{i+1})\cdots(x_i-x_n)(i=0,1,2,\cdots,n)$．作

$$L_n(x)=\sum_{i=0}^{n}\frac{\omega(x)}{\omega'(x_i)(x-x_i)}f(x_i),$$

显然 L_n 是 n 次多项式，且 $L_n(x_i)=f(x_i)(i=0,1,2,\cdots,n)$，它称为 **Lagrange 插值多项式**．

定理 2.6.3（Lagrange 插值多项式的余项）　设函数 f 在 $[a,b]$ 上具有 n 阶连续导数，在 (a,b) 上有 $n+1$ 阶导数，且已知 f 在 $[a,b]$ 上的 $n+1$ 个节点 $x_0,x_1,\cdots,x_n(x_0<x_1<\cdots<x_n)$ 处的函数值 $f(x_0),f(x_1),\cdots,f(x_n)$，则对于任意 $x\in[a,b]$，存在 $\xi\in(a,b)$，使得

$$f(x)-L_n(x)=\frac{f^{(n+1)}(\xi)}{(n+1)!}\omega(x).$$

证　设 x 是 $[a,b]$ 中任一取定的值．若 x 恰为某个节点时，任取 $\xi\in(a,b)$，则上式两端均为 0，结论成立．

现设 $x\neq x_i(i=0,1,2,\cdots,n)$．作辅助函数

$$\varphi(t)=f(t)-L_n(t)-\frac{\omega(t)}{\omega(x)}(f(x)-L_n(x)).$$

易知 $\varphi(x_i)=0(i=0,1,2,\cdots,n)$，$\varphi(x)=0$，且 $x_0,x_1,\cdots,x_n,x$ 互异．由 Rolle 定理可知，在点 $x_0,x_1,\cdots,x_n,x$ 分成的 $n+1$ 个区间内 φ' 都至少有一个零点，因此 φ' 在 (a,b) 内至少有 $n+1$ 个不同零点．如此推断下去，可知 $\varphi^{(n+1)}$ 在 (a,b) 内至少有一个零点，即存在 $\xi\in(a,b)$，使得 $\varphi^{(n+1)}(\xi)=0$.

由于 L_n 是 n 次多项式，所以 $L_n^{(n+1)}(t)\equiv 0$. 而 ω 是首项系数为 1 的 $n+1$ 次多项式，所以 $\omega^{(n+1)}(t)\equiv(n+1)!$，于是

$$\varphi^{(n+1)}(t)=f^{(n+1)}(t)-\frac{(n+1)!}{\omega(x)}(f(x)-L_n(x)),\quad t\in(a,b).$$

而 $\varphi^{(n+1)}(\xi)=0$ 便是 $0=f^{(n+1)}(\xi)-\dfrac{(n+1)!}{\omega(x)}(f(x)-L_n(x))$，即

$$f(x)-L_n(x)=\frac{f^{(n+1)}(\xi)}{(n+1)!}\omega(x).$$

证毕

由定理 2.6.3 可知,若在 (a,b) 上有

$$|f^{(n+1)}(x)|\leqslant M<+\infty,$$

则对于 $x\in[a,b]$,有

$$|f(x)-L_n(x)|\leqslant\frac{M}{(n+1)!}(b-a)^{n+1}.$$

因此这个定理也给出了用 L_n 近似 f 所产生的误差的估计.

易知 $\lim\limits_{n\to\infty}\dfrac{(b-a)^{n+1}}{(n+1)!}=0$. 因此,在 f 的各阶导数都满足 $|f^{(k)}(x)|\leqslant M<+\infty$ $(x\in(a,b),k=1,2,\cdots)$ 的条件下,不管节点如何选取,随着节点个数的增多,在 $[a,b]$ 上用 L_n 近似 f 所产生的误差将趋于零. 但当 f 的各阶导数不满足上述有界性条件,或仅已知 f 是连续函数,结论又如何呢?研究表明,对于给定的连续函数,可以适当选取节点序列及多项式以达到目标. 下面给出这样的一个结论,具体证明不做详述.

定理 2.6.4(Weierstrass 逼近定理)　设函数 f 在闭区间 $[a,b]$ 上连续,则对于任意给定的 $\varepsilon>0$,存在多项式 P,使得对任意 $x\in[a,b]$ 成立

$$|f(x)-P(x)|<\varepsilon.$$

另外,若不仅知道函数 f 在一些节点处的值,而且知道其若干阶导数的值,可以证明,存在多项式 H(其次数还可以限制,不会太高),使得在每一个节点处,H 及其导数的值与已知的 f 及其导数的值均相同. 这种多项式称为 **Hermite(埃尔米特)插值多项式**. 具体细节及其他研究这里不再详述,有兴趣的读者可以查阅有关书籍.

习　题

1. 求下列函数的 5 阶 Maclaurin 公式:

(1) $\dfrac{1}{\sqrt{1+x}}$;　　(2) $\dfrac{x^3}{1+x^2}$;　　(3) $\sqrt{(1-x)^3}$.

2. 求下列函数的 Maclaurin 公式:

(1) $\ln(1-x)$ (到 n 阶);　　(2) $\ln\dfrac{1+x}{1-x}$ (到 $2n+1$ 阶);

(3) $\dfrac{1}{\sqrt{1-x^2}}$(到 $2n$ 阶);　　(4) $x\sin 2x$ (到 $2n+1$ 阶).

3. 求下列函数的到所指定项的 Maclaurin 公式:

(1) $\sin(\sin x)$ 到含 x^3 的项;　　(2) $\dfrac{x^2}{\sqrt{1-x+x^2}}$ 到含 x^4 的项.

4. 写出 $\sin x$ 在 $x=1$ 点的 3 阶 Taylor 公式.

5. 设函数 f 二阶可导,将 $f(x+2h)$ 及 $f(x+h)$ 在点 x 处展开成 2 阶 Taylor 公式,并证明

$$\lim_{h\to 0}\frac{f(x+2h)-2f(x+h)+f(x)}{h^2}=f''(x).$$

6. 利用 $\sqrt{1+x}$ 的 2 阶 Maclaurin 公式作近似,计算 $\sqrt{1.01}$ 的近似值,并估计这一近似的误差.

7. 估计 $\sin x\approx x-\dfrac{x^3}{6}$ $\left(|x|<\dfrac{1}{2}\right)$ 的绝对误差.

8. 利用 Taylor 公式计算下列极限：

(1) $\lim\limits_{x\to 0}\dfrac{e^x\sin x-x(1+x)}{x^3}$；　　(2) $\lim\limits_{x\to 0}\dfrac{a^x+a^{-x}-2}{x^2}\ (a>0)$；

(3) $\lim\limits_{x\to 0}\dfrac{\ln(1+x+x^2)+\ln(1-x+x^2)}{x\sin x}$；　　(4) $\lim\limits_{x\to 0}\dfrac{\cos x-e^{-\frac{x^2}{2}}}{x^4}$.

9. 由 Lagrange 中值定理得

$$\ln(1+x)=\frac{x}{1+\theta(x)x},\quad 0<\theta(x)<1,$$

证明 $\lim\limits_{x\to 0}\theta(x)=\dfrac{1}{2}$.

10. 试确定常数 A,B 和 C 的值，使得当 $x\to 0$ 时，有

$$e^x(1+Bx+Cx^2)=1+Ax+o(x^3).$$

11. 设函数 f 在 $[0,1]$ 上具有二阶连续导数，且 $f(0)=f(1)=0$，$\min\limits_{0\leqslant x\leqslant 1}f(x)=-1$. 证明：

$$\max_{0\leqslant x\leqslant 1}f''(x)\geqslant 8.$$

12. 设函数 f 在 $[a,b]$ 上具有二阶连续导数，$f(a)=f(b)=0$，证明：

$$\max_{x\in[a,b]}|f(x)|\leqslant\frac{1}{8}(b-a)^2\max_{x\in[a,b]}|f''(x)|.$$

13. 设函数 f 在 $[0,1]$ 上有二阶导数，且在 $[0,1]$ 上成立 $|f(x)|\leqslant 1$ 及 $|f''(x)|\leqslant 2$，证明：在 $[0,1]$ 上成立

$$|f'(x)|\leqslant 3.$$

14. 证明 e 是无理数.

§7　函数的单调性和凸性

函数的导数刻画了函数的瞬时变化率，从而很好地描述了函数局部的变化性态．本节将进一步说明在微分学中值定理的基础上，以导数为工具，还可以成功地从整体上研究函数的变化状况.

函数的单调性

对于可微函数，其单调性可以由导数的符号来确定.

定理 2.7.1　设函数 f 在 $[a,b]$ 上连续，在 (a,b) 上可导，则

(1) f 在 $[a,b]$ 上单调增加的充要条件是对任何 $x\in(a,b)$，成立

$$f'(x)\geqslant 0;$$

(2) f 在 $[a,b]$ 上单调减少的充要条件是对任何 $x\in(a,b)$，成立

$$f'(x)\leqslant 0.$$

证　(1) 必要性：设 f 在 $[a,b]$ 上单调增加，易知当 $x,x'\in(a,b)$，且 $x\neq x'$ 时，有

$$\frac{f(x')-f(x)}{x'-x}\geqslant 0.$$

因为 f 在 (a,b) 上可导，所以

$$f'(x)=\lim_{x'\to x}\frac{f(x')-f(x)}{x'-x}\geqslant 0.$$

充分性：设在 (a,b) 上 $f'(x)\geqslant 0$. 对 $[a,b]$ 上任何两点 x_1,x_2，不妨设 $x_1<x_2$，由微分学中值定理，存在 $\xi\in(x_1,x_2)$，使得

$$f(x_2)-f(x_1)=f'(\xi)(x_2-x_1)\geqslant 0,$$

所以 $f(x_2)\geqslant f(x_1)$，即函数 f 单调增加.

（2）的证明类似，此处从略.

证毕

由上面关于充分性的证明，还可以得到如下结论：

如果函数 f 在 $[a,b]$ 上连续，在 (a,b) 上可导，且对任何 $x\in(a,b)$ 成立

$$f'(x)>0\quad(f'(x)<0),$$

则函数 f 在 $[a,b]$ 上严格单调增加（严格单调减少）.

例 2.7.1　讨论函数 $f(x)=x^{\frac{2}{3}}(2-x)^{\frac{1}{3}}$ 的单调性.

解　函数 f 定义于 $(-\infty,+\infty)$，且当 $x\neq 0,2$ 时，

$$f'(x)=\frac{1}{3}x^{-\frac{1}{3}}(2-x)^{-\frac{2}{3}}(4-3x).$$

f' 在点 $x=0$ 及 $x=2$ 处不存在，f' 的零点为 $x=\frac{4}{3}$. 利用 f' 的零点及 f' 不存在的点把 $D(f)$ 分为四个区间，以下表列出 f' 在每个区间的符号及与之相应的 f 的单调性（单调增加用记号↗表示，单调减少用记号↘表示）.

x	$(-\infty,0)$	$\left(0,\frac{4}{3}\right)$	$\left(\frac{4}{3},2\right)$	$(2,+\infty)$
f'	−	+	−	−
f	↘	↗	↘	↘

因此，函数 f 在 $(-\infty,0]$，$\left[\frac{4}{3},+\infty\right)$ 为单调减少，在 $\left[0,\frac{4}{3}\right]$ 为单调增加. 该函数的图像见图 2.7.1.

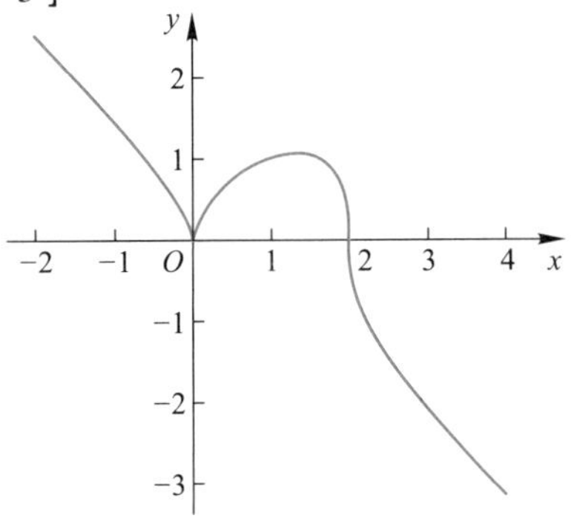

图 2.7.1

例 2.7.2　证明：当 $0<x<\frac{\pi}{2}$ 时，成立

$$\frac{2}{\pi}<\frac{\sin x}{x}<1.$$

证　考察函数

$$f(x)=\begin{cases}1, & x=0,\\ \dfrac{\sin x}{x}, & 0<x\leqslant\dfrac{\pi}{2}.\end{cases}$$

显然，f 在 $\left[0,\frac{\pi}{2}\right]$ 上连续，在 $\left(0,\frac{\pi}{2}\right)$ 可导，且在 $\left(0,\frac{\pi}{2}\right)$ 中

$$f'(x)=\frac{x\cos x-\sin x}{x^2}=\frac{\cos x(x-\tan x)}{x^2}<0,$$

因此，f 在 $\left[0,\frac{\pi}{2}\right]$ 上严格单调减少，从而当 $0<x<\frac{\pi}{2}$ 时，

$$f\left(\frac{\pi}{2}\right)<f(x)<f(0),$$

即

$$\frac{2}{\pi}<\frac{\sin x}{x}<1.$$

例 2.7.3　证明：当 $x>0$ 时，成立

$$\frac{\pi}{2}-\arctan x<\frac{1}{x}<\ln\left(1+\frac{1}{x}\right)+\frac{1}{2x^2}.$$

证　先证明 $\frac{1}{x}>\frac{\pi}{2}-\arctan x\ (x>0)$. 令 $f(x)=\frac{1}{x}-\frac{\pi}{2}+\arctan x$，则

$$f'(x)=-\frac{1}{x^2}+\frac{1}{1+x^2}<0,\quad x>0,$$

因此 f 在 $(0,+\infty)$ 上严格单调减少，从而当 $x>0$ 时，

$$f(x)>\lim_{x\to+\infty}f(x)=0,$$

即

$$\frac{1}{x}>\frac{\pi}{2}-\arctan x.$$

再证明 $\frac{1}{x}<\ln\left(1+\frac{1}{x}\right)+\frac{1}{2x^2}(x>0)$. 令 $t=\frac{1}{x}$，则这个不等式等价于 $\ln(1+t)+\frac{1}{2}t^2>t\ (t>0)$.

作函数 $g(t)=\ln(1+t)+\frac{1}{2}t^2-t\ (t\in(-1,+\infty))$，则

$$g'(t)=\frac{1}{1+t}+t-1=\frac{t^2}{1+t}>0,\quad t\in(-1,+\infty).$$

这说明函数 g 在 $[0,+\infty)$ 上严格单调增加，从而当 $t>0$ 时，

$$g(t)>g(0)=0,$$

即

$$\ln(1+t)+\frac{1}{2}t^2>t.$$

因此

$$\frac{\pi}{2}-\arctan x<\frac{1}{x}<\ln\left(1+\frac{1}{x}\right)+\frac{1}{2x^2}.$$

函数的极值

Fermat 定理告诉我们，若函数 f 在点 x_0 的某邻域有定义，且在 x_0 点可导并取到极值，则

有 $f'(x_0)=0$. 称 f' 的零点为 f 的**驻点**. 注意,一个函数的导数不存在的点也可能是该函数的极值点. 例如,函数 $f(x)=|x|$,$x=0$ 是 f 的极小值点,但 f 在 $x=0$ 点的导数不存在. 因此,对于给定的函数 f,其极值点若非驻点,必是不可导的点,即,极值点只可能出现在函数的驻点或不可导的点之中.

但是,驻点或不可导的点未必是极值点. 例如,点 $x=0$ 是函数 $f(x)=x^3$ 的驻点,但显然并非极值点,下面的定理给出了函数取极值的充分条件.

定理 2.7.2　设函数 f 在点 x_0 连续.

(1) 若导数 f' 在某区间 $(x_0-\delta,x_0)$ 上恒非正,在 $(x_0,x_0+\delta)$ 上恒非负,则 x_0 是 f 的极小值点;

(2) 若导数 f' 在某区间 $(x_0-\delta,x_0)$ 上恒非负,在 $(x_0,x_0+\delta)$ 上恒非正,则 x_0 是 f 的极大值点.

证　(1) 当 f' 在 $(x_0-\delta,x_0)$ 上恒非正,在 $(x_0,x_0+\delta)$ 上恒非负时,函数 f 在 $(x_0-\delta,x_0]$ 上单调减少,且在 $[x_0,x_0+\delta)$ 上单调增加(见图 2.7.2). 因而对任何 $x\in(x_0-\delta,x_0+\delta)$,总成立着 $f(x)\geqslant f(x_0)$,从而 x_0 是 f 的极小值点.

(2) 的证明与(1)类似,故略去. 函数 f 在 x_0 附近图像的示意图见图 2.7.3.

证毕

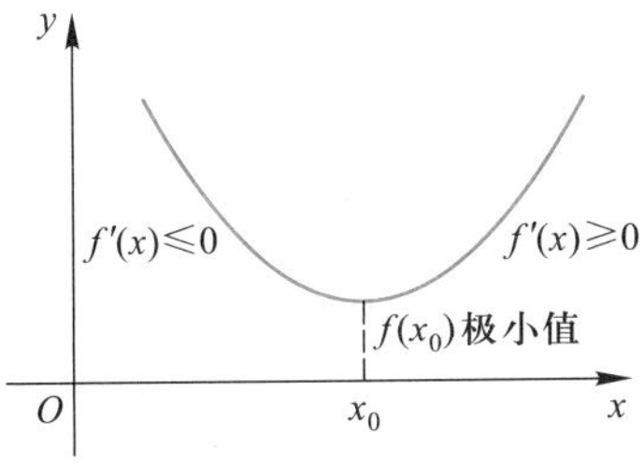

图 2.7.2

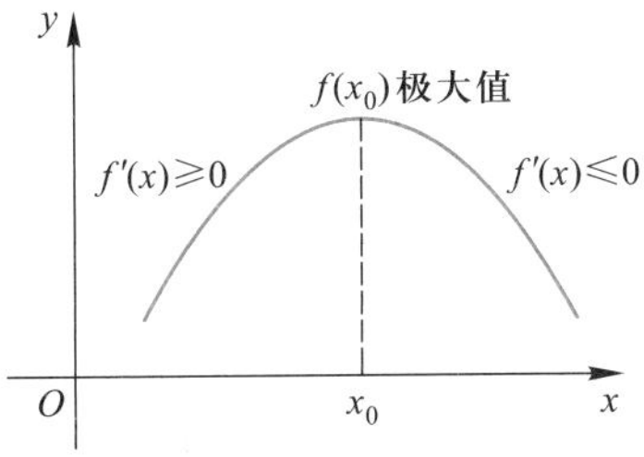

图 2.7.3

例如,由例 2.7.1 对函数 $f(x)=x^{\frac{2}{3}}(2-x)^{\frac{1}{3}}$ 的讨论,可知 f 的极小值点为 $x=0$,相应的极小值为 $f(0)=0$;极大值点为 $x=\frac{4}{3}$,相应的极大值为 $f\left(\frac{4}{3}\right)=\left(\frac{4}{3}\right)^{\frac{2}{3}}\left(\frac{2}{3}\right)^{\frac{1}{3}}\approx 1.06$.

定理 2.7.2 说明,若在点 x_0 附近,f 的导数在点 x_0 两侧异号,则 x_0 必是 f 的极值点. 注意,若 f 的导数在点 x_0 两侧同号,则 x_0 必不是 f 的极值点.

导数、单调性和极值关系的进一步说明

在函数的驻点处,如果二阶导数也存在且非零,则还可以根据二阶导数的符号判定极值性.

定理 2.7.3　设 x_0 是函数 f 的驻点,且在 x_0 点 f 的二阶导数存在.

(1) 若 $f''(x_0)>0$,则 x_0 为 f 的极小值点;

(2) 若 $f''(x_0)<0$,则 x_0 为 f 的极大值点.

证　只证明(1),(2)的证明类似. 设 $f'(x_0)=0$, $f''(x_0)>0$. 由 Taylor 公式得

$$f(x)=f(x_0)+f'(x_0)(x-x_0)+\frac{f''(x_0)}{2!}(x-x_0)^2+o((x-x_0)^2).$$

因为 $f'(x_0)=0$,所以

$$\frac{f(x)-f(x_0)}{(x-x_0)^2}=\frac{1}{2!}f''(x_0)+\frac{o((x-x_0)^2)}{(x-x_0)^2}.$$

因为 $f''(x_0)>0$,而 $x\to x_0$ 时上式右侧第二项趋于 0,因而在 x_0 近旁

$$\frac{f(x)-f(x_0)}{(x-x_0)^2}>0,$$

即

$$f(x)>f(x_0).$$

从而 f 在 x_0 点取极小值.

证毕

至于 $f'(x_0)=f''(x_0)=0$ 时,x_0 可能是 f 的极值点,也可能不是．例如,对 $f(x)=x^3$ 和 $g(x)=x^4$,在 $x=0$ 点 f 和 g 的一阶导数与二阶导数均为 0. 但 $x=0$ 是 g 的极值点而非 f 的极值点．实际上,在这种情形,常常需要根据问题的具体情况加以针对性的分析解决．如果函数在 x_0 点具有更高阶的导数,也可以考虑作更高阶的 Taylor 展开后再作讨论.

例 2.7.4　求下列函数的极值点:

(1) $f(x)=2x^3-3x^2-12x+5$;　　　(2) $g(x)=(x^4-1)^5+20$.

解　(1) 对可导函数 $f(x)=2x^3-3x^2-12x+5$,有

$$f'(x)=6x^2-6x-12=6(x-2)(x+1),$$
$$f''(x)=12x-6.$$

所以 f 的驻点为 $x=2$ 和 $x=-1$.

因为 $f''(2)=18>0$,所以 $x=2$ 是 f 的极小值点;因为 $f''(-1)=-18<0$,所以 $x=-1$ 是 f 的极大值点.

(2) 对可导函数 $g(x)=(x^4-1)^5+20$,有

$$g'(x)=20x^3(x^4-1)^4,\quad g''(x)=20x^2(x^4-1)^3(19x^4-3).$$

所以 g 的驻点为 $x=0, x=-1$ 和 $x=1$. 在这些点处,g'' 的值均为 0,无法用定理 2.7.3 来判断．但注意到 g' 的符号如下表所示:

x	$(-\infty,-1)$	-1	$(-1,0)$	0	$(0,1)$	1	$(1,+\infty)$
g'	$-$	0	$-$	0	$+$	0	$+$

因此,由定理 2.7.2 知,$x=-1$ 和 $x=1$ 不是 g 的极值点,$x=0$ 为 g 的极小值点.

函数的最大值和最小值

极值是函数的一种局部性质．最大值与最小值则是考察函数在整个区间上的变化状况,是函数的整体性质.

如果函数 f 在闭区间 $[a,b]$ 上连续,由连续函数的性质可知它在该区间上必能取到最大值 M 和最小值 m. 如果 M 或 m 不是端点的函数值,那么它们必定在 (a,b) 中某极值点上达到．这样,函数 f 在 $[a,b]$ 上取最大值或最小值的点必是下列三类点之一:f 的驻点,不可导

的点，区间端点．比较这些点上的函数值，其最大、最小者即函数的最大值和最小值．

例 2.7.5　求函数 $f(x)=x^{\frac{2}{3}}-(x^2-1)^{\frac{1}{3}}$ 在 $[-2,2]$ 上的最大值和最小值．

解　计算得

$$f'(x)=\frac{2}{3}\frac{(x^2-1)^{\frac{2}{3}}-x^{\frac{4}{3}}}{x^{\frac{1}{3}}(x^2-1)^{\frac{2}{3}}}.$$

解方程 $(x^2-1)^{\frac{2}{3}}=x^{\frac{4}{3}}$ 得 f 的驻点为 $x=\pm\frac{1}{\sqrt{2}}$．又 f 不可导的点为 $x=0$ 和 $x=\pm1$．计算这些点及端点的函数值，得

$$f(0)=1,\quad f(\pm1)=1,\quad f(\pm2)=\sqrt[3]{4}-\sqrt[3]{3},\quad f\left(\pm\frac{1}{\sqrt{2}}\right)=\sqrt[3]{4}.$$

因而 f 的最大值点为 $x=\pm\frac{1}{\sqrt{2}}$，最大值为 $\sqrt[3]{4}$；最小值点为 $x=\pm2$，最小值为 $\sqrt[3]{4}-\sqrt[3]{3}$．该函数的图像见图 2.7.4.

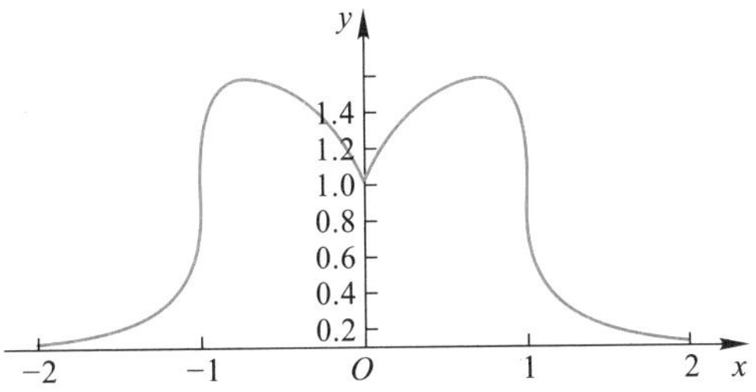

图 2.7.4

求开区间上函数 f 的最大值和最小值稍为复杂些，因为开区间上的连续函数甚至可以没有最大值或最小值．通常可利用 f' 的符号，即 f 的单调性，对 f 的全局形态作大致的分析，进而确定函数的最大值与最小值的情况．

定理 2.7.4　设 f 在 (a,b) 上具有连续导数，且 f' 在 (a,b) 上只有唯一的零点 x_0.

(1) 若 $f''(x_0)>0$，则 x_0 是 f 的最小值点；

(2) 若 $f''(x_0)<0$，则 x_0 是 f 的最大值点．

证　只证明(1)，(2)的证明类似．设 $f''(x_0)>0$．由于 f' 连续，x_0 是 f' 在 (a,b) 中唯一的零点，从而 f' 在 (a,x_0) 和 (x_0,b) 上分别保持定号．由于

$$\lim_{x\to x_0}\frac{f'(x)}{x-x_0}=\lim_{x\to x_0}\frac{f'(x)-f'(x_0)}{x-x_0}=f''(x_0)>0,$$

故在 x_0 附近有

$$\frac{f'(x)}{x-x_0}>0.$$

由此可见，$x<x_0$ 时，$f'(x)<0$；$x>x_0$ 时，$f'(x)>0$．由此可知 f 在 x_0 左侧单调减少，在 x_0 右侧单调增加．因此 x_0 是 f 的最小值点．

证毕

例 2.7.6　设函数 $f(x)=3x+5+\frac{75}{x}$，$D(f)=(0,+\infty)$，求 f 的最小值．

解　由于

$$f'(x)=3-\frac{75}{x^2},\quad f''(x)=\frac{150}{x^3},$$

所以 f' 在 $(0,+\infty)$ 中只有唯一的零点 $x=5$，且 $f''(5)>0$，故 $x=5$ 是最小值点，且最小值为 $f(5)=35$.

在一些特殊情况下，特别是在处理实际问题中，最大值或最小值的问题可作如下简化处理：

如果函数 f 在区间 I 上连续，且 f 在 I 的内部（即 I 中不包括其端点的部分）只有唯一的极值点 x_0. 若 x_0 为极大（小）值点，则它必是 f 在 I 上的最大（小）值点．这类函数常被称作**单峰函数（单谷函数）**.

例 2.7.7　如图 2.7.5 所示，设直流电源 E 的内阻为 R_0，问当负载的电阻 R 取何值时，电源的输出功率 P 最大？

解　由于电流

$$I=\frac{E}{R_0+R},$$

所以输出功率

$$P=RI^2=\frac{RE^2}{(R_0+R)^2}.$$

由计算得

$$\frac{\mathrm{d}P}{\mathrm{d}R}=E^2\frac{R_0-R}{(R_0+R)^3}.$$

从 $\frac{\mathrm{d}P}{\mathrm{d}R}=0$ 得 P 的唯一驻点 $R=R_0$. 显然当 $R<R_0$ 时，$\frac{\mathrm{d}P}{\mathrm{d}R}>0$；当 $R>R_0$ 时，$\frac{\mathrm{d}P}{\mathrm{d}R}<0$. 故 $R=R_0$ 是极大值点．由于 P 在 $(0,+\infty)$ 中只有一个极值点，所以 $R=R_0$ 也是最大值点，即，当负载的电阻 $R=R_0$ 时，电源的输出功率 P 最大.

例 2.7.8（光的折射定律）　根据 Fermat 原理，光线通过不同介质时，应沿所需时间最短的行程（见图 2.7.6）. 设 AB 为两介质的分界面，从介质 I 中的点 P 出发的光线，经分界面折射点 R，到达介质 Ⅱ 中的点 Q. 固定 P,Q 及 AB 的位置，试以此确定 R 的位置.

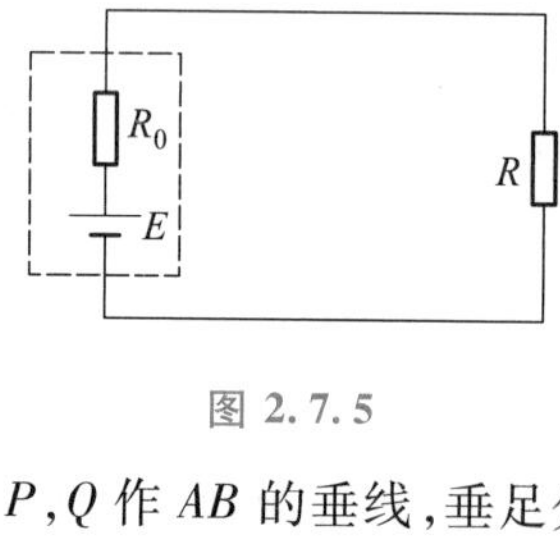

图 2.7.5

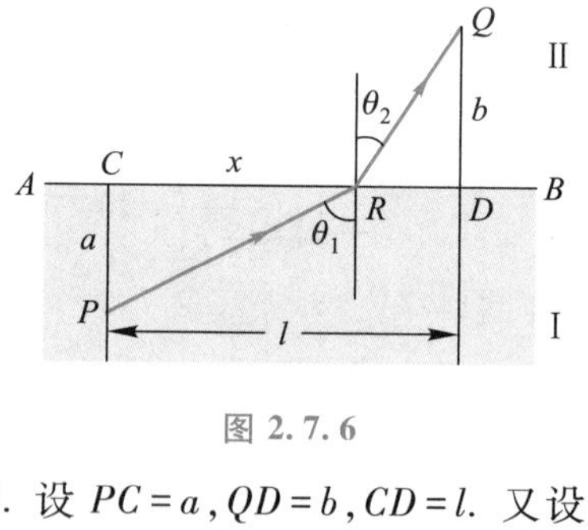

图 2.7.6

解　过 P,Q 作 AB 的垂线，垂足分别为 C,D. 设 $PC=a$，$QD=b$，$CD=l$. 又设光线在介质 Ⅰ，Ⅱ 中的速度分别为 v_1,v_2.

今求出决定 R 位置的量 $x=CR$. 光线从 P 到 Q 所需的时间为

$$T=\frac{\sqrt{a^2+x^2}}{v_1}+\frac{\sqrt{b^2+(l-x)^2}}{v_2},$$

于是

$$\frac{\mathrm{d}T}{\mathrm{d}x}=\frac{x}{v_1\sqrt{a^2+x^2}}-\frac{l-x}{v_2\sqrt{b^2+(l-x)^2}}.$$

令$\frac{\mathrm{d}T}{\mathrm{d}x}=0$,便得

$$\frac{x}{v_1\sqrt{a^2+x^2}}=\frac{l-x}{v_2\sqrt{b^2+(l-x)^2}}.$$

记光线的入射角为 θ_1,折射角为 θ_2,则

$$\sin\theta_1=\frac{x}{\sqrt{a^2+x^2}},\quad \sin\theta_2=\frac{l-x}{\sqrt{b^2+(l-x)^2}}.$$

代入前一式,即得

$$\frac{v_1}{v_2}=\frac{\sin\theta_1}{\sin\theta_2}.$$

这就是光的**折射定律**.

例 2.7.9(最佳萃取问题) 在含被萃取物(溶质)的水溶液中,加入与水互不相溶的萃取剂(有机溶剂),那么一部分被萃取物便溶入萃取剂中,这一过程称为溶剂萃取. 如果分两次进行萃取操作,该如何分配一定量的萃取剂,才能使萃取效果最好?

注 萃取体系中有机溶剂与水溶液按密度差别而分成两个液层,分别称为有机相和水相. 在一定的温度下,溶质在有机相和水相中的平衡浓度之比为常值 k.

解 设有萃取剂 b mL,第一次用 x mL,第二次用 $b-x$ mL. 又设被萃取物水溶液体积为 V(第一次萃取后溶液体积仍为 V),初始浓度为 y_0,第一次萃取后的萃液浓度为 y_1.

考察被萃取物的含量,根据第一次加入萃取剂前后的情况,即得

$$Vy_0=Vy_1+xky_1.$$

因此

$$y_1=\frac{Vy_0}{V+kx}.$$

若记第二次萃取后的萃液浓度为 y,则同样可得

$$y=\frac{Vy_1}{V+k(b-x)}=\frac{V^2y_0}{(V+kx)(V+kb-kx)}.$$

要使萃取效果最好,就是要求出 x 使萃取后的萃液浓度 y 最小. 由

$$\frac{\mathrm{d}y}{\mathrm{d}x}=\frac{V^2k^2y_0(2x-b)}{(V+kx)^2(V+kb-kx)^2}$$

可见 $x_0=\frac{b}{2}$时,$\left.\frac{\mathrm{d}y}{\mathrm{d}x}\right|_{x=x_0}=0$. 又由$\frac{\mathrm{d}y}{\mathrm{d}x}$在 x_0 两侧的符号,可知当萃取剂等分时,萃取效果最好.

例 2.7.10(需求弹性与总收益) 某商品的需求量 Q 受商品价格 x 的影响,所以它是价格的函数 $Q=Q(x)$(假设它是可导函数,且 $Q'(x)\leqslant 0$,这是有实际意义的,因为价格升高常导致需求减少),此时总收益 R 与价格的关系为

$$R=R(x)=xQ(x).$$

当 $Q(x)\neq 0$ 时,有

$$R'(x)=Q(x)+xQ'(x)=Q(x)\left[1+\frac{x}{Q(x)}Q'(x)\right],$$

记 $\eta(x)=-\dfrac{x}{Q(x)}Q'(x)$（这样 $\eta(x)$ 就取非负值，它称为**需求价格弹性**），则

$$R'(x)=Q(x)(1-\eta(x)).$$

先看 $\eta(x)$ 的意义．由于 $\eta(x)=-\dfrac{x}{Q(x)}Q'(x)=-\dfrac{\mathrm{d}Q/Q}{\mathrm{d}x/x}$，而 $\dfrac{\mathrm{d}Q/Q}{\mathrm{d}x/x}$ 是销售量关于价格的相对变化率，因此，若 $\eta(x)<1$，此时价格变化只引起需求量的较小变化，称该商品的需求量对价格缺乏弹性；若 $\eta(x)>1$，此时价格变化会引起需求量的较大变化，称该商品的需求量对价格富有弹性；若 $\eta(x)=1$，此时价格上升（下降）的幅度与需求量下降（上升）的幅度相同．注意弹性 η 是无量纲的，它不受计量单位的影响.

从关系式 $R'(x)=Q(x)(1-\eta(x))$ 可以看出：

（1）在需求价格弹性 $\eta(x)<1$ 的范围内，$R'(x)>0$，因此 $R(x)$ 单调增加．由此得出：若价格上涨，则总收益增加；若价格下降，则总收益减少．这说明：对价格缺乏弹性的商品，提价会使总收益增加，减价会使总收益减少.

（2）在需求价格弹性 $\eta(x)>1$ 的范围内，$R'(x)<0$，因此 $R(x)$ 单调减少．由此得出：若价格上涨，则总收益减少；若价格下降，则总收益增加．这说明：对价格富有弹性的商品，提价会使总收益减少，减价会使总收益增加.

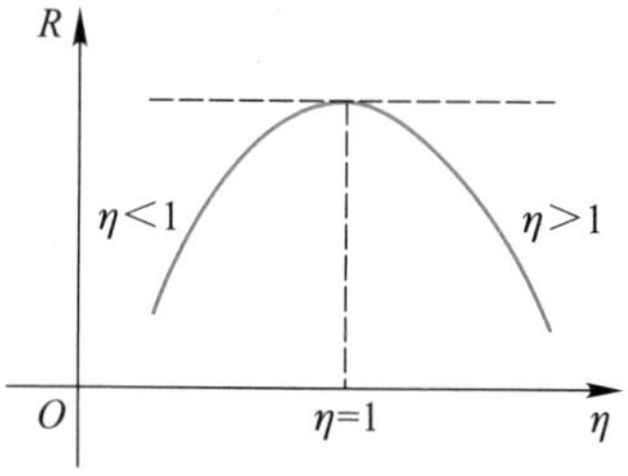

图 2.7.7

（3）当 $\eta(x)=1$（即销售量变动的幅度与价格变动幅度相同）时，$R'(x)=0$，即边际收益为 0，提高价格或降低价格对总收益都无明显影响．若 R 有最大值，则必在这样的点取到.

综上所述得到一个深刻结论，总收益的变化受需求价格弹性制约，随其变化而变化（见图 2.7.7）.

函数的凸性

函数的单调性与极值，有助于刻画函数变化的大致趋势．但仅限于此，尚不足以准确地描绘函数的图像，例如，考察 $f(x)=x^2$ 和 $g(x)=\sqrt{x}$，f 和 g 在 $[0,1]$ 中都是单调增加的，而且函数值均由 0 单调增加到 1，但其图像显然有向上凸与向下凸之别（见图 2.7.8）.

从几何上看，下凸曲线上任意取一段弧 ACB 位于弦 AB 之下；上凸曲线上的弧 ADB 位于弦 AB 之上（见图 2.7.9）．这一条件可表述于如下定义．

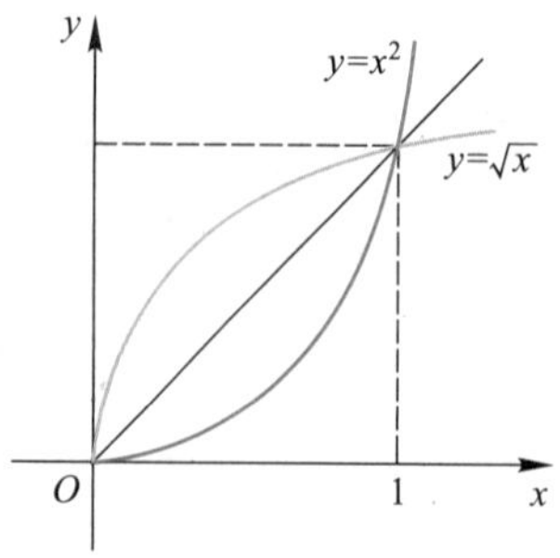

图 2.7.8

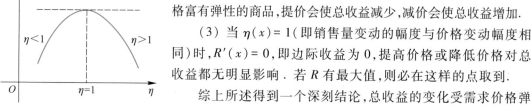

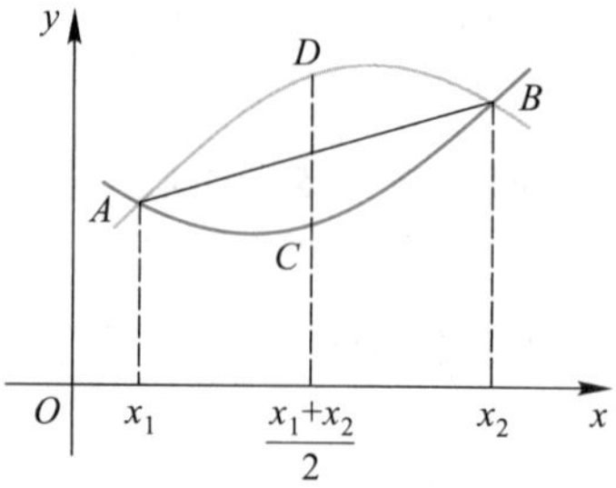

图 2.7.9

定义 2.7.1　设 f 是区间 I 上的连续函数．如果对 I 上任意两点 x_1, x_2，恒有

$$f\left(\frac{x_1+x_2}{2}\right) \leqslant \frac{1}{2}[f(x_1)+f(x_2)],$$

则称曲线 $y=f(x)$ 在 I 上是**下凸**的，也称函数 f 在 I 上是下凸的；如果恒有

$$f\left(\frac{x_1+x_2}{2}\right) \geqslant \frac{1}{2}[f(x_1)+f(x_2)],$$

则称曲线 $y=f(x)$ 在 I 上是**上凸**的，也称函数 f 在 I 上是上凸的.

如果 f 在 (a,b) 上二阶可导，那么可以利用二阶导数的符号来判定曲线的凸性.

定理 2.7.5　设函数 f 在 $[a,b]$ 上连续，在 (a,b) 上二阶可导.

(1) 如果 f'' 在 (a,b) 上恒为非负，则曲线 $y=f(x)$ 在 $[a,b]$ 上是下凸的；

(2) 如果 f'' 在 (a,b) 上恒为非正，则曲线 $y=f(x)$ 在 $[a,b]$ 上是上凸的.

证　(1) 设在 (a,b) 上恒有 $f''(x)\geqslant 0$. 对 $[a,b]$ 上任意两点 x_1,x_2，不妨设 $x_1<x_2$，记 $x_0=\frac{x_1+x_2}{2}$. 利用微分学中值定理可得以下估计：

$$\begin{aligned}\frac{1}{2}[f(x_1)+f(x_2)]-f\left(\frac{x_1+x_2}{2}\right) &= \frac{1}{2}[f(x_1)-f(x_0)]+\frac{1}{2}[f(x_2)-f(x_0)] \\ &= \frac{1}{2}[f'(\xi)(x_1-x_0)+f'(\eta)(x_2-x_0)] \\ &= \frac{1}{4}[f'(\eta)-f'(\xi)](x_2-x_1),\end{aligned}$$

其中 $\xi\in(x_1,x_0)$，$\eta\in(x_0,x_2)$，因此 $\eta>\xi$. 再一次利用微分学中值定理，并利用 f'' 恒为非负的条件，可得

$$f'(\eta)-f'(\xi)=f''(\zeta)(\eta-\xi)\geqslant 0,$$

其中 $\zeta\in(\xi,\eta)$. 综上便得

$$f\left(\frac{x_1+x_2}{2}\right) \leqslant \frac{1}{2}[f(x_1)+f(x_2)],$$

所以曲线 $y=f(x)$ 在 $[a,b]$ 上是下凸的.

(2) 当在 (a,b) 上恒有 $f''(x_0)\leqslant 0$ 时，对 $g=-f$ 恒有 $g''(x)\geqslant 0$. 由 (1) 知曲线 $y=g(x)$ 在 $[a,b]$ 上是下凸的，从而曲线 $y=f(x)$ 在 $[a,b]$ 上是上凸的.

证毕

例 2.7.11　讨论曲线 $y=\ln(1+x^2)$ 的凸性.

解　由计算可得

$$y'=\frac{2x}{1+x^2},\quad y''=\frac{2(1-x^2)}{(1+x^2)^2}.$$

由此可见在 $(-1,1)$ 上 $y''>0$；在 $(-\infty,-1)$ 和 $(1,+\infty)$ 上 $y''<0$，因此，在区间 $(-\infty,-1]$ 和 $[1,+\infty)$ 上，曲线上凸；在区间 $[-1,1]$ 上，曲线下凸（见图 2.7.10）.

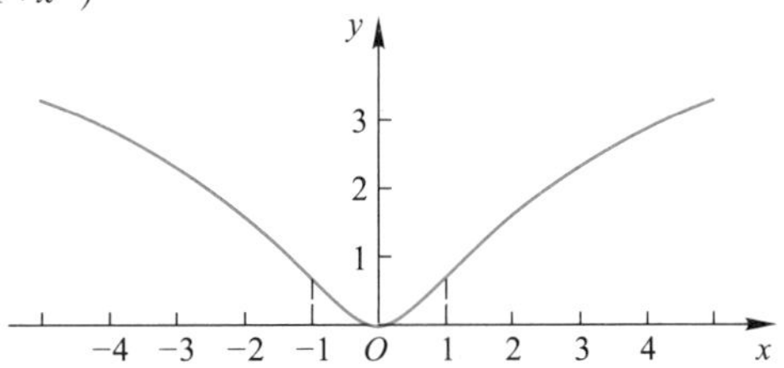

图 2.7.10

定义 2.7.1 在几何上比较直观，但在应用中常常如下定义凸性：

定义 2.7.2　设函数 f 是区间 I 上的连续函数，如果对 I 上的任意两点 x_1, x_2，和任意 $\lambda \in (0,1)$，恒有

$$f(\lambda x_1+(1-\lambda)x_2) \leqslant \lambda f(x_1)+(1-\lambda)f(x_2),$$

则称曲线 $y=f(x)$ 在 I 上是**下凸**的，也称函数 f 在 I 上是下凸的；如果恒有

$$f(\lambda x_1+(1-\lambda)x_2) \geqslant \lambda f(x_1)+(1-\lambda)f(x_2),$$

则称曲线 $y=f(x)$ 在 I 上是**上凸**的，也称函数 f 在 I 上是上凸的.

定义 2.7.1 与定义 2.7.2 等价的证明

由于在定义中的函数 f 连续，可以证明定义 2.7.1 和定义 2.7.2 是等价的，即，若一个函数具备一个定义中的凸性，则它也具备另一个定义中的同名凸性. 并且从定义 2.7.2 可以得出：

定理 2.7.6（Jensen（延森）不等式）　设函数 f 在区间 I 上是下凸（上凸）的，则对于任意 $x_i \in I$ 和满足 $\sum\limits_{i=1}^{n} \lambda_i=1$ 的 $\lambda_i>0(i=1,2,\cdots,n)$，成立

$$f\left(\sum_{i=1}^{n} \lambda_i x_i\right) \leqslant \sum_{i=1}^{n} \lambda_i f(x_i) \quad \left(f\left(\sum_{i=1}^{n} \lambda_i x_i\right) \geqslant \sum_{i=1}^{n} \lambda_i f(x_i)\right).$$

证　只证下凸的情形，上凸情形类似.

设函数 f 在区间 I 上是下凸的. 当 $n=2$ 时，由定义，结论成立. 设当 $n=k(\geqslant 2)$ 时成立，则当 $n=k+1$ 时，对于任意 $x_i \in I$ 和满足 $\sum\limits_{i=1}^{k+1} \lambda_i=1$ 的 $\lambda_i>0(i=1,2,\cdots,k+1)$，有

$$\begin{aligned}
&f(\lambda_1 x_1+\cdots+\lambda_{k-1}x_{k-1}+\lambda_k x_k+\lambda_{k+1}x_{k+1})\\
=&f\left(\lambda_1 x_1+\cdots+\lambda_{k-1}x_{k-1}+(\lambda_k+\lambda_{k+1})\left(\frac{\lambda_k}{\lambda_k+\lambda_{k+1}}x_k+\frac{\lambda_{k+1}}{\lambda_k+\lambda_{k+1}}x_{k+1}\right)\right)\\
\leqslant&\lambda_1 f(x_1)+\cdots+\lambda_{k-1}f(x_{k-1})+(\lambda_k+\lambda_{k+1})f\left(\frac{\lambda_k}{\lambda_k+\lambda_{k+1}}x_k+\frac{\lambda_{k+1}}{\lambda_k+\lambda_{k+1}}x_{k+1}\right)\\
\leqslant&\lambda_1 f(x_1)+\cdots+\lambda_{k-1}f(x_{k-1})+(\lambda_k+\lambda_{k+1})\left(\frac{\lambda_k}{\lambda_k+\lambda_{k+1}}f(x_k)+\frac{\lambda_{k+1}}{\lambda_k+\lambda_{k+1}}f(x_{k+1})\right)\\
=&\lambda_1 f(x_1)+\cdots+\lambda_{k-1}f(x_{k-1})+\lambda_k f(x_k)+\lambda_{k+1}f(x_{k+1}).
\end{aligned}$$

证毕

下面举一个简单的应用：

取 $f(x)=-\ln x$，则 $f''(x)=\dfrac{1}{x^2}>0(x>0)$，因此 f 在 $(0,+\infty)$ 上是下凸的. 对于任意 n 个正数 $x_i(i=1,2,\cdots,n)$，取 $\lambda_i=\dfrac{1}{n}(i=1,2,\cdots,n)$，则 $\sum\limits_{i=1}^{n} \lambda_i=1$，由 Jensen 不等式有

$$-\ln\left(\frac{1}{n}\sum_{i=1}^{n} x_i\right) \leqslant \sum_{i=1}^{n} \frac{1}{n}(-\ln x_i),$$

于是便得常用不等式

$$\frac{x_1+x_2+\cdots+x_n}{n} \geqslant \sqrt[n]{x_1 x_2 \cdots x_n}.$$

应用这个不等式又得

$$\frac{\frac{1}{x_1}+\frac{1}{x_2}+\cdots+\frac{1}{x_n}}{n} \geqslant \sqrt[n]{\frac{1}{x_1}\frac{1}{x_2}\cdots\frac{1}{x_n}},$$

于是便得常用不等式

$$\frac{n}{\frac{1}{x_1}+\frac{1}{x_2}+\cdots+\frac{1}{x_n}} \leqslant \sqrt[n]{x_1x_2\cdots x_n}.$$

曲线的拐点

在上面的例子中,曲线在$(-1,\ln 2)$和$(1,\ln 2)$两侧,凸向发生了变化．即这两点是曲线上凸与下凸的分界点．我们把曲线 $y=f(x)$ 上的上凸与下凸的分界点称为该曲线的**拐点**．拐点对函数图像的描绘也起着关键的作用.

由拐点的定义及凸性的判别准则知道,可以根据函数的二阶导数寻求其拐点:先找出 f'' 的零点和 f''不存在的点,再讨论这些点两侧 f''的符号．假设 x_0 是 f 的连续点．如果在 x_0 两侧 f''异号,则$(x_0,f(x_0))$是曲线 $y=f(x)$ 的拐点;如果在 x_0 两侧 f''同号,则$(x_0,f(x_0))$并非曲线 $y=f(x)$ 的拐点.

在例 2.7.11 中,$(-1,\ln 2)$和$(1,\ln 2)$便是曲线 $y=\ln(1+x^2)$的两个拐点.

例 2.7.12　求曲线 $y=\sqrt[3]{x}$ 的拐点.

解　这个函数在$(-\infty,+\infty)$上连续,且当 $x\neq 0$ 时,

$$y'=\frac{1}{3}x^{-\frac{2}{3}},\quad y''=-\frac{2}{9}x^{-\frac{5}{3}}.$$

显然 y''没有零点,但它在 $x=0$ 点不存在．当 $x\in(-\infty,0)$时,$y''>0$;当 $x\in(0,+\infty)$时,$y''<0$. 由此可知,$(0,y(0))=(0,0)$是该曲线的拐点.

例 2.7.13　讨论 $y=\mathrm{e}^{-x^2}$ 的单调性、极值、凸性及拐点.

解　这个函数定义于$(-\infty,+\infty)$,且

$$y'=-2x\mathrm{e}^{-x^2},\quad y''=2\mathrm{e}^{-x^2}(2x^2-1).$$

由 $y'=0$ 得 $x=0$;由 $y''=0$ 得 $x=\pm\frac{\sqrt{2}}{2}$. 根据 y'和 y''的零点把$(-\infty,+\infty)$分为若干个区间,在这些区间上 y'和 y''的符号及函数的变化性态列表如下:

x	$\left(-\infty,-\frac{\sqrt{2}}{2}\right)$	$-\frac{\sqrt{2}}{2}$	$\left(-\frac{\sqrt{2}}{2},0\right)$	0	$\left(0,\frac{\sqrt{2}}{2}\right)$	$\frac{\sqrt{2}}{2}$	$\left(\frac{\sqrt{2}}{2},+\infty\right)$
y'	+		+	0	−		−
y''	+	0	−		−	0	+
y	↗ 下凸	拐点	↗上凸	极大值点	↘ 上凸	拐点	↘下凸

上表说明,函数在$(-\infty,0]$上单调增加,在$[0,+\infty)$上单调减少,$y|_{x=0}=1$ 为极大值．函数图形在$\left(-\infty,-\frac{\sqrt{2}}{2}\right]$和$\left[\frac{\sqrt{2}}{2},+\infty\right)$上为下凸,在$\left[-\frac{\sqrt{2}}{2},\frac{\sqrt{2}}{2}\right]$上为上凸,$\left(-\frac{\sqrt{2}}{2},\mathrm{e}^{-\frac{1}{2}}\right)$和

$\left(\frac{\sqrt{2}}{2},\mathrm{e}^{-\frac{1}{2}}\right)$为曲线的拐点.

函数图像的描绘

至此,我们已利用导数比较全面地研究了函数图像的主要特征:单调性、极值点、凸性、拐点.如果函数图像向无穷远处延伸而且呈现某种有规律性的渐近性态,则可再结合关于曲线的渐近线的讨论,就能作出函数f的大致图像.这样获得的图像基本上能比较准确地反映函数f的变化形态,从而成为进一步解决相关问题的有力工具.

一般可按下列程序作出函数的图像:

(1) 确定函数f的定义域,分析函数的对称性、周期性等;

(2) 计算f',求出驻点和不可导的点,确定f的单调性和极值点;

(3) 计算f'',确定相应于图像上凸和下凸的区间,找出拐点;

(4) 讨论图像有无斜渐近线和垂直、水平渐近线;

(5) 标出图像上的特殊点,如相应于极值的点、拐点、图像与坐标轴的交点等,然后描点连线作图.

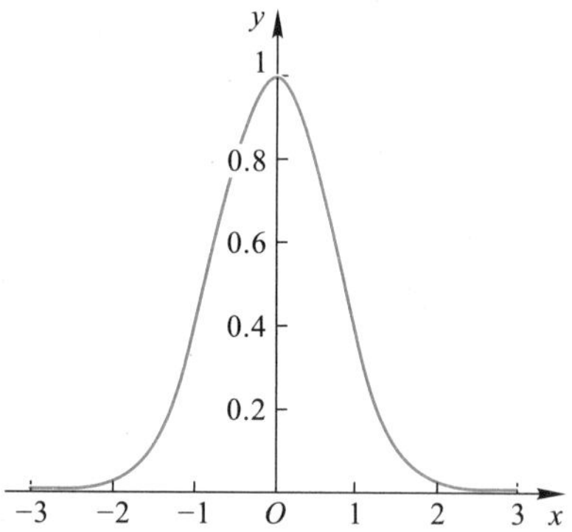

图 2.7.11

例 2.7.14　作出例 2.7.13 中函数 $y=\mathrm{e}^{-x^2}$ 的图像.

解　这个函数定义于$(-\infty,+\infty)$,它是一个偶函数.例 2.7.13 中已讨论了函数的单调性、凸性、极值点和拐点.又因为$\lim\limits_{x\to\infty}\mathrm{e}^{-x^2}=0$,所以直线 $y=0$ 是 $y=\mathrm{e}^{-x^2}$ 的水平渐近线.作出的函数图像见图 2.7.11.

例 2.7.15　作出函数$f(x)=\dfrac{5-x^2}{x+3}$的图像.

解　显然,$D(f)=(-\infty,-3)\cup(-3,+\infty)$.由计算可知

$$f'(x)=\left(-x+3-\frac{4}{x+3}\right)'=-1+\frac{4}{(x+3)^2},\quad f''(x)=-\frac{8}{(x+3)^3}.$$

由$f'(x)=0$解得 $x_1=-5,x_2=-1$.f''在 $D(f)$ 中无零点.根据f'和f''的表达式列表如下:

x	$(-\infty,-5)$	-5	$(-5,-3)$	$(-3,-1)$	-1	$(-1,+\infty)$
f'	$-$	0	+	+	0	$-$
f''	+		+	$-$		$-$
f	↘下凸	极小值 10	↗下凸	↗上凸	极大值 2	↘上凸

显然

$$\lim_{x\to-3-0}f(x)=\lim_{x\to-3-0}\frac{5-x^2}{x+3}=+\infty,\quad \lim_{x\to-3+0}f(x)=\lim_{x\to-3+0}\frac{5-x^2}{x+3}=-\infty,$$

因此直线 $x=-3$ 是垂直渐近线.

又因为

$$\lim_{x\to\infty}\frac{f(x)}{x}=\lim_{x\to\infty}\frac{5-x^2}{x(x+3)}=-1,$$

$$\lim_{x\to\infty}[f(x)-(-1)x]=\lim_{x\to\infty}\left(\frac{5-x^2}{x+3}+x\right)=\lim_{x\to\infty}\frac{3x+5}{x+3}=3,$$

所以 f 的图像还有斜渐近线

$$y=-x+3.$$

根据上述讨论,可作出 f 的图像(见图 2.7.12).

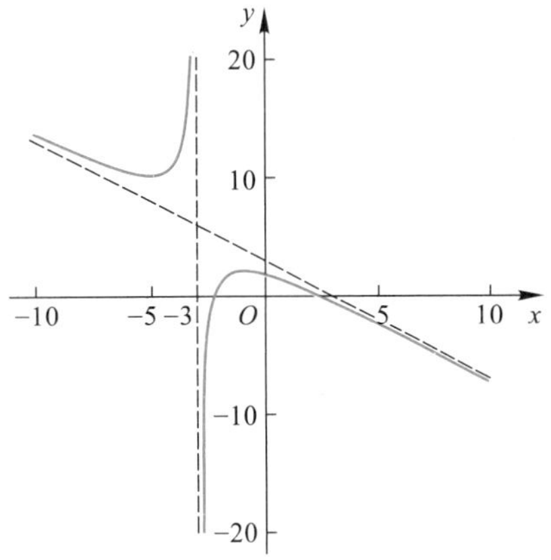

图 2.7.12

例 2.7.16　作出函数 $f(x)=\sqrt[3]{x^3-x^2-x+1}$ 的图像.

解　从 $f(x)=(x+1)^{\frac{1}{3}}(x-1)^{\frac{2}{3}}$ 可算出

$$f'(x)=\frac{1}{3}(3x+1)(x+1)^{-\frac{2}{3}}(x-1)^{-\frac{1}{3}},$$

$$f''(x)=-\frac{8}{9}(x-1)^{-\frac{4}{3}}(x+1)^{-\frac{5}{3}}.$$

解 $f'(x)=0$,得 $x=-\dfrac{1}{3}$;又 $x=\pm1$ 时 $f'(x)$ 和 $f''(x)$ 均不存在.根据 f' 和 f'' 的表达式,列表如下:

x	$(-\infty,-1)$	-1	$\left(-1,-\frac{1}{3}\right)$	$-\frac{1}{3}$	$\left(-\frac{1}{3},1\right)$	1	$(1,+\infty)$
f'	+		+	0	−		+
f''	+		−		−		−
f	↗下凸	拐点$(-1,0)$	↗上凸	极大值$\frac{2}{3}\sqrt[3]{4}$	↘上凸	极小值 0	↗上凸

因为

$$\lim_{x\to\infty}\frac{f(x)}{x}=\lim_{x\to\infty}\frac{\sqrt[3]{x^3-x^2-x+1}}{x}=1,$$

$$\lim_{x\to\infty}[f(x)-x]=\lim_{x\to\infty}(\sqrt[3]{x^3-x^2-x+1}-x)$$

$$=\lim_{t\to0}\frac{\sqrt[3]{1-t-t^2+t^3}-1}{t}\quad\left(令\ t=\frac{1}{x}\right)$$

$$=\lim_{t\to0}\frac{\frac{1}{3}(-t-t^2+t^3)}{t}=-\frac{1}{3}.$$

所以 f 的图像有渐近线

$$y=x-\frac{1}{3}.$$

综合以上讨论,可作出函数图像(见图 2.7.13).

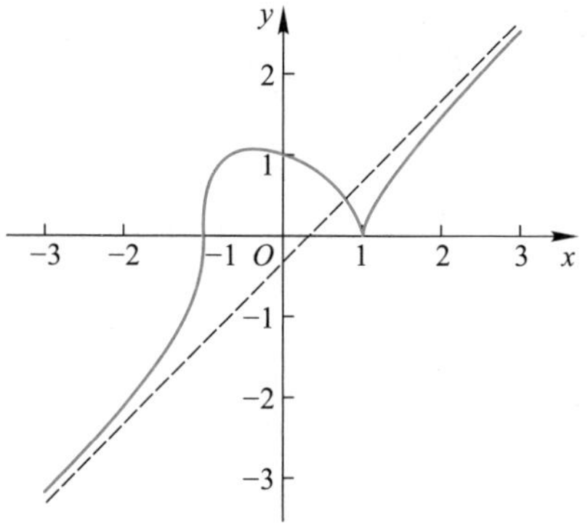

图 2.7.13

习　题

1. 证明：若函数 f 在 $[a,b]$ 上连续，在 (a,b) 上可导，且 $f'(x)\geqslant 0$，$f(a)>0$，则在 $[a,b]$ 上 $f(x)>0$.

2. 求下列函数的单调区间及极值：

(1) $f(x)=3x^2-x^3$；　(2) $f(x)=x-e^x$；

(3) $f(x)=\sin x(1+\cos x)$；　(4) $f(x)=\dfrac{\ln^2 x}{x}$.

3. (1) 讨论函数 $f(x)=\dfrac{\ln x}{x}$ 的单调性；　(2) 判别 e^{π} 和 π^{e} 的大小.

4. 证明：

(1) $x>0$ 时，$\sin x>x-\dfrac{x^3}{6}$；　(2) $x>0$ 时，$1+x\ln(x+\sqrt{1+x^2})>\sqrt{1+x^2}$；

(3) $0<x<\dfrac{\pi}{2}$ 时，$\sin x+\tan x>2x$.

5. 证明：在 $(0,1)$ 上成立

(1) $(1+x)\ln^2(1+x)<x^2$；　(2) $\dfrac{1}{\ln 2}-1<\dfrac{1}{\ln(1+x)}-\dfrac{1}{x}<\dfrac{1}{2}$.

6. 证明：函数 $f(x)=\left(1+\dfrac{1}{x}\right)^x$ 在 $(0,+\infty)$ 及 $(-\infty,-1)$ 内分别单调增加.

7. 考察下列函数在指定区间的最大值与最小值：

(1) $f(x)=x^4-8x^2+2$ 在 $[-1,3]$ 内；　(2) $f(x)=\dfrac{x^2}{1+x^2}$ 在 $[1,2]$ 内；

(3) $f(x)=\dfrac{\sqrt{x}-1}{\sqrt{x}+1}$ 在 $[0,+\infty)$ 内；　(4) $f(x)=2\tan x-\tan^2 x$ 在 $\left[0,\dfrac{\pi}{2}\right)$ 内；

(5) $f(x)=\dfrac{x^2}{2^x}$ 在 $(-\infty,+\infty)$ 内.

8. 设 a,b 为实数，证明

$$\frac{|a+b|}{1+|a+b|}\leqslant\frac{|a|}{1+|a|}+\frac{|b|}{1+|b|}.$$

9. 设 $a>\ln 2-1$ 为常数．证明当 $x>0$ 时，

$$x^2-2ax+1<\mathrm{e}^x.$$

10. 设 $k>0$，试问当 k 为何值时，方程 $\arctan x-kx=0$ 有正实根？

11. 对于每个正整数 $n(n\geqslant 2)$，证明方程

$$x^n+x^{n-1}+\cdots+x^2+x=1$$

在(0,1)内必有唯一的实根 x_n，并求极限 $\lim\limits_{n\to\infty}x_n$.

12. 设函数 f 在点 x_0 的某个邻域上有 $n-1$ 阶导数 $(n>1)$，且在 x_0 点 n 阶可导．若 $f^{(k)}(x_0)=0(k=1,2,\cdots,n-1)$，且 $f^{(n)}(x_0)\neq 0$. 证明：

(1) 当 n 为偶数时，x_0 是 f 的极值点．且当 $f^{(n)}(x_0)>0$ 时，x_0 为 f 的极小值点；当 $f^{(n)}(x_0)<0$ 时，x_0 为 f 的极大值点；

(2) 当 n 为奇数时，x_0 不是 f 的极值点.

13. 在长、宽分别为 a,b 的铁片四角各剪去一个边长为 x 的小方形，再把四边折起成一个无盖的盒子，要使盒子容积最大，应选取怎样的 x？

14. 从圆上截取一个中心角为 α 的圆扇形，把它卷成一个圆锥，试问：要使圆锥的容积最大，中心角 α 应如何选取？

15. 在椭圆 $\dfrac{x^2}{a^2}+\dfrac{y^2}{b^2}=1$ 上第一象限部分找一点 P，使该点处的切线与两坐标轴构成的三角形面积最小.

16. 设正数 x 和 y 满足 $x+y=100$，n 是一个正整数．试证：当 $x=y$ 时，x^n+y^n 达最小值，x^ny^n 达最大值.

17. 光源 S 的光线射到平面镜上后再反射到点 A，试证：当入射角等于反射角时，光线所走的路径为最短.

18. 某出版社出版一种书，印刷 x 册所需成本为

$$y=25\ 000+5x(\text{元}),$$

且每册售价 P 与 x 之间满足经验公式

$$\frac{x}{1\ 000}=6\left(1-\frac{P}{30}\right).$$

假设该书全部售出，问价格 P 定为多少时，出版社获利最大？

19. 求下列曲线上凸与下凸相应的区间及拐点：

(1) $y=x^3-5x^2+3x+5$;　　(2) $y=(x+1)^4+\mathrm{e}^x$;

(3) $y=x+\dfrac{1}{x}$;　　(4) $y=x\mathrm{e}^{-x}$.

20. 求下列曲线的拐点：

(1) $\begin{cases}x=t^2,\\ y=3t+t^3,\end{cases}\quad t>0$;　　(2) $\begin{cases}x=2a\cot\theta,\\ y=2a\sin^2\theta,\end{cases}\quad 0<\theta<\pi$.

21. 证明：曲线 $y=\dfrac{x-1}{x^2+1}$ 有三个拐点在同一条直线上.

22. 试求常数 k,使曲线 $y=k(x^2-3)^2$ 在拐点处的法线过原点.

23. 利用函数的凸性,证明不等式:

(1) $\frac{1}{2}(x^n+y^n)>\left(\frac{x+y}{2}\right)^n$,其中 $x>0,y>0,x\neq y,n>1$;

(2) $x\ln x+y\ln y>(x+y)\ln\frac{x+y}{2}$,其中 $x>0,y>0,x\neq y$.

24. 作出下列函数的图像:

(1) $f(x)=x^2+\frac{1}{x}$;　　(2) $f(x)=\frac{x}{1+x^2}$;

(3) $f(x)=\frac{36x}{(x+3)^2}$;　　(4) $f(x)=\frac{(x-1)^3}{(x+1)^2}$;

(5) $f(x)=\frac{4(x+1)}{x^2}-2$;　　(6) $f(x)=(x-1)\sqrt[3]{x^2}$.

25. (1) (**Young(杨氏)不等式**)设 $a,b\geqslant 0,p,q$ 是满足 $\frac{1}{p}+\frac{1}{q}=1$ 的正数. 证明:

$$ab\leqslant\frac{1}{p}a^p+\frac{1}{q}b^q.$$

(2) (**Hölder 不等式**)设 $a_i,b_i\geqslant 0(i=1,2,\cdots,n),p,q$ 是满足 $\frac{1}{p}+\frac{1}{q}=1$ 的正数. 证明:

$$\sum_{i=1}^{n}a_ib_i\leqslant\left(\sum_{i=1}^{n}a_i^p\right)^{\frac{1}{p}}\left(\sum_{i=1}^{n}b_i^q\right)^{\frac{1}{q}}.$$

(3) (**Minkowski(闵可夫斯基)不等式**)设 $a_i,b_i\geqslant 0(i=1,2,\cdots,n),p>1$,证明:

$$\left(\sum_{i=1}^{n}(a_i+b_i)^p\right)^{\frac{1}{p}}\leqslant\left(\sum_{i=1}^{n}a_i^p\right)^{\frac{1}{p}}+\left(\sum_{i=1}^{n}b_i^p\right)^{\frac{1}{p}}.$$

26. 设 $a>0$ 且 $a\neq 1$. 证明:对于任意 n 个实数 $x_i(i=1,2,\cdots,n)$,成立

$$a^{\frac{x_1+x_2+\cdots+x_n}{n}}\leqslant\frac{1}{n}\left(a^{x_1}+a^{x_2}+\cdots+a^{x_n}\right).$$

27. 证明:对于任意 n 个正数 $x_i(i=1,2,\cdots,n)$,成立

$$\frac{x_1x_2\cdots x_n}{(x_1+x_2+\cdots+x_n)^n}\leqslant\frac{(1+x_1)(1+x_2)\cdots(1+x_n)}{(n+x_1+x_2+\cdots+x_n)^n}.$$

§ 8　函数方程的近似求解

在实际应用中,常常需要求函数方程

$$f(x)=0$$

的解(根). 但是,除了一些简单的方程以外,能精确求解的方程很少. 这就驱使人们寻找并发展求函数方程解的近似值的方法:**数值方法**.

数值方法是一种求近似解的方法,它设法构造一个可实际计算的过程,并通过运行这个过程,产生方程的解的一系列近似值.在一定的条件下,这些近似值将收敛于方程的精确解,因此可以用精度较高的近似值来代替精确解,我们称其为**数值解**或**近似解**.由于实际问题中提出的许许多多形态迥异的函数方程绝大多数都无法找到精确解,因此,数值方法是用数学工具解决实际问题过程中的一个有效方法.下面介绍一种常用的数值方法.

从几何上看,求函数方程 $f(x)=0$ 的解实际上是求曲线 $y=f(x)$ 与 x 轴的交点的横坐标 ξ. 若函数 f 在 $[a,b]$ 上连续,满足 $f(a)<0$, $f(b)>0$,这保证了方程 $f(x)=0$ 在 (a,b) 内有解.再假设在 $[a,b]$ 上 $f'(x)>0$, $f''(x)>0$,这就保证了方程 $f(x)=0$ 在 (a,b) 内有唯一的解,并且曲线在其每点的切线的上方.在 $(b,f(b))$ 点作曲线 $y=f(x)$ 的切线,如图 2.8.1 所示,此切线与 x 轴的交点的横坐标 x_1 比 b 更接近于方程 $f(x)=0$ 的解 ξ. 进一步,我们利用切线的方程

$$y-f(b)=f'(b)(x-b)$$

可以解得

$$x_1=b-\frac{f(b)}{f'(b)}.$$

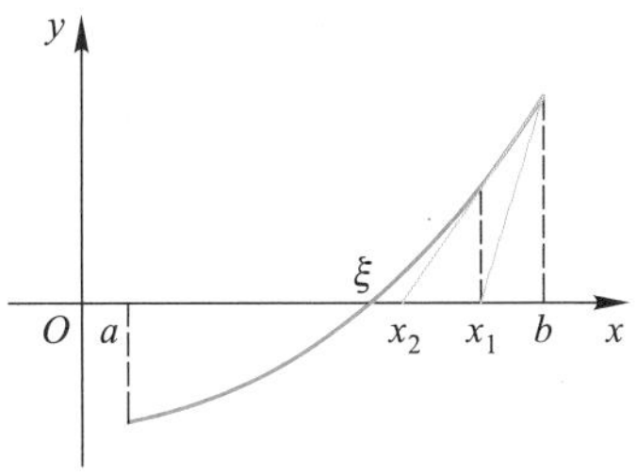

图 2.8.1

再在点 $(x_1,f(x_1))$ 作曲线的切线,类似地可得 x_2,它比 x_1 更接近于 ξ. 如此继续下去,可得一个数列 $\{x_k\}$,满足 $x_0=b$,

$$x_{k+1}=x_k-\frac{f(x_k)}{f'(x_k)},\quad k=0,1,2,\cdots,$$

它的每一项比前一项更接近于 ξ.

事实上,还可以从理论上证明:

定理 2.8.1 设函数 f 在 $[a,b]$ 上有二阶连续导数,且满足

(1) $f(a)\cdot f(b)<0$;

(2) $f'(x)$ 在 $[a,b]$ 上保号;

(3) $f''(x)$ 在 $[a,b]$ 上保号.

又设 x_0 是 a 和 b 中满足

$$f(x_0)\cdot f''(x_0)>0$$

的点,则以 x_0 为初值的迭代过程

$$x_{k+1}=x_k-\frac{f(x_k)}{f'(x_k)}\quad(k=0,1,2,\cdots)$$

所产生的数列 $\{x_k\}$,将单调收敛于方程 $f(x)=0$ 在 (a,b) 中的唯一解.

这样一来,对于给定的函数方程,通过适当取初值 x_0,利用定理中所给出的迭代过程就可以计算出 $x_1,x_2,\cdots$,直至得到方程满足预定精度要求的近似解.这种方法称为 **Newton (牛顿) 切线法**.

在定理 2.8.1 的假设下,记 m 为 $|f'(x)|$ 在 $[a,b]$ 上的最小值, M 为 $|f''(x)|$ 在 $[a,b]$ 上的最大值.若 ξ 是方程 $f(x)=0$ 在 (a,b) 中的解,则由 Lagrange 中值定理得

$$f(x_k)=f(x_k)-f(\xi)=f'(c)(x_k-\xi),$$

其中 c 在 ξ 与 x_k 之间.于是有误差估计式

$$|x_k-\xi|\leqslant\frac{|f(x_k)|}{m},\quad k=1,2,\cdots.$$

进一步,由 Taylor 公式容易得出如下估计(细节略去):

$$|x_{k+1}-\xi|\leqslant\frac{M}{2m}|x_k-\xi|^2,\quad k=1,2,\cdots.$$

因为上式右端有误差的平方的因子,它可以保证至少从某一项开始,x_k 将很快接近 ξ. 这种收敛速度也被称为**平方收敛速度**.

上面这两式还说明,若从第一式知道某项的误差精度,则用第二式便可以估计接下来一项的误差精度. 例如,若第 k 项有 $|x_k-\xi|\leqslant\frac{2m}{M}10^{-2}$,则用第二式便可得 $|x_{k+1}-\xi|\leqslant\frac{2m}{M}10^{-4}$, $|x_{k+2}-\xi|\leqslant\frac{2m}{M}10^{-8}$, $|x_{k+3}-\xi|\leqslant\frac{2m}{M}10^{-16}$,…,这是很快的逼近速度.

例 2.8.1　利用 Newton 切线法构造收敛于方程 $x^2-2=0$ 的正根的迭代数列.

解　作函数 $f(x)=x^2-2$. 在区间 $[1,2]$ 上考察函数 f,有

$$f'(x)=2x,\quad f''(x)=2.$$

显然在 $[1,2]$ 上成立 $f'(x)>0$, $f''(x)>0$,且 $f(1)=-1$, $f(2)=2$. 所以 f 满足定理 2.8.1 的全部条件. 取 $x_1=2$,此时 $f(2)f''(2)=4>0$,构造迭代数列

$$x_{k+1}=x_k-\frac{f(x_k)}{f'(x_k)}=x_k-\frac{x_k^2-2}{2x_k}=\frac{1}{2}x_k+\frac{1}{x_k},\quad k=1,2,\cdots.$$

这就是例 1.2.11 中的数列,它收敛于方程 $x^2-2=0$ 的正根 $\sqrt{2}$.

例 2.8.2　求函数方程

$$\ln x=\sin x.$$

的近似解.

解　作函数 $f(x)=\ln x-\sin x$,问题化为求方程 $f(x)=0$ 的解. 在区间 $\left[\frac{\pi}{2},\mathrm{e}\right]$ 上考察函数 f,则有

$$f\left(\frac{\pi}{2}\right)=\ln\frac{\pi}{2}-\sin\frac{\pi}{2}<0,$$

$$f(\mathrm{e})=\ln \mathrm{e}-\sin \mathrm{e}>0.$$

并且

$$f'(x)=\frac{1}{x}-\cos x>0,\quad x\in\left[\frac{\pi}{2},\mathrm{e}\right],$$

$$f''(x)=\sin x-\frac{1}{x^2}>\sin \mathrm{e}-\frac{4}{\pi^2}>0,\quad x\in\left[\frac{\pi}{2},\mathrm{e}\right],$$

所以 f 满足定理 2.8.1 的全部条件.

因为

$$f(\mathrm{e})f''(\mathrm{e})>0,$$

取初值 $x_0=\mathrm{e}$,那么

$$x_1=x_0-\frac{f(x_0)}{f'(x_0)}=\mathrm{e}-\frac{\ln \mathrm{e}-\sin \mathrm{e}}{\mathrm{e}^{-1}-\cos \mathrm{e}}=2.257\ 815\ 620\ 636\ 622\ 89.$$

注意 $f'(x)$ 在 $\left[\frac{\pi}{2},\mathrm{e}\right]$ 上的最小值为 $m=\frac{2}{\pi}$，利用 $|x_1-\xi|\leqslant\frac{|f(x_1)|}{m}$ 得

$$|x_1-\xi|<6.481\times10^{-2}.$$

继续 Newton 切线法的迭代过程，依次得到：

$$x_2=2.219\ 512\ 490\ 173\ 004\ 78,\quad |x_2-\xi|<6.715\times10^{-4};$$

$$x_3=2.219\ 107\ 195\ 173\ 873\ 23,\quad |x_3-\xi|<7.663\times10^{-8};$$

$$x_4=2.219\ 107\ 148\ 913\ 746\ 83,\quad |x_4-\xi|<1.221\times10^{-15}.$$

取 $\tilde{x}=x_4=2.219\ 107\ 148\ 913\ 746\ 83$ 作为方程 $f(x)=0$ 的近似解，它与精确值的误差已不超过 1.221×10^{-15}.

注意在迭代过程中，初始项 x_0 的选取需要精心考虑，否则可能出现迭代不收敛或收敛于其他并非实际需要的解的情况．读者可以通过本节习题中的第 1(6) 题来考察对于 x_0 的不同选取，迭代数列的收敛情况．另外在应用迭代过程时，也要注意定理 2.8.1 中关于导数的条件是否满足.

例 2.8.3　考虑函数 $f(x)=\sqrt[3]{x}$. $f'(x)=\frac{1}{3}x^{-\frac{2}{3}}(x\neq0)$，但 f 在 $x=0$ 点不可导.

显然 $x=0$ 是 f 的零点．对于任何 $x_0=a\neq0$，利用迭代公式得

$$x_1=x_0-\frac{f(x_0)}{f'(x_0)}=a-\frac{\sqrt[3]{a}}{\frac{1}{3}a^{-\frac{2}{3}}}=-2a.$$

归纳可得到

$$x_k=(-2)^k a,\quad k=1,2,\cdots.$$

此时 $\{x_k\}$ 是发散数列．

习　题

1. 用 Newton 切线法求下列函数方程的近似解（精确到小数点后第 3 位）：

(1) $x^3-x+4=0$；　　(2) $x^2+\frac{1}{x^2}=10x$；

(3) $x\ln x=1$；　　(4) $x+\mathrm{e}^x=0$；

(5) $\frac{x}{2}=\sin x$；　　(6) $\cos x\cdot\cosh x=1$（最小的两个正根）.

2. 求方程 $\tan x=x$ 的最小的一个正根，精确到 10^{-12}.

3. 求方程 $\cot x=\frac{1}{x}-\frac{x}{2}$ 的两个正根，精确到 10^{-12}.

第三章
一元函数积分学

和微分学相辅相成的是微积分的另一半：积分学．导数和微分依据极限思想，通过小增量的分析，揭示出变量一系列的局部性质．大量的实际问题还要求人们从整体上考察变量变化过程的某些累积效应．例如，曲边形区域的面积、做变速直线运动的物体经过的路程……在这个方向上，从古希腊时期到 16 世纪，历史上不乏用各种复杂的技巧解决特殊问题的实例．当大量的经验终于使人们领悟到这类问题的实质都在于求一列小增量之和的极限时，积分学便应运而生了．

微分和积分的基本思想最初均系独立产生，并无紧密关联．直至它们各自取得相当进展，数学表述逐渐清晰，才发现两者存在着深刻的联系：它们的基本课题是无穷小分析中两个互逆的问题．这一思想大大推动了微积分的飞速发展，使之从对个别问题求解的探讨，转向创立充分强大而有效的一般方法．

本章介绍积分的基本概念、计算方法，并在此基础上介绍积分方法的应用．

§1　定积分的概念、性质和微积分基本定理

16 世纪初，现代天文学创始人 Kepler 提出了著名的行星运动三大定律．Kepler 第一运动定律指出：行星运动的轨道是椭圆，太阳位于其中一个焦点上．这一定律是 Kepler 将长期观察和三角测量相结合的产物．Kepler 第二定律也建立在观察、测量和数值计算的基础上．这一定律指出：联结行星和太阳的焦半径在相等的时间内扫过相等的面积．Kepler 在这里所作的数值运算实际上就是数值积分．以下对此稍加说明．

Kepler 以火星为目标进行了长期观察，作出了火星运动的椭圆轨道．他把注意力集中于轨道中的几个特殊点上．如图 3.1.1 中的 A,B,C,D,E,F．这些点的取法使火星从 A 运动到 B 所需时间与它从 C 到 D 的时间及 E 到 F 的时间相同．在作出从这些点到太阳所在焦点的焦半径之后，Kepler 又算出了椭圆扇形 ASB，CSD，ESF 的面积．一个重要的发现是这些扇形面积相等，这就是 Kepler 第二定律提出的结论．

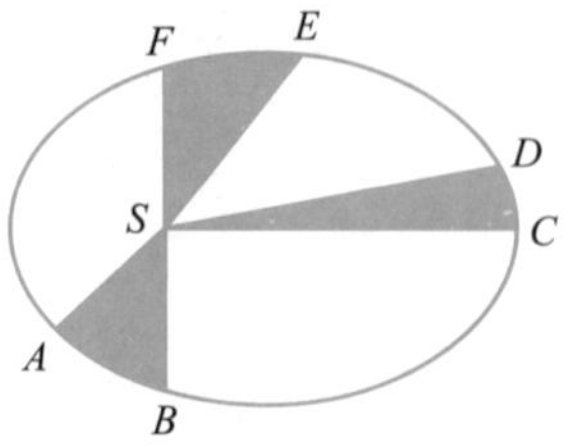

图 3.1.1

这个发现的关键在于计算椭圆扇形的面积．为此，他把原扇

形分割成许多小扇形，并近似地把小扇形看作三角形，以一列小三角形的面积之和作为椭圆扇形面积的近似值．尽管 Kepler 并未意识到他是在求解一个积分学的问题，但其卓有成效的研究，的确包含着定积分思想的雏形．

作为积分学的发端，将分割、求和并取极限相结合，计算不规则几何图形面积的想法实际上可以追溯到古希腊 Archimedes（阿基米德）的“穷竭法”．虽然现代积分学从理论到方法较之已有实质性的飞跃，但是，面积、路程等问题的计算依然是积分概念最重要的背景和基础．

面积问题

面积问题包含两个方面：一是给出面积的定义，二是寻求计算面积的方法．

设 f 是定义在 $[a,b]$ 上的非负函数，称由曲线 $y=f(x)$，直线 $x=a,x=b,y=0$ 围成的图形为**曲边梯形**（见图 3.1.2）．何谓这个曲边梯形的面积，又如何来计算这一面积？

作区间 $[a,b]$ 的一个分划

$$D: a=x_0<x_1<\cdots<x_n=b.$$

分划 D 把 $[a,b]$ 分为 n 个小区间，每个小区间 $[x_{i-1},x_i]$ 的长度为 $\Delta x_i=x_i-x_{i-1}$．在 $[x_{i-1},x_i]$ 上任取一点 ξ_i，考察以直线 $y=f(\xi_i)$，$y=0$，$x=x_{i-1}$，$x=x_i$ 围成的小矩形，其面积为 $f(\xi_i)\Delta x_i$．把 n 个小矩形面积相加，得到

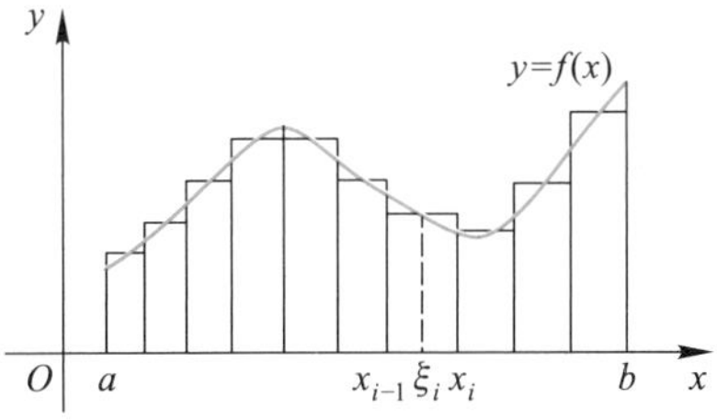

图 3.1.2

$$\sum_{i=1}^{n} f(\xi_i)\Delta x_i.$$

直观地看，它可作为所考虑的曲边梯形面积的近似，且当分划越细时，近似程度也越高．因此，记 $\lambda=\max\limits_{1\leqslant i\leqslant n}\{\Delta x_i\}$，如果随着分划越来越细，即 $\lambda\to 0$，上述和式的极限存在，就定义曲边梯形的面积 A 为这个极限，即

$$A=\lim_{\lambda\to 0}\sum_{i=1}^{n} f(\xi_i)\Delta x_i.$$

以上我们既给出了曲边梯形面积的定义，也给出了计算面积的一种途径：分割、求和、取极限．

路程问题

设质点 P 沿一直线运动，它在时间段 $[0,t]$ 中通过的路程为 $s(t)$，在时刻 t 的速度为 $v(t)$．当 $v(t)$ 是常数 v_0 时，$s(t)$ 的计算十分简单：$s(t)=v_0t$．但是，当 $v(t)(\geqslant 0)$ 依赖于 t 作变化时，$s(t)$ 的计算就不那么简单了．为了计算时间段 $[a,b]$ 中质点 P 所通过的路程 $s=s(b)-s(a)$，我们作这个时段的一个分划

$$a=t_0<t_1<\cdots<t_n=b,$$

并记 $\Delta t_i=t_i-t_{i-1}$，$\lambda=\max\limits_{1\leqslant i\leqslant n}\{\Delta t_i\}$，于是

$$s=\sum_{i=1}^{n}[s(t_i)-s(t_{i-1})].$$

从形式上看，s 的这种分解对求解并无实质性帮助．但是，如果速度是连续变化的，当 λ 很小时，每个小时段$[t_{i-1},t_i]$中可以“以匀速代变速”，即任取 $\xi_i\in[t_{i-1},t_i]$，有

$$s(t_i)-s(t_{i-1})\approx v(\xi_i)\Delta t_i,$$

因此

$$s\approx\sum_{i=1}^{n}v(\xi_i)\Delta t_i.$$

注意，当最大小时段越短，即 λ 越小，这种以匀速代变速的精确度越高，从而质点 P 在时段$[a,b]$中经过的路程为

$$s=\lim_{\lambda\to 0}\sum_{i=1}^{n}v(\xi_i)\Delta t_i.$$

以上两个不同的几何量和物理量的计算，最后都归结为结构相同的和式的极限．这种和式的极限，还出现于大量其他问题计算的需要．撇开各类问题的具体背景，抽象出其数量关系的共同特征，就引出了下述定积分的概念.

定积分的定义

定义 3.1.1　设 f 是$[a,b]$上的有界函数．对$[a,b]$的任意分划

$$D: a=x_0<x_1<\cdots<x_n=b,$$

任取 $\xi_i\in[x_{i-1},x_i]$，并记 $\Delta x_i=x_i-x_{i-1}(i=1,2,\cdots,n)$．作和式

$$\sigma=\sum_{i=1}^{n}f(\xi_i)\Delta x_i,$$

称之为 **Riemann(黎曼)和**．记 $\lambda=\max\limits_{1\leqslant i\leqslant n}\{\Delta x_i\}$，如果 $\lambda\to 0$ 时 Riemann 和的极限存在，就称 f 是$[a,b]$上的 **Riemann 可积函数**，简称为**可积函数**，也称 f 在$[a,b]$上**可积**；称此极限值为 f 在$[a,b]$上的 **Riemann 积分**，简称为**定积分**，记作 $\int_a^b f(x)\mathrm{d}x$，即

$$\int_a^b f(x)\mathrm{d}x=\lim_{\lambda\to 0}\sum_{i=1}^{n}f(\xi_i)\Delta x_i.$$

在记号 $\int_a^b f(x)\mathrm{d}x$ 中，称 $\int$ 为**积分号**，称 f 为**被积函数**，称 x 为**积分变量**，分别称 a,b 为积分的**下限**与**上限**．显然，积分值与积分变量符号的选取无关，即

$$\int_a^b f(x)\mathrm{d}x=\int_a^b f(t)\mathrm{d}t.$$

对定积分的定义，要作两点补充说明.

首先，定义中所谓 Riemann 和的极限存在，同时还包含着这一极限与区间分划方式 D 及 ξ_i 的取法无关的要求，即，如果存在实数 I，对于任意给定的 $\varepsilon>0$，存在 $\delta>0$，对任意的分划 D 及 $\xi_i\in[x_{i-1},x_i](i=1,2,\cdots,n)$，当 $0<\lambda=\max\limits_{1\leqslant i\leqslant n}\{\Delta x_i\}<\delta$ 时，总有

$$\left|\sum_{i=1}^{n}f(\xi_i)\Delta x_i-I\right|<\varepsilon,$$

那么，I 才是 f 在$[a,b]$上的 Riemann 积分.

其次，上面的定义中原先要求 $a<b$. 为了运算和应用的方便，补充规定

$$\int_a^a f(x)\,\mathrm{d}x = 0.$$

又规定 $a>b$ 时,

$$\int_a^b f(x)\,\mathrm{d}x = -\int_b^a f(x)\,\mathrm{d}x.$$

注意,并非所有闭区间上的有界函数都是可积的.例如,Dirichlet 函数

$$D(x)=\begin{cases}1, & x\text{ 是有理数},\\ 0, & x\text{ 是无理数}\end{cases}$$

在[0,1]上就不可积(请读者考虑为什么).因此自然要问:什么样的函数是可积的?我们给出两个充分条件.

定理 3.1.1 (1) 设 f 是$[a,b]$上的有界函数,而且最多只有有限个间断点,则 f 在$[a,b]$上可积;

(2) 设 f 是$[a,b]$上的单调函数,则 f 在$[a,b]$上可积.

就判别函数的可积性而言,这一结果基本上能满足本课程的要求,也能在相当广泛的程度上满足实际应用的需要.其证明将在后文中完成.

例 3.1.1 计算 $\int_a^b k\mathrm{d}x$,其中 k 是一个常数.

解 对$[a,b]$的任何分划 $D: a=x_0<x_1<\cdots<x_n=b$ 和任何的 $\xi_i\in[x_{i-1},x_i]\ (i=1,2,\cdots,n)$,均有

$$\sum_{i=1}^n f(\xi_i)\Delta x_i = \sum_{i=1}^n k\Delta x_i = k\sum_{i=1}^n \Delta x_i = k(b-a),$$

所以

$$\int_a^b k\mathrm{d}x = \lim_{\lambda\to 0}\sum_{i=1}^n f(\xi_i)\Delta x_i = k(b-a).$$

例 3.1.2 计算积分 $\int_0^1 x^2\mathrm{d}x$.

解 因为 $f(x)=x^2$ 在[0,1]上连续,由定理 3.1.1 知它是可积的.既然积分值与区间分划方式及 ξ_i 取法无关,不妨把[0,1]分为 n 等份,即取 $x_i=\dfrac{i}{n}\ (i=0,1,\cdots,n)$,则 $\Delta x_i=\dfrac{1}{n}$,并取 $\xi_i=x_i\ (i=1,2,\cdots,n)$.于是,Riemann 和

$$\begin{aligned}\sigma &= \sum_{i=1}^n f(\xi_i)\Delta x_i = \sum_{i=1}^n\left(\frac{i}{n}\right)^2\cdot\frac{1}{n}\\ &= \frac{1}{n^3}\sum_{i=1}^n i^2 = \frac{n(n+1)(2n+1)}{6n^3} = \frac{1}{6}\left(1+\frac{1}{n}\right)\left(2+\frac{1}{n}\right).\end{aligned}$$

当 $\lambda=\dfrac{1}{n}\to 0$ 时,$n\to\infty$,所以

$$\int_0^1 x^2\mathrm{d}x = \lim_{\lambda\to 0}\sum_{i=1}^n f(\xi_i)\Delta x_i = \lim_{n\to\infty}\frac{1}{6}\left(1+\frac{1}{n}\right)\left(2+\frac{1}{n}\right) = \frac{1}{3}.$$

例 3.1.3 利用定积分计算极限 $\lim\limits_{n\to\infty}\sum\limits_{k=1}^n \sin\dfrac{k}{n^2}$.

解　记 $x_k=\frac{k}{n}\ (k=0,1,\cdots,n)$，则 $\Delta x_k=x_k-x_{k-1}=\frac{1}{n}\ (k=1,2,\cdots,n)$. 利用带 Lagrange 余项的 Maclaurin 公式，有

$$\sin\frac{k}{n^2}=\sin(x_k\Delta x_k)=x_k\Delta x_k-\frac{1}{2}(\sin\xi_k)(x_k\Delta x_k)^2,$$

其中 $\xi_k\in(0,x_k\Delta x_k)$. 于是

$$\sum_{k=1}^{n}\sin\frac{k}{n^2}=\sum_{k=1}^{n}x_k\Delta x_k-\frac{1}{2}\sum_{k=1}^{n}(\sin\xi_k)(x_k\Delta x_k)^2.$$

由定理 3.1.1 和定积分的定义，得

$$\lim_{n\to\infty}\sum_{k=1}^{n}x_k\Delta x_k=\int_0^1 x\mathrm{d}x.$$

又由于

$$0\leqslant\sum_{k=1}^{n}(\sin\xi_k)(x_k\Delta x_k)^2\leqslant\sum_{k=1}^{n}(x_k\Delta x_k)^2=\frac{1}{n}\sum_{k=1}^{n}x_k^2\Delta x_k,$$

而

$$\lim_{n\to\infty}\frac{1}{n}\sum_{k=1}^{n}x_k{}^2\Delta x_k=0\cdot\int_0^1 x^2\mathrm{d}x=0,$$

所以由极限的夹逼性得

$$\lim_{n\to\infty}\sum_{k=1}^{n}(\sin\xi_k)(x_k\Delta x_k)^2=0.$$

因此

$$\lim_{n\to\infty}\sum_{k=1}^{n}\sin\frac{k}{n^2}=\int_0^1 x\mathrm{d}x=\frac{1}{2}.$$

上面最后一个等式是利用 $\int_0^1 x\mathrm{d}x$ 的几何意义，它为直线 $y=x$，$x=1$ 以及 x 轴所围三角形的面积，从而等于 $\frac{1}{2}$.

定积分的性质

由于定积分是一类和式的极限，利用极限运算的性质及对可积性的进一步讨论，容易导出定积分的相应性质.

设 f 和 g 是 $[a,b]$ 上的可积函数，则其积分具有下列性质：

性质 1　对任何常数 α 和 β，$\alpha f+\beta g$ 也是 $[a,b]$ 上的可积函数，且

$$\int_a^b[\alpha f(x)+\beta g(x)]\mathrm{d}x=\alpha\int_a^b f(x)\mathrm{d}x+\beta\int_a^b g(x)\mathrm{d}x.$$

加法和数乘统称为线性运算. 上面的性质说明定积分作为从可积函数类到实数集的对应，保持着线性运算关系，因而这一性质称为**定积分的线性性质**.

性质 2　对任何一点 c，有

$$\int_a^b f(x)\mathrm{d}x=\int_a^c f(x)\mathrm{d}x+\int_c^b f(x)\mathrm{d}x,$$

其中 c 的位置应保证上述等式右端的两个积分有意义.

这个性质称为**定积分的可加性**.

性质 3　如果在 $[a,b]$ 上成立 $f(x)\leqslant g(x)$,则

$$\int_a^b f(x)\,\mathrm{d}x\leqslant\int_a^b g(x)\,\mathrm{d}x.$$

这个性质称为**定积分的单调性**.

性质 4　$|f|$ 也是 $[a,b]$ 上的可积函数,且

$$\left|\int_a^b f(x)\,\mathrm{d}x\right|\leqslant\int_a^b |f(x)|\,\mathrm{d}x.$$

这是由于

$$-|f(x)|\leqslant f(x)\leqslant|f(x)|.$$

利用性质 1,3 即得性质 4.

性质 5　fg 也是 $[a,b]$ 上的可积函数,且

$$\left[\int_a^b f(x)g(x)\,\mathrm{d}x\right]^2\leqslant\int_a^b f^2(x)\,\mathrm{d}x\int_a^b g^2(x)\,\mathrm{d}x.$$

这个不等式称为 **Cauchy-Schwarz(柯西-施瓦茨)不等式**,其证明将在后文中完成.

性质 6(积分中值定理)　设 f 是 $[a,b]$ 上的连续函数,则在 $[a,b]$ 上至少存在一点 ξ,使得

$$\int_a^b f(x)\,\mathrm{d}x=f(\xi)(b-a).$$

证　因为 f 在 $[a,b]$ 上连续,它在 $[a,b]$ 上必能取到其最大值 M 和最小值 m,此时

$$m\leqslant f(x)\leqslant M,\quad x\in[a,b].$$

由性质 3 和例 3.1.1,即得

$$m(b-a)\leqslant\int_a^b f(x)\,\mathrm{d}x\leqslant M(b-a),$$

从而

$$m\leqslant\frac{1}{b-a}\int_a^b f(x)\,\mathrm{d}x\leqslant M.$$

由此,再根据连续函数的介值定理,必有 $\xi\in[a,b]$,使得

$$f(\xi)=\frac{1}{b-a}\int_a^b f(x)\,\mathrm{d}x.$$

证毕

图 3.1.3 给出了中值定理的几何解释:若 f 是 $[a,b]$ 上的非负函数,则必存在 $\xi\in[a,b]$,使得以 $b-a$ 为底,$f(\xi)$ 为高的矩形面积恰好等于平面区域

$$\{(x,y)\mid 0\leqslant y\leqslant f(x),a\leqslant x\leqslant b\}$$

的面积.

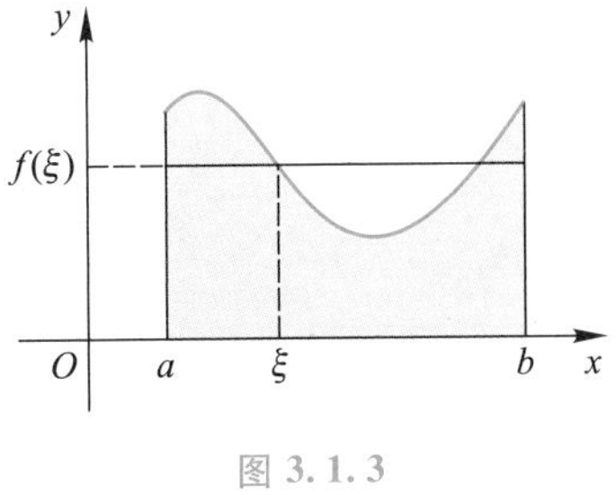

图 3.1.3

注　(1) 事实上还可以证明,积分中值定理的中值点 ξ 必能在开区间 (a,b) 内取到.

(2) 称 $\frac{1}{b-a}\int_a^b f(x)\,\mathrm{d}x$ 为函数 f 在 $[a,b]$ 上的**积分平均**.

原函数

定积分还有一个十分特殊而重要的性质，它对进一步考察微分和积分的关系起关键的作用.

定理 3.1.2　设函数 f 在 $[a,b]$ 上连续，则函数

$$F(x)=\int_a^x f(t)\,dt$$

在 $[a,b]$ 上可导，且导数（导函数）为

$$F'(x)=f(x),\quad x\in[a,b].$$

注　在定理中出现的 $\int_a^x f(t)\,dt$ 是“变上限”的定积分，它自然是积分上限的函数.

证　对于 $x\in[a,b]$，当 $x+\Delta x\in[a,b]$ 时，$F(x+\Delta x)=\int_a^{x+\Delta x} f(t)\,dt$，由性质 2 可得

$$F(x+\Delta x)-F(x)=\int_x^{x+\Delta x} f(t)\,dt.$$

再利用积分中值定理，在 x 和 $x+\Delta x$ 之间存在 ξ，使得

$$F(x+\Delta x)-F(x)=f(\xi)\Delta x.$$

因为当 $\Delta x\to 0$ 时，$x+\Delta x\to x$，从而 $\xi\to x$，因此

$$F'(x)=\lim_{\Delta x\to 0}\frac{F(x+\Delta x)-F(x)}{\Delta x}=\lim_{\Delta x\to 0}f(\xi)=\lim_{\xi\to x}f(\xi)=f(x),$$

其中最后一步是利用了 f 的连续性.

证毕

积分中值定理的进一步讨论

例 3.1.4　设 $F(x)=\int_0^{x^3}\cos(1+t^2)\,dt$，求 $F'(x)$.

解　视积分上限 x^3 为中间变量，记

$$f(u)=\int_0^u \cos(1+t^2)\,dt,\quad u=g(x)=x^3,$$

则 $F=f\circ g$. 由定理 3.1.2，$\dfrac{df(u)}{du}=\cos(1+u^2)$，又 $g'(x)=3x^2$，所以

$$F'(x)=f'(u)g'(x)=3x^2\cos(1+u^2)=3x^2\cos(1+x^6).$$

例 3.1.5　证明：$\int_{x^2}^x \tan t^2\,dt\sim\dfrac{1}{3}x^3\quad(x\to 0)$.

证　因为

$$\int_{x^2}^x \tan t^2\,dt=\int_0^x \tan t^2\,dt-\int_0^{x^2}\tan t^2\,dt,$$

所以

$$\left(\int_{x^2}^x \tan t^2\,dt\right)'=\tan x^2-2x\tan x^4.$$

由 L'Hospital 法则得

$$\lim_{x\to0}\frac{\int_{x^2}^{x}\tan t^2\mathrm{d}t}{\frac{1}{3}x^3}=\lim_{x\to0}\frac{\left(\int_{x^2}^{x}\tan t^2\mathrm{d}t\right)'}{\left(\frac{1}{3}x^3\right)'}=\lim_{x\to0}\frac{\tan x^2-2x\tan x^4}{x^2}$$

$$=\lim_{x\to0}\left(\frac{\tan x^2}{x^2}-2x^3\cdot\frac{\tan x^4}{x^4}\right)=1.$$

因此 $\int_{x^2}^{x}\tan t^2\mathrm{d}t\sim\frac{1}{3}x^3\ (x\to0)$.

证毕

定理 3.1.2 给出了求导与求积分之间的一个互逆关系，即

$$\frac{\mathrm{d}}{\mathrm{d}x}\int_a^x f(t)\mathrm{d}t=f(x).$$

相应于这个互逆关系，下面给出一个与导数相对偶的概念.

定义 3.1.2　设函数 F 和 f 均定义于某区间上，如果在该区间上成立

$$F'(x)=f(x),$$

则称 F 为 f 在该区间上的一个**原函数**.

一个函数的原函数如果存在，则显然不是唯一的．例如 $\frac{1}{3}x^3,\frac{1}{3}x^3+1,\frac{1}{3}x^3+2$ 的导数都是 x^2，它们都是 x^2 的原函数.

定理 3.1.3　如果定义于某区间的函数 f 存在原函数，则其在该区间上的任意两个原函数只差一个常数.

证　设 F 和 G 都是 f 在区间 U 上的原函数，则对该区间中一切 x，均有

$$(F-G)'(x)=f(x)-f(x)=0.$$

由微分学中值定理的推论，可知 $F-G$ 在 U 上必定为常数，即存在常数 c，使得

$$F(x)=G(x)+c,\quad x\in U.$$

证毕

由于 $[a,b]$ 上的任何连续函数都是可积的．定理 3.1.2 告诉我们，连续函数一定有原函数．事实上，当 f 在 $[a,b]$ 上连续时，$\int_a^x f(t)\mathrm{d}t$ 就是 f 的一个原函数.

若 F 是 f 在某区间上的原函数，显然 $F+c$（c 是常数）也是 f 在该区间上的原函数．定理 3.1.3 说明，函数族 $F+c$（c 是任意常数）便是 f 在该区间上的原函数全体.

微积分基本定理

前面给出的定积分的计算，最后都归结为结构相同的和式的极限．这种和式极限的计算，一般情况下比较繁琐，缺乏实用价值．微积分的成功正是在于提供了一套完整的、简捷可行的计算方法.

定理 3.1.4（Newton-Leibniz 公式）　设 f 是 $[a,b]$ 上的连续函数，F 是 f 在 $[a,b]$ 上的一个原函数，则

$$\int_a^b f(t)\,\mathrm{d}t = F(b) - F(a).$$

证　记 $G(x)=\int_a^x f(t)\,\mathrm{d}t$. 由定理 3.1.2 可知,$G$ 是 f 在 $[a,b]$ 上的一个原函数. 又已知 F 也是 f 在 $[a,b]$ 上的一个原函数,由定理 3.1.3,这两个函数只能相差一个常数. 设此常数为 c,即

$$G(x)=F(x)+c,\quad x\in[a,b].$$

于是,当 $x\in[a,b]$ 时,恒有

$$\int_a^x f(t)\,\mathrm{d}t = F(x)+c.$$

取 $x=a$,得 $0=F(a)+c$,即 $c=-F(a)$. 再取 $x=b$,即得

$$\int_a^b f(t)\,\mathrm{d}t = F(b) - F(a).$$

证毕

注　在上述 Newton-Leibniz 公式中,常简记 $F(b)-F(a)$ 为 $F(x)\Big|_a^b$,即

$$\int_a^b f(t)\,\mathrm{d}t = F(x)\Big|_a^b.$$

这个定理也称为**微积分基本定理**,是微积分学中最优美的结论之一. 它以非常简单的形式,深刻地揭示了微分与积分的联系,并指出了利用原函数(即不定积分)来计算定积分的规律性方法. 这个公式的发现,才使微积分真正开始成为一门独立的学科.

例 3.1.6　求 $\int_0^{\frac{\pi}{3}}\cos x\,\mathrm{d}x$.

解　因为 $(\sin x)'=\cos x$,即 $\sin x$ 是 $\cos x$ 的一个原函数,所以

$$\int_0^{\frac{\pi}{3}}\cos x\,\mathrm{d}x = \sin x\Big|_0^{\frac{\pi}{3}} = \sin\frac{\pi}{3} - \sin 0 = \frac{\sqrt{3}}{2}.$$

例 3.1.7　求 $\int_0^1 \frac{\mathrm{d}x}{1+x^2}$.

解　由于 $(\arctan x)'=\frac{1}{1+x^2}$,即 $\arctan x$ 是 $\frac{1}{1+x^2}$ 的一个原函数,所以

$$\int_0^1 \frac{\mathrm{d}x}{1+x^2} = \arctan x\Big|_0^1 = \frac{\pi}{4}.$$

* 可积条件

设函数 f 在 $[a,b]$ 上有界,对于 $[a,b]$ 的任意分划

$$D: a=x_0<x_1<x_2<\cdots<x_n=b,$$

记 f 在 $[x_{i-1},x_i]$ 上的上确界和下确界分别为 M_i 和 $m_i(i=1,2,\cdots,n)$,即 $M_i=\sup\{f(x)\mid x\in[x_{i-1},x_i]\}$,$m_i=\inf\{f(x)\mid x\in[x_{i-1},x_i]\}$. 定义和式

$$\overline{S}(f,D)=\sum_{i=1}^n M_i\Delta x_i$$

和

$$\underline{S}(f,D)=\sum_{i=1}^{n}m_i\Delta x_i,$$

它们分别称为 f 相应于分划 D 的 **Darboux 大和**与 **Darboux 小和**．显然

$$\underline{S}(f,D)\leqslant\sum_{i=1}^{n}f(\xi_i)\Delta x_i\leqslant\overline{S}(f,D).$$

记 $\omega_i=M_i-m_i$，称之为 f 在 $[x_{i-1},x_i]$ 上的**振幅**，则

$$\overline{S}(f,D)-\underline{S}(f,D)=\sum_{i=1}^{n}\omega_i\Delta x_i.$$

记 $\lambda=\max\limits_{1\leqslant i\leqslant n}\{\Delta x_i\}$，我们不加证明地给出如下两个关于可积性的重要结论：

定理 3.1.5（Darboux 定理）　设函数 f 在 $[a,b]$ 上有界，则 $\lim\limits_{\lambda\to0}\overline{S}(f,D)$ 和 $\lim\limits_{\lambda\to0}\underline{S}(f,D)$ 均存在．

定理 3.1.6（可积的充要条件）　有界函数 f 在 $[a,b]$ 上可积的充分必要条件是

$$\lim_{\lambda\to0}\overline{S}(f,D)=\lim_{\lambda\to0}\underline{S}(f,D),$$

即

$$\lim_{\lambda\to0}\sum_{i=1}^{n}\omega_i\Delta x_i=0.$$

注意，$\lim\limits_{\lambda\to0}\sum\limits_{i=1}^{n}\omega_i\Delta x_i=0$ 用“$\varepsilon-\delta$”语言表述就是：对于任意给定的 $\varepsilon>0$，存在 $\delta>0$，对于任意分划 D，当 $\lambda=\max\limits_{1\leqslant i\leqslant n}\{\Delta x_i\}<\delta$ 时，便有

$$\sum_{i=1}^{n}\omega_i\Delta x_i<\varepsilon.$$

这个定理从直观上看很明显，由于 $\underline{S}(f,D)\leqslant\sum\limits_{i=1}^{n}f(\xi_i)\Delta x_i\leqslant\overline{S}(f,D)$，所以当 $\underline{S}(f,D)$ 和 $\overline{S}(f,D)$ 趋于同一极限时，由极限的夹逼性质，$\sum\limits_{i=1}^{n}f(\xi_i)\Delta x_i$ 也会趋于这个极限．

下面利用定理 3.1.6 对前面给出的一些可积性结论予以证明．

定理 3.1.1 的证明

证　(1) 只证明 f 是 $[a,b]$ 上的连续函数的情况，而有有限个间断点的情形只是略为复杂一些．

由于 f 在 $[a,b]$ 上连续，则它在 $[a,b]$ 上一致连续，因此对任意给定的 $\varepsilon>0$，存在 $\delta>0$，对任意的 $x',x''\in[a,b]$，当 $|x'-x''|<\delta$ 时，成立

$$|f(x')-f(x'')|<\frac{\varepsilon}{b-a}.$$

因此，对于任意分划 D，当 $\lambda=\max\limits_{1\leqslant i\leqslant n}\{\Delta x_i\}<\delta$ 时，便有

$$\omega_i=\max_{x\in[x_{i-1},x_i]}f(x)-\min_{x\in[x_{i-1},x_i]}f(x)<\frac{\varepsilon}{b-a},\quad i=1,2,\cdots,n,$$

于是

$$\sum_{i=1}^{n}\omega_i\Delta x_i<\frac{\varepsilon}{b-a}\sum_{i=1}^{n}\Delta x_i=\varepsilon,$$

因此 f 在 $[a,b]$ 上可积.

（2）设函数 f 在 $[a,b]$ 上单调，不妨设其为单调增加，且不恒为常数，则在每个小区间 $[x_{i-1},x_i]$ 上 $(i=1,2,\cdots,n)$，f 的振幅为

$$\omega_i=f(x_i)-f(x_{i-1}).$$

于是，对任意给定的 $\varepsilon>0$，取 $\delta=\dfrac{\varepsilon}{f(b)-f(a)}>0$，则对于任意分划 D，当 $\lambda=\max\limits_{1\leqslant i\leqslant n}\{\Delta x_i\}<\delta$ 时，成立

$$\begin{aligned}\sum_{i=1}^{n}\omega_i\Delta x_i&=\sum_{i=1}^{n}[f(x_i)-f(x_{i-1})]\Delta x_i\\&<\frac{\varepsilon}{f(b)-f(a)}\sum_{i=1}^{n}[f(x_i)-f(x_{i-1})]\\&=\frac{\varepsilon}{f(b)-f(a)}[f(b)-f(a)]=\varepsilon,\end{aligned}$$

因此 f 在 $[a,b]$ 上可积.

证毕

定积分性质 5 的证明

证　因为函数 f 和 g 在 $[a,b]$ 上可积，所以它们在 $[a,b]$ 上有界，于是存在正数 M，使得

$$|f(x)|\leqslant M,\quad |g(x)|\leqslant M,\quad x\in[a,b].$$

则对于 $[a,b]$ 中的任意两点 x' 和 x''，有

$$\begin{aligned}&|f(x')g(x')-f(x'')g(x'')|\\\leqslant&|f(x')-f(x'')|\cdot|g(x')|+|f(x'')|\cdot|g(x')-g(x'')|\\\leqslant&M[|f(x')-f(x'')|+|g(x')-g(x'')|].\end{aligned}$$

对于 $[a,b]$ 的任意分划

$$D:a=x_0<x_1<x_2<\cdots<x_n=b,$$

记函数 fg 在小区间 $[x_{i-1},x_i]$ 上的振幅为 ω_i，f 和 g 在小区间 $[x_{i-1},x_i]$ 上的振幅分别为 ω_i' 和 $\omega_i''(i=1,2,\cdots,n)$，则上面的不等式意味着

$$\omega_i\leqslant M(\omega_i'+\omega_i''),$$

因此

$$0\leqslant\sum_{i=1}^{n}\omega_i\Delta x_i\leqslant M\left(\sum_{i=1}^{n}\omega_i'\Delta x_i+\sum_{i=1}^{n}\omega_i''\Delta x_i\right).$$

由于 f 和 g 都在 $[a,b]$ 上可积，因而当 $\lambda=\max\limits_{1\leqslant i\leqslant n}\{\Delta x_i\}\to 0$ 时，上面不等式的右端趋于零．由极限的夹逼性，便得

$$\lim_{\lambda\to 0}\sum_{i=1}^{n}\omega_i\Delta x_i=0,$$

因此函数 fg 在 $[a,b]$ 上可积.

对区间 $[a,b]$ 的任意分划

$$D:a=x_0<x_1<x_2<\cdots<x_n=b,$$

任取 $\xi_i\in[x_{i-1},x_i]\,(i=1,2,\cdots,n)$，则由 Cauchy-Schwarz 不等式，得

$$\left(\sum_{i=1}^{n}f(\xi_i)g(\xi_i)\Delta x_i\right)^2\leqslant\left(\sum_{i=1}^{n}f^2(\xi_i)\Delta x_i\right)\left(\sum_{i=1}^{n}g^2(\xi_i)\Delta x_i\right).$$

由刚才已证的结论，知 fg，f^2 和 g^2 在 $[a,b]$ 上可积，因此在上式中令 $\lambda=\max\limits_{1\leqslant i\leqslant n}\{\Delta x_i\}\to 0$，便得

$$\left(\int_a^b f(x)g(x)\,\mathrm{d}x\right)^2\leqslant\int_a^b f^2(x)\,\mathrm{d}x\int_a^b g^2(x)\,\mathrm{d}x.$$

证毕

习　题

1. 根据定积分定义，计算下列积分：

(1) $\int_a^b x\,\mathrm{d}x$；　　(2) $\int_0^1 \mathrm{e}^x\,\mathrm{d}x$.

2. 利用定积分的几何意义，计算下列积分：

(1) $\int_0^1 2x\,\mathrm{d}x$；　　(2) $\int_0^1 \sqrt{1-x^2}\,\mathrm{d}x$.

3. 试用定积分表示下列各个极限：

(1) $\lim\limits_{n\to\infty}\dfrac{1}{n}\sum\limits_{k=1}^{n}\sin\dfrac{k}{n}$；　　(2) $\lim\limits_{n\to\infty}\dfrac{1}{n}\sum\limits_{k=0}^{n-1}\mathrm{e}^{\frac{2k}{n}}$；

(3) $\lim\limits_{n\to\infty}\left(\dfrac{1}{n+1}+\dfrac{1}{n+2}+\cdots+\dfrac{1}{2n}\right)$；　　(4) $\lim\limits_{n\to\infty}\dfrac{1}{n}\log_a\left(1+\dfrac{1}{n}\right)\left(1+\dfrac{2}{n}\right)\cdots\left(1+\dfrac{n}{n}\right)$.

4. 比较积分的大小：

(1) $\int_0^1 x\,\mathrm{d}x$ 和 $\int_0^1 \sqrt{x}\,\mathrm{d}x$；　　(2) $\int_0^{\frac{\pi}{2}} x\,\mathrm{d}x$ 和 $\int_0^{\frac{\pi}{2}} \sin x\,\mathrm{d}x$；

(3) $\int_0^1 x\,\mathrm{d}x$ 和 $\int_0^1 \ln(1+x)\,\mathrm{d}x$；　　(4) $\int_0^1 \mathrm{e}^x\,\mathrm{d}x$ 和 $\int_0^1 (1+x)\,\mathrm{d}x$.

5. 设 f 是 $[a,b]$ 上的非负连续函数，且 $f(x)$ 在 $[a,b]$ 上不恒等于 0. 证明：

$$\int_a^b f(x)\,\mathrm{d}x>0.$$

6. 证明下列不等式：

(1) $\dfrac{1}{2}<\int_{\frac{\pi}{4}}^{\frac{\pi}{2}}\dfrac{\sin x}{x}\,\mathrm{d}x<\dfrac{\sqrt{2}}{2}$；　　(2) $\dfrac{2}{5}<\int_1^2\dfrac{x}{1+x^2}\,\mathrm{d}x<\dfrac{1}{2}$.

7. 计算下列导数：

(1) $\dfrac{\mathrm{d}}{\mathrm{d}x}\int_0^{x^2}\sqrt{1+t^4}\,\mathrm{d}t$；　　(2) $\dfrac{\mathrm{d}}{\mathrm{d}x}\int_x^{\sin x}\dfrac{\mathrm{d}t}{\sqrt{1+t^2}}$.

8. 求下列极限：

(1) $\lim\limits_{x\to 0}\dfrac{\int_0^x\cos t^2\,\mathrm{d}t}{x}$；　　(2) $\lim\limits_{x\to 0}\dfrac{\int_{\cos x}^1\mathrm{e}^{-t^2}\,\mathrm{d}t}{x^2}$.

9. 设 $F(x)=\int_0^x (t^2-x^2)f'(t)\,\mathrm{d}t$，求 $F'(x)$.

10. 设 f 是 $(0,+\infty)$ 上的正值连续函数，证明：

$$F(x)=\frac{\int_0^x tf(t)\,\mathrm{d}t}{\int_0^x f(t)\,\mathrm{d}t}$$

是$(0,+\infty)$上的单调增加函数.

11. 设函数f在$[a,b]$上连续,在(a,b)上可导,且$f'(x)\leqslant 0$. 记

$$F(x)=\frac{1}{x-a}\int_a^x f(t)\,\mathrm{d}t,$$

证明:在(a,b)上成立$F'(x)\leqslant 0$.

12. 计算下列定积分:

(1) $\int_0^{\frac{\pi}{4}}\cos x\mathrm{d}x$;　　(2) $\int_{-\frac{\pi}{4}}^{\frac{\pi}{4}}\sec x\tan x\mathrm{d}x$;

(3) $\int_{\frac{1}{2}}^{\frac{\sqrt{3}}{2}}\frac{1}{\sqrt{1-x^2}}\mathrm{d}x$;　　(4) $\int_2^3(x+1)\mathrm{e}^x\mathrm{d}x$.

13. 设函数f在$[a,b]$上连续,在(a,b)上可导,且满足

$$\frac{2}{b-a}\int_a^{\frac{a+b}{2}}f(x)\,\mathrm{d}x=f(b).$$

证明:存在$\xi\in(a,b)$,使得$f'(\xi)=0$.

14. 设函数f在$[0,1]$上连续,且单调减少. 证明对任意$\alpha\in[0,1]$,成立

$$\int_0^{\alpha}f(x)\,\mathrm{d}x\geqslant\alpha\int_0^1 f(x)\,\mathrm{d}x.$$

15. 设$a>0$. 若函数f在$[0,a]$上二阶可导,且$f''(x)>0(x\in[0,a])$. 证明:

$$\int_0^a f(x)\,\mathrm{d}x\geqslant af\left(\frac{a}{2}\right).$$

16. 设函数f和g在$[a,b]$上连续,p,q是满足$\frac{1}{p}+\frac{1}{q}=1$的正数. 利用Young不等式

$$st\leqslant\frac{1}{p}s^p+\frac{1}{q}t^q\quad(s,t\geqslant 0),$$

证明:**Hölder 不等式**

$$\int_a^b|f(x)g(x)|\,\mathrm{d}x\leqslant\left(\int_a^b|f(x)|^p\mathrm{d}x\right)^{\frac{1}{p}}\left(\int_a^b|g(x)|^q\mathrm{d}x\right)^{\frac{1}{q}}.$$

17. 设函数f和g在$[a,b]$上连续,$p\geqslant 1$.

证明:**Minkowski 不等式**

$$\left(\int_a^b|f(x)+g(x)|^p\mathrm{d}x\right)^{\frac{1}{p}}\leqslant\left(\int_a^b|f(x)|^p\mathrm{d}x\right)^{\frac{1}{p}}+\left(\int_a^b|g(x)|^p\mathrm{d}x\right)^{\frac{1}{p}}.$$

§ 2 不定积分的计算

不定积分

由 Newton-Leibniz 公式可知,为计算定积分的值,只需求出相应的原函数在积分区间两

端函数值之差，因而问题归结为原函数的计算．前面已经指出，如果函数 f 有一个原函数 F，那么函数族 $F+c$（c 为任意常数）就是 f 的原函数全体．由此，我们引入以下概念．

定义 3.2.1　函数 f 在区间 U 上的原函数全体称为 f 在区间 U 上的**不定积分**，记作 $\int f(x)\mathrm{d}x$．

这里，仍称 f 为**被积函数**，称 x 为**积分变量**．

由此定义可知，如果 F 是 f 在区间 U 上的一个原函数，即在区间 U 上成立 $F'(x)=f(x)$，则

$$\int f(x)\mathrm{d}x=F(x)+c,$$

其中 c 为任意常数．

进一步，求不定积分的运算恰是求导运算（或求微分运算）的逆运算，即

$$\left(\int f(x)\mathrm{d}x\right)'=f(x),\quad \int F'(x)\mathrm{d}x=F(x)+c;$$

亦即

$$\mathrm{d}\left(\int f(x)\mathrm{d}x\right)=f(x)\mathrm{d}x,\quad \int \mathrm{d}F(x)=F(x)+c.$$

作为求导运算的逆运算，计算不定积分的各种方法都源自求导的相应方法．本节的前半部分就来介绍这些方法：我们将根据已知的求导公式，列出一些基本积分公式；根据代数和的求导法则，给出代数和的积分法则；由乘积求导法则，导出分部积分法；由复合函数求导法则，导出积分的变量代换法．这样，就可以对较为广泛的函数类，求得其不定积分．特别地，在本节后半部分，给出了几类常见函数的不定积分的计算方法．

基本不定积分表

由求导公式表可以得到下面的基本不定积分公式：

1. $\int x^{\alpha}\mathrm{d}x=\dfrac{1}{\alpha+1}x^{\alpha+1}+c\quad(\alpha\neq-1)$；

2. $\int \dfrac{1}{x}\mathrm{d}x=\ln|x|+c$；

3. $\int a^{x}\mathrm{d}x=\dfrac{a^{x}}{\ln a}+c\quad(a>0,a\neq1)$，特别地，$\int \mathrm{e}^{x}\mathrm{d}x=\mathrm{e}^{x}+c$；

4. $\int \sin x\mathrm{d}x=-\cos x+c$；

5. $\int \cos x\mathrm{d}x=\sin x+c$；

6. $\int \sec^{2}x\mathrm{d}x=\tan x+c$；

7. $\int \csc^{2}x\mathrm{d}x=-\cot x+c$；

8. $\int \sec x\tan x\mathrm{d}x=\sec x+c$；

9. $\int \csc x\cot x\mathrm{d}x=-\csc x+c$；

10. $\int \frac{1}{\sqrt{1-x^2}}\mathrm{d}x = \arcsin x + c$;

11. $\int \frac{1}{1+x^2}\mathrm{d}x = \arctan x + c$;

12. $\int \sinh x\mathrm{d}x = \cosh x + c$;

13. $\int \cosh x\mathrm{d}x = \sinh x + c$.

不定积分的线性性质

定理 3.2.1(线性性质)　设函数 f 和 g 的原函数都存在，α,β 是两个常数，则

$$\int[\alpha f(x)+\beta g(x)]\mathrm{d}x = \alpha\int f(x)\mathrm{d}x + \beta\int g(x)\mathrm{d}x .$$

证　设 $\int f(x)\mathrm{d}x = F(x)+c$，$\int g(x)\mathrm{d}x = G(x)+c$，则 $F'=f$，$G'=g$. 这样，$(\alpha F+\beta G)'=\alpha f+\beta g$，从而

$$\begin{aligned}\int[\alpha f(x)+\beta g(x)]\mathrm{d}x &= \alpha F(x)+\beta G(x)+c\\ &= \alpha\int f(x)\mathrm{d}x+\beta\int g(x)\mathrm{d}x.\end{aligned}$$

证毕

注　(1) 在上面的论证中，c 表示一般的任意常数．由于任意常数之和、任意常数与常数之积等组合仍然是任意常数，所以可始终用同一个字符 c 表示.

(2) 当 $\alpha=\beta=0$ 时，定理中公式的右端应理解为是任意常数 c.

下面就来给出一些利用不定积分的线性性质和被积函数的恒等变形，根据基本不定积分表逐项求出积分的例子.

例 3.2.1　计算 $\int\left(2x^3-\frac{4}{x^2}+\sqrt{x}\right)\mathrm{d}x$.

解
$$\begin{aligned}\int\left(2x^3-\frac{4}{x^2}+\sqrt{x}\right)\mathrm{d}x &= 2\int x^3\mathrm{d}x - 4\int\frac{1}{x^2}\mathrm{d}x + \int\sqrt{x}\mathrm{d}x\\ &= \frac{x^4}{2}+\frac{4}{x}+\frac{2}{3}x^{\frac{3}{2}}+c.\end{aligned}$$

例 3.2.2　计算 $\int\frac{4x^2-1}{1+x^2}\mathrm{d}x$.

解
$$\begin{aligned}\int\frac{4x^2-1}{1+x^2}\mathrm{d}x &= \int\frac{4(x^2+1)-5}{1+x^2}\mathrm{d}x\\ &= 4\int\mathrm{d}x-5\int\frac{1}{1+x^2}\mathrm{d}x = 4x-5\arctan x+c.\end{aligned}$$

例 3.2.3　计算 $\int\left(\sin\frac{x}{2}+\cos\frac{x}{2}\right)^2\mathrm{d}x$.

解　$\int\left(\sin\frac{x}{2}+\cos\frac{x}{2}\right)^{2}\mathrm{d}x=\int(1+\sin x)\mathrm{d}x=x-\cos x+c.$

例 3.2.4　计算 $\int\frac{x^{6}}{1+x^{2}}\mathrm{d}x.$

解
$$\int\frac{x^{6}}{1+x^{2}}\mathrm{d}x=\int\left(x^{4}-x^{2}+1-\frac{1}{1+x^{2}}\right)\mathrm{d}x$$
$$=\frac{x^{5}}{5}-\frac{x^{3}}{3}+x-\arctan x+c.$$

例 3.2.5　计算 $\int\cos^{2}\frac{x}{2}\mathrm{d}x$.

解
$$\int\cos^{2}\frac{x}{2}\mathrm{d}x=\int\frac{1}{2}(1+\cos x)\mathrm{d}x$$
$$=\frac{1}{2}\int(1+\cos x)\mathrm{d}x=\frac{1}{2}(x+\sin x)+c.$$

例 3.2.6　计算 $\int\tan^{2}x\mathrm{d}x.$

解　$\int\tan^{2}x\mathrm{d}x=\int(\sec^{2}x-1)\mathrm{d}x=\tan x-x+c.$

第一类换元积分法（凑微分法）

我们先来看一个例子：计算不定积分 $\int\mathrm{e}^{2x}\mathrm{d}x.$

由基本积分公式 $\int\mathrm{e}^{u}\mathrm{d}u=\mathrm{e}^{u}+c$，现在设法把不定积分 $\int\mathrm{e}^{2x}\mathrm{d}x$ 中的微分形式 $\mathrm{e}^{2x}\mathrm{d}x$ 凑成上述基本积分中的微分形式．因为 $\mathrm{e}^{2x}\mathrm{d}x=\frac{1}{2}\mathrm{e}^{2x}\mathrm{d}(2x)$，令 $u=2x$，则有

$$\int\mathrm{e}^{2x}\mathrm{d}x=\frac{1}{2}\int\mathrm{e}^{2x}\mathrm{d}(2x)=\frac{1}{2}\int\mathrm{e}^{u}\mathrm{d}u$$
$$=\frac{1}{2}\mathrm{e}^{u}+c=\frac{1}{2}\mathrm{e}^{2x}+c.$$

一般地，这种凑微分的积分换元法称为**第一类换元积分法**，它可表述为：

定理 3.2.2　设 $\int f(u)\mathrm{d}u=F(u)+c$（即 F 是 f 的一个原函数），φ 是可导函数，且 φ 的值域含于 f 的定义域中，则

$$\int f[\varphi(x)]\varphi'(x)\mathrm{d}x=F[\varphi(x)]+c.$$

证　由复合函数求导法可得

$$\frac{\mathrm{d}}{\mathrm{d}x}F[\varphi(x)]=F'[\varphi(x)]\varphi'(x)=f[\varphi(x)]\varphi'(x).$$

于是由定义得到

$$\int f[\varphi(x)]\varphi'(x)\mathrm{d}x = F[\varphi(x)] + c.$$

证毕

由上述定理可见，实施第一类换元法的过程为：令 $u=\varphi(x)$，则有

$$\int f[\varphi(x)]\varphi'(x)\mathrm{d}x = \int f[\varphi(x)]\mathrm{d}\varphi(x) = \int f(u)\mathrm{d}u$$
$$= F(u) + c = F[\varphi(x)] + c.$$

例 3.2.7　计算 $\int \frac{\mathrm{d}x}{x\ln x}$.

解　令 $u=\ln x$，则

$$\int \frac{\mathrm{d}x}{x\ln x} = \int \frac{(\ln x)'\mathrm{d}x}{\ln x} = \int \frac{\mathrm{d}\ln x}{\ln x} = \int \frac{\mathrm{d}u}{u}$$
$$= \ln|u| + c = \ln|\ln x| + c.$$

例 3.2.8　计算(1) $\int \frac{\sin\sqrt{x}}{\sqrt{x}}\mathrm{d}x$；　(2) $\int x\cdot\sqrt[3]{x^2+2}\,\mathrm{d}x$.

解　(1) 令 $u=\sqrt{x}$，则

$$\int \frac{\sin\sqrt{x}}{\sqrt{x}}\mathrm{d}x = 2\int \sin\sqrt{x}\,\mathrm{d}\sqrt{x}$$
$$= 2\int \sin u\mathrm{d}u = -2\cos u + c = -2\cos\sqrt{x} + c.$$

(2) 令 $u=x^2+2$，则

$$\int x\cdot\sqrt[3]{x^2+2}\,\mathrm{d}x = \frac{1}{2}\int \sqrt[3]{x^2+2}\,\mathrm{d}(x^2+2) = \frac{1}{2}\int \sqrt[3]{u}\,\mathrm{d}u$$
$$= \frac{3}{8}u^{\frac{4}{3}} + c = \frac{3}{8}(x^2+2)^{\frac{4}{3}} + c.$$

熟悉了凑微分的换元法后，只要在运算过程中注意把整个 $\varphi(x)$ 视为一个变元，不必每次另行列出辅助的中间变量 $u=\varphi(x)$.

例 3.2.9　计算 $\int \frac{\mathrm{d}x}{a^2+x^2}\quad(a\neq 0)$.

解　$$\int \frac{\mathrm{d}x}{a^2+x^2} = \frac{1}{a}\int \frac{\mathrm{d}\left(\frac{x}{a}\right)}{1+\left(\frac{x}{a}\right)^2} = \frac{1}{a}\arctan\frac{x}{a} + c.$$

例 3.2.10　计算 $\int \frac{\mathrm{d}x}{\sqrt{a^2-x^2}}\quad(a>0)$.

解　$$\int \frac{\mathrm{d}x}{\sqrt{a^2-x^2}} = \int \frac{1}{\sqrt{1-\left(\frac{x}{a}\right)^2}}\mathrm{d}\left(\frac{x}{a}\right) = \arcsin\frac{x}{a} + c.$$

例 3.2.11　计算 $\int \frac{\mathrm{d}x}{a^2-x^2}\quad(a\neq 0)$.

解　由于$\frac{1}{a^2-x^2}=\frac{1}{2a}\left(\frac{1}{a+x}+\frac{1}{a-x}\right)$，所以

$$\begin{aligned}\int\frac{\mathrm{d}x}{a^2-x^2}&=\frac{1}{2a}\int\left(\frac{1}{a+x}+\frac{1}{a-x}\right)\mathrm{d}x\\&=\frac{1}{2a}\int\frac{\mathrm{d}(a+x)}{a+x}-\frac{1}{2a}\int\frac{\mathrm{d}(a-x)}{a-x}\\&=\frac{1}{2a}\ln|a+x|-\frac{1}{2a}\ln|a-x|+c\\&=\frac{1}{2a}\ln\left|\frac{a+x}{a-x}\right|+c.\end{aligned}$$

例 3.2.12　计算$\int\tan x\mathrm{d}x$和$\int\cot x\mathrm{d}x$.

解　$\int\tan x\mathrm{d}x=\int\frac{\sin x}{\cos x}\mathrm{d}x=-\int\frac{\mathrm{d}\cos x}{\cos x}$

$=-\ln|\cos x|+c=\ln|\sec x|+c.$

读者可类似算得

$$\int\cot x\mathrm{d}x=\ln|\sin x|+c.$$

例 3.2.13　计算$\int\sec x\mathrm{d}x$和$\int\csc x\mathrm{d}x$.

解　利用第一类换元法，并利用例 3.2.11 的结果，可得

$$\begin{aligned}\int\sec x\mathrm{d}x&=\int\frac{\mathrm{d}x}{\cos x}=\int\frac{\cos x\mathrm{d}x}{1-\sin^2x}\\&=\int\frac{\mathrm{d}\sin x}{1-\sin^2x}=\frac{1}{2}\ln\left|\frac{1+\sin x}{1-\sin x}\right|+c\\&=\ln\left|\frac{1+\sin x}{\cos x}\right|+c=\ln|\sec x+\tan x|+c.\end{aligned}$$

读者可类似算得

$$\int\csc x\mathrm{d}x=\ln|\csc x-\cot x|+c.$$

读者应把例 3.2.9—例 3.2.13 的结果补充入积分公式表，并加以熟记.

例 3.2.14　计算(1) $\int\sin 5x\cos 3x\mathrm{d}x$；　(2) $\int\sin^4x\mathrm{d}x$.

解　(1) $\int\sin 5x\cos 3x\mathrm{d}x=\frac{1}{2}\int(\sin 8x+\sin 2x)\mathrm{d}x$

$$\begin{aligned}&=\frac{1}{2}\left[\frac{1}{8}\int\sin 8x\mathrm{d}(8x)+\frac{1}{2}\int\sin 2x\mathrm{d}(2x)\right]\\&=\frac{1}{2}\left(-\frac{1}{8}\cos 8x-\frac{1}{2}\cos 2x\right)+c\\&=-\frac{1}{16}\cos 8x-\frac{1}{4}\cos 2x+c.\end{aligned}$$

(2) $\int \sin^4 x\mathrm{d}x = \int (\sin^2 x)^2 \mathrm{d}x$

$$= \int \left(\frac{1-\cos 2x}{2}\right)^2 \mathrm{d}x = \frac{1}{4}\int (1 - 2\cos 2x + \cos^2 2x)\,\mathrm{d}x$$

$$= \frac{1}{4}\int \left(1 - 2\cos 2x + \frac{1+\cos 4x}{2}\right)\mathrm{d}x$$

$$= \frac{1}{8}\int (3 - 4\cos 2x + \cos 4x)\,\mathrm{d}x$$

$$= \frac{3}{8}x - \frac{1}{4}\sin 2x + \frac{1}{32}\sin 4x + c.$$

例 3.2.15 计算(1) $\int \sin^3 x\cos^2 x\mathrm{d}x$;　(2) $\int \sec^6 x\mathrm{d}x$.

解 (1) $\int \sin^3 x\cos^2 x\mathrm{d}x = \int \sin^2 x\cos^2 x\sin x\mathrm{d}x$

$$= -\int \sin^2 x\cos^2 x\mathrm{d}\cos x$$

$$= -\int (1-\cos^2 x)\cos^2 x\mathrm{d}\cos x$$

$$= -\int (\cos^2 x - \cos^4 x)\mathrm{d}\cos x$$

$$= -\frac{1}{3}\cos^3 x + \frac{1}{5}\cos^5 x + c.$$

(2) $\int \sec^6 x\mathrm{d}x = \int (\sec^2 x)^2 \sec^2 x\mathrm{d}x$

$$= \int (1+\tan^2 x)^2 \mathrm{d}\tan x = \int (1 + 2\tan^2 x + \tan^4 x)\mathrm{d}\tan x$$

$$= \tan x + \frac{2}{3}\tan^3 x + \frac{1}{5}\tan^5 x + c.$$

第二类换元积分法

第一类换元积分法的要点是选择适当的变量 $u=\varphi(x)$,使被积表达式 $g(x)\mathrm{d}x$ 能分解并变形为 $f[\varphi(x)]\varphi'(x)\mathrm{d}x$,其中 f 是容易求积的. 但是,很多情况下,虽不能凑出满足条件的变换 $u=\varphi(x)$,却能选择变换 $x=\varphi(u)$,使被积表达式 $g(x)\mathrm{d}x$ 变形为 $g[\varphi(u)]\varphi'(u)\mathrm{d}u$,而后者却是易于积分的,这便是**第二类换元积分法**,具体表述为:

定理 3.2.3 设函数 g 连续,函数 φ 具有连续导数,且 φ^{-1} 存在并可导. 若

$$\int g[\varphi(u)]\varphi'(u)\mathrm{d}u = G(u) + c,$$

则

$$\int g(x)\mathrm{d}x = G[\varphi^{-1}(x)] + c.$$

证 由条件可得 $G'(u)=g[\varphi(u)]\varphi'(u)$. 由于 φ^{-1} 存在且可导,记 $u=\varphi^{-1}(x)$,则 $\frac{\mathrm{d}u}{\mathrm{d}x}=$

$\dfrac{1}{\varphi'(u)}$. 从而

$$\frac{\mathrm{d}}{\mathrm{d}x}G[\varphi^{-1}(x)]=G'(u)\frac{\mathrm{d}u}{\mathrm{d}x}=g[\varphi(u)]\varphi'(u)\frac{1}{\varphi'(u)}=g[\varphi(u)]=g(x).$$

于是

$$\int g(x)\,\mathrm{d}x=G[\varphi^{-1}(x)]+c.$$

证毕

在第二类换元积分法中,为了保证 $x=\varphi(u)$ 的反函数存在,通常总取 φ 为严格单调的.

例 3.2.16　计算 $\displaystyle\int\frac{\mathrm{d}x}{1-\sqrt{x}}$.

解　为了克服分母中 $\sqrt{x}$ 带来的困难,可作变换 $u=\sqrt{x}$,即令 $x=u^2\ (u>0)$,则 $\mathrm{d}x=2u\mathrm{d}u$. 因此

$$\begin{aligned}\int\frac{\mathrm{d}x}{1-\sqrt{x}}&=\int\frac{2u\mathrm{d}u}{1-u}\\&=2\int\frac{(u-1)+1}{1-u}\mathrm{d}u=-2\left[\int\mathrm{d}u+\int\frac{\mathrm{d}(1-u)}{1-u}\right]\\&=-2(u+\ln|1-u|)+c.\end{aligned}$$

再将积分变量 u 换回 $\sqrt{x}$,得

$$\int\frac{\mathrm{d}x}{1-\sqrt{x}}=-2(\sqrt{x}+\ln|1-\sqrt{x}|)+c.$$

由上例可见,实施第二类换元积分法的过程为:作变换 $x=\varphi(u)$,则有

$$\begin{aligned}\int g(x)\,\mathrm{d}x&=\int g[\varphi(u)]\varphi'(u)\,\mathrm{d}u\\&=G(u)+c=G[\varphi^{-1}(x)]+c.\end{aligned}$$

即先把关于 x 的积分化为关于 u 的积分,求出该积分,再还原为关于 x 的函数.

例 3.2.17　计算 $\displaystyle\int\frac{\mathrm{d}x}{\sqrt{x}+\sqrt[3]{x}}$.

解　为了克服由根式带来的困难,这里可作变换 $x=t^6\ (t>0)$,于是 $\mathrm{d}x=6t^5\mathrm{d}t$. 因此

$$\begin{aligned}\int\frac{\mathrm{d}x}{\sqrt{x}+\sqrt[3]{x}}&=\int\frac{6t^5\mathrm{d}t}{t^3+t^2}=6\int\frac{t^3}{t+1}\mathrm{d}t\\&=6\int\left(t^2-t+1-\frac{1}{t+1}\right)\mathrm{d}t\\&=6\left(\frac{t^3}{3}-\frac{t^2}{2}+t-\ln|t+1|\right)+c\\&=2\sqrt{x}-3\sqrt[3]{x}+6\sqrt[6]{x}-6\ln(\sqrt[6]{x}+1)+c.\end{aligned}$$

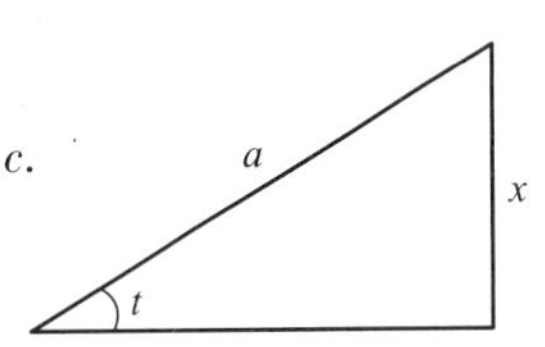

图 3.2.1

例 3.2.18　计算 $I=\displaystyle\int\sqrt{a^2-x^2}\,\mathrm{d}x\quad(a>0)$.

解　作变换(见图 3.2.1)

$$x=a\sin t,\quad -\frac{\pi}{2}<t<\frac{\pi}{2},$$

则有 $dx=a\cos t dt, t=\arcsin\frac{x}{a}, \sqrt{a^2-x^2}=a\cos t$. 于是

$$\begin{aligned}I&=\int a\cos t\cdot a\cos t dt=a^2\int\cos^2 t dt\\&=\frac{a^2}{2}\int(1+\cos 2t)dt=\frac{a^2}{2}\left(t+\frac{1}{2}\sin 2t\right)+c\\&=\frac{a^2}{2}(t+\sin t\cos t)+c\\&=\frac{a^2}{2}\left[\arcsin\frac{x}{a}+\frac{x}{a}\cdot\frac{\sqrt{a^2-x^2}}{a}\right]+c\\&=\frac{x}{2}\sqrt{a^2-x^2}+\frac{a^2}{2}\arcsin\frac{x}{a}+c.\end{aligned}$$

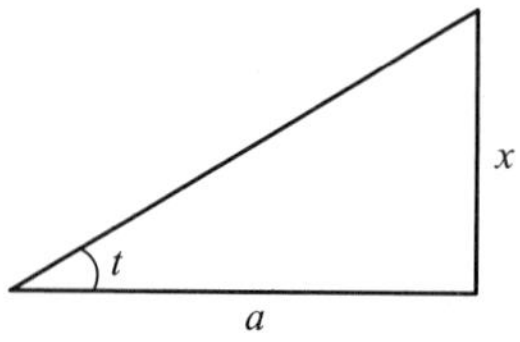

图 3.2.2

例 3.2.19　计算 $I=\int\frac{1}{\sqrt{x^2+a^2}}dx\quad(a>0)$.

解　作变换(见图 3.2.2)

$$x=a\tan t,\quad -\frac{\pi}{2}<t<\frac{\pi}{2},$$

则有 $dx=a\sec^2 t dt, \sqrt{a^2+x^2}=a\sec t$. 于是

$$\begin{aligned}I&=\int\frac{a\sec^2 t dt}{a\sec t}=\int\sec t dt=\ln(\sec t+\tan t)+c\\&=\ln\left(\frac{\sqrt{a^2+x^2}}{a}+\frac{x}{a}\right)+c=\ln(\sqrt{x^2+a^2}+x)+c.\end{aligned}$$

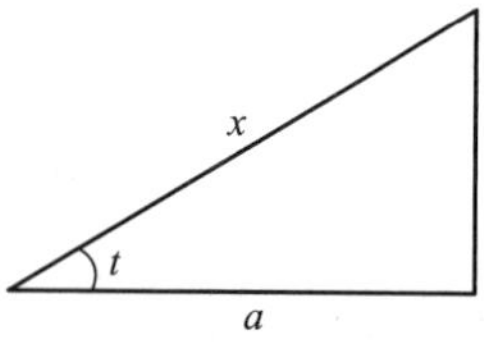

图 3.2.3

例 3.2.20　计算 $I=\int\frac{1}{\sqrt{x^2-a^2}}dx\quad(a>0)$.

解　作变换(见图 3.2.3)

$$x=a\sec t,\quad t\in\left(0,\frac{\pi}{2}\right)\cup\left(\pi,\frac{3\pi}{2}\right),$$

则有 $dx=a\sec t\tan t dt, \sqrt{x^2-a^2}=a\tan t$. 于是

$$\begin{aligned}I&=\int\frac{a\sec t\tan t dt}{a\tan t}=\int\sec t dt=\ln|\sec t+\tan t|+c\\&=\ln\left|\frac{x}{a}+\frac{\sqrt{x^2-a^2}}{a}\right|+c=\ln|x+\sqrt{x^2-a^2}|+c.\end{aligned}$$

这个例子中 t 的变化范围 $t\in\left(0,\frac{\pi}{2}\right)\cup\left(\pi,\frac{3\pi}{2}\right)$，既可使 $\varphi(t)=a\sec t$ 单调地取遍了 $(-\infty,-a)\cup(a,+\infty)$ 的值，也保证了 $\sqrt{x^2-a^2}=a\tan t$.

一般地，为了保证换元的合理性，通常取变换函数 φ 为某初等函数在若干单调区间上的限制，φ 的值域应与原被积函数的定义域一致. 为简化叙述，这一点今后将作为自然约定而

不单独列出.

例 3.2.19 和例 3.2.20 的结果可合并表述为

$$\int \frac{dx}{\sqrt{x^2 \pm a^2}} = \ln|x + \sqrt{x^2 \pm a^2}| + c.$$

读者应把它补充列入积分公式表中.

例 3.2.21　计算 $I = \int \frac{x-2}{\sqrt{x^2-2x-3}} dx$.

解　$$I = \frac{1}{2}\int \frac{2x-2}{\sqrt{x^2-2x-3}} dx - \int \frac{dx}{\sqrt{x^2-2x-3}}$$

$$= \frac{1}{2}\int \frac{(x^2-2x-3)'dx}{\sqrt{x^2-2x-3}} - \int \frac{d(x-1)}{\sqrt{(x-1)^2-4}}$$

$$= \sqrt{x^2-2x-3} - \ln|x-1+\sqrt{x^2-2x-3}| + c.$$

读者应通过一定数量的练习来体会换元积分法的技巧.

分部积分法

设 $u=u(x), v=v(x)$ 具有连续导数,由乘积求导公式 $(uv)'=u'v+uv'$ 得

$$uv' = (uv)' - u'v.$$

两边作用以微分运算的逆运算,得

$$\int uv'dx = \int (uv)'dx - \int u'vdx = uv - \int u'vdx,$$

即

$$\int udv = uv - \int vdu.$$

这就是**分部积分公式**.

当 $\int vdu$ 比 $\int udv$ 容易计算时,就可利用分部积分公式,先计算 $\int vdu$,进而得到 $\int udv$.

例 3.2.22　求(1) $\int \ln x dx$;　(2) $\int \arcsin x dx$.

解　(1) 取 $u=\ln x, v=x$. 运用分部积分公式得

$$\int \ln x dx = x\ln x - \int x d\ln x$$

$$= x\ln x - \int x \cdot \frac{1}{x} dx$$

$$= x\ln x - x + c.$$

(2) 取 $u=\arcsin x, v=x$. 运用分部积分公式,得

$$\int \arcsin x dx = x\arcsin x - \int \frac{xdx}{\sqrt{1-x^2}}$$

$$= x\arcsin x + \int d\sqrt{1-x^2}$$

$$= x\arcsin x + \sqrt{1-x^2} + c.$$

例 3.2.23　求(1) $\int x\cos 2x\mathrm{d}x$；　(2) $\int x^2\mathrm{e}^x\mathrm{d}x$.

解　(1) 因为 $x\cos 2x\mathrm{d}x=\frac{1}{2}x\mathrm{d}\sin 2x$，取 $u=x, v=\sin 2x$，运用分部积分公式得

$$\begin{aligned}\int x\cos 2x\mathrm{d}x &= \frac{1}{2}\int x\mathrm{d}\sin 2x\\ &= \frac{1}{2}\left(x\sin 2x-\int\sin 2x\mathrm{d}x\right)\\ &= \frac{1}{2}x\sin 2x+\frac{1}{4}\cos 2x+c.\end{aligned}$$

(2) 因为 $x^2\mathrm{e}^x\mathrm{d}x=x^2\mathrm{d}\mathrm{e}^x$，取 $u=x^2, v=\mathrm{e}^x$，得

$$\begin{aligned}\int x^2\mathrm{e}^x\mathrm{d}x &= \int x^2\mathrm{d}\mathrm{e}^x = x^2\mathrm{e}^x-\int\mathrm{e}^x\mathrm{d}(x^2)\\ &= x^2\mathrm{e}^x-2\int x\mathrm{e}^x\mathrm{d}x.\end{aligned}$$

对后一积分再次作分部积分，即取 $u=x, v=\mathrm{e}^x$，则得

$$\int x\mathrm{e}^x\mathrm{d}x=\int x\mathrm{d}\mathrm{e}^x=x\mathrm{e}^x-\int\mathrm{e}^x\mathrm{d}x=x\mathrm{e}^x-\mathrm{e}^x+c.$$

代入原积分的计算，即得

$$\int x^2\mathrm{e}^x\mathrm{d}x=(x^2-2x+2)\mathrm{e}^x+c.$$

读者熟悉分部积分法后，可直接演算而不必另行列出 u, v 的表达式.

例 3.2.24　计算 $\int\frac{x\mathrm{e}^x}{(1+x)^2}\mathrm{d}x$.

解　运用分部积分公式，得

$$\begin{aligned}\int\frac{x\mathrm{e}^x}{(1+x)^2}\mathrm{d}x &= -\int x\mathrm{e}^x\mathrm{d}\frac{1}{1+x}\\ &= -\frac{x\mathrm{e}^x}{1+x}+\int\frac{\mathrm{d}(x\mathrm{e}^x)}{1+x}=-\frac{x\mathrm{e}^x}{1+x}+\int\mathrm{e}^x\mathrm{d}x\\ &= -\frac{x\mathrm{e}^x}{1+x}+\mathrm{e}^x+c=\frac{\mathrm{e}^x}{1+x}+c.\end{aligned}$$

例 3.2.25　计算 $\int\sqrt{x^2+a^2}\mathrm{d}x$.

解　运用分部积分公式，可得

$$\begin{aligned}\int\sqrt{x^2+a^2}\mathrm{d}x &= x\sqrt{x^2+a^2}-\int x\mathrm{d}\sqrt{x^2+a^2}\\ &= x\sqrt{x^2+a^2}-\int\frac{x^2}{\sqrt{x^2+a^2}}\mathrm{d}x\\ &= x\sqrt{x^2+a^2}-\int\frac{(x^2+a^2)-a^2}{\sqrt{x^2+a^2}}\mathrm{d}x\\ &= x\sqrt{x^2+a^2}+a^2\ln\left(x+\sqrt{x^2+a^2}\right)-\int\sqrt{x^2+a^2}\mathrm{d}x.\end{aligned}$$

上式右端又出现了所要求的积分 $\int\sqrt{x^2+a^2}\,\mathrm{d}x$，把它移项至左端，两边除以 2，即得

$$\int\sqrt{x^2+a^2}\,\mathrm{d}x=\frac{1}{2}\left[x\sqrt{x^2+a^2}+a^2\ln\left(x+\sqrt{x^2+a^2}\right)\right]+c.$$

注　本题的方法还可以用来求 $\int\sec^3 t\mathrm{d}t$，读者可由 $\int\sec^3 t\mathrm{d}t=\int\sec t\mathrm{d}\tan t$ 用分部积分作计算.

例 3.2.26　计算 $\int \mathrm{e}^{ax}\sin bx\mathrm{d}x\quad(ab\neq 0)$.

解　连续运用分部积分公式，得

$$\begin{aligned}\int \mathrm{e}^{ax}\sin bx\mathrm{d}x&=\frac{1}{a}\int\sin bx\mathrm{d}\mathrm{e}^{ax}\\&=\frac{1}{a}\left(\mathrm{e}^{ax}\sin bx-b\int\mathrm{e}^{ax}\cos bx\mathrm{d}x\right)\\&=\frac{1}{a}\mathrm{e}^{ax}\sin bx-\frac{b}{a^2}\int\cos bx\mathrm{d}\mathrm{e}^{ax}\\&=\frac{1}{a}\mathrm{e}^{ax}\sin bx-\frac{b}{a^2}\left(\mathrm{e}^{ax}\cos bx+b\int\mathrm{e}^{ax}\sin bx\mathrm{d}x\right).\end{aligned}$$

上式右端也出现了所要求的积分 $\int\mathrm{e}^{ax}\sin bx\mathrm{d}x$，把它移至左端，整理后可得

$$\int\mathrm{e}^{ax}\sin bx\mathrm{d}x=\frac{\mathrm{e}^{ax}}{a^2+b^2}(a\sin bx-b\cos bx)+c.$$

同理，可计算得

$$\int\mathrm{e}^{ax}\cos bx\mathrm{d}x=\frac{\mathrm{e}^{ax}}{a^2+b^2}(b\sin bx+a\cos bx)+c.$$

在介绍了计算不定积分的主要方法后，在本节的下半部分，我们再介绍三个原函数是初等函数的重要函数类的积分.

有理函数的积分

多项式之商称为有理函数，这是一类有广泛应用的函数．下面说明有理函数的原函数是由有理函数、对数函数和反正切函数组成的初等函数.

设 $P_m(x)$ 和 $Q_n(x)$ 分别是 m 次和 n 次多项式．当我们讨论 $\frac{P_m(x)}{Q_n(x)}$ 的不定积分时，不妨限于 $m<n$，即所谓**真分式**的情况．不然的话，可以通过多项式除法，把它化为多项式与真分式之和，其中多项式部分的积分自然毫无困难．真分式部分的积分的关键在于再把它拆成几个简单分式的代数和．这一技巧称之为真分式的**部分分式分解**．下面就来说明这个技巧.

由代数学基本定理，n 次多项式 $Q_n(x)$ 恰有 n 个根．由于这里的 $Q_n(x)$ 是实系数多项式，所以它的根或为实数，或为成对出现的共轭复根．如果在实数域上作 $Q_n(x)$ 的因式分解，则其因子或为

$$(x-a)^k \quad (k\geqslant 1),$$

或为

$$(x^2+\alpha x+\beta)^k \quad (\alpha^2-4\beta<0, k\geqslant 1).$$

相应地，有理函数$\dfrac{P_m(x)}{Q_n(x)}(m<n)$可分解为下述两种简单分式之和：即

$$\frac{A_1}{x-a}+\frac{A_2}{(x-a)^2}+\cdots+\frac{A_k}{(x-a)^k}$$

和

$$\frac{B_1x+C_1}{x^2+\alpha x+\beta}+\frac{B_2x+C_2}{(x^2+\alpha x+\beta)^2}+\cdots+\frac{B_kx+C_k}{(x^2+\alpha x+\beta)^k},$$

这就是部分分式分解的形式.

下面将通过具体例子说明如何确定待定系数，作出有理函数的部分分式分解，进而求出其不定积分.

例 3.2.27　计算积分$\displaystyle\int\frac{x^2+1}{(x+1)(x-2)^2}\mathrm{d}x$.

解　被积函数有以下待定形式：

$$\frac{x^2+1}{(x+1)(x-2)^2}=\frac{A}{x+1}+\frac{B}{x-2}+\frac{C}{(x-2)^2}.$$

右端通分后，比较左、右两边的分子，即得

$$x^2+1=A(x-2)^2+B(x+1)(x-2)+C(x+1).$$

再把右端展开，比较左、右两边同次幂项的系数，即可求得 A,B,C.

为求 A,B,C 也可采取另一方法：在上式中，取 $x=-1$ 得 $9A=2$，故 $A=\dfrac{2}{9}$，再取 $x=2$，得 $5=3C$，故 $C=\dfrac{5}{3}$. 最后，再任取一个 x 值，例如取 $x=0$，即得 $B=\dfrac{7}{9}$.

于是，有

$$\begin{aligned}\int\frac{x^2+1}{(x+1)(x-2)^2}\mathrm{d}x&=\int\left[\frac{2}{9}\cdot\frac{1}{x+1}+\frac{7}{9}\cdot\frac{1}{x-2}+\frac{5}{3}\cdot\frac{1}{(x-2)^2}\right]\mathrm{d}x\\&=\frac{1}{9}\left(2\ln|x+1|+7\ln|x-2|-\frac{15}{x-2}\right)+c.\end{aligned}$$

例 3.2.28　计算$\displaystyle\int\frac{\mathrm{d}x}{x^4+1}$.

解　因为

$$x^4+1=(x^2+1)^2-(\sqrt{2}x)^2=(x^2+\sqrt{2}x+1)(x^2-\sqrt{2}x+1),$$

所以，被积函数有以下待定形式：

$$\frac{1}{x^4+1}=\frac{Ax+B}{x^2+\sqrt{2}x+1}+\frac{Cx+D}{x^2-\sqrt{2}x+1}.$$

右端通分，比较两边分子同次幂的系数，得到

$$\begin{cases} A+C=0, \\ -\sqrt{2}A+B+\sqrt{2}C+D=0, \\ A-\sqrt{2}B+C+\sqrt{2}D=0, \\ B+D=1. \end{cases}$$

解此方程组,得

$$A=\frac{\sqrt{2}}{4},\quad B=\frac{1}{2},\quad C=-\frac{\sqrt{2}}{4},\quad D=\frac{1}{2}.$$

所以

$$\int \frac{\mathrm{d}x}{x^4+1}=\frac{\sqrt{2}}{4}\left(\int \frac{x+\sqrt{2}}{x^2+\sqrt{2}x+1}\mathrm{d}x-\int \frac{x-\sqrt{2}}{x^2-\sqrt{2}x+1}\mathrm{d}x\right)$$

$$=\frac{\sqrt{2}}{8}\int \frac{\mathrm{d}(x^2+\sqrt{2}x+1)}{x^2+\sqrt{2}x+1}+\frac{1}{4}\int \frac{\mathrm{d}\left(x+\frac{\sqrt{2}}{2}\right)}{\left(x+\frac{\sqrt{2}}{2}\right)^2+\left(\frac{\sqrt{2}}{2}\right)^2}-$$

$$\frac{\sqrt{2}}{8}\int \frac{\mathrm{d}(x^2-\sqrt{2}x+1)}{x^2-\sqrt{2}x+1}+\frac{1}{4}\int \frac{\mathrm{d}\left(x-\frac{\sqrt{2}}{2}\right)}{\left(x-\frac{\sqrt{2}}{2}\right)^2+\left(\frac{\sqrt{2}}{2}\right)^2}$$

$$=\frac{\sqrt{2}}{8}\ln\left|\frac{x^2+\sqrt{2}x+1}{x^2-\sqrt{2}x+1}\right|+\frac{\sqrt{2}}{4}\arctan(\sqrt{2}x+1)+$$

$$\frac{\sqrt{2}}{4}\arctan(\sqrt{2}x-1)+c.$$

本例还可用更巧妙的技巧求解:当 $x\neq 0$ 时,

$$\int \frac{\mathrm{d}x}{x^4+1}=\frac{1}{2}\int \frac{x^2+1}{x^4+1}\mathrm{d}x-\frac{1}{2}\int \frac{x^2-1}{x^4+1}\mathrm{d}x$$

$$=\frac{1}{2}\int \frac{1+\frac{1}{x^2}}{x^2+\frac{1}{x^2}}\mathrm{d}x-\frac{1}{2}\int \frac{1-\frac{1}{x^2}}{x^2+\frac{1}{x^2}}\mathrm{d}x$$

$$=\frac{1}{2}\int \frac{\mathrm{d}\left(x-\frac{1}{x}\right)}{\left(x-\frac{1}{x}\right)^2+(\sqrt{2})^2}-\frac{1}{2}\int \frac{\mathrm{d}\left(x+\frac{1}{x}\right)}{\left(x+\frac{1}{x}\right)^2-(\sqrt{2})^2}$$

$$=\frac{\sqrt{2}}{4}\arctan\frac{x-\frac{1}{x}}{\sqrt{2}}-\frac{\sqrt{2}}{8}\ln\left|\frac{x+\frac{1}{x}-\sqrt{2}}{x+\frac{1}{x}+\sqrt{2}}\right|+c.$$

可以验证以上两种方法获得的结果是一致的. 由此可见,部分分式方法虽然普遍适用于有理函数的积分，但计算量甚大，因此对具体问题宜灵活处置.

最后，我们在 $\alpha^2-4\beta<0$ 的条件下讨论不定积分

$$\int \frac{(Bx+C)\mathrm{d}x}{(x^2+\alpha x+\beta)^k}$$

的计算方法.

因为 $x^2+\alpha x+\beta=\left(x+\frac{\alpha}{2}\right)^2+\beta-\frac{\alpha^2}{4}$，记 $a=\sqrt{\beta-\frac{\alpha^2}{4}}$，并作换元 $t=x+\frac{\alpha}{2}$ 可得

$$\begin{aligned}\int \frac{Bx+C}{(x^2+\alpha x+\beta)^k}\mathrm{d}x &= \int \frac{Bt+\left(C-\frac{B\alpha}{2}\right)}{(t^2+a^2)^k}\mathrm{d}t \\ &= B\int \frac{t\mathrm{d}t}{(t^2+a^2)^k}+\left(C-\frac{B\alpha}{2}\right)\int \frac{\mathrm{d}t}{(t^2+a^2)^k}.\end{aligned}$$

前一积分可用凑微分的方法求得，第二个积分当 $k=1$ 时由基本积分公式可解，所以只要讨论 $k>1$ 时的积分

$$I_k=\int \frac{\mathrm{d}t}{(t^2+a^2)^k}.$$

对于 I_k，作被积函数的恒等变形，再利用分部积分公式，即得

$$\begin{aligned}I_k &= \frac{1}{a^2}\int \frac{t^2+a^2-t^2}{(t^2+a^2)^k}\mathrm{d}t \\ &= \frac{1}{a^2}\left[I_{k-1}-\frac{1}{2(1-k)}\int t\mathrm{d}\frac{1}{(t^2+a^2)^{k-1}}\right] \\ &= \frac{1}{a^2}I_{k-1}-\frac{1}{2a^2(1-k)}\left[\frac{t}{(t^2+a^2)^{k-1}}-\int \frac{\mathrm{d}t}{(t^2+a^2)^{k-1}}\right] \\ &= \frac{t}{2a^2(k-1)(t^2+a^2)^{k-1}}+\frac{2k-3}{2a^2(k-1)}I_{k-1}.\end{aligned}$$

这就得到了计算 I_k 的递推公式. 由于

$$I_1=\int \frac{\mathrm{d}t}{t^2+a^2}=\frac{1}{a}\arctan\frac{t}{a}+c,$$

所以用一次递推公式，可由 I_1 求得 I_2，再用一次递推公式，可得 I_3，使用 $k-1$ 次递推公式，便能求出 I_k.

某些无理函数的积分

某些无理函数的积分，可以通过适当的变量代换，化为有理函数的积分. 常见的一类积分形如

$$\int R\left(x,\sqrt[n]{\frac{ax+b}{cx+e}}\right)\mathrm{d}x \quad (ae-bc\neq 0),$$

其中 $R(x,y)$ 表示两个变量 x,y 的二元有理函数，即两个关于 x,y 的二元多项式之商.

作变量代换

$$t=\sqrt[n]{\frac{ax+b}{cx+e}},$$

则 $x=\varphi(t)=\dfrac{b-et^n}{ct^n-a}$，这是一个有理函数．由于有理函数的复合仍为有理函数，有理函数的导数也是有理函数，因而由

$$\int R\left(x,\sqrt[n]{\frac{ax+b}{cx+e}}\right)\mathrm{d}x=\int R(\varphi(t),t)\varphi'(t)\mathrm{d}t,$$

便将原积分化为关于 t 的有理函数的积分，用前面介绍的方法总可以将它求出来．

例 3.2.29　计算 $\displaystyle\int\frac{x\mathrm{d}x}{\sqrt{4x-3}}$.

解　令 $t=\sqrt{4x-3}$，则 $x=\dfrac{1}{4}(t^2+3)$，$\mathrm{d}x=\dfrac{t}{2}\mathrm{d}t$，所以

$$\int\frac{x\mathrm{d}x}{\sqrt{4x-3}}=\frac{1}{8}\int(t^2+3)\mathrm{d}t=\frac{t^3}{24}+\frac{3}{8}t+c=\frac{\sqrt{4x-3}}{12}(2x+3)+c.$$

例 3.2.30　计算 $\displaystyle\int\frac{1}{\sqrt[3]{(x-1)(x+1)^2}}\mathrm{d}x$.

解　首先，把原积分变形为

$$\int\frac{1}{x+1}\sqrt[3]{\frac{x+1}{x-1}}\mathrm{d}x.$$

于是，可作变量代换 $t=\sqrt[3]{\dfrac{x+1}{x-1}}$，这样

$$x=\frac{t^3+1}{t^3-1},\quad \mathrm{d}x=\frac{-6t^2}{(t^3-1)^2}\mathrm{d}t.$$

由此得

$$\begin{aligned}\int\frac{\mathrm{d}x}{\sqrt[3]{(x-1)(x+1)^2}}&=\int\frac{1}{x+1}\sqrt[3]{\frac{x+1}{x-1}}\mathrm{d}x\\&=-3\int\frac{\mathrm{d}t}{t^3-1}=\int\left(\frac{t+2}{t^2+t+1}-\frac{1}{t-1}\right)\mathrm{d}t\\&=\sqrt{3}\arctan\frac{2t+1}{\sqrt{3}}+\frac{1}{2}\ln\frac{t^2+t+1}{(t-1)^2}+c\\&=\sqrt{3}\arctan\frac{2\sqrt[3]{x+1}+\sqrt[3]{x-1}}{\sqrt{3}\sqrt[3]{x-1}}-\\&\quad\frac{3}{2}\ln(\sqrt[3]{x+1}-\sqrt[3]{x-1})+c.\end{aligned}$$

对于形如 $\int R(x,\sqrt{ax^2+bx+c})\mathrm{d}x$ 的积分，也可以通过变量代换化为有理函数的积分，这里我们无意作一般讨论．只是要指出，此类积分有时可用被积函数恒等变形的方法，另辟蹊径，直接求解．

例 3.2.31 计算 $\int \frac{\mathrm{d}x}{x\sqrt{8x^2+2x-1}}\ \left(x>\frac{1}{4}\right)$.

解 显然，当 $x>\frac{1}{4}$ 时有

$$\int \frac{\mathrm{d}x}{x\sqrt{8x^2+2x-1}}=\int \frac{\mathrm{d}x}{x^2\sqrt{8+\frac{2}{x}-\frac{1}{x^2}}}.$$

令 $t=\frac{1}{x}$，则

$$\int \frac{\mathrm{d}x}{x\sqrt{8x^2+2x-1}}=-\int \frac{\mathrm{d}t}{\sqrt{8+2t-t^2}}=-\int \frac{\mathrm{d}(t-1)}{\sqrt{9-(t-1)^2}}$$

$$=-\arcsin\frac{t-1}{3}+c=-\arcsin\frac{1-x}{3x}+c.$$

三角函数有理式的积分

三角函数有理式指形如 $R(\sin x,\cos x)$ 的函数，其中 $R(u,v)$ 是二元有理函数. 任何三角函数有理式的积分都可以通过**万能代换**

$$t=\tan\frac{x}{2}\quad (x\in(-\pi,\pi))$$

化为关于 t 的有理函数的积分. 这是因为此时

$$x=2\arctan t,$$

$$\mathrm{d}x=\frac{2}{1+t^2}\mathrm{d}t,$$

$$\sin x=2\sin\frac{x}{2}\cos\frac{x}{2}=\frac{2\tan\frac{x}{2}}{1+\tan^2\frac{x}{2}}=\frac{2t}{1+t^2},$$

$$\cos x=\cos^2\frac{x}{2}-\sin^2\frac{x}{2}=\frac{1-\tan^2\frac{x}{2}}{1+\tan^2\frac{x}{2}}=\frac{1-t^2}{1+t^2}.$$

所以

$$\int R(\sin x,\cos x)\,\mathrm{d}x=\int R\left(\frac{2t}{1+t^2},\frac{1-t^2}{1+t^2}\right)\frac{2\mathrm{d}t}{1+t^2}.$$

等式右边的积分便是关于 t 的有理函数的积分.

例 3.2.32 求 $\int \frac{\mathrm{d}x}{a+b\cos x}$，其中 $a>b>0$.

解　作万能代换 $t=\tan\dfrac{x}{2}$，得

$$\int\frac{\mathrm{d}x}{a+b\cos x}=\int\frac{1}{a+b\dfrac{1-t^2}{1+t^2}}\frac{2}{1+t^2}\mathrm{d}t$$

$$=2\int\frac{\mathrm{d}t}{(a+b)+(a-b)t^2}$$

$$=\frac{2}{\sqrt{a^2-b^2}}\arctan\sqrt{\frac{a-b}{a+b}}t+c$$

$$=\frac{2}{\sqrt{a^2-b^2}}\arctan\left(\sqrt{\frac{a-b}{a+b}}\tan\frac{x}{2}\right)+c.$$

不难看到，万能代换虽然“万能”，却也带来复杂的计算，人们一般不轻易使用．实际上，在某些具体情况下，还有更便捷的方法．读者可在下面的例子中体会这一点．

例 3.2.33　计算 $\displaystyle\int\frac{\cot x\mathrm{d}x}{1+\sin x}$.

解　如用万能代换 $t=\tan\dfrac{x}{2}$，则 $\cot x=\dfrac{\cos x}{\sin x}=\dfrac{1-t^2}{2t}$．于是

$$\int\frac{\cot x\mathrm{d}x}{1+\sin x}=\int\frac{\dfrac{1-t^2}{2t}\dfrac{2}{1+t^2}\mathrm{d}t}{1+\dfrac{2t}{1+t^2}}$$

$$=\int\frac{1-t^2}{t^3+2t^2+t}\mathrm{d}t=\int\frac{1-t}{(t+1)t}\mathrm{d}t$$

$$=\int\left(\frac{1}{t}-\frac{2}{t+1}\right)\mathrm{d}t=\ln\frac{|t|}{(t+1)^2}+c$$

$$=\ln\frac{\left|\tan\dfrac{x}{2}\right|}{\left(\tan\dfrac{x}{2}+1\right)^2}+c.$$

但是，若用三角变形和第一类换元积分法，则有

$$\int\frac{\cot x\mathrm{d}x}{1+\sin x}=\int\frac{\cos x\mathrm{d}x}{\sin x(1+\sin x)}$$

$$=\int\left(\frac{1}{\sin x}-\frac{1}{1+\sin x}\right)\mathrm{d}(\sin x)$$

$$=\ln\left|\frac{\sin x}{1+\sin x}\right|+c.$$

这个计算过程简洁，结果也更为明快．

例 3.2.34　计算 $\displaystyle\int\frac{\cos^2 x}{2-\sin^2 x}\mathrm{d}x,\ x\in\left(-\frac{\pi}{2},\frac{\pi}{2}\right)$.

解 $\displaystyle\int\frac{\cos^2 x}{2-\sin^2 x}dx=\int\frac{1}{(\tan^2 x+2)(\tan^2 x+1)}d(\tan x)$

$$=\int\frac{d\tan x}{1+\tan^2 x}-\int\frac{d\tan x}{2+\tan^2 x}$$

$$=\arctan(\tan x)-\frac{1}{\sqrt{2}}\arctan\frac{\tan x}{\sqrt{2}}+c$$

$$=x-\frac{1}{\sqrt{2}}\arctan\frac{\tan x}{\sqrt{2}}+c.$$

应当指出,初等函数的集合对求导运算是封闭的,但对不定积分的运算却不封闭,即许多初等函数的原函数并非初等函数. 例如已经证明下列函数:

$$\frac{\sin x}{x},\quad \sin x^2,\quad \frac{e^x}{x},\quad \frac{1}{\ln x},\quad e^{\pm x^2},\quad \sqrt{1-\varepsilon\sin^2 t}\quad (0<\varepsilon<1),$$

其原函数都不能由初等函数来表示. 因而,本课程介绍的不定积分计算方法难免有一定的局限性,即仅限于原函数为初等函数的问题. 至于与原函数为非初等函数情况相应的定积分,则可用后面要介绍的数值积分的方法来计算.

习　题

1. 计算下列不定积分:

(1) $\int\sqrt[n]{x^m}\,dx$;　　(2) $\int(x^2-x^{-2})\sqrt{x\sqrt{x}}\,dx$;

(3) $\int\frac{x^2-1}{x^2+1}dx$;　　(4) $\int 3^x e^x dx$;

(5) $\int e^x(x^2e^{-x}+2)dx$;　　(6) $\int\left(\cot^2 x+\frac{3}{\sqrt{1-x^2}}\right)dx$;

(7) $\int(3\sinh x+4\cosh x)dx$;　　(8) $\int\frac{1}{\sin^2 x\cos^2 x}dx$.

2. 计算下列不定积分:

(1) $\int\frac{dx}{x^2+2}$;　　(2) $\int\frac{10x^2}{(x^3+1)^2}dx$;

(3) $\int\frac{x\,dx}{\sqrt{4x^2+9}}$;　　(4) $\int\frac{2x+3x^2}{4+x^2+x^3}dx$;

(5) $\int\frac{e^x}{\sqrt{1+2e^x}}dx$;　　(6) $\int x(e^{x^2}+2)dx$;

(7) $\int x^{-2}e^{\frac{1}{x}}dx$;　　(8) $\int\frac{dx}{e^x+e^{-x}}$;

(9) $\int\frac{x\,dx}{\sqrt{4-25x^2}}$;　　(10) $\int\frac{dx}{x\ln x\ln(\ln x)}$;

(11) $\int\frac{2^x}{\sqrt{4-4^x}}dx$;　　(12) $\int\frac{\arctan x}{1+x^2}dx$;

(13) $\int\sqrt{\frac{\arcsin x}{1-x^2}}\mathrm{d}x$；　　(14) $\int\frac{x^2}{3-x^2}\mathrm{d}x$；

(15) $\int\frac{x\mathrm{d}x}{x^2+x-6}$；　　(16) $\int\frac{x+1}{\sqrt{3+2x-x^2}}\mathrm{d}x$.

3. 计算下列不定积分：

(1) $\int x\sqrt{x+1}\,\mathrm{d}x$；　　(2) $\int x\cdot\sqrt[3]{x+1}\,\mathrm{d}x$；

(3) $\int\sqrt{1-\mathrm{e}^x}\,\mathrm{d}x$；　　(4) $\int\frac{\mathrm{d}x}{\sqrt{1+\mathrm{e}^x}}$；

(5) $\int\frac{\sqrt{x^2-1}}{x}\mathrm{d}x$；　　(6) $\int\frac{\mathrm{d}x}{x\sqrt{4x^2+9}}$；

(7) $\int\frac{\mathrm{d}x}{x\sqrt{a^2-x^2}}$；　　(8) $\int\frac{\mathrm{d}x}{(1+x^2)^{3/2}}$；

(9) $\int\frac{\mathrm{d}x}{1+\sqrt{1+x}}$；　　(10) $\int\frac{\sqrt{x}}{\sqrt{x}-\sqrt[3]{x}}\mathrm{d}x$.

4. 计算下列不定积分：

(1) $\int\cos^4x\,\mathrm{d}x$；　　(2) $\int\tan^3x\,\mathrm{d}x$；

(3) $\int\frac{\mathrm{d}x}{1+\sin x}$；　　(4) $\int\frac{1}{1-\cos x}\mathrm{d}x$；

(5) $\int\frac{\sin 2x}{1+\sin^4x}\mathrm{d}x$；　　(6) $\int\frac{\sin^2x\cos x}{1+\sin^3x}\mathrm{d}x$；

(7) $\int\sin\alpha x\sin\beta x\,\mathrm{d}x\ (\alpha\neq\beta)$；　　(8) $\int\frac{\sin x\cos x\,\mathrm{d}x}{2\cos^2x+3\sin^2x}$.

5. 计算下列不定积分：

(1) $\int x\mathrm{e}^{-3x}\mathrm{d}x$；　　(2) $\int x\arctan x\,\mathrm{d}x$；

(3) $\int\frac{\ln x}{x^2}\mathrm{d}x$；　　(4) $\int(\arcsin x)^2\mathrm{d}x$；

(5) $\int x^2\sin 2x\,\mathrm{d}x$；　　(6) $\int x\mathrm{e}^x\sin x\,\mathrm{d}x$；

(7) $\int\frac{\arcsin x}{\sqrt{1-x}}\mathrm{d}x$；　　(8) $\int\frac{x\mathrm{d}x}{\sin^2x}$；

(9) $\int\frac{\ln\cos x}{\cos^2x}\sin x\,\mathrm{d}x$；　　(10) $\int\sin(\ln x)\,\mathrm{d}x$；

(11) $\int\frac{\arcsin\mathrm{e}^x}{\mathrm{e}^x}\mathrm{d}x$；　　(12) $\int\ln(x+\sqrt{1+x^2})\,\mathrm{d}x$；

(13) $\int\frac{x\arccos x}{(1-x^2)^{3/2}}\mathrm{d}x$；　　(14) $\int\frac{x\mathrm{e}^{2x}}{(1+2x)^2}\mathrm{d}x$.

6. 计算下列不定积分：

(1) $\int \frac{dx}{(x-2)(x+5)}$；　　(2) $\int \frac{x}{x^3-1}dx$；

(3) $\int \frac{x^4 dx}{x^4+5x^2+4}$；　　(4) $\int \frac{x^3+4x^2-4x-1}{(x^2+1)^2}dx$；

(5) $\int \frac{x^5}{x-1}dx$；　　(6) $\int \frac{dx}{(1+x^2)^3}$；

(7) $\int \frac{x dx}{(4x^2-4x+5)^2}$；　　(8) $\int \frac{x^7 dx}{(x^4+2)^3}$.

7. 计算下列不定积分：

(1) $\int \frac{dx}{1+\sin^2 x}$；　　(2) $\int \frac{dx}{\sin x\cos^4 x}$；

(3) $\int \frac{\sin x dx}{\sin x+\cos x}$；　　(4) $\int \frac{1-\tan x}{1+\tan x}dx$；

(5) $\int \frac{dx}{1+2\cos x}$；　　(6) $\int \frac{dx}{(2+\cos x)\sin x}$；

(7) $\int \frac{1+\sin x}{1+\cos x}dx$；　　(8) $\int \frac{dx}{2\sin x-\cos x+5}$.

8. 计算下列不定积分：

(1) $\int \frac{\sqrt{x+1}-\sqrt{x-1}}{\sqrt{x+1}+\sqrt{x-1}}dx$；　　(2) $\int \frac{dx}{\sqrt[3]{(x+1)^2(x-1)^4}}$；

(3) $\int \frac{x dx}{\sqrt[4]{x^3(1-x)}}$；　　(4) $\int \sqrt{4x^2+4x+5}\,dx$；

(5) $\int \frac{1-x+x^2}{\sqrt{1+x-x^2}}dx$；　　(6) $\int x\sqrt{x+x^2}\,dx$.

9. 计算下列不定积分：

(1) $\int \frac{\sqrt{1+\cos x}}{\sin x}dx$；　　(2) $\int \frac{dx}{x^6(1+x^2)}$；

(3) $\int \frac{\arctan\sqrt{x}}{\sqrt{x}(1+x)}dx$；　　(4) $\int \frac{dx}{\sqrt{1+e^{2x}}}$；

(5) $\int \frac{x\ln x}{(1+x^2)^2}dx$；　　(6) $\int \frac{\ln x}{(1+x^2)^{3/2}}dx$；

(7) $\int \frac{\sin^2 x}{\cos^6 x}dx$；　　(8) $\int \frac{dx}{x\sqrt{x^4+2x^2-1}}$.

10. 已知 $f(x)$ 的一个原函数为 $\frac{\sin x}{1+x\sin x}$，求 $\int f(x)f'(x)dx$.

11. 设 $f'(\sin^2 x)=\cos 2x+\tan^2 x$，求 $f(x)$.

12. 设 $f(\ln x)=\frac{\ln(1+x)}{x}$，求 $\int f(x)dx$.

§ 3　定积分的计算

在本章第一节中已给出了定积分计算的 Newton–Leibniz 公式：函数的定积分等于其原函数在积分区间两端取值之差，因而为求定积分似应先算出相应的不定积分．但定积分计算的目标毕竟并非原函数而是积分的值，所以计算不定积分时常用的分部积分及变量代换等技巧在这里应转变为直接适用于定积分计算的相应运算法则．

分部积分法

定理 3.3.1　设函数 u,v 在 $[a,b]$ 上具有连续导数，则

$$\int_a^b u(x)v'(x)\,\mathrm{d}x = u(x)v(x)\Big|_a^b - \int_a^b v(x)u'(x)\,\mathrm{d}x,$$

或

$$\int_a^b u(x)\,\mathrm{d}v(x) = u(x)v(x)\Big|_a^b - \int_a^b v(x)\,\mathrm{d}u(x).$$

对于等式 $uv'=(uv)'-u'v$ 在 $[a,b]$ 上取定积分，结合 Newton–Leibniz 公式，便可得上述定积分的**分部积分公式**．

例 3.3.1　求由曲线 $y=x\sin x(0\leqslant x\leqslant \pi)$ 和 x 轴围成的平面图形的面积 A（见图 3.3.1）．

解　由定积分的几何意义知，

$$\begin{aligned}A &= \int_0^{\pi} x\sin x\,\mathrm{d}x = -\int_0^{\pi} x\,\mathrm{d}\cos x\\ &= -x\cos x\Big|_0^{\pi} + \int_0^{\pi}\cos x\,\mathrm{d}x\\ &= \pi + \sin x\Big|_0^{\pi} = \pi.\end{aligned}$$

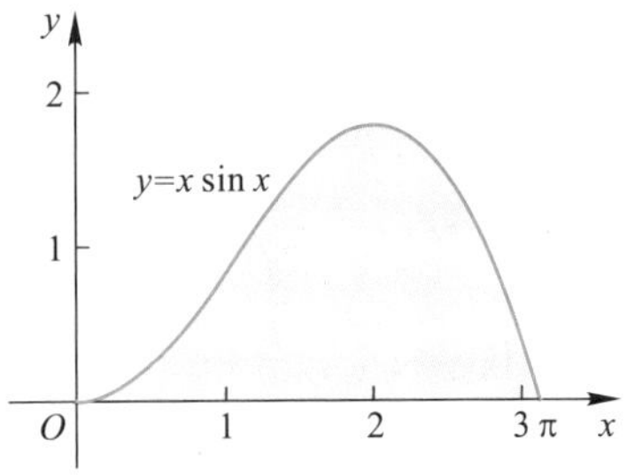

图 3.3.1

例 3.3.2　计算 $I_n=\int_0^{\frac{\pi}{2}}\sin^n x\,\mathrm{d}x$，其中 n 为非负整数．

解　显然，

$$I_0=\int_0^{\frac{\pi}{2}}\sin^0 x\,\mathrm{d}x=\frac{\pi}{2},$$

$$I_1=\int_0^{\frac{\pi}{2}}\sin x\,\mathrm{d}x=-\cos x\Big|_0^{\frac{\pi}{2}}=1.$$

而对 $n\geqslant 2$，有

$$\begin{aligned}I_n &= \int_0^{\frac{\pi}{2}}\sin^n x\,\mathrm{d}x = \int_0^{\frac{\pi}{2}}\sin^{n-1}x\sin x\,\mathrm{d}x\\ &= -\sin^{n-1}x\cos x\Big|_0^{\frac{\pi}{2}} + (n-1)\int_0^{\frac{\pi}{2}}\sin^{n-2}x\cos^2 x\,\mathrm{d}x\\ &= (n-1)\int_0^{\frac{\pi}{2}}\sin^{n-2}x(1-\sin^2 x)\,\mathrm{d}x\\ &= (n-1)(I_{n-2}-I_n).\end{aligned}$$

由此，可得递推关系

$$I_n=\frac{n-1}{n}I_{n-2},\quad n\geqslant 2.$$

结合 I_0 和 I_1 的结果，可得 $n\geqslant 2$ 时，

$$I_n=\begin{cases}\dfrac{(n-1)(n-3)\cdots 1}{n(n-2)\cdots 2}\cdot\dfrac{\pi}{2}, & n \text{ 为偶数},\\ \dfrac{(n-1)(n-3)\cdots 2}{n(n-2)\cdots 3}, & n \text{ 为奇数}.\end{cases}$$

换元积分法

从不定积分的换元法转换到**定积分的换元法**，要特别注意积分上、下限的对应关系.

定理 3.3.2　设 f 是 $[a,b]$ 上的连续函数，φ 是定义于 α 和 β 间的具有连续导数的函数，其值域含于 $[a,b]$，且 $a=\varphi(\alpha)$，$b=\varphi(\beta)$. 则

$$\int_a^b f(x)\,\mathrm{d}x=\int_\alpha^\beta f[\varphi(t)]\varphi'(t)\,\mathrm{d}t.$$

证　因为函数 f 连续，故存在原函数. 设 $F'=f$，于是

$$\frac{\mathrm{d}}{\mathrm{d}t}F[\varphi(t)]=f[\varphi(t)]\varphi'(t),$$

即 $F[\varphi(t)]$ 是 $f[\varphi(t)]\varphi'(t)$ 的原函数. 由 Newton-Leibniz 公式，可得

$$\int_a^b f(x)\,\mathrm{d}x=F(b)-F(a)$$

和

$$\int_\alpha^\beta f[\varphi(t)]\varphi'(t)\,\mathrm{d}t=F[\varphi(\beta)]-F[\varphi(\alpha)]=F(b)-F(a).$$

所以上述两个积分相等.

例 3.3.3　求半径为 r 的圆的面积.

解　设圆的中心在原点，则半径为 r 的圆周的方程为 $x^2+y^2=r^2$（见图 3.3.2）. 由对称性，只需求出圆在第一象限部分的面积. 圆周在第一象限部分的方程为

$$y=\sqrt{r^2-x^2},\quad 0\leqslant x\leqslant r.$$

因此，相应的面积为 $\int_0^r\sqrt{r^2-x^2}\,\mathrm{d}x$.

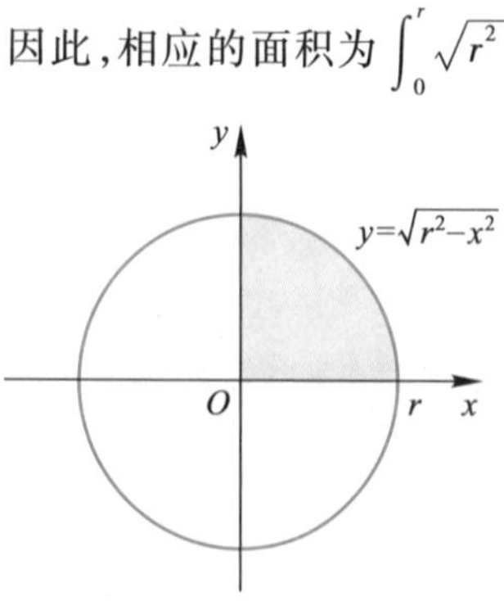

图 3.3.2

为计算这个积分，作变量代换 $x=r\sin t$，$t\in\left[0,\dfrac{\pi}{2}\right]$，于是，$\mathrm{d}x=r\cos t\mathrm{d}t$. 变量 x 对应的积分区间 $[0,r]$ 转换为变量 t 对应的积分区间 $\left[0,\dfrac{\pi}{2}\right]$，且 $t=0$ 时，$x=0$；$t=\dfrac{\pi}{2}$ 时 $x=r$. 这样

$$\int_0^r\sqrt{r^2-x^2}\,\mathrm{d}x=r^2\int_0^{\frac{\pi}{2}}\cos^2 t\mathrm{d}t=r^2\left(\frac{t}{2}+\frac{\sin 2t}{4}\right)\Bigg|_0^{\frac{\pi}{2}}=\frac{1}{4}\pi r^2.$$

所以，整个圆的面积 $A=\pi r^2$.

例 3.3.4　计算 $\int_1^2 \frac{\sqrt{x-1}}{x}\mathrm{d}x$.

解　令 $t=\sqrt{x-1}$,则 $x=t^2+1$,$\mathrm{d}x=2t\mathrm{d}t$. 显然当 $x=1$ 时,$t=0$;当 $x=2$ 时,$t=1$,于是

$$\int_1^2 \frac{\sqrt{x-1}}{x}\mathrm{d}x=\int_0^1 \frac{t}{t^2+1}\cdot 2t\mathrm{d}t$$

$$=2\int_0^1\left(1-\frac{1}{1+t^2}\right)\mathrm{d}t=2(t-\arctan t)\Big|_0^1=2\left(1-\frac{\pi}{4}\right).$$

例 3.3.5　计算 $I_n=\int_0^{\frac{\pi}{2}}\cos^n x\mathrm{d}x$, 其中 n 是非负整数.

解　作变量代换 $x=\frac{\pi}{2}-t$,于是

$$I_n=\int_0^{\frac{\pi}{2}}\sin^n t\mathrm{d}t.$$

右端积分的值见例 3.3.2.

要补充说明的是,如果在计算中使用的是凑微分的不定积分换元法,因为运算过程往往不另行写出中间变量,从而也无须引入中间变量的变化区间. 这就是说:如果 $\int f(u)\mathrm{d}u=F(u)+c$, 函数 g 在 $[a,b]$ 上连续可微,则

$$\int_a^b f[g(x)]g'(x)\mathrm{d}x=F[g(x)]\Big|_a^b.$$

例 3.3.6　计算 $\int_0^{\frac{\pi}{2}}\cos^5 x\sin x\mathrm{d}x$.

解　$$\int_0^{\frac{\pi}{2}}\cos^5 x\sin x\mathrm{d}x=-\int_0^{\frac{\pi}{2}}\cos^5 x\mathrm{d}\cos x$$

$$=-\frac{1}{6}\cos^6 x\Big|_0^{\frac{\pi}{2}}=\frac{1}{6}.$$

易知上面的运算实际上是通过变换 $u=\cos x$ 把原积分化为 $-u^5$ 的积分. 如果在这里把关于 x 的积分改写为关于 u 的积分,那么必须注意:原来 $\cos^5 x\sin x$ 关于 x 在 $\left[0,\frac{\pi}{2}\right]$ 上的积分换元后相应的是 $-u^5$ 关于 u 从 1 到 0 的积分,即

$$\int_0^{\frac{\pi}{2}}\cos^5 x\sin x\mathrm{d}x=-\int_1^0 u^5\mathrm{d}u=\int_0^1 u^5\mathrm{d}u=\frac{1}{6}.$$

例 3.3.7　计算 $\int_{-2}^{-\sqrt{2}}\frac{1}{x\sqrt{x^2-1}}\mathrm{d}x$.

解法一　作变量代换 $x=\sec t$,则 $\mathrm{d}x=\sec t\tan t\mathrm{d}t$. 显然当 $x=-2$ 时,$t=\frac{2}{3}\pi$;当 $x=-\sqrt{2}$ 时,$t=\frac{3}{4}\pi$,于是

$$\int_{-2}^{-\sqrt{2}}\frac{1}{x\sqrt{x^2-1}}\mathrm{d}x=\int_{\frac{2}{3}\pi}^{\frac{3}{4}\pi}\frac{\sec t\tan t}{\sec t(-\tan t)}\mathrm{d}t=-\int_{\frac{2}{3}\pi}^{\frac{3}{4}\pi}\mathrm{d}t=-\frac{\pi}{12}.$$

这个积分也可以用凑微分的方法计算.

解法二

$$\int_{-2}^{-\sqrt{2}} \frac{1}{x\sqrt{x^2-1}}\mathrm{d}x = \int_{-2}^{-\sqrt{2}} \frac{\mathrm{d}\left(\frac{1}{x}\right)}{\sqrt{1-\left(\frac{1}{x}\right)^2}} = \arcsin\frac{1}{x}\bigg|_{-2}^{-\sqrt{2}} = -\frac{\pi}{12}.$$

例 3.3.8　计算 $\int_0^{\ln 2}\sqrt{1-\mathrm{e}^{-2x}}\,\mathrm{d}x$.

解　作变量代换 $u=\sqrt{1-\mathrm{e}^{-2x}}$，即 $x=-\frac{1}{2}\ln(1-u^2)$，则 $\mathrm{d}x=\frac{u}{1-u^2}\mathrm{d}u$. 显然当$x=0$ 时，$u=0$；当 $x=\ln 2$ 时，$u=\frac{\sqrt{3}}{2}$，于是

$$\begin{aligned}\int_0^{\ln 2}\sqrt{1-\mathrm{e}^{-2x}}\,\mathrm{d}x &= \int_0^{\frac{\sqrt{3}}{2}} u\cdot\frac{u}{1-u^2}\mathrm{d}u = \int_0^{\frac{\sqrt{3}}{2}}\left(\frac{1}{1-u^2}-1\right)\mathrm{d}u \\ &= \left(\frac{1}{2}\ln\left|\frac{1+u}{1-u}\right|-u\right)\bigg|_0^{\frac{\sqrt{3}}{2}} = \ln(2+\sqrt{3})-\frac{\sqrt{3}}{2}.\end{aligned}$$

下面例 3.3.9 和例 3.3.12 的几何意义是明显的，它们往往可以用来简化积分的计算.

例 3.3.9　设 f 是$[-a,a]$上的连续函数$(a>0)$，则

(1) 当 f 是奇函数时，

$$\int_{-a}^{a} f(x)\,\mathrm{d}x = 0;$$

(2) 当 f 是偶函数时，

$$\int_{-a}^{a} f(x)\,\mathrm{d}x = 2\int_0^a f(x)\,\mathrm{d}x.$$

证　设 f 是奇函数，即 $f(-x)=-f(x)$，$x\in[-a,a]$. 于是

$$\int_{-a}^{a} f(x)\,\mathrm{d}x = \int_{-a}^{0} f(x)\,\mathrm{d}x + \int_0^a f(x)\,\mathrm{d}x.$$

对上式右端第一个积分作换元 $x=-t$，则有

$$\int_{-a}^{0} f(x)\,\mathrm{d}x = \int_a^0 f(-t)(-\mathrm{d}t) = -\int_0^a f(t)\,\mathrm{d}t,$$

所以 $\int_{-a}^{a} f(x)\,\mathrm{d}x = 0$. 类似地可以讨论偶函数的情况.

证毕

例 3.3.10　计算 $\int_{-\frac{\pi}{2}}^{\frac{\pi}{2}} \sin x(x^2\cos^6 2x + 2\sin x)\,\mathrm{d}x$.

解　由于 $x^2\cos^6 2x\sin x$ 是奇函数，$\sin^2 x$ 是偶函数，因此

$$\int_{-\frac{\pi}{2}}^{\frac{\pi}{2}} x^2\cos^6 2x\sin x\,\mathrm{d}x = 0,\quad \int_{-\frac{\pi}{2}}^{\frac{\pi}{2}} \sin^2 x\,\mathrm{d}x = 2\int_0^{\frac{\pi}{2}} \sin^2 x\,\mathrm{d}x.$$

于是

$$\int_{-\frac{\pi}{2}}^{\frac{\pi}{2}}\sin x(x^2\cos^6 2x+2\sin x)\mathrm{d}x=4\int_0^{\frac{\pi}{2}}\sin^2 x\mathrm{d}x$$

$$=2\int_0^{\frac{\pi}{2}}(1-\cos 2x)\mathrm{d}x=2\left(x-\frac{1}{2}\sin 2x\right)\Bigg|_0^{\frac{\pi}{2}}=\pi.$$

例 3.3.9 的结论实际上蕴含于以下更一般的结论中：对于 $[-a,a]$ $(a>0)$ 上的任何连续函数 f，总有

$$\int_{-a}^{a}f(x)\mathrm{d}x=\int_0^a[f(x)+f(-x)]\mathrm{d}x.$$

利用这个关系式，有时也可简化积分计算.

例 3.3.11　计算 $\int_{-\frac{\pi}{4}}^{\frac{\pi}{4}}\frac{1}{1+\sin x}\mathrm{d}x$.

解　由上面的公式得

$$\int_{-\frac{\pi}{4}}^{\frac{\pi}{4}}\frac{1}{1+\sin x}\mathrm{d}x=\int_0^{\frac{\pi}{4}}\left[\frac{1}{1+\sin x}+\frac{1}{1+\sin(-x)}\right]\mathrm{d}x$$

$$=2\int_0^{\frac{\pi}{4}}\frac{1}{1-\sin^2 x}\mathrm{d}x=2\tan x\Big|_0^{\frac{\pi}{4}}=2.$$

例 3.3.12　设 f 是以 T 为周期的连续函数，证明：对任何实数 a，成立

$$\int_a^{a+T}f(x)\mathrm{d}x=\int_0^T f(x)\mathrm{d}x.$$

证　显然

$$\int_a^{a+T}f(x)\mathrm{d}x=\int_a^T f(x)\mathrm{d}x+\int_T^{a+T}f(x)\mathrm{d}x.$$

对最后一个积分作换元 $x=t+T$，得

$$\int_T^{a+T}f(x)\mathrm{d}x=\int_0^a f(t+T)\mathrm{d}t=\int_0^a f(t)\mathrm{d}t.$$

因此

$$\int_a^{a+T}f(x)\mathrm{d}x=\int_a^T f(x)\mathrm{d}x+\int_0^a f(t)\mathrm{d}t$$

$$=\int_a^T f(x)\mathrm{d}x+\int_0^a f(x)\mathrm{d}x=\int_0^T f(x)\mathrm{d}x.$$

证毕

例 3.3.13　计算 $I=\int_{-1}^{1}\frac{1+x^2}{1+x^4}\mathrm{d}x$.

解　先计算不定积分．当 $x>0$ 或 $x<0$ 时，有

$$\int\frac{1+x^2}{1+x^4}\mathrm{d}x=\int\frac{1+\frac{1}{x^2}}{x^2+\frac{1}{x^2}}\mathrm{d}x=\int\frac{\mathrm{d}\left(x-\frac{1}{x}\right)}{\left(x-\frac{1}{x}\right)^2+2}$$

$$=\frac{1}{\sqrt{2}}\arctan\frac{x^2-1}{\sqrt{2}x}+c.$$

至此，如果不假思索地应用 Newton-Leibniz 公式，便得

$$\int_{-1}^{1}\frac{1+x^2}{1+x^4}\mathrm{d}x=\frac{1}{\sqrt{2}}\arctan\frac{x^2-1}{\sqrt{2}x}\bigg|_{-1}^{1}=0.$$

结果显然是错误的．因为在$[-1,1]$上恒取正值的连续函数的积分不可能为 0，正确的计算如下：

由于被积函数是偶函数，由例 3.3.9 可知$[-1,1]$上的积分值为$[0,1]$上积分值的 2 倍，所以

$$I=2\int_0^1\frac{1+x^2}{1+x^4}\mathrm{d}x=2\left[\frac{1}{\sqrt{2}}\arctan\frac{x^2-1}{\sqrt{2}x}\right]\bigg|_0^1=\frac{\sqrt{2}}{2}\pi.$$

这里$\arctan\dfrac{x^2-1}{\sqrt{2}x}\bigg|_{x=0}$是指$\lim\limits_{x\to0+0}\arctan\dfrac{x^2-1}{\sqrt{2}x}=-\dfrac{\pi}{2}$．这一解法的依据是因为$\arctan\dfrac{x^2-1}{\sqrt{2}x}$是$(0,1)$上的连续函数，且$x\to0+0$时极限存在，以此极限值作为 0 点函数值的补充定义，就得到$[0,1]$上的连续函数，自然可以应用 Newton-Leibniz 公式．前一解法错误的原因在于$\dfrac{1}{\sqrt{2}}\arctan\dfrac{x^2-1}{\sqrt{2}x}$在$x=0$点间断，所以并非被积函数在$[-1,1]$上的原函数．如果读者仍然希望在$[-1,1]$上用 Newton-Leibniz 公式的话，可以选用下面的原函数计算：

有原函数的函数一定可积吗？

$$F(x)=\begin{cases}\dfrac{1}{\sqrt{2}}\arctan\dfrac{x^2-1}{\sqrt{2}x}, & x\in[-1,0),\\[2ex] \dfrac{\pi}{2\sqrt{2}}, & x=0,\\[2ex] \dfrac{1}{\sqrt{2}}\left(\arctan\dfrac{x^2-1}{\sqrt{2}x}+\pi\right), & x\in(0,1].\end{cases}$$

数值积分

积分第二中值定理

Newton-Leibniz 公式远不足以解决定积分的计算问题．一方面，许多可积函数的原函数难以或者根本不能用初等函数表示；另一方面，大量的实际问题还需要对并无解析表达式的函数计算定积分．各种数值积分方法提供了根据被积函数在积分区间某些点上的函数值近似计算其积分值的途径．迅速发展的计算机技术则为扩大数值积分的应用范围并提高其精确度创造了条件．

我们知道定积分的几何意义是面积的计算．各类数值积分方法实际上就源于对面积作近似计算的直观思考．

（一）梯形公式

为了直观地导出计算$\int_a^b f(x)\mathrm{d}x$的近似公式，不妨先假设f是非负函数，实际上其结论适用于任意值的可积函数．

把$[a,b]$等分为 n 个小区间,即在$[a,b]$中插入分点

$$x_i=a+i\frac{b-a}{n},\quad i=0,1,\cdots,n.$$

显然,每个小区间的长度为$\frac{b-a}{n}$. 设 $y=f(x)$对应于每个分点的函数值分别为

$$y_0,y_1,\cdots,y_n.$$

以直线 $x=x_i(i=1,2,\cdots,n-1)$把由直线 $x=a,x=b,x$ 轴及 $y=f(x)$围成的曲边梯形分割为 n 个小曲边梯形. 在每个小区间$[x_{i-1},x_i]$上,用联结(x_{i-1},y_{i-1})和(x_i,y_i)的直线段代替曲线段 $y=f(x)(x_{i-1}\leqslant x\leqslant x_i)$,以小梯形面积作为原小曲边梯形面积的近似(见图 3.3.3),即

$$\int_{x_{i-1}}^{x_i}f(x)\mathrm{d}x\approx\frac{1}{2}(y_{i-1}+y_i)(x_i-x_{i-1})=\frac{b-a}{2n}(y_{i-1}+y_i),$$

于是,

$$\int_a^b f(x)\mathrm{d}x=\sum_{i=1}^{n}\int_{x_{i-1}}^{x_i}f(x)\mathrm{d}x$$

$$\approx\sum_{i=1}^{n}\frac{b-a}{2n}(y_{i-1}+y_i).$$

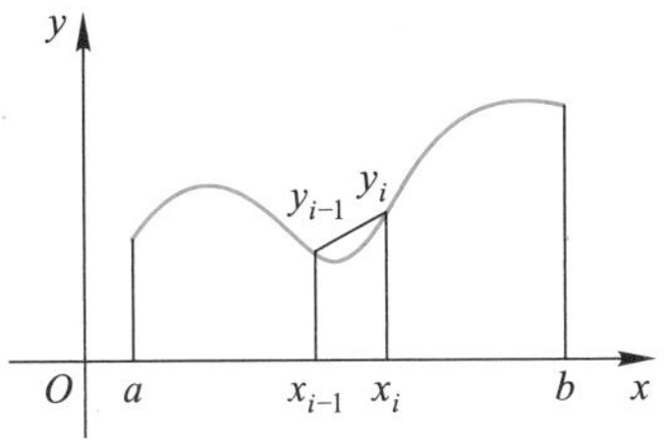

图 3.3.3

整理后即得

$$\int_a^b f(x)\mathrm{d}x\approx\frac{b-a}{n}\left[\frac{y_0}{2}+(y_1+\cdots+y_{n-1})+\frac{y_n}{2}\right].$$

这就是近似计算定积分值的**梯形公式**. 若 f''在$[a,b]$上连续,$M=\max\limits_{x\in[a,b]}\{|f''(x)|\}$,则对于以上近似公式的误差 E_n 有如下估计(证明从略):

$$|E_n|\leqslant\frac{M(b-a)}{12}\left(\frac{b-a}{n}\right)^2.$$

(二) 抛物线公式(Simpson 公式)

在梯形公式中,对应于每个小区间$[x_{i-1},x_i]$,替代曲边梯形顶部的曲线段是直线段,即以一次函数替代 $y=f(x)$. 由此设想,如果以二次函数代替 $y=f(x)$,即以抛物线段替代曲线段,将能提高积分近似值的精确度.

为此,在$[a,b]$中插入分点

$$x_i=a+i\frac{b-a}{2n},\quad i=0,1,2,\cdots,2n.$$

得到 n 个小区间$[x_{2i-2},x_{2i}]$$(i=1,2,\cdots,n)$. 在每个小区间$[x_{2i-2},x_{2i}]$上,找一个在 x_{2i-2},x_{2i-1},x_{2i} 处取值与 f 相同的二次函数(见图 3.3.4),设为

$$g_i(x)=\alpha x^2+\beta x+\gamma,\quad x\in[x_{2i-2},x_{2i}].$$

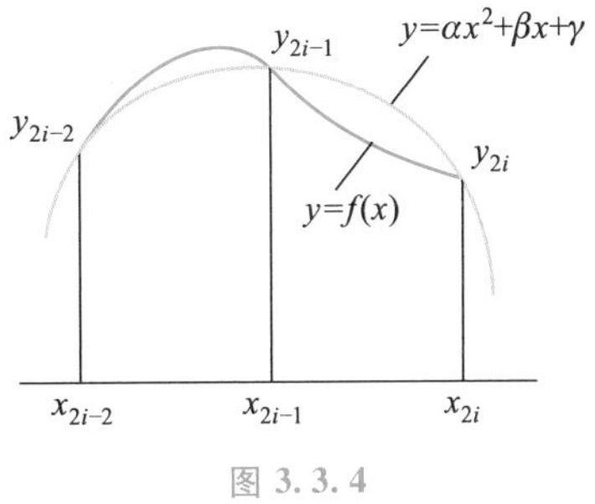

图 3.3.4

以抛物线 $y=g_i(x)$代替 $y=f(x)$,用这样的小曲边梯形面积作为原小曲边梯形面积的近似,即

$$\int_{x_{2i-2}}^{x_{2i}}f(x)\mathrm{d}x\approx\int_{x_{2i-2}}^{x_{2i}}g_i(x)\mathrm{d}x.$$

以 $i=1$ 为例计算右端积分,得

$$\int_{x_0}^{x_2} g_1(x)\mathrm{d}x = \int_{x_0}^{x_2}(\alpha x^2+\beta x+\gamma)\mathrm{d}x$$
$$=\frac{\alpha}{3}(x_2^3-x_0^3)+\frac{\beta}{2}(x_2^2-x_0^2)+\gamma(x_2-x_0)$$
$$=\frac{x_2-x_0}{6}[(\alpha x_2^2+\beta x_2+\gamma)+(\alpha x_0^2+\beta x_0+\gamma)+$$
$$\alpha(x_2+x_0)^2+2\beta(x_2+x_0)+4\gamma].$$

注意到 $x_2+x_0=2x_1, y_i=\alpha x_i^2+\beta x_i+\gamma, x_2-x_0=\frac{b-a}{n}$,所以

$$\int_{x_0}^{x_2} g_1(x)\mathrm{d}x=\frac{b-a}{6n}(y_0+4y_1+y_2).$$

一般地,有

$$\int_{x_{2i-2}}^{x_{2i}} g_i(x)\mathrm{d}x=\frac{b-a}{6n}(y_{2i-2}+4y_{2i-1}+y_{2i}),\quad i=1,2,\cdots,n.$$

将以上诸式两端分别相加,并注意左边的和近似等于 $\int_a^b f(x)\mathrm{d}x$, 所以

$$\int_a^b f(x)\mathrm{d}x\approx\frac{b-a}{6n}\left(y_0+y_{2n}+4\sum_{i=1}^{n}y_{2i-1}+2\sum_{i=1}^{n-1}y_{2i}\right).$$

这就是近似计算定积分值的**抛物线公式**(或 **Simpson(辛普森)公式**). 若 $f^{(4)}$ 在 $[a,b]$ 上连续,$M=\max\limits_{x\in[a,b]}\{|f^{(4)}(x)|\}$,则对于以上近似公式的误差 E_n 有如下估计(证明从略):

$$|E_n|\leqslant\frac{M(b-a)}{180}\left(\frac{b-a}{2n}\right)^4.$$

例 3.3.14　用数值积分方法计算 $I=\int_0^1\frac{\mathrm{d}x}{1+x^2}$.

解　首先,在[0,1]中取三个分点 $x_0=0,x_1=\frac{1}{2},x_2=1$,直接计算得

$$y_0=1,\quad y_1=\frac{4}{5},\quad y_2=\frac{1}{2}.$$

由梯形公式得

$$I\approx\frac{1}{2}\left(\frac{y_0}{2}+y_1+\frac{y_2}{2}\right)=0.775.$$

由抛物线公式得

$$I\approx\frac{1}{6}(y_0+4y_1+y_2)\approx0.783\ 333.$$

其次,在[0,1]中取五个分点 $x_0=0,x_1=\frac{1}{4},x_2=\frac{1}{2},x_3=\frac{3}{4},x_4=1$. 直接计算得

$$y_0=1,\quad y_1=\frac{16}{17},\quad y_2=\frac{4}{5},\quad y_3=\frac{16}{25},\quad y_4=\frac{1}{2}.$$

由梯形公式得

$$I\approx\frac{1}{4}\left(\frac{1}{2}y_0+y_1+y_2+y_3+\frac{1}{2}y_4\right)\approx 0.782\ 794.$$

由抛物线公式得

$$I\approx\frac{1}{6\cdot 2}[y_0+y_4+4(y_1+y_3)+2y_2]\approx 0.785\ 392.$$

由于

$$\left(\frac{1}{1+x^2}\right)^{(2)}=\frac{2(3x^2-1)}{(1+x^2)^3},$$

它的绝对值在[0,1]上的最大值为2. 于是用梯形公式近似计算产生的误差不超过$\frac{2}{12}\left(\frac{1}{4}\right)^2<1.042\times10^{-2}$.

由于

$$\left(\frac{1}{1+x^2}\right)^{(4)}=\frac{24(5x^4-10x^2+1)}{(1+x^2)^5},$$

它的绝对值在[0,1]上的最大值为24. 于是用抛物线公式近似计算产生的误差不超过$\frac{24}{180}\left(\frac{1}{4}\right)^4<5.21\times10^{-4}$. 可见,用抛物线公式的确已达到了相当高的精确度.

实际上,由 Newton-Leibniz 公式,可得

$$I=\int_0^1\frac{\mathrm{d}x}{1+x^2}=\arctan x\Big|_0^1=\frac{\pi}{4}\approx 0.785\ 398\ 163\ 5.$$

例 3.3.15(Lorenz(洛伦兹)曲线与 Gini(基尼)系数)　为了研究国民收入在国民之间的分配问题,美国统计学家 Lorenz 于 1907 年(也有说法称 1905 年)提出了著名的 **Lorenz 曲线**. 他先将一国人口按收入由低到高排列,然后从收入最低的任意百分比人口所得收入的百分比开始,将这样的人口累计百分比和收入累计百分比的对应关系描绘在图形上,即得到 Lorenz 曲线(也称为**实际收入分配曲线**).

例如,把总人口按收入由低到高分为 10 个等级,每个等级组的人口比例均为 10%,再计算每个组的收入占总收入的比例. 然后以人口百分比为横轴,收入百分比为纵轴,便可绘出一条 Lorenz 曲线 $L=L(x)$,如图 3.3.5 所示.

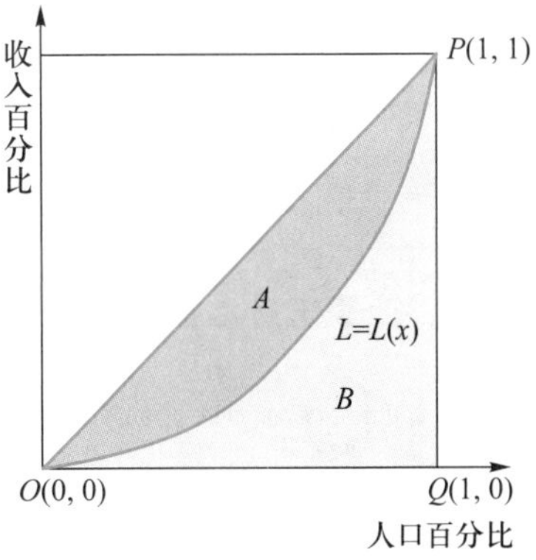

图 3.3.5

Lorenz 曲线是一条单调增加的下凸曲线,反映了收入分配的不平等程度. 弯曲程度越大,收入分配程度越不平等;反之亦然. 特别地,如果 Lorenz 曲线是线段 OP(OP 称为**收入分配绝对平等线**),则人口累计百分比等于收入累计百分比,从而任一人口百分比等于其收入百分比,则收入分配是完全平等的. 如果 Lorenz 曲线为折线 OQP(OQP 称为**收入分配绝对不平等线**),则所有收入都集中在某一个人手中,而其余的人都一无所有,收入分配达到完全不平等. Lorenz 曲线与 45°线 OP 越接近,收入分配越平等. 反之,Lorenz 曲线与折线 OQP 越接近,收入越不平等.

1912 年,意大利经济学家 Gini 在 Lorenz 曲线的基础上定义了 Gini 系数,定量测定收入

分配差异程度，是国际上用来综合考察收入分配差异状况的一个重要分析指标.

记图 3.3.5 中的实际收入分配曲线 $L(x)$ 和收入分配绝对平等线之间的面积为 A，实际收入分配曲线和收入分配绝对不平等线之间的面积为 B，则 $G=\dfrac{A}{A+B}$ 称为 **Gini 系数**. 如果 Gini 系数为零，则收入分配完全平等；如果 Gini 系数为 1，则收入分配完全不平等. 收入分配越是趋向于平等，Lorenz 曲线的弧度越小，Gini 系数也越小；反之，收入分配越是趋向于不平等，Lorenz 曲线的弧度越大，那么 Gini 系数也越大.

显然，$A+B=\dfrac{1}{2}$，所以 Gini 系数

$$G=\frac{A}{A+B}=\frac{\dfrac{1}{2}-\displaystyle\int_0^1 L(x)\,\mathrm{d}x}{\dfrac{1}{2}}=1-2\int_0^1 L(x)\,\mathrm{d}x.$$

计算 Gini 系数的方法有很多，我们只介绍一种利用数值计算定积分的梯形公式来计算 Gini 系数的方法.

假定一定数量的人口按收入由低到高的顺序排列，分为人数相等的 n 组. 从第 1 组到第 i 组人口的累计收入占全部人口总收入的比例为 $w_i(i=1,2,\cdots,n)$.

取 $x_i=\dfrac{i}{n}(i=0,1,\cdots,n)$，将 $[0,1]$ 分为长度均为 $\dfrac{1}{n}$ 的 n 个小区间. 对于 $L=L(x)$，由已知条件有

$$w_i=L(x_i)\ (i=1,2,\cdots,n),\quad 且\ w_0=L(0)=0,\quad w_n=1.$$

利用近似计算定积分值的梯形公式得

$$\int_0^1 L(x)\,\mathrm{d}x\approx\frac{1}{n}\left(\frac{w_0}{2}+\sum_{i=1}^{n-1}w_i+\frac{w_n}{2}\right)=\frac{1}{n}\left(\sum_{i=1}^{n-1}w_i+\frac{1}{2}\right),$$

于是 Gini 系数

$$G=1-2\int_0^1 L(x)\,\mathrm{d}x\approx 1-\frac{1}{n}\left(2\sum_{i=1}^{n-1}w_i+1\right).$$

习　题

1. 计算下列定积分：

(1) $\displaystyle\int_0^{\frac{\pi}{2}} x\sin x\,\mathrm{d}x$；　(2) $\displaystyle\int_0^{\pi}(x\sin x)^2\,\mathrm{d}x$；

(3) $\displaystyle\int_0^{\frac{\pi}{2}} \mathrm{e}^x\cos x\,\mathrm{d}x$；　(4) $\displaystyle\int_0^{1}(\arcsin x)^2\,\mathrm{d}x$；

(5) $\displaystyle\int_{\frac{\pi}{4}}^{\frac{\pi}{3}} \frac{x}{\sin^2 x}\,\mathrm{d}x$；　(6) $\displaystyle\int_{-2}^{0}(x^2+2)\mathrm{e}^{\frac{x}{2}}\,\mathrm{d}x$；

(7) $\displaystyle\int_1^{\mathrm{e}} \frac{1+\ln x}{x}\,\mathrm{d}x$；　(8) $\displaystyle\int_1^{\mathrm{e}^2} \frac{\ln x}{\sqrt{x}}\,\mathrm{d}x$.

2. 计算下列定积分：

(1) $\int_0^1 \frac{\sqrt{x}}{1+\sqrt{x}}\mathrm{d}x$;　　(2) $\int_1^{\sqrt{3}} \frac{\mathrm{d}x}{x\sqrt{x^2+1}}$;

(3) $\int_0^1 \frac{x^4\mathrm{d}x}{(2-x^2)^{3/2}}$;　　(4) $\int_0^{\frac{1}{\sqrt{2}}} \frac{\arcsin x\mathrm{d}x}{(1-x^2)^{3/2}}$;

(5) $\int_a^{2a} \frac{\sqrt{x^2-a^2}}{x^4}\mathrm{d}x$;　　(6) $\int_0^{\frac{\pi}{2}} \frac{\mathrm{d}x}{2+\sin x}$;

(7) $\int_0^{\frac{\pi}{4}} \frac{\sin^2\theta\cos^2\theta}{(\cos^3\theta+\sin^3\theta)^2}\mathrm{d}\theta$;　　(8) $\int_0^1 x^5\sqrt{1-x^2}\mathrm{d}x$.

3. 计算下列定积分:

(1) $\int_{-2}^{2} |x^2-1|\mathrm{d}x$;　　(2) $\int_{\mathrm{e}^{-1}}^{\mathrm{e}} |\ln x|\mathrm{d}x$;

(3) $\int_1^{16} \arctan\sqrt{\sqrt{x}-1}\mathrm{d}x$;　　(4) $\int_0^{\pi} 2^4\sin^2\frac{x}{2}\cos^6\frac{x}{2}\mathrm{d}x$;

(5) $\int_0^1 \ln(1+\sqrt{x})\mathrm{d}x$;　　(6) $\int_0^{\pi} \sin^2 x\cos nx\mathrm{d}x\quad (n\in\mathbf{N}_+)$.

4. 用以下两种方法计算定积分 $I=\int_0^1 \frac{\ln(1+x)}{1+x^2}\mathrm{d}x$:

(1) 作变换 $x=\frac{1-t}{1+t}$;　　(2) 作变换 $x=\tan t$.

5. 设 f 是连续函数,证明:

(1) 若 f 为奇函数,则 $\int_0^x f(t)\mathrm{d}t$ 是偶函数;

(2) 若 f 为偶函数,则 $\int_0^x f(t)\mathrm{d}t$ 是奇函数.

6. 设 f 是连续函数,证明:

$$\int_0^a x^3 f(x^2)\mathrm{d}x=\frac{1}{2}\int_0^{a^2} xf(x)\mathrm{d}x.$$

7. 设 f 是连续函数,证明:

$$\int_0^{\pi} xf(\sin x)\mathrm{d}x=\frac{\pi}{2}\int_0^{\pi} f(\sin x)\mathrm{d}x,$$

并利用以上结果计算 $\int_0^{\pi} \frac{x}{1+\cos^2 x}\mathrm{d}x$ 和 $\int_0^{\pi} \frac{x\sin x}{1+\cos^2 x}\mathrm{d}x$.

8. 设 f 是连续函数,证明:

$$\int_0^x\left(\int_0^t f(u)\mathrm{d}u\right)\mathrm{d}t=\int_0^x f(t)(x-t)\mathrm{d}t.$$

9. 设 $f(x)=\begin{cases} x\mathrm{e}^{-x^2}, & x\geqslant 0, \\ \frac{1}{1+\mathrm{e}^x}, & x<0. \end{cases}$ 计算 $I=\int_1^4 f(x-2)\mathrm{d}x$.

10. 设函数 $f(x)=\frac{1}{2}\int_0^x (x-t)^2 g(t)\mathrm{d}t$, 其中函数 g 在 $(-\infty,+\infty)$ 上连续,且 $g(1)=5$,

$\int_0^1 g(t)\,dt = 2$，证明 $f'(x) = x\int_0^x g(t)\,dt - \int_0^x tg(t)\,dt$，并计算 $f''(1)$ 和 $f'''(1)$.

11. 设 $(0,+\infty)$ 上的连续函数 f 满足 $f(x) = \ln x - \int_1^e f(x)\,dx$，求 $\int_1^e f(x)\,dx$.

12. 设函数 f 连续，且 $\int_0^1 tf(2x-t)\,dt = \frac{1}{2}\arctan(x^2)$，$f(1)=1$. 求 $\int_1^2 f(x)\,dx$.

13. 求 $\int_0^{n\pi} x|\sin x|\,dx$，其中 n 为正整数.

14. 设函数 $S(x) = \int_0^x |\cos t|\,dt$，求 $\lim\limits_{x\to+\infty}\frac{S(x)}{x}$.

15. 设 $I_n = \int_0^{\frac{\pi}{4}} \tan^n x\,dx$，其中 $n \in \mathbf{N}_+$. 证明：

（1）$I_{n+1} \leqslant I_n$；

（2）$n \geqslant 2$ 时，$I_n + I_{n-2} = \frac{1}{n-1}$.

16. 设函数 f 在 $[0,1]$ 上二阶可导，且 $f''(x)<0$，$x\in[0,1]$，证明：

$$\int_0^1 f(x^2)\,dx \leqslant f\left(\frac{1}{3}\right).$$

17. （1）（**带积分余项的 Taylor 公式**）设 U 是区间，$x_0 \in U$. 证明：若函数 f 在 U 上具有 $n+1$ 阶连续导数，则对于每个 $x \in U$ 成立

$$f(x) = \sum_{k=0}^{n} \frac{1}{k!} f^{(k)}(x_0)(x-x_0)^k + R_n(x),$$

其中**积分余项** $R_n(x) = \frac{1}{n!}\int_{x_0}^x (x-t)^n f^{(n+1)}(t)\,dt$.

（2）证明（1）中的 $R_n(x)$ 还可表示为

$$R_n(x) = \frac{f^{(n+1)}(x_0+\theta(x-x_0))}{n!}(1-\theta)^n(x-x_0)^{n+1},$$

其中 $0<\theta<1$. 这种 $R_n(x)$ 称为 **Cauchy 余项**.

18. 分别以 2、4、8 等分并按梯形公式和抛物线公式计算积分 $\int_0^{\frac{\pi}{2}} \frac{\sin x}{x}\,dx$.

19. 有一条在某处宽为 200 m 的河（见图 3.3.6），从该处的河岸到其正对岸，每隔 20 m 测量一次水深，测得数据如下（x 表示与初始测量点的距离，y 表示水深）：

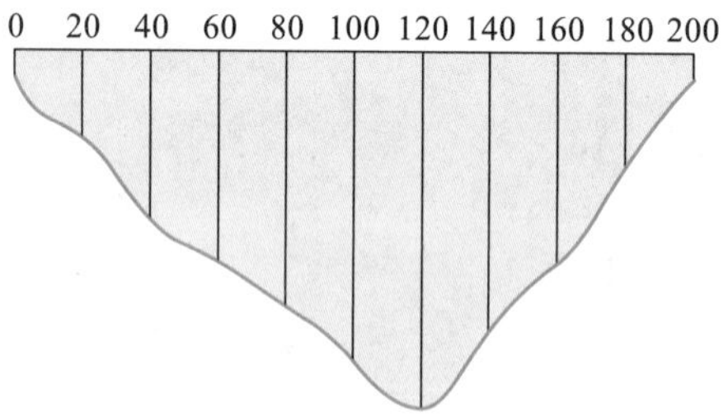

图 3.3.6

x/m	0	20	40	60	80	100	120	140	160	180	200
y/m	2	5	9	11	13	17	21	15	11	6	2

试用梯形公式计算在该处河的横截面面积的近似值.

§4　定积分的应用

与曲边形的面积、变速直线运动的路程一样,自然科学、社会科学和生产实践中出现的一大类量都需要用 Riemann 和式的极限来刻画,即用定积分来度量. 本节将以几何、力学和物理等方面的问题为例,介绍定积分的应用. 这里使用的“微元法”适用于各类定积分应用问题的分析和计算.

微元法

为说明具有哪些特征的量有望用定积分刻画,我们再度分析一下 $I=\int_a^b f(t)\,\mathrm{d}t$ 的概念.

首先,对固定的函数 f,I 取决于积分区间. 定积分具有一个十分重要的性质:可加性,即 $[a,b]$ 被分为许多部分小区间,则 I 被相应地分成许多部分量 ΔI_i,总量 I 等于诸部分量之和,即 $I=\sum_i \Delta I_i$. 凡能用定积分描述的量都应具有这种可加性的特征.

其次,由于可加性,问题便化为部分量 ΔI 的计算. 对连续函数 f,记 $I(x)=\int_a^x f(t)\,\mathrm{d}t$,则有 $I'(x)=f(x)$,所以

$$\Delta I=I(x+\Delta x)-I(x)=f(x)\,\mathrm{d}x+o(\mathrm{d}x).$$

由此可见,对于能用定积分刻画的量,其在**区间微元** $[x,x+\mathrm{d}x]$ 上的部分量应能近似地表现为 $\mathrm{d}x$ 的线性函数,即 $\Delta I\approx f(x)\,\mathrm{d}x$,而且其误差应是比 $\mathrm{d}x$ 高阶的无穷小.

上面的 $\mathrm{d}x$ 是自变量的微分,在应用中常被称作 x 的**微元**. 它是一个变量. 一方面,在变化过程的每一时刻,即相对静止时,它是一个有限量;另一方面,其变化趋势以 0 为极限,即是一个无穷小量. 记微分形式 $f(x)\,\mathrm{d}x$ 为 $\mathrm{d}I$,在应用中常被称作量 $I(x)$ 的微元,而总量 I 即是微元 $\mathrm{d}I=f(x)\,\mathrm{d}x$ 的积分.

我们宁愿把 $f(x)\,\mathrm{d}x$ 称作微元,而不直接称为 I 的微分,原因在于实际应用时,往往和上述由积分 I 导出微元 $\mathrm{d}I$ 的过程相反,**微元法**是由微元 $f(x)\,\mathrm{d}x$ 出发导出积分,即由局部性态的讨论最后合成整体的累积效应.

如果我们要处理某个量 I,它与变量 x 的变化区间 $[a,b]$ 有关,而且

(1) 满足关于区间的可加性,即整体等于局部之和;

(2) 它在 $[x,x+\mathrm{d}x]$ 上的部分量 ΔI 近似于 $\mathrm{d}x$ 的一个线性函数,即 $\Delta I-\mathrm{d}I=o(\mathrm{d}x)$,其中 $\mathrm{d}I=f(x)\,\mathrm{d}x$ 是量 I 的微元.

那么,以微元 $\mathrm{d}I=f(x)\,\mathrm{d}x$ 为被积表达式,作积分即得

$$I=\int_a^b f(x)\,\mathrm{d}x.$$

诸如弧长、面积、体积、引力、压力、功等几何量和物理量都具有某种可加性,且其小增量均可用微元近似表示,从而它们都可用定积分计算.

在应用问题中往往略去关于 $\Delta I-\mathrm{d}I=o(\mathrm{d}x)$ 的验证.

面积问题（直角坐标下的区域）

前面我们已经考虑过曲边梯形的面积的定义，以及用定积分计算其面积的方法，现在应用这种思想，借助微元法计算一些更为复杂的图形的面积.

考察由曲线 $y=f(x)$，$y=g(x)$ 和直线 $x=a$，$x=b(a<b)$ 所围平面图形的**面积**.

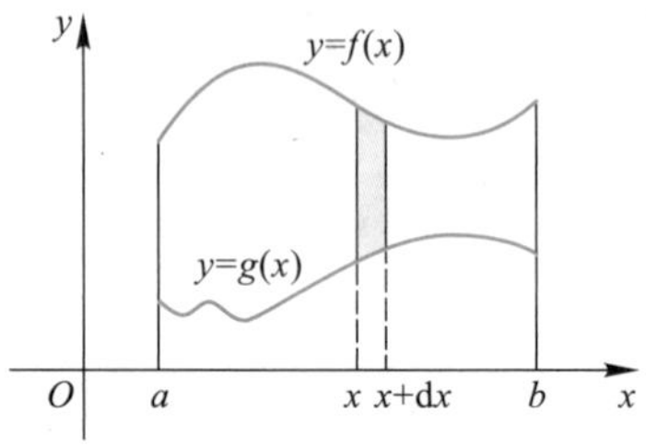

图 3.4.1

先设 $f\geqslant g$，变量 x 的变化区间为 $[a,b]$. 显然，面积具有关于区间的可加性. 在区间微元 $[x,x+\mathrm{d}x]$ 上，相应的小曲边形（图 3.4.1 中阴影部分）面积 ΔA 近似等于高为 $f(x)-g(x)$，宽为 $\mathrm{d}x$ 的矩形面积，即

$$\Delta A\approx[f(x)-g(x)]\mathrm{d}x,$$

所以，面积微元为

$$\mathrm{d}A=[f(x)-g(x)]\mathrm{d}x.$$

于是，所求的面积

$$A=\int_a^b[f(x)-g(x)]\mathrm{d}x.$$

如果删去条件 $f\geqslant g$，同样可得

$$\mathrm{d}A=|f(x)-g(x)|\mathrm{d}x,$$

从而

$$A=\int_a^b|f(x)-g(x)|\mathrm{d}x.$$

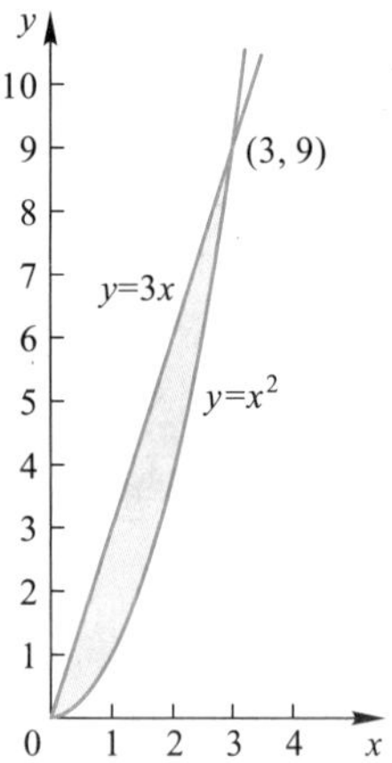

图 3.4.2

例 3.4.1　求由抛物线 $y=x^2$ 及直线 $y=3x$ 所围平面图形的面积（图 3.4.2）.

解　先求出两曲线交点为 $(0,0)$ 和 $(3,9)$. 如果以 x 为积分变量，取积分区间为 $[0,3]$，有

$$A=\int_0^3(3x-x^2)\mathrm{d}x=\left(\frac{3}{2}x^2-\frac{1}{3}x^3\right)\Bigg|_0^3=\frac{9}{2}.$$

如果以 y 为积分变量，则应取积分区间为 $[0,9]$，此时

$$A=\int_0^9\left(\sqrt{y}-\frac{y}{3}\right)\mathrm{d}y=\left(\frac{2}{3}y^{\frac{3}{2}}-\frac{y^2}{3\cdot 2}\right)\Bigg|_0^9=\frac{9}{2}.$$

面积问题（极坐标下的区域）

考察介于曲线 $r=r(\theta)$ 与射线 $\theta=\alpha$ 和 $\theta=\beta(0\leqslant\alpha<\beta\leqslant 2\pi)$ 间的曲边扇形的面积，其中 $r(\theta)$ 是非负连续函数（图 3.4.3）.

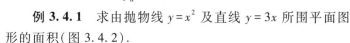

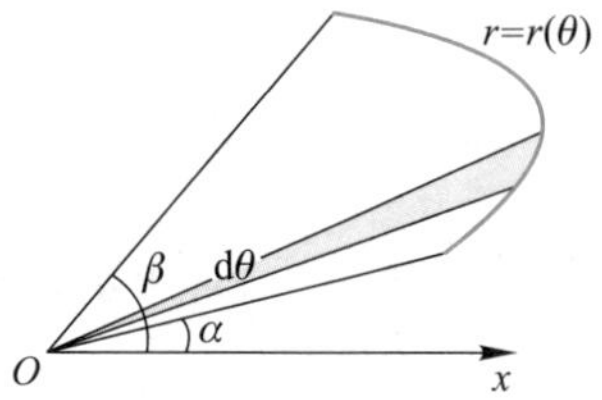

图 3.4.3

以 θ 为积分变量，在区间微元 $[\theta,\theta+\mathrm{d}\theta]$ 上对应的小曲边扇形的面积近似于圆扇形的面积，即 $\Delta A\approx\frac{1}{2}r^2(\theta)\mathrm{d}\theta$，所以面积微元

$$\mathrm{d}A=\frac{1}{2}r^2(\theta)\mathrm{d}\theta,$$

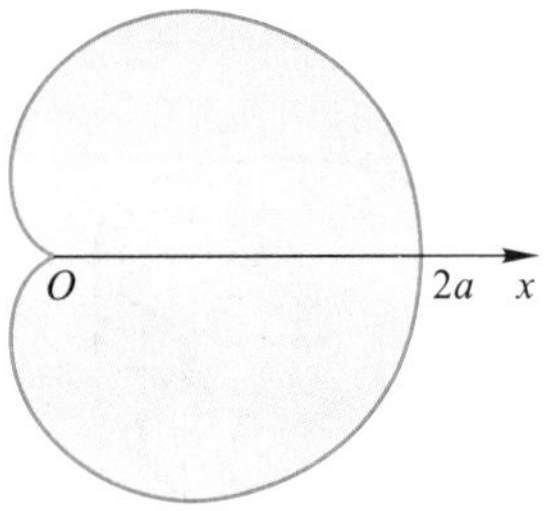

图 3.4.4

于是

$$A=\frac{1}{2}\int_{\alpha}^{\beta}r^{2}(\theta)\,\mathrm{d}\theta.$$

例 3.4.2　计算心脏线 $r=a(1+\cos\theta)(-\pi\leqslant\theta\leqslant\pi)$ 所围平面图形的面积(图 3.4.4).

解　由图形的对称性,只要计算该图形的上半部分的面积,其两倍便是所求图形的面积. 由面积计算公式得

$$\begin{aligned}A&=2\cdot\frac{1}{2}\int_{0}^{\pi}a^{2}(1+\cos\theta)^{2}\mathrm{d}\theta\\&=4a^{2}\int_{0}^{\pi}\cos^{4}\frac{\theta}{2}\mathrm{d}\theta\\&=8a^{2}\int_{0}^{\frac{\pi}{2}}\cos^{4}\theta\mathrm{d}\theta\\&=8a^{2}\cdot\frac{3\cdot1}{4\cdot2}\cdot\frac{\pi}{2}=\frac{3}{2}\pi a^{2}.\end{aligned}$$

还可以得到(证明略去):若曲线 L 是用参数形式

$$\begin{cases}x=x(t),\\y=y(t),\end{cases}\quad t\in[\alpha,\beta]$$

表达的,其中 $y(t)$ 在 $[\alpha,\beta]$ 上连续,$x(t)$ 在 $[\alpha,\beta]$ 上具有连续导数,且 $x'(t)\neq0$. 记 $x(\alpha)=a$, $x(\beta)=b$,则曲线 L,直线 $x=a$, $x=b$ 及 x 轴所围平面图形的面积为

$$A=\int_{\alpha}^{\beta}|y(t)x'(t)|\,\mathrm{d}t.$$

例 3.4.3　求摆线 $\begin{cases}x=a(t-\sin t),\\y=a(1-\cos t)\end{cases}$ 的一拱与 x 轴所围平面图形的面积(见图 2.3.3),其中 $a>0$.

解　摆线的一拱可取参数 t 的变化范围是 $[0,2\pi]$. 于是所求面积为

$$A=\int_{0}^{2\pi}|a(1-\cos t)[a(t-\sin t)]'|\,\mathrm{d}t=a^{2}\int_{0}^{2\pi}(1-\cos t)^{2}\mathrm{d}t=3\pi a^{2}.$$

已知平行截面面积求体积

设空间立体 Ω 介于过 $x=a$ 和 $x=b$ 点且垂直于 x 轴的两平面之间,已知它被过 x 点且垂直于 x 轴的平面所截出的图形的面积为 $A(x)$(图 3.4.5). 显然,在区间微元 $[x,x+\mathrm{d}x]$ 上,Ω 的体积微元为一母线与 x 轴平行,高为 $\mathrm{d}x$,底面积为 $A(x)$ 的柱体体积,即

$$\mathrm{d}V=A(x)\,\mathrm{d}x,$$

所以

$$V=\int_{a}^{b}A(x)\,\mathrm{d}x.$$

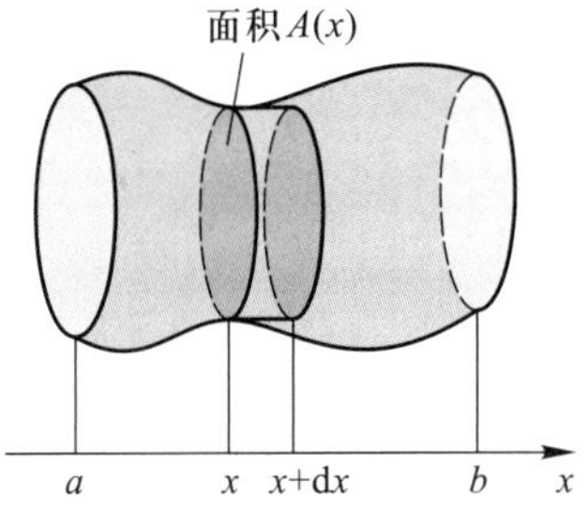

图 3.4.5

例 3.4.4　已知一直圆柱体的底面半径为 R,一斜面 π_1 过

其底面圆周上一点,且与底面 π_2 成夹角 θ,求圆柱被 π_1,π_2 所截得部分的体积.

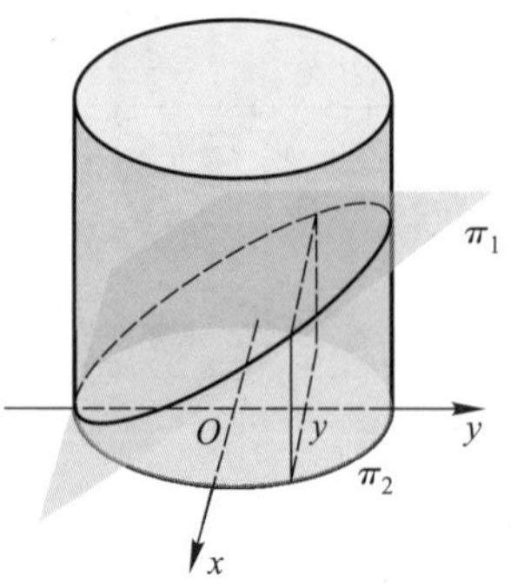

图 3.4.6

解　取圆柱底面圆周中心为原点,底面 π_2 为 Oxy 平面,π_1 与圆周交点在 y 轴上(见图 3.4.6). 这样,对 $y\in[-R,R]$,过点 $(0,y)$ 且与 y 轴垂直的平面与所考虑的立体相截的截面是一个矩形,它的底为 $2\sqrt{R^2-y^2}$,高为 $(y+R)\tan\theta$,因此

$$A(y)=2\sqrt{R^2-y^2}(y+R)\tan\theta.$$

所求体积为

$$V=2\tan\theta\left(\int_{-R}^{R}y\sqrt{R^2-y^2}\,\mathrm{d}y+R\int_{-R}^{R}\sqrt{R^2-y^2}\,\mathrm{d}y\right).$$

括号中第一项是一个奇函数在对称区间上的积分,其值为 0;第二项的积分恰为半径为 R 的上半个圆的面积,因此

$$V=\pi R^3\tan\theta.$$

读者不难发现,如用与 x 轴垂直的平面与之相截,截面是直角梯形,用与 z 轴垂直的平面与之相截,截面则是弓形,处理都会繁复一些. 因而应对不同问题作具体分析,寻求事半功倍的最佳方案.

旋转体的体积

由已知平行截面面积计算体积的公式有一个直接的应用,这就是求旋转体体积的公式.

设空间立体 Ω 为由平面图形

$$\{(x,y)\mid 0\leqslant y\leqslant f(x),\quad a\leqslant x\leqslant b\}$$

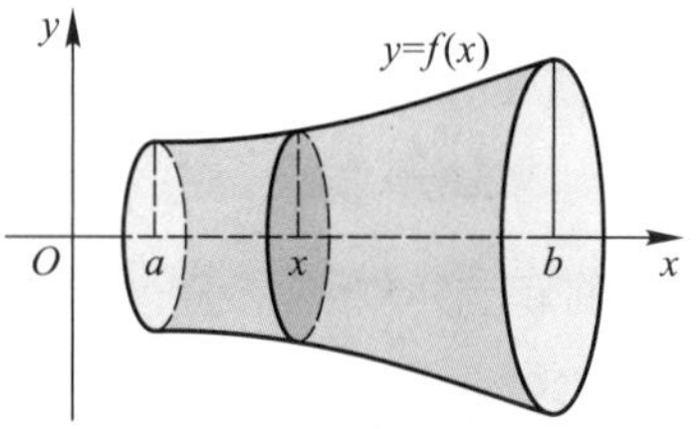

图 3.4.7

绕 x 轴旋转一周而成的**旋转体**(见图 3.4.7). 如用过点 $(x,0)$ 且与 x 轴垂直的平面截此立体,所得截面显然是一个半径为 $f(x)$ 的圆,即截面积为

$$A(x)=\pi f^2(x).$$

因此

$$V=\pi\int_a^b f^2(x)\,\mathrm{d}x.$$

例 3.4.5　求椭圆 $\frac{x^2}{a^2}+\frac{y^2}{b^2}=1$ 所围平面图形绕 x 轴旋转一周所得椭球的体积.

解　由于 $y=\frac{b}{a}\sqrt{a^2-x^2}$,利用对称性可得

$$V=2\pi\int_0^a y^2\,\mathrm{d}x=2\pi\frac{b^2}{a^2}\int_0^a(a^2-x^2)\,\mathrm{d}x$$

$$=\frac{2\pi b^2}{a^2}\left(a^2x-\frac{x^3}{3}\right)\Bigg|_0^a=\frac{4}{3}\pi ab^2.$$

当 $a=b$ 时,就得到半径为 a 的球体积为 $\frac{4}{3}\pi a^3$.

曲线的弧长

对于平面上两点 $P_1=(x_1,y_1)$，$P_2=(x_2,y_2)$，我们知道联结这两点的线段 $\overline{P_1P_2}$ 的长度为

$$\|\overline{P_1P_2}\|=\sqrt{(x_2-x_1)^2+(y_2-y_1)^2}.$$

那么，对于一般平面上的曲线，又如何定义它的弧长呢？

设平面曲线 L 的参数方程为

$$\begin{cases}x=x(t),\\ y=y(t),\end{cases}\quad \alpha\leqslant t\leqslant\beta,$$

对区间 $[\alpha,\beta]$ 作分划

$$\alpha=t_0<t_1<\cdots<t_n=\beta,$$

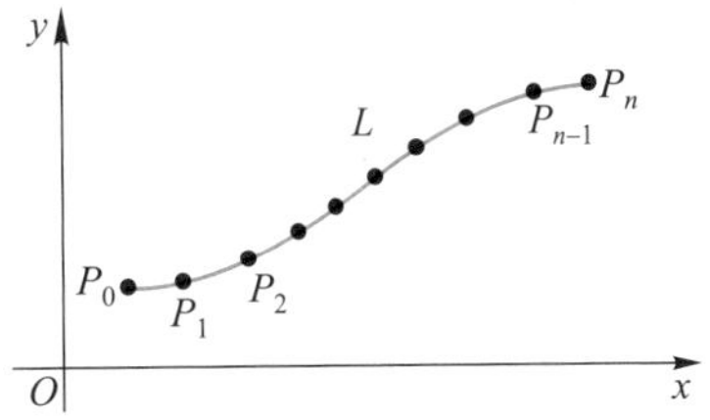

图 3.4.8

于是顺次得到这条曲线上的 $n+1$ 个点 $P_0,P_1,\cdots,P_n$（见图 3.4.8），其中 $P_i=(x(t_i),y(t_i))$ $(i=0,1,2,\cdots,n)$，用线段将相邻两点 P_{i-1},P_i 联结起来，便得到一条折线．若用 $\overline{P_{i-1}P_i}$ 表示联结点 P_{i-1},P_i 的线段，$\|\overline{P_{i-1}P_i}\|$ 表示其长度，则相应的折线的长度可表示为 $\sum\limits_{i=1}^{n}\|\overline{P_{i-1}P_i}\|$.

若当 $\lambda=\max\limits_{1\leqslant i\leqslant n}\{\Delta t_i\}\to 0$ 时，极限 $\lim\limits_{\lambda\to 0}\sum\limits_{i=1}^{n}\|\overline{P_{i-1}P_i}\|$ 存在，且极限值 s 与区间 $[\alpha,\beta]$ 的分划无关，则称这条曲线是**可求长曲线**，并将此极限值称为该曲线的**弧长**，即

$$s=\lim_{\lambda\to 0}\sum_{i=1}^{n}\|\overline{P_{i-1}P_i}\|.$$

可以证明，当 $x(t)$，$y(t)$ 在 $[\alpha,\beta]$ 上具有连续导数，且 $x'^2(t)+y'^2(t)\neq 0$ 时（称此种曲线为**光滑曲线**），曲线 L 是可求长的，且其弧长为

$$s=\int_{\alpha}^{\beta}\sqrt{x'^2(t)+y'^2(t)}\,\mathrm{d}t.$$

我们不对这个公式予以证明，只用微元法作出解释：对于曲线上对应于参数在 $[t,t+\mathrm{d}t]$ 上的小曲线段，记曲线在这一段的端点为 $P=(x(t),y(t))$，$\tilde{P}=(x(t+\mathrm{d}t),y(t+\mathrm{d}t))$，线段 $\overline{P\tilde{P}}$ 的长度 $\|\overline{P\tilde{P}}\|$ 就近似于这段曲线的长度 Δs. 由于

$$\Delta x=x(t+\mathrm{d}t)-x(t)=\mathrm{d}x+o(\mathrm{d}t)=x'(t)\mathrm{d}t+o(\mathrm{d}t),$$
$$\Delta y=y(t+\mathrm{d}t)-y(t)=\mathrm{d}y+o(\mathrm{d}t)=y'(t)\mathrm{d}t+o(\mathrm{d}t),$$

所以

$$\begin{aligned}\Delta s&\approx\|\overline{P\tilde{P}}\|=\sqrt{(\Delta x)^2+(\Delta y)^2}=\sqrt{[x'(t)\mathrm{d}t+o(\mathrm{d}t)]^2+[y'(t)\mathrm{d}t+o(\mathrm{d}t)]^2}\\&=\sqrt{x'^2(t)+y'^2(t)}\,\mathrm{d}t+o(\mathrm{d}t),\end{aligned}$$

因此弧长的微分

$$\mathrm{d}s=\sqrt{x'^2(t)+y'^2(t)}\,\mathrm{d}t\ \left(=\sqrt{\mathrm{d}x^2+\mathrm{d}y^2}\right),$$

于是

$$s=\int_{\alpha}^{\beta}\sqrt{x'^2(t)+y'^2(t)}\,\mathrm{d}t.$$

当曲线 L 的方程为

$$y=f(x),\quad x\in[a,b]$$

时，由以上公式直接得到，它的弧长微分为

不可求长的曲线

$$\mathrm{d}s=\sqrt{1+f'^2(x)}\,\mathrm{d}x,$$

弧长为

$$s=\int_a^b\sqrt{1+f'^2(x)}\,\mathrm{d}x.$$

当曲线 L 用极坐标方程

$$r=r(\theta),\quad \alpha\leqslant\theta\leqslant\beta$$

表示时，由于

$$\begin{cases}x=r(\theta)\cos\theta,\\ y=r(\theta)\sin\theta,\end{cases}$$

便得 $\mathrm{d}x=(r'\cos\theta-r\sin\theta)\mathrm{d}\theta$，$\mathrm{d}y=(r'\sin\theta+r\cos\theta)\mathrm{d}\theta$，从而

$$\mathrm{d}s=\sqrt{(\mathrm{d}x)^2+(\mathrm{d}y)^2}=\sqrt{r^2(\theta)+r'^2(\theta)}\,\mathrm{d}\theta,$$

进而

$$s=\int_\alpha^\beta\sqrt{r^2(\theta)+r'^2(\theta)}\,\mathrm{d}\theta.$$

例 3.4.6　求曲线段 $y=\dfrac{2}{3}x^{\frac{3}{2}}(1\leqslant x\leqslant 3)$ 的弧长.

解　由 $\mathrm{d}s=\sqrt{1+(y')^2}\,\mathrm{d}x=\sqrt{1+x}\,\mathrm{d}x$ 得

$$s=\int_1^3\sqrt{1+x}\,\mathrm{d}x=\frac{2}{3}(1+x)^{\frac{3}{2}}\Big|_1^3=\frac{2}{3}(8-2\sqrt{2}).$$

例 3.4.7　求心脏线 $r=a(1+\cos\theta)(-\pi\leqslant\theta\leqslant\pi)$ 的周长，其中 $a>0$.

解　由曲线的对称性，只要计算该曲线上半部分的弧长，其两倍便是所求的周长．于是

$$s=2\int_0^\pi\sqrt{r^2+r'^2}\,\mathrm{d}\theta=2\int_0^\pi a\sqrt{2+2\cos\theta}\,\mathrm{d}\theta$$

$$=4a\int_0^\pi\cos\frac{\theta}{2}\,\mathrm{d}\theta=8a\sin\frac{\theta}{2}\Big|_0^\pi=8a.$$

例 3.4.8　求椭圆 $\dfrac{x^2}{a^2}+\dfrac{y^2}{b^2}=1(b>a>0)$ 的周长.

解　椭圆的参数方程为

$$\begin{cases}x=a\cos\theta,\\ y=b\sin\theta,\end{cases}\quad 0\leqslant\theta\leqslant 2\pi.$$

由对称性，其周长等于它落在第一象限部分的 4 倍，故

$$s=4\int_0^{\frac{\pi}{2}}\sqrt{a^2\sin^2\theta+b^2\cos^2\theta}\,\mathrm{d}\theta=4b\int_0^{\frac{\pi}{2}}\sqrt{1-\varepsilon^2\sin^2\theta}\,\mathrm{d}\theta,$$

其中 $\varepsilon=\dfrac{\sqrt{b^2-a^2}}{b}$ 为椭圆的离心率.

椭圆周长表达式中出现的积分 $\int_0^{\frac{\pi}{2}}\sqrt{1-\varepsilon^2\sin^2\theta}\,\mathrm{d}\theta\ (0<\varepsilon<1)$ 称为**第二类椭圆积分**.

由于被积函数$\sqrt{1-\varepsilon^2\sin^2\theta}$的原函数不能用初等函数来表示，因而椭圆周长必须用数值积分的方法计算.

旋转曲面的面积

设曲线 L 的方程为

$$y=f(x),\quad a\leqslant x\leqslant b.$$

L 绕 x 轴旋转一周得一**旋转曲面**．下面来导出一个计算旋转曲面面积 A 的公式．设 f 具有连续导数，且为非负函数.

首先，我们知道，底面半径为 R、母线长为 s 的正圆锥的侧面积为 πRs（它可看作是半径为 s，弧长为 $2\pi R$ 的圆扇形的面积）. 由此可得出，上、下底半径分别为 R_1,R_2，侧棱长为 l 的圆台的侧面积为 $\pi(R_1+R_2)l$.

在$[a,b]$中考察区间微元$[x,x+\mathrm{d}x]$. 在该区间微元上用切线段 PT 代替原来的弧段 PQ（见图 3.4.9），用 PT 绕 x 轴旋转一周所得的圆台侧面积近似替代弧 PQ 旋转而得的曲面面积 ΔA，此圆台的上、下底半径分别为$f(x)$，$f(x)+f'(x)\mathrm{d}x$，侧棱长为 $\mathrm{d}s=\sqrt{1+f'^2(x)}\,\mathrm{d}x$，即

$$\begin{aligned}\Delta A&\approx\pi\{f(x)+[f(x)+f'(x)\mathrm{d}x]\}\mathrm{d}s\\&=2\pi f(x)\sqrt{1+f'^2(x)}\,\mathrm{d}x+\pi f'(x)\sqrt{1+f'^2(x)}\,(\mathrm{d}x)^2.\end{aligned}$$

因此，略去高阶无穷小量，便有

$$\mathrm{d}A=2\pi f(x)\sqrt{1+f'^2(x)}\,\mathrm{d}x,$$

于是，

$$A=2\pi\int_a^b f(x)\sqrt{1+f'^2(x)}\,\mathrm{d}x.$$

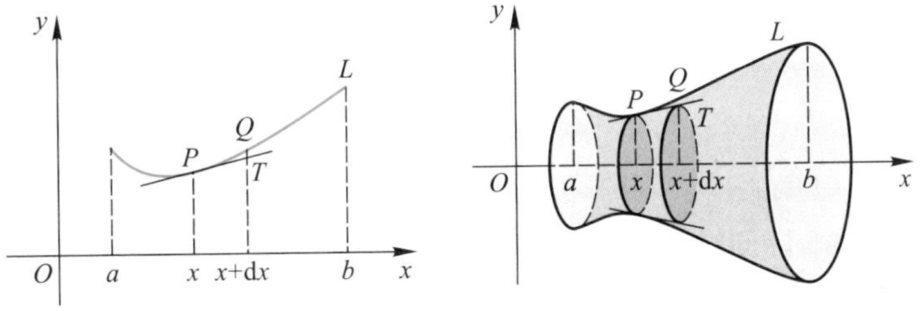

图 3.4.9

当光滑曲线 L 用参数方程

$$\begin{cases}x=x(t),\\y=y(t),\end{cases}\quad\alpha\leqslant t\leqslant\beta$$

表示时，易知若 $y(t)\geqslant0$，则

$$A=2\pi\int_\alpha^\beta y(t)\sqrt{x'^2(t)+y'^2(t)}\,\mathrm{d}t.$$

例 3.4.9　求半径为 a 的球面面积.

解　球面可视为上半圆周 $y=\sqrt{a^2-x^2}\ (-a\leqslant x\leqslant a)$绕 x 轴旋转一周所得的旋转曲面．记

$f(x)=\sqrt{a^2-x^2}$，便有

$$A=2\pi\int_{-a}^{a}f(x)\sqrt{1+f'^2(x)}\,\mathrm{d}x$$

$$=2\pi\int_{-a}^{a}\sqrt{a^2-x^2}\sqrt{1+\frac{x^2}{a^2-x^2}}\,\mathrm{d}x$$

$$=2\pi\int_{-a}^{a}a\,\mathrm{d}x=4\pi a^2.$$

例 3.4.10　求椭圆$\frac{x^2}{a^2}+\frac{y^2}{b^2}=1(a>b>0)$绕 x 轴旋转一周所得椭球面的面积.

解　由椭圆的对称性，利用上半椭圆的参数方程

$$\begin{cases}x=a\cos\theta,\\y=b\sin\theta,\end{cases}\quad 0\leqslant\theta\leqslant\pi,$$

即得

$$A=2\pi\int_0^{\pi}(b\sin\theta)\sqrt{(-a\sin\theta)^2+(b\cos\theta)^2}\,\mathrm{d}\theta$$

$$=2\pi ab\int_0^{\pi}\sin\theta\sqrt{1-\varepsilon^2\cos^2\theta}\,\mathrm{d}\theta$$

$$=-2\pi ab\int_1^{-1}\sqrt{1-\varepsilon^2t^2}\,\mathrm{d}t=4\pi ab\int_0^1\sqrt{1-\varepsilon^2t^2}\,\mathrm{d}t$$

$$=4\pi ab\cdot\frac{1}{2\varepsilon}\left[\varepsilon t\sqrt{1-\varepsilon^2t^2}+\arcsin\varepsilon t\right]\Big|_0^1$$

$$=2\pi ab\left(\sqrt{1-\varepsilon^2}+\frac{\arcsin\varepsilon}{\varepsilon}\right),$$

其中 $\varepsilon=\frac{\sqrt{a^2-b^2}}{a}$. 当 $b\to a$，即 $\varepsilon\to0$ 时，$A\to4\pi a^2$，便回到了上一个例子的情况.

曲线的曲率

在几何学和许多实际问题中，常常需要考虑曲线的弯曲程度．例如在铁路设计时，在拐弯处就不能让其弯曲程度太大，否则火车在行进时就会出现危险．现将借助于前面对弧长及弧长微分的讨论，引入一个刻画曲线弯曲程度的量.

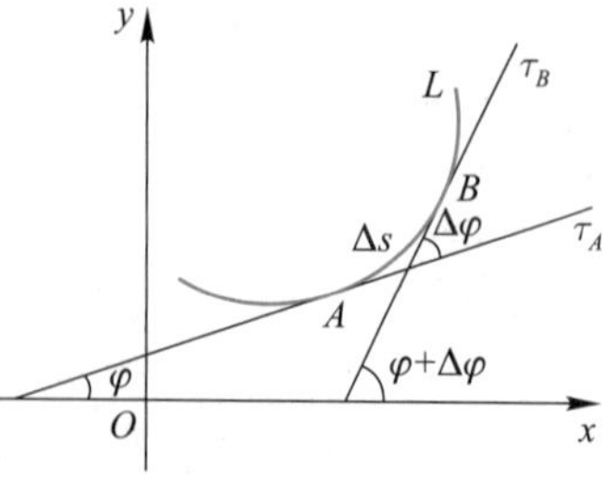

图 3.4.10

考察如图 3.4.10 所示的光滑曲线 L 上的曲线段 $\overset{\frown}{AB}$，它的弧长记为 Δs. 当动点从 A 点沿曲线段 $\overset{\frown}{AB}$ 运动到 B 点时，A 点的切线 τ_A 也随之转动到 B 点的切线 τ_B，记这两条切线之间的夹角为 $\Delta\varphi$（它等于 τ_B 和 x 轴的交角与 τ_A 和 x 轴的交角之差）. 显然，当弧的长度相同时，切线间的夹角愈大，曲线的弯曲程度就愈大；而当切线间的夹角相同时，弧的长度愈小，曲线的弯曲程度就愈大．于是，我们定义

$$\bar{\kappa}=\left|\frac{\Delta\varphi}{\Delta s}\right|$$

为曲线段 $\overparen{AB}$ 的**平均曲率**，它刻画了曲线段 $\overparen{AB}$ 的平均弯曲程度．平均曲率只描写了曲线 L 在这一段的“平均弯曲程度”．B 越接近于 A，即 Δs 越小，$\overparen{AB}$ 弧的平均曲率就越能精确刻画曲线 L 在 A 处的弯曲程度，因此定义

$$\kappa=\left|\lim_{\Delta s\to 0}\frac{\Delta\varphi}{\Delta s}\right|=\left|\frac{\mathrm{d}\varphi}{\mathrm{d}s}\right|$$

为曲线 L 在 A 点的**曲率**（如果该式中的极限存在的话）．这里取绝对值是为了使曲率不为负数．

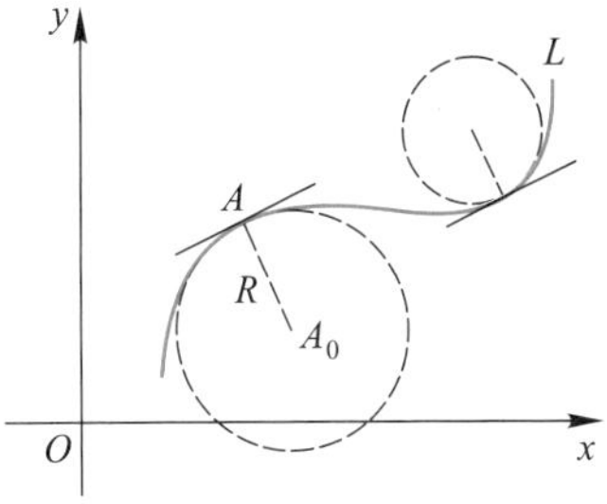

图 3.4.11

若曲线 L 在 A 点处的曲率 $\kappa\neq 0$，过 A 点作一个半径为$\dfrac{1}{\kappa}$的圆，使它在 A 点处与曲线 L 有相同的切线，并在 A 点附近与该曲线位于切线的同侧（图 3.4.11），称这个圆为曲线 L 在 A 点处的**曲率圆**或**密切圆**．曲率圆的半径 $R=\dfrac{1}{\kappa}$和圆心 A_0 分别称为曲线 L 在 A 点处的**曲率半径**和**曲率中心**．由曲率圆的定义可以知道，曲线 L 在点 A 处与曲率圆既有相同的切线，又有相同的曲率和凸性．因此在实际应用中，常用曲线在一点处的曲率圆上的小弧段来近似代替该点附近的曲线段，以使问题简化.

下面来推导曲率的计算公式．设光滑曲线 L 由参数方程

$$\begin{cases}x=x(t),\\ y=y(t),\end{cases}\quad \alpha\leqslant t\leqslant\beta$$

确定，且 $x(t)$，$y(t)$ 具有二阶导数．对于每个 $t\in[\alpha,\beta]$，曲线在对应点的切线斜率为

$$\frac{\mathrm{d}y}{\mathrm{d}x}=\frac{y'(t)}{x'(t)}=\tan\varphi,$$

其中 φ 是该切线与 x 轴的夹角．由上式有$\dfrac{\mathrm{d}}{\mathrm{d}t}\left(\dfrac{y'(t)}{x'(t)}\right)=\sec^2\varphi\dfrac{\mathrm{d}\varphi}{\mathrm{d}t}$，即可得到

$$\frac{\mathrm{d}\varphi}{\mathrm{d}t}=\frac{1}{\sec^2\varphi}\frac{\mathrm{d}}{\mathrm{d}t}\left(\frac{y'(t)}{x'(t)}\right)=\frac{x'(t)y''(t)-x''(t)y'(t)}{x'^2(t)+y'^2(t)}.$$

另外，由弧长的微分公式知$\dfrac{\mathrm{d}s}{\mathrm{d}t}=\sqrt{x'^2(t)+y'^2(t)}$，于是

$$\kappa=\left|\frac{\mathrm{d}\varphi}{\mathrm{d}s}\right|=\left|\frac{\dfrac{\mathrm{d}\varphi}{\mathrm{d}t}}{\dfrac{\mathrm{d}s}{\mathrm{d}t}}\right|=\frac{|x'(t)y''(t)-x''(t)y'(t)|}{[x'^2(t)+y'^2(t)]^{\frac{3}{2}}}.$$

这就是曲率的计算公式.

特别地，如果曲线 L 由 $y=y(x)$ 表示，且 $y(x)$ 有二阶导数，那么相应的计算公式为

$$\kappa=\frac{|y''(x)|}{[1+y'^2(x)]^{\frac{3}{2}}}.$$

容易知道，直线上曲率处处为零.

例 3.4.11　求悬链线

$$y=\frac{a}{2}(e^{\frac{x}{a}}+e^{-\frac{x}{a}})$$

的曲率($a>0$).

解　易知

$$y'=\frac{1}{2}(e^{\frac{x}{a}}-e^{-\frac{x}{a}}),\quad y''=\frac{1}{2a}(e^{\frac{x}{a}}+e^{-\frac{x}{a}})=\frac{y}{a^2}.$$

由于 $y>0$ 及

$$\sqrt{1+y'^2}=\sqrt{1+\frac{1}{4}(e^{\frac{x}{a}}-e^{-\frac{x}{a}})^2}=\frac{y}{a},$$

所以

$$\kappa=\frac{|y''|}{(1+y'^2)^{\frac{3}{2}}}=\frac{a}{y^2}=\frac{4}{a(e^{\frac{x}{a}}+e^{-\frac{x}{a}})^2}.$$

例 3.4.12　求椭圆 $x=a\cos t, y=b\sin t(0\leqslant t\leqslant 2\pi)$ 上曲率最大和最小的点($0<b\leqslant a$).

解　由于

$$x'=-a\sin t,\quad x''=-a\cos t,\quad y'=b\cos t,\quad y''=-b\sin t,$$

因此

$$\kappa=\frac{|x'y''-x''y'|}{(x'^2+y'^2)^{\frac{3}{2}}}=\frac{|ab\sin^2 t+ab\cos^2 t|}{(a^2\sin^2 t+b^2\cos^2 t)^{\frac{3}{2}}}=\frac{ab}{[(a^2-b^2)\sin^2 t+b^2]^{\frac{3}{2}}}.$$

因此当 $a>b>0$ 时,椭圆上在 $t=0,\pi$ 对应的点,即长轴的两个端点,曲率最大;在 $t=\frac{\pi}{2},\frac{3\pi}{2}$ 对应的点,即短轴的两个端点,曲率最小.

当 $a=b=R$ 时(这时椭圆成为半径为 R 的圆),$\kappa=\frac{1}{R}$. 这说明,圆上各点处的曲率相同,其值为圆半径的倒数,而曲率半径正好是 R.

注　在上例中,曲率的最大值为 $\frac{a}{b^2}$,此时曲率半径为 $\frac{b^2}{a}$. 这有一个有趣的应用:半径为 $\frac{b^2}{a}$ 的圆是最大的圆,当它沿椭圆内侧滚动一周时,与椭圆的每一点都接触.

由分布密度求分布总量

微元法对以下各类实际问题也是适用的:设沿 x 轴自 a 至 b 分布着某种物理量 M,如质量、力、热量、电荷量等. 如果已知它在 x 点的分布密度 $f(x)$,求该分布的总量.

所谓分布密度,按通常意义这里是指单位长度的分布量. 由于分布未必均匀,因而应取单位长度平均分布量的极限. 于是,若记 x 轴上自 a 到 x 的分布总量为 $M(x)$,当 $M(x)$ 可导时有

$$f(x)=\lim_{\Delta x\to 0}\frac{M(x+\Delta x)-M(x)}{\Delta x}=\frac{d}{dx}M(x),$$

所以

$$dM(x)=f(x)\,dx.$$

这实际上就是 M 对应于区间微元 $[x,x+dx]$ 上的分布微元，当函数 f 连续时，由微元法得

$$M=\int_a^b f(x)\,dx.$$

例如，若 x 轴上有一具有质量的细杆，位于区间 $[a,b]$ 处，其密度为 $\rho(x)\,(x\in[a,b])$，则细杆在区间微元 $[x,x+dx]$ 处的质量微元为 $\rho(x)\,dx$，细杆的总质量为 $M=\int_a^b\rho(x)\,dx$.

例 3.4.13　设有一根 6 m 长的金属棒 AB，且与棒端 A 相距 x 处的分布密度为 $\rho(x)=2x^2+3x+6$ (kg/m)，求该金属棒的质量.

解　以 A 为原点，AB 方向为正方向作 x 轴，则金属棒的质量

$$M=\int_0^6(2x^2+3x+6)\,dx=\left(\frac{2}{3}x^3+\frac{3}{2}x^2+6x\right)\Bigg|_0^6=234\ (\text{kg}).$$

例 3.4.14　有一长为 l，质量为 M 的均匀细杆，在杆所在的直线上与杆相距 a 处有一质量为 m 的质点 P（图 3.4.12），求细杆对质点 P 的引力.

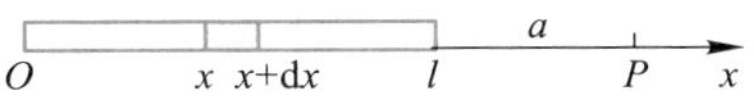

图 3.4.12

解　以细杆上距 P 较远的一端为原点，OP 方向为正方向作 x 轴，细杆位于区间 $[0,l]$ 上，杆上区间微元 $[x,x+dx]$ 部分的质量为 $\frac{M}{l}dx$，它对质点 P 的引力 F 的微元为

$$dF=G\frac{m}{(l+a-x)^2}\cdot\frac{M}{l}dx,$$

其中 G 为引力常数．于是，

$$F=\int_0^l\frac{GmM}{l}\frac{dx}{(l+a-x)^2}=\frac{GmM}{l}\cdot\frac{1}{l+a-x}\Bigg|_0^l=\frac{GmM}{a(l+a)}.$$

例 3.4.15　设均匀带正电的细杆长 l，电荷分布密度为 ρ. 如图 3.4.13 所示，在杆左端垂线上距杆为 b 处有一个负单位点电荷，求带电细杆对该点电荷的引力.

解　记杆对点电荷引力为 $\boldsymbol{F}=(F_x,F_y)$，其中 F_x,F_y 分别是它在 x 轴方向和 y 轴方向的分量.

由细杆的均匀性，细杆上区间微元 $[x,x+dx]$ 部分的电荷量微元可取为 ρdx，记它对点电荷的引力微元为 $d\boldsymbol{F}$，由 Coulomb（库仑）定律，$d\boldsymbol{F}$ 的大小为

$$|d\boldsymbol{F}|=\frac{1}{4\pi\varepsilon_0}\frac{1\cdot\rho dx}{b^2+x^2},$$

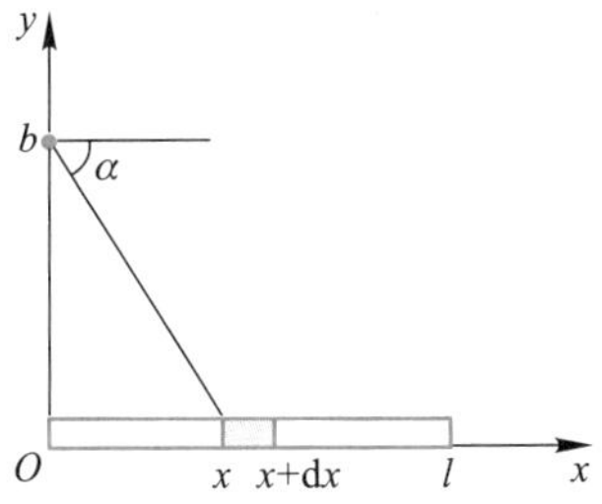

图 3.4.13

其中 ε_0 为真空电容率．记 $d\boldsymbol{F}$ 与 x 轴正向夹角为 α，则它在 x 轴方向和 y 轴方向引力分量的微元分别为

$$dF_x=|d\boldsymbol{F}|\cos\alpha=\frac{1}{4\pi\varepsilon_0}\frac{\rho}{b^2+x^2}\frac{x}{\sqrt{b^2+x^2}}dx,$$

$$dF_y=-|d\boldsymbol{F}|\sin\alpha=-\frac{1}{4\pi\varepsilon_0}\frac{\rho}{b^2+x^2}\frac{b}{\sqrt{b^2+x^2}}dx.$$

从而得到

$$F_x=\frac{\rho}{4\pi\varepsilon_0}\int_0^l\frac{x}{(b^2+x^2)^{\frac{3}{2}}}\mathrm{d}x=\frac{\rho}{4\pi\varepsilon_0}\left(\frac{1}{b}-\frac{1}{\sqrt{b^2+l^2}}\right),$$

$$F_y=-\frac{\rho}{4\pi\varepsilon_0}\int_0^l\frac{b\mathrm{d}x}{(b^2+x^2)^{\frac{3}{2}}}=-\frac{\rho l}{4\pi\varepsilon_0 b\sqrt{b^2+l^2}}.$$

如果某个量分布于一平面区域,其分布密度(单位面积的分布量)只依赖于 x,而与 y 无关,也可作类似的讨论.

例 3.4.16　求圆心在液面下 H 处,半径为 R 的竖直圆形壁所受到的液体压力(设液体密度为 ρ,$H>R$).

解　根据力学定律,物体在液面下 h 处所受的压强为

$$p=\rho gh,$$

其中 g 为重力加速度.

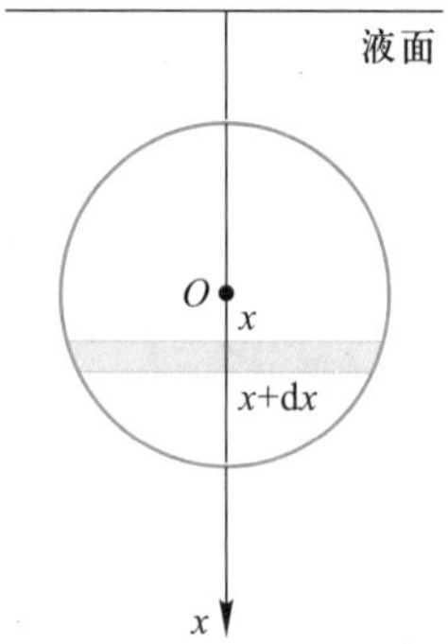

图 3.4.14

以圆壁中心为原点,重力方向为正向建立 x 轴(图 3.4.14). 在坐标为 x 处作一与 x 轴垂直的弦,该弦上各点所受压强均为 $\rho(H+x)g$.

相应于区间微元$[x,x+\mathrm{d}x]$,在圆壁上截取与液面平行的部分,该部分的面积微元为

$$\mathrm{d}A=2\sqrt{R^2-x^2}\,\mathrm{d}x.$$

其所受压力微元

$$\mathrm{d}F=\rho(H+x)g\cdot 2\sqrt{R^2-x^2}\,\mathrm{d}x,$$

从而圆壁所受的液体压力为

$$F=2\rho g\int_{-R}^{R}(H+x)\sqrt{R^2-x^2}\,\mathrm{d}x=\pi\rho gHR^2.$$

动态过程的累积效应

如果说上面提及的各种量描述了一些静态分布,那么还有许多量刻画了动态过程的累积效应. 例如,位移是物体按一定速度运动了一段时间的结果,功是力作用于物体使之移动了一段距离的结果. 这些问题也可用微元法求解.

例如,如果沿 x 轴正向的连续的力 $F(x)$将物体在 x 轴上从 $x=a$ 移到 $x=b$,则力在区间微元$[x,x+\mathrm{d}x]$上做功的微元为 $\mathrm{d}W=F(x)\mathrm{d}x$,从而总的做功为

$$W=\int_a^b F(x)\mathrm{d}x.$$

例 3.4.17　铁锤将铁钉击打入木板,阻力与击入深度成正比. 设两次击打铁钉做功相同,若第一次将铁钉击入 1 cm,问第二次又击入深度是多少?

解　取木板表面铁钉击入点为原点,铁钉击入方向为坐标轴正向作 x 轴. 设第二次击入后钉尖深度为 a,又记阻力与击入深度的比例系数为 k,则由两次击打铁钉做功相同,得

$$\int_0^1 kx\mathrm{d}x=\int_1^a kx\mathrm{d}x,$$

即

$$\frac{k}{2}=\frac{k}{2}(a^2-1).$$

解得 $a=\sqrt{2}$,所以第二次又击入深度$\sqrt{2}-1$ (cm).

例 3.4.18　如图 3.4.15 所示,在圆柱体容器中装有一定量的气体.在等温过程中,由于气体膨胀,把容器中一个活塞从 $x=a$ 处推移至 $x=b$ 处.求在移动过程中气体压力所做的功.

解　由物理定律可知,在等温过程中,压强 p 和体积 V 的乘积为常数 k,即 $pV=k$. 设圆柱形容器的底面积为 S. 因为活塞位于 x 点处时,$V=xS$,所以

$$p=\frac{k}{xS},$$

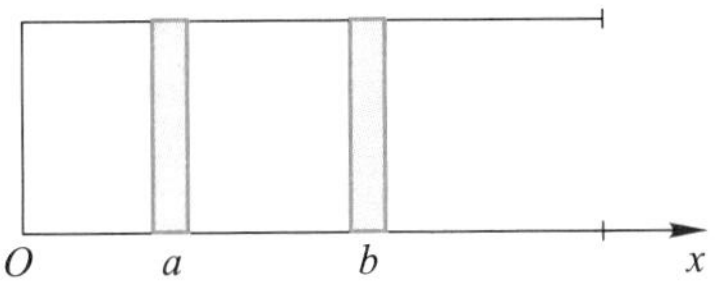

图 3.4.15

这样,作用在活塞上的气体压力为

$$F=pS=\frac{k}{xS}\cdot S=\frac{k}{x}.$$

对应于$[a,b]$中的任一区间微元$[x,x+\mathrm{d}x]$,做功的微元为 $\mathrm{d}W=\frac{k}{x}\mathrm{d}x$. 于是,气体压力所做的功为

$$W=\int_a^b\frac{k}{x}\mathrm{d}x=k\ln\frac{b}{a}.$$

例 3.4.19　把一个半径为 1,密度为 0.5 的均匀球体放入水中,问该球在水中下沉多少? 若对这个球施加压力,使之恰好沉没于水面,问需做多少功?

解　取水的密度为 1. 建立坐标系如图 3.4.16. 设球体在水中下沉深度为 h,在距原点 t 和 $t+\mathrm{d}t$ 处作两平行于水面的截面,截得的球体微元所受的浮力为

$$\mathrm{d}F(t)=g\pi[1-(1-t)^2]\mathrm{d}t,$$

其中 g 为重力加速度.因此,球在水中下沉深度为 x 时所受的浮力为

$$F(x)=\int_0^x\mathrm{d}F(t)=g\pi\int_0^x[1-(1-t)^2]\mathrm{d}t$$
$$=g\pi\left(x^2-\frac{x^3}{3}\right).$$

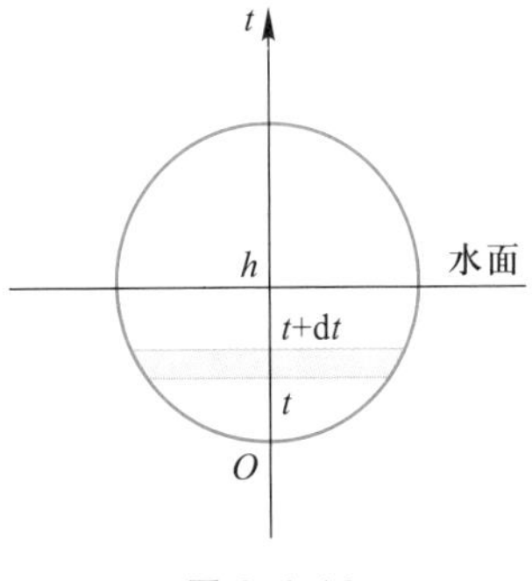

图 3.4.16

当 $x=h$ 时,浮力等于重力,故

$$g\pi\left(h^2-\frac{h^3}{3}\right)=\frac{4\pi}{3}\cdot1^3\cdot0.5\cdot g,$$

由此得 $h=1,1\pm\sqrt{3}$. 根据问题实际背景,应取 $h=1$,即球在水中下沉深度为 1.

把球从沉没 x 施压到沉没 $x+\mathrm{d}x$,需做功

$$\mathrm{d}W(x)=\left[F(x)-\frac{4\pi}{3}\cdot1^3\cdot0.5\cdot g\right]\mathrm{d}x=g\pi\left(x^2-\frac{x^3}{3}-\frac{2}{3}\right)\mathrm{d}x,$$

所以,使整个球体沉没于水面需做功

$$W=\int_1^2 \mathrm{d}W(x)=g\pi\int_1^2\left(x^2-\frac{x^3}{3}-\frac{2}{3}\right)\mathrm{d}x=\frac{5\pi g}{12}.$$

例 3.4.20　在电工学中,如果一交流电流 $i(t)$ 在一个周期 T 内通过电阻 R 所产生的热量,等于一直流电流在相同时间内通过同一电阻所产生的热量,则称该直流电流的值 I 为交流电流 $i(t)$ 的有效值.

(1) 求交流电流 $i(t)$ 的有效值 I;

(2) 若 $i(t)=I_0\sin(\omega t+\varphi_0)$ (I_0,ω,φ_0 为正常数),求 I.

解　(1) 由 Joule(焦耳)定律知,大小为 I 的直流电流在时间 T 内产生的热量为 $W_1=RI^2T$. 交流电流 $i(t)$ 在时间微元 $[t,t+\mathrm{d}t]$ 内可近似为电流强度为 $i(t)$ 的直流电流,它在这段时间内产生的热量微元为 $\mathrm{d}W=Ri^2(t)\mathrm{d}t$,因此它在一个周期 T 内产生的热量为

$$W_2=\int_0^T Ri^2(t)\mathrm{d}t.$$

令 $W_1=W_2$,便得 $RI^2T=\int_0^T Ri^2(t)\mathrm{d}t$, 于是

$$I=\sqrt{\frac{1}{T}\int_0^T i^2(t)\mathrm{d}t}.$$

(2) 交流电流 $i(t)=I_0\sin(\omega t+\varphi_0)$ 的周期为 $\frac{2\pi}{\omega}$,因此作变换 $\omega t=x$ 得

$$\begin{aligned}I&=\sqrt{\frac{\omega}{2\pi}\int_0^{\frac{2\pi}{\omega}} i^2(t)\mathrm{d}t}=\sqrt{\frac{\omega}{2\pi}\int_0^{\frac{2\pi}{\omega}} I_0^2\sin^2(\omega t+\varphi_0)\mathrm{d}t}\\&=\sqrt{\frac{I_0^2}{2\pi}\int_0^{2\pi}\sin^2(x+\varphi_0)\mathrm{d}x}=\frac{I_0}{\sqrt{2}}.\end{aligned}$$

例 3.4.21　从地面垂直发射一质量为 m 的物体,求它从点 A 到 B 时(见图 3.4.17,取地球中心为原点,发射方向为坐标轴正向),克服引力所做的功. 如要使物体飞离地球引力范围,其初速度 v_0 至少应为多少?

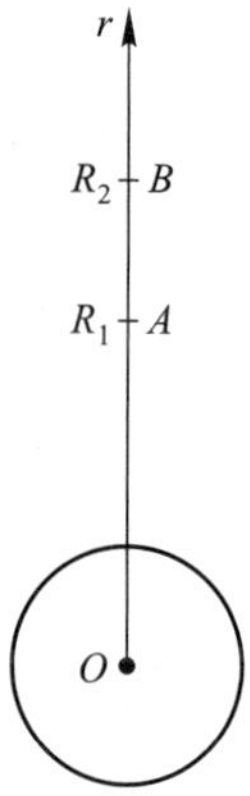

图 3.4.17

解　由万有引力定律,地球对发射体的引力为

$$f(r)=-G\frac{Mm}{r^2},$$

其中 r 是地球中心到发射体的距离,M 是地球质量,m 是发射体质量,G 是引力常数.

当发射体在地面上,即 $r=R$($R=6\ 371$ km 为地球半径)时,

$$-G\frac{Mm}{R^2}=-mg,$$

其中 g 是重力加速度,所以 $G=\frac{R^2g}{M}$. 代入引力表达式得

$$f(r)=-mgR^2\frac{1}{r^2}.$$

这样,若 A,B 到地球中心的距离分别为 R_1,R_2,则将发射体从 A 移至 B 所需做的功为

$$W=mgR^2\int_{R_1}^{R_2}\frac{1}{r^2}\mathrm{d}r=mgR^2\left(\frac{1}{R_1}-\frac{1}{R_2}\right).$$

如果从地面上发射一物体,使之飞离地球引力范围,则可在上式中取 $R_1=R,R_2\to+\infty$,这时所需做的功为

$$W=\lim_{R_2\to+\infty}mgR^2\left(\frac{1}{R}-\frac{1}{R_2}\right)=mgR.$$

为此,发射时给予发射体的动能$\frac{1}{2}mv_0^2$必须不小于 mgR,即

$$\frac{1}{2}mv_0^2\geqslant mgR,$$

由此可得

$$v_0\geqslant\sqrt{2Rg}\approx 11.2\ \mathrm{km/s}.$$

这就是发射体从地面飞离地球引力范围所必须具有的最小初速度,也称作**第二宇宙速度**.

习　题

1. 求抛物线 $y^2=x+2$ 与直线 $x-y=0$ 所围图形的面积.

2. 求抛物线 $y=-x^2-4x-3$ 与其在 $x=0$ 和 $x=3$ 对应点的两条切线围成的图形的面积.

3. 求曲线 $y=x^2$ 与直线 $y=x,y=2x$ 所围图形的面积.

4. 求星形线 $x=a\cos^3 t,y=a\sin^3 t$ 所围图形的面积($a>0$).

5. 求 $r=a\sin 3\theta\left(0\leqslant\theta\leqslant\frac{\pi}{3}\right)$ 围成的图形的面积.

6. 求曲线 $x^4+y^4=a^2(x^2+y^2)$ 围成的图形的面积(提示:化为极坐标方程).

7. 求由圆盘 $x^2+(y-b)^2\leqslant a^2(b>a>0)$ 绕 x 轴旋转一周所得旋转体的体积.

8. 求曲线 $y^2=2px$ 与 $py^2=4(x-p)^3(p>0)$ 所围图形绕 x 轴旋转一周所成旋转体的体积.

9. 求 $y=\sqrt{x}$ 与 x 轴及直线 $x=4$ 围成的图形绕 $x=4$ 旋转一周所得旋转体的体积.

10. 设圆柱体的半径为 R,通过底面的一条直径,作一与底面夹角为 $\alpha\left(\alpha<\frac{\pi}{2}\right)$ 的平面,从圆柱上截出一截锥体,求该截锥体的体积.

11. 设 f 是连续函数,平面区域 $\Omega=\{(x,y)\mid 0\leqslant y\leqslant f(x),a\leqslant x\leqslant b\}(a,b>0)$,将 Ω 绕 y 轴旋转一周,证明所得空间区域的体积为 $V=2\pi\int_a^b xf(x)\mathrm{d}x$.

12. 将圆扇形 $\{(r,\theta)\mid 0\leqslant\theta\leqslant\alpha,0\leqslant r\leqslant R\}$ 绕极轴旋转一周,试导出所得立体的体积为 $\frac{2}{3}\pi R^3(1-\cos\alpha)$.

13. 设直线 $y=ax(a<1)$ 与抛物线 $y=x^2$ 所围成的图形的面积为 S_1,且它们与直线 $x=1$ 所围成图形的面积为 S_2.

(1) 确定 a 的值,使得 S_1+S_2 达到最小,并求出最小值;

(2) 求该最小值所对应的平面图形绕 x 轴旋转一周所得旋转体的体积.

14. 求下列曲线段的弧长:

（1） $y=\frac{2}{3}(x-1)^{\frac{3}{2}}, 1 \leqslant x \leqslant 2$；

（2） $y=\int_{-\frac{\pi}{2}}^{x} \sqrt{\cos t}\, \mathrm{d} t, -\frac{\pi}{2} \leqslant x \leqslant \frac{\pi}{2}$；

（3） $x=\mathrm{e}^{t} \sin t, y=\mathrm{e}^{t} \cos t, 0 \leqslant t \leqslant \pi$；

（4） 第 4 题所给的星形线的周长；

（5） $r=\mathrm{e}^{2\theta}, 0 \leqslant \theta \leqslant 2\pi$.

15. 求下列旋转曲面的面积：

（1） $y^{2}=4x(0 \leqslant x \leqslant h)$ 绕 x 轴旋转一周生成的曲面；

（2） 第 4 题所给的星形线绕 x 轴旋转一周生成的曲面；

（3） 心脏线 $r=a(1+\cos \theta)(a>0)$ 绕极轴旋转一周产生的曲面.

16. 求下列曲线在指定点的曲率和曲率半径：

（1） $xy=4$，在点 $(2,2)$；

（2） $x=a(t-\sin t), y=a(1-\cos t)(a>0)$，在 $t=\frac{\pi}{2}$ 对应的点.

17. 求下列曲线的曲率和曲率半径：

（1） 抛物线 $y^{2}=2px(p>0)$；

（2） 双曲线 $\frac{x^{2}}{a^{2}}-\frac{y^{2}}{b^{2}}=1$；

（3） 星形线 $x^{\frac{2}{3}}+y^{\frac{2}{3}}=a^{\frac{2}{3}}(a>0)$；

（4） 圆的渐开线 $x=a(\cos t+t\sin t), y=a(\sin t-t\cos t)(a>0)$.

18. 求曲线 $y=\ln x$ 在点 $(1,0)$ 处的曲率圆方程.

19. 在牛顿引力场中，有一长为 l，质量为 M 的均匀细棒，在棒的垂直平分线距棒 h 处有一质量为 m 的质点，求棒对此质点的引力.

20. 设有两均匀细杆长度分别为 l_1, l_2，质量分别为 m_1, m_2，它们位于同一条直线上，相邻两端距离为 a，试计算两杆间的引力（提示：利用例 3.4.14 的结果）.

21. 有一椭圆形薄板，长半轴为 a，短半轴为 b，薄板垂直立于水中，其短半轴与水平面相齐，求水对薄板的侧压力.

22. 欲将水池的水抽到比水池高 H 的塔顶，若水池是半径为 r 的半球形，池中水深为 h $(h<r)$，求抽空这些水需做多少功.

23. 设有一均匀带正电的长为 l 的细杆，电荷线密度 ρ 为常数，在杆的垂直平分线上距杆 r 处有一单位正电荷.

（1） 求带电细杆对该点电荷的斥力；

（2） 如该点电荷在杆的垂直平分线上从距杆 r 处移至距杆 R 处 $(R>r)$，求电场力所做的功.

24. 一锥形漏斗深为 H m，顶口半径为 R m，底口半径为 r m，其中装满液体，试按流速公式 $v=\mu\sqrt{2gh}$（μ 为常数），计算液体需多少时间流完.

§5 反常积分

上一节最后一例讨论发射体飞离地球引力所做的功时，计算过

$$\lim_{R_2\to+\infty}\int_R^{R_2}\frac{1}{r^2}\,\mathrm{d}r,$$

这个极限似乎可以很自然地表示为无穷区间上的积分

$$\int_R^{+\infty}\frac{1}{r^2}\,\mathrm{d}r.$$

显然，它已不属于通常的 Riemann 积分的范畴．由于 Riemann 积分限于处理有限区间上的有界函数，当问题涉及无穷区间或无界函数时，需要把积分概念作进一步扩充．这就引出了**反常积分**.

无穷限的反常积分

先讨论定义于区间 $[a,+\infty)$ 上函数的反常积分.

定义 3.5.1　设函数 f 定义于 $[a,+\infty)$，且在任何有限区间 $[a,A]$ 上可积，如果极限

$$\lim_{A\to+\infty}\int_a^A f(x)\,\mathrm{d}x$$

存在，就称反常积分 $\int_a^{+\infty}f(x)\,\mathrm{d}x$ **收敛**，并规定其积分值

$$\int_a^{+\infty}f(x)\,\mathrm{d}x=\lim_{A\to+\infty}\int_a^A f(x)\,\mathrm{d}x.$$

此时也称 f 在 $[a,+\infty)$ 上**可积**．否则，称反常积分 $\int_a^{+\infty}f(x)\,\mathrm{d}x$ **发散**.

注　若在 $[a,+\infty)$ 上函数 f 非负，且 $\int_a^{+\infty}f(x)\,\mathrm{d}x$ 收敛，则这个反常积分的几何意义便是介于曲线 $y=f(x)$，直线 $x=a$ 和 $y=0$ 之间的平面图形的面积（见图 3.5.1）.

对定义于 $(-\infty,a]$ 上的函数 f，规定

$$\int_{-\infty}^a f(x)\,\mathrm{d}x=\int_{-a}^{+\infty}f(-x)\,\mathrm{d}x.$$

上述等式意味着可以按右端积分的收敛抑或发散确定左端积分的收敛或发散．当积分收敛时，左端积分取右端的值．此时，左端的反常积分也就是极限 $\lim\limits_{A\to-\infty}\int_A^a f(x)\,\mathrm{d}x$，即

$$\int_{-\infty}^a f(x)\,\mathrm{d}x=\lim_{A\to-\infty}\int_A^a f(x)\,\mathrm{d}x.$$

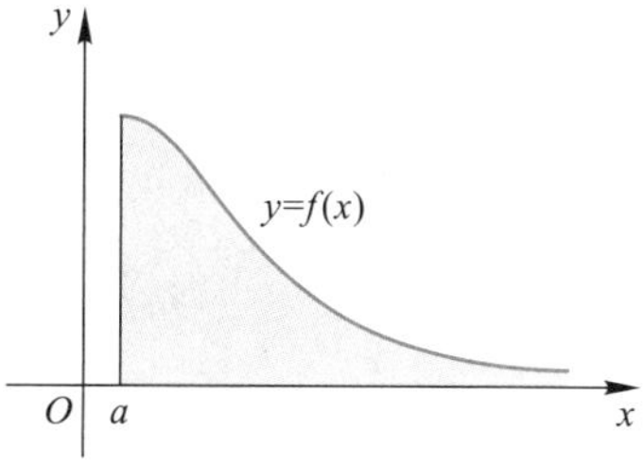

图 3.5.1

当 f 分别在 $(-\infty,a]$ 和 $[a,+\infty)$ 上的反常积分 $\int_{-\infty}^a f(x)\,\mathrm{d}x$ 和 $\int_a^{+\infty}f(x)\,\mathrm{d}x$ 均收敛时，称反

常积分$\int_{-\infty}^{+\infty} f(x)\,\mathrm{d}x$收敛,也称$f$在$(-\infty,+\infty)$上可积,且规定

$$\int_{-\infty}^{+\infty} f(x)\,\mathrm{d}x=\int_{-\infty}^{a} f(x)\,\mathrm{d}x+\int_{a}^{+\infty} f(x)\,\mathrm{d}x;$$

否则,称反常积分$\int_{-\infty}^{+\infty} f(x)\,\mathrm{d}x$发散.

例 3.5.1　讨论反常积分$\int_{0}^{+\infty} \mathrm{e}^{ax}\,\mathrm{d}x$的收敛性.

解　当$a\neq 0$时,对任何$A>0$有

$$\int_{0}^{A} \mathrm{e}^{ax}\,\mathrm{d}x=\frac{1}{a}(\mathrm{e}^{aA}-1),$$

且

$$\lim_{A\to+\infty}\frac{1}{a}(\mathrm{e}^{aA}-1)=\begin{cases}-\dfrac{1}{a}, & a<0,\\ +\infty, & a>0.\end{cases}$$

而$a=0$时,

$$\lim_{A\to+\infty}\int_{0}^{A} \mathrm{e}^{ax}\,\mathrm{d}x=\lim_{A\to+\infty}\int_{0}^{A}\mathrm{d}x=\lim_{A\to+\infty}A=+\infty.$$

因此,当且仅当$a<0$时,反常积分$\int_{0}^{+\infty} \mathrm{e}^{ax}\,\mathrm{d}x$收敛,且

$$\int_{0}^{+\infty} \mathrm{e}^{ax}\,\mathrm{d}x=\lim_{A\to+\infty}\int_{0}^{A} \mathrm{e}^{ax}\,\mathrm{d}x=-\frac{1}{a}.$$

由反常积分的几何意义可知,当$a<0$时,$\int_{0}^{+\infty} \mathrm{e}^{ax}\,\mathrm{d}x=-\dfrac{1}{a}$就是介于曲线$y=\mathrm{e}^{ax}$,直线$x=0$和$y=0$之间的平面图形的面积.

例 3.5.2　讨论反常积分$\int_{1}^{+\infty} \dfrac{1}{x^{p}}\,\mathrm{d}x$的收敛性.

解　当$p\neq 1$时,

$$\lim_{A\to+\infty}\int_{1}^{A} \frac{1}{x^{p}}\,\mathrm{d}x=\lim_{A\to+\infty}\frac{A^{1-p}-1}{1-p}=\begin{cases}\dfrac{1}{p-1}, & p>1,\\ +\infty, & p<1.\end{cases}$$

当$p=1$时,

$$\lim_{A\to+\infty}\int_{1}^{A} \frac{1}{x}\,\mathrm{d}x=\lim_{A\to+\infty}\ln A=+\infty.$$

因此,当且仅当$p>1$时,反常积分$\int_{1}^{+\infty} \dfrac{1}{x^{p}}\,\mathrm{d}x$收敛,且

$$\int_{1}^{+\infty} \frac{1}{x^{p}}\,\mathrm{d}x=\lim_{A\to+\infty}\int_{1}^{A} \frac{1}{x^{p}}\,\mathrm{d}x=\frac{1}{p-1}.$$

一般地,设函数F为f在$[a,+\infty)$上的一个原函数,若极限$\lim\limits_{x\to+\infty}F(x)$存在,记

$$F(+\infty)=\lim_{x\to+\infty}F(x),$$

则由反常积分的定义和 Newton-Leibniz 公式得

$$\int_a^{+\infty} f(x)\,\mathrm{d}x = \lim_{A\to+\infty}\int_a^A f(x)\,\mathrm{d}x = \lim_{A\to+\infty} F(x)\Big|_a^A = F(+\infty) - F(a).$$

此式说明了 $\int_a^{+\infty} f(x)\,\mathrm{d}x$ 收敛．常记$F(x)\Big|_a^{+\infty}=F(+\infty)-F(a)$，则有

$$\int_a^{+\infty} f(x)\,\mathrm{d}x = F(x)\Big|_a^{+\infty} = F(+\infty) - F(a).$$

关于 $\int_{-\infty}^a f(x)\,\mathrm{d}x$ 和$\int_{-\infty}^{+\infty} f(x)\,\mathrm{d}x$，也有类似的表达式.

关于无穷限的反常积分，也有如下的线性运算性质：

定理 3.5.1 设反常积分 $\int_a^{+\infty} f(x)\,\mathrm{d}x$ 和 $\int_a^{+\infty} g(x)\,\mathrm{d}x$ 均收敛，α,β 为常数，则 $\int_a^{+\infty}[\alpha f(x)+\beta g(x)]\,\mathrm{d}x$ 也收敛，且成立

$$\int_a^{+\infty}[\alpha f(x)+\beta g(x)]\,\mathrm{d}x = \alpha\int_a^{+\infty} f(x)\,\mathrm{d}x + \beta\int_a^{+\infty} g(x)\,\mathrm{d}x.$$

这个定理的证明可直接由反常积分的定义得到，此处从略.

例 3.5.3 计算反常积分 $\int_0^{+\infty}\frac{\mathrm{d}x}{2+x^2}$ 和$\int_{-\infty}^{+\infty}\frac{\mathrm{d}x}{2+x^2}$.

解 因为$\frac{1}{\sqrt{2}}\arctan\frac{x}{\sqrt{2}}$是$\frac{1}{2+x^2}$在$(-\infty,+\infty)$上的一个原函数，所以

$$\int_0^{+\infty}\frac{\mathrm{d}x}{2+x^2} = \frac{1}{\sqrt{2}}\arctan\frac{x}{\sqrt{2}}\Bigg|_0^{+\infty} = \frac{\sqrt{2}\,\pi}{4},$$

$$\int_{-\infty}^{+\infty}\frac{\mathrm{d}x}{2+x^2} = \frac{1}{\sqrt{2}}\arctan\frac{x}{\sqrt{2}}\Bigg|_{-\infty}^{+\infty} = \frac{1}{\sqrt{2}}\left[\frac{\pi}{2}-\left(-\frac{\pi}{2}\right)\right] = \frac{\sqrt{2}}{2}\pi.$$

比较判别法

因为 $\int_a^{+\infty} f(x)\,\mathrm{d}x$ 收敛等价于极限 $\lim_{A\to+\infty}\int_a^A f(x)\,\mathrm{d}x$ 存在，因此由函数极限的 Cauchy 收敛准则得到

引理 3.5.1（反常积分的 Cauchy 收敛准则） 反常积分 $\int_a^{+\infty} f(x)\,\mathrm{d}x$ 收敛的充分必要条件是：对于任意给定的 $\varepsilon>0$，存在 $A_0\geqslant a$，使得当 $A,A'\geqslant A_0$ 时，成立

$$\left|\int_A^{A'} f(x)\,\mathrm{d}x\right| < \varepsilon.$$

对原函数在区间端点的值取极限以确定反常积分的敛散性，在许多问题中并不可行，因为原函数并非初等函数的情况是经常出现的．人们希望能建立一些实用性较强的判别准则，可以直接根据被积函数的形式来判定反常积分的敛散性．下面就来介绍讨论反常积分敛散性时最常使用的比较判别法.

定理 3.5.2（比较判别法） 设 f 和 g 均是$[a,+\infty)$上的函数，且在任何有限区间$[a,A]$上可积．如果

$$|f(x)| \leqslant g(x), \quad x \in [a,+\infty),$$

则当 $\int_a^{+\infty} g(x)\mathrm{d}x$ 收敛时，$\int_a^{+\infty} f(x)\mathrm{d}x$ 和 $\int_a^{+\infty} |f(x)|\mathrm{d}x$ 均收敛；当 $\int_a^{+\infty} f(x)\mathrm{d}x$ 发散时，$\int_a^{+\infty} |f(x)|\mathrm{d}x$ 和 $\int_a^{+\infty} g(x)\mathrm{d}x$ 均发散.

特别地，当 $\int_a^{+\infty} |f(x)|\mathrm{d}x$ 收敛时，$\int_a^{+\infty} f(x)\mathrm{d}x$ 也收敛.

证　对于任意给定的 $\varepsilon>0$，由于 $\int_a^{+\infty} g(x)\mathrm{d}x$ 收敛，所以由 Cauchy 收敛准则知，存在 $A_0 \geqslant a$，使得当 $A, A' \geqslant A_0$ 时，成立

$$\int_A^{A'} g(x)\mathrm{d}x < \varepsilon.$$

于是由假设得

$$\left|\int_A^{A'} f(x)\mathrm{d}x\right| \leqslant \int_A^{A'} |f(x)|\mathrm{d}x \leqslant \int_A^{A'} g(x)\mathrm{d}x < \varepsilon,$$

又由 Cauchy 收敛准则知，$\int_a^{+\infty} f(x)\mathrm{d}x$ 和 $\int_a^{+\infty} |f(x)|\mathrm{d}x$ 均收敛.

若 $\int_a^{+\infty} f(x)\mathrm{d}x$ 发散，则 $\int_a^{+\infty} |f(x)|\mathrm{d}x$ 和 $\int_a^{+\infty} g(x)\mathrm{d}x$ 都必发散. 否则的话，由刚才的证明，又可知 $\int_a^{+\infty} f(x)\mathrm{d}x$ 收敛，产生矛盾.

证毕

注意，当 $\int_a^{+\infty} f(x)\mathrm{d}x$ 收敛时，$\int_a^{+\infty} |f(x)|\mathrm{d}x$ 并不一定收敛，本节的习题 11 就是这样一个例子.

定义 3.5.2　若 $\int_a^{+\infty} |f(x)|\mathrm{d}x$ 收敛，则称 $\int_a^{+\infty} f(x)\mathrm{d}x$ **绝对收敛**，也称函数 f 在 $[a,+\infty)$ 上**绝对可积**.

若 $\int_a^{+\infty} f(x)\mathrm{d}x$ 收敛，而 $\int_a^{+\infty} |f(x)|\mathrm{d}x$ 发散，则称 $\int_a^{+\infty} f(x)\mathrm{d}x$ **条件收敛**.

若 $\int_a^{+\infty} f(x)\mathrm{d}x$ 收敛，是否一定有 $\lim\limits_{x\to+\infty} f(x)=0$?

例 3.5.4　讨论反常积分 $\int_1^{+\infty} \frac{\sin x}{\sqrt{x^3+a^2}}\mathrm{d}x$ 的敛散性.

解　因为

$$\left|\frac{\sin x}{\sqrt{x^3+a^2}}\right| \leqslant x^{-\frac{3}{2}},$$

由例 3.5.2 知 $\int_1^{+\infty} x^{-\frac{3}{2}}\mathrm{d}x$ 收敛，故而由比较判别法知 $\int_1^{+\infty} \frac{\sin x}{\sqrt{x^3+a^2}}\mathrm{d}x$ 收敛.

使用比较判别法，需要借助于一个已知敛散性且形式简单、易于参照的函数作标准. 很多情况下都和上例一样选择 $\frac{1}{x^p}$ 作为判别的基准，而且为简化讨论，常采用下述极限形式的判别法.

推论 3.5.1（Cauchy 判别法）　设函数 f 在 $[a,+\infty)$ 上有定义，且在任何有限区间 $[a,A]$

上均可积.

（1）如果存在 $p>1$,使得

$$\lim_{x\to+\infty} x^p \left|f(x)\right| = l \geqslant 0,$$

则 $\int_a^{+\infty} f(x)\,\mathrm{d}x$ 和 $\int_a^{+\infty} \left|f(x)\right|\mathrm{d}x$ 均收敛;

（2）如果存在 $p\leqslant 1$,使得

$$\lim_{x\to+\infty} x^p \left|f(x)\right| = l>0 \quad (\text{或}+\infty),$$

则 $\int_a^{+\infty} \left|f(x)\right|\mathrm{d}x$ 发散.

实际上,对 $0<l<+\infty$ 的情况,由极限条件可知,当 x 充分大时成立

$$\frac{l}{2}\frac{1}{x^p} \leqslant \left|f(x)\right| \leqslant 2l\frac{1}{x^p},$$

因而 $\int_a^{+\infty} \left|f(x)\right|\mathrm{d}x$ 的敛散性和 $\int_a^{+\infty} \frac{1}{x^p}\mathrm{d}x$ 的敛散性一致．关于 $l=0$ 和 $l=+\infty$ 的情况也可分别作估计和讨论,此处从略.

例 3.5.5　判别反常积分 $\int_1^{+\infty} \frac{\arctan x}{x\sqrt{1+x}}\mathrm{d}x$ 和 $\int_1^{+\infty} \frac{1}{\sqrt[4]{x^3+4x^2+3x+1}}\mathrm{d}x$ 的敛散性.

解　利用 Cauchy 判别法．因为

$$\lim_{x\to+\infty} x^{\frac{3}{2}}\frac{\arctan x}{x\sqrt{1+x}} = \frac{\pi}{2},$$

Abel 判别法和 Dirichlet 判别法

所以 $\int_1^{+\infty} \frac{\arctan x}{x\sqrt{1+x}}\mathrm{d}x$ 收敛.

因为

$$\lim_{x\to+\infty} x^{\frac{3}{4}}\frac{1}{\sqrt[4]{x^3+4x^2+3x+1}} = 1,$$

所以 $\int_1^{+\infty} \frac{1}{\sqrt[4]{x^3+4x^2+3x+1}}\mathrm{d}x$ 发散.

无界函数的反常积分

类似于利用对定积分取极限导出无穷限区间上反常积分的处理方法,也可以引入关于无界函数的反常积分.

定义 3.5.3　设对于任意给定的 $\varepsilon\in(0,b-a)$,函数 f 在 $(a,a+\varepsilon)$ 中无界,但在 $[a+\varepsilon,b]$ 上可积．若极限

$$\lim_{\varepsilon\to 0+0}\int_{a+\varepsilon}^{b} f(x)\,\mathrm{d}x$$

存在,则称反常积分 $\int_a^b f(x)\,\mathrm{d}x$ **收敛**,并规定其积分值为

$$\int_a^b f(x)\,\mathrm{d}x=\lim_{\varepsilon\to 0+0}\int_{a+\varepsilon}^b f(x)\,\mathrm{d}x.$$

此时也称 f 在 $(a,b]$ 上**可积**．否则，称反常积分 $\int_a^b f(x)\,\mathrm{d}x$ **发散**.

类似地，若对于任意给定的 $\varepsilon\in(0,b-a)$，函数 f 在 $(b-\varepsilon,b)$ 上无界，但在 $[a,b-\varepsilon]$ 上可积，若

$$\lim_{\varepsilon\to 0+0}\int_a^{b-\varepsilon} f(x)\,\mathrm{d}x$$

存在，则称此极限值为函数 f 在 $[a,b)$ 上的反常积分，仍记作 $\int_a^b f(x)\,\mathrm{d}x$，即

$$\int_a^b f(x)\,\mathrm{d}x=\lim_{\varepsilon\to 0+0}\int_a^{b-\varepsilon} f(x)\,\mathrm{d}x.$$

此时，称反常积分 $\int_a^b f(x)\,\mathrm{d}x$ 收敛（也称 f 在 $[a,b)$ 上可积）；否则，称这个反常积分发散.

如果 $a<c<b$，函数 f 在 c 的任何邻域上均无界，若反常积分 $\int_a^c f(x)\,\mathrm{d}x$ 和 $\int_c^b f(x)\,\mathrm{d}x$ 均收敛，则称反常积分 $\int_a^b f(x)\,\mathrm{d}x$ 收敛，且规定

$$\int_a^b f(x)\,\mathrm{d}x=\int_a^c f(x)\,\mathrm{d}x+\int_c^b f(x)\,\mathrm{d}x.$$

否则，就称反常积分 $\int_a^b f(x)\,\mathrm{d}x$ 发散.

例 3.5.6　讨论反常积分 $\int_0^a \frac{1}{\sqrt{a^2-x^2}}\mathrm{d}x\ (a>0)$ 的敛散性.

解　显然被积函数 $\frac{1}{\sqrt{a^2-x^2}}$ 在点 a 附近无界．由于

$$\begin{aligned}\lim_{\varepsilon\to 0+0}\int_0^{a-\varepsilon}\frac{1}{\sqrt{a^2-x^2}}\mathrm{d}x&=\lim_{\varepsilon\to 0+0}\arcsin\frac{x}{a}\Big|_0^{a-\varepsilon}\\&=\lim_{\varepsilon\to 0+0}\arcsin\frac{a-\varepsilon}{a}=\arcsin 1=\frac{\pi}{2},\end{aligned}$$

因此，反常积分 $\int_0^a \frac{1}{\sqrt{a^2-x^2}}\mathrm{d}x$ 收敛，且

$$\int_0^a \frac{1}{\sqrt{a^2-x^2}}\mathrm{d}x=\frac{\pi}{2}.$$

上式的几何意义：介于曲线 $y=\frac{1}{\sqrt{a^2-x^2}}$，$y=0$，$x=0$ 和 $x=a$ 之间的平面区域的面积为 $\frac{\pi}{2}$.

例 3.5.7　讨论反常积分 $\int_a^b \frac{1}{(x-a)^p}\mathrm{d}x$ 的敛散性 $(b>a,p>0)$.

解　显然被积函数 $\frac{1}{(x-a)^p}$ 在点 a 附近无界.

当 $p\neq 1$ 时，

$$\int_{a+\varepsilon}^{b}\frac{1}{(x-a)^{p}}\mathrm{d}x=\frac{1}{1-p}\left[(b-a)^{1-p}-\varepsilon^{1-p}\right],$$

因此

$$\lim_{\varepsilon\to0+0}\int_{a+\varepsilon}^{b}\frac{1}{(x-a)^{p}}\mathrm{d}x=\begin{cases}+\infty, & p>1,\\ \dfrac{(b-a)^{1-p}}{1-p}, & 0<p<1.\end{cases}$$

又当 $p=1$ 时，有

$$\lim_{\varepsilon\to0+0}\int_{a+\varepsilon}^{b}\frac{1}{x-a}\mathrm{d}x=\lim_{\varepsilon\to0+0}\left[\ln(b-a)-\ln\varepsilon\right]=+\infty.$$

因此，反常积分 $\int_{a}^{b}\frac{1}{(x-a)^{p}}\mathrm{d}x$ 当 $0<p<1$ 时收敛，且 $\int_{a}^{b}\frac{1}{(x-a)^{p}}\mathrm{d}x=\frac{(b-a)^{1-p}}{1-p}$；当 $p\geqslant1$ 时发散.

对无界函数的反常积分，同样也有关于其敛散性的 Cauchy 收敛准则、比较判别法及相应的极限形式的判据.

定理 3.5.3(比较判别法)　设函数 f 和 g 均在 a 点附近无界，但在任何区间 $[a+\varepsilon,b]$ $(0<\varepsilon<b-a)$ 上可积，且

$$|f(x)|\leqslant g(x),\quad x\in(a,b],$$

则当 $\int_{a}^{b}g(x)\mathrm{d}x$ 收敛时，$\int_{a}^{b}f(x)\mathrm{d}x$ 和 $\int_{a}^{b}|f(x)|\mathrm{d}x$ 均收敛；当 $\int_{a}^{b}f(x)\mathrm{d}x$ 发散时，$\int_{a}^{b}|f(x)|\mathrm{d}x$ 和 $\int_{a}^{b}g(x)\mathrm{d}x$ 均发散.

特别地，当 $\int_{a}^{b}|f(x)|\mathrm{d}x$ 收敛时，$\int_{a}^{b}f(x)\mathrm{d}x$ 也收敛.

结合定理 3.5.3 和例 3.5.7 可以得到

推论 3.5.2(Cauchy 判别法)　设函数 f 在任何区间 $[a+\varepsilon,b]$ $(0<\varepsilon<b-a)$ 可积.

(1) 如果存在 $p<1$，使得

$$\lim_{x\to a+0}(x-a)^{p}|f(x)|=l\geqslant0,$$

则 $\int_{a}^{b}f(x)\mathrm{d}x$ 和 $\int_{a}^{b}|f(x)|\mathrm{d}x$ 均收敛；

(2) 如果存在 $p\geqslant1$，使得

$$\lim_{x\to a+0}(x-a)^{p}|f(x)|=l>0\quad(\text{或}+\infty),$$

则 $\int_{a}^{b}|f(x)|\mathrm{d}x$ 发散.

例 3.5.8　讨论反常积分 $\int_{0}^{1}\frac{\left|\sin\frac{1}{x}\right|}{\sqrt{x}}\mathrm{d}x$ 和 $\int_{0}^{1}\frac{\sin\frac{1}{x}}{\sqrt{x}}\mathrm{d}x$ 的敛散性.

解　因为 $\left|\frac{\sin\frac{1}{x}}{\sqrt{x}}\right|\leqslant\frac{1}{\sqrt{x}}$，且 $\int_{0}^{1}\frac{1}{\sqrt{x}}\mathrm{d}x$ 收敛，根据比较判别法，$\int_{0}^{1}\frac{\left|\sin\frac{1}{x}\right|}{\sqrt{x}}\mathrm{d}x$ 和 $\int_{0}^{1}\frac{\sin\frac{1}{x}}{\sqrt{x}}\mathrm{d}x$ 均收敛.

例 3.5.9　讨论反常积分 $\int_1^2 \frac{1}{\ln x}\mathrm{d}x$ 的敛散性.

解　被积函数 $\frac{1}{\ln x}$ 在 $x=1$ 附近无界,且

$$\lim_{x\to 1+0}(x-1)\frac{1}{\ln x}=\lim_{x\to 1+0}\frac{1}{\frac{1}{x}}=\lim_{x\to 1+0}x=1.$$

根据 Cauchy 判别法,反常积分 $\int_1^2 \frac{1}{\ln x}\mathrm{d}x$ 发散.

定积分的一系列运算法则,如线性运算法则,换元积分法,分部积分法,同样适用于以上提及的各类反常积分.

例 3.5.10　计算 $I_n=\int_0^{+\infty}x^n\mathrm{e}^{-x}\mathrm{d}x$,其中 n 为非负整数.

解　显然

$$I_0=\int_0^{+\infty}\mathrm{e}^{-x}\mathrm{d}x=-\mathrm{e}^{-x}\Big|_0^{+\infty}=1.$$

当 $n\geqslant 1$ 时,

$$I_n=\int_0^{+\infty}x^n\mathrm{e}^{-x}\mathrm{d}x=-\mathrm{e}^{-x}x^n\Big|_0^{+\infty}+n\int_0^{+\infty}x^{n-1}\mathrm{e}^{-x}\mathrm{d}x=nI_{n-1}.$$

因此,对一切非负整数 n,有

$$I_n=n!.$$

例 3.5.11　计算反常积分 $\int_0^1\frac{x^3}{\sqrt{1-x^2}}\mathrm{d}x$.

解　作变量代换 $x=\sin t\left(t\in\left[0,\frac{\pi}{2}\right]\right)$,则 $\mathrm{d}x=\cos t\mathrm{d}t$. 当 $x=0$ 时,$t=0$;当 $x=1$ 时,$t=\frac{\pi}{2}$. 故

$$\int_0^1\frac{x^3}{\sqrt{1-x^2}}\mathrm{d}x=\int_0^{\frac{\pi}{2}}\frac{\sin^3 t}{\cos t}\cos t\mathrm{d}t=\int_0^{\frac{\pi}{2}}\sin^3 t\mathrm{d}t=\frac{2}{3}.$$

这里,我们注意到通过变量代换,有时可把反常积分化为通常的积分,计算就更容易些.

例 3.5.12　计算反常积分 $\int_0^{\frac{\pi}{6}}\frac{\mathrm{d}x}{\cos x\sqrt{\sin x}}$.

解　由于

$$\begin{aligned}\int_0^{\frac{\pi}{6}}\frac{\mathrm{d}x}{\cos x\sqrt{\sin x}}&=\int_0^{\frac{\pi}{6}}\frac{\mathrm{d}\sin x}{(1-\sin^2 x)\sqrt{\sin x}}\\&=\int_0^{\frac{\pi}{6}}\left(\frac{1}{1-\sin x}+\frac{1}{1+\sin x}\right)\mathrm{d}\sqrt{\sin x}.\end{aligned}$$

作变量代换 $u=\sqrt{\sin x}$,得

$$\int_0^{\frac{\pi}{6}} \frac{\mathrm{d}x}{\cos x\sqrt{\sin x}} = \int_0^{\frac{\sqrt{2}}{2}} \left(\frac{1}{1-u^2} + \frac{1}{1+u^2}\right) \mathrm{d}u$$

$$= \left(\frac{1}{2}\ln\left|\frac{1+u}{1-u}\right| + \arctan u\right)\Bigg|_0^{\frac{\sqrt{2}}{2}}$$

$$= \ln(1+\sqrt{2}) + \arctan\frac{\sqrt{2}}{2}.$$

例 3.5.13　计算积分 $\int_0^1 \frac{1}{x^4}\mathrm{e}^{-\frac{2}{x}}\mathrm{d}x$.

解　作变量代换 $t=\frac{1}{x}$,再利用分部积分法,得

$$\int_0^1 \frac{1}{x^4}\mathrm{e}^{-\frac{2}{x}}\mathrm{d}x = -\int_0^1 \frac{1}{x^2}\mathrm{e}^{-\frac{2}{x}}\mathrm{d}\left(\frac{1}{x}\right)$$

$$= -\int_{+\infty}^1 t^2\mathrm{e}^{-2t}\mathrm{d}t = \int_1^{+\infty} t^2\mathrm{e}^{-2t}\mathrm{d}t$$

$$= -\frac{1}{2}\int_1^{+\infty} t^2\mathrm{d}\mathrm{e}^{-2t} = -\frac{1}{2}t^2\mathrm{e}^{-2t}\Big|_1^{+\infty} + \int_1^{+\infty} t\mathrm{e}^{-2t}\mathrm{d}t$$

$$= \frac{1}{2}\mathrm{e}^{-2} - \frac{1}{2}\int_1^{+\infty} t\mathrm{d}\mathrm{e}^{-2t} = \frac{1}{2}\mathrm{e}^{-2} - \frac{1}{2}t\mathrm{e}^{-2t}\Big|_1^{+\infty} + \frac{1}{2}\int_1^{+\infty}\mathrm{e}^{-2t}\mathrm{d}t$$

$$= \mathrm{e}^{-2} - \frac{1}{4}\mathrm{e}^{-2t}\Big|_1^{+\infty} = \frac{5}{4}\mathrm{e}^{-2}.$$

注　由于 $\lim\limits_{x\to 0+0}\frac{1}{x^4}\mathrm{e}^{-\frac{2}{x}}=0$,所以 $\int_0^1 \frac{1}{x^4}\mathrm{e}^{-\frac{2}{x}}\mathrm{d}x$ 实际上是常义积分,本题我们通过变量代换,把它变成了反常积分.

例 3.5.14　说明反常积分 $\int_0^{+\infty} \frac{\ln x}{1+x^2}\mathrm{d}x$ 收敛,并计算其值.

解　显然 $\frac{\ln x}{1+x^2}$ 在 $x=0$ 附近无界,因而须把原积分分为 $\int_0^1 \frac{\ln x}{1+x^2}\mathrm{d}x$ 和 $\int_1^{+\infty} \frac{\ln x}{1+x^2}\mathrm{d}x$ 两部分讨论.

因为 $\lim\limits_{x\to 0+0}\sqrt{x}\left|\frac{\ln x}{1+x^2}\right|=0$,故由 Cauchy 判别法可知,$\int_0^1 \frac{\ln x}{1+x^2}\mathrm{d}x$ 收敛.

因为 $\lim\limits_{x\to +\infty} x^{\frac{3}{2}}\frac{\ln x}{1+x^2}=0$,故由 Cauchy 判别法可知,$\int_1^{+\infty} \frac{\ln x}{1+x^2}\mathrm{d}x$ 收敛.

因此 $\int_0^{+\infty} \frac{\ln x}{1+x^2}\mathrm{d}x$ 收敛. 作变量代换 $x=\frac{1}{t}$ 得

$$\int_0^1 \frac{\ln x}{1+x^2}\mathrm{d}x = \int_{+\infty}^1 \frac{\ln\frac{1}{t}}{1+\left(\frac{1}{t}\right)^2}\left(-\frac{1}{t^2}\right)\mathrm{d}t = -\int_1^{+\infty} \frac{\ln t}{1+t^2}\mathrm{d}t,$$

于是

$$\int_0^{+\infty}\frac{\ln x}{1+x^2}dx=\int_0^1\frac{\ln x}{1+x^2}dx+\int_1^{+\infty}\frac{\ln x}{1+x^2}dx$$

$$=-\int_1^{+\infty}\frac{\ln t}{1+t^2}dt+\int_1^{+\infty}\frac{\ln x}{1+x^2}dx=0.$$

例 3.5.15　计算 **Euler(欧拉)积分** $\int_0^{\frac{\pi}{2}}\ln\sin x dx$ 和 $\int_0^{\frac{\pi}{2}}\ln\cos x dx$.

解　因为

$$\lim_{x\to0+0}\sqrt{x}\ln\sin x=0,$$

所以积分 $\int_0^{\frac{\pi}{2}}\ln\sin x dx$ 收敛．同理 $\int_0^{\frac{\pi}{2}}\ln\cos x dx$ 也收敛,且易证

$$\int_0^{\frac{\pi}{2}}\ln\sin x dx=\int_0^{\frac{\pi}{2}}\ln\cos x dx.$$

记这两个相等的积分值为 I,则

$$2I=\int_0^{\frac{\pi}{2}}(\ln\sin x+\ln\cos x)dx$$

$$=\int_0^{\frac{\pi}{2}}\ln\left(\frac{1}{2}\sin 2x\right)dx=\int_0^{\frac{\pi}{2}}\ln\sin 2x dx-\frac{\pi}{2}\ln 2$$

$$=\frac{1}{2}\int_0^{\pi}\ln\sin x dx-\frac{\pi}{2}\ln 2$$

$$=\frac{1}{2}\left(\int_0^{\frac{\pi}{2}}\ln\sin x dx+\int_{\frac{\pi}{2}}^{\pi}\ln\sin x dx\right)-\frac{\pi}{2}\ln 2$$

$$=\int_0^{\frac{\pi}{2}}\ln\sin x dx-\frac{\pi}{2}\ln 2=I-\frac{\pi}{2}\ln 2,$$

这里利用了 $\int_{\frac{\pi}{2}}^{\pi}\ln\sin x dx=\int_0^{\frac{\pi}{2}}\ln\sin x dx$. 于是

$$I=-\frac{\pi}{2}\ln 2.$$

Cauchy 主值积分

前面已经把积分 $\int_{-\infty}^{+\infty}f(x)dx$ 定义为 $\int_{-\infty}^{a}f(x)dx+\int_a^{+\infty}f(x)dx$．因此,如果用有限区间积分的极限来表示,应有

$$\int_{-\infty}^{+\infty}f(x)dx=\lim_{\substack{A\to-\infty\\B\to+\infty}}\int_A^B f(x)dx.$$

在这一定义下,正弦函数 sin 在 $(-\infty,+\infty)$ 上的反常积分并不收敛．这是因为

$$\int_A^B\sin x dx=\cos A-\cos B,$$

而当 $A\to-\infty$,$B\to+\infty$ 时,$\cos A-\cos B$ 没有极限.

但是,如果作一点让步:令 $B=-A\to+\infty$,则

$$\lim_{B\to+\infty}\int_{-B}^{B}\sin x\mathrm{d}x=\lim_{B\to+\infty}(\cos B-\cos B)=0.$$

由此,引入如下的概念:

定义 3.5.4　设 f 是 $(-\infty,+\infty)$ 上的函数,且在任何有限区间上可积,若 $\lim\limits_{B\to+\infty}\int_{-B}^{B}f(x)\mathrm{d}x$ 存在,则规定

$$(\mathrm{CPV})\int_{-\infty}^{+\infty}f(x)\mathrm{d}x=\lim_{B\to+\infty}\int_{-B}^{B}f(x)\mathrm{d}x,$$

称之为 f 在 $(-\infty,+\infty)$ 上的 **Cauchy 主值积分**.

例 3.5.16　设 $f(x)=\dfrac{1+x}{1+x^2}$,讨论 f 在 $(-\infty,+\infty)$ 上的积分.

解　因为

$$\lim_{x\to+\infty}x\frac{1+x}{1+x^2}=1,$$

故反常积分 $\int_{-\infty}^{+\infty}\dfrac{1+x}{1+x^2}\mathrm{d}x$ 发散. 但是

$$\lim_{B\to+\infty}\int_{-B}^{B}\frac{1+x}{1+x^2}\mathrm{d}x=\lim_{B\to+\infty}\left[\arctan x+\frac{1}{2}\ln(1+x^2)\right]\Bigg|_{-B}^{B}=\pi,$$

故而

$$(\mathrm{CPV})\int_{-\infty}^{+\infty}f(x)\mathrm{d}x=\pi.$$

类似地,可以讨论有限区间上无界函数的情况:

定义 3.5.5　设 f 在 (a,b) 中的 c 点的任意邻域上无界,且对于任意满足 $0<\varepsilon<\min\{c-a,b-c\}$ 的 ε,f 在 $[a,c-\varepsilon]$ 和 $[c+\varepsilon,b]$ 上可积. 若下式右端的极限存在,则规定

$$(\mathrm{CPV})\int_{a}^{b}f(x)\mathrm{d}x=\lim_{\varepsilon\to0+0}\left[\int_{a}^{c-\varepsilon}f(x)\mathrm{d}x+\int_{c+\varepsilon}^{b}f(x)\mathrm{d}x\right],$$

称之为 f 在 $[a,b]$ 上的 **Cauchy 主值积分**.

例 3.5.17　讨论 $\dfrac{1}{x}$ 在 $[-1,2]$ 上的积分.

解　因为 $\int_{-1}^{0}\dfrac{1}{x}\mathrm{d}x$ 和 $\int_{0}^{2}\dfrac{1}{x}\mathrm{d}x$ 均发散,故而 $\int_{-1}^{2}\dfrac{1}{x}\mathrm{d}x$ 发散. 但是,

$$\begin{aligned}\lim_{\varepsilon\to0+0}\left(\int_{-1}^{-\varepsilon}\frac{1}{x}\mathrm{d}x+\int_{\varepsilon}^{2}\frac{1}{x}\mathrm{d}x\right)&=\lim_{\varepsilon\to0+0}\left(\ln|x|\,\Big|_{-1}^{-\varepsilon}+\ln|x|\,\Big|_{\varepsilon}^{2}\right)\\&=\lim_{\varepsilon\to0+0}(\ln\varepsilon+\ln2-\ln\varepsilon)=\ln2.\end{aligned}$$

所以

$$(\mathrm{CPV})\int_{-1}^{2}\frac{1}{x}\mathrm{d}x=\ln2.$$

Γ 函数

本节最后介绍两类很重要的函数：Γ 函数和 B 函数，它们都是用反常积分定义的.

先讨论一下反常积分 $\int_0^{+\infty} x^{s-1}e^{-x}dx$ 的敛散性，其中 s 为参数. 显然，当 $s<1$ 时，$x^{s-1}e^{-x}$ 在 $x=0$ 附近无界，因而须把原积分分为 $\int_0^1 x^{s-1}e^{-x}dx$ 和 $\int_1^{+\infty} x^{s-1}e^{-x}dx$ 两部分讨论.

因为 $\lim\limits_{x\to+\infty} x^2(x^{s-1}e^{-x})=\lim\limits_{x\to+\infty}\dfrac{x^{s+1}}{e^x}=0$，由 Cauchy 判别法可知，$\int_1^{+\infty} x^{s-1}e^{-x}dx$ 对于任何参数 s 都是收敛的.

因为 $\lim\limits_{x\to0+0} x^{1-s}(x^{s-1}e^{-x})=1$，故由 Cauchy 判别法可知，$\int_0^1 x^{s-1}e^{-x}dx$ 当且仅当 $1-s<1$ 即 $s>0$ 时收敛.

这样，当且仅当 $s>0$ 时，反常积分 $\int_0^{+\infty} x^{s-1}e^{-x}dx$ 收敛. 记

$$\Gamma(s)=\int_0^{+\infty} x^{s-1}e^{-x}dx,\quad s>0,$$

此时 Γ 是参数 s 的函数，称之为 **Γ 函数**.

Γ 函数具有以下性质：

1. Γ 函数在 $(0,+\infty)$ 上连续、可导，且

$$\Gamma'(s)=\int_0^{+\infty} x^{s-1}e^{-x}\ln x dx,\quad s\in(0,+\infty).$$

此结论的证明从略.

2. 当 $s>0$ 时，$\Gamma(s+1)=s\Gamma(s)$.

证　利用分部积分法. 当 $s>0$ 时，

$$\begin{aligned}\Gamma(s+1)&=\int_0^{+\infty} x^s e^{-x}dx\\&=-x^s e^{-x}\Big|_0^{+\infty}+s\int_0^{+\infty} x^{s-1}e^{-x}dx\\&=s\int_0^{+\infty} x^{s-1}e^{-x}dx=s\Gamma(s).\end{aligned}$$

证毕

注意到

$$\Gamma(1)=\int_0^{+\infty} e^{-x}dx=1,$$

所以，当 n 是正整数时，

$$\Gamma(n+1)=n\Gamma(n)=\cdots=n!\Gamma(1)=n!.$$

人们已经对于 $0<s<1$ 做出了 Γ 函数值表，由此再利用递推公式 $\Gamma(s+1)=s\Gamma(s)$ 可以求得任何 $s>0$ 时的 Γ 函数的近似值.

3. (**余元公式**)对于 $s\in(0,1)$,有

$$\Gamma(s)\Gamma(1-s)=\frac{\pi}{\sin s\pi}.$$

这是一个很有用的公式,其证明从略. 由上式可得

$$\Gamma\left(\frac{1}{2}\right)=\sqrt{\pi}.$$

例 3.5.18 计算 $\int_0^{+\infty}\mathrm{e}^{-x^2}\mathrm{d}x$.

解 作变量代换 $t=x^2$ 得

$$\int_0^{+\infty}\mathrm{e}^{-x^2}\mathrm{d}x=\frac{1}{2}\int_0^{+\infty}t^{-\frac{1}{2}}\mathrm{e}^{-t}\mathrm{d}t=\frac{1}{2}\Gamma\left(\frac{1}{2}\right)=\frac{\sqrt{\pi}}{2}.$$

4. (**Stirling(斯特林)公式**)Γ 函数有如下的渐近估计:

$$\Gamma(s+1)=\sqrt{2\pi s}\left(\frac{s}{\mathrm{e}}\right)^s\mathrm{e}^{\frac{\theta}{12s}},\quad s>0,$$

其中 $\theta\in(0,1)$. 特别地,当 $s=n$ 为正整数时,有估计

$$n!=\sqrt{2\pi n}\left(\frac{n}{\mathrm{e}}\right)^n\mathrm{e}^{\frac{\theta}{12n}}.$$

若在自变量的某一个变化过程中,变量 u 和 v 均为无穷大量,且在这个变化过程中成立 $\lim\frac{u}{v}=1$,则称 u 和 v 是**等价**的无穷大量,记作 $u\sim v$. 从 Stirling 公式立即得到 $n\to\infty$ 过程中的等价关系:

$$n!\sim\sqrt{2\pi n}\left(\frac{n}{\mathrm{e}}\right)^n.$$

关于阶乘的 Stirling 公式的意义在于,它可以将阶乘转化成幂函数,使得包含阶乘的计算便于估计,而且 n 越大,估计越准确.

B 函数

我们先对不同的参数 p,q,讨论 $\int_0^1 x^{p-1}(1-x)^{q-1}\mathrm{d}x$ 的收敛性.

当 $p<1$ 时,被积函数在 $x=0$ 附近无界;当 $q<1$ 时,被积函数在 $x=1$ 附近无界,故而需把原积分分为$\left(0,\frac{1}{2}\right]$和$\left[\frac{1}{2},1\right)$两个区间上的积分讨论.

因为 $\lim\limits_{x\to0+0}x^{1-p}[x^{p-1}(1-x)^{q-1}]=1$,由 Cauchy 判别法可知,当且仅当 $1-p<1$,即 $p>0$ 时,$\int_0^{\frac{1}{2}}x^{p-1}(1-x)^{q-1}\mathrm{d}x$ 收敛.

同样的,由 $\lim\limits_{x\to1-0}(1-x)^{1-q}[x^{p-1}(1-x)^{q-1}]=1$,由 Cauchy 判别法可知,当且仅当 $1-q<1$,即 $q>0$ 时,$\int_{\frac{1}{2}}^1 x^{p-1}(1-x)^{q-1}\mathrm{d}x$ 收敛.

综上即知,当且仅当 $p>0$ 且 $q>0$ 时,$\int_0^1 x^{p-1}(1-x)^{q-1}\mathrm{d}x$ 收敛. 因此记

$$\mathrm{B}(p,q)=\int_0^1 x^{p-1}(1-x)^{q-1}\mathrm{d}x,\quad p>0,q>0,$$

它是两个参数 p,q 的函数,称之为 **B 函数**.

B 函数关于参数 p,q 具有对称性,即

$$\mathrm{B}(p,q)=\mathrm{B}(q,p),$$

这只要在 $\int_0^1 x^{p-1}(1-x)^{q-1}\mathrm{d}x$ 中作变量代换 $t=1-x$ 即得.

B 函数与 Γ 函数之间有着十分重要的联系:对于任意 $p>0,q>0$,成立

$$\mathrm{B}(p,q)=\frac{\Gamma(p)\Gamma(q)}{\Gamma(p+q)}.$$

从此式可以看出,$\mathrm{B}(p,q)$ 是 $p>0,q>0$ 的连续函数(二元连续函数的概念见第七章).

例 3.5.19　计算 $I=\int_0^1 \frac{1}{\sqrt{1-x^{\frac{1}{4}}}}\mathrm{d}x$.

解　令 $t=x^{\frac{1}{4}}$,得

$$\begin{aligned}I&=\int_0^1(1-t)^{-\frac{1}{2}}4t^3\mathrm{d}t=4\int_0^1 t^{4-1}(1-t)^{\frac{1}{2}-1}\mathrm{d}t\\&=4\mathrm{B}\left(4,\frac{1}{2}\right)=\frac{4\Gamma(4)\Gamma\left(\frac{1}{2}\right)}{\Gamma\left(4+\frac{1}{2}\right)}\\&=\frac{4\cdot 3!\,\Gamma\left(\frac{1}{2}\right)}{\frac{7}{2}\cdot\frac{5}{2}\cdot\frac{3}{2}\cdot\frac{1}{2}\Gamma\left(\frac{1}{2}\right)}=\frac{128}{35}.\end{aligned}$$

例 3.5.20　计算 $\int_0^{\frac{\pi}{2}}\cos^{\frac{1}{2}}x\sin^{\frac{3}{2}}x\mathrm{d}x$.

解　令 $t=\cos^2 x$,则 $\sin^2 x=1-t$, $\mathrm{d}t=-2\cos x\sin x\mathrm{d}x$,所以

$$\begin{aligned}\int_0^{\frac{\pi}{2}}\cos^{\frac{1}{2}}x\sin^{\frac{3}{2}}x\mathrm{d}x&=\frac{1}{2}\int_0^1 t^{\frac{3}{4}-1}(1-t)^{\frac{5}{4}-1}\mathrm{d}t\\&=\frac{1}{2}\mathrm{B}\left(\frac{3}{4},\frac{5}{4}\right)=\frac{1}{2}\frac{\Gamma\left(\frac{3}{4}\right)\Gamma\left(\frac{5}{4}\right)}{\Gamma(2)}\\&=\frac{1}{2}\cdot\frac{1}{4}\Gamma\left(\frac{3}{4}\right)\Gamma\left(\frac{1}{4}\right)\\&=\frac{1}{8}\frac{\pi}{\sin\frac{\pi}{4}}=\frac{\sqrt{2}}{8}\pi.\end{aligned}$$

上面倒数第二个等号是利用余元公式的结论.

习　题

1. 计算下列无穷限的反常积分：

(1) $\int_1^{+\infty}\frac{1}{(x+1)(x+2)}\mathrm{d}x$；　(2) $\int_0^{+\infty}\mathrm{e}^{-x}\sin x\mathrm{d}x$；

(3) $\int_2^{+\infty}\frac{\mathrm{d}x}{x(\ln x)^2}$；　(4) $\int_0^{+\infty}\mathrm{e}^{-\sqrt{x}}\mathrm{d}x$；

(5) $\int_1^{+\infty}\frac{\arctan x}{x^2}\mathrm{d}x$；　(6) $\int_0^{+\infty}\frac{\mathrm{d}x}{1+x^3}$；

(7) $\int_1^{+\infty}\frac{\mathrm{d}x}{x\sqrt{1+x^5+x^{10}}}$；　(8) $\int_0^{+\infty}\frac{x\ln x}{(1+x^2)^2}\mathrm{d}x$.

2. 判别下列无穷限反常积分的敛散性：

(1) $\int_1^{+\infty}\frac{\arctan x}{x^2}\mathrm{d}x$；　(2) $\int_1^{+\infty}\frac{\cos^2 x}{x\sqrt{1+x}}\mathrm{d}x$；

(3) $\int_{-\infty}^{-2}\frac{\mathrm{d}x}{x+\sin x}$；　(4) $\int_1^{+\infty}\frac{\ln^2 x}{(x+1)^2}\mathrm{d}x$；

(5) $\int_1^{+\infty}\arcsin\frac{1}{x^2}\mathrm{d}x$；　(6) $\int_1^{+\infty}\frac{\sqrt{1+x^{-1}}-1}{x^3\ln(1+x^2)}\mathrm{d}x$.

3. 计算下列反常积分：

(1) $\int_0^1\ln x\mathrm{d}x$；　(2) $\int_0^1\frac{\arcsin x}{\sqrt{1-x^2}}\mathrm{d}x$；

(3) $\int_0^1\sqrt{x}\ln x\mathrm{d}x$；　(4) $\int_{-1}^1\sqrt{\frac{1-x}{1+x}}\mathrm{d}x$；

(5) $\int_a^b\frac{\mathrm{d}x}{\sqrt{(x-a)(b-x)}}\quad(a<b)$.

4. 判别下列反常积分的敛散性：

(1) $\int_0^1\frac{\mathrm{d}x}{\sqrt{1-x^3}}$；　(2) $\int_1^2\frac{1}{\ln^2 x}\mathrm{d}x$；

(3) $\int_0^{+\infty}\frac{\mathrm{d}x}{\sqrt{x}(1+x)}$；　(4) $\int_0^{+\infty}\frac{\ln x}{x^2}\mathrm{d}x$；

(5) $\int_0^{+\infty}\frac{\sin x}{\sqrt{x^3}}\mathrm{d}x$；　(6) $\int_0^{+\infty}\frac{\ln(1+x)}{x^p}\mathrm{d}x$.

5. 计算下列 Cauchy 主值积分：

(1) (CPV) $\int_{\frac{1}{2}}^2\frac{\mathrm{d}x}{x\ln x}$；　(2) (CPV) $\int_0^{+\infty}\frac{\mathrm{d}x}{x^2-3x+2}$.

6. 将下列积分表示为 Γ 函数：

(1) $\int_0^{+\infty}\mathrm{e}^{-x^n}\mathrm{d}x\ (n>0)$；　(2) $\int_0^{+\infty}x^m\mathrm{e}^{-x^n}\mathrm{d}x$；

(3) $\int_0^1 \left(\ln \frac{1}{x}\right)^p \mathrm{d}x$.

7. 求 $\Gamma\left(\frac{2n+1}{2}\right)$.

8. 利用 Γ 函数计算下列积分：

(1) $\int_0^{+\infty} x^{\frac{3}{2}} \mathrm{e}^{-4x} \mathrm{d}x$；　　(2) $\int_0^{+\infty} x^{2n} \mathrm{e}^{-x^2} \mathrm{d}x$.

9. 证明：$\mathrm{B}(p,q)\mathrm{B}(p+q,r) = \mathrm{B}(q,r)\mathrm{B}(q+r,p)$.

10. 证明：当 $a>0$ 时，只要下式两边的反常积分有意义，就有

$$\int_0^{+\infty} f\left(\frac{x}{a}+\frac{a}{x}\right)\frac{\ln x}{x}\mathrm{d}x = \ln a \int_0^{+\infty} f\left(\frac{x}{a}+\frac{a}{x}\right)\frac{1}{x}\mathrm{d}x.$$

11. 证明：$\int_1^{+\infty} \frac{\sin x}{x}\mathrm{d}x$ 收敛，但 $\int_1^{+\infty} \left|\frac{\sin x}{x}\right|\mathrm{d}x$ 发散.

12. 利用 Stirling 公式求极限 $\lim\limits_{n\to\infty} \frac{\sqrt[n]{n!}}{n}$.

第二篇　线性代数与空间解析几何

在科学和工程技术中最简单的数量关系是线性关系，它同时又是一种十分重要的数量关系．就上一篇一元微积分而言，一元函数的微分即增量的线性主部，“局部线性化”构成了一元微积分的核心思想，这一思想延伸到高维空间，将建立起下一篇要介绍的多元微积分的基础．当然，线性关系的应用远不止于此．一方面，许多重要实际问题的数学模型被表现为线性的形式，而有限维空间上处理线性关系的数学理论已相当成熟，计算方法也比较丰富；另一方面，更多的来自不同领域的研究对象虽然涉及非线性的数量关系，但若仅限于局部的范围，当独立变量的改变量很小时，往往仍可近似地表为线性关系，从而借助有效的数学工具作深入的分析．因此，研究线性关系的理论和方法始终在广泛的领域中发挥着重要的作用．

线性代数是代数学中比较成熟且有广泛应用的一个分支，这个数学分支和整个数学科学一样古老．在保存至今的文字泥板上，人们发现公元前巴比伦人就会用特殊的方法求解二元一次方程组．我国古代的经典数学著作《九章算术》的第八章就是“方程”，这一章记载了相当于 Gauss（高斯）消元法求解线性方程组的过程．其后，代数学的发展一度十分缓慢．伴随着解析几何的产生，才出现了对线性方程组的近代处理．

行列式的概念是由日本数学家关孝和和德国数学家 Leibniz 于 17 世纪后半叶提出的，之后过了多半个世纪，瑞士数学家 Cramer（克拉默）发现了利用系数行列式求解线性方程组的方法．从 18 世纪到 19 世纪，法国数学家 Bezout（贝祖），Vandermonde（范德蒙德），Cauchy，德国数学家 Jacobi（雅可比）等人发展和完善了行列式理论并进行了几乎近代的处理．从对行列式的操作演变成矩阵代数经过了约半个世纪．在 19 世纪中期，英国数学家 Sylvester（西尔维斯特）首先提出了矩阵这个词，之后英国数学家 Cayley（凯莱）明确了矩阵的概念，系统地建立了关于矩阵的理论，并用于线性变换的研究．之后，法国数学家 Hermite（埃尔米特），德国数学家 Frobenius（弗罗贝尼乌斯），Clebsch（克莱布施）等进一步发展和丰富了矩阵理论．Gauss 在 19 世纪初提出了 Gauss 消元法（事实上，在《九章算术》中早已运用了这种思想解三个未知量的线性方程组），并用它解决了天体计算和后来的地球表面测量计算中的最小二乘法问题．之后，英国数学家 Smith（史密斯）和 Dodgson（道奇森）引进了方程组的增广矩阵的概念，给出了线性方程组有解的充要条件．

行列式和矩阵理论广泛用于线性方程组的求解和线性空间之间的线性变换的讨论，它们的结合形成了线性代数这一数学分支．第二次世界大战后，随着数值分析的进展以及计算机的广泛应用，许多实际问题可以通过离散化的数值计算得到定量的解决．因此线性代数的思想与方法在其他数学分支和自然科学、社会科学以及工程技术方面的应用越来越广泛．

粗略地说，线性代数是以矩阵为工具研究有限维线性空间之间各类线性变换性质的数学理论,它源于对线性方程组求解方法和解的结构的讨论. 作为对线性代数基础知识的介绍,本篇包括矩阵和线性方程组的理论、线性空间和线性变换、特征值问题、内积空间、二次型等内容.

解析几何理论产生于17世纪初,它的建立归功于法国数学家Descartes(笛卡儿)和Fermat. 他们通过“坐标”的引入,将几何的基本元素——点,与代数的基本研究对象的数对应起来,将曲线或曲面与代数方程对应起来,从而将几何问题转化为代数问题,并通过代数问题的研究发现新的几何结果. 由于变量引进了数学,使运动与变化的定量表述成为可能,为微积分的创立和发展建立了基础,也使整个数学发展有了重大突破.

解析几何又分为平面解析几何和空间解析几何. 空间解析几何是在三维空间中,用代数方法研究空间曲面和曲线性质的一个数学分支,是代数与几何相结合的产物,也是现代分析和几何的基础. 本篇还包括空间解析几何的内容.

第四章 矩阵和线性方程组

为了解决客观世界中形形色色、多种多样的实际问题,人们常常需要找出已知量和未知量间的一些关系,即构筑函数或建立方程,而最简单的函数关系和方程就是线性关系和线性方程(组).

对于简单的线性方程组,如二元一次方程组

$$\begin{cases} a_{11}x_1+a_{12}x_2=b_1, \\ a_{21}x_1+a_{22}x_2=b_2 \end{cases}$$

(其中 a_{11}, a_{12}, a_{21} 和 a_{22} 不同时为 0),可以用以下消元法来求解:不妨设 $a_{11}\neq 0$(不然只要交换两个方程或未知量的次序就可以了),将第一个方程乘 $-\frac{a_{21}}{a_{11}}$ 加到第二个方程上去. 用字母上面加"~"表示变化后的系数,便得到同解方程组

$$\begin{cases} a_{11}x_1+a_{12}x_2=b_1, \\ \qquad\quad \tilde{a}_{22}x_2=\tilde{b}_2 \end{cases}$$

(这个过程称为**消元**). 当 $\tilde{a}_{22}\neq 0$ 时,可以利用第二个方程解出 x_2,再代入第一个方程便可以解出 x_1(这个过程称为**回代**). 此时方程组有唯一解.

当 $\tilde{a}_{22}=0$ 时,第二个方程成为

$$0 \cdot x_2=\tilde{b}_2.$$

若 $\tilde{b}_2=0$,此时方程组有无穷多个解;而当 $\tilde{b}_2\neq 0$ 时,方程组显然无解.

如此简单的二元一次方程组,其解的情况就有三种可能,而且需要对系数进行逐个考察才能确定是何种可能性. 而在实际问题中,由于问题的多元性与复杂性,常常会需要求解含有多个、甚至成千上万个未知量的方程组,而且方程组中未知量个数与方程的个数也并不一定相等,研究其解的一般规律,其复杂程度是可想而知的.

线性方程组的一般形式可以表达为由含 n 个未知量的 m 个方程构成的方程组

$$\begin{cases} a_{11}x_1+a_{12}x_2+\cdots+a_{1n}x_n=b_1, \\ a_{21}x_1+a_{22}x_2+\cdots+a_{2n}x_n=b_2, \\ \qquad\qquad\cdots\cdots\cdots\cdots \\ a_{m1}x_1+a_{m2}x_2+\cdots+a_{mn}x_n=b_m. \end{cases}$$

那么这种线性方程组是否有解? 如有解,则有多少解? 又如何把这些解求出来? 显然,仅仅

通过形式上的"消元—回代"过程来讨论，由于运算的繁琐性与运算结果的无规律性，难以直接找出关于解的一般规律和普适性的结论．因此，必须有切实有效的工具和简便易行的方法来判断一个线性方程组到底是否有解．而且，在它有解时，应该设法找到其解的内在联系和一般表示；甚至在它没有解时，在实际问题中有时也需要寻求一个尽可能好的、合乎要求的近似解．这些就是本章要讨论的问题．

§ 1 向量与矩阵

向量

由 n 个数 $a_1,a_2,\cdots,a_n$ 组成的有序数组 $(a_1,a_2,\cdots,a_n)$ 称为 **n 维向量**，简称**向量**．数 a_i $(i=1,2,\cdots,n)$ 称为该向量的第 i 个**分量**．n 维向量常写成 $(a_1,a_2,\cdots,a_n)$ 或 $\begin{pmatrix} a_1 \\ a_2 \\ \vdots \\ a_n \end{pmatrix}$，称前者为 **$n$ 维行向量**，后者为 **n 维列向量**.

矩阵

可以想象，在解方程组过程中参加运算的仅仅是系数，变量 x_i 在其中的唯一作用是使相应系数在运算中保持相对位置．所以，只要取出它的系数，并按相对位置排成矩形形式，再规定一些保持上述性质的运算，就可以通过它来研究方程组的有关性质.

定义 4.1.1 由 $m\times n$ 个数 $a_{ij}(i=1,2,\cdots,m,j=1,2,\cdots,n)$ 排成的 m 个行 n 个列的形式

$$\begin{pmatrix} a_{11} & a_{12} & \cdots & a_{1n} \\ a_{21} & a_{22} & \cdots & a_{2n} \\ \vdots & \vdots & & \vdots \\ a_{m1} & a_{m2} & \cdots & a_{mn} \end{pmatrix}$$

称为 $m\times n$ **矩阵**，其中 a_{ij} 称为矩阵的（第 i 行第 j 列的）**元素**.

当 $m=n$ 时，也称该矩阵为（**n 阶**）**方阵**，或 n **阶矩阵**，称 a_{11} 至 a_{nn} 所在的位置为**主对角线**，$a_{ii}(i=1,2,\cdots,n)$ 称为**对角元素**，其他称为**非对角元素**.

显然，当 $1\times n$ 矩阵就是 n 维行向量，$m\times 1$ 矩阵就是 m 维列向量.

矩阵有很现实的意义，日常工作中经常需要填写的表格就是一种矩阵．例如，某公司下属一、二、三分厂的人数构成如下：

	一车间	二车间	三车间	四车间
一分厂	24	32	20	18
二分厂	18	25	12	14
三分厂	20	28	9	11

用矩阵的行对应于各个分厂，矩阵的列对应于各种车间，那么人数分布就可以用一个 3×4 矩阵来表示：

$$\begin{pmatrix} 24 & 32 & 20 & 18 \\ 18 & 25 & 12 & 14 \\ 20 & 28 & 9 & 11 \end{pmatrix}.$$

习惯上用大写黑体字母表示矩阵，如 $\boldsymbol{A}$，$\boldsymbol{B}$ 等；用小写黑体字母表示列向量，如 $\boldsymbol{a}$，$\boldsymbol{b}$ 等，而用小写黑体字母加上上标“^{T}”表示行向量，如$\boldsymbol{a}^{\mathrm{T}}$，$\boldsymbol{b}^{\mathrm{T}}$ 等．今后除非特别说明，提到的“向量”均表示列向量．如果矩阵中的元素是在实数范围中选取的，我们认为它为**实矩阵**；如果矩阵中的元素是在复数范围中选取的，我们就认为它为**复矩阵**．记 $m\times n$ 的实（复）矩阵全体的集合为 $\mathbf{R}^{m\times n}$（$\mathbf{C}^{m\times n}$）．特别地，记 n 维实（复）向量全体为 $\mathbf{R}^{n}$（$\mathbf{C}^{n}$）．今后除非特别说明，所考虑问题中的矩阵和数都是统一在实或复的范围中，读者可以根据具体情况来准确判断．

一个 $m\times n$ 矩阵 $\boldsymbol{A}$ 也可以看成是由 m 个 n 维行向量或 n 个 m 维列向量组成的．如 3×4 矩阵

$$\boldsymbol{A}=\begin{pmatrix} 2 & 3 & 0 & 6 \\ 1 & 8 & 2 & 4 \\ 0 & 7 & 1 & 2 \end{pmatrix}$$

可以看成是由 3 个 4 维的行向量

$$(2,3,0,6),\quad (1,8,2,4),\quad (0,7,1,2)$$

从上至下排成的，亦可以看成是由 4 个 3 维的列向量

$$\begin{pmatrix} 2 \\ 1 \\ 0 \end{pmatrix},\quad \begin{pmatrix} 3 \\ 8 \\ 7 \end{pmatrix},\quad \begin{pmatrix} 0 \\ 2 \\ 1 \end{pmatrix},\quad \begin{pmatrix} 6 \\ 4 \\ 2 \end{pmatrix}$$

从左至右排成的．

若矩阵 $\boldsymbol{A}$ 和 $\boldsymbol{B}$ 的行数与列数分别相同，则称 $\boldsymbol{A}$ 和 $\boldsymbol{B}$ 是**同型矩阵**．两个矩阵 $\boldsymbol{A}$ 和 $\boldsymbol{B}$ 相等是指 $\boldsymbol{A}$ 和 $\boldsymbol{B}$ 是同型矩阵，且它们在相同位置的元素都相等，记为 $\boldsymbol{A}=\boldsymbol{B}$．

$m\times n$ 矩阵 $\boldsymbol{A}$ 可以简单写成

$$\boldsymbol{A}=(a_{ij})_{m\times n},$$

其中 a_{ij} 表示其第 i 行 j 列交叉位置 (i,j) 处的元素或它的取值．例如，

$$\left(\frac{1}{i+j-1}\right)_{4\times 4}=\begin{pmatrix} 1 & \frac{1}{2} & \frac{1}{3} & \frac{1}{4} \\ \frac{1}{2} & \frac{1}{3} & \frac{1}{4} & \frac{1}{5} \\ \frac{1}{3} & \frac{1}{4} & \frac{1}{5} & \frac{1}{6} \\ \frac{1}{4} & \frac{1}{5} & \frac{1}{6} & \frac{1}{7} \end{pmatrix},$$

这将为我们的表述与讨论带来方便.

n 阶方阵的一般形式为

$$\begin{pmatrix} a_{11} & a_{12} & \cdots & a_{1n} \\ a_{21} & a_{22} & \cdots & a_{2n} \\ \vdots & \vdots & & \vdots \\ a_{n1} & a_{n2} & \cdots & a_{nn} \end{pmatrix}.$$

下面是几种特殊的方阵:

(1) 单位矩阵

$$\boldsymbol{I}_n=(\delta_{ij})_{n\times n}=\begin{pmatrix} 1 & 0 & \cdots & 0 \\ 0 & 1 & \cdots & 0 \\ \vdots & \vdots & & \vdots \\ 0 & 0 & \cdots & 1 \end{pmatrix}_{n\times n},$$

这里

$$\delta_{ij}=\begin{cases} 1, & i=j, \\ 0, & i\neq j, \end{cases}$$

称为 **Kronecker(克罗内克)记号**.

在不会混淆的情况下,一般就将单位矩阵记为 $\boldsymbol{I}$. 为简明起见,一般可将成片出现的 0 元素用一个大的 0 代替或干脆不写. 如

$$\boldsymbol{I}_n=\begin{pmatrix} 1 & & \text{\Large 0} \\ & 1 & \\ & & \ddots \\ \text{\Large 0} & & & 1 \end{pmatrix}_{n\times n} \quad 或 \quad \boldsymbol{I}_n=\begin{pmatrix} 1 & & & \\ & 1 & & \\ & & \ddots & \\ & & & 1 \end{pmatrix}_{n\times n}.$$

(2) 对角矩阵

$$(\delta_{ij}d_i)_{n\times n}=\begin{pmatrix} d_1 & & & \\ & d_2 & & \\ & & \ddots & \\ & & & d_n \end{pmatrix},$$

它常简记为 $\operatorname{diag}(d_1,d_2,\cdots,d_n)$.

(3) 三角形矩阵

它有如下两种:

上三角形矩阵:$(a_{ij})_{n\times n}$(当 $i>j$ 时,$a_{ij}=0$),即 $\begin{pmatrix} a_{11} & a_{12} & \cdots & a_{1n} \\ & a_{22} & \cdots & a_{2n} \\ & & \ddots & \vdots \\ & & & a_{nn} \end{pmatrix}$;

下三角形矩阵:$(a_{ij})_{n\times n}$(当 $i<j$ 时,$a_{ij}=0$),即 $\begin{pmatrix} a_{11} & & & \\ a_{21} & a_{22} & & \\ \vdots & \vdots & \ddots & \\ a_{n1} & a_{n2} & \cdots & a_{nn} \end{pmatrix}$.

矩阵的运算

矩阵可作如下一些常用运算.

（一）加法

设 $\boldsymbol{A}=(a_{ij})_{m\times n}$ 和 $\boldsymbol{B}=(b_{ij})_{m\times n}$ 为 $m\times n$ 矩阵,则定义矩阵 $\boldsymbol{A}$ 与 $\boldsymbol{B}$ 的**和**为

$$\boldsymbol{A}+\boldsymbol{B}=(a_{ij}+b_{ij})_{m\times n}.$$

注意,只有同型矩阵才能进行加法运算. 显然加法运算满足交换律和结合律.

（二）数乘

设 $\boldsymbol{A}=(a_{ij})_{m\times n}$ 为 $m\times n$ 矩阵,λ 是数,则定义 λ 与矩阵 $\boldsymbol{A}$ 的**数乘**为

$$\lambda\boldsymbol{A}=(\lambda a_{ij})_{m\times n}.$$

显然 $1\cdot\boldsymbol{A}=\boldsymbol{A}$,且数乘运算满足结合律与分配律,即对于任何数 λ,μ 和 $m\times n$ 矩阵 $\boldsymbol{A},\boldsymbol{B}$,成立

$$(\lambda\mu)\boldsymbol{A}=\lambda(\mu\boldsymbol{A}),$$
$$(\lambda+\mu)\boldsymbol{A}=\lambda\boldsymbol{A}+\mu\boldsymbol{A}$$
$$\lambda(\boldsymbol{A}+\boldsymbol{B})=\lambda\boldsymbol{A}+\lambda\boldsymbol{B}.$$

元素全部是 0 的 $m\times n$ 矩阵称为**零矩阵**,记为 $\boldsymbol{O}_{m\times n}$ 或 $\boldsymbol{O}$(分量全部是 0 的向量称为**零向量**,记为 $\mathbf{0}$),它的作用类似于实数运算中的 0,但要注意,不同型的零矩阵是不相等的.

显然对于 $m\times n$ 矩阵 $\boldsymbol{A}=(a_{ij})_{m\times n}$ 成立

$$0\cdot\boldsymbol{A}=\boldsymbol{O}_{m\times n}$$

和

$$(-1)\boldsymbol{A}=(-a_{ij})_{m\times n}.$$

记 $-\boldsymbol{A}=(-1)\boldsymbol{A}$,它称为 $\boldsymbol{A}$ 的**负矩阵**. 显然,一个矩阵与它的负矩阵之和是零矩阵,即

$$\boldsymbol{A}+(-\boldsymbol{A})=\boldsymbol{O}_{m\times n}.$$

因此,它们的关系类似于实数中 x 与 $-x$ 的关系.

n 阶单位矩阵的数乘为

$$\lambda\boldsymbol{I}_n=\begin{pmatrix}\lambda & & & \\ & \lambda & & \\ & & \ddots & \\ & & & \lambda\end{pmatrix},$$

它称为 n 阶**数量矩阵**.

矩阵的加法和数乘统称为**矩阵的线性运算**.

由于 n 维向量就是 $n\times 1$ 矩阵(也可看做 $1\times n$ 矩阵),因此上述定义也在 n 维向量上引入了向量的加法和数乘运算,即**向量的线性运算**,称这样的 $\mathbf{R}^n$($\mathbf{C}^n$)为 $\mathbf{R}$($\mathbf{C}$)上的 **n 维向量空间**.

（三）转置

设 $\boldsymbol{A}=(a_{ij})_{m\times n}$ 为 $m\times n$ 矩阵,则定义矩阵 $\boldsymbol{A}$ 的**转置矩阵**为

$$\boldsymbol{A}^{\mathrm{T}}=(b_{ij})_{n\times m}.$$

其中 $b_{ij}=a_{ji}$，这里"T"是英语 Transposition 的第一个字母．注意$\boldsymbol{A}^{\mathrm{T}}$ 是 $n\times m$ 矩阵.

例 4.1.1 设 $\boldsymbol{A}=\begin{pmatrix}1&-2&3&0\\-1&2&-5&1\\3&0&-2&1\end{pmatrix}$，则

$$\boldsymbol{A}^{\mathrm{T}}=\begin{pmatrix}1&-2&3&0\\-1&2&-5&1\\3&0&-2&1\end{pmatrix}^{\mathrm{T}}=\begin{pmatrix}1&-1&3\\-2&2&0\\3&-5&-2\\0&1&1\end{pmatrix}.$$

列向量转置后成为行向量(这就是前面用$\boldsymbol{a}^{\mathrm{T}}$ 和 $\boldsymbol{b}^{\mathrm{T}}$ 表示行向量的缘由)，反之亦然.

显然，对任意矩阵 $\boldsymbol{A}$，$\boldsymbol{B}$ 和数 λ 有

$$(\boldsymbol{A}^{\mathrm{T}})^{\mathrm{T}}=\boldsymbol{A};$$
$$(\boldsymbol{A}+\boldsymbol{B})^{\mathrm{T}}=\boldsymbol{A}^{\mathrm{T}}+\boldsymbol{B}^{\mathrm{T}};$$
$$(\lambda\boldsymbol{A})^{\mathrm{T}}=\lambda\boldsymbol{A}^{\mathrm{T}}.$$

(四) 共轭

设 $\boldsymbol{A}=(a_{ij})_{m\times n}$ 为 $m\times n$ 复矩阵，则定义矩阵 $\boldsymbol{A}$ 的**共轭矩阵**为

$$\overline{\boldsymbol{A}}=(\overline{a}_{ij})_{m\times n},$$

这里 $\overline{a}_{ij}$ 表示 a_{ij} 的共轭复数.

显然，对任意矩阵 $\boldsymbol{A}$，有

$$\overline{(\overline{\boldsymbol{A}})}=\boldsymbol{A}.$$

而且，对矩阵 $\boldsymbol{A}$ 先做共轭再做转置，或先做转置再做共轭，所得到的结果是相同的，即

$$(\overline{\boldsymbol{A}})^{\mathrm{T}}=\overline{\boldsymbol{A}^{\mathrm{T}}}.$$

我们将它称为 $\boldsymbol{A}$ 的**共轭转置矩阵**，记为$\boldsymbol{A}^{\mathrm{H}}$，即

$$\boldsymbol{A}^{\mathrm{H}}=(b_{ij})_{n\times m},$$

其中 $b_{ij}=\overline{a}_{ji}$.

(五) 乘法

设 $\boldsymbol{A}=(a_{ij})_{m\times n}$ 为 $m\times n$ 矩阵，$\boldsymbol{B}=(b_{ij})_{n\times p}$ 为 $n\times p$ 矩阵，定义矩阵 $\boldsymbol{A}$ 与 $\boldsymbol{B}$ 的乘积为 $m\times p$ 矩阵

$$\boldsymbol{AB}=(c_{ij})_{m\times p},$$

其中 $c_{ij}=\sum\limits_{k=1}^{n}a_{ik}b_{kj}=a_{i1}b_{1j}+a_{i2}b_{2j}+\cdots+a_{in}b_{nj}$. 即把 $\boldsymbol{A}$ 的第 i 行元素与 $\boldsymbol{B}$ 的第 j 列元素逐一对应相乘后再相加，作为 $\boldsymbol{AB}$ 的第 i 行 j 列交叉位置 (i,j) 处的元素.

由定义，要想 $\boldsymbol{A}$ 与 $\boldsymbol{B}$ 可相乘即 $\boldsymbol{AB}$ 有意义，$\boldsymbol{A}$ 的列数必须等于 $\boldsymbol{B}$ 的行数．此时乘积 $\boldsymbol{AB}$ 的行数等于 $\boldsymbol{A}$ 的行数，列数等于 $\boldsymbol{B}$ 的列数.

例 4.1.2 设 $\boldsymbol{A}=\begin{pmatrix}1&-9&3&0\\-1&2&-5&1\\3&0&-4&1\end{pmatrix}$，$\boldsymbol{B}=\begin{pmatrix}2&6\\1&3\\-1&-7\\0&-2\end{pmatrix}$，则

$$\boldsymbol{AB}=\begin{pmatrix}1&-9&3&0\\-1&2&-5&1\\3&0&-4&1\end{pmatrix}\begin{pmatrix}2&6\\1&3\\-1&-7\\0&-2\end{pmatrix}$$

$$=\begin{pmatrix}1\times2+(-9)\times1+3\times(-1)+0\times0 & 1\times6+(-9)\times3+3\times(-7)+0\times(-2)\\(-1)\times2+2\times1+(-5)\times(-1)+1\times0 & (-1)\times6+2\times3+(-5)\times(-7)+1\times(-2)\\3\times2+0\times1+(-4)\times(-1)+1\times0 & 3\times6+0\times3+(-4)\times(-7)+1\times(-2)\end{pmatrix}$$

$$=\begin{pmatrix}-10&-42\\5&33\\10&44\end{pmatrix}.$$

容易验证,对任意 $m\times n$ 矩阵 $\boldsymbol{A}$,成立

$$\boldsymbol{I}_m\boldsymbol{A}=\boldsymbol{A}\boldsymbol{I}_n=\boldsymbol{A}.$$

所以,单位矩阵的作用类似于数的乘法中的 1,具有很重要的意义.

由于任何 m 阶方阵 $\boldsymbol{A}$ 与它自身总是可以相乘的,记方阵 $\boldsymbol{A}$ 的 **k 次幂**为

$$\boldsymbol{A}^k=\underbrace{\boldsymbol{AA}\cdots\boldsymbol{A}}_{k\text{个}}\quad(k\in\mathbf{N}_+),$$

并规定

$$\boldsymbol{A}^0=\boldsymbol{I}_m.$$

形如

$$p(\boldsymbol{A})=a_n\boldsymbol{A}^n+a_{n-1}\boldsymbol{A}^{n-1}+\cdots+a_1\boldsymbol{A}+a_0\boldsymbol{I}_m$$

的表达式,称为 $\boldsymbol{A}$ 的**(n 次)多项式**,其中 $a_0,a_1,\cdots,a_n$ 为常数. $p(\boldsymbol{A})$ 可以看成是将 $\boldsymbol{A}$ 代入 n 次多项式 $p(x)=a_nx^n+a_{n-1}x^{n-1}+\cdots+a_1x+a_0$ 而产生的矩阵. 显然,它是与 $\boldsymbol{A}$ 同阶的方阵.

需要指出:

(1) 矩阵的乘法不满足交换律.

当 $\boldsymbol{A}$ 与 $\boldsymbol{B}$ 可相乘时,$\boldsymbol{A}$ 的列数等于 $\boldsymbol{B}$ 的行数,但 $\boldsymbol{B}$ 的列数未必等于 $\boldsymbol{A}$ 的行数,即 $\boldsymbol{B}$ 与 $\boldsymbol{A}$ 不一定可相乘;即使此时 $\boldsymbol{B}$ 的列数等于 $\boldsymbol{A}$ 的行数,即 $\boldsymbol{B}$ 与 $\boldsymbol{A}$ 也可相乘,$\boldsymbol{AB}$ 与 $\boldsymbol{BA}$ 也未必是同型矩阵. 例如,$\boldsymbol{A}=(a_{ij})_{3\times4}$,$\boldsymbol{B}=(b_{ij})_{4\times3}$,则 $\boldsymbol{AB}$ 是 3×3 矩阵,而 $\boldsymbol{BA}$ 是 4×4 矩阵.

即使 $\boldsymbol{AB}$ 与 $\boldsymbol{BA}$ 是同型矩阵,一般说来也不会有 $\boldsymbol{AB}=\boldsymbol{BA}$. 例如,

$$\begin{pmatrix}1&0\\0&0\end{pmatrix}\begin{pmatrix}2&-1\\3&0\end{pmatrix}=\begin{pmatrix}2&-1\\0&0\end{pmatrix},$$

而

$$\begin{pmatrix}2&-1\\3&0\end{pmatrix}\begin{pmatrix}1&0\\0&0\end{pmatrix}=\begin{pmatrix}2&0\\3&0\end{pmatrix}.$$

为了区别,我们将 $\boldsymbol{AB}$ 称为 **$\boldsymbol{A}$ 左乘 $\boldsymbol{B}$**,而将 $\boldsymbol{BA}$ 称为 **$\boldsymbol{A}$ 右乘 $\boldsymbol{B}$**.

(2) 矩阵的乘法满足结合律.

设 $\boldsymbol{A}$ 与 $\boldsymbol{B}$ 可相乘,$\boldsymbol{B}$ 与 $\boldsymbol{C}$ 可相乘,则有

$$(\boldsymbol{AB})\boldsymbol{C}=\boldsymbol{A}(\boldsymbol{BC}).$$

证　设 $\boldsymbol{A}=(a_{ij})_{m\times n}$,$\boldsymbol{B}=(b_{ij})_{n\times p}$,$\boldsymbol{C}=(c_{ij})_{p\times q}$,则 $\boldsymbol{AB}=\left(\sum\limits_{k=1}^{n}a_{ik}b_{kj}\right)_{m\times p}$. 因此

$$\begin{aligned}(\boldsymbol{AB})\boldsymbol{C}\text{ 的}(i,j)\text{处元素}&=\sum_{k=1}^{p}\left[(\boldsymbol{AB}\text{ 的}(i,k)\text{处元素})\cdot c_{kj}\right]\\&=\sum_{k=1}^{p}\left(\sum_{r=1}^{n}a_{ir}\cdot b_{rk}\right)\cdot c_{kj}=\sum_{r=1}^{n}a_{ir}\left(\sum_{k=1}^{p}b_{rk}\cdot c_{kj}\right)\\&=\sum_{r=1}^{n}\left[a_{ir}\cdot(\boldsymbol{BC}\text{ 的}(r,j)\text{处元素})\right]\\&=\boldsymbol{A}(\boldsymbol{BC})\text{的}(i,j)\text{处元素}.\end{aligned}$$

证毕

(3) 矩阵的乘法满足分配律.

设 $\boldsymbol{A}$ 与 $\boldsymbol{B}$ 同型,且与 $\boldsymbol{C}$ 都可相乘,则有

$$(\boldsymbol{A}+\boldsymbol{B})\boldsymbol{C}=\boldsymbol{AC}+\boldsymbol{BC};$$

设 $\boldsymbol{B}$ 与 $\boldsymbol{C}$ 同型,且 $\boldsymbol{A}$ 与 $\boldsymbol{B}$ 和 $\boldsymbol{C}$ 都可相乘,则有

$$\boldsymbol{A}(\boldsymbol{B}+\boldsymbol{C})=\boldsymbol{AB}+\boldsymbol{AC}.$$

(4) 设 $\boldsymbol{A}$ 与 $\boldsymbol{B}$ 可相乘,则 $\boldsymbol{B}^{\mathrm{T}}$ 与 $\boldsymbol{A}^{\mathrm{T}}$($\boldsymbol{B}^{\mathrm{H}}$ 与 $\boldsymbol{A}^{\mathrm{H}}$)也可相乘,且满足

$$(\boldsymbol{AB})^{\mathrm{T}}=\boldsymbol{B}^{\mathrm{T}}\boldsymbol{A}^{\mathrm{T}}\quad((\boldsymbol{AB})^{\mathrm{H}}=\boldsymbol{B}^{\mathrm{H}}\boldsymbol{A}^{\mathrm{H}}).$$

(3)与(4)留给读者自行证明.

那么,为什么要用这么一种看起来很不自然的方式定义矩阵的乘法呢?事实上它具有非常实际的应用背景.

例如,对本节一开始的某公司下属一、二、三分厂的人数构成的例子,矩阵乘法

$$\begin{pmatrix}24&32&20&18\\18&25&12&14\\20&28&9&11\end{pmatrix}\begin{pmatrix}1\\1\\1\\1\end{pmatrix}=\begin{pmatrix}94\\69\\68\end{pmatrix}$$

可以使人一目了然各个分厂的总人数.

例 4.1.3　设某公司经营三个分厂,每个分厂生产两种产品:产品Ⅰ和产品Ⅱ. 第一、二、三各分厂生产产品Ⅰ的日产量分别为 300,250,200;生产产品Ⅱ的日产量分别为 150,100,200. 这样,以产品为行,分厂为列,各分厂生产各种产品的日产量对应于矩阵

$$\boldsymbol{P}=\begin{pmatrix}300&250&200\\150&100&200\end{pmatrix}.$$

又设生产这些产品需要的资源包括:原材料、配件和劳动力. 每生产一件产品Ⅰ需要的原材料、配件和劳动力按相应的计量单位分别为 4,3,3;每生产一件产品Ⅱ需要的这些资源量分别为 2,2,1. 以资源为行,产品为列,各产品需要的各种资源量又对应于矩阵

$$\boldsymbol{Q}=\begin{pmatrix}4&2\\3&2\\3&1\end{pmatrix}.$$

于是这三个分厂每天需要的各种资源数量将对应于一个以资源为行,分厂为列的矩阵 $\boldsymbol{R}$,$\boldsymbol{R}$ 恰为 $\boldsymbol{Q}$,$\boldsymbol{P}$ 之积,即

$$R = QP = \begin{pmatrix} 4 & 2 \\ 3 & 2 \\ 3 & 1 \end{pmatrix}\begin{pmatrix} 300 & 250 & 200 \\ 150 & 100 & 200 \end{pmatrix}$$

$$= \begin{pmatrix} 4\times300+2\times150 & 4\times250+2\times100 & 4\times200+2\times200 \\ 3\times300+2\times150 & 3\times250+2\times100 & 3\times200+2\times200 \\ 3\times300+1\times150 & 3\times250+1\times100 & 3\times200+1\times200 \end{pmatrix}$$

$$= \begin{pmatrix} 1500 & 1200 & 1200 \\ 1200 & 950 & 1000 \\ 1050 & 850 & 800 \end{pmatrix}.$$

人们有时还使用以符号为元素的矩阵及其运算,下面就是一个例子.

例 4.1.4　在群体遗传学中,若一种群体带有两种等位基因 a_1 和 a_2,它们的可能性分别为 p 和 $q(p+q=1)$. 将这两个等位基因用矩阵 $\boldsymbol{A}=\begin{pmatrix} a_1 \\ a_2 \end{pmatrix}$表示,相应的可能性用 $\boldsymbol{P}=\begin{pmatrix} p \\ q \end{pmatrix}$表示. 如果这个种群随机交配,就得到四种基因型 a_1a_1, a_1a_2, a_2a_1 和 a_2a_2(这里每对中的第一个字母表示雌亲体,第二个字母表示雄亲体),那么这种基因组合可用矩阵

$$\boldsymbol{AA}^{\mathrm{T}} = \begin{pmatrix} a_1 \\ a_2 \end{pmatrix}(a_1, a_2) = \begin{pmatrix} a_1a_1 & a_1a_2 \\ a_2a_1 & a_2a_2 \end{pmatrix}$$

来表示. 而相应的基因型的可能性可用

$$\boldsymbol{PP}^{\mathrm{T}} = \begin{pmatrix} p \\ q \end{pmatrix}(p, q) = \begin{pmatrix} p^2 & pq \\ qp & q^2 \end{pmatrix}$$

来表示.

作为一个数学上的例子,容易验证,线性方程组

$$\begin{cases} a_{11}x_1+a_{12}x_2+\cdots+a_{1n}x_n=b_1, \\ a_{21}x_1+a_{22}x_2+\cdots+a_{2n}x_n=b_2, \\ \cdots\cdots\cdots\cdots \\ a_{m1}x_1+a_{m2}x_2+\cdots+a_{mn}x_n=b_m \end{cases}$$

可以用矩阵的乘积形式表示为

$$\begin{pmatrix} a_{11} & a_{12} & \cdots & a_{1n} \\ a_{21} & a_{22} & \cdots & a_{2n} \\ \vdots & \vdots & & \vdots \\ a_{m1} & a_{m2} & \cdots & a_{mn} \end{pmatrix}\begin{pmatrix} x_1 \\ x_2 \\ \vdots \\ x_n \end{pmatrix} = \begin{pmatrix} b_1 \\ b_2 \\ \vdots \\ b_m \end{pmatrix},$$

若记

$$\boldsymbol{A} = \begin{pmatrix} a_{11} & a_{12} & \cdots & a_{1n} \\ a_{21} & a_{22} & \cdots & a_{2n} \\ \vdots & \vdots & & \vdots \\ a_{m1} & a_{m2} & \cdots & a_{mn} \end{pmatrix},\quad \boldsymbol{x} = \begin{pmatrix} x_1 \\ x_2 \\ \vdots \\ x_n \end{pmatrix},\quad \boldsymbol{b} = \begin{pmatrix} b_1 \\ b_2 \\ \vdots \\ b_m \end{pmatrix},$$

则该线性方程组可以简洁地表示为

$$\boldsymbol{A}\boldsymbol{x}=\boldsymbol{b},$$

这里 $\boldsymbol{A}$ 称为方程组的**系数矩阵**,$\boldsymbol{b}$ 称为方程组的**右端向量**. 当 $\boldsymbol{b}=\boldsymbol{0}$ 时,称这个方程组为**齐次线性方程组**,否则称为**非齐次线性方程组**. 称满足方程组的向量 $\boldsymbol{x}$ 为方程组的**解向量**,简称为**解**. 对齐次线性方程组而言,$\boldsymbol{x}=\boldsymbol{0}$ 显然是解,它称为**零解**或**平凡解**,而其余的解称为**非零解**或**非平凡解**.

于是,不管这个线性方程组有多少个未知量,不管它由多少个单个方程组成,其形式是统一的,与一元一次方程

$$ax=b$$

形式完全相同,这将为我们今后表述和讨论问题带来很大的方便.

分块矩阵及运算

为了方便,我们经常把矩阵分解成若干个块来考虑. 如对 4×6 矩阵 $\boldsymbol{A}$,作假想的分割

$$\boldsymbol{A}=\left(\begin{array}{cccc:cc} a_{11} & a_{12} & a_{13} & a_{14} & a_{15} & a_{16}\\ a_{21} & a_{22} & a_{23} & a_{24} & a_{25} & a_{26}\\ a_{31} & a_{32} & a_{33} & a_{34} & a_{35} & a_{36}\\ \hdashline a_{41} & a_{42} & a_{43} & a_{44} & a_{45} & a_{46}\end{array}\right)$$

将其分为 4 块,记

$$\boldsymbol{A}_{11}=\begin{pmatrix} a_{11} & a_{12} & a_{13} & a_{14}\\ a_{21} & a_{22} & a_{23} & a_{24}\\ a_{31} & a_{32} & a_{33} & a_{34}\end{pmatrix},\quad \boldsymbol{A}_{12}=\begin{pmatrix} a_{15} & a_{16}\\ a_{25} & a_{26}\\ a_{35} & a_{36}\end{pmatrix},$$

$$\boldsymbol{A}_{21}=(a_{41}\quad a_{42}\quad a_{43}\quad a_{44}),\quad \boldsymbol{A}_{22}=(a_{45}\quad a_{46}),$$

则可以将 $\boldsymbol{A}$ 记为**分块矩阵**

$$\boldsymbol{A}=(\boldsymbol{A}_{ij})_{2\times 2}=\begin{pmatrix} \boldsymbol{A}_{11} & \boldsymbol{A}_{12}\\ \boldsymbol{A}_{21} & \boldsymbol{A}_{22}\end{pmatrix}.$$

下面设 $\boldsymbol{A}=(\boldsymbol{A}_{ij})_{2\times 2}$ 和 $\boldsymbol{B}=(\boldsymbol{B}_{ij})_{2\times 2}$ 都是 2×2 的分块矩阵,请读者自行验证以下的运算法则,并将它推广到一般情况.

（一）加法

若 $\boldsymbol{A}$ 和 $\boldsymbol{B}$ 是同型矩阵,$\boldsymbol{A}$ 的分块方式与 $\boldsymbol{B}$ 的分块方式完全相同,即$\boldsymbol{A}_{ij}$ 与$\boldsymbol{B}_{ij}$ 是同型矩阵 $(i,j=1,2)$,则

$$\boldsymbol{A}+\boldsymbol{B}=(\boldsymbol{A}_{ij}+\boldsymbol{B}_{ij})_{2\times 2}.$$

（二）数乘

$$\lambda\boldsymbol{A}=(\lambda\boldsymbol{A}_{ij})_{2\times 2}.$$

（三）转置和共轭转置

$$\boldsymbol{A}^{\mathrm{T}}=\begin{pmatrix} \boldsymbol{A}_{11}^{\mathrm{T}} & \boldsymbol{A}_{21}^{\mathrm{T}}\\ \boldsymbol{A}_{12}^{\mathrm{T}} & \boldsymbol{A}_{22}^{\mathrm{T}}\end{pmatrix};\quad \boldsymbol{A}^{\mathrm{H}}=\begin{pmatrix} \boldsymbol{A}_{11}^{\mathrm{H}} & \boldsymbol{A}_{21}^{\mathrm{H}}\\ \boldsymbol{A}_{12}^{\mathrm{H}} & \boldsymbol{A}_{22}^{\mathrm{H}}\end{pmatrix}.$$

（四）乘法

若 $\boldsymbol{A}$ 的列数等于 $\boldsymbol{B}$ 的行数，且 $\boldsymbol{A}$ 关于列的分块方式与 $\boldsymbol{B}$ 关于行的分块方式相同，即 $\boldsymbol{A}_{11},\boldsymbol{A}_{21}$ 的列数与 $\boldsymbol{B}_{11},\boldsymbol{B}_{12}$ 的行数相同，$\boldsymbol{A}_{12},\boldsymbol{A}_{22}$ 的列数与 $\boldsymbol{B}_{21},\boldsymbol{B}_{22}$ 的行数相同（$\boldsymbol{A}$ 关于行的分块方式与 $\boldsymbol{B}$ 关于列的分块方式可以是任意的），则

$$\boldsymbol{AB}=\left(\sum_{k=1}^{2}\boldsymbol{A}_{ik}\boldsymbol{B}_{kj}\right)_{2\times 2},$$

即

$$\begin{pmatrix}\boldsymbol{A}_{11} & \boldsymbol{A}_{12}\\ \underbrace{\boldsymbol{A}_{21}}_{p_1\text{列}} & \underbrace{\boldsymbol{A}_{22}}_{p_2\text{列}}\end{pmatrix}\begin{pmatrix}\boldsymbol{B}_{11} & \boldsymbol{B}_{12}\\ \boldsymbol{B}_{21} & \boldsymbol{B}_{22}\end{pmatrix}\begin{matrix}\}p_1\text{ 行}\\ \}p_2\text{ 行}\end{matrix}=\begin{pmatrix}\boldsymbol{A}_{11}\boldsymbol{B}_{11}+\boldsymbol{A}_{12}\boldsymbol{B}_{21} & \boldsymbol{A}_{11}\boldsymbol{B}_{12}+\boldsymbol{A}_{12}\boldsymbol{B}_{22}\\ \boldsymbol{A}_{21}\boldsymbol{B}_{11}+\boldsymbol{A}_{22}\boldsymbol{B}_{21} & \boldsymbol{A}_{21}\boldsymbol{B}_{12}+\boldsymbol{A}_{22}\boldsymbol{B}_{22}\end{pmatrix}.$$

这就是说，只要保证所有的乘法都是可进行的，则分块矩阵的乘法在形式上与普通矩阵乘法完全相同．但若分块不当，将会使原本可以进行的矩阵乘法无法进行，这需要特别注意．适当使用矩阵的分块形式，可以使一些运算变得简便．

例 4.1.5　设 $\boldsymbol{A}=\begin{pmatrix}2&0&1&0\\0&2&1&1\\0&0&0&1\end{pmatrix}$，$\boldsymbol{B}=\begin{pmatrix}2&6\\1&3\\-1&-7\\0&-2\end{pmatrix}$，求 $\boldsymbol{AB}$.

解　对 $\boldsymbol{A}$ 作分割

$$\boldsymbol{A}=\left(\begin{array}{cc:cc}2&0&1&0\\0&2&1&1\\ \hdashline 0&0&0&1\end{array}\right)=\begin{pmatrix}2\boldsymbol{I} & \boldsymbol{T}_{12}(1)\\ (0\quad 0) & (0\quad 1)\end{pmatrix},$$

（这里用 $\boldsymbol{T}_{12}(1)$ 记 $\begin{pmatrix}1&0\\1&1\end{pmatrix}$，以后会明白记号的意思）．相应地，对 $\boldsymbol{B}$ 也作分割

$$\boldsymbol{B}=\left(\begin{array}{cc}2&6\\1&3\\ \hdashline -1&-7\\0&-2\end{array}\right),$$

则有

$$\begin{aligned}\boldsymbol{AB}&=\begin{pmatrix}2\boldsymbol{I} & \boldsymbol{T}_{12}(1)\\ (0\quad 0) & (0\quad 1)\end{pmatrix}\left(\begin{array}{cc}2&6\\1&3\\ \hdashline -1&-7\\0&-2\end{array}\right)\\ &=\begin{pmatrix}2\begin{pmatrix}2&6\\1&3\end{pmatrix}+\boldsymbol{T}_{12}(1)\begin{pmatrix}-1&-7\\0&-2\end{pmatrix}\\ (0\quad 0)\begin{pmatrix}2&6\\1&3\end{pmatrix}+(0\quad 1)\begin{pmatrix}-1&-7\\0&-2\end{pmatrix}\end{pmatrix}=\begin{pmatrix}3&5\\1&-3\\0&-2\end{pmatrix}.\end{aligned}$$

将 $m\times n$ 矩阵 $\boldsymbol{A}$ 分成一个个列向量，如记 $\boldsymbol{A}$ 的第 j 个列向量为 $\boldsymbol{a}_j(j=1,2,\cdots,n)$，则可将 $\boldsymbol{A}$ 表示成

$$A=\left(\begin{array}{c:c:c:c} a_{11} & a_{12} & \cdots & a_{1n} \\ a_{21} & a_{22} & \cdots & a_{2n} \\ \vdots & \vdots & & \vdots \\ a_{m1} & a_{m2} & \cdots & a_{mn} \end{array}\right)=(\boldsymbol{a}_1 \mid \boldsymbol{a}_2 \mid \cdots \mid \boldsymbol{a}_n)=(\boldsymbol{a}_1,\boldsymbol{a}_2,\cdots,\boldsymbol{a}_n).$$

例如,记 n 维向量

$$\boldsymbol{e}_i=\begin{pmatrix}0\\ \vdots\\ 0\\ 1\\ 0\\ \vdots\\ 0\end{pmatrix}\text{—第 } i \text{ 行},$$

则 n 阶单位矩阵可以表示为

$$\boldsymbol{I}_n=(\boldsymbol{e}_1,\boldsymbol{e}_2,\cdots,\boldsymbol{e}_n)=\begin{pmatrix}\boldsymbol{e}_1^{\mathrm{T}}\\ \boldsymbol{e}_2^{\mathrm{T}}\\ \vdots\\ \boldsymbol{e}_n^{\mathrm{T}}\end{pmatrix}.$$

以后将会知道,这样的记法是很有用的.

习　题

1. 设 $\boldsymbol{x}=(0,2,-5,1,2)^{\mathrm{T}},\boldsymbol{y}=(1,-1,2,-2,0)^{\mathrm{T}}$,计算 $5\boldsymbol{x}+3\boldsymbol{y},3\boldsymbol{x}-2\boldsymbol{y}$.

2. 设 $\boldsymbol{A}=\begin{pmatrix}2&2\\1&-1\\1&-3\end{pmatrix},\boldsymbol{B}=\begin{pmatrix}1&2\\-1&3\\5&-2\end{pmatrix}$,计算 $2\boldsymbol{A}-3\boldsymbol{B},5\boldsymbol{A}+2\boldsymbol{B}$.

3. 设 $\boldsymbol{A}=\begin{pmatrix}1&-4&2\\-1&4&-2\end{pmatrix},\boldsymbol{B}=\begin{pmatrix}1&2\\-1&3\\5&-2\end{pmatrix},\boldsymbol{C}=\begin{pmatrix}2&2\\1&-1\\1&-3\end{pmatrix}$,计算 $\boldsymbol{AB},\boldsymbol{BA},\boldsymbol{AC},\boldsymbol{CA},\boldsymbol{A}(2\boldsymbol{B}-3\boldsymbol{C})$.

4. 求所有使 $\boldsymbol{A}^2=\boldsymbol{O}$ 的二阶方阵 $\boldsymbol{A}$.

5. 求 $\boldsymbol{A}^2,\boldsymbol{A}^3,\boldsymbol{A}^n$:

(1) $\boldsymbol{A}=\begin{pmatrix}1&1\\0&1\end{pmatrix}$;　　(2) $\boldsymbol{A}=\begin{pmatrix}1&1&0\\0&1&1\\0&0&1\end{pmatrix}$.

6. 设 $\boldsymbol{x}=\begin{pmatrix}-1\\0\\1\end{pmatrix},\boldsymbol{y}=\begin{pmatrix}1\\2\end{pmatrix},\boldsymbol{A}=\begin{pmatrix}1&0&-1\\2&3&-2\end{pmatrix}$,求 $\boldsymbol{x}^{\mathrm{T}}\boldsymbol{x},\boldsymbol{y}^{\mathrm{T}}\boldsymbol{y},\boldsymbol{x}\,\boldsymbol{y}^{\mathrm{T}},\boldsymbol{y}^{\mathrm{T}}\boldsymbol{A},\boldsymbol{Ax},\boldsymbol{y}^{\mathrm{T}}\boldsymbol{Ax}$.

7. 设 $\boldsymbol{A}=\begin{pmatrix}1&0&-1\\2&3&-2\end{pmatrix}$,求 $\boldsymbol{A}^{\mathrm{T}}\boldsymbol{A},\boldsymbol{AA}^{\mathrm{T}}$.

8. 设 $\boldsymbol{A}=\begin{pmatrix}1 & -1+\mathrm{i}\\ -1-\mathrm{i} & 2\end{pmatrix}$,$\boldsymbol{x}=\begin{pmatrix}1+\mathrm{i}\\ 1-\mathrm{i}\end{pmatrix}$,求$\boldsymbol{x}^{\mathrm{H}}\boldsymbol{A}\boldsymbol{x}$.

9. 计算 $\boldsymbol{AB}-\boldsymbol{BA}$:

(1) $\boldsymbol{A}=\begin{pmatrix}1&2&2\\2&1&2\\1&2&3\end{pmatrix}$, $\boldsymbol{B}=\begin{pmatrix}4&1&1\\-4&2&1\\1&2&1\end{pmatrix}$;

(2) $\boldsymbol{A}=\begin{pmatrix}2&0&0\\1&1&2\\1&2&1\end{pmatrix}$, $\boldsymbol{B}=\begin{pmatrix}3&1&-2\\3&-2&4\\-1&5&11\end{pmatrix}$.

10. 试举例说明下列论断是错误的:

(1) 若 $\boldsymbol{AB}=\boldsymbol{O}$,则 $\boldsymbol{A}=\boldsymbol{O}$ 或 $\boldsymbol{B}=\boldsymbol{O}$;

(2) $(\boldsymbol{A}+\boldsymbol{B})^2=\boldsymbol{A}^2+2\boldsymbol{AB}+\boldsymbol{B}^2$;

(3) $\boldsymbol{A}\neq\boldsymbol{O}$,则由 $\boldsymbol{Ax}=\boldsymbol{0}$ 可导出 $\boldsymbol{x}=\boldsymbol{0}$.

11. 证明两个上(下)三角形矩阵的乘积仍为上(下)三角形矩阵.

12. 设 $\boldsymbol{A}$ 和 $\boldsymbol{B}$ 为 n 阶方阵,$\boldsymbol{x}$ 和 $\boldsymbol{y}$ 为 n 维列向量,试用矩阵记号表示下列结果:

(1) $\sum\limits_{i=1}^{n} a_{ij}x_i=y_j\quad(j=1,2,\cdots,n)$;　　(2) $\sum\limits_{k=1}^{n}\sum\limits_{j=1}^{n} a_{ik}b_{jk}x_j=y_i\quad(i=1,2,\cdots,n)$.

13. 设 $m\times n$ 矩阵

$$\boldsymbol{A}=(\boldsymbol{a}_1,\boldsymbol{a}_2,\cdots,\boldsymbol{a}_n)=\begin{pmatrix}\boldsymbol{A}_1^{\mathrm{T}}\\ \boldsymbol{A}_2^{\mathrm{T}}\\ \vdots\\ \boldsymbol{A}_m^{\mathrm{T}}\end{pmatrix},$$

$\boldsymbol{x}=(x_1,x_2,\cdots,x_n)^{\mathrm{T}}$ 为 n 维列向量,$\boldsymbol{y}=(y_1,y_2,\cdots,y_m)^{\mathrm{T}}$ 为 m 维列向量. 用 $\boldsymbol{A},\boldsymbol{x},\boldsymbol{y}$ 的矩阵运算表示下列结果:

(1) $\sum\limits_{i=1}^{n} x_i\boldsymbol{a}_i$;　　(2) $\sum\limits_{j=1}^{m} y_j\boldsymbol{A}_j^{\mathrm{T}}$.

14. 设 $\boldsymbol{A}$ 为 $m\times n$ 矩阵,$\boldsymbol{b}$ 为 n 维列向量,且在 13 题的记号下,成立 $\boldsymbol{A}_i^{\mathrm{T}}\boldsymbol{b}=0(i=1,2,\cdots,m)$,证明 $\boldsymbol{Ab}=\boldsymbol{0}$.

15. 设 $\boldsymbol{A}$ 为 n 阶复方阵,满足 $\boldsymbol{A}^{\mathrm{H}}\boldsymbol{A}=\boldsymbol{I}_n$. 记

$$\tilde{\boldsymbol{A}}=\left(\begin{array}{c:ccc}1&0&\cdots&0\\ \hdashline 0&&&\\ \vdots&&\boldsymbol{A}&\\ 0&&&\end{array}\right),$$

试证$\tilde{\boldsymbol{A}}^{\mathrm{H}}\tilde{\boldsymbol{A}}=\boldsymbol{I}_{n+1}$.

16. 设 $\boldsymbol{A}=(\boldsymbol{a}_1,\boldsymbol{a}_2,\cdots,\boldsymbol{a}_n)$ 为 n 阶方阵,且 $\boldsymbol{A}^{\mathrm{T}}\boldsymbol{A}=\boldsymbol{I}_n$,证明

$$\boldsymbol{a}_i^{\mathrm{T}}\boldsymbol{a}_j=\delta_{ij}\quad(i,j=1,2,\cdots,n).$$

17. 设

$$\boldsymbol{A}=\begin{pmatrix}\boldsymbol{O}&\boldsymbol{I}_n\\ \boldsymbol{I}_n&\boldsymbol{O}\end{pmatrix},$$

求 $\boldsymbol{A}$ 的幂 $\boldsymbol{A}^m(m=2,3,\cdots)$.

18. 设 λ 是常数，$\boldsymbol{a},\boldsymbol{b}$ 为 n 维列向量，$\boldsymbol{A},\boldsymbol{B}$ 为 n 阶方阵，

$$\tilde{\boldsymbol{A}}=\begin{pmatrix}\lambda & \boldsymbol{a}^{\mathrm{T}}\\ \boldsymbol{0} & \boldsymbol{A}\end{pmatrix},\quad \tilde{\boldsymbol{B}}=\begin{pmatrix}\lambda & \boldsymbol{0}^{\mathrm{T}}\\ \boldsymbol{b} & \boldsymbol{B}\end{pmatrix}.$$

证明：存在非零的 $n+1$ 阶方阵 $\tilde{\boldsymbol{C}}$，使得 $\tilde{\boldsymbol{A}}\tilde{\boldsymbol{C}}=\tilde{\boldsymbol{C}}\tilde{\boldsymbol{B}}$.

§2　行列式

行列式的定义

我们已经知道，利用对角线法则可以算出二阶行列式

$$\begin{vmatrix}a_{11} & a_{12}\\ a_{21} & a_{22}\end{vmatrix}=a_{11}a_{22}-a_{12}a_{21}.$$

而对于二元一次方程组

$$\begin{cases}a_{11}x_1+a_{12}x_2=b_1,\\ a_{21}x_1+a_{22}x_2=b_2,\end{cases}$$

可以用行列式来表示其解．具体说来，若记

$$\boldsymbol{\Delta}=\begin{vmatrix}a_{11} & a_{12}\\ a_{21} & a_{22}\end{vmatrix},\quad \boldsymbol{\Delta}_1=\begin{vmatrix}b_1 & a_{12}\\ b_2 & a_{22}\end{vmatrix},\quad \boldsymbol{\Delta}_2=\begin{vmatrix}a_{11} & b_1\\ a_{21} & b_2\end{vmatrix},$$

则当 $\Delta\neq 0$ 时，该方程组的解便可表达为

$$x_1=\frac{\boldsymbol{\Delta}_1}{\boldsymbol{\Delta}},\quad x_2=\frac{\boldsymbol{\Delta}_2}{\boldsymbol{\Delta}}.$$

为了使这个方法适用于多元情况，我们递推地定义一般行列式的概念．首先，将 **n 阶行列式**看成对 n 阶方阵的一种赋值，且将 n 阶方阵

$$\boldsymbol{A}=\begin{pmatrix}a_{11} & a_{12} & \cdots & a_{1n}\\ a_{21} & a_{22} & \cdots & a_{2n}\\ \vdots & \vdots & & \vdots\\ a_{n1} & a_{n2} & \cdots & a_{nn}\end{pmatrix}$$

的行列式记为

$$\begin{vmatrix}a_{11} & a_{12} & \cdots & a_{1n}\\ a_{21} & a_{22} & \cdots & a_{2n}\\ \vdots & \vdots & & \vdots\\ a_{n1} & a_{n2} & \cdots & a_{nn}\end{vmatrix},$$

也常记为 $\det(\boldsymbol{A})$ 或 $|\boldsymbol{A}|$．它是一个数，如下定义：

定义 4.2.1 当 $n=1$ 时，矩阵 $\boldsymbol{A}$ 只有一个元素 a_{11}，定义 $\boldsymbol{A}$ 的行列式 $\det(\boldsymbol{A})=a_{11}$. 若 $n-1$ 阶行列式已定义，记 Δ_{ij} 是 n 阶方阵 $\boldsymbol{A}$ 中将 a_{ij} 所在的行和列划去后得到的 $n-1$ 阶行列式，即

$$\Delta_{ij}=\begin{vmatrix} a_{11} & \cdots & a_{1,j-1} & a_{1,j+1} & \cdots & a_{1n} \\ \vdots & & \vdots & \vdots & & \vdots \\ a_{i-1,1} & \cdots & a_{i-1,j-1} & a_{i-1,j+1} & \cdots & a_{i-1,n} \\ a_{i+1,1} & \cdots & a_{i+1,j-1} & a_{i+1,j+1} & \cdots & a_{i+1,n} \\ \vdots & & \vdots & \vdots & & \vdots \\ a_{n1} & \cdots & a_{n,j-1} & a_{n,j+1} & \cdots & a_{nn} \end{vmatrix},$$

称之为 a_{ij} 的**余子式**. 定义 $\boldsymbol{A}$ 的行列式为

$$\det(\boldsymbol{A})=a_{11}\Delta_{11}-a_{12}\Delta_{12}+\cdots+(-1)^{j+1}a_{1j}\Delta_{1j}+\cdots+(-1)^{n+1}a_{1n}\Delta_{1n}.$$

显然当 $n=2$ 时，这里定义的二阶行列式的计算方法与前面提到的方法相同. 而且，三阶行列式可以如下计算：

$$\begin{aligned}\begin{vmatrix} a_{11} & a_{12} & a_{13} \\ a_{21} & a_{22} & a_{23} \\ a_{31} & a_{32} & a_{33} \end{vmatrix} &= a_{11}\begin{vmatrix} a_{22} & a_{23} \\ a_{32} & a_{33} \end{vmatrix}-a_{12}\begin{vmatrix} a_{21} & a_{23} \\ a_{31} & a_{33} \end{vmatrix}+a_{13}\begin{vmatrix} a_{21} & a_{22} \\ a_{31} & a_{32} \end{vmatrix} \\ &= a_{11}(a_{22}a_{33}-a_{23}a_{32})+a_{12}(a_{23}a_{31}-a_{21}a_{33})+a_{13}(a_{21}a_{32}-a_{22}a_{31}) \\ &= a_{11}a_{22}a_{33}+a_{12}a_{23}a_{31}+a_{13}a_{21}a_{32}-a_{11}a_{23}a_{32}-a_{12}a_{21}a_{33}-a_{13}a_{22}a_{31}.\end{aligned}$$

如此下去，便可以计算 4 阶，5 阶，以至更高阶的行列式.

例 4.2.1 设 $\boldsymbol{A}=\begin{pmatrix} 1 & -2 & 3 \\ -1 & 2 & -5 \\ 3 & 0 & -4 \end{pmatrix}$，求 $\boldsymbol{A}$ 的行列式.

解 划去它的第 1 行和第 1 列，得到 a_{11} 的余子式为

$$\Delta_{11}=\begin{vmatrix} 2 & -5 \\ 0 & -4 \end{vmatrix}=2\times(-4)-(-5)\times 0=-8.$$

类似地，可以得到 a_{12} 和 a_{13} 的余子式分别为

$$\Delta_{12}=\begin{vmatrix} -1 & -5 \\ 3 & -4 \end{vmatrix}=19, \quad \Delta_{13}=\begin{vmatrix} -1 & 2 \\ 3 & 0 \end{vmatrix}=-6.$$

于是

$$\begin{aligned}\det(\boldsymbol{A})=\begin{vmatrix} 1 & -2 & 3 \\ -1 & 2 & -5 \\ 3 & 0 & -4 \end{vmatrix} &= a_{11}\Delta_{11}-a_{12}\Delta_{12}+a_{13}\Delta_{13} \\ &= 1\times(-8)-(-2)\times 19+3\times(-6)=12.\end{aligned}$$

行列式的性质

利用数学归纳法容易知道，用定义计算一个 n 阶行列式需要约 $n!$ 次乘法运算和 $(n-1)!$ 次加法运算. 但 $n!$ 随 n 的增加而增加的速度极快. 例如，利用定义去计算一个 12 阶

的行列式需要进行约 5 亿次四则运算. 由于实际问题中遇到的 n 都相当大,所以真正要按定义去算行列式是不现实的.

下面列出行列式的一些性质,这些性质不仅可用于简化行列式的计算,而且有助于理论问题中涉及行列式的分析,因而十分重要(我们在叙述中一般略去繁琐的严格证明,而只是从易于理解的角度略作说明).

性质 1　互换行列式的两行,行列式改变符号,即

$$\begin{vmatrix} a_{11} & a_{12} & \cdots & a_{1n} \\ \vdots & \vdots & & \vdots \\ a_{i1} & a_{i2} & \cdots & a_{in} \\ \vdots & \vdots & & \vdots \\ a_{j1} & a_{j2} & \cdots & a_{jn} \\ \vdots & \vdots & & \vdots \\ a_{n1} & a_{n2} & \cdots & a_{nn} \end{vmatrix} = -\begin{vmatrix} a_{11} & a_{12} & \cdots & a_{1n} \\ \vdots & \vdots & & \vdots \\ a_{j1} & a_{j2} & \cdots & a_{jn} \\ \vdots & \vdots & & \vdots \\ a_{i1} & a_{i2} & \cdots & a_{in} \\ \vdots & \vdots & & \vdots \\ a_{n1} & a_{n2} & \cdots & a_{nn} \end{vmatrix}.$$

这个性质表明,对第 i 行成立的性质对别的行同样成立. 因此,讨论以下大多数性质时,只需考虑第 i 行的情况就可以了.

性质 2　若行列式中两行元素相同,则该行列式的值为 0.

显然,交换这两行,行列式的值不变. 但根据性质 1,行列式又需变号,这样的行列式必定为 0.

性质 3　行列式中一行元素的公因子可以提到行列式的外面,即

$$\begin{vmatrix} a_{11} & a_{12} & \cdots & a_{1n} \\ \vdots & \vdots & & \vdots \\ \lambda a_{i1} & \lambda a_{i2} & \cdots & \lambda a_{in} \\ \vdots & \vdots & & \vdots \\ a_{n1} & a_{n2} & \cdots & a_{nn} \end{vmatrix} = \lambda \begin{vmatrix} a_{11} & a_{12} & \cdots & a_{1n} \\ \vdots & \vdots & & \vdots \\ a_{i1} & a_{i2} & \cdots & a_{in} \\ \vdots & \vdots & & \vdots \\ a_{n1} & a_{n2} & \cdots & a_{nn} \end{vmatrix}.$$

这是因为根据定义,行列式第 i 行元素的公因子可以提取出来的缘故.

将这个性质和性质 2 结合立即得出:若行列式中两行元素对应成比例,则该行列式的值为 0.

性质 4　只有某一行元素不同的两个行列式之和,等于该行对应元素相加而其他各行元素不变的行列式的值,即

$$\begin{vmatrix} a_{11} & a_{12} & \cdots & a_{1n} \\ \vdots & \vdots & & \vdots \\ a_{i1} & a_{i2} & \cdots & a_{in} \\ \vdots & \vdots & & \vdots \\ a_{n1} & a_{n2} & \cdots & a_{nn} \end{vmatrix} + \begin{vmatrix} a_{11} & a_{12} & \cdots & a_{1n} \\ \vdots & \vdots & & \vdots \\ a'_{i1} & a'_{i2} & \cdots & a'_{in} \\ \vdots & \vdots & & \vdots \\ a_{n1} & a_{n2} & \cdots & a_{nn} \end{vmatrix} = \begin{vmatrix} a_{11} & a_{12} & \cdots & a_{1n} \\ \vdots & \vdots & & \vdots \\ a_{i1}+a'_{i1} & a_{i2}+a'_{i2} & \cdots & a_{in}+a'_{in} \\ \vdots & \vdots & & \vdots \\ a_{n1} & a_{n2} & \cdots & a_{nn} \end{vmatrix}.$$

这只要对第 i 行的情况运用定义就可以了.

性质 5　将某行元素的常数倍加到其他行对应元素上,行列式的值不变,即当 $k \neq i$ 时,成立

$$\begin{vmatrix} a_{11} & a_{12} & \cdots & a_{1n} \\ \vdots & \vdots & & \vdots \\ a_{i1}+\lambda a_{k1} & a_{i2}+\lambda a_{k2} & \cdots & a_{in}+\lambda a_{kn} \\ \vdots & \vdots & & \vdots \\ a_{n1} & a_{n2} & \cdots & a_{nn} \end{vmatrix} = \begin{vmatrix} a_{11} & a_{12} & \cdots & a_{1n} \\ \vdots & \vdots & & \vdots \\ a_{i1} & a_{i2} & \cdots & a_{in} \\ \vdots & \vdots & & \vdots \\ a_{n1} & a_{n2} & \cdots & a_{nn} \end{vmatrix}.$$

这是性质 2 和性质 4 的综合运用.

性质 6　三角形矩阵的行列式等于其对角元素的乘积,即

$$\begin{vmatrix} a_{11} & a_{12} & \cdots & a_{1n} \\ & a_{22} & \cdots & a_{2n} \\ & & \ddots & \vdots \\ & & & a_{nn} \end{vmatrix} = \begin{vmatrix} a_{11} & & & \\ a_{21} & a_{22} & & \\ \vdots & \vdots & \ddots & \\ a_{n1} & a_{n2} & \cdots & a_{nn} \end{vmatrix} = a_{11}a_{22}\cdots a_{nn} = \prod_{k=1}^{n} a_{kk}.$$

这只要利用递推方法就可以得出．特别地,有

$$|\boldsymbol{I}| = 1.$$

性质 7(行列式展开定理)　n 阶行列式 $|\boldsymbol{A}|(\boldsymbol{A}=(a_{ij}))$ 可以按第 $i(i=1,2,\cdots,n)$ 行展开:

$$\begin{aligned} |\boldsymbol{A}| &= (-1)^{i+1}a_{i1}\Delta_{i1} + (-1)^{i+2}a_{i2}\Delta_{i2} + \cdots + (-1)^{i+j}a_{ij}\Delta_{ij} + \cdots + (-1)^{i+n}a_{in}\Delta_{in} \\ &= a_{i1}A_{i1} + a_{i2}A_{i2} + \cdots + a_{ij}A_{ij} + \cdots + a_{in}A_{in}, \end{aligned}$$

这里 Δ_{ij} 是 a_{ij} 的余子式,而

$$A_{ij} = (-1)^{i+j}\Delta_{ij} \quad (i,j=1,2,\cdots,n)$$

称为 a_{ij} 的**代数余子式**.

证　当 $i=1$ 时即定义 4.2.1. 当 $i>1$ 时,将 $\boldsymbol{A}$ 的第 i 行依次与第 $i-1$ 行,第 $i-2$ 行,$\cdots$,第 1 行互换,将所得矩阵记为 $\tilde{\boldsymbol{A}}$,则由性质 1 得

$$|\boldsymbol{A}| = (-1)^{i-1}|\tilde{\boldsymbol{A}}|,$$

对 $|\tilde{\boldsymbol{A}}|$ 使用定义 4.2.1,即得第一个等式 .

证毕

性质 8　方阵转置后的行列式与原矩阵的行列式相等,即 $|\boldsymbol{A}^{\mathrm{T}}| = |\boldsymbol{A}|$.

这个性质表明,凡是对行成立的行列式性质对列也同样成立,其证明从略.

利用性质 2、性质 7 和性质 8 便可得到:

推论 4.2.1　对于 n 阶行列式 $|\boldsymbol{A}|(\boldsymbol{A}=(a_{ij}))$,成立

$$\sum_{k=1}^{n} a_{ik}A_{jk} = \sum_{k=1}^{n} a_{ki}A_{kj} = \delta_{ij}\cdot|\boldsymbol{A}| = \begin{cases} |\boldsymbol{A}|, & i=j, \\ 0, & i\neq j, \end{cases} \quad i,j=1,2,\cdots,n.$$

性质 9　同阶方阵乘积的行列式等于行列式的乘积,即对任意两个同阶方阵 $\boldsymbol{A}$ 和 $\boldsymbol{B}$,成立

$$|\boldsymbol{AB}| = |\boldsymbol{BA}| = |\boldsymbol{A}|\cdot|\boldsymbol{B}|.$$

证明从略.

性质 10　对任意两个方阵 $\boldsymbol{A}$ 和 $\boldsymbol{B}$,有

$$\begin{vmatrix} \boldsymbol{A} & \boldsymbol{O} \\ \boldsymbol{O} & \boldsymbol{B} \end{vmatrix} = |\boldsymbol{A}| \cdot |\boldsymbol{B}|.$$

证明从略.

利用这些性质,可以大大简化计算行列式的过程.

例 4.2.2　求 $\begin{vmatrix} 1 & -2 & 3 \\ -1 & 2 & -5 \\ 3 & 0 & -4 \end{vmatrix}$.

解　将这个行列式的第 1 行加到第 2 行,由性质 5 得

$$\begin{vmatrix} 1 & -2 & 3 \\ -1 & 2 & -5 \\ 3 & 0 & -4 \end{vmatrix} = \begin{vmatrix} 1 & -2 & 3 \\ 0 & 0 & -2 \\ 3 & 0 & -4 \end{vmatrix}.$$

再交换第 1 列与第 2 列、第 2 行与第 3 行,由性质 1 和性质 6,得

$$\begin{vmatrix} 1 & -2 & 3 \\ 0 & 0 & -2 \\ 3 & 0 & -4 \end{vmatrix} = -\begin{vmatrix} -2 & 1 & 3 \\ 0 & 0 & -2 \\ 0 & 3 & -4 \end{vmatrix} = \begin{vmatrix} -2 & 1 & 3 \\ 0 & 3 & -4 \\ 0 & 0 & -2 \end{vmatrix} = (-2)\times 3\times(-2) = 12.$$

这正是例 4.2.1 中算出的结果.

也可以直接对 $\begin{vmatrix} 1 & -2 & 3 \\ 0 & 0 & -2 \\ 3 & 0 & -4 \end{vmatrix}$ 按第 2 行展开,注意到该行只在(2,3)位置上有一个非 0 元素,因此展开式中只有一项,于是

$$\begin{vmatrix} 1 & -2 & 3 \\ 0 & 0 & -2 \\ 3 & 0 & -4 \end{vmatrix} = (-1)^{2+3}\times(-2)\times\begin{vmatrix} 1 & -2 \\ 3 & 0 \end{vmatrix} = 12.$$

例 4.2.3　求 n 阶行列式 $D_n = \begin{vmatrix} a & b & & & \\ & a & b & & \\ & & \ddots & \ddots & \\ & & & a & b \\ b & & & & a \end{vmatrix}$.

解　将这个行列式按第 1 列展开,得

$$D_n = a\begin{vmatrix} a & b & & \\ & a & \ddots & \\ & & \ddots & b \\ & & & a \end{vmatrix} + (-1)^{n+1} b \begin{vmatrix} b & & & \\ a & b & & \\ & \ddots & \ddots & \\ & & a & b \end{vmatrix}$$

$$= a^n + (-1)^{n+1} b^n.$$

例 4.2.4　求 n 阶行列式 $D_n = \begin{vmatrix} 2 & 1 & \cdots & 1 \\ 1 & 2 & \cdots & 1 \\ \vdots & \vdots & & \vdots \\ 1 & 1 & \cdots & 2 \end{vmatrix}$.

解　将这个行列式的第 1 行乘 -1 后加到第 $2,3,\cdots,n$ 行,由性质 5 得

$$D_n=\begin{vmatrix}2&1&\cdots&1\\1&2&\cdots&1\\\vdots&\vdots&&\vdots\\1&1&\cdots&2\end{vmatrix}=\begin{vmatrix}2&1&\cdots&1\\-1&1&&\\\vdots&&\ddots&\\-1&&&1\end{vmatrix}.$$

再将右面行列式的第 2,3,…,n 行乘-1 后加到第 1 行,便得

$$\begin{vmatrix}2&1&\cdots&1\\-1&1&&\\\vdots&&\ddots&\\-1&&&1\end{vmatrix}=\begin{vmatrix}n+1&&&\\-1&1&&\\\vdots&&\ddots&\\-1&&&1\end{vmatrix}=n+1.$$

于是 $D_n=n+1$.

例 4.2.5　求 $D_n=\begin{vmatrix}\lambda+a_1b_1&\lambda+a_1b_2&\lambda+a_1b_3&\cdots&\lambda+a_1b_n\\\lambda+a_2b_1&\lambda+a_2b_2&\lambda+a_2b_3&\cdots&\lambda+a_2b_n\\\vdots&\vdots&\vdots&&\vdots\\\lambda+a_nb_1&\lambda+a_nb_2&\lambda+a_nb_3&\cdots&\lambda+a_nb_n\end{vmatrix}$,其中 $n>2$,λ 是常数.

解　将这个行列式的第 1 列乘-1 后分别加到第 2,3 列,得到

$$D_n=\begin{vmatrix}\lambda+a_1b_1&a_1(b_2-b_1)&a_1(b_3-b_1)&\cdots&\lambda+a_1b_n\\\lambda+a_2b_1&a_2(b_2-b_1)&a_2(b_3-b_1)&\cdots&\lambda+a_2b_n\\\vdots&\vdots&\vdots&&\vdots\\\lambda+a_nb_1&a_n(b_2-b_1)&a_n(b_3-b_1)&\cdots&\lambda+a_nb_n\end{vmatrix}.$$

由于它的第 2 列与第 3 列成比例,因此 $D_n=0$.

例 4.2.6　证明:n 阶 **Vandermonde 行列式**

$$V_n=\begin{vmatrix}1&1&\cdots&1\\x_1&x_2&\cdots&x_n\\x_1^2&x_2^2&\cdots&x_n^2\\\vdots&\vdots&&\vdots\\x_1^{n-1}&x_2^{n-1}&\cdots&x_n^{n-1}\end{vmatrix}=\prod_{1\leqslant j<i\leqslant n}(x_i-x_j).$$

证　用归纳法. 当阶数 $n=2$ 时,

$$\begin{vmatrix}1&1\\x_1&x_2\end{vmatrix}=x_2-x_1,$$

结论成立.

设结论当阶数为 $n-1$ 时成立,则当阶数为 n 时,从 V_n 的第 n 行起,将后行减去前行的 x_1 倍,得到

$$V_n=\begin{vmatrix}1&1&\cdots&1\\0&x_2-x_1&\cdots&x_n-x_1\\0&x_2(x_2-x_1)&\cdots&x_n(x_n-x_1)\\\vdots&\vdots&&\vdots\\0&x_2^{n-2}(x_2-x_1)&\cdots&x_n^{n-2}(x_n-x_1)\end{vmatrix}.$$

按第 1 列展开，提出余子式各列的公因子 x_k-x_1，得

$$V_n=\prod_{1<k\leqslant n}(x_k-x_1)\begin{vmatrix}1&1&\cdots&1\\x_2&x_3&\cdots&x_n\\x_2^2&x_3^2&\cdots&x_n^2\\\vdots&\vdots&&\vdots\\x_2^{n-2}&x_3^{n-2}&\cdots&x_n^{n-2}\end{vmatrix}.$$

由归纳法假设有

$$\begin{vmatrix}1&1&\cdots&1\\x_2&x_3&\cdots&x_n\\x_2^2&x_3^2&\cdots&x_n^2\\\vdots&\vdots&&\vdots\\x_2^{n-2}&x_3^{n-2}&\cdots&x_n^{n-2}\end{vmatrix}=\prod_{2\leqslant j<i\leqslant n}(x_i-x_j),$$

因此

$$\begin{aligned}V_n&=\prod_{1<k\leqslant n}(x_k-x_1)\cdot\prod_{2\leqslant j<i\leqslant n}(x_i-x_j)\\&=\prod_{1\leqslant j<i\leqslant n}(x_i-x_j).\end{aligned}$$

习　题

1. 按定义计算下列各行列式：

(1) $\begin{vmatrix}3&5&2\\4&2&3\\-1&2&4\end{vmatrix}$；　(2) $\begin{vmatrix}2&1&-1&3\\1&0&5&3\\-4&7&3&0\\5&-1&0&1\end{vmatrix}$；

(3) $\begin{vmatrix}a&b&0&0\\b&a&0&0\\0&0&a&b\\0&0&b&a\end{vmatrix}$；　(4) $\begin{vmatrix}a&b&0&0\\b&a&b&0\\0&b&a&b\\0&0&b&a\end{vmatrix}$.

2. 计算下列行列式：

(1) $\begin{vmatrix}-1&3&4\\-5&-1&2\\-7&-11&2\end{vmatrix}$；　(2) $\begin{vmatrix}x&a&b\\x^2&a^2&b^2\\a+b&x+b&x+a\end{vmatrix}$；

(3) $\begin{vmatrix}b+c&a-c&a-b\\b-c&c+a&b-a\\c-b&c-a&a+b\end{vmatrix}$；　(4) $\begin{vmatrix}a&b&c&d\\b&a&d&c\\c&d&a&b\\d&c&b&a\end{vmatrix}$.

3. 证明：

$$\begin{vmatrix} x & 0 & 0 & \cdots & 0 & a_n \\ -1 & x & 0 & \cdots & 0 & a_{n-1} \\ 0 & -1 & x & \cdots & 0 & a_{n-2} \\ \vdots & \vdots & \vdots & & \vdots & \vdots \\ 0 & 0 & 0 & \cdots & x & a_1 \\ 0 & 0 & 0 & \cdots & -1 & a_0 \end{vmatrix} = a_0x^n + a_1x^{n-1} + \cdots + a_{n-1}x + a_n.$$

4. 证明以下等式：

$$\begin{vmatrix} \alpha a_2+a_3 & \beta a_3+a_1 & \gamma a_1+a_2 \\ \alpha b_2+b_3 & \beta b_3+b_1 & \gamma b_1+b_2 \\ \alpha c_2+c_3 & \beta c_3+c_1 & \gamma c_1+c_2 \end{vmatrix} = (\alpha\beta\gamma+1)\begin{vmatrix} a_1 & a_2 & a_3 \\ b_1 & b_2 & b_3 \\ c_1 & c_2 & c_3 \end{vmatrix}.$$

5. 计算下列行列式（D_n 为 n 阶行列式）：

(1) $\begin{vmatrix} 2 & 5 & -1 & 6 \\ 1 & 6 & 8 & -1 \\ -2 & 1 & 0 & 5 \\ -3 & 6 & -4 & 9 \end{vmatrix}$；　　(2) $\begin{vmatrix} 0 & a & b & a \\ a & 0 & a & b \\ b & a & 0 & a \\ a & b & a & 0 \end{vmatrix}$；

(3) $D_n = \begin{vmatrix} a_1-b & a_2 & \cdots & a_n \\ a_1 & a_2-b & \cdots & a_n \\ \vdots & \vdots & & \vdots \\ a_1 & a_2 & \cdots & a_n-b \end{vmatrix}$；　　(4) $D_n = \begin{vmatrix} x & a & \cdots & a \\ a & x & \cdots & a \\ \vdots & \vdots & & \vdots \\ a & a & \cdots & x \end{vmatrix}$；

(5) $D_n = \begin{vmatrix} 1+a_1 & 1 & \cdots & 1 \\ 1 & 1+a_2 & \cdots & 1 \\ \vdots & \vdots & & \vdots \\ 1 & 1 & \cdots & 1+a_n \end{vmatrix}$　$(a_1a_2\cdots a_n \neq 0)$.

6. 证明：

(1) $\begin{vmatrix} a+x_1 & a & \cdots & a & a \\ a & a+x_2 & \cdots & a & a \\ \vdots & \vdots & & \vdots & \vdots \\ a & a & \cdots & a+x_n & a \\ a & a & \cdots & a & a \end{vmatrix} = ax_1x_2\cdots x_n$；

(2) $\begin{vmatrix} a_{11} & a_{12} & \cdots & a_{1n} & x_1 \\ a_{21} & a_{22} & \cdots & a_{2n} & x_2 \\ \vdots & \vdots & & \vdots & \vdots \\ a_{n1} & a_{n2} & \cdots & a_{nn} & x_n \\ y_1 & y_2 & \cdots & y_n & 1 \end{vmatrix} = |\boldsymbol{A}| - \sum_{i=1}^{n}\sum_{j=1}^{n} A_{ij}x_iy_j$，

其中 A_{ij} 是 $\det(\boldsymbol{A})$（$\boldsymbol{A}=(a_{ij})_{n\times n}$）中 a_{ij} 的代数余子式.

7. 对于下列有关方阵的等式，若成立，则证明之；否则，举出反例说明：

(1) $\det(\boldsymbol{A}+\boldsymbol{B}) = \det(\boldsymbol{A}) + \det(\boldsymbol{B})$；

(2) $\det(\boldsymbol{A}+\boldsymbol{B})^2=[\det(\boldsymbol{A}+\boldsymbol{B})]^2$;

(3) $\det(\boldsymbol{A}+\boldsymbol{B})^2=\det(\boldsymbol{A}^2+2\boldsymbol{AB}+\boldsymbol{B}^2)$.

§ 3　逆　矩　阵

逆矩阵的概念与性质

一元一次方程

$$ax=b$$

在系数 $a\neq 0$ 时,可以解得 $x=a^{-1}b$,这可以看作是在方程两边同乘上 a^{-1} 的结果. 因此很自然地会想到,能否以此类推,在用矩阵和向量表示的一般线性方程组

$$\boldsymbol{Ax}=\boldsymbol{b}$$

的两端左乘上某一个矩阵(姑且将它暂记为 $\boldsymbol{A}^{-1}$),使得左边就等于 $\boldsymbol{x}$,即

$$\boldsymbol{x}=\boldsymbol{A}^{-1}\boldsymbol{Ax}=\boldsymbol{A}^{-1}\boldsymbol{b},$$

从而得到方程组的解 $\boldsymbol{A}^{-1}\boldsymbol{b}$ 呢? 如果可以,矩阵 $\boldsymbol{A}$ 应满足什么条件? 进一步,这样的 $\boldsymbol{A}^{-1}$ 具有些什么样的性质? 如何求出这个 $\boldsymbol{A}^{-1}$? 本节就来讨论这些问题.

定义 4.3.1　对于方阵 $\boldsymbol{A}$,若存在与 $\boldsymbol{A}$ 同阶的方阵 $\boldsymbol{B}$ 满足

$$\boldsymbol{AB}=\boldsymbol{BA}=\boldsymbol{I},$$

则称 $\boldsymbol{A}$ 是**可逆矩阵**或**非奇异矩阵**,简称 $\boldsymbol{A}$ **可逆**,或 $\boldsymbol{A}$ **非奇异**,称 $\boldsymbol{B}$ 为 $\boldsymbol{A}$ 的**逆矩阵**,记为 $\boldsymbol{A}^{-1}$;否则,称 $\boldsymbol{A}$ 是**不可逆矩阵**,或**奇异矩阵**.

显然,若 $\boldsymbol{B}$ 是 $\boldsymbol{A}$ 的逆矩阵,则 $\boldsymbol{A}$ 也是 $\boldsymbol{B}$ 的逆矩阵,即逆矩阵是相互的. 因此,一个矩阵的逆矩阵的逆矩阵就是其本身,即

$$(\boldsymbol{A}^{-1})^{-1}=\boldsymbol{A}.$$

正如并非所有的数 a 都有 a^{-1},不是所有的方阵都是可逆的. 比如 $\boldsymbol{A}=\begin{pmatrix}1&0\\0&0\end{pmatrix}$,对任何二阶方阵 $\boldsymbol{B}=\begin{pmatrix}a&b\\c&d\end{pmatrix}$,有 $\begin{pmatrix}a&b\\c&d\end{pmatrix}\begin{pmatrix}1&0\\0&0\end{pmatrix}=\begin{pmatrix}a&0\\c&0\end{pmatrix}$,由于右下角元素恒为 0,因此 $\boldsymbol{BA}$ 不可能等于单位矩阵 $\boldsymbol{I}$,即 $\begin{pmatrix}1&0\\0&0\end{pmatrix}$ 是不可逆矩阵.

定理 4.3.1　n 阶方阵 $\boldsymbol{A}$ 可逆的充分必要条件是 $\boldsymbol{A}$ 的行列式 $|\boldsymbol{A}|\neq 0$.

证　若 $\boldsymbol{A}$ 可逆,由行列式的性质和逆矩阵的定义,有

$$|\boldsymbol{A}^{-1}\boldsymbol{A}|=|\boldsymbol{A}^{-1}|\cdot|\boldsymbol{A}|=|\boldsymbol{I}|=1,$$

所以

$$|\boldsymbol{A}|\neq 0.$$

这就证明了必要性,同时我们还得到了 $|\boldsymbol{A}^{-1}|=\dfrac{1}{|\boldsymbol{A}|}$.

反之,记 $\boldsymbol{A}$ 的**伴随矩阵**为

$$\boldsymbol{A}^*=\begin{pmatrix}A_{11}&A_{21}&\cdots&A_{n1}\\A_{12}&A_{22}&\cdots&A_{n2}\\\vdots&\vdots&&\vdots\\A_{1n}&A_{2n}&\cdots&A_{nn}\end{pmatrix},$$

其中 A_{ij} 为 a_{ij} 的代数余子式($i,j=1,2,\cdots,n$).

利用

$$\sum_{k=1}^{n}a_{ik}A_{jk}=\sum_{k=1}^{n}a_{ki}A_{kj}=\delta_{ij}\cdot|\boldsymbol{A}|,\quad 1\leqslant i,j\leqslant n,$$

则有

$$\begin{aligned}\boldsymbol{A}\boldsymbol{A}^*&=\begin{pmatrix}a_{11}&a_{12}&\cdots&a_{1n}\\a_{21}&a_{22}&\cdots&a_{2n}\\\vdots&\vdots&&\vdots\\a_{n1}&a_{n2}&\cdots&a_{nn}\end{pmatrix}\begin{pmatrix}A_{11}&A_{21}&\cdots&A_{n1}\\A_{12}&A_{22}&\cdots&A_{n2}\\\vdots&\vdots&&\vdots\\A_{1n}&A_{2n}&\cdots&A_{nn}\end{pmatrix}\\&=\begin{pmatrix}|\boldsymbol{A}|&&&\\&|\boldsymbol{A}|&&\\&&\ddots&\\&&&|\boldsymbol{A}|\end{pmatrix}=|\boldsymbol{A}|\boldsymbol{I},\end{aligned}$$

以及

$$\boldsymbol{A}^*\boldsymbol{A}=|\boldsymbol{A}|\boldsymbol{I}.$$

若 $|\boldsymbol{A}|\neq 0$,则有 $\dfrac{\boldsymbol{A}^*}{|\boldsymbol{A}|}=\boldsymbol{A}^{-1}$,即 $\boldsymbol{A}$ 可逆.

证毕

定理 4.3.2　可逆矩阵具有如下性质:

(1) 可逆矩阵的逆矩阵是唯一的;

(2) 若同阶方阵 $\boldsymbol{A},\boldsymbol{B}$ 使得 $\boldsymbol{AB}=\boldsymbol{I}$ 或 $\boldsymbol{BA}=\boldsymbol{I}$ 之一成立,则 $\boldsymbol{A}$ 是可逆矩阵,且 $\boldsymbol{B}=\boldsymbol{A}^{-1}$;

(3) 若 $\boldsymbol{A}$ 是可逆矩阵,则 $\boldsymbol{A}^{\mathrm{T}}$ 和 $\boldsymbol{A}^{\mathrm{H}}$ 均是可逆矩阵,且

$$(\boldsymbol{A}^{\mathrm{T}})^{-1}=(\boldsymbol{A}^{-1})^{\mathrm{T}},\quad(\boldsymbol{A}^{\mathrm{H}})^{-1}=(\boldsymbol{A}^{-1})^{\mathrm{H}};$$

(4) 若 $\boldsymbol{A},\boldsymbol{B}$ 是同阶可逆矩阵,则 $\boldsymbol{AB}$ 是可逆矩阵,且 $(\boldsymbol{AB})^{-1}=\boldsymbol{B}^{-1}\boldsymbol{A}^{-1}$.

证　(1) 若 $\boldsymbol{B},\boldsymbol{C}$ 都是 $\boldsymbol{A}$ 的逆矩阵,则有

$$\boldsymbol{C}=\boldsymbol{CI}=\boldsymbol{C}(\boldsymbol{AB})=(\boldsymbol{CA})\boldsymbol{B}=\boldsymbol{IB}=\boldsymbol{B}.$$

(2) 若 $\boldsymbol{AB}=\boldsymbol{I}$,则 $|\boldsymbol{A}|\neq 0$,由定理 4.3.1 知,$\boldsymbol{A}^{-1}$ 存在. 在 $\boldsymbol{AB}=\boldsymbol{I}$ 两边左乘 $\boldsymbol{A}^{-1}$,便有

$$\boldsymbol{B}=\boldsymbol{A}^{-1}.$$

同理可证 $\boldsymbol{BA}=\boldsymbol{I}$ 的情况.

(3) 利用 $(\boldsymbol{AB})^{\mathrm{T}}=\boldsymbol{B}^{\mathrm{T}}\boldsymbol{A}^{\mathrm{T}}$,得

$$(\boldsymbol{A}^{-1})^{\mathrm{T}}\boldsymbol{A}^{\mathrm{T}}=(\boldsymbol{AA}^{-1})^{\mathrm{T}}=\boldsymbol{I}^{\mathrm{T}}=\boldsymbol{I},$$

由(2)知 $\boldsymbol{A}^{\mathrm{T}}$ 可逆,且 $(\boldsymbol{A}^{\mathrm{T}})^{-1}=(\boldsymbol{A}^{-1})^{\mathrm{T}}$. 同理可证 $(\boldsymbol{A}^{\mathrm{H}})^{-1}=(\boldsymbol{A}^{-1})^{\mathrm{H}}$.

(4) 由于

$$(B^{-1}A^{-1})(AB)=B^{-1}(A^{-1}A)B=B^{-1}B=I,$$

由(2)知 AB 可逆,且 $(AB)^{-1}=B^{-1}A^{-1}$.

证毕

显然,若 A 是可逆矩阵,$k\neq 0$ 为一常数,则

$$(kA)^{-1}=\frac{1}{k}A^{-1}.$$

从定理 4.3.2 的(4)的结论还可以得出:若 $A_1,A_2,\cdots,A_k$ 为同阶可逆矩阵,则

$$(A_1A_2\cdots A_k)^{-1}=A_k^{-1}\cdots A_2^{-1}A_1^{-1}.$$

特别地,若 A 是可逆矩阵,则(记 $(A^{-1})^k$ 为 A^{-k}, $k=1,2,\cdots$)

$$(A^k)^{-1}=(A^{-1})^k=A^{-k}.$$

例 4.3.1　设 n 阶方阵 A,B 均可逆,且 $A+B$ 也可逆,证明 $A^{-1}+B^{-1}$ 也可逆.

证　因为 A,B 可逆,所以 $A^{-1}A=I,BB^{-1}=I$,于是

$$\begin{aligned}A^{-1}+B^{-1}&=A^{-1}+IB^{-1}=A^{-1}+A^{-1}AB^{-1}=A^{-1}(I+AB^{-1})\\&=A^{-1}(BB^{-1}+AB^{-1})=A^{-1}(B+A)B^{-1}=A^{-1}(A+B)B^{-1}.\end{aligned}$$

因为 A,B 可逆,所以 A^{-1},B^{-1} 也可逆. 又 $A+B$ 可逆,由定理 4.3.2 的(4)知,$A^{-1}(A+B)B^{-1}$ 可逆,即 $A^{-1}+B^{-1}$ 可逆.

证毕

事实上,在该例中还可以算出 $A^{-1}+B^{-1}$ 的逆矩阵为

$$(A^{-1}+B^{-1})^{-1}=[A^{-1}(A+B)B^{-1}]^{-1}=(B^{-1})^{-1}(A+B)^{-1}(A^{-1})^{-1}=B(A+B)^{-1}A.$$

从定理 4.3.1 的证明中可以看出,若 $|A|\neq 0$,则 $A^{-1}=\dfrac{A^*}{|A|}$,这就给出了求逆矩阵的一个方法.

例 4.3.2　求 $A=\begin{pmatrix}a&b\\c&d\end{pmatrix}$ 的逆矩阵($ad-bc\neq 0$).

解　因为 $|A|=ad-bc\neq 0$,所以 A 的逆矩阵存在,且

$$A^{-1}=\frac{A^*}{|A|}=\frac{1}{ad-bc}\begin{pmatrix}A_{11}&A_{21}\\A_{12}&A_{22}\end{pmatrix}=\frac{1}{ad-bc}\begin{pmatrix}d&-b\\-c&a\end{pmatrix}.$$

但是,用这种方法求 n 阶矩阵的逆矩阵要求算出 n^2 个 $n-1$ 阶行列式和 1 个 n 阶行列式,当 n 很大时,工作量极为巨大,从而无法施行. 要解决实际求逆矩阵问题,必须另觅他途.

用初等变换求逆矩阵

容易看出,对于 n 阶方阵 A,若有一列 n 阶方阵 $B_1,B_2,\cdots,B_p$,从同一侧(例如左侧)依次乘 A,使得 A 变成了单位矩阵(此时 $B_1,B_2,\cdots,B_p$ 显然都是可逆的),即

$$B_p\cdots B_2B_1A=I,$$

那么矩阵 $B_p\cdots B_2B_1$ 就是 A 的逆矩阵,因此有

$$(\boldsymbol{B}_p\cdots\boldsymbol{B}_2\boldsymbol{B}_1)\boldsymbol{I}=\boldsymbol{B}_p\cdots\boldsymbol{B}_2\boldsymbol{B}_1=\boldsymbol{A}^{-1}.$$

这就是说,若将一串矩阵同时“作用于”矩阵 $\boldsymbol{A}$ 和单位矩阵,则它们在将 $\boldsymbol{A}$ 变为单位矩阵的同时,也将单位矩阵变为了 $\boldsymbol{A}^{-1}$. 所以只要设法找到一串比较简单、作用后能使可逆矩阵变为单位矩阵的矩阵 $\boldsymbol{B}_1,\boldsymbol{B}_2,\cdots,\boldsymbol{B}_p$,就可以简便地求出逆矩阵. 那么如何找呢? 找何种矩阵比较方便呢?

定义 4.3.2　将 n 阶单位矩阵的第 i 行与第 j 行互换(第 i 列与第 j 列互换)的矩阵

$$\boldsymbol{E}_{ij}=\begin{pmatrix}1&&&&&&&\\&\ddots&&&&&&\\&&1&&&&&\\&&&0&\cdots&1&&&\\&&&\vdots&&\vdots&&&\\&&&1&\cdots&0&&&\\&&&&&&1&&\\&&&&&&&\ddots&\\&&&&&&&&1\end{pmatrix}\begin{matrix}\\\\\\-\text{第 } i \text{ 行}\\\\-\text{第 } j \text{ 行}\\\\\\\\\end{matrix}$$

称为**第一类初等矩阵**;

将 n 阶单位矩阵的第 i 行(第 i 列)乘上非零常数 λ 的矩阵

$$\boldsymbol{P}_i(\lambda)=\begin{pmatrix}1&&&&&&\\&\ddots&&&&&\\&&1&&&&\\&&&\lambda&&&\\&&&&1&&\\&&&&&\ddots&\\&&&&&&1\end{pmatrix}\begin{matrix}\\\\\\-\text{第 } i \text{ 行}\\\\\\\\\end{matrix}$$

称为**第二类初等矩阵**;

将 n 阶单位矩阵的第 i 行乘上常数 λ 加到第 j 行(第 j 列乘上常数 λ 加到第 i 列)的矩阵

$$\boldsymbol{T}_{ij}(\lambda)=\begin{pmatrix}1&&&&&&\\&\ddots&&&&&\\&&1&&&&\\&&\vdots&\ddots&&&\\&&\lambda&\cdots&1&&\\&&&&&\ddots&\\&&&&&&1\end{pmatrix}\begin{matrix}\\\\-\text{第 } i \text{ 行}\\\\-\text{第 } j \text{ 行}\\\\\\\end{matrix}$$

称为**第三类初等矩阵**.

容易验证,

$$(\boldsymbol{E}_{ij})^{-1}=\boldsymbol{E}_{ij};\quad (\boldsymbol{P}_i(\lambda))^{-1}=\boldsymbol{P}_i\left(\frac{1}{\lambda}\right);\quad (\boldsymbol{T}_{ij}(\lambda))^{-1}=\boldsymbol{T}_{ij}(-\lambda).$$

即三类初等矩阵都是可逆的,它们的逆矩阵分别是同类的初等矩阵.

以上三类初等矩阵统称为**初等矩阵**.

定理 4.3.3　(1) 用$\boldsymbol{E}_{ij}$左乘(右乘)矩阵$\boldsymbol{A}$等于互换$\boldsymbol{A}$的第i与第j行(列);

(2) 用$\boldsymbol{P}_i(\lambda)$左乘(右乘)矩阵$\boldsymbol{A}$等于用$\lambda$乘$\boldsymbol{A}$的第$i$行(列);

(3) 用$\boldsymbol{T}_{ij}(\lambda)$左乘(右乘)矩阵$\boldsymbol{A}$等于将$\boldsymbol{A}$的第$i$行(第$j$列)乘上常数$\lambda$加到$\boldsymbol{A}$的第$j$行(第$i$列).

证明从略.

以上三种关于矩阵的行(列)的变换依次称为**第一、二、三类初等行(列)变换**,统称为矩阵的**初等行(列)变换**. 初等矩阵本身就是对单位矩阵作相应的初等变换后所得到的矩阵.

定理 4.3.3 说明了用初等矩阵左乘矩阵$\boldsymbol{A}$就进行$\boldsymbol{A}$的初等行变换,右乘$\boldsymbol{A}$就进行$\boldsymbol{A}$的初等列变换.

如$\boldsymbol{P}_3(-2)$是将单位矩阵的第 3 行(列)乘上-2,所以$\boldsymbol{P}_3(-2)\boldsymbol{A}$就是将$\boldsymbol{A}$的第 3 行乘上$-2$,$\boldsymbol{A}\boldsymbol{P}_3(-2)$就是将$\boldsymbol{A}$的第 3 列乘上$-2$.

再如,$\boldsymbol{T}_{14}(3)$从行的角度看,是将单位矩阵的第 1 行乘上 3 加到第 4 行,而从列的角度看,是将单位矩阵的第 4 列乘上 3 加到第 1 列,所以$\boldsymbol{T}_{14}(3)\boldsymbol{A}$就是将$\boldsymbol{A}$的第 1 行乘上 3 加到第 4 行,$\boldsymbol{A}\boldsymbol{T}_{14}(3)$就是将$\boldsymbol{A}$的第 4 列乘上 3 加到第 1 列.

下面的定理对本小节开始提出的问题作了回答.

定理 4.3.4　n阶方阵$\boldsymbol{A}$可逆的充分必要条件是存在初等矩阵$\boldsymbol{B}_1,\boldsymbol{B}_2,\cdots,\boldsymbol{B}_p$($\boldsymbol{C}_1,\boldsymbol{C}_2,\cdots,\boldsymbol{C}_q$),使得

$$\boldsymbol{B}_p\cdots\boldsymbol{B}_2\boldsymbol{B}_1\boldsymbol{A}=\boldsymbol{I}\quad(\boldsymbol{A}\boldsymbol{C}_1\boldsymbol{C}_2\cdots\boldsymbol{C}_q=\boldsymbol{I}),$$

此时$\boldsymbol{A}^{-1}=\boldsymbol{B}_p\cdots\boldsymbol{B}_2\boldsymbol{B}_1$($\boldsymbol{A}^{-1}=\boldsymbol{C}_1\boldsymbol{C}_2\cdots\boldsymbol{C}_q$).

证明从略.

推论 4.3.1　可逆矩阵可以分解为初等矩阵的乘积.

定理 4.3.4 提供了一种比较实用的求逆矩阵方法:为求n阶方阵$\boldsymbol{A}$的逆矩阵,可作辅助矩阵

$$(\boldsymbol{A}\mid\boldsymbol{I}),$$

在定理 4.3.4 的记号下,有

$$\boldsymbol{B}_p\cdots\boldsymbol{B}_2\boldsymbol{B}_1(\boldsymbol{A}\mid\boldsymbol{I})=(\boldsymbol{B}_p\cdots\boldsymbol{B}_2\boldsymbol{B}_1\boldsymbol{A}\mid\boldsymbol{B}_p\cdots\boldsymbol{B}_2\boldsymbol{B}_1\boldsymbol{I})=(\boldsymbol{I}\mid\boldsymbol{A}^{-1}).$$

由于对矩阵$(\boldsymbol{A}\mid\boldsymbol{I})$左乘初等矩阵相当于对该矩阵作相应的初等行变换,因此,如果可以用若干个初等行变换将辅助矩阵左边的$\boldsymbol{A}$变为单位矩阵,那么这些初等行变换同时也就将右边的$\boldsymbol{I}$变为$\boldsymbol{A}^{-1}$.

例 4.3.3　求$\boldsymbol{A}=\begin{pmatrix}2&3&4\\2&1&1\\-1&1&2\end{pmatrix}$的逆矩阵.

解　先作辅助矩阵

$$\begin{pmatrix}2&3&4&1&0&0\\2&1&1&0&1&0\\-1&1&2&0&0&1\end{pmatrix},$$

再进行初等行变换:

$$
\begin{pmatrix} 2 & 3 & 4 & 1 & 0 & 0 \\ 2 & 1 & 1 & 0 & 1 & 0 \\ -1 & 1 & 2 & 0 & 0 & 1 \end{pmatrix}
\xrightarrow[\text{即左乘 } T_{31}(2)]{\text{第 3 行乘 2 加到第 1 行}}
\begin{pmatrix} 0 & 5 & 8 & 1 & 0 & 2 \\ 2 & 1 & 1 & 0 & 1 & 0 \\ -1 & 1 & 2 & 0 & 0 & 1 \end{pmatrix}
$$

$$
\xrightarrow[\text{即左乘 } T_{32}(2)]{\text{第 3 行乘 2 加到第 2 行}}
\begin{pmatrix} 0 & 5 & 8 & 1 & 0 & 2 \\ 0 & 3 & 5 & 0 & 1 & 2 \\ -1 & 1 & 2 & 0 & 0 & 1 \end{pmatrix}
$$

$$
\xrightarrow[\text{即左乘 } E_{31}]{\text{交换第 3 行与第 1 行}}
\begin{pmatrix} -1 & 1 & 2 & 0 & 0 & 1 \\ 0 & 3 & 5 & 0 & 1 & 2 \\ 0 & 5 & 8 & 1 & 0 & 2 \end{pmatrix}
$$

$$
\xrightarrow[\text{即左乘 } P_1(-1)]{\text{第 1 行乘} -1}
\begin{pmatrix} 1 & -1 & -2 & 0 & 0 & -1 \\ 0 & 3 & 5 & 0 & 1 & 2 \\ 0 & 5 & 8 & 1 & 0 & 2 \end{pmatrix}
$$

$$
\xrightarrow[\text{即左乘 } P_2\left(\frac{1}{3}\right)]{\text{第 2 行乘}\frac{1}{3}}
\begin{pmatrix} 1 & -1 & -2 & 0 & 0 & -1 \\ 0 & 1 & 5/3 & 0 & 1/3 & 2/3 \\ 0 & 5 & 8 & 1 & 0 & 2 \end{pmatrix}
$$

$$
\xrightarrow[\text{即左乘 } T_{23}(-5)]{\text{第 2 行乘} -5 \text{ 加到第 3 行}}
\begin{pmatrix} 1 & -1 & -2 & 0 & 0 & -1 \\ 0 & 1 & 5/3 & 0 & 1/3 & 2/3 \\ 0 & 0 & -1/3 & 1 & -5/3 & -4/3 \end{pmatrix}
$$

$$
\xrightarrow[\text{即左乘 } T_{32}(5)]{\text{第 3 行乘 5 加到第 2 行}}
\begin{pmatrix} 1 & -1 & -2 & 0 & 0 & -1 \\ 0 & 1 & 0 & 5 & -8 & -6 \\ 0 & 0 & -1/3 & 1 & -5/3 & -4/3 \end{pmatrix}
$$

$$
\xrightarrow[\text{即左乘 } P_3(-3)]{\text{第 3 行乘} -3}
\begin{pmatrix} 1 & -1 & -2 & 0 & 0 & -1 \\ 0 & 1 & 0 & 5 & -8 & -6 \\ 0 & 0 & 1 & -3 & 5 & 4 \end{pmatrix}
$$

$$
\xrightarrow[\text{即左乘 } T_{31}(2)]{\text{第 3 行乘 2 加到第 1 行}}
\begin{pmatrix} 1 & -1 & 0 & -6 & 10 & 7 \\ 0 & 1 & 0 & 5 & -8 & -6 \\ 0 & 0 & 1 & -3 & 5 & 4 \end{pmatrix}
$$

$$
\xrightarrow[\text{即左乘 } T_{21}(1)]{\text{第 2 行加到第 1 行}}
\begin{pmatrix} 1 & 0 & 0 & -1 & 2 & 1 \\ 0 & 1 & 0 & 5 & -8 & -6 \\ 0 & 0 & 1 & -3 & 5 & 4 \end{pmatrix}.
$$

至此,原来 $\boldsymbol{A}$ 的位置处变成了单位矩阵,因此原来单位矩阵的位置处就是 $\boldsymbol{A}$ 的逆矩阵,即

$$
\begin{pmatrix} 2 & 3 & 4 \\ 2 & 1 & 1 \\ -1 & 1 & 2 \end{pmatrix}^{-1} = \begin{pmatrix} -1 & 2 & 1 \\ 5 & -8 & -6 \\ -3 & 5 & 4 \end{pmatrix}.
$$

与用伴随矩阵求逆矩阵的方法相比,在阶数比较低的时候,用初等变换的方法求逆矩阵并不见得更有效,但在阶数高的时候,它具有极大的优越性,有兴趣的读者不妨尝试粗略地比较一下两者所用的四则运算次数的量级.

例 4.3.4　设 $A=\begin{pmatrix}1&2&1\\3&4&2\\1&2&2\end{pmatrix}$，$B$ 为三阶方阵．若 $AB=A+B$，求 B.

解　因为 $AB=A+B$，所以

$$(A-I)B=A.$$

因为

$$|A-I|=\begin{vmatrix}0&2&1\\3&3&2\\1&2&1\end{vmatrix}=1,$$

所以 $A-I$ 可逆，且易计算

$$(A-I)^{-1}=\begin{pmatrix}-1&0&1\\-1&-1&3\\3&2&-6\end{pmatrix}.$$

因此由 $(A-I)B=A$ 得

$$B=(A-I)^{-1}A=\begin{pmatrix}-1&0&1\\-1&-1&3\\3&2&-6\end{pmatrix}\begin{pmatrix}1&2&1\\3&4&2\\1&2&2\end{pmatrix}=\begin{pmatrix}0&0&1\\-1&0&3\\3&2&-5\end{pmatrix}.$$

例 4.3.5　设 A，B 分别为 m 阶和 n 阶可逆矩阵，C 为 $m\times n$ 矩阵，证明 $T=\begin{pmatrix}A&C\\O&B\end{pmatrix}$ 为可逆矩阵，并求 T^{-1}.

证　由于 A，B 可逆，且有

$$\begin{pmatrix}A&C\\O&B\end{pmatrix}\begin{pmatrix}I_m&-A^{-1}C\\O&I_n\end{pmatrix}=\begin{pmatrix}A&O\\O&B\end{pmatrix},$$

$$\begin{pmatrix}A&O\\O&B\end{pmatrix}\begin{pmatrix}A^{-1}&O\\O&B^{-1}\end{pmatrix}=\begin{pmatrix}I_m&O\\O&I_n\end{pmatrix}=I_{m+n},$$

所以 $T=\begin{pmatrix}A&C\\O&B\end{pmatrix}$ 满足

$$\begin{pmatrix}A&C\\O&B\end{pmatrix}\begin{pmatrix}I_m&-A^{-1}C\\O&I_n\end{pmatrix}\begin{pmatrix}A^{-1}&O\\O&B^{-1}\end{pmatrix}=I_{m+n}.$$

这说明 T 可逆，且

$$T^{-1}=\begin{pmatrix}I_m&-A^{-1}C\\O&I_n\end{pmatrix}\begin{pmatrix}A^{-1}&O\\O&B^{-1}\end{pmatrix}=\begin{pmatrix}A^{-1}&-A^{-1}CB^{-1}\\O&B^{-1}\end{pmatrix}.$$

Cramer 法则

现在我们将本节一开始讲过的方法应用于解线性方程组，这时系数矩阵 A 应满足的条件，就是它可逆，即 $|A|\neq 0$. 这就是下面的定理：

定理 4.3.5(Cramer 法则)　设 $\boldsymbol{A}$ 是 n 阶可逆矩阵,则对任意的 n 维向量 $\boldsymbol{b}$,方程组

$$\boldsymbol{A}\boldsymbol{x}=\boldsymbol{b}$$

有唯一解,其解的第 i 个分量

$$x_i=\frac{|\boldsymbol{A}_i|}{|\boldsymbol{A}|},\quad i=1,2,\cdots,n,$$

其中 $\boldsymbol{A}_i$ 是将 $\boldsymbol{A}$ 的第 i 列换成 $\boldsymbol{b}$ 所成的矩阵.

证　由于 $\boldsymbol{A}$ 是 n 阶可逆矩阵,因此对方程

$$\boldsymbol{A}\boldsymbol{x}=\boldsymbol{b}$$

左乘 $\boldsymbol{A}^{-1}$ 便得到

$$\boldsymbol{x}=\boldsymbol{A}^{-1}\boldsymbol{b}.$$

这说明方程组有解,且具有明确的唯一表达式,即解是唯一的.

下面将解 $\boldsymbol{x}=(x_1,x_2,\cdots,x_n)^{\mathrm{T}}$ 的第 i 个分量具体写出来. 由于

$$\boldsymbol{A}^{-1}=\frac{1}{|\boldsymbol{A}|}\begin{pmatrix}A_{11}&A_{21}&\cdots&A_{n1}\\A_{12}&A_{22}&\cdots&A_{n2}\\\vdots&\vdots&&\vdots\\A_{1n}&A_{2n}&\cdots&A_{nn}\end{pmatrix},$$

其中 A_{ij} 为 a_{ij} 的代数余子式. 所以从 $\boldsymbol{x}=\boldsymbol{A}^{-1}\boldsymbol{b}$ 得到

$$x_i=\frac{1}{|\boldsymbol{A}|}\sum_{j=1}^{n}A_{ji}b_j=\frac{1}{|\boldsymbol{A}|}|\boldsymbol{A}_i|,\quad i=1,2,\cdots,n.$$

证毕

例 4.3.6　解线性方程组

$$\begin{cases}x_1+x_2+x_3+x_4=5,\\x_1+2x_2-x_3+4x_4=-2,\\2x_1-3x_2-x_3-5x_4=-2,\\3x_1+x_2+2x_3+11x_4=0.\end{cases}$$

解　记

$$\boldsymbol{A}=\begin{pmatrix}1&1&1&1\\1&2&-1&4\\2&-3&-1&-5\\3&1&2&11\end{pmatrix},\quad \boldsymbol{x}=\begin{pmatrix}x_1\\x_2\\x_3\\x_4\end{pmatrix},\quad \boldsymbol{b}=\begin{pmatrix}5\\-2\\-2\\0\end{pmatrix},$$

则原线性方程组可表为

$$\boldsymbol{A}\boldsymbol{x}=\boldsymbol{b}.$$

此时

$$|\boldsymbol{A}|=\begin{vmatrix}1&1&1&1\\1&2&-1&4\\2&-3&-1&-5\\3&1&2&11\end{vmatrix}=-142.$$

易计算

$$|\boldsymbol{A}_1|=\begin{vmatrix}5&1&1&1\\-2&2&-1&4\\-2&-3&-1&-5\\0&1&2&11\end{vmatrix}=-142,\quad |\boldsymbol{A}_2|=\begin{vmatrix}1&5&1&1\\1&-2&-1&4\\2&-2&-1&-5\\3&0&2&11\end{vmatrix}=-284,$$

$$|\boldsymbol{A}_3|=\begin{vmatrix}1&1&5&1\\1&2&-2&4\\2&-3&-2&-5\\3&1&0&11\end{vmatrix}=-426,\quad |\boldsymbol{A}_4|=\begin{vmatrix}1&1&1&5\\1&2&-1&-2\\2&-3&-1&-2\\3&1&2&0\end{vmatrix}=142.$$

于是由 Cramer 法则,线性方程组的解为

$$x_1=\frac{|\boldsymbol{A}_1|}{|\boldsymbol{A}|}=1,\quad x_2=\frac{|\boldsymbol{A}_2|}{|\boldsymbol{A}|}=2,\quad x_3=\frac{|\boldsymbol{A}_3|}{|\boldsymbol{A}|}=3,\quad x_4=\frac{|\boldsymbol{A}_4|}{|\boldsymbol{A}|}=-1.$$

习　题

1. 设 $\boldsymbol{A}=\begin{pmatrix}\cos\theta&\sin\theta\\-\sin\theta&\cos\theta\end{pmatrix}$,求 $\boldsymbol{A}^{-1}$.

2. 求下列矩阵的逆矩阵:

(1) $\begin{pmatrix}1&-2&1\\-2&5&-4\\1&-4&6\end{pmatrix}$;　　(2) $\begin{pmatrix}2&3&4\\2&1&1\\-1&1&2\end{pmatrix}$;

(3) $\begin{pmatrix}1&2&3&4\\0&1&2&3\\0&0&1&2\\0&0&0&1\end{pmatrix}$;　　(4) $\begin{pmatrix}\mathrm{i}&1-2\mathrm{i}\\1&2\mathrm{i}\end{pmatrix}$;

(5) $\begin{pmatrix}1&-\frac{2}{5}&0\\0&1&2\\0&0&1\end{pmatrix}$;　　(6) $\begin{pmatrix}0&1&0&0&0&0\\2&0&2&0&0&0\\0&3&0&1&0&0\\0&0&1&0&2&0\\0&0&0&3&0&1\\0&0&0&0&2&0\end{pmatrix}$.

3. 设 $\boldsymbol{A},\boldsymbol{B}$ 分别是 m 阶和 n 阶可逆矩阵,$\boldsymbol{T}=\begin{pmatrix}\boldsymbol{A}&\boldsymbol{O}\\\boldsymbol{C}&\boldsymbol{B}\end{pmatrix}$,$\boldsymbol{U}=\begin{pmatrix}\boldsymbol{O}&\boldsymbol{A}\\\boldsymbol{B}&\boldsymbol{C}\end{pmatrix}$,求 $\boldsymbol{T}^{-1}$和$\boldsymbol{U}^{-1}$.

4. 证明上(下)三角形矩阵的逆矩阵仍为上(下)三角形矩阵.

5. 设 $\boldsymbol{A}$ 为可逆矩阵,证明$(\boldsymbol{A}^{-1})^2=(\boldsymbol{A}^2)^{-1}$.

6. 设 3×2 矩阵满足 $\boldsymbol{X}=\boldsymbol{A}\boldsymbol{X}+\boldsymbol{B}$,且 $\boldsymbol{A}=\begin{pmatrix}0&1&0\\-1&1&1\\-1&0&-1\end{pmatrix}$,$\boldsymbol{B}=\begin{pmatrix}1&-1\\2&0\\5&-3\end{pmatrix}$,求 $\boldsymbol{X}$.

7. 设 $a_1a_2\cdots a_n\neq0$,求下面矩阵的逆矩阵:

$$\begin{pmatrix} 0 & a_1 & & & \\ & 0 & a_2 & & \\ & & 0 & \ddots & \\ & & & \ddots & a_{n-1} \\ a_n & & & & 0 \end{pmatrix}.$$

8. 设方阵 $\boldsymbol{A}$ 满足 $\boldsymbol{A}^k=\boldsymbol{O}(k\geqslant 2)$，证明 $(\boldsymbol{I}-\boldsymbol{A})^{-1}=\boldsymbol{I}+\boldsymbol{A}+\boldsymbol{A}^2+\cdots+\boldsymbol{A}^{k-1}$.

9. 设 $\boldsymbol{u},\boldsymbol{v}\in\mathbf{R}^n$，$\boldsymbol{A}$ 为 n 阶可逆矩阵，且 $\boldsymbol{v}^{\mathrm{T}}\boldsymbol{A}^{-1}\boldsymbol{u}\neq -1$. 证明：

$$(\boldsymbol{A}+\boldsymbol{u}\boldsymbol{v}^{\mathrm{T}})^{-1}=\boldsymbol{A}^{-1}-\frac{\boldsymbol{A}^{-1}\boldsymbol{u}\boldsymbol{v}^{\mathrm{T}}\boldsymbol{A}^{-1}}{1+\boldsymbol{v}^{\mathrm{T}}\boldsymbol{A}^{-1}\boldsymbol{u}}.$$

10. 设 x_1,x_2,x_3 满足 $x_1^2+x_2^2+x_3^2\neq 1$，利用上题求 $\begin{pmatrix} 1-x_1^2 & -x_1x_2 & -x_1x_3 \\ -x_2x_1 & 1-x_2^2 & -x_2x_3 \\ -x_3x_1 & -x_3x_2 & 1-x_3^2 \end{pmatrix}$ 的逆矩阵.

11. 设 $\boldsymbol{A}=(a_{ij})$，$\boldsymbol{B}=(b_{ij})$ 和 $\boldsymbol{C}=(c_{ij})$ 是 n 阶方阵，且

$$c_{ij}=a_{ij}+\sum_{k=1}^{n} b_{kj}c_{ik},\quad i,j=1,2,\cdots,n.$$

(1) 写出矩阵 $\boldsymbol{A},\boldsymbol{B},\boldsymbol{C}$ 之间的关系式；

(2) 设 $\boldsymbol{A}=\begin{pmatrix} 1 & 2 & 1 \\ 0 & 1 & 0 \\ 0 & 0 & 3 \end{pmatrix}$，$\boldsymbol{B}=\begin{pmatrix} -1 & 1 & 1 \\ 1 & 2 & 0 \\ 0 & 1 & 1 \end{pmatrix}$，求 $\boldsymbol{C}$.

12. 设方阵 $\boldsymbol{A}$ 满足 $\boldsymbol{A}^2-2\boldsymbol{A}-4\boldsymbol{I}=\boldsymbol{O}$，证明 $\boldsymbol{A}+\boldsymbol{I}$ 可逆，并求 $(\boldsymbol{A}+\boldsymbol{I})^{-1}$.

13. 设 $\boldsymbol{A}$ 为 3 阶方阵，$\boldsymbol{A}^*$ 为其伴随矩阵. 若 $|\boldsymbol{A}|=\dfrac{1}{24}$，求

$$\left|\left(\frac{1}{3}\boldsymbol{A}\right)^{-1}-120\boldsymbol{A}^*\right|.$$

14. 用 Cramer 法则解下列线性方程组：

(1) $\begin{cases} 2x_1+6x_2+3x_3=9, \\ -3x_1-17x_2-x_3=4, \\ 4x_1+3x_2+x_3=-7; \end{cases}$　　(2) $\begin{cases} 2x_1+5x_2-3x_3+2x_4=3, \\ -x_1-3x_2+2x_3-x_4=-1, \\ -3x_1+4x_2+8x_3-2x_4=4, \\ 6x_1-x_2-6x_3+4x_4=2. \end{cases}$

15. 对线性方程组

$$\begin{cases} x+y+z=1, \\ ax+by+cz=d, \\ a^3x+b^3y+c^3z=d^3, \end{cases}$$

确定其能用 Cramer 法则求解的条件，并求出它的解.

16. 设 $\boldsymbol{A}$ 为 n 阶非零方阵，$\boldsymbol{A}^*$ 为其伴随矩阵. 证明：若 $\boldsymbol{A}^*=\boldsymbol{A}^{\mathrm{T}}$，则 $|\boldsymbol{A}|\neq 0$.

17. 设 n 次多项式 $f(x)=a_0+a_1x+\cdots+a_nx^n$，证明：若 $f(x)$ 有 $n+1$ 个互异的零点，则 $f(x)\equiv 0$.

§4　向量的线性关系

线性相关与线性无关

求解二元一次方程组

$$\begin{cases}a_{11}x_1+a_{12}x_2=b_1,\\ a_{21}x_1+a_{22}x_2=b_2,\end{cases}$$

实际上就是找 x_1 和 x_2，使得

$$x_1\begin{pmatrix}a_{11}\\ a_{21}\end{pmatrix}+x_2\begin{pmatrix}a_{12}\\ a_{22}\end{pmatrix}=\begin{pmatrix}b_1\\ b_2\end{pmatrix},$$

也就是说，该方程组是否有解，等价于向量 $\begin{pmatrix}b_1\\ b_2\end{pmatrix}$ 与向量 $\begin{pmatrix}a_{11}\\ a_{21}\end{pmatrix}$，$\begin{pmatrix}a_{12}\\ a_{22}\end{pmatrix}$ 是否有上述线性关系，因此分析向量之间的线性关系，是非常有必要的．为此我们引入下面的概念（为明确起见，本节中的向量都是指列向量，读者容易理解，相应的结论对行向量也是成立的；并且在本书中，若不特别指明，一个向量组中的元素都属于同一向量空间）．

定义 4.4.1　设 $\{\boldsymbol{a}_j\}_{j=1}^m$（即 $\{\boldsymbol{a}_1,\boldsymbol{a}_2,\cdots,\boldsymbol{a}_m\}$）是 m 个 n 维向量构成的**向量组**，$\lambda_j(j=1,2,\cdots,m)$ 是 m 个数，则称

$$\sum_{j=1}^m \lambda_j\boldsymbol{a}_j$$

为这 m 个向量的**线性组合**，称 $\{\lambda_j\}_{j=1}^m$ 为**组合系数**.

设 $\boldsymbol{b}$ 是 n 维向量，若存在 $\{\boldsymbol{a}_j\}_{j=1}^m$ 的线性组合使得

$$\sum_{j=1}^m \lambda_j\boldsymbol{a}_j=\boldsymbol{b},$$

则称 $\boldsymbol{b}$ 可以由向量组 $\{\boldsymbol{a}_j\}_{j=1}^m$ **线性表示**.

例 4.4.1　设 $\boldsymbol{e}_1=\begin{pmatrix}1\\0\\0\end{pmatrix}$，$\boldsymbol{e}_2=\begin{pmatrix}0\\1\\0\end{pmatrix}$，$\boldsymbol{e}_3=\begin{pmatrix}0\\0\\1\end{pmatrix}$，则对任意 $\boldsymbol{b}=\begin{pmatrix}b_1\\b_2\\b_3\end{pmatrix}$，有

$$\boldsymbol{b}=b_1\begin{pmatrix}1\\0\\0\end{pmatrix}+b_2\begin{pmatrix}0\\1\\0\end{pmatrix}+b_3\begin{pmatrix}0\\0\\1\end{pmatrix}=b_1\boldsymbol{e}_1+b_2\boldsymbol{e}_2+b_3\boldsymbol{e}_3,$$

也就是说，$\mathbf{R}^3$ 中的任意向量都可以用 $\boldsymbol{e}_1$，$\boldsymbol{e}_2$ 和 $\boldsymbol{e}_3$ 线性表示.

例 4.4.2　设 $\boldsymbol{a}_1=\begin{pmatrix}1\\0\\0\end{pmatrix}$，$\boldsymbol{a}_2=\begin{pmatrix}1\\1\\0\end{pmatrix}$，$\boldsymbol{a}_3=\begin{pmatrix}1\\1\\1\end{pmatrix}$，则对任意 $\boldsymbol{b}=\begin{pmatrix}b_1\\b_2\\b_3\end{pmatrix}$，容易验证，

$$\boldsymbol{b}=(b_1-b_2)\begin{pmatrix}1\\0\\0\end{pmatrix}+(b_2-b_3)\begin{pmatrix}1\\1\\0\end{pmatrix}+b_3\begin{pmatrix}1\\1\\1\end{pmatrix}$$
$$=(b_1-b_2)\boldsymbol{a}_1+(b_2-b_3)\boldsymbol{a}_2+b_3\boldsymbol{a}_3.$$

因此,$\mathbf{R}^3$ 中的任意向量也可以用$\boldsymbol{a}_1,\boldsymbol{a}_2$ 和$\boldsymbol{a}_3$ 线性表示.

例 4.4.3　问向量$\boldsymbol{a}_1=\begin{pmatrix}0\\-2\\1\end{pmatrix}$和$\boldsymbol{a}_2=\begin{pmatrix}-2\\0\\1\end{pmatrix}$能否线性表示 $\boldsymbol{c}=\begin{pmatrix}3\\-1\\-1\end{pmatrix}$和 $\boldsymbol{d}=\begin{pmatrix}1\\1\\1\end{pmatrix}$?

解　对于任意 λ_1,λ_2,由于

$$\lambda_1\boldsymbol{a}_1+\lambda_2\boldsymbol{a}_2=\lambda_1\begin{pmatrix}0\\-2\\1\end{pmatrix}+\lambda_2\begin{pmatrix}-2\\0\\1\end{pmatrix}=\begin{pmatrix}-2\lambda_2\\-2\lambda_1\\\lambda_1+\lambda_2\end{pmatrix},$$

因此,向量 $\boldsymbol{b}=\begin{pmatrix}b_1\\b_2\\b_3\end{pmatrix}$能由$\begin{pmatrix}0\\-2\\1\end{pmatrix},\begin{pmatrix}-2\\0\\1\end{pmatrix}$线性表示的充要条件是

$$b_1+b_2+2b_3=0.$$

显然,$\boldsymbol{c}$ 的分量满足这个关系,所以可以用$\boldsymbol{a}_1$ 和$\boldsymbol{a}_2$ 线性表示,事实上有

$$\boldsymbol{c}=\frac{1}{2}\boldsymbol{a}_1+\left(-\frac{3}{2}\right)\boldsymbol{a}_2;$$

而 $\boldsymbol{d}$ 的分量不满足这个关系,所以不能用$\boldsymbol{a}_1$ 和$\boldsymbol{a}_2$ 线性表示.

显然,任意一组向量都可以表示出零向量,这只要将组合系数全部取成 0 就可以了. 但除此之外,是否还有其他的表示形式呢?

定义 4.4.2　对 n 维向量组$\{\boldsymbol{a}_j\}_{j=1}^m$,若存在一组不全为零的组合系数$\{\lambda_j\}_{j=1}^m$,使得它们的线性组合是零向量,即

$$\sum_{j=1}^m \lambda_j\boldsymbol{a}_j=\boldsymbol{0},$$

则称这组向量**线性相关**. 否则,称这组向量**线性无关**.

向量组$\{\boldsymbol{a}_j\}_{j=1}^m$ 线性无关等价于:若有组合系数$\{\lambda_j\}_{j=1}^m$ 满足

$$\sum_{j=1}^m \lambda_j\boldsymbol{a}_j=\boldsymbol{0},$$

则 $\lambda_1=\lambda_2=\cdots=\lambda_m=0$.

显然,含有零向量的向量组必是线性相关的.

容易验证,例 4.4.1 中的向量组$\boldsymbol{e}_1,\boldsymbol{e}_2,\boldsymbol{e}_3$ 和例 4.4.2 中的向量组$\begin{pmatrix}1\\0\\0\end{pmatrix},\begin{pmatrix}1\\1\\0\end{pmatrix},\begin{pmatrix}1\\1\\1\end{pmatrix}$分别都是线性无关的.

例 4.4.4　讨论$\boldsymbol{a}_1=\begin{pmatrix}0\\-2\\1\end{pmatrix},\boldsymbol{a}_2=\begin{pmatrix}-2\\0\\1\end{pmatrix},\boldsymbol{a}_3=\begin{pmatrix}1\\1\\-1\end{pmatrix}$是否线性无关.

解　设有组合系数 λ_1,λ_2 和 λ_3,使得

$$\lambda_1\boldsymbol{a}_1+\lambda_2\boldsymbol{a}_2+\lambda_3\boldsymbol{a}_3=\lambda_1\begin{pmatrix}0\\-2\\1\end{pmatrix}+\lambda_2\begin{pmatrix}-2\\0\\1\end{pmatrix}+\lambda_3\begin{pmatrix}1\\1\\-1\end{pmatrix}=\begin{pmatrix}0\\0\\0\end{pmatrix},$$

即

$$\begin{cases}\quad\quad -2\lambda_2+\lambda_3=0,\\-2\lambda_1\quad\quad +\lambda_3=0,\\\lambda_1+\lambda_2-\lambda_3=0.\end{cases}$$

此方程组有一组非零解 $\lambda_1=\lambda_2=1,\lambda_3=2$,因此

$$\boldsymbol{a}_1+\boldsymbol{a}_2+2\boldsymbol{a}_3=\boldsymbol{0},$$

由定义,$\boldsymbol{a}_1,\boldsymbol{a}_2,\boldsymbol{a}_3$ 线性相关.

例 4.4.5　(1) 设 $\boldsymbol{a}_1,\boldsymbol{a}_2,\boldsymbol{a}_3$ 是线性无关向量组,问 $\boldsymbol{a}_1+\boldsymbol{a}_2,\boldsymbol{a}_2+\boldsymbol{a}_3,\boldsymbol{a}_3+\boldsymbol{a}_1$ 是否线性无关?

(2) 设 $\boldsymbol{a}_1,\boldsymbol{a}_2,\boldsymbol{a}_3,\boldsymbol{a}_4$ 是非零的向量组,问 $\boldsymbol{a}_1+\boldsymbol{a}_2,\boldsymbol{a}_2+\boldsymbol{a}_3,\boldsymbol{a}_3+\boldsymbol{a}_4,\boldsymbol{a}_4+\boldsymbol{a}_1$ 是否线性相关?

解　(1) 设有组合系数 λ_1,λ_2 和 λ_3,使得

$$\lambda_1(\boldsymbol{a}_1+\boldsymbol{a}_2)+\lambda_2(\boldsymbol{a}_2+\boldsymbol{a}_3)+\lambda_3(\boldsymbol{a}_3+\boldsymbol{a}_1)=\boldsymbol{0},$$

即

$$(\lambda_1+\lambda_3)\boldsymbol{a}_1+(\lambda_1+\lambda_2)\boldsymbol{a}_2+(\lambda_2+\lambda_3)\boldsymbol{a}_3=\boldsymbol{0}.$$

由向量组 $\boldsymbol{a}_1,\boldsymbol{a}_2,\boldsymbol{a}_3$ 的线性无关性,得

$$\begin{cases}\lambda_1+\lambda_3=0,\\\lambda_1+\lambda_2=0,\\\lambda_2+\lambda_3=0.\end{cases}$$

由此解得 $\lambda_1=\lambda_2=\lambda_3=0$,因此 $\boldsymbol{a}_1+\boldsymbol{a}_2,\boldsymbol{a}_2+\boldsymbol{a}_3,\boldsymbol{a}_3+\boldsymbol{a}_1$ 线性无关.

(2) 因为

$$(\boldsymbol{a}_1+\boldsymbol{a}_2)-(\boldsymbol{a}_2+\boldsymbol{a}_3)+(\boldsymbol{a}_3+\boldsymbol{a}_4)-(\boldsymbol{a}_4+\boldsymbol{a}_1)=\boldsymbol{0},$$

所以 $\boldsymbol{a}_1+\boldsymbol{a}_2,\boldsymbol{a}_2+\boldsymbol{a}_3,\boldsymbol{a}_3+\boldsymbol{a}_4,\boldsymbol{a}_4+\boldsymbol{a}_1$ 线性相关.

与线性关系有关的性质

在已知某个向量组线性相关或线性无关的情况下,有以下一些简单而重要的结论.

定理 4.4.1　若向量组 $\{\boldsymbol{a}_j\}_{j=1}^m$ 中有若干个向量线性相关,则整个向量组也线性相关. 换言之,若向量组 $\{\boldsymbol{a}_j\}_{j=1}^m$ 线性无关,则其中任意个向量也线性无关.

这个结论可以简单表述为:"部分相关则全体相关,全体无关则部分无关."

定理 4.4.2　设 $\{\boldsymbol{a}_j\}_{j=1}^m$ 为 n 维向量组,$\{\boldsymbol{b}_j\}_{j=1}^m$ 为 p 维向量组. 记

$$\tilde{\boldsymbol{a}}_j=\begin{pmatrix}\boldsymbol{a}_j\\\boldsymbol{b}_j\end{pmatrix},$$

那么,若 $n+p$ 维向量组 $\{\tilde{\boldsymbol{a}}_j\}_{j=1}^m$ 线性相关,则 $\{\boldsymbol{a}_j\}_{j=1}^m$ 也线性相关. 换言之,若 $\{\boldsymbol{a}_j\}_{j=1}^m$ 线性无关,则 $\{\tilde{\boldsymbol{a}}_j\}_{j=1}^m$ 也线性无关.

定理 4.4.1 和定理 4.4.2 的证明留给读者.

定理 4.4.3　向量组$\{\boldsymbol{a}_j\}_{j=1}^m$线性相关的充分必要条件是组中至少存在一个向量可以由其他向量线性表示.

证　必要性:若$\{\boldsymbol{a}_j\}_{j=1}^m$线性相关,则存在一组不全为0的组合系数$\{\lambda_j\}_{j=1}^m$,使得

$$\sum_{j=1}^m \lambda_j \boldsymbol{a}_j=\mathbf{0}.$$

不妨设$\lambda_1\neq 0$,于是有

$$\boldsymbol{a}_1=-\sum_{j=2}^m \frac{\lambda_j}{\lambda_1}\boldsymbol{a}_j,$$

即$\boldsymbol{a}_1$可以由$\boldsymbol{a}_2,\cdots,\boldsymbol{a}_m$向量线性表示.

充分性:若存在一个向量可以由其他向量线性表示,不妨设$\boldsymbol{a}_1$可以由$\boldsymbol{a}_2,\cdots,\boldsymbol{a}_m$向量线性表示,即存在组合系数$\{\beta_j\}_{j=2}^m$,使得

$$\boldsymbol{a}_1=\sum_{j=2}^m \beta_j \boldsymbol{a}_j,$$

因此

$$1\cdot\boldsymbol{a}_1+(-\beta_2)\boldsymbol{a}_2+\cdots+(-\beta_m)\boldsymbol{a}_m=\mathbf{0}.$$

由定义,$\{\boldsymbol{a}_j\}_{j=1}^m$线性相关.

证毕

定理 4.4.4　若向量组$\{\boldsymbol{a}_j\}_{j=1}^m$线性无关,向量$\boldsymbol{b}$可以由$\{\boldsymbol{a}_j\}_{j=1}^m$线性表示,那么表示方法必是唯一的.

证　设向量$\boldsymbol{b}$可表示为

$$\boldsymbol{b}=\lambda_1\boldsymbol{a}_1+\lambda_2\boldsymbol{a}_2+\cdots+\lambda_m\boldsymbol{a}_m$$

和

$$\boldsymbol{b}=\mu_1\boldsymbol{a}_1+\mu_2\boldsymbol{a}_2+\cdots+\mu_m\boldsymbol{a}_m,$$

两式相减得

$$(\lambda_1-\mu_1)\boldsymbol{a}_1+(\lambda_2-\mu_2)\boldsymbol{a}_2+\cdots+(\lambda_m-\mu_m)\boldsymbol{a}_m=\mathbf{0}.$$

由于向量组$\{\boldsymbol{a}_j\}_{j=1}^m$线性无关,所以

$$\lambda_i-\mu_i=0,\quad 即\ \lambda_i=\mu_i,\quad i=1,2,\cdots,m.$$

这说明表示方法唯一.

证毕

从例 4.4.3 和例 4.4.4 可以发现,线性关系与解方程组似乎有着内在的联系,事实正是如此.

定理 4.4.5　对于n维向量组$\{\boldsymbol{a}_j\}_{j=1}^m$($\boldsymbol{a}_j=(a_{1j},a_{2j},\cdots,a_{nj})^{\mathrm{T}},j=1,2,\cdots,m$),记$\boldsymbol{A}$是以$\{\boldsymbol{a}_j\}_{j=1}^m$为列构成的矩阵,即

$$\boldsymbol{A}=\begin{pmatrix} a_{11} & a_{12} & \cdots & a_{1m}\\ a_{21} & a_{22} & \cdots & a_{2m}\\ \vdots & \vdots & & \vdots\\ a_{n1} & a_{n2} & \cdots & a_{nm}\end{pmatrix}=(\boldsymbol{a}_1,\boldsymbol{a}_2,\cdots,\boldsymbol{a}_m).$$

再记$\boldsymbol{x}=(x_1,x_2,\cdots,x_m)^{\mathrm{T}},\boldsymbol{b}=(b_1,b_2,\cdots,b_n)^{\mathrm{T}}$. 则

（1）向量组$\{\boldsymbol{a}_j\}_{j=1}^m$线性无关的充分必要条件是齐次线性方程组

$$\boldsymbol{Ax}=\boldsymbol{0}$$

只有零解$\boldsymbol{x}^*=\boldsymbol{0}$. 换言之，$\{\boldsymbol{a}_j\}_{j=1}^m$线性相关的充分必要条件是齐次线性方程组

$$\boldsymbol{Ax}=\boldsymbol{0}$$

有非零解，即存在$\boldsymbol{x}^*\neq\boldsymbol{0}$满足上述等式；

（2）n维向量$\boldsymbol{b}$可以被$\{\boldsymbol{a}_j\}_{j=1}^m$线性表示的充分必要条件是线性方程组

$$\boldsymbol{Ax}=\boldsymbol{b}$$

有解.

事实上，利用

$$\boldsymbol{Ax}=(\boldsymbol{a}_1,\boldsymbol{a}_2,\cdots,\boldsymbol{a}_m)\begin{pmatrix}x_1\\x_2\\\vdots\\x_m\end{pmatrix}=x_1\boldsymbol{a}_1+x_2\boldsymbol{a}_2+\cdots x_m\boldsymbol{a}_m,$$

读者不难根据定义给出这个定理的证明，其细节此处从略.

推论 4.4.1　r个n维向量$\boldsymbol{b}_1,\boldsymbol{b}_2,\cdots,\boldsymbol{b}_r$均可以被$\{\boldsymbol{a}_j\}_{j=1}^m$线性表示的充分必要条件是存在$m\times r$矩阵$\boldsymbol{D}=(d_{ij})_{m\times r}$，使得

$$(\boldsymbol{b}_1,\boldsymbol{b}_2,\cdots,\boldsymbol{b}_r)=(\boldsymbol{a}_1,\boldsymbol{a}_2,\cdots,\boldsymbol{a}_m)\begin{pmatrix}d_{11}&d_{12}&\cdots&d_{1r}\\d_{21}&d_{22}&\cdots&d_{2r}\\\vdots&\vdots&&\vdots\\d_{m1}&d_{m2}&\cdots&d_{mr}\end{pmatrix}=\boldsymbol{AD}.$$

下面给出线性相关或线性无关的一些判定条件，这些条件既可以用向量组线性关系的定义导出，也可以用等价的线性方程组的形式来证明.

定义 4.4.3　在$m\times n$矩阵$\boldsymbol{A}=(a_{ij})$中任意选取r个行r个列，位于这些行列交叉处的元素，保持相对位置所组成的行列式

$$\begin{vmatrix}a_{i_1j_1}&a_{i_1j_2}&\cdots&a_{i_1j_r}\\a_{i_2j_1}&a_{i_2j_2}&\cdots&a_{i_2j_r}\\\vdots&\vdots&&\vdots\\a_{i_rj_1}&a_{i_rj_2}&\cdots&a_{i_rj_r}\end{vmatrix}\quad(1\leqslant i_1<i_2<\cdots<i_r\leqslant m;1\leqslant j_1<j_2<\cdots<j_r\leqslant n)$$

称为矩阵$\boldsymbol{A}$的一个r阶子式.

定理 4.4.6　r个n维向量$(r\leqslant n)$线性无关的充分必要条件是以这r个向量为列组成的矩阵中至少存在一个非零的r阶子式.

证　充分性：记以这r个向量$\boldsymbol{a}_1,\boldsymbol{a}_2,\cdots,\boldsymbol{a}_r$为列构成的矩阵为$\boldsymbol{A}$. 不妨设$\boldsymbol{A}$的上面$r\times r$个元素构成的行列式不为0，那么由定理4.4.5与Cramer法则知，这r个r维向量线性无关. 而$\boldsymbol{a}_1,\boldsymbol{a}_2,\cdots,\boldsymbol{a}_r$可以看成是由这$r$个$r$维向量加长而成的，由定理4.4.2，它们也是线性无关的.

必要性：用归纳法证明. 当只有一个向量时，$\boldsymbol{a}_1$线性无关就是$\boldsymbol{a}_1\neq\boldsymbol{0}$，所以$\boldsymbol{a}_1$至少有一个分量不为0，结论成立.

设结论对 $r-1$ 个向量的情况成立．对 r 个向量的情况，若 $\boldsymbol{a}_1,\boldsymbol{a}_2,\cdots,\boldsymbol{a}_{r-1},\boldsymbol{a}_r$ 线性无关，由定理 4.4.1 和归纳法假设，$\boldsymbol{A}$ 中至少存在一个非零的 $r-1$ 阶子式，不妨设左上角的 $r-1$ 阶子式不等于零，我们来证明此时至少存在一个非零的 r 阶子式.

用反证法．记

$$\boldsymbol{A}_s=\begin{pmatrix} a_{11} & \cdots & a_{1,r-1} & a_{1r} \\ \vdots & & \vdots & \vdots \\ a_{r-1,1} & \cdots & a_{r-1,r-1} & a_{r-1,r} \\ a_{s1} & \cdots & a_{s,r-1} & a_{sr} \end{pmatrix}.$$

若 $\boldsymbol{A}$ 中的所有 r 阶子式都为零，因此当 $r\leqslant s\leqslant n$ 时，r 阶行列式

$$\det(\boldsymbol{A}_s)=0.$$

由于当 $1\leqslant s\leqslant r-1$ 时，$\boldsymbol{A}_s$ 中有两行是相同的，因此上式对所有 $1\leqslant s\leqslant n$ 成立.

将 $\det(\boldsymbol{A}_s)$ 按最后一行展开，记 $\boldsymbol{A}_s$ 中划去最后一行和第 j 列所得到的 $r-1$ 阶代数余子式为 $\Delta_j(1\leqslant j\leqslant r)$，注意 Δ_j 与 s 无关，那么

$$0=\det(\boldsymbol{A}_s)=a_{s1}\Delta_1+a_{s2}\Delta_2+\cdots+a_{s,r-1}\Delta_{r-1}+a_{sr}\Delta_r,\quad s=1,2,\cdots,n,$$

写成向量形式就是

$$\Delta_1\boldsymbol{a}_1+\Delta_2\boldsymbol{a}_2+\cdots+\Delta_{r-1}\boldsymbol{a}_{r-1}+\Delta_r\boldsymbol{a}_r=\boldsymbol{0}.$$

由于 $\Delta_r\neq 0$，因此 $\boldsymbol{a}_1,\boldsymbol{a}_2,\cdots,\boldsymbol{a}_{r-1},\boldsymbol{a}_r$ 线性相关，与已知条件矛盾．

证毕

在定理 4.4.6 中取 $r=n$ 即得：

推论 4.4.2　n 个 n 维向量 $\boldsymbol{a}_1,\boldsymbol{a}_2,\cdots,\boldsymbol{a}_n$ 线性无关的充分必要条件是

$$\det(\boldsymbol{A})=\det(\boldsymbol{a}_1,\boldsymbol{a}_2,\cdots,\boldsymbol{a}_n)=\begin{vmatrix} a_{11} & a_{12} & \cdots & a_{1n} \\ a_{21} & a_{22} & \cdots & a_{2n} \\ \vdots & \vdots & & \vdots \\ a_{n1} & a_{n2} & \cdots & a_{nn} \end{vmatrix}\neq 0.$$

推论 4.4.3　若 n 个 n 维向量 $\boldsymbol{a}_1,\boldsymbol{a}_2,\cdots,\boldsymbol{a}_n$ 满足 $\det(\boldsymbol{a}_1,\boldsymbol{a}_2,\cdots,\boldsymbol{a}_n)=0$，则它们线性相关．此时 $\boldsymbol{Ax}=\boldsymbol{0}$ 有非零解，其中 $\boldsymbol{A}=(\boldsymbol{a}_1,\boldsymbol{a}_2,\cdots,\boldsymbol{a}_n)$.

推论 4.4.4　当 $m>n$ 时，m 个 n 维向量 $\boldsymbol{a}_1,\boldsymbol{a}_2,\cdots,\boldsymbol{a}_m$ 一定线性相关.

证　若 $\boldsymbol{a}_1,\boldsymbol{a}_2,\cdots,\boldsymbol{a}_n$ 线性相关，由定理 4.4.1，$\boldsymbol{a}_1,\boldsymbol{a}_2,\cdots,\boldsymbol{a}_m$ 线性相关.

若 $\boldsymbol{a}_1,\boldsymbol{a}_2,\cdots,\boldsymbol{a}_n$ 线性无关，由推论 4.4.2，$\det(\boldsymbol{a}_1,\boldsymbol{a}_2,\cdots,\boldsymbol{a}_n)\neq 0$，因此由 Cramer 法则知，方程组

$$(\boldsymbol{a}_1,\boldsymbol{a}_2,\cdots,\boldsymbol{a}_n)\boldsymbol{x}=\boldsymbol{a}_{n+1}$$

有唯一解，即 $\boldsymbol{a}_{n+1}$ 可由 $\boldsymbol{a}_1,\boldsymbol{a}_2,\cdots,\boldsymbol{a}_n$ 线性表示．由定理 4.4.3，$\boldsymbol{a}_1,\boldsymbol{a}_2,\cdots,\boldsymbol{a}_n,\boldsymbol{a}_{n+1}$ 线性相关，从而 $\boldsymbol{a}_1,\boldsymbol{a}_2,\cdots,\boldsymbol{a}_m$ 线性相关．

证毕

例 4.4.6　当 t 为何值时，向量组 $\boldsymbol{a}_1=\begin{pmatrix}-1\\0\\1\end{pmatrix}$，$\boldsymbol{a}_2=\begin{pmatrix}-4\\t\\3\end{pmatrix}$，$\boldsymbol{a}_3=\begin{pmatrix}1\\-3\\t+1\end{pmatrix}$ 线性无关？线性相关？

解　记

$$A=(a_1,a_2,a_3)=\begin{pmatrix}-1&-4&1\\0&t&-3\\1&3&t+1\end{pmatrix},$$

则

$$|A|=\begin{vmatrix}-1&-4&1\\0&t&-3\\1&3&t+1\end{vmatrix}=\begin{vmatrix}-1&-4&1\\0&t&-3\\0&-1&t+2\end{vmatrix}$$

$$=-\begin{vmatrix}t&-3\\-1&t+2\end{vmatrix}=-(t+3)(t-1).$$

由推论 4.4.2 和推论 4.4.3，当 $t\neq-3$ 且 $t\neq1$ 时，$|A|\neq0$，此时向量组 $\boldsymbol{a}_1,\boldsymbol{a}_2,\boldsymbol{a}_3$ 线性无关；当 $t=-3$ 或 $t=1$ 时，$|A|=0$，此时向量组 $\boldsymbol{a}_1,\boldsymbol{a}_2,\boldsymbol{a}_3$ 线性相关.

习　题

1. 判断下列向量组是否线性无关：

(1) $\begin{pmatrix}1\\1\\0\end{pmatrix},\begin{pmatrix}1\\-1\\0\end{pmatrix},\begin{pmatrix}1\\1\\-1\end{pmatrix}$；　　(2) $\begin{pmatrix}0\\1\\1\\0\end{pmatrix},\begin{pmatrix}1\\0\\0\\1\end{pmatrix},\begin{pmatrix}1\\1\\0\\0\end{pmatrix},\begin{pmatrix}0\\0\\1\\1\end{pmatrix}$.

2. 举出一个线性相关的向量组的实例，使其中存在非零向量不能用其余向量线性表出.

3. 证明定理 4.4.1.

4. 证明定理 4.4.2.

5. 设向量组 $\{\boldsymbol{a}_1,\boldsymbol{a}_2,\cdots,\boldsymbol{a}_m\}$ 线性无关，向量 $\boldsymbol{b}_1$ 可以由这组向量线性表示，而向量 $\boldsymbol{b}_2$ 不能由这组向量线性表示. 证明：向量组 $\{\boldsymbol{a}_1,\boldsymbol{a}_2,\cdots,\boldsymbol{a}_m,t\boldsymbol{b}_1+\boldsymbol{b}_2\}$ 线性无关，其中 t 为常数.

6. 设 $\{\boldsymbol{a}_1,\boldsymbol{a}_2,\cdots,\boldsymbol{a}_r,\boldsymbol{a}_{r+1},\cdots,\boldsymbol{a}_s\}$ 是线性无关向量组，$\{\boldsymbol{b}_1,\boldsymbol{b}_2,\cdots,\boldsymbol{b}_r\}$ 也是线性无关向量组，且每一向量都能用 $\{\boldsymbol{a}_1,\boldsymbol{a}_2,\cdots,\boldsymbol{a}_r\}$ 线性表出. 证明 $\{\boldsymbol{b}_1,\boldsymbol{b}_2,\cdots,\boldsymbol{b}_r,\boldsymbol{a}_{r+1},\cdots,\boldsymbol{a}_s\}$ 也是线性无关向量组.

7. 设向量组 $\{\boldsymbol{a}_1,\boldsymbol{a}_2,\cdots,\boldsymbol{a}_{m-1}\}$ $(m\geqslant3)$ 线性相关，但向量组 $\{\boldsymbol{a}_2,\boldsymbol{a}_3,\cdots,\boldsymbol{a}_m\}$ 线性无关.

(1) 问 $\boldsymbol{a}_1$ 能否由 $\boldsymbol{a}_2,\boldsymbol{a}_3,\cdots,\boldsymbol{a}_{m-1}$ 线性表示？

(2) 问 $\boldsymbol{a}_m$ 能否由 $\boldsymbol{a}_1,\boldsymbol{a}_2,\cdots,\boldsymbol{a}_{m-1}$ 线性表示？

8. 设 $\boldsymbol{A}$ 为 $m\times n$ 矩阵，$\boldsymbol{B}$ 为 $n\times p$ 矩阵，且 $\boldsymbol{AB}=\boldsymbol{O}$. 证明：

(1) 若 $\boldsymbol{A}$ 的 n 个列向量线性无关，则 $\boldsymbol{B}=\boldsymbol{O}$；

(2) 若 $\boldsymbol{B}$ 的 n 个行向量线性无关，则 $\boldsymbol{A}=\boldsymbol{O}$.

9. 证明：向量组 $\{\boldsymbol{a}_j\}_{j=1}^m$ 线性相关的充分必要条件是：若向量 $\boldsymbol{b}$ 可以被 $\{\boldsymbol{a}_j\}_{j=1}^m$ 线性表示，则表示方法不唯一.

10. 设 $\boldsymbol{A}$ 是 n 阶方阵，$\boldsymbol{x}$ 是 n 维列向量，若存在正整数 k，使得 $\boldsymbol{A}^{k-1}\boldsymbol{x}\neq\boldsymbol{0}$，$\boldsymbol{A}^k\boldsymbol{x}=\boldsymbol{0}$（规定 $\boldsymbol{A}^0=\boldsymbol{I}$）. 证明：向量组 $\{\boldsymbol{x},\boldsymbol{Ax},\cdots,\boldsymbol{A}^{k-1}\boldsymbol{x}\}$ 线性无关.

11. 设 $\boldsymbol{a}_j=(a_{j1},a_{j2},\cdots,a_{jn})^{\mathrm T}$ $(j=1,2,\cdots,m)$ 是 m 个 n 维实向量 $(m<n)$，且向量组 $\{\boldsymbol{a}_1,\boldsymbol{a}_2,\cdots,\boldsymbol{a}_m\}$ 线性无关. 若 $\boldsymbol{b}=(b_1,b_2,\cdots,b_n)^{\mathrm T}$ 是线性方程组

$$\begin{cases} a_{11}x_1+a_{12}x_2+\cdots+a_{1n}x_n=0, \\ a_{21}x_1+a_{22}x_2+\cdots+a_{2n}x_n=0, \\ \cdots\cdots\cdots\cdots \\ a_{m1}x_1+a_{m2}x_2+\cdots+a_{mn}x_n=0 \end{cases}$$

的非零解向量,试判断向量组$\{\boldsymbol{a}_1,\boldsymbol{a}_2,\cdots,\boldsymbol{a}_m,\boldsymbol{b}\}$的线性关系.

§ 5　秩

向量组的秩

设 S 为 n 维向量组,它可能只具有有限个元素,也可能具有无限个元素. 上一节已经指出,S 中任意一组线性无关的向量的个数一定不超过 n. 这就是说,对 S 中的一组向量,如果它线性相关,那么必有某个向量可以用其余向量线性表示,将它去掉,形成新的向量组,再不断重复这个过程,直到剩下的向量线性无关为止,这些剩下的向量个数必不超过 n. 我们以后将会看到,这种简化向量组的思想,为解决线性问题提供了有效途径,它会使复杂的问题简化,进而得以解决. 为了进一步研究向量组的性质,先引入如下的定义.

定义 4.5.1　设 S 为 n 维向量组. 如果

(1) S 中有 r 个向量 $\boldsymbol{a}_1,\boldsymbol{a}_2,\cdots,\boldsymbol{a}_r$ 线性无关;

(2) 对于 S 中任意向量 $\boldsymbol{a}_{r+1}$,向量组$\{\boldsymbol{a}_1,\boldsymbol{a}_2,\cdots,\boldsymbol{a}_r,\boldsymbol{a}_{r+1}\}$都线性相关,

那么称向量组$\{\boldsymbol{a}_1,\boldsymbol{a}_2,\cdots,\boldsymbol{a}_r\}$为向量组 S 的一个**极大线性无关向量组**,简称**极大无关组**.

显然,一个线性无关向量组的极大无关组就是它本身. 极大无关组还有下面的性质.

定理 4.5.1　(1) 向量组 S 中任何向量都可以由 S 的极大无关组线性表出;

(2) 若 $\boldsymbol{b}$ 可以用向量组$\{\boldsymbol{a}_j\}_{j=1}^m$ 线性表示,则 $\boldsymbol{b}$ 必可以用$\{\boldsymbol{a}_j\}_{j=1}^m$ 的极大无关组线性表示.

证　(1) 设$\{\boldsymbol{a}_j\}_{j=1}^r$ 是 S 中的一个极大线性无关组,又设 $\boldsymbol{b}\in S$. 由极大无关组的定义,$\boldsymbol{a}_1,\boldsymbol{a}_2,\cdots,\boldsymbol{a}_r,\boldsymbol{b}$ 必线性相关,从而存在不全为零的 $\lambda_1,\lambda_2,\cdots,\lambda_r,\lambda_{r+1}$,使得

$$\lambda_1\boldsymbol{a}_1+\lambda_2\boldsymbol{a}_2+\cdots+\lambda_r\boldsymbol{a}_r+\lambda_{r+1}\boldsymbol{b}=\boldsymbol{0}.$$

因为 $\boldsymbol{a}_1,\boldsymbol{a}_2,\cdots,\boldsymbol{a}_r$ 线性无关,故 $\lambda_{r+1}\neq 0$. 这样

$$\boldsymbol{b}=-\frac{1}{\lambda_{r+1}}(\lambda_1\boldsymbol{a}_1+\lambda_2\boldsymbol{a}_2+\cdots+\lambda_r\boldsymbol{a}_r).$$

(2)的结论可由(1)直接推出.

证毕

这个定理说明,用$\{\boldsymbol{a}_j\}_{j=1}^m$ 能线性表示的向量集合与用它的极大无关组能线性表示的向量集合是相同的. 因此,今后讨论向量组线性表示的问题时,只要考虑它的极大无关组就可以了,这正是引进极大无关组的主要原因之一.

注　向量组的极大无关组并不一定唯一. 如在例 4.4.4 中,容易验证,$\{\boldsymbol{a}_1,\boldsymbol{a}_2\}$,$\{\boldsymbol{a}_2,$

$\boldsymbol{a}_3\}$ 和 $\{\boldsymbol{a}_1,\boldsymbol{a}_3\}$ 都是 $\boldsymbol{a}_1=(0,-2,1)^{\mathrm{T}},\boldsymbol{a}_2=(-2,0,1)^{\mathrm{T}},\boldsymbol{a}_3=(1,1,-1)^{\mathrm{T}}$ 中的极大无关组．尽管得到的极大无关组不同，但我们发现它们都含有 2 个向量，这是不是一个普遍规律呢？答案是肯定的，这就是下面的定理.

定理 4.5.2　一个向量组中的每个极大无关组中都含有相同个数的向量.

证　用反证法．设向量组 S 有两个所含向量个数不同的极大无关组，记为 $\{\boldsymbol{b}_j\}_{j=1}^{r}$ 和 $\{\boldsymbol{c}_j\}_{j=1}^{s}$，不妨设 $s>r$.

由定理 4.5.1，$\{\boldsymbol{c}_1,\boldsymbol{c}_2,\cdots,\boldsymbol{c}_r\}$ 和 $\boldsymbol{c}_{r+1}$ 可以由 $\{\boldsymbol{b}_1,\boldsymbol{b}_2,\cdots,\boldsymbol{b}_r\}$ 线性表示．由推论 4.4.1，存在 r 阶方阵 $\boldsymbol{D}$ 和 r 维向量 $\boldsymbol{x}^*\neq\boldsymbol{0}$，使得

$$(\boldsymbol{c}_1,\boldsymbol{c}_2,\cdots,\boldsymbol{c}_r)=(\boldsymbol{b}_1,\boldsymbol{b}_2,\cdots,\boldsymbol{b}_r)\boldsymbol{D}$$

和

$$\boldsymbol{c}_{r+1}=(\boldsymbol{b}_1,\boldsymbol{b}_2,\cdots,\boldsymbol{b}_r)\boldsymbol{x}^*.$$

现说明矩阵 $\boldsymbol{D}$ 必是可逆矩阵．因为若 $\boldsymbol{D}$ 不可逆，则 $\det(\boldsymbol{D})=0$，由推论 4.4.3 知 $\boldsymbol{D}$ 的列向量线性相关，且相应的齐次方程组有非零解，即存在 r 维向量 $\boldsymbol{\beta}\neq\boldsymbol{0}$，使得

$$\boldsymbol{D\beta}=\boldsymbol{0},$$

于是

$$(\boldsymbol{c}_1,\boldsymbol{c}_2,\cdots,\boldsymbol{c}_r)\boldsymbol{\beta}=(\boldsymbol{b}_1,\boldsymbol{b}_2,\cdots,\boldsymbol{b}_r)(\boldsymbol{D\beta})=\boldsymbol{0}.$$

这表明 $\{\boldsymbol{c}_1,\boldsymbol{c}_2,\cdots,\boldsymbol{c}_r\}$ 是线性相关的，与假设条件矛盾.

记 $\boldsymbol{y}^*=\boldsymbol{D}^{-1}\boldsymbol{x}^*$，则有

$$\begin{aligned}(\boldsymbol{c}_1,\boldsymbol{c}_2,\cdots,\boldsymbol{c}_r)\boldsymbol{y}^*&=(\boldsymbol{c}_1,\boldsymbol{c}_2,\cdots,\boldsymbol{c}_r)(\boldsymbol{D}^{-1}\boldsymbol{x}^*)\\&=(\boldsymbol{b}_1,\boldsymbol{b}_2,\cdots,\boldsymbol{b}_r)\boldsymbol{x}^*=\boldsymbol{c}_{r+1},\end{aligned}$$

这就是说，$\boldsymbol{c}_{r+1}$ 可以由 $\boldsymbol{c}_1,\boldsymbol{c}_2,\cdots,\boldsymbol{c}_r$ 线性表示，因而 $\boldsymbol{c}_1,\boldsymbol{c}_2,\cdots,\boldsymbol{c}_r,\boldsymbol{c}_{r+1}$ 线性相关，于是 $\{\boldsymbol{c}_j\}_{j=1}^{s}$ 也线性相关，这就与它是极大无关组矛盾．

证毕

推论 4.5.1　若向量组 $\{\boldsymbol{a}_j\}_{j=1}^{m}$ 中的向量都可以用向量组 $\{\boldsymbol{b}_j\}_{j=1}^{r}$ 线性表示，则 $\{\boldsymbol{a}_j\}_{j=1}^{m}$ 的极大无关组中含有向量的个数不超过向量组 $\{\boldsymbol{b}_j\}_{j=1}^{r}$ 的极大无关组中含有向量的个数.

证　因为向量组 $\{\boldsymbol{a}_j\}_{j=1}^{m}$ 中的向量都可以用向量组 $\{\boldsymbol{b}_j\}_{j=1}^{r}$ 线性表示，所以 $\{\boldsymbol{a}_j\}_{j=1}^{m}$ 的极大无关组也可用 $\{\boldsymbol{b}_j\}_{j=1}^{r}$ 的极大无关组线性表示．因此为记号方便，不妨设向量组 $\{\boldsymbol{a}_1,\boldsymbol{a}_2,\cdots,\boldsymbol{a}_m\}$ 和 $\{\boldsymbol{b}_1,\boldsymbol{b}_2,\cdots,\boldsymbol{b}_r\}$ 均线性无关，此时若 $\{\boldsymbol{a}_1,\boldsymbol{a}_2,\cdots,\boldsymbol{a}_m\}$ 能用 $\{\boldsymbol{b}_1,\boldsymbol{b}_2,\cdots,\boldsymbol{b}_r\}$ 线性表示，则由定理 4.5.2 的证明可知，必有 $m\leqslant r$.

证毕

因此，一个向量组的极大无关组中含有的向量的个数是反映这个向量组的线性关系的一个重要的特征.

定义 4.5.2　向量组 S 的极大无关组中含有向量的个数称为 S 的**秩**，记为 $\operatorname{rank}(S)$.

定义 4.5.3　设 S_1 和 S_2 是两个 n 维向量组，若 S_1 中的向量都可以用向量组 S_2 线性表示，S_2 中的向量也都可以用向量组 S_1 线性表示，则称向量组 S_1 和 S_2 **等价**．

从推论 4.5.1 可立即得到：

推论 4.5.2　n 维向量组 S_1 与 S_2 等价的充分必要条件是

$$\operatorname{rank}(S_1)=\operatorname{rank}(S_2)=\operatorname{rank}(S_3),$$

其中 S_3 是 S_1 与 S_2 合起来组成的向量组.

证明留作习题.

矩阵的秩

在上一节已经知道,一个线性方程组的可解情况,与其系数矩阵构成的向量组的线性相关性有着本质的联系. 由于一个 $m\times n$ 矩阵

$$A=\begin{pmatrix} a_{11} & a_{12} & \cdots & a_{1n} \\ a_{21} & a_{22} & \cdots & a_{2n} \\ \vdots & \vdots & & \vdots \\ a_{m1} & a_{m2} & \cdots & a_{mn} \end{pmatrix}$$

可以看成是由 n 个 m 维列向量或 m 个 n 维行向量组成的,我们将由矩阵的列向量构成的向量组的秩称为该矩阵的**列秩**. 类似地,将由矩阵的行向量构成的向量组的秩称为该矩阵的**行秩**.

利用定理 4.4.6 不难证明,判别列秩有如下准则(留作习题):

定理 4.5.3 一个矩阵的列秩为 r 的充分必要条件是存在一个 r 阶子式不等于零,而所有大于 r 阶的子式都为零.

由于方阵转置后行列式不变,由定理 4.5.3 立即可以推出:

推论 4.5.3 一个矩阵的列秩等于它的行秩.

定义 4.5.4 一个矩阵 A 的列秩(或行秩)称为该**矩阵的秩**,记为 $\operatorname{rank}(A)$.

设 A 为 $m\times n$ 矩阵,若 $\operatorname{rank}(A)=m$,则称 A 为**行满秩矩阵**;若 $\operatorname{rank}(A)=n$,则称 A 为**列满秩矩阵**;

若 n 阶方阵 A 满足 $\operatorname{rank}(A)=n$,则称 A 为**满秩矩阵**.

规定零矩阵的秩为 0. 矩阵的秩有下列重要性质:

定理 4.5.4 (1) 设 A 为 $m\times n$ 矩阵,则 $\operatorname{rank}(A)\leqslant\min\{m,n\}$;

(2) 设 A 为 $m\times n$ 矩阵,则 $\operatorname{rank}(A^{\mathrm{T}})=\operatorname{rank}(A)$;

(3) 设 A,B 为 $m\times n$ 矩阵,则 $\operatorname{rank}(A+B)\leqslant\operatorname{rank}(A)+\operatorname{rank}(B)$;

(4) 设 A 为 $m\times n$ 矩阵,B 为 $n\times p$ 矩阵,则 $\operatorname{rank}(AB)\leqslant\min\{\operatorname{rank}(A),\operatorname{rank}(B)\}$;

(5) 设 A 为 $m\times n$ 矩阵,P 和 Q 分别是 m 阶和 n 阶可逆矩阵,则 $\operatorname{rank}(PA)=\operatorname{rank}(AQ)=\operatorname{rank}(A)$.

证 (1)和(2)是显然的.

(3) 设 $A=(a_1,a_2,\cdots,a_n)$,$B=(b_1,b_2,\cdots,b_n)$,则

$$A+B=(a_1+b_1,a_2+b_2,\cdots,a_n+b_n),$$

记 $\operatorname{rank}(A)=r$,$\operatorname{rank}(B)=s$,并设 $\{a_1,a_2,\cdots,a_r\}$ 和 $\{b_1,b_2,\cdots,b_s\}$ 分别是 A 和 B 的列向量的极大无关组,显然向量组 $\{a_1,a_2,\cdots,a_r,b_1,b_2,\cdots,b_s\}$ 能够表示出 $A+B$ 中的任意一个列向量,于是

$$\operatorname{rank}(A+B)\leqslant r+s=\operatorname{rank}(A)+\operatorname{rank}(B).$$

(4) 记 $C=AB=(c_1,c_2,\cdots,c_p)$,则有

$$(c_1,c_2,\cdots,c_p)=(a_1,a_2,\cdots,a_n)B,$$

这意味着 $\boldsymbol{C}$ 的任意一个列向量都可以由 $\boldsymbol{a}_1,\boldsymbol{a}_2,\cdots,\boldsymbol{a}_n$ 线性表示，由推论 4.5.1 知

$$\operatorname{rank}(\boldsymbol{AB})=\operatorname{rank}(\boldsymbol{C})\leqslant\operatorname{rank}(\boldsymbol{A}).$$

而利用这一结果，就有

$$\operatorname{rank}(\boldsymbol{AB})=\operatorname{rank}((\boldsymbol{AB})^{\mathrm{T}})=\operatorname{rank}(\boldsymbol{B}^{\mathrm{T}}\boldsymbol{A}^{\mathrm{T}})\leqslant\operatorname{rank}(\boldsymbol{B}^{\mathrm{T}})=\operatorname{rank}(\boldsymbol{B}).$$

（5）当 $\boldsymbol{P}$ 是可逆矩阵时，利用(4)的结果得到

$$\operatorname{rank}(\boldsymbol{PA})\leqslant\operatorname{rank}(\boldsymbol{A}),$$

同时有

$$\operatorname{rank}(\boldsymbol{A})=\operatorname{rank}(\boldsymbol{P}^{-1}(\boldsymbol{PA}))\leqslant\operatorname{rank}(\boldsymbol{PA}),$$

所以 $\operatorname{rank}(\boldsymbol{PA})=\operatorname{rank}(\boldsymbol{A})$.

同理可证 $\operatorname{rank}(\boldsymbol{AQ})=\operatorname{rank}(\boldsymbol{A})$.

证毕

例 4.5.1 设 $\boldsymbol{A}=\begin{pmatrix}\lambda+a_1b_1 & \lambda+a_1b_2 & \cdots & \lambda+a_1b_n\\ \lambda+a_2b_1 & \lambda+a_2b_2 & \cdots & \lambda+a_2b_n\\ \vdots & \vdots & & \vdots\\ \lambda+a_nb_1 & \lambda+a_nb_2 & \cdots & \lambda+a_nb_n\end{pmatrix}(n>2)$，求 $|\boldsymbol{A}|$.

解 由于

$$\boldsymbol{A}=\begin{pmatrix}\lambda+a_1b_1 & \lambda+a_1b_2 & \cdots & \lambda+a_1b_n\\ \lambda+a_2b_1 & \lambda+a_2b_2 & \cdots & \lambda+a_2b_n\\ \vdots & \vdots & & \vdots\\ \lambda+a_nb_1 & \lambda+a_nb_2 & \cdots & \lambda+a_nb_n\end{pmatrix}$$

$$=\begin{pmatrix}\lambda & \lambda & \cdots & \lambda\\ \lambda & \lambda & \cdots & \lambda\\ \vdots & \vdots & & \vdots\\ \lambda & \lambda & \cdots & \lambda\end{pmatrix}+\begin{pmatrix}a_1b_1 & a_1b_2 & \cdots & a_1b_n\\ a_2b_1 & a_2b_2 & \cdots & a_2b_n\\ \vdots & \vdots & & \vdots\\ a_nb_1 & a_nb_2 & \cdots & a_nb_n\end{pmatrix}$$

$$=\begin{pmatrix}1\\1\\ \vdots\\1\end{pmatrix}(\lambda,\lambda,\cdots,\lambda)+\begin{pmatrix}a_1\\a_2\\ \vdots\\a_n\end{pmatrix}(b_1,b_2,\cdots,b_n).$$

而一个向量的秩至多为 1，利用定理 4.5.4 的(4)，便得

$$\operatorname{rank}(\boldsymbol{A})\leqslant 1+1=2.$$

于是当 $n>2$ 时，$\boldsymbol{A}$ 不是满秩的，也就是说它的列线性相关，因此由推论 4.4.2，

$$|\boldsymbol{A}|=0.$$

定理 4.5.4 说明乘一个可逆矩阵不改变原矩阵的秩，由于初等矩阵都是可逆的，而一个矩阵左乘一个初等矩阵相当于对该矩阵进行一次初等行变换，右乘一个初等矩阵相当于对该矩阵进行一次初等列变换．这样就导出定理 4.5.4(5)的如下推论.

推论 4.5.4 对一个矩阵进行初等变换不改变它的秩.

由这个推论可以得到一个求矩阵的秩的方法：对矩阵进行初等行变换，把它变为“行阶

梯矩阵”,其中非零行向量的个数便是该矩阵的秩．这里所谓的行阶梯矩阵是指矩阵中含非零元素的行均位于全由零元素组成的行的上方,而且每个非零行中首个非零元素所在的列数随行数递增.

例 4.5.2　求 $\boldsymbol{A}=\begin{pmatrix}2&-1&3&2&0\\5&-1&11&2&4\\3&-1&-5&-3&6\\1&-1&11&7&-6\end{pmatrix}$的秩.

解　交换第 1 行和第 4 行:

$$\boldsymbol{A}\to\begin{pmatrix}1&-1&11&7&-6\\5&-1&11&2&4\\3&-1&-5&-3&6\\2&-1&3&2&0\end{pmatrix},$$

将第 1 行乘适当倍加到第 2,3,4 行,使其第 1 列元素为零:

$$\to\begin{pmatrix}1&-1&11&7&-6\\0&4&-44&-33&34\\0&2&-38&-24&24\\0&1&-19&-12&12\end{pmatrix},$$

交换第 2 行和第 4 行:

$$\to\begin{pmatrix}1&-1&11&7&-6\\0&1&-19&-12&12\\0&2&-38&-24&24\\0&4&-44&-33&34\end{pmatrix},$$

将第 2 行乘适当倍加到第 3,4 行,使其第 2 列元素为零:

$$\to\begin{pmatrix}1&-1&11&7&-6\\0&1&-19&-12&12\\0&0&0&0&0\\0&0&32&15&-14\end{pmatrix},$$

交换第 3 行和第 4 行:

$$\to\begin{pmatrix}1&-1&11&7&-6\\0&1&-19&-12&12\\0&0&32&15&-14\\0&0&0&0&0\end{pmatrix},$$

因此

$$\operatorname{rank}(\boldsymbol{A})=3.$$

例 4.5.3　求向量组

$$\boldsymbol{a}_1=(6,4,1,-1,2),\quad \boldsymbol{a}_2=(1,0,2,3,-4),$$

$$\boldsymbol{a}_3=(1,4,-9,-16,22),\quad \boldsymbol{a}_4=(7,1,0,-1,3)$$

的秩,并找出它的一个极大无关组.

解　以这四个向量为行向量构造矩阵

$$A=\begin{pmatrix}6&4&1&-1&2\\1&0&2&3&-4\\1&4&-9&-16&22\\7&1&0&-1&3\end{pmatrix}.$$

交换第 1 行与第 2 行,再交换第 2 行与第 3 行:

$$\to\begin{pmatrix}1&0&2&3&-4\\1&4&-9&-16&22\\6&4&1&-1&2\\7&1&0&-1&3\end{pmatrix},$$

将第 1 行乘适当倍加到第 2,3,4 行,使其第 1 列元素为零:

$$\to\begin{pmatrix}1&0&2&3&-4\\0&4&-11&-19&26\\0&4&-11&-19&26\\0&1&-14&-22&31\end{pmatrix},$$

将第 2 行乘−1 加到第 3 行,再交换第 3 行与第 4 行,交换第 2 行与第 3 行:

$$\to\begin{pmatrix}1&0&2&3&-4\\0&1&-14&-22&31\\0&4&-11&-19&26\\0&0&0&0&0\end{pmatrix},$$

将第 2 行乘−4 加到第 3 行:

$$\to\begin{pmatrix}1&0&2&3&-4\\0&1&-14&-22&31\\0&0&45&69&-98\\0&0&0&0&0\end{pmatrix}.$$

因此

$$\operatorname{rank}(A)=3.$$

因此 A 的行向量组的秩为 3,即向量组 $\{a_1,a_2,a_3,a_4\}$ 的秩为 3.

因为 a_2,a_3,a_4 的前三个分量组成的 3 阶子式

$$\begin{vmatrix}1&0&2\\1&4&-9\\7&1&0\end{vmatrix}=-45,$$

所以 a_2,a_3,a_4 线性无关,即 $\{a_2,a_3,a_4\}$ 就是 $\{a_1,a_2,a_3,a_4\}$ 的一个极大无关组.

最后,我们来介绍一个在秩的讨论中十分有用的工具.

定理 4.5.5　*$m\times n$ 矩阵 A 的秩为 r 的充分必要条件是存在 m 阶可逆矩阵 P 和 n 阶可逆矩阵 Q,使得*

$$PAQ=\begin{pmatrix}I_r&O\\O&O\end{pmatrix}.$$

证　充分性是显然的,下面证明必要性.

由于 $\operatorname{rank}(A)=r$,由定理 4.5.3,存在 A 的一个 r 阶子式不等于零,因而可以利用乘初等

矩阵 $\boldsymbol{P}_1,\cdots,\boldsymbol{P}_s$ 及 $\boldsymbol{Q}_1,\cdots,\boldsymbol{Q}_t$ 交换 $\boldsymbol{A}$ 的行和列,使得

$$\boldsymbol{P}_s\cdots\boldsymbol{P}_1\boldsymbol{A}\boldsymbol{Q}_1\cdots\boldsymbol{Q}_t=\begin{pmatrix}\boldsymbol{A}_{11} & \boldsymbol{A}_{12}\\ \boldsymbol{A}_{21} & \boldsymbol{A}_{22}\end{pmatrix},$$

其中 $\boldsymbol{A}_{11}$ 是 r 阶方阵,且 $|\boldsymbol{A}_{11}|\neq 0$.

由于 $\boldsymbol{A}_{11}$ 非奇异,所以 $\boldsymbol{A}_{11}^{-1}$ 存在,于是

$$\begin{pmatrix}\boldsymbol{A}_{11}^{-1} & \boldsymbol{O}\\ \boldsymbol{O} & \boldsymbol{I}\end{pmatrix}\boldsymbol{P}_s\cdots\boldsymbol{P}_1\boldsymbol{A}\boldsymbol{Q}_1\cdots\boldsymbol{Q}_t=\begin{pmatrix}\boldsymbol{A}_{11}^{-1} & \boldsymbol{O}\\ \boldsymbol{O} & \boldsymbol{I}\end{pmatrix}\begin{pmatrix}\boldsymbol{A}_{11} & \boldsymbol{A}_{12}\\ \boldsymbol{A}_{21} & \boldsymbol{A}_{22}\end{pmatrix}=\begin{pmatrix}\boldsymbol{I}_r & \tilde{\boldsymbol{A}}_{12}\\ \boldsymbol{A}_{21} & \boldsymbol{A}_{22}\end{pmatrix},$$

其中$\tilde{\boldsymbol{A}}_{12}=\boldsymbol{A}_{11}^{-1}\boldsymbol{A}_{12}$.

再两边左乘$\begin{pmatrix}\boldsymbol{I}_r & \boldsymbol{O}\\ -\boldsymbol{A}_{21} & \boldsymbol{I}\end{pmatrix}$,右乘$\begin{pmatrix}\boldsymbol{I}_r & -\tilde{\boldsymbol{A}}_{12}\\ \boldsymbol{O} & \boldsymbol{I}\end{pmatrix}$,可以直接算出

$$\begin{aligned}&\begin{pmatrix}\boldsymbol{I}_r & \boldsymbol{O}\\ -\boldsymbol{A}_{21} & \boldsymbol{I}\end{pmatrix}\begin{pmatrix}\boldsymbol{A}_{11}^{-1} & \boldsymbol{O}\\ \boldsymbol{O} & \boldsymbol{I}\end{pmatrix}\boldsymbol{P}_s\cdots\boldsymbol{P}_1\boldsymbol{A}\boldsymbol{Q}_1\cdots\boldsymbol{Q}_t\begin{pmatrix}\boldsymbol{I}_r & -\tilde{\boldsymbol{A}}_{12}\\ \boldsymbol{O} & \boldsymbol{I}\end{pmatrix}\\ =&\begin{pmatrix}\boldsymbol{I}_r & \boldsymbol{O}\\ -\boldsymbol{A}_{21} & \boldsymbol{I}\end{pmatrix}\begin{pmatrix}\boldsymbol{I}_r & \tilde{\boldsymbol{A}}_{12}\\ \boldsymbol{A}_{21} & \boldsymbol{A}_{22}\end{pmatrix}\begin{pmatrix}\boldsymbol{I}_r & -\tilde{\boldsymbol{A}}_{12}\\ \boldsymbol{O} & \boldsymbol{I}\end{pmatrix}=\begin{pmatrix}\boldsymbol{I}_r & \boldsymbol{O}\\ \boldsymbol{O} & *\end{pmatrix},\end{aligned}$$

显然,用“$*$”标记的那一块必是零矩阵,否则$\begin{pmatrix}\boldsymbol{I}_r & \boldsymbol{O}\\ \boldsymbol{O} & *\end{pmatrix}$至少有一个 $r+1$ 阶子式不等于零,就与 $\operatorname{rank}(\boldsymbol{A})=r$ 矛盾了.

记非奇异矩阵

$$\boldsymbol{P}=\begin{pmatrix}\boldsymbol{I}_r & \boldsymbol{O}\\ -\boldsymbol{A}_{21} & \boldsymbol{I}\end{pmatrix}\begin{pmatrix}\boldsymbol{A}_{11}^{-1} & \boldsymbol{O}\\ \boldsymbol{O} & \boldsymbol{I}\end{pmatrix}\boldsymbol{P}_s\cdots\boldsymbol{P}_1,\quad \boldsymbol{Q}=\boldsymbol{Q}_1\cdots\boldsymbol{Q}_t\begin{pmatrix}\boldsymbol{I}_r & -\tilde{\boldsymbol{A}}_{12}\\ \boldsymbol{O} & \boldsymbol{I}\end{pmatrix},$$

便得到

$$\boldsymbol{PAQ}=\begin{pmatrix}\boldsymbol{I}_r & \boldsymbol{O}\\ \boldsymbol{O} & \boldsymbol{O}\end{pmatrix}.$$

证毕

例 4.5.4 设 $\boldsymbol{A}$ 为 $m\times n$ 矩阵,$\boldsymbol{B}$ 为 $n\times p$ 矩阵,证明:

$$\operatorname{rank}(\boldsymbol{AB})\geqslant\operatorname{rank}(\boldsymbol{A})+\operatorname{rank}(\boldsymbol{B})-n.$$

证 设 $\operatorname{rank}(\boldsymbol{A})=r$,$\operatorname{rank}(\boldsymbol{B})=s$. 由定理 4.5.5,存在 m 阶可逆矩阵 $\boldsymbol{P}_1$,n 阶可逆矩阵 $\boldsymbol{Q}_1$ 和 $\boldsymbol{P}_2$,p 阶可逆矩阵 $\boldsymbol{Q}_2$,使得

$$\boldsymbol{A}=\boldsymbol{P}_1\begin{pmatrix}\boldsymbol{I}_r & \boldsymbol{O}\\ \boldsymbol{O} & \boldsymbol{O}\end{pmatrix}\boldsymbol{Q}_1,\quad \boldsymbol{B}=\boldsymbol{P}_2\begin{pmatrix}\boldsymbol{I}_s & \boldsymbol{O}\\ \boldsymbol{O} & \boldsymbol{O}\end{pmatrix}\boldsymbol{Q}_2.$$

于是

$$\boldsymbol{AB}=\boldsymbol{P}_1\begin{pmatrix}\boldsymbol{I}_r & \boldsymbol{O}\\ \boldsymbol{O} & \boldsymbol{O}\end{pmatrix}\boldsymbol{Q}_1\boldsymbol{P}_2\begin{pmatrix}\boldsymbol{I}_s & \boldsymbol{O}\\ \boldsymbol{O} & \boldsymbol{O}\end{pmatrix}\boldsymbol{Q}_2.$$

而 $\boldsymbol{Q}_1\boldsymbol{P}_2$ 是 n 阶可逆矩阵,把它表示为分块矩阵 $\boldsymbol{Q}_1\boldsymbol{P}_2=\begin{pmatrix}\boldsymbol{C}_{11} & \boldsymbol{C}_{12}\\ \boldsymbol{C}_{21} & \boldsymbol{C}_{22}\end{pmatrix}$,其中 $\boldsymbol{C}_{11}$ 为 $r\times s$ 矩阵. 则有

$$\begin{pmatrix} \boldsymbol{I}_r & \boldsymbol{O} \\ \boldsymbol{O} & \boldsymbol{O} \end{pmatrix} \boldsymbol{Q}_1\boldsymbol{P}_2 \begin{pmatrix} \boldsymbol{I}_s & \boldsymbol{O} \\ \boldsymbol{O} & \boldsymbol{O} \end{pmatrix} = \begin{pmatrix} \boldsymbol{C}_{11} & \boldsymbol{O} \\ \boldsymbol{O} & \boldsymbol{O} \end{pmatrix}.$$

由于乘可逆矩阵后不改变原矩阵的秩，所以

$$\operatorname{rank}(\boldsymbol{AB}) = \operatorname{rank}(\boldsymbol{C}_{11}).$$

再由 $\boldsymbol{Q}_1\boldsymbol{P}_2$ 的可逆性知，

$$\operatorname{rank}(\boldsymbol{A}) = \operatorname{rank}\left(\begin{pmatrix} \boldsymbol{I}_r & \boldsymbol{O} \\ \boldsymbol{O} & \boldsymbol{O} \end{pmatrix} \boldsymbol{Q}_1\boldsymbol{P}_2\right) = \operatorname{rank}\left(\begin{pmatrix} \boldsymbol{C}_{11} & \boldsymbol{C}_{12} \\ \boldsymbol{O} & \boldsymbol{O} \end{pmatrix}\right) = \operatorname{rank}((\boldsymbol{C}_{11} \vdots \boldsymbol{C}_{12})),$$

从而

$$r = \operatorname{rank}((\boldsymbol{C}_{11} \vdots \boldsymbol{C}_{12})) \leqslant \operatorname{rank}(\boldsymbol{C}_{11}) + \operatorname{rank}(\boldsymbol{C}_{12}) \leqslant \operatorname{rank}(\boldsymbol{AB}) + n - s,$$

于是

$$\operatorname{rank}(\boldsymbol{AB}) \geqslant r + s - n = \operatorname{rank}(\boldsymbol{A}) + \operatorname{rank}(\boldsymbol{B}) - n.$$

证毕

例 4.5.5　设 $\boldsymbol{A}$ 为 n 阶方阵，且 $\boldsymbol{A}^2 = \boldsymbol{I}$，证明

$$\operatorname{rank}(\boldsymbol{A}+\boldsymbol{I}) + \operatorname{rank}(\boldsymbol{A}-\boldsymbol{I}) = n.$$

证　由 $\boldsymbol{A}^2 = \boldsymbol{I}$ 得

$$(\boldsymbol{A}+\boldsymbol{I})(\boldsymbol{A}-\boldsymbol{I}) = \boldsymbol{A}^2 - \boldsymbol{I} = \boldsymbol{O}.$$

由例 4.5.4 知

$$\operatorname{rank}(\boldsymbol{A}+\boldsymbol{I}) + \operatorname{rank}(\boldsymbol{A}-\boldsymbol{I}) \leqslant n.$$

又 $|\boldsymbol{A}|^2 = |\boldsymbol{A}^2| = |\boldsymbol{I}| = 1$，故 $\operatorname{rank}(\boldsymbol{A}) = n$. 因为 $(\boldsymbol{A}+\boldsymbol{I}) + (\boldsymbol{A}-\boldsymbol{I}) = 2\boldsymbol{A}$，所以由定理 4.5.4 的(3)知

$$\operatorname{rank}(\boldsymbol{A}+\boldsymbol{I}) + \operatorname{rank}(\boldsymbol{A}-\boldsymbol{I}) \geqslant \operatorname{rank}(2\boldsymbol{A}) = n.$$

因此

$$\operatorname{rank}(\boldsymbol{A}+\boldsymbol{I}) + \operatorname{rank}(\boldsymbol{A}-\boldsymbol{I}) = n.$$

证毕

习　题

1. 设向量组 S 中的每一个向量都能用向量组 T 的向量线性表示，证明向量组 S 的秩不超过向量组 T 的秩.

2. 证明推论 4.5.2.

3. 求下列矩阵的秩：

(1) $\begin{pmatrix} 1 & 4 & 1 \\ 2 & 11 & 7 \\ 4 & 15 & 8 \\ 0 & -1 & 4 \end{pmatrix}$；　　(2) $\begin{pmatrix} 1 & -2 & 4 & 7 & 3 \\ 8 & 9 & 7 & 6 & -1 \\ 0 & -5 & 5 & 10 & 5 \\ -1 & -3 & 1 & 3 & 2 \end{pmatrix}$.

4. 利用矩阵的秩判定下述向量组是否线性相关：

(1) $\begin{pmatrix} 1 \\ 1 \\ 3 \\ 1 \end{pmatrix}, \begin{pmatrix} 0 \\ 2 \\ -1 \\ 4 \end{pmatrix}, \begin{pmatrix} 0 \\ 0 \\ 1 \\ 7 \end{pmatrix}$；　　(2) $\begin{pmatrix} 1 \\ 2 \\ 1 \\ 1 \end{pmatrix}, \begin{pmatrix} 1 \\ 1 \\ 1 \\ 1 \end{pmatrix}, \begin{pmatrix} 1 \\ -1 \\ 1 \\ -1 \end{pmatrix}, \begin{pmatrix} -1 \\ -1 \\ -1 \\ 1 \end{pmatrix}$.

5. 求向量组

$$\begin{pmatrix}1\\2\\4\\3\end{pmatrix},\begin{pmatrix}-1\\1\\-1\\0\end{pmatrix},\begin{pmatrix}2\\-1\\3\\1\end{pmatrix}$$

的秩与一个极大无关组.

6. 设矩阵

$$\boldsymbol{A}=\begin{pmatrix}1&2&3&1\\2&-1&k&2\\0&1&1&3\\1&-1&0&4\\2&0&2&5\end{pmatrix},$$

若 $\boldsymbol{A}$ 的秩为 3,求 k.

7. 设 $\boldsymbol{A}$ 为 $m\times n$ 矩阵,试证 $\operatorname{rank}(\boldsymbol{A})=1$ 的充分必要条件是存在非零 m 维向量 $\boldsymbol{b}$ 和非零 n 维向量 $\boldsymbol{c}$,使得 $\boldsymbol{A}=\boldsymbol{b}\boldsymbol{c}^{\mathrm{T}}$.

8. 设 $\boldsymbol{A}$ 为 $m\times n$ 矩阵,$\boldsymbol{B}$ 为 $n\times m$ 矩阵,且 $m>n$. 证明:$\det(\boldsymbol{AB})=0$.

9. 设 $\boldsymbol{A}$ 为 $n(n\geqslant 2)$ 阶方阵,记它的伴随矩阵为 $\boldsymbol{A}^*$. 试证:

(1) 当 $\operatorname{rank}(\boldsymbol{A})=n$ 时,$\operatorname{rank}(\boldsymbol{A}^*)=n$;

(2) 当 $\operatorname{rank}(\boldsymbol{A})=n-1$ 时,$\operatorname{rank}(\boldsymbol{A}^*)=1$;

(3) 当 $\operatorname{rank}(\boldsymbol{A})<n-1$ 时,$\operatorname{rank}(\boldsymbol{A}^*)=0$.

10. 设 $\boldsymbol{A}$ 为 n 阶方阵,满足 $\boldsymbol{A}^2=\boldsymbol{A}$,证明:$\operatorname{rank}(\boldsymbol{A})+\operatorname{rank}(\boldsymbol{I}-\boldsymbol{A})=n$.

11. 求非奇异矩阵 $\boldsymbol{P}$ 和 $\boldsymbol{Q}$,使得 $\boldsymbol{P}\begin{pmatrix}0&1&2\\2&1&0\\1&-1&-3\end{pmatrix}\boldsymbol{Q}$ 为 $\begin{pmatrix}\boldsymbol{I}_r&\boldsymbol{O}\\\boldsymbol{O}&\boldsymbol{O}\end{pmatrix}$ 形式.

12. 设 n 维列向量 $\boldsymbol{a}_1,\boldsymbol{a}_2,\cdots,\boldsymbol{a}_m(2\leqslant m\leqslant n)$ 线性无关,$k_1,k_2,\cdots,k_{m-1}$ 是 $m-1$ 个常数,证明 $\boldsymbol{a}_1+k_1\boldsymbol{a}_2,\boldsymbol{a}_2+k_2\boldsymbol{a}_3,\cdots,\boldsymbol{a}_{m-1}+k_{m-1}\boldsymbol{a}_m,\boldsymbol{a}_m$ 也线性无关.

§ 6　线性方程组

齐次线性方程组

现在考虑线性方程组

$$\begin{cases}a_{11}x_1+a_{12}x_2+\cdots+a_{1n}x_n=b_1,\\a_{21}x_1+a_{22}x_2+\cdots+a_{2n}x_n=b_2,\\\qquad\cdots\cdots\cdots\cdots\\a_{m1}x_1+a_{m2}x_2+\cdots+a_{mn}x_n=b_m\end{cases}\tag{4.6.1}$$

可解的条件以及在有解的情况下求解的方法．上述方程组用矩阵表示为

$$\boldsymbol{A}\boldsymbol{x}=\boldsymbol{b},$$

其中

$$\boldsymbol{A}=\begin{pmatrix} a_{11} & a_{12} & \cdots & a_{1n} \\ a_{21} & a_{22} & \cdots & a_{2n} \\ \vdots & \vdots & & \vdots \\ a_{m1} & a_{m2} & \cdots & a_{mn} \end{pmatrix},\quad \boldsymbol{x}=\begin{pmatrix} x_1 \\ x_2 \\ \vdots \\ x_n \end{pmatrix},\quad \boldsymbol{b}=\begin{pmatrix} b_1 \\ b_2 \\ \vdots \\ b_m \end{pmatrix}.$$

先看齐次线性方程组 $\boldsymbol{A}\boldsymbol{x}=\boldsymbol{0}$ 的情况．显然它至少有平凡解 $\boldsymbol{x}=\boldsymbol{0}$，那么是否还有其他的解呢？利用第 4 节的结论便得到：

定理 4.6.1　设 $\boldsymbol{A}$ 是 $m\times n$ 矩阵，则齐次线性方程组

$$\boldsymbol{A}\boldsymbol{x}=\boldsymbol{0}$$

的解存在且唯一（即只有零解）的充分必要条件是

$$\operatorname{rank}(\boldsymbol{A})=n,$$

即 $\boldsymbol{A}$ 是列满秩的．

推论 4.6.1　设 $\boldsymbol{A}$ 是 $m\times n$ 矩阵，若齐次线性方程组 $\boldsymbol{A}\boldsymbol{x}=\boldsymbol{0}$ 中的方程个数少于未知量个数（即 $m<n$），则其必有非零解．

当 $m\times n$ 矩阵 $\boldsymbol{A}$ 不是列满秩时，设 $\operatorname{rank}(\boldsymbol{A})=r<n$，由定理 4.5.3，存在 $\boldsymbol{A}$ 的一个 r 阶子式不等于零，不妨设

$$\begin{vmatrix} a_{11} & a_{12} & \cdots & a_{1r} \\ a_{21} & a_{22} & \cdots & a_{2r} \\ \vdots & \vdots & & \vdots \\ a_{r1} & a_{r2} & \cdots & a_{rr} \end{vmatrix}\neq 0,$$

否则只要进行适当的行交换或列交换就可以了（行交换相当于交换方程的次序，而列交换相当于交换变量的次序，这与原方程是同解的）．于是，$\boldsymbol{A}$ 的前 r 行是极大无关组，可以由它们的线性组合表出第 $r+1,r+2,\cdots,m$ 行，因此原方程组（4.6.1）与其前 r 个方程构成的方程组

$$\begin{cases} a_{11}x_1+a_{12}x_2+\cdots+a_{1r}x_r+a_{1,r+1}x_{r+1}+\cdots+a_{1n}x_n=0, \\ a_{21}x_1+a_{22}x_2+\cdots+a_{2r}x_r+a_{2,r+1}x_{r+1}+\cdots+a_{2n}x_n=0, \\ \cdots\cdots\cdots\cdots \\ a_{r1}x_1+a_{r2}x_2+\cdots+a_{rr}x_r+a_{r,r+1}x_{r+1}+\cdots+a_{rn}x_n=0 \end{cases} \tag{4.6.2}$$

同解（请读者考虑为什么）．将其改写为

$$\begin{cases} a_{11}x_1+a_{12}x_2+\cdots+a_{1r}x_r=-a_{1,r+1}x_{r+1}-\cdots-a_{1n}x_n, \\ a_{21}x_1+a_{22}x_2+\cdots+a_{2r}x_r=-a_{2,r+1}x_{r+1}-\cdots-a_{2n}x_n, \\ \cdots\cdots\cdots\cdots \\ a_{r1}x_1+a_{r2}x_2+\cdots+a_{rr}x_r=-a_{r,r+1}x_{r+1}-\cdots-a_{rn}x_n. \end{cases} \tag{4.6.3}$$

记

$$A_{11}=\begin{pmatrix}a_{11}&a_{12}&\cdots&a_{1r}\\a_{21}&a_{22}&\cdots&a_{2r}\\\vdots&\vdots&&\vdots\\a_{r1}&a_{r2}&\cdots&a_{rr}\end{pmatrix},\quad A_{12}=\begin{pmatrix}a_{1,r+1}&a_{1,r+2}&\cdots&a_{1n}\\a_{2,r+1}&a_{2,r+2}&\cdots&a_{2n}\\\vdots&\vdots&&\vdots\\a_{r,r+1}&a_{r,r+2}&\cdots&a_{rn}\end{pmatrix},$$

$$\boldsymbol{x}_1=\begin{pmatrix}x_1\\x_2\\\vdots\\x_r\end{pmatrix},\quad \boldsymbol{x}_2=\begin{pmatrix}x_{r+1}\\x_{r+2}\\\vdots\\x_n\end{pmatrix}.$$

则方程组(4.6.3)可以写成

$$\boldsymbol{A}_{11}\boldsymbol{x}_1=-\boldsymbol{A}_{12}\boldsymbol{x}_2,$$

因此得到

$$\boldsymbol{x}=\begin{pmatrix}\boldsymbol{x}_1\\\boldsymbol{x}_2\end{pmatrix}=\begin{pmatrix}-\boldsymbol{A}_{11}{}^{-1}\boldsymbol{A}_{12}\\\boldsymbol{I}_{n-r}\end{pmatrix}\boldsymbol{x}_2.$$

于是,只要确定了 $\boldsymbol{x}_2$,就唯一确定了 $\boldsymbol{x}$.

记 $-\boldsymbol{A}_{11}{}^{-1}\boldsymbol{A}_{12}=(\boldsymbol{\beta}_1,\boldsymbol{\beta}_2,\cdots,\boldsymbol{\beta}_{n-r})$,这里 $\boldsymbol{\beta}_i(i=1,2,\cdots,n-r)$ 为 r 维列向量.显然,$\boldsymbol{x}_2$ 可以是任意的 $n-r$ 维向量,所以方程组的解 $\boldsymbol{x}$ 有无穷多个.如 $\boldsymbol{x}_2$ 分别取为 $n-r$ 维向量 $\boldsymbol{e}_1,\boldsymbol{e}_2,\cdots,\boldsymbol{e}_{n-r}$($\boldsymbol{e}_i$ 的第 i 个分量为 1,其余为 0,$i=1,2,\cdots,n-r$),由定理 4.4.2,可得到一组线性无关的解

$$\boldsymbol{x}^{(1)}=\begin{pmatrix}\boldsymbol{\beta}_1\\\boldsymbol{e}_1\end{pmatrix},\quad \boldsymbol{x}^{(2)}=\begin{pmatrix}\boldsymbol{\beta}_2\\\boldsymbol{e}_2\end{pmatrix},\quad\cdots,\quad \boldsymbol{x}^{(n-r)}=\begin{pmatrix}\boldsymbol{\beta}_{n-r}\\\boldsymbol{e}_{n-r}\end{pmatrix}.\tag{4.6.4}$$

对方程组的任意一个解 $\boldsymbol{x}=\begin{pmatrix}\boldsymbol{x}_1\\\boldsymbol{x}_2\end{pmatrix}$,记相应的 $\boldsymbol{x}_2=\begin{pmatrix}\xi_1\\\xi_2\\\vdots\\\xi_{n-r}\end{pmatrix}$,即 $\boldsymbol{x}_2=\sum\limits_{i=1}^{n-r}\xi_i\boldsymbol{e}_i$,于是

$$\begin{aligned}\boldsymbol{x}&=\begin{pmatrix}-\boldsymbol{A}_{11}{}^{-1}\boldsymbol{A}_{12}\\\boldsymbol{I}_{n-r}\end{pmatrix}\left(\sum_{i=1}^{n-r}\xi_i\boldsymbol{e}_i\right)=\sum_{i=1}^{n-r}\xi_i\begin{pmatrix}-\boldsymbol{A}_{11}{}^{-1}\boldsymbol{A}_{12}\\\boldsymbol{I}_{n-r}\end{pmatrix}\boldsymbol{e}_i\\&=\sum_{i=1}^{n-r}\xi_i\begin{pmatrix}\boldsymbol{\beta}_i\\\boldsymbol{e}_i\end{pmatrix}=\sum_{i=1}^{n-r}\xi_i\boldsymbol{x}^{(i)},\end{aligned}$$

所以,$\boldsymbol{x}$ 能够由式(4.6.4)线性表示.

定义 4.6.1　设 $\boldsymbol{A}$ 是 $m\times n$ 矩阵,若 n 维向量组 $\boldsymbol{x}^{(1)},\boldsymbol{x}^{(2)},\cdots,\boldsymbol{x}^{(p)}$ 满足

(1) 每一个向量 $\boldsymbol{x}^{(i)}$ 都是齐次线性方程组 $\boldsymbol{Ax}=\boldsymbol{0}$ 的解($i=1,2,\cdots,p$);

(2) 向量组 $\boldsymbol{x}^{(1)},\boldsymbol{x}^{(2)},\cdots,\boldsymbol{x}^{(p)}$ 线性无关;

(3) 齐次线性方程组 $\boldsymbol{Ax}=\boldsymbol{0}$ 的任意一个解都能够用 $\boldsymbol{x}^{(1)},\boldsymbol{x}^{(2)},\cdots,\boldsymbol{x}^{(p)}$ 线性表示,则称 $\boldsymbol{x}^{(1)},\boldsymbol{x}^{(2)},\cdots,\boldsymbol{x}^{(p)}$ 为方程组 $\boldsymbol{Ax}=\boldsymbol{0}$ 的一个**基础解系**,而称

$$\boldsymbol{x}=\sum_{i=1}^{p}c_i\boldsymbol{x}^{(i)}\quad(c_i\text{ 是任意常数},i=1,2,\cdots,p)$$

为方程组 $\boldsymbol{Ax}=\boldsymbol{0}$ 的**通解**.

显然,求出了基础解系,就完全清楚了解的结构．要注意的是,在前面的讨论中,$\boldsymbol{x}_2$ 不一定取为 $\boldsymbol{e}_1,\boldsymbol{e}_2,\cdots,\boldsymbol{e}_{n-r}$,也就是说,基础解系的形式是不唯一的.

综合以上推导便得到:

定理 4.6.2　设 $\boldsymbol{A}$ 是 $m\times n$ 矩阵,其秩为 $r(r<n)$. 那么齐次线性方程组

$$\boldsymbol{Ax}=\mathbf{0}$$

的每个基础解系中恰有 $n-r$ 个解 $\boldsymbol{x}^{(1)},\boldsymbol{x}^{(2)},\cdots,\boldsymbol{x}^{(n-r)}$,而且该方程组的任何一个解 $\boldsymbol{x}$ 都可以表为

$$\boldsymbol{x}=\sum_{i=1}^{n-r}c_i\boldsymbol{x}^{(i)},$$

其中 $c_i(i=1,2,\cdots,n-r)$ 是常数.

推论 4.6.2　设 $\boldsymbol{A}$ 是 $m\times n$ 矩阵,则齐次线性方程组

$$\boldsymbol{Ax}=\mathbf{0}$$

当 $\operatorname{rank}(\boldsymbol{A})=n$ 时只有唯一解 $\boldsymbol{x}=\mathbf{0}$;当 $\operatorname{rank}(\boldsymbol{A})<n$ 时有无穷多组解.

从以上推导中可以看出,当 $r=\operatorname{rank}(\boldsymbol{A})<n$ 时,为求方程 $\boldsymbol{Ax}=\mathbf{0}$ 的基础解系,可先用初等行变换将它的系数矩阵化为(必要时要交换列的位置)

$$\begin{pmatrix}\boldsymbol{I}_r & \boldsymbol{B}\\ \boldsymbol{O} & \boldsymbol{O}\end{pmatrix}.$$

此时,由 $-\boldsymbol{B}=(\boldsymbol{\beta}_1,\boldsymbol{\beta}_2,\cdots,\boldsymbol{\beta}_{n-r})$ 的列向量 $\boldsymbol{\beta}_i$ 与 $\boldsymbol{e}_i$ 合并组成的向量 $\begin{pmatrix}\boldsymbol{\beta}_i\\ \boldsymbol{e}_i\end{pmatrix}(i=1,2,\cdots,n-r)$ 就是齐次线性方程组

$$\boldsymbol{Ax}=\mathbf{0}$$

的一个基础解系．注意,若有列交换时,相应的分量位置要作适当调整.

例 4.6.1　求齐次线性方程组

$$\begin{cases}2x_1-x_2+3x_3+2x_4=0,\\5x_1-x_2+11x_3+2x_4+4x_5=0,\\3x_1-x_2-5x_3-3x_4+6x_5=0,\\x_1-x_2+11x_3+7x_4-6x_5=0\end{cases}$$

的一个基础解系.

解　由例 4.5.2 可知,可以通过初等行变换将系数矩阵

$$\boldsymbol{A}=\begin{pmatrix}2&-1&3&2&0\\5&-1&11&2&4\\3&-1&-5&-3&6\\1&-1&11&7&-6\end{pmatrix}$$

转化为

$$\begin{pmatrix}1&-1&11&7&-6\\0&1&-19&-12&12\\0&0&32&15&-14\\0&0&0&0&0\end{pmatrix},$$

再用初等行变换将此矩阵化为

$$\begin{pmatrix} 1 & 0 & 0 & -\frac{40}{32} & \frac{40}{16} \\ 0 & 1 & 0 & -\frac{99}{32} & \frac{59}{16} \\ 0 & 0 & 1 & \frac{15}{32} & -\frac{7}{16} \\ 0 & 0 & 0 & 0 & 0 \end{pmatrix}.$$

于是可得方程组的一组基础解系

$$\boldsymbol{x}^{(1)}=\begin{pmatrix} \frac{40}{32} \\ \frac{99}{32} \\ -\frac{15}{32} \\ 1 \\ 0 \end{pmatrix}=\frac{1}{32}\begin{pmatrix} 40 \\ 99 \\ -15 \\ 32 \\ 0 \end{pmatrix},\quad \boldsymbol{x}^{(2)}=\begin{pmatrix} -\frac{40}{16} \\ -\frac{59}{16} \\ \frac{7}{16} \\ 0 \\ 1 \end{pmatrix}=\frac{1}{16}\begin{pmatrix} -40 \\ -59 \\ 7 \\ 0 \\ 16 \end{pmatrix}.$$

因此方程组的通解为 $\boldsymbol{x}=c_1\boldsymbol{x}^{(1)}+c_2\boldsymbol{x}^{(2)}$ （c_1, c_2 是任意常数）.

例 4.6.2　求齐次线性方程组

$$\begin{cases} x_1+2x_2+3x_3+\ x_4=0, \\ 2x_1+4x_2\qquad\ -\ x_4=0, \\ -x_1-2x_2+3x_3+2x_4=0, \\ x_1+2x_2-9x_3-5x_4=0 \end{cases}$$

的通解.

解　通过初等行变换将系数矩阵

$$\boldsymbol{A}=\begin{pmatrix} 1 & 2 & 3 & 1 \\ 2 & 4 & 0 & -1 \\ -1 & -2 & 3 & 2 \\ 1 & 2 & -9 & -5 \end{pmatrix}$$

转化为

$$\begin{pmatrix} 1 & 2 & 0 & -\frac{1}{2} \\ 0 & 0 & 1 & \frac{1}{2} \\ 0 & 0 & 0 & 0 \\ 0 & 0 & 0 & 0 \end{pmatrix}, \tag{4.6.5}$$

再交换第 2 列和第 3 列将此矩阵化为

$$\begin{pmatrix} 1 & 0 & 2 & -\frac{1}{2} \\ 0 & 1 & 0 & \frac{1}{2} \\ 0 & 0 & 0 & 0 \\ 0 & 0 & 0 & 0 \end{pmatrix}.$$

因此方程组的一组基础解系为

$$\boldsymbol{x}^{(1)}=\begin{pmatrix} -2 \\ 1 \\ 0 \\ 0 \end{pmatrix},\quad \boldsymbol{x}^{(2)}=\begin{pmatrix} \frac{1}{2} \\ 0 \\ -\frac{1}{2} \\ 1 \end{pmatrix}.$$

注　因为交换了第 2 列和第 3 列的位置,因此 $\boldsymbol{x}^{(1)}$ 和 $\boldsymbol{x}^{(2)}$ 的第 2 行和第 3 行的位置也相应于矩阵进行了交换.

因此方程组的通解为 $\boldsymbol{x}=c_1\boldsymbol{x}^{(1)}+c_2\boldsymbol{x}^{(2)}$ (c_1,c_2 是任意常数).

事实上,以矩阵(4.6.5)为系数矩阵的齐次方程为

$$\begin{cases} x_1+2x_2-\frac{1}{2}x_4=0, \\ x_3+\frac{1}{2}x_4=0, \end{cases} \tag{4.6.6}$$

把方程组中含 x_2,x_4 的项移到等号右边得

$$\begin{cases} x_1=-2x_2+\frac{1}{2}x_4, \\ x_3=-\frac{1}{2}x_4. \end{cases}$$

因此,齐次方程组的通解为

$$\boldsymbol{x}=\begin{pmatrix} x_1 \\ x_2 \\ x_3 \\ x_4 \end{pmatrix}=\begin{pmatrix} -2x_2+\frac{1}{2}x_4 \\ x_2 \\ -\frac{1}{2}x_4 \\ x_4 \end{pmatrix}=x_2\begin{pmatrix} -2 \\ 1 \\ 0 \\ 0 \end{pmatrix}+x_4\begin{pmatrix} \frac{1}{2} \\ 0 \\ -\frac{1}{2} \\ 1 \end{pmatrix},$$

其中 x_2,x_4 为任意常数.

分别给 x_2,x_4 以值 1,0 和 0,1,就又得到基础解系

$$\boldsymbol{x}^{(1)}=\begin{pmatrix} -2 \\ 1 \\ 0 \\ 0 \end{pmatrix},\quad \boldsymbol{x}^{(2)}=\begin{pmatrix} \frac{1}{2} \\ 0 \\ -\frac{1}{2} \\ 1 \end{pmatrix}.$$

这也是求基础解系和方程组通解的一种方法.

非齐次线性方程组

设 $\boldsymbol{A}$ 是 $m\times n$ 矩阵，$\operatorname{rank}(\boldsymbol{A})=r$，$\boldsymbol{b}$ 为 m 维列向量.

定义 4.6.2　矩阵$(\boldsymbol{A}\mid\boldsymbol{b})$称为线性方程组

$$\boldsymbol{Ax}=\boldsymbol{b}$$

的**增广矩阵**.

下面的定理说明，方程组 $\boldsymbol{Ax}=\boldsymbol{b}$ 的可解性，是与其增广矩阵密切相关的.

定理 4.6.3　线性方程组

$$\boldsymbol{Ax}=\boldsymbol{b}$$

的解存在的充分必要条件是其系数矩阵的秩等于其增广矩阵的秩，即

$$\operatorname{rank}(\boldsymbol{A})=\operatorname{rank}(\boldsymbol{A}\mid\boldsymbol{b}).$$

证　线性方程组

$$\boldsymbol{Ax}=\boldsymbol{b}$$

的解存在等价于 $\boldsymbol{b}$ 可以用 $\boldsymbol{A}$ 的列向量线性表示，这又等价于 $\boldsymbol{A}$ 的列向量组的极大无关组就是增广矩阵$(\boldsymbol{A}\mid\boldsymbol{b})$的列向量组的极大无关组，因此

$$\operatorname{rank}(\boldsymbol{A})=\operatorname{rank}(\boldsymbol{A}\mid\boldsymbol{b}).$$

证毕

设 $\boldsymbol{x}_0$ 是一个固定的向量，满足 $\boldsymbol{Ax}_0=\boldsymbol{b}$，我们称其为线性方程组 $\boldsymbol{Ax}=\boldsymbol{b}$ 的一个**特解**. 当 $r<n$ 时，对于 $\boldsymbol{Ax}=\boldsymbol{b}$ 的任意一个解 $\boldsymbol{x}$，由于

$$\boldsymbol{A}(\boldsymbol{x}-\boldsymbol{x}_0)=\boldsymbol{Ax}-\boldsymbol{Ax}_0=\boldsymbol{b}-\boldsymbol{b}=\boldsymbol{0},$$

因此 $\boldsymbol{x}-\boldsymbol{x}_0$ 是齐次方程组的解，由前面的叙述，它必可表示为

$$\boldsymbol{x}-\boldsymbol{x}_0=\sum_{i=1}^{n-r}c_i\boldsymbol{x}^{(i)},$$

其中 $\boldsymbol{x}^{(1)},\boldsymbol{x}^{(2)},\cdots,\boldsymbol{x}^{(n-r)}$ 为齐次线性方程组 $\boldsymbol{Ax}=\boldsymbol{0}$ 的一个基础解系. 于是

$$\boldsymbol{x}=\boldsymbol{x}_0+\sum_{i=1}^{n-r}c_i\boldsymbol{x}^{(i)}\quad(c_i\text{ 是任意常数},i=1,2,\cdots,n-r),$$

它称为非齐次线性方程组的**通解**. 这说明，非齐次线性方程组的通解等于其相应的齐次线性方程组的通解加上该非齐次线性方程组的一个特解.

推论 4.6.3　设 $\boldsymbol{A}$ 是 $m\times n$ 矩阵，则非齐次线性方程组

$$\boldsymbol{Ax}=\boldsymbol{b}$$

当 $\operatorname{rank}(\boldsymbol{A})=\operatorname{rank}(\boldsymbol{A}\mid\boldsymbol{b})$ 时，有解. 此时，当 $\operatorname{rank}(\boldsymbol{A})=n$ 时，只有唯一解；当 $\operatorname{rank}(\boldsymbol{A})<n$ 时，有无穷多组解.

实际求解的过程与齐次线性方程组的情况相仿，只是多求一步特解而已. 设 $\operatorname{rank}(\boldsymbol{A}\mid\boldsymbol{b})=\operatorname{rank}(\boldsymbol{A})=r$，并设

$$\begin{vmatrix} a_{11} & a_{12} & \cdots & a_{1r}\\ a_{21} & a_{22} & \cdots & a_{2r}\\ \vdots & \vdots & & \vdots\\ a_{r1} & a_{r2} & \cdots & a_{rr}\end{vmatrix}\neq 0.$$

将原方程组 $\boldsymbol{Ax}=\boldsymbol{b}$ 转化为同解方程组

$$\begin{cases} a_{11}x_1+a_{12}x_2+\cdots+a_{1r}x_r+a_{1,r+1}x_{r+1}+\cdots+a_{1n}x_n=b_1, \\ a_{21}x_1+a_{22}x_2+\cdots+a_{2r}x_r+a_{2,r+1}x_{r+1}+\cdots+a_{2n}x_n=b_2, \\ \cdots\cdots\cdots\cdots \\ a_{r1}x_1+a_{r2}x_2+\cdots+a_{rr}x_r+a_{r,r+1}x_{r+1}+\cdots+a_{rn}x_n=b_r, \end{cases} \tag{4.6.7}$$

并将其改写为

$$\begin{cases} a_{11}x_1+a_{12}x_2+\cdots+a_{1r}x_r=b_1-a_{1,r+1}x_{r+1}-\cdots-a_{1n}x_n, \\ a_{21}x_1+a_{22}x_2+\cdots+a_{2r}x_r=b_2-a_{2,r+1}x_{r+1}-\cdots-a_{2n}x_n, \\ \cdots\cdots\cdots\cdots \\ a_{r1}x_1+a_{r2}x_2+\cdots+a_{rr}x_r=b_r-a_{r,r+1}x_{r+1}-\cdots-a_{rn}x_n, \end{cases}$$

利用前面的记号，并记 $\boldsymbol{b}_1=\begin{pmatrix} b_1 \\ b_2 \\ \vdots \\ b_r \end{pmatrix}$，便得到

$$\boldsymbol{A}_{11}\boldsymbol{x}_1=\boldsymbol{b}_1-\boldsymbol{A}_{12}\boldsymbol{x}_2,$$

令 $\boldsymbol{b}_1=\boldsymbol{0}$，就得到类似式(4.6.4)的齐次线性方程组的一组基础解系

$$\boldsymbol{x}^{(1)},\quad \boldsymbol{x}^{(2)},\quad \cdots,\quad \boldsymbol{x}^{(n-r)}.$$

为求特解，可令 $\boldsymbol{x}_2=\boldsymbol{0}$，得到非齐次线性方程组的一个特解

$$\boldsymbol{x}_0=\begin{pmatrix} \boldsymbol{A}_{11}^{-1}\boldsymbol{b}_1 \\ \boldsymbol{0} \end{pmatrix}.$$

从而得到非齐次线性方程组的通解

$$\boldsymbol{x}=\boldsymbol{x}_0+\sum_{i=1}^{n-r}c_i\boldsymbol{x}^{(i)}\quad (c_i \text{ 是任意常数}, i=1,2,\cdots,n-r).$$

从以上推导中可以看出，在求方程 $\boldsymbol{Ax}=\boldsymbol{b}$ 的解时，先用初等行变换将它的增广矩阵

$$(\boldsymbol{A} \mid \boldsymbol{b}),$$

化为（必要时要交换列的位置，这时变量也要作相应交换，但常数列 $\boldsymbol{b}$ 不能与其他列交换）

$$\begin{pmatrix} \boldsymbol{I}_r & \boldsymbol{B} & \tilde{\boldsymbol{b}} \\ \boldsymbol{O} & \boldsymbol{O} & * \end{pmatrix}.$$

如果矩阵中 * 位置的元素不全为零，那么方程组无解．如果 * 位置的元素都为零，那么 $-\boldsymbol{B}=(\boldsymbol{\beta}_1,\boldsymbol{\beta}_2,\cdots,\boldsymbol{\beta}_{n-r})$ 的列向量 $\boldsymbol{\beta}_i$ 与 $\boldsymbol{e}_i$ 合并组成的向量 $\begin{pmatrix} \boldsymbol{\beta}_i \\ \boldsymbol{e}_i \end{pmatrix}$ $(i=1,2,\cdots,n-r)$ 就是齐次线性方程组 $\boldsymbol{Ax}=\boldsymbol{0}$ 的一个基础解系，而 $\begin{pmatrix} \tilde{\boldsymbol{b}} \\ \boldsymbol{0} \end{pmatrix}$ 就是方程组 $\boldsymbol{Ax}=\boldsymbol{b}$ 的一个特解．注意，若有列交换时，相应的分量位置要作适当调整．

例 4.6.3　求非齐次线性方程组

$$\begin{cases}2x_1-x_2+3x_3+2x_4=0,\\5x_1-x_2+11x_3+2x_4=4,\\3x_1-x_2-5x_3-3x_4=6,\\x_1-x_2+11x_3+7x_4=-6\end{cases}$$

的通解.

解　由例 4.6.1 可知,可以通过初等行变换将增广矩阵

$$(\boldsymbol{A} \mid \boldsymbol{b})=\left(\begin{array}{cccc:c}2&-1&3&2&0\\5&-1&11&2&4\\3&-1&-5&-3&6\\1&-1&11&7&-6\end{array}\right)$$

作初等行变换得到

$$\left(\begin{array}{cccc:c}1&0&0&-\frac{40}{32}&\frac{40}{16}\\0&1&0&-\frac{99}{32}&\frac{59}{16}\\0&0&1&\frac{15}{32}&-\frac{7}{16}\\0&0&0&0&0\end{array}\right).$$

因此齐次线性方程组的一个基础解系为

$$\boldsymbol{x}^{(1)}=\frac{1}{32}\begin{pmatrix}40\\99\\-15\\32\end{pmatrix};$$

非齐次线性方程组的一个特解为

$$\boldsymbol{x}_0=\frac{1}{16}\begin{pmatrix}40\\59\\-7\\0\end{pmatrix},$$

从而非齐次线性方程组的通解为

$$\boldsymbol{x}=\frac{1}{16}\begin{pmatrix}40\\59\\-7\\0\end{pmatrix}+c\begin{pmatrix}40\\99\\-15\\32\end{pmatrix}\quad(c\text{ 是任意常数}).$$

例 4.6.4　求非齐次线性方程组

$$\begin{cases}x_1+2x_2+3x_3+x_4=5,\\2x_1+4x_2\qquad\ -x_4=-3,\\-x_1-2x_2+3x_3+2x_4=8,\\x_1+2x_2-9x_3-5x_4=-21\end{cases}$$

的通解.

解 通过初等行变换将增广矩阵

$$\left(\begin{array}{cccc:c} 1 & 2 & 3 & 1 & 5 \\ 2 & 4 & 0 & -1 & -3 \\ -1 & -2 & 3 & 2 & 8 \\ 1 & 2 & -9 & -5 & -21 \end{array}\right)$$

转化为

$$\left(\begin{array}{cccc:c} 1 & 2 & 0 & -\frac{1}{2} & -\frac{3}{2} \\ 0 & 0 & 1 & \frac{1}{2} & \frac{13}{6} \\ 0 & 0 & 0 & 0 & 0 \\ 0 & 0 & 0 & 0 & 0 \end{array}\right), \tag{4.6.8}$$

再交换第 2 列和第 3 列将此矩阵化为

$$\left(\begin{array}{cccc:c} 1 & 0 & 2 & -\frac{1}{2} & -\frac{3}{2} \\ 0 & 1 & 0 & \frac{1}{2} & \frac{13}{6} \\ 0 & 0 & 0 & 0 & 0 \\ 0 & 0 & 0 & 0 & 0 \end{array}\right).$$

因此方程组的一组基础解系为

$$\boldsymbol{x}^{(1)}=\begin{pmatrix} -2 \\ 1 \\ 0 \\ 0 \end{pmatrix}, \quad \boldsymbol{x}^{(2)}=\begin{pmatrix} \frac{1}{2} \\ 0 \\ -\frac{1}{2} \\ 1 \end{pmatrix};$$

一个特解为

$$\boldsymbol{x}_0=\begin{pmatrix} -\frac{3}{2} \\ 0 \\ \frac{13}{6} \\ 0 \end{pmatrix}.$$

注意,因为交换了第 2 列和第 3 列的位置,因此 $\boldsymbol{x}_0$,$\boldsymbol{x}^{(1)}$ 和 $\boldsymbol{x}^{(2)}$ 的第 2 行和第 3 行的位置也相应于矩阵进行了交换.

因此方程组的通解为 $\boldsymbol{x}=\boldsymbol{x}_0+c_1\boldsymbol{x}^{(1)}+c_2\boldsymbol{x}^{(2)}$($c_1$,$c_2$ 是任意常数).

事实上,以式(4.6.8)确定的方程组为

$$\begin{cases} x_1+2x_2-\dfrac{1}{2}x_4=-\dfrac{3}{2}, \\ x_3+\dfrac{1}{2}x_4=\dfrac{13}{6}, \end{cases}$$

把方程组中含 x_2, x_4 的项移到等号右边得

$$\begin{cases} x_1=-\dfrac{3}{2}-2x_2+\dfrac{1}{2}x_4, \\ x_3=\dfrac{13}{6}-\dfrac{1}{2}x_4, \end{cases}$$

所以方程组的通解为

$$\boldsymbol{x}=\begin{pmatrix} x_1 \\ x_2 \\ x_3 \\ x_4 \end{pmatrix}=\begin{pmatrix} -\dfrac{3}{2}-2x_2+\dfrac{1}{2}x_4 \\ x_2 \\ \dfrac{13}{6}-\dfrac{1}{2}x_4 \\ x_4 \end{pmatrix}=\begin{pmatrix} -\dfrac{3}{2} \\ 0 \\ \dfrac{13}{6} \\ 0 \end{pmatrix}+x_2\begin{pmatrix} -2 \\ 1 \\ 0 \\ 0 \end{pmatrix}+x_4\begin{pmatrix} \dfrac{1}{2} \\ 0 \\ -\dfrac{1}{2} \\ 1 \end{pmatrix},$$

其中 x_2, x_4 是任意常数.

这也是求方程组通解的一种方法.

例 4.6.5 讨论非齐次线性方程组

$$\begin{cases} \lambda x_1+x_2+x_3+x_4=\lambda, \\ x_1+\lambda x_2+x_3+x_4=\lambda, \\ x_1+x_2+\lambda x_3+x_4=\lambda, \\ x_1+x_2+x_3+\lambda x_4=\lambda \end{cases}$$

的解的情况(λ 是常数).

解 方程组的系数矩阵是方阵,先求它的行列式. 可以算出

$$\begin{vmatrix} \lambda & 1 & 1 & 1 \\ 1 & \lambda & 1 & 1 \\ 1 & 1 & \lambda & 1 \\ 1 & 1 & 1 & \lambda \end{vmatrix}=(\lambda+3)(\lambda-1)^3.$$

所以当 $\lambda\neq-3$ 和 1 时,方程组有唯一解

$$\boldsymbol{x}=\lambda\begin{pmatrix} \lambda & 1 & 1 & 1 \\ 1 & \lambda & 1 & 1 \\ 1 & 1 & \lambda & 1 \\ 1 & 1 & 1 & \lambda \end{pmatrix}^{-1}\begin{pmatrix} 1 \\ 1 \\ 1 \\ 1 \end{pmatrix}.$$

当 $\lambda=-3$ 时,考虑增广矩阵

$$(\boldsymbol{A} \mid \boldsymbol{b})=\left(\begin{array}{cccc|c} -3 & 1 & 1 & 1 & -3 \\ 1 & -3 & 1 & 1 & -3 \\ 1 & 1 & -3 & 1 & -3 \\ 1 & 1 & 1 & -3 & -3 \end{array}\right),$$

通过初等行变换(第 1,2,3 行分别加到第 4 行)将其转化为

$$\left(\begin{array}{cccc:c}-3 & 1 & 1 & 1 & -3\\ 1 & -3 & 1 & 1 & -3\\ 1 & 1 & -3 & 1 & -3\\ 0 & 0 & 0 & 0 & -12\end{array}\right),$$

因此 $\operatorname{rank}(\boldsymbol{A})\neq\operatorname{rank}(\boldsymbol{A}\mid\boldsymbol{b})$,方程组无解.

当 $\lambda=1$ 时,考虑增广矩阵

$$(\boldsymbol{A}\mid\boldsymbol{b})=\left(\begin{array}{cccc:c}1 & 1 & 1 & 1 & 1\\ 1 & 1 & 1 & 1 & 1\\ 1 & 1 & 1 & 1 & 1\\ 1 & 1 & 1 & 1 & 1\end{array}\right),$$

通过初等行变换(第 1 行乘-1 再分别加到其他各行)将其转化为

$$\left(\begin{array}{cccc:c}1 & 1 & 1 & 1 & 1\\ 0 & 0 & 0 & 0 & 0\\ 0 & 0 & 0 & 0 & 0\\ 0 & 0 & 0 & 0 & 0\end{array}\right),$$

这时方程组有解. 考虑同解方程组

$$x_1+x_2+x_3+x_4=1,$$

即 $x_1=1-x_2-x_3-x_4$,由此得到非齐次方程组的通解

$$x=\begin{pmatrix}x_1\\ x_2\\ x_3\\ x_4\end{pmatrix}=\begin{pmatrix}1-x_2-x_3-x_4\\ x_2\\ x_3\\ x_4\end{pmatrix}=\begin{pmatrix}1\\ 0\\ 0\\ 0\end{pmatrix}+x_2\begin{pmatrix}-1\\ 1\\ 0\\ 0\end{pmatrix}+x_3\begin{pmatrix}-1\\ 0\\ 1\\ 0\end{pmatrix}+x_4\begin{pmatrix}-1\\ 0\\ 0\\ 1\end{pmatrix},$$

其中 x_2,x_3 和 x_4 是任意常数.

例 4.6.6　设 $\boldsymbol{a}_1=(1,0,2,3)^{\mathrm T},\boldsymbol{a}_2=(1,1,3,5)^{\mathrm T},\boldsymbol{a}_3=(1,-1,\alpha+2,1)^{\mathrm T},\boldsymbol{a}_4=(1,2,4,\alpha+8)^{\mathrm T}$, $\boldsymbol{b}=(1,1,\beta+3,5)^{\mathrm T}$. 问

(1) α,β 为何值时,$\boldsymbol{b}$ 不能表示为 $\boldsymbol{a}_1,\boldsymbol{a}_2,\boldsymbol{a}_3,\boldsymbol{a}_4$ 的线性组合?

(2) α,β 为何值时,$\boldsymbol{b}$ 能表示为 $\boldsymbol{a}_1,\boldsymbol{a}_2,\boldsymbol{a}_3,\boldsymbol{a}_4$ 的线性组合? 并在有唯一表示时,写出表达式.

解　设 $\boldsymbol{b}=x_1\boldsymbol{a}_1+x_2\boldsymbol{a}_2+x_3\boldsymbol{a}_3+x_4\boldsymbol{a}_4$,按分量写出来就是

$$\begin{cases}x_1+x_2+x_3+x_4=1,\\ x_2-x_3+2x_4=1,\\ 2x_1+3x_2+(\alpha+2)x_3+4x_4=\beta+3,\\ 3x_1+5x_2+x_3+(\alpha+8)x_4=5.\end{cases}$$

考虑增广矩阵

$$(\boldsymbol{A}\mid\boldsymbol{b})=\left(\begin{array}{cccc:c}1 & 1 & 1 & 1 & 1\\ 0 & 1 & -1 & 2 & 1\\ 2 & 3 & \alpha+2 & 4 & \beta+3\\ 3 & 5 & 1 & \alpha+8 & 5\end{array}\right),$$

对它作如下初等行变换：

$$\left(\begin{array}{cccc:c}1&1&1&1&1\\0&1&-1&2&1\\2&3&\alpha+2&4&\beta+3\\3&5&1&\alpha+8&5\end{array}\right)\to\left(\begin{array}{cccc:c}1&1&1&1&1\\0&1&-1&2&1\\0&1&\alpha&2&\beta+1\\0&2&-2&\alpha+5&2\end{array}\right)$$

$$\to\left(\begin{array}{cccc:c}1&1&1&1&1\\0&1&-1&2&1\\0&0&\alpha+1&0&\beta\\0&0&0&\alpha+1&0\end{array}\right).$$

因此，(1) 当 $\alpha=-1$ 且 $\beta\neq0$ 时，$\operatorname{rank}(\boldsymbol{A})=2$，$\operatorname{rank}(\boldsymbol{A}\,\vdots\,\boldsymbol{b})=3$，方程组无解，即 $\boldsymbol{b}$ 不能表示为 $\boldsymbol{a}_1,\boldsymbol{a}_2,\boldsymbol{a}_3,\boldsymbol{a}_4$ 的线性组合；

(2) 当 $\alpha=-1$ 且 $\beta=0$ 时，$\operatorname{rank}(\boldsymbol{A})=\operatorname{rank}(\boldsymbol{A}\,\vdots\,\boldsymbol{b})=2$，方程组有无穷多组解，此时 $\boldsymbol{b}$ 能表示为 $\boldsymbol{a}_1,\boldsymbol{a}_2,\boldsymbol{a}_3,\boldsymbol{a}_4$ 的线性组合．事实上，此时 $\boldsymbol{b}=\boldsymbol{a}_2$.

当 $\alpha\neq-1$ 时，$\operatorname{rank}(\boldsymbol{A})=\operatorname{rank}(\boldsymbol{A}\,\vdots\,\boldsymbol{b})=4$，方程组有唯一解 $x_1=-\dfrac{2\beta}{\alpha+1}$，$x_2=\dfrac{\alpha+\beta+1}{\alpha+1}$，$x_3=\dfrac{\beta}{\alpha+1}$，$x_4=0$. 此时，$\boldsymbol{b}$ 能唯一地表示为 $\boldsymbol{a}_1,\boldsymbol{a}_2,\boldsymbol{a}_3,\boldsymbol{a}_4$ 的线性组合，且

$$\boldsymbol{b}=-\frac{2\beta}{\alpha+1}\boldsymbol{a}_1+\frac{\alpha+\beta+1}{\alpha+1}\boldsymbol{a}_2+\frac{\beta}{\alpha+1}\boldsymbol{a}_3+0\cdot\boldsymbol{a}_4.$$

例 4.6.7(**交通问题**)　某地区的一片局部交通网络如图 4.6.1 所示，图中的道路都是单向车道(方向如箭头所示)，且在道路上不能停车．图中所示数字为高峰时段进出该网络的车辆数(当然会要求总进出量相同)，且 BC 段由于路况原因，需要将车流量控制在 250 辆以内，试设计一个方案，使交通网络处于流量平衡状态.

解　现在总进入网络车辆 = 总离开网络车辆 = 900.

记从 B 到 A 的车流量为 x_1，从 B 到 C 的车流量为 x_2，从 C 到 D 的车流量为 x_3，从 A 到 D 的车流量为 x_4，从 E 到 C 的车流量为 x_5，从 D 到 E 的车流量为 x_6. 设计方案就是要确定符合要求的 x_1,x_2,x_3,x_4,x_5 和 x_6.

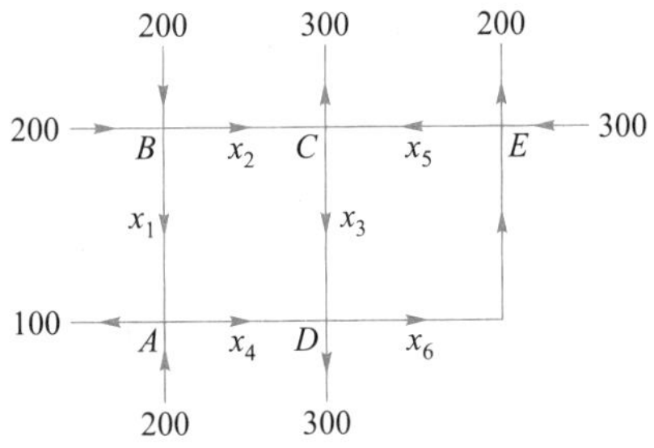

图 4.6.1

若要车流量达到平衡状态，则在各节点的流入量与流出量相同，因此

在 A 点：$x_1+200=x_4+100$；

在 B 点：$x_1+x_2=400$；

在 C 点：$x_2+x_5=x_3+300$；

在 D 点：$x_3+x_4=x_6+300$；

在 E 点：$x_5+200=x_6+300$.

整理后得到线性方程组

$$\begin{cases}x_1-x_4=-100,\\x_1+x_2=400,\\x_2-x_3+x_5=300,\\x_3+x_4-x_6=300,\\x_5-x_6=100.\end{cases}$$

利用初等行变换将此方程组的增广矩阵化为

$$\left(\begin{array}{cccccc:c}1&0&0&-1&0&0&-100\\1&1&0&0&0&0&400\\0&1&-1&0&1&0&300\\0&0&1&1&0&-1&300\\0&0&0&0&1&-1&100\end{array}\right)\to\left(\begin{array}{cccccc:c}1&0&0&-1&0&0&-100\\0&1&0&1&0&0&500\\0&0&1&1&-1&0&200\\0&0&0&0&1&-1&100\\0&0&0&0&0&0&0\end{array}\right),$$

从而得到原方程组的同解方程组

$$\begin{cases}x_1-x_4=-100,\\x_2+x_4=500,\\x_3+x_4-x_5=200,\\x_5-x_6=100.\end{cases}$$

因此方程组的解为

$$\begin{cases}x_1=x_4-100,\\x_2=500-x_4,\\x_3=x_6-x_4+300,\\x_5=100+x_6,\end{cases}$$

其中 x_4,x_6 可取任意常数,但结合本例实际,它们需取非负整数.

设计要求 B 到 C 的车流量 x_2 不超过 250 辆,因此从 $x_2=500-x_4$ 可知

$$x_4\geqslant 250.$$

此时由解的表达式还可知

$$x_1\geqslant 150,\quad x_3\leqslant 50+x_6,\quad x_5=100+x_6,\quad x_2=500-x_4.$$

另外,由问题实际,须 $x_2=500-x_4\geqslant 0$,所以

$$x_4\leqslant 500.$$

于是只要取 $250\leqslant x_4\leqslant 500$,且 x_6 为非负整数,从上式适当选出 x_1,x_2,x_3,x_5,便可得到所需的设计方案.

注 设计方案不唯一,且方案中必有 $x_1\geqslant 150,x_2\leqslant 250,x_5\geqslant 100,250\leqslant x_4\leqslant 500$,这意味着若 BC 段的车辆过多,或 BA 段、EC 段和 AD 段中出现车辆过少的情况,则交通平衡将被破坏,在一些路段可能会出现塞车现象.

Gauss 消元法

在实际问题中,当未知量个数和方程个数很大时,上述求解方法往往不便操作,因此需要另外寻求实际可行的方法.

我们已经知道,对于非齐次的线性方程组 $\boldsymbol{Ax}=\boldsymbol{b}$,只要它有解,即

$$\operatorname{rank}(\boldsymbol{A})=\operatorname{rank}(\boldsymbol{A}\mid\boldsymbol{b})=r,$$

总是将其转化为同解方程组

$$\begin{cases}a_{11}x_1+a_{12}x_2+\cdots+a_{1r}x_r=b_1-a_{1,r+1}x_{r+1}-\cdots-a_{1n}x_n,\\ a_{21}x_1+a_{22}x_2+\cdots+a_{2r}x_r=b_2-a_{2,r+1}x_{r+1}-\cdots-a_{2n}x_n,\\ \cdots\cdots\cdots\cdots\\ a_{r1}x_1+a_{r2}x_2+\cdots+a_{rr}x_r=b_r-a_{r,r+1}x_{r+1}-\cdots-a_{rn}x_n.\end{cases}$$

令 $x_{r+1},x_{r+2},\cdots,x_n$ 中的一个为 1，其余的为 0，找出它对应的齐次方程组的一个基础解系；再令它们全部为 0，找到非齐次方程组的一个特解．

因此，不失一般性地，可以假定我们要解的是 **n 阶线性方程组**（即方程组中方程的个数和未知量的个数都是 n）

$$\begin{cases}a_{11}x_1+a_{12}x_2+\cdots+a_{1n}x_n=b_1,\\ a_{21}x_1+a_{22}x_2+\cdots+a_{2n}x_n=b_2,\\ \cdots\cdots\cdots\cdots\\ a_{n1}x_1+a_{n2}x_2+\cdots+a_{nn}x_n=b_n,\end{cases}$$

且其系数矩阵 $\boldsymbol{A}$ 非奇异，所以它有唯一解．

前面已经说过，当方程组的阶数较低时，用 Cramer 法则（或直接求出系数矩阵的逆矩阵）求解不失为可行的办法．但是当方程组的阶数很高时，这将导致计算量的急剧增加，同时由于大量运算过程中四舍五入的影响，可能造成误差的急速放大，使得计算结果与方程组的精确解大相径庭，甚至根本不能用．

以前提到过的用消元法求解多元一次方程组的方法称为 **Gauss 消元法**，具有计算量小、误差小、容易编程等优点，是实际求解线性方程组最常用的方法．我们用增广矩阵

$$\left(\begin{array}{cccc:c}a_{11}&a_{12}&\cdots&a_{1n}&b_1\\ a_{21}&a_{22}&\cdots&a_{2n}&b_2\\ \vdots&\vdots&&\vdots&\vdots\\ a_{n1}&a_{n2}&\cdots&a_{nn}&b_n\end{array}\right)$$

来描述它的做法（为了简单起见，仍用原来的记号记改变后的元素）．

首先，由于 $\boldsymbol{A}$ 非奇异，因此它的第 1 列中至少有一个元素不为零．从第 1 列中挑选一个绝对值最大的元素，称其为**主元**．将其所在的行换到第 1 行，这个步骤称为**列选主元**．然后用选主元后的第 1 行乘 $-\dfrac{a_{k1}}{a_{11}}$ 依次加到第 k 行（$k=2,3,\cdots,n$），使第 1 列在对角线以下的元素变为 0（由于 a_{11} 是第 1 列中绝对值最大的，因此 $\left|\dfrac{a_{k1}}{a_{11}}\right|\leqslant 1$．这样，即使计算过程中产生了误差，也不会因为乘了 $-\dfrac{a_{k1}}{a_{11}}$ 而使误差放大，这就是选主元的意义）．

做了 $i-1$ 次之后（$i=2,3,\cdots,n-1$）的情况为

$$\left(\begin{array}{cccccc:c}a_{11}&a_{12}&\cdots&a_{1,i+1}&\cdots&a_{1n}&b_1\\ &\ddots&\ddots&\vdots&&\vdots&\vdots\\ &&a_{ii}&a_{i,i+1}&\cdots&a_{in}&b_i\\ &&a_{i+1,i}&a_{i+1,i+1}&\cdots&a_{i+1,n}&b_{i+1}\\ &&\vdots&\vdots&&\vdots&\vdots\\ &&a_{ni}&a_{n,i+1}&\cdots&a_{nn}&b_n\end{array}\right),$$

由于它的第 i 列从第 i 行开始的元素中至少有一个不为零(请读者思考原因),在第 i 列的这些元素中再选主元,用选主元后的第 i 行乘 $-\dfrac{a_{ki}}{a_{ii}}$ 依次加到第 k 行($k=i+1,i+2,\cdots,n$),使第 i 列在对角线以下的元素变为 0.

这样,便得到(系数矩阵第 i 行第 j 列元素仍记为 a_{ij},尽管它们可能已发生变化;对于 $\boldsymbol{b}$ 中元素也是如此)

$$\left(\begin{array}{cccc|c} a_{11} & a_{12} & \cdots & a_{1n} & b_1 \\ & a_{22} & \cdots & a_{2n} & b_2 \\ & & \ddots & \vdots & \vdots \\ & & & a_{nn} & b_n \end{array}\right) \quad \left(\prod_{k=1}^{n} a_{kk} \neq 0\right)$$

这就完成了消元过程.

然后,对方程组

$$\begin{cases} a_{11}x_1+a_{12}x_2+\cdots+a_{1n}x_n=b_1, \\ \qquad\quad a_{22}x_2+\cdots+a_{2n}x_n=b_2, \\ \qquad\qquad \cdots\cdots\cdots\cdots \\ \qquad\qquad\qquad\quad a_{nn}x_n=b_n \end{cases}$$

进行回代,从后往前逐个解出

$$\begin{cases} x_n=\dfrac{b_n}{a_{nn}}, \\ x_i=\dfrac{1}{a_{ii}}\left(b_i-\displaystyle\sum_{k=i+1}^{n} a_{ik}x_k\right), \quad i=n-1,n-2,\cdots,1. \end{cases}$$

对于 n 阶线性方程组,Gauss 消元法的计算量大约是 $\dfrac{2}{3}n^3+O(n^2)$.

例 4.6.8　用 Gauss 消元法解线性方程组

$$\begin{cases} 2x_1-\dfrac{1}{2}x_2-\dfrac{1}{2}x_3 \qquad\quad =0, \\ -\dfrac{1}{2}x_1 \qquad + \ 2x_3-\dfrac{1}{2}x_4=3, \\ -\dfrac{1}{2}x_1+\ 2x_2 \qquad -\dfrac{1}{2}x_4=3, \\ \qquad -\dfrac{1}{2}x_2-\dfrac{1}{2}x_3+\ 2x_4=0. \end{cases}$$

解　方程组的增广矩阵为(以下带有方框的元素为主元)

$$(\boldsymbol{A} \mid \boldsymbol{b})=\left(\begin{array}{cccc|c} \boxed{2} & -\dfrac{1}{2} & -\dfrac{1}{2} & 0 & 0 \\ -\dfrac{1}{2} & 0 & 2 & -\dfrac{1}{2} & 3 \\ -\dfrac{1}{2} & 2 & 0 & -\dfrac{1}{2} & 3 \\ 0 & -\dfrac{1}{2} & -\dfrac{1}{2} & 2 & 0 \end{array}\right).$$

用初等行变换将主元下的元素变为0：

$$\left(\begin{array}{cccc:c} \boxed{2} & -\frac{1}{2} & -\frac{1}{2} & 0 & 0 \\ -\frac{1}{2} & 0 & 2 & -\frac{1}{2} & 3 \\ -\frac{1}{2} & 2 & 0 & -\frac{1}{2} & 3 \\ 0 & -\frac{1}{2} & -\frac{1}{2} & 2 & 0 \end{array}\right) \rightarrow \left(\begin{array}{cccc:c} 2 & -\frac{1}{2} & -\frac{1}{2} & 0 & 0 \\ 0 & -\frac{1}{8} & \frac{15}{8} & -\frac{1}{2} & 3 \\ 0 & \boxed{\frac{15}{8}} & -\frac{1}{8} & -\frac{1}{2} & 3 \\ 0 & -\frac{1}{2} & -\frac{1}{2} & 2 & 0 \end{array}\right).$$

第二行与第三行互换，再继续：

$$\rightarrow \left(\begin{array}{cccc:c} 2 & -\frac{1}{2} & -\frac{1}{2} & 0 & 0 \\ 0 & \boxed{\frac{15}{8}} & -\frac{1}{8} & -\frac{1}{2} & 3 \\ 0 & -\frac{1}{8} & \frac{15}{8} & -\frac{1}{2} & 3 \\ 0 & -\frac{1}{2} & -\frac{1}{2} & 2 & 0 \end{array}\right) \rightarrow \left(\begin{array}{cccc:c} 2 & -\frac{1}{2} & -\frac{1}{2} & 0 & 0 \\ 0 & \frac{15}{8} & -\frac{1}{8} & -\frac{1}{2} & 3 \\ 0 & 0 & \boxed{\frac{28}{15}} & -\frac{8}{15} & \frac{16}{5} \\ 0 & 0 & -\frac{8}{15} & \frac{28}{15} & \frac{4}{5} \end{array}\right)$$

$$\rightarrow \left(\begin{array}{cccc:c} 2 & -\frac{1}{2} & -\frac{1}{2} & 0 & 0 \\ 0 & \frac{15}{8} & -\frac{1}{8} & -\frac{1}{2} & 3 \\ 0 & 0 & \frac{28}{15} & -\frac{8}{15} & \frac{16}{5} \\ 0 & 0 & 0 & \frac{12}{7} & \frac{12}{7} \end{array}\right).$$

再进行回代，得线性方程组的解为

$$x_1 = 1, \quad x_2 = 2, \quad x_3 = 2, \quad x_4 = 1.$$

Jacobi 迭代法

从实际问题归结的线性方程组的阶数往往非常高，所以其系数矩阵的元素个数往往是个天文数字．但幸运的是在许多场合下，系数矩阵的元素中绝大多数都是0——它的非零元素一般仅是 $O(n)$ 而不是 $O(n^2)$，这样的矩阵称为**稀疏矩阵**.

矩阵的稀疏性对某些运算是很有利的．以矩阵与向量相乘为例，由于零元素不必参加运算，因此一次乘法的总计算量可以从 $O(n^2)$ 降为 $O(n)$．一个自然的想法是，应该尽可能在整个运算过程充分利用矩阵的稀疏性质.

Gauss 消元法的最大缺点在于它无法保持原来矩阵的稀疏性．如对下面所示的“箭状矩阵”

$$\begin{vmatrix} a_{11} & a_{12} & \cdots & a_{1n} \\ a_{21} & a_{22} & & \\ \vdots & & \ddots & \\ a_{n1} & & & a_{nn} \end{vmatrix} \quad \left(\prod_{k=1}^{n} a_{kk} \neq 0\right),$$

它的非零元素只有约 $3n$ 个．但是只要对第 1 列执行一遍 Gauss 消元法，就会使右下角的 $n-1$ 阶子矩阵的稀疏性破坏殆尽，立即变成充满（或几乎充满）非零元素的矩阵（称之为**满矩阵**）．于是，对 Gauss 消元法而言，稀疏矩阵与满矩阵变得毫无二致，换句话说，稀疏性根本没有起作用．

我们来换一种思路．首先将线性方程组

$$\boldsymbol{Ax}=\boldsymbol{b}$$

化成等价的等式

$$\boldsymbol{x}=\boldsymbol{Bx}+\boldsymbol{g},$$

所谓"等价"是指，对任意向量 $\boldsymbol{x}$，若 $\boldsymbol{x}$ 满足其中的一个等式，那么它也一定满足另一个等式．

然后选取适当的初始向量 $\boldsymbol{x}^{(0)}$ 代入右端，将计算结果记为 $\boldsymbol{x}^{(1)}$，再将 $\boldsymbol{x}^{(1)}$ 代入右端算出 $\boldsymbol{x}^{(2)}$，……即

$$\boldsymbol{x}^{(k)}=\boldsymbol{Bx}^{(k-1)}+\boldsymbol{g},\quad k=1,2,\cdots,$$

这个过程称为**迭代**．

定义 4.6.3　设 $\boldsymbol{x}^{(k)}=\begin{pmatrix} x_1^{(k)} \\ x_2^{(k)} \\ \vdots \\ x_n^{(k)} \end{pmatrix}(k=1,2,\cdots)$ 是一列 n 维向量，$\boldsymbol{a}=\begin{pmatrix} a_1 \\ a_2 \\ \vdots \\ a_n \end{pmatrix}$ 是一个固定的向量．若对 $i=1,2,\cdots,n$，都有

$$\lim_{k\to\infty} x_i^{(k)}=a_i,$$

则称向量序列 $\{\boldsymbol{x}^{(k)}\}$ **收敛**于 $\boldsymbol{a}$，记为

$$\lim_{k\to\infty}\boldsymbol{x}^{(k)}=\boldsymbol{a}.$$

称 $\boldsymbol{a}$ 为 $\{\boldsymbol{x}^{(k)}\}$ 的**极限**．

显然，取定适当的初始向量 $\boldsymbol{x}^{(0)}$ 后，若从迭代过程 $\boldsymbol{x}^{(k)}=\boldsymbol{Bx}^{(k-1)}+\boldsymbol{g}(k=1,2,\cdots)$ 得到的向量序列 $\{\boldsymbol{x}^{(k)}\}$ 收敛，则其极限向量 $\boldsymbol{a}$ 满足 $\boldsymbol{a}=\boldsymbol{Ba}+\boldsymbol{g}$，因此 $\boldsymbol{x}=\boldsymbol{a}$ 就是原线性方程组 $\boldsymbol{Ax}=\boldsymbol{b}$ 的解．这样的方法称为解线性方程组的**迭代法**．当然，在实际计算时只能进行有限步．若要求误差范围不超过 ε，一般当 $\|\boldsymbol{x}^{(k)}-\boldsymbol{x}^{(k-1)}\|<\varepsilon$ 时，就用 $\boldsymbol{x}^{(k)}$ 作为解的近似值．根据本课程的要求，这里不对迭代收敛条件作进一步探讨了．

设系数矩阵 $\boldsymbol{A}$ 的对角元素全不为零，将 $\boldsymbol{A}$ 分为对角线部分 $\boldsymbol{D}$、对角线以下部分 $\boldsymbol{L}$ 和对角线以上部分 $\boldsymbol{U}$，即取

$$\boldsymbol{D}=\begin{pmatrix} a_{11} & & & \\ & a_{22} & & \\ & & \ddots & \\ & & & a_{nn} \end{pmatrix},\quad \boldsymbol{L}=\begin{pmatrix} 0 & & & \\ a_{21} & 0 & & \\ \vdots & \ddots & \ddots & \\ a_{n1} & \cdots & a_{n,n-1} & 0 \end{pmatrix},\quad \boldsymbol{U}=\begin{pmatrix} 0 & a_{12} & \cdots & a_{1n} \\ & 0 & \ddots & \vdots \\ & & \ddots & a_{n-1,n} \\ & & & 0 \end{pmatrix},$$

则 $\boldsymbol{A}=\boldsymbol{D}+\boldsymbol{L}+\boldsymbol{U}$. 由于 $\boldsymbol{D}$ 可逆,在线性方程组 $\boldsymbol{Ax}=\boldsymbol{b}$ 两边左乘 $\boldsymbol{D}^{-1}$,得到

$$(\boldsymbol{I}+\boldsymbol{D}^{-1}\boldsymbol{L}+\boldsymbol{D}^{-1}\boldsymbol{U})\boldsymbol{x}=\boldsymbol{D}^{-1}\boldsymbol{b}.$$

记 $\boldsymbol{B}=-\boldsymbol{D}^{-1}(\boldsymbol{L}+\boldsymbol{U})$, $\boldsymbol{g}=\boldsymbol{D}^{-1}\boldsymbol{b}$,则方程组 $\boldsymbol{Ax}=\boldsymbol{b}$ 等价于 $\boldsymbol{x}=\boldsymbol{Bx}+\boldsymbol{g}$.

进一步,取定适当的初始向量 $\boldsymbol{x}^{(0)}$,作迭代序列

$$\boldsymbol{x}^{(k)}=\boldsymbol{Bx}^{(k-1)}+\boldsymbol{g},\quad k=1,2,\cdots.$$

与这个迭代序列相应的迭代法称为 **Jacobi 迭代法**,这是一种最简单的迭代法.

例 4.6.9　用 Jacobi 迭代法求解方程组

$$\begin{cases}4x_1+x_2+x_3+x_4+x_5=8,\\ x_1+x_2=2,\\ x_1+2x_3=3,\\ x_1+4x_4=5,\\ x_1+5x_5=6.\end{cases}$$

解　可以算出

$$\boldsymbol{B}=-\begin{pmatrix}0&0.25&0.25&0.25&0.25\\1&0&&&\\0.5&&0&&\\0.25&&&0&\\0.2&&&&0\end{pmatrix},\quad \boldsymbol{g}=\begin{pmatrix}2\\2\\1.5\\1.25\\1.2\end{pmatrix}.$$

取 $\boldsymbol{x}^{(0)}=(-1,-2,0,-2,3)^{\mathrm{T}}$,通过迭代(保留 3 位小数)得到

$$\boldsymbol{x}^{(10)}=\begin{pmatrix}0.945\\0.929\\0.965\\0.982\\0.986\end{pmatrix},\quad \boldsymbol{x}^{(18)}=\begin{pmatrix}0.997\\0.996\\0.998\\0.999\\0.999\end{pmatrix},\quad \boldsymbol{x}^{(20)}=\begin{pmatrix}0.998\\0.998\\0.999\\1.000\\1.000\end{pmatrix}.$$

而精确解是 $\boldsymbol{x}=(1,1,1,1,1)^{\mathrm{T}}$.

由于迭代法进行过程中不改变迭代矩阵,同时整个计算只用到矩阵和向量乘法,因此可以有效地利用矩阵的稀疏性节约计算量. 在这个例子中,用 Jacobi 方法迭代 20 次与用 Gauss 消元法的计算量相当,也就是说,在矩阵的阶数较低时,迭代法并不见得有优越性. 但是对大型稀疏矩阵,两者的效率是无可比拟的. 随着应用性问题中归结的方程组的阶在近一二十年中加速膨胀,当今,迭代法的实际使用价值远远超过了传统的 Gauss 消元法,已经成为求解方程组最基本和最重要的方法.

习　题

1. 求下列齐次线性方程组的通解:

(1) $\begin{cases}x_1-x_2+5x_3-x_4=0,\\ x_1+x_2-2x_3+3x_4=0,\\ 3x_1-x_2+8x_3+x_4=0,\\ x_1+3x_2-9x_3+7x_4=0;\end{cases}$　　(2) $\begin{cases}2x-5y+4z+u+v=0,\\ x-2y+z-u+v=0,\\ x-4y+6z+2u-v=0.\end{cases}$

2. 下列线性方程组当 a,b 取何值时有解？并在有解时写出它的通解．

$$\begin{cases}x_1+x_2+x_3+x_4+x_5=1,\\3x_1+2x_2+x_3+x_4-3x_5=a,\\x_2+2x_3+2x_4+6x_5=3,\\5x_1+4x_2+3x_3+3x_4-x_5=b.\end{cases}$$

3. 求下列非齐次线性方程组的通解：

（1）$\begin{cases}x_1-x_2+x_3-x_4=1,\\x_1-x_2-x_3+x_4=0,\\2x_1-2x_2-4x_3+4x_4=-1;\end{cases}$　（2）$\begin{cases}x+y-3z+u=5,\\2x-y+z-2u=2,\\7x+y-7z+3u=3;\end{cases}$

（3）$\begin{cases}x_1-2x_2+x_3+2x_4=-2,\\2x_1+3x_2-x_3-5x_4=9,\\5x_1-3x_2+2x_3+x_4=3.\end{cases}$

4. 设三阶非零方阵 $\boldsymbol{B}$ 的每一列向量都是线性方程组

$$\begin{cases}x+2y-2z=0,\\2x-y+\lambda z=0,\\3x+y-z=0\end{cases}$$

的解．

（1）求 λ 的值；

（2）证明 $|\boldsymbol{B}|=0$.

5. 问数 k 为何值时，线性方程组

$$\begin{cases}kx+y+z=1,\\x+ky+z=k,\\x+y+kz=k^2\end{cases}$$

分别有唯一解、无穷多组解和无解？

6. 问 a,b 为何值时，线性方程组

$$\begin{cases}x+y-z=1,\\2x+(a+2)y-(b+2)z=3,\\-3ay+(a+2b)z=-3\end{cases}$$

分别有唯一的解、无穷多组解和无解？

7. 设 $\{\boldsymbol{a}_1,\boldsymbol{a}_2,\cdots,\boldsymbol{a}_r\}$ 是一组线性无关的向量，$\boldsymbol{b}_i=\sum\limits_{j=1}^{r}c_{ij}\boldsymbol{a}_j(i=1,2,\cdots,r)$，证明：向量组 $\{\boldsymbol{b}_1,\boldsymbol{b}_2,\cdots,\boldsymbol{b}_r\}$ 线性无关的充要条件为

$$\begin{vmatrix}c_{11}&c_{12}&\cdots&c_{1r}\\c_{21}&c_{22}&\cdots&c_{2r}\\\vdots&\vdots&&\vdots\\c_{r1}&c_{r2}&\cdots&c_{rr}\end{vmatrix}\neq 0.$$

8. 设 $\boldsymbol{a}_1=(1+\lambda,1,1)^{\mathrm{T}}$，$\boldsymbol{a}_2=(1,1+\lambda,1)^{\mathrm{T}}$，$\boldsymbol{a}_3=(1,1,1+\lambda)^{\mathrm{T}}$，$\boldsymbol{b}=(0,\lambda,\lambda^2)^{\mathrm{T}}$. 问当 λ 为何值时，

(1) $\boldsymbol{b}$ 可由 $\boldsymbol{a}_1,\boldsymbol{a}_2,\boldsymbol{a}_3$ 线性表示,且表达式唯一?

(2) $\boldsymbol{b}$ 可由 $\boldsymbol{a}_1,\boldsymbol{a}_2,\boldsymbol{a}_3$ 线性表示,但表达式不唯一?

(3) $\boldsymbol{b}$ 不能由 $\boldsymbol{a}_1,\boldsymbol{a}_2,\boldsymbol{a}_3$ 线性表示?

9. 已知线性方程组

$$\begin{cases} x_1+2x_2+x_3+2x_4=0, \\ x_2+cx_3+cx_4=0, \\ x_1+cx_2+x_4=0 \end{cases}$$

的解的全体的秩为 2,求该方程组的通解.

10. 已知线性方程组 $\begin{cases} x_1+2x_2+3x_3=0, \\ 2x_1+3x_2+5x_3=0, \\ x_1+x_2+ax_3=0 \end{cases}$ 与 $\begin{cases} x_1+bx_2+cx_3=0, \\ 2x_1+b^2x_2+(c+1)x_3=0 \end{cases}$ 同解,求 a,b,c 的值.

11. 设 $\boldsymbol{A}$ 为 n 阶非零方阵. 证明:存在 n 阶非零方阵 $\boldsymbol{B}$,使得 $\boldsymbol{AB}=\boldsymbol{O}$ 的充要条件是 $\boldsymbol{A}$ 的行列式 $|\boldsymbol{A}|=0$.

12. 证明:平面上三条互异直线 $ax+by+c=0,bx+cy+a=0,cx+ay+b=0$ 交于一点的充要条件是 $a+b+c=0$.

13. 用 Gauss 消元法解线性方程组

$$\begin{cases} 2x_1-x_2-x_3=4, \\ 3x_1+4x_2-2x_3=11, \\ 3x_1-2x_2+4x_3=11. \end{cases}$$

第五章
线性变换、特征值和二次型

线性代数的主要研究对象是线性空间之间的线性变换，本章将介绍线性空间和线性变换的概念，说明线性变换如何用矩阵作具体表示．上一章介绍的解线性方程组实际上就是求线性变换下某个元素的原像．为了用尽量简单的矩阵表示某个线性变换，需要借助相应的特征值和特征向量的方法．对一些重要的矩阵，如正规矩阵，其特征也可通过特征值和特征向量表示出来，利用特征值的方法还可以将二次型化为标准形.

本章将以线性变换为出发点，以特征值问题为核心，并将延伸到二次型，展开一系列讨论．

§1 线性空间

线性空间

在第四章中我们已经看到，以矩阵为工具讨论线性方程组具有极大的便利．但历史上，矩阵的引进却并非是由于求解方程组，而是为了表达几何变换，以后才发现它在整个数学理论中的重大作用.

所谓"几何变换"，说得通俗点，是指按某一规则，将空间中一个几何图形（各种点、线、面、体等）转换为另一个几何图形．几何变换的思想不但在数学理论研究中非常重要，而且在实际中广泛应用．例如，计算机辅助设计的基础就是几何变换．讨论几何变换，就需要对向量空间的概念进行推广，使其更具有一般性.

$\mathbf{R}^n$ 是 n 维实向量全体组成的集合，其元素间可作加法和数乘两种运算，而且它们满足一些基本运算规律（本章所提到的向量，除非特别说明，皆用列向量表示）．在数学和其他科学中还有许多研究对象，虽然它们并不一定能用 n 元有序数组构成的向量来表示，但从数量关系上看，他们组成的集合中，不仅具有与上述结构类似的两种运算，而且这两种运算也满足与上述运算类似的基本运算规律．为了进行普遍性的研究，把这些对象从代数运算的角度统一起来，根据运算的基本性质，用公理的形式给出如下的一般定义（本节中 $\mathbf{K}$ 表示 $\mathbf{R}$ 或 $\mathbf{C}$，$\mathbf{K}^n$ 表示 $\mathbf{R}^n$ 或 $\mathbf{C}^n$）：

定义 5.1.1 设 V 是一个非空集合．若在 V 中元素之间定义了加法运算，即对 V 中任何

两元素 $\boldsymbol{x},\boldsymbol{y}$，存在 V 中唯一的元素与之对应，记作 $\boldsymbol{x}+\boldsymbol{y}$；而且在 $\mathbf{K}$ 中元素和 V 中元素之间定义了数乘运算，即对 V 中任何元素 $\boldsymbol{x}$ 和 $\mathbf{K}$ 中任何元素 λ，存在 V 中唯一的元素与之对应，记作 $\lambda\cdot\boldsymbol{x}$（也简记作 $\lambda\boldsymbol{x}$）. 它们满足

（1）（**加法交换律**）　对于任意 $\boldsymbol{x},\boldsymbol{y}\in V$，$\boldsymbol{x}+\boldsymbol{y}=\boldsymbol{y}+\boldsymbol{x}$；

（2）（**加法结合律**）　对于任意 $\boldsymbol{x},\boldsymbol{y},\boldsymbol{z}\in V$，$(\boldsymbol{x}+\boldsymbol{y})+\boldsymbol{z}=\boldsymbol{x}+(\boldsymbol{y}+\boldsymbol{z})$；

（3）（**零元**）　存在 $\boldsymbol{0}\in V$，使得对于任意 $\boldsymbol{x}\in V$，$\boldsymbol{x}+\boldsymbol{0}=\boldsymbol{0}+\boldsymbol{x}=\boldsymbol{x}$；

（4）（**负元**）　对于任意 $\boldsymbol{x}\in V$，存在 $\boldsymbol{y}\in V$，使得 $\boldsymbol{x}+\boldsymbol{y}=\boldsymbol{y}+\boldsymbol{x}=\boldsymbol{0}$；

（5）（**恒等数乘**）　对于任意 $\boldsymbol{x}\in V$，$1\cdot\boldsymbol{x}=\boldsymbol{x}$；

（6）（**数乘结合律**）　对于任意 $\lambda,\mu\in\mathbf{K}$ 和 $\boldsymbol{x}\in V$，

$$(\lambda\mu)\boldsymbol{x}=\lambda(\mu\boldsymbol{x});$$

（7）（**数乘关于加法的分配律**）　对于任意 $\lambda,\mu\in\mathbf{K}$ 和 $\boldsymbol{x},\boldsymbol{y}\in V$，

$$(\lambda+\mu)\boldsymbol{x}=\lambda\boldsymbol{x}+\mu\boldsymbol{x};\quad \lambda(\boldsymbol{x}+\boldsymbol{y})=\lambda\boldsymbol{x}+\lambda\boldsymbol{y}.$$

则称 V 为（$\mathbf{K}$ 上的）**线性空间**. 称满足(3)的 $\boldsymbol{0}$ 为 V 的**零元**，称满足(4)的 $\boldsymbol{y}$ 为 $\boldsymbol{x}$ 的**负元**，记为 $-\boldsymbol{x}$.

若 V_1 是 V 的非空子集，且 V_1 关于 V 中定义的加法和数乘运算封闭，即对任意的 $\boldsymbol{x},\boldsymbol{y}\in V_1$ 和 $\lambda\in\mathbf{K}$，有 $\boldsymbol{x}+\boldsymbol{y}\in V_1$，$\lambda\boldsymbol{x}\in V_1$，则称 V_1 为 V 的**线性子空间**(简称**子空间**).

实际上，此时 V_1 也是线性空间. 线性空间 V 至少有两个子空间，一个是 V 中的零元 $\{\boldsymbol{0}\}$ 构成的子空间，另一个是 V 自身.

显然，向量空间 $\mathbf{R}^n(\mathbf{C}^n)$ 是 $\mathbf{R}(\mathbf{C})$ 上的线性空间；$m\times n$ 矩阵全体 $\mathbf{R}^{m\times n}(\mathbf{C}^{m\times n})$ 按矩阵的加法和数乘运算，成为 $\mathbf{R}(\mathbf{C})$ 上的线性空间. 但是，线性空间却包括了比通常意义下的向量空间更广泛的对象，这里的主要区别有两点：

第一，尽管采用了相同的记号，但线性空间中的元素未必是普通意义下的向量(即有序数组)，它可以是多项式、函数甚至是抽象的符号.

第二，线性空间中的加法和数乘对不同的具体空间有不同的含义，有的比较自然，有的甚至完全是人为定义的，虽然借用了“加法”和“乘法”的运算符号和名称，但可能与我们通常熟悉的加法与乘法运算大不相同.

下面我们来看一些例子.

例 5.1.1　记 P_n 为不超过 n 次的实系数多项式全体，即

$$P_n=\{a_nx^n+a_{n-1}x^{n-1}+\cdots+a_1x+a_0\mid a_0,a_1,\cdots,a_n\in\mathbf{R}\},$$

规定 P_n 中的加法和数乘即为普通的多项式加法和多项式与常数相乘.

显然，对于任意 $p(x),q(x)\in P_n$ 和 $\lambda\in\mathbf{R}$，有 $p(x)+q(x)\in P_n$ 和 $\lambda p(x)\in P_n$. P_n 中关于加法的零元是**零多项式**(即 $p(x)\equiv0$)，$p(x)$ 的负元是 $-p(x)\in P_n$. 而 $1\in\mathbf{R}$ 对于任意 $p(x)\in P_n$，都成立 $1\cdot p(x)=p(x)$. 容易验证，P_n 为 $\mathbf{R}$ 上的线性空间.

注　记 $\widetilde{P}_n$ 为 n 次实系数多项式全体，即

$$\widetilde{P}_n=\{a_nx^n+a_{n-1}x^{n-1}+\cdots+a_1x+a_0\mid a_0,a_1,\cdots,a_n\in\mathbf{R},a_n\neq0\}.$$

由于对于任意 $p(x),q(x)\in\widetilde{P}_n$，未必有 $p(x)+q(x)\in\widetilde{P}_n$，所以 $\widetilde{P}_n$ 不是线性空间.

例 5.1.2　记 $C[a,b]$ 为定义在 $[a,b]$ 上的实值连续函数全体，定义 $C[a,b]$ 中的加法和

数乘为普通的函数相加和函数与常数相乘．与例 5.1.1 完全类似地，$C[a,b]$ 是 $\mathbf{R}$ 上的线性空间．

记 $C^{(n)}[a,b]$ 为 $[a,b]$ 上具有 n 阶连续导数的实值函数全体，则易知它按 $C[a,b]$ 中定义的加法和数乘运算封闭，因此它是 $C[a,b]$ 的子空间．

例 5.1.3　考虑 $\mathbf{R}^3$ 的子集

$$S=\{\boldsymbol{x}\mid \boldsymbol{x}=(x_1,x_2,x_3)^{\mathrm{T}}\in\mathbf{R}^3,\text{且 } x_1=x_2+x_3\}.$$

因为对于任意 $\boldsymbol{x}=(x_1,x_2,x_3)^{\mathrm{T}},\boldsymbol{y}=(y_1,y_2,y_3)^{\mathrm{T}}\in S$，有 $x_1=x_2+x_3$ 和 $y_1=y_2+y_3$，于是 $x_1+y_1=(x_2+y_2)+(x_3+y_3)$，因此

$$\boldsymbol{x}+\boldsymbol{y}=(x_1+y_1,x_2+y_2,x_3+y_3)^{\mathrm{T}}\in S.$$

此外，对于任意 $\lambda\in\mathbf{R}$，及 $\boldsymbol{x}=(x_1,x_2,x_3)^{\mathrm{T}}\in S$，由于 $x_1=x_2+x_3$，所以 $\lambda x_1=\lambda x_2+\lambda x_3$，因此

$$\lambda\boldsymbol{x}=(\lambda x_1,\lambda x_2,\lambda x_3)^{\mathrm{T}}\in S.$$

这说明 S 关于加法和数乘封闭，所以 S 是 $\mathbf{R}^3$ 的子空间．

例 5.1.4　考虑 $\mathbf{R}^n$ 的子集

$$S=\{\boldsymbol{x}\mid\boldsymbol{x}=(x_1,x_2,\cdots,x_n)^{\mathrm{T}}\in\mathbf{R}^n,\text{且 } x_n=\alpha\text{ 为常数}\}.$$

对于任意 $\boldsymbol{x}=(x_1,x_2,\cdots,x_n)^{\mathrm{T}},\boldsymbol{y}=(y_1,y_2,\cdots,y_n)^{\mathrm{T}}\in S$，有 $x_n+y_n=2\alpha$；对于任意 $\lambda\in\mathbf{R}$，有 $\lambda x_n=\lambda\alpha$．因此，只有 $\alpha=0$ 时，S 才是 $\mathbf{R}^n$ 的子空间．

例 5.1.5　对于给定的实 $m\times n$ 矩阵 $\boldsymbol{A}$，考虑以 $\boldsymbol{A}$ 为系数矩阵的齐次方程组的解全体

$$S=\{\boldsymbol{x}\in\mathbf{R}^n\mid\boldsymbol{A}\boldsymbol{x}=\boldsymbol{0}\}.$$

由于对于任意 $\boldsymbol{x},\boldsymbol{y}\in S$，有 $\boldsymbol{A}\boldsymbol{x}=\boldsymbol{0}$ 和 $\boldsymbol{A}\boldsymbol{y}=\boldsymbol{0}$，于是 $\boldsymbol{A}(\boldsymbol{x}+\boldsymbol{y})=\boldsymbol{0}$，即 $\boldsymbol{x}+\boldsymbol{y}\in S$．此外，对于任意 $\lambda\in\mathbf{R}$，有 $\boldsymbol{A}(\lambda\boldsymbol{x})=\lambda(\boldsymbol{A}\boldsymbol{x})=\boldsymbol{0}$，即 $\lambda\boldsymbol{x}\in S$．因此，$S$ 关于加法和数乘封闭．

于是，以 $\boldsymbol{A}$ 为系数矩阵的齐次方程组的解的全体构成 $\mathbf{R}^n$ 的一个子空间，称作 $\boldsymbol{A}$ 的**零空间**．

例 5.1.6　对于给定的实 $m\times n$ 矩阵 $\boldsymbol{A}$，考虑 $\boldsymbol{A}$ 的列向量的一切线性组合全体

$$S=\{\boldsymbol{x}\mid\boldsymbol{x}=\boldsymbol{A}\boldsymbol{a},\boldsymbol{a}\in\mathbf{R}^n\}.$$

显然，对于任意 $\boldsymbol{x},\boldsymbol{y}\in S$，存在 $\boldsymbol{a},\boldsymbol{b}\in\mathbf{R}^n$ 使得 $\boldsymbol{x}=\boldsymbol{A}\boldsymbol{a}$ 和 $\boldsymbol{y}=\boldsymbol{A}\boldsymbol{b}$，因此有 $\boldsymbol{a}+\boldsymbol{b}\in\mathbf{R}^n$ 满足 $\boldsymbol{x}+\boldsymbol{y}=\boldsymbol{A}(\boldsymbol{a}+\boldsymbol{b})$，由 S 的定义，即知 $\boldsymbol{x}+\boldsymbol{y}\in S$．此外，对于任意 $\lambda\in\mathbf{R}$，$\lambda\boldsymbol{x}=\lambda(\boldsymbol{A}\boldsymbol{a})=\boldsymbol{A}(\lambda\boldsymbol{a})$，即 $\lambda\boldsymbol{x}\in S$．因此，$S$ 关于加法和数乘封闭．

于是，$\boldsymbol{A}$ 的列向量的一切线性组合全体构成 $\mathbf{R}^m$ 的一个子空间，称作 $\boldsymbol{A}$ 的**秩空间**．

线性空间有如下基本性质．

定理 5.1.1　若 V 是 $\mathbf{K}$ 上的线性空间，则

(1) V 中的零元 $\boldsymbol{0}$ 是唯一的；

(2) 对于任意 $\boldsymbol{x}\in V$，$\boldsymbol{x}$ 的负元是唯一的；

(3) 若 $\boldsymbol{x},\boldsymbol{y},\boldsymbol{z}\in V$ 满足 $\boldsymbol{x}+\boldsymbol{y}=\boldsymbol{x}+\boldsymbol{z}$，则 $\boldsymbol{y}=\boldsymbol{z}$；

(4) 对于任意 $\boldsymbol{x}\in V$，$0\boldsymbol{x}=\boldsymbol{0}$，$(-1)\boldsymbol{x}=-\boldsymbol{x}$；

(5) 对于任意 $\lambda\in\mathbf{K}$，$\lambda\boldsymbol{0}=\boldsymbol{0}$．如果对于某个 $\lambda\in\mathbf{K}$ 和 $\boldsymbol{x}\in V$ 成立 $\lambda\boldsymbol{x}=\boldsymbol{0}$，则 $\lambda=0$ 或 $\boldsymbol{x}=\boldsymbol{0}$．

证　(1) 若 $\boldsymbol{0}_1$ 与 $\boldsymbol{0}_2$ 都是 V 中的零元，所以由零元的定义

$$\boldsymbol{0}_1=\boldsymbol{0}_1+\boldsymbol{0}_2=\boldsymbol{0}_2.$$

这就说明了零元的唯一性．

(2) 对于任意 $\boldsymbol{x}\in V$，若 $\boldsymbol{y}$ 与 $\boldsymbol{z}$ 都是 $\boldsymbol{x}$ 的负元，则由负元的定义，$\boldsymbol{x}+\boldsymbol{y}=\boldsymbol{0}$，$\boldsymbol{x}+\boldsymbol{z}=\boldsymbol{0}$，因此

$$\boldsymbol{y}=\boldsymbol{y}+\boldsymbol{0}=\boldsymbol{y}+(\boldsymbol{x}+\boldsymbol{z})=(\boldsymbol{y}+\boldsymbol{x})+\boldsymbol{z}=(\boldsymbol{x}+\boldsymbol{y})+\boldsymbol{z}=\boldsymbol{0}+\boldsymbol{z}=\boldsymbol{z}.$$

这就说明了负元的唯一性.

(3) 由假设得

$$(-\boldsymbol{x})+(\boldsymbol{x}+\boldsymbol{y})=(-\boldsymbol{x})+(\boldsymbol{x}+\boldsymbol{z}),$$

由结合律得

$$(-\boldsymbol{x}+\boldsymbol{x})+\boldsymbol{y}=(-\boldsymbol{x}+\boldsymbol{x})+\boldsymbol{z},$$

即

$$\boldsymbol{0}+\boldsymbol{y}=\boldsymbol{0}+\boldsymbol{z},$$

因此 $\boldsymbol{y}=\boldsymbol{z}$.

(4) 只证明 $0\boldsymbol{x}=\boldsymbol{0}$，另一个结论的证明类似．由分配律得

$$0\boldsymbol{x}=(0+0)\boldsymbol{x}=0\boldsymbol{x}+0\boldsymbol{x},$$

再由(3)知 $0\boldsymbol{x}=\boldsymbol{0}$.

(5) 的证明作为习题留给读者.

证毕

由于线性空间是通常向量空间在更一般意义下的推广，因此也常称线性空间为**向量空间**，称线性空间的元素为**向量**．称零元为**零向量**；称一个向量的负元为其**负向量**.

与普通向量空间类似，我们可以讨论线性空间中的向量间的线性关系．要注意的是，以下的求和号和乘积均表示线性空间中所定义的加法和数乘运算.

定义 5.1.2 (1) 设 $\{\boldsymbol{a}_j\}_{j=1}^m$ 是 $\mathbf{K}$ 上的线性空间 V 中的一组向量，$\lambda_j\in\mathbf{K}(j=1,2,\cdots,m)$，称

$$\sum_{j=1}^m \lambda_j\boldsymbol{a}_j$$

为这组向量的**线性组合**，称 $\{\lambda_j\}_{j=1}^m$ 为相应的**组合系数**．记

$$\mathrm{Span}\{\boldsymbol{a}_1,\boldsymbol{a}_2,\cdots,\boldsymbol{a}_m\}=\left\{\sum_{j=1}^m\lambda_j\boldsymbol{a}_j\,\middle|\,\lambda_j\in\mathbf{K},j=1,2,\cdots,m\right\},$$

它称为 $\boldsymbol{a}_1,\boldsymbol{a}_2,\cdots,\boldsymbol{a}_m$ **张成的子空间**(可以证明它确实是 V 的子空间).

对 $\boldsymbol{b}\in V$，若存在 $\{\boldsymbol{a}_j\}_{j=1}^m$ 的线性组合使得

$$\boldsymbol{b}=\sum_{j=1}^m\lambda_j\boldsymbol{a}_j,$$

则称 $\boldsymbol{b}$ 可以由向量组 $\{\boldsymbol{a}_j\}_{j=1}^m$ **线性表示**.

(2) 对向量组 $\{\boldsymbol{a}_j\}_{j=1}^m$，若存在一组不全为零的组合系数 $\{\lambda_j\}_{j=1}^m$ 使得

$$\sum_{j=1}^m\lambda_j\boldsymbol{a}_j=\boldsymbol{0},$$

则称这组向量**线性相关**．否则称这组向量**线性无关**.

向量的线性关系的有关性质，如定理 4.4.1，4.4.3，4.4.4，对于线性空间的线性关系依然成立．读者可以自行验证.

例 5.1.7 设 $f_1,f_2,\cdots,f_n\in C^{(n-1)}[a,b]$，定义

$$W[f_1,f_2,\cdots,f_n]=\begin{vmatrix} f_1 & f_2 & \cdots & f_n \\ f_1' & f_2' & \cdots & f_n' \\ \vdots & \vdots & & \vdots \\ f_1^{(n-1)} & f_2^{(n-1)} & \cdots & f_n^{(n-1)} \end{vmatrix},$$

它称为 $f_1,f_2,\cdots,f_n$ 的 **Wronsky(朗斯基)行列式**. 证明:若有 $x_0\in[a,b]$,使得 $W[f_1,f_2,\cdots,f_n](x_0)\neq 0$,则 $f_1,f_2,\cdots,f_n$ 线性无关.

证　用反证法. 若 $f_1,f_2,\cdots,f_n$ 线性相关,则存在不全为零的常数 $\lambda_1,\lambda_2,\cdots,\lambda_n$,使得

$$\lambda_1 f_1(x)+\lambda_2 f_2(x)+\cdots+\lambda_n f_n(x)=0,\quad x\in[a,b].$$

对上式逐次求导得,对于 $x\in[a,b]$ 成立

$$\lambda_1 f_1^{(j)}(x)+\lambda_2 f_2^{(j)}(x)+\cdots+\lambda_n f_n^{(j)}(x)=0,\quad j=1,2,\cdots,n-1.$$

特别地,在 x_0 点有

$$\begin{cases} \lambda_1 f_1(x_0)+\lambda_2 f_2(x_0)+\cdots+\lambda_n f_n(x_0)=0, \\ \lambda_1 f_1'(x_0)+\lambda_2 f_2'(x_0)+\cdots+\lambda_n f_n'(x_0)=0, \\ \cdots\cdots\cdots\cdots \\ \lambda_1 f_1^{(n-1)}(x_0)+\lambda_2 f_2^{(n-1)}(x_0)+\cdots+\lambda_n f_n^{(n-1)}(x_0)=0. \end{cases}$$

这说明以

$$\begin{pmatrix} f_1(x_0) & f_2(x_0) & \cdots & f_n(x_0) \\ f_1'(x_0) & f_2'(x_0) & \cdots & f_n'(x_0) \\ \vdots & \vdots & & \vdots \\ f_1^{(n-1)}(x_0) & f_2^{(n-1)}(x_0) & \cdots & f_n^{(n-1)}(x_0) \end{pmatrix}$$

为系数矩阵的线性方程组有非零解,因此这个系数矩阵的行列式为0,即 $W[f_1,f_2,\cdots,f_n](x_0)=0$. 这与假设矛盾.

证毕

注　(1) 在上例中,如果将区间 $[a,b]$ 改为 $(-\infty,+\infty)$ 等区间,相同结论也成立.

(2) 由上例立即得出,若 $f_1,f_2,\cdots,f_n$ 在区间 $[a,b]$ 上线性相关,则在 $[a,b]$ 上成立 $W[f_1,f_2,\cdots,f_n](x)\equiv 0$. 但 $W[f_1,f_2,\cdots,f_n](x)\equiv 0\,(x\in[a,b])$ 并不能推出 $f_1,f_2,\cdots,f_n$ 线性相关,这由下例便可知道.

例 5.1.8　问 $C^{(1)}[-1,1]$ 中的函数 $f_1(x)=x^2$ 与 $f_2(x)=x|x|$ 是线性相关还是线性无关?

解　设有常数 λ_1,λ_2 使得

$$\lambda_1 f_1(x)+\lambda_2 f_2(x),\quad x\in[-1,1],$$

即

$$\lambda_1 x^2+\lambda_2 x\,|x|=0,\quad x\in[-1,1],$$

则上式在 $x=\dfrac{1}{2}$ 与 $x=-\dfrac{1}{2}$ 点处分别为

$$\frac{1}{4}\lambda_1+\frac{1}{4}\lambda_2=0,\quad \frac{1}{4}\lambda_1-\frac{1}{4}\lambda_2=0,$$

因此 $\lambda_1=\lambda_2=0$. 所以 f_1 与 f_2 线性无关.

注意此时

$$W[f_1,f_2](x)=\begin{vmatrix} x^2 & x|x| \\ 2x & 2|x| \end{vmatrix}\equiv 0,\quad x\in[-1,1].$$

例 5.1.9 证明 $f_1(x)=e^x, f_2(x)=e^{2x}, f_3(x)=e^{3x}$ 在 $(-\infty,+\infty)$ 上线性无关.

证 因为

$$W[f_1,f_2,f_2](x)=\begin{vmatrix} e^x & e^{2x} & e^{3x} \\ e^x & 2e^{2x} & 3e^{3x} \\ e^x & 4e^{2x} & 9e^{3x} \end{vmatrix}=2e^{6x}\neq 0,$$

所以由例 5.1.7 可知，f_1,f_2,f_3 在 $(-\infty,+\infty)$ 上线性无关.

证毕

线性空间的基与坐标

有了线性空间中向量间的线性相关和线性无关的概念，就可以定义线性空间的基、坐标和维数.

定义 5.1.3 设 $\{\boldsymbol{a}_j\}_{j=1}^n$ 是 $\mathbf{K}$ 上线性空间 V 中的一组向量，满足

(1) $\{\boldsymbol{a}_j\}_{j=1}^n$ 线性无关；

(2) V 中的任何一个向量 $\boldsymbol{x}$ 都可以用 $\{\boldsymbol{a}_j\}_{j=1}^n$ 线性表示，即存在一组组合系数 $\alpha_1, \alpha_2,\cdots,\alpha_n\in\mathbf{K}$，使得

$$\boldsymbol{x}=\alpha_1\boldsymbol{a}_1+\alpha_2\boldsymbol{a}_2+\cdots+\alpha_n\boldsymbol{a}_n,$$

则称 $\{\boldsymbol{a}_j\}_{j=1}^n$ 为 V 中的一组基，称 $(\alpha_1,\alpha_2,\cdots,\alpha_n)^{\mathrm{T}}(\in\mathbf{K}^n)$ 为 $\boldsymbol{x}$ 在基 $\{\boldsymbol{a}_j\}_{j=1}^n$ 下的**坐标向量**，简称**坐标**. $\{\boldsymbol{a}_j\}_{j=1}^n$ 中的向量个数 n 称为线性空间 V 的**维数**，记为 $\dim V$，即 $\dim V=n$. 这时也称 V 为 **n 维线性空间**.

如上定义的 n 维线性空间 V 的维数是有限的，因此也称 V 为**有限维线性空间**.

还是以我们生活的空间 $\mathbf{R}^3$ 为例. 该空间中的任意点 $\boldsymbol{x}$ 可由向量

$$\boldsymbol{e}_1=(1,0,0)^{\mathrm{T}},\quad \boldsymbol{e}_2=(0,1,0)^{\mathrm{T}},\quad \boldsymbol{e}_3=(0,0,1)^{\mathrm{T}}$$

的线性组合得到，实际上

$$\boldsymbol{x}=(x_1,x_2,x_3)^{\mathrm{T}}=x_1\boldsymbol{e}_1+x_2\boldsymbol{e}_2+x_3\boldsymbol{e}_3.$$

而 $\boldsymbol{e}_1,\boldsymbol{e}_2,\boldsymbol{e}_3$ 显然线性无关，所以 $\{\boldsymbol{e}_1,\boldsymbol{e}_2,\boldsymbol{e}_3\}$ 是 $\mathbf{R}^3$ 的一组基. 注意空间 $\mathbf{R}^3$ 的维数是 3，这就是“三维空间”的数学含义. 由于 $\boldsymbol{x}$ 在 $\{\boldsymbol{e}_1,\boldsymbol{e}_2,\boldsymbol{e}_3\}$ 下的坐标就是 $\boldsymbol{x}$ 的分量，或者说，$\boldsymbol{x}$ 在 $\{\boldsymbol{e}_1,\boldsymbol{e}_2,\boldsymbol{e}_3\}$ 下的坐标向量就是 $\boldsymbol{x}$ 本身，因此称 $\{\boldsymbol{e}_1,\boldsymbol{e}_2,\boldsymbol{e}_3\}$ 为**自然基**. 事实上对于 $\mathbf{R}^n$，同样的结论也成立，它是实 n 维空间，其基可取为 $\{\boldsymbol{e}_1,\boldsymbol{e}_2,\cdots,\boldsymbol{e}_n\}$（$\boldsymbol{e}_i$ 的定义见第四章第一节），也称其为 $\mathbf{R}^n$ 的自然基.

线性空间的基实际上就是这个空间的一个极大无关组，维数就是极大无关组中含有的向量个数. 与向量组中的任意一个极大无关组所含的向量个数相同一样，在线性空间中与定理 4.5.2 相应的结论依然成立，即线性空间的维数是唯一确定的.

有限维线性空间的维数是确定的，但基并不是唯一的. 例如，任意的 $\boldsymbol{x}=(x_1,x_2,x_3)^{\mathrm{T}}\in\mathbf{R}^3$ 也可以通过线性无关的向量 $\boldsymbol{a}_1=(1,0,0)^{\mathrm{T}},\boldsymbol{a}_2=(1,1,0)^{\mathrm{T}},\boldsymbol{a}_3=(1,1,1)^{\mathrm{T}}$ 的线性组合

$$\boldsymbol{x}=(x_1-x_2)\boldsymbol{a}_1+(x_2-x_3)\boldsymbol{a}_2+x_3\boldsymbol{a}_3$$

得到．$\{\boldsymbol{a}_1,\boldsymbol{a}_2,\boldsymbol{a}_3\}$同样也是$\mathbf{R}^3$的一组基,但$\boldsymbol{x}$在这组基下的坐标向量不再是$(x_1,x_2,x_3)^{\mathrm{T}}$,而是变成了$(x_1-x_2,x_2-x_3,x_3)^{\mathrm{T}}$. 这只是同一个对象的不同表示,并不意味着向量$\boldsymbol{x}$本身有所改变,这点需要特别注意.

容易知道,例 5.1.3 中的向量空间$S=\{\boldsymbol{x}\,|\,\boldsymbol{x}\in\mathbf{R}^3$,且$x_1=x_2+x_3\}$的维数是 2,它的一组基为$\{(1,1,0)^{\mathrm{T}},(1,0,1)^{\mathrm{T}}\}$;而例 5.1.4 中的向量空间$S=\{\boldsymbol{x}\,|\,\boldsymbol{x}\in\mathbf{R}^n$,且$x_n=0\}$的维数是$n-1$,它的一组基可取为$\mathbf{R}^n$中自然基的前$n-1$个,即$\{\boldsymbol{e}_1,\boldsymbol{e}_2,\cdots,\boldsymbol{e}_{n-1}\}$.

由第四章线性方程组的理论可以知道,例 5.1.5 所示的$\boldsymbol{A}$的零空间的维数是$n-\mathrm{rank}(\boldsymbol{A})$,而齐次线性方程组$\boldsymbol{Ax}=\boldsymbol{0}$的任意一组基础解系都是它的一组基．例 5.1.6 所示的$\boldsymbol{A}$的秩空间的维数显然是$\mathrm{rank}(\boldsymbol{A})$(这正是“秩空间”名称的由来),$\boldsymbol{A}$的列向量中的任意一个极大无关组都是它的一组基.

例 5.1.10　设$\{\boldsymbol{a}_j\}_{j=1}^k$是$\mathbf{R}^n$中一组线性无关的向量,

$$S=\left\{\sum_{j=1}^{k}\lambda_j\boldsymbol{a}_j\,\middle|\,\lambda_j\in\mathbf{R},j=1,2,\cdots,k\right\}=\mathrm{Span}\{\boldsymbol{a}_1,\boldsymbol{a}_2,\cdots,\boldsymbol{a}_k\},$$

$$T=\{\boldsymbol{x}\,|\,\boldsymbol{x}=(x_1,x_2,\cdots,x_n)^{\mathrm{T}}\in S,x_n=0\},$$

证明:T是$\mathbf{R}^n$中的k维或$k-1$维线性子空间.

证　显然,$\dim S=k$,且T是S的线性子空间．如果对任何$\boldsymbol{x}=(x_1,x_2,\cdots,x_n)^{\mathrm{T}}\in S$,均有$x_n=0$,则$T=S$,即$T$是$\mathbf{R}^n$中的$k$维线性子空间.

否则,不妨设$\boldsymbol{a}_1=(x_1,x_2,\cdots,x_n)^{\mathrm{T}}$满足$x_n\neq 0$. 对$j=2,\cdots,k$,取$\lambda_j\in\mathbf{R}$,使得$\boldsymbol{a}_j-\lambda_j\boldsymbol{a}_1$的第$n$个坐标为 0. 易知$\{\boldsymbol{a}_j-\lambda_j\boldsymbol{a}_1\,|\,j=2,\cdots,k\}$是$T$中$k-1$个线性无关的向量,因此$T$的维数不小于$k-1$,但此时$T$是$S$的真子空间(即$T$是$S$的真子集,且为$S$的子空间),故$T$的维数小于$S$的维数,从而$T$的维数等于$k-1$.

证毕

定理 5.1.2　设V是$\mathbf{K}$上的n维线性空间,$\boldsymbol{a}_1,\boldsymbol{a}_2,\cdots,\boldsymbol{a}_k$是$V$中的一组线性无关的向量$(k<n)$,则存在$V$中的向量$\boldsymbol{a}_{k+1},\boldsymbol{a}_{k+2},\cdots,\boldsymbol{a}_n$,使得$\{\boldsymbol{a}_1,\boldsymbol{a}_2,\cdots,\boldsymbol{a}_k,\boldsymbol{a}_{k+1},\boldsymbol{a}_{k+2},\cdots,\boldsymbol{a}_n\}$为$V$的一组基.

证　由于$\boldsymbol{a}_1,\boldsymbol{a}_2,\cdots,\boldsymbol{a}_k$的个数小于$V$的维数,因此必有$V$中的向量不能被$\boldsymbol{a}_1,\boldsymbol{a}_2,\cdots,\boldsymbol{a}_k$线性表示,否则$V$的维数便为$k$. 取$\boldsymbol{a}_{k+1}(\in V)$不能被$\boldsymbol{a}_1,\boldsymbol{a}_2,\cdots,\boldsymbol{a}_k$线性表示,则$\boldsymbol{a}_1,\cdots,\boldsymbol{a}_k,\boldsymbol{a}_{k+1}$线性无关．事实上,若$\lambda_1,\cdots,\lambda_k,\lambda_{k+1}\in\mathbf{K}$,使

$$\lambda_1\boldsymbol{a}_1+\cdots+\lambda_k\boldsymbol{a}_k+\lambda_{k+1}\boldsymbol{a}_{k+1}=\boldsymbol{0},$$

则由$\boldsymbol{a}_{k+1}$不能被$\boldsymbol{a}_1,\boldsymbol{a}_2,\cdots,\boldsymbol{a}_k$线性表示知$\lambda_{k+1}=0$. 进一步由$\boldsymbol{a}_1,\boldsymbol{a}_2,\cdots,\boldsymbol{a}_k$线性无关的假设知$\lambda_1=\cdots=\lambda_k=0$.

重复以上步骤便可找到$\boldsymbol{a}_{k+1},\boldsymbol{a}_{k+2},\cdots,\boldsymbol{a}_n$,使得$\boldsymbol{a}_1,\boldsymbol{a}_2,\cdots,\boldsymbol{a}_k,\boldsymbol{a}_{k+1},\boldsymbol{a}_{k+2},\cdots,\boldsymbol{a}_n$线性无关,而$V$的维数为$n$,因此$\{\boldsymbol{a}_1,\boldsymbol{a}_2,\cdots,\boldsymbol{a}_k,\boldsymbol{a}_{k+1},\boldsymbol{a}_{k+2},\cdots,\boldsymbol{a}_n\}$是$V$的一组基.

证毕

注　这个定理通常称为**基扩张定理**,它说明有限维线性空间V中的任意一组线性无关的向量均可扩充为V的一组基．它的常用形式是:有限维线性空间V中的任意一个子空间的基均可扩充为V的一组基.

例 5.1.11　在例 5.1.1 中已经知道,不超过n次的多项式全体P_n是线性空间.

由于$\{1,x,\cdots,x^n\}$可以表示出任意一个不超过 n 次的多项式；同时，若有

$$a_nx^n+a_{n-1}x^{n-1}+\cdots+a_1x+a_0\equiv 0,$$

就必然有

$$a_n=a_{n-1}=\cdots=a_1=a_0=0.$$

所以$\{1,x,\cdots,x^n\}$是 P_n 中的一组基，P_n 的维数是 $n+1$，或者说，P_n 是 $n+1$ 维线性空间.

显然，对于任意 $p(x)=a_nx^n+a_{n-1}x^{n-1}+\cdots+a_1x+a_0\in P_n$，$p(x)$在$\{1,x,\cdots,x^n\}$这组基下的坐标就是 $p(x)$的系数，也就是说，$p(x)$的在这组基下的坐标向量是$(a_0,a_1,\cdots,a_n)^{\mathrm T}$.

并不是所有线性空间都是有限维的．例 5.1.2 中的线性空间 $C[a,b]$就不是有限维的，这是因为对于任何正整数 n，$1,x,\cdots,x^n$ 就是 $C[a,b]$中的一组线性无关的元素，n 的任意性说明 $C[a,b]$不可能是有限维的．非有限维的线性空间称为**无限维线性空间**.

定义 5.1.4　设 V_1,V_2 是线性空间 V 的子空间，称

$$V_1\cap V_2=\{\boldsymbol{\alpha}\mid\boldsymbol{\alpha}\in V_1\text{ 且 }\boldsymbol{\alpha}\in V_2\}$$

为 V_1 和 V_2 的**交**．称

$$V_1+V_2=\{\boldsymbol{\alpha}_1+\boldsymbol{\alpha}_2\mid\boldsymbol{\alpha}_1\in V_1,\boldsymbol{\alpha}_2\in V_2\}$$

为 V_1 和 V_2 的**和**.

直接按子空间的定义验证便可得到

定理 5.1.3　设 V_1,V_2 是线性空间 V 的子空间，则 $V_1\cap V_2$ 和 V_1+V_2 也是 V 的子空间.

关于子空间的交与和，我们指出如下的维数公式.

定理 5.1.4（维数公式）　设 V_1,V_2 是线性空间 V 的有限维子空间，则

$$\dim V_1+\dim V_2=\dim(V_1+V_2)+\dim(V_1\cap V_2).$$

例 5.1.12　在 $\mathbf{R}^3$ 中，定义

$$V_1=\{(x_1,x_2,0)^{\mathrm T}\mid x_1,x_2\in\mathbf{R}\},\quad V_2=\{(0,x_2,x_3)^{\mathrm T}\mid x_2,x_3\in\mathbf{R}\},$$

则由例 5.1.4 知，V_1 和 V_2 是 $\mathbf{R}^3$ 的子空间．显然

$$V_1\cap V_2=\{(0,x_2,0)^{\mathrm T}\mid x_2\in\mathbf{R}\},$$

维数公式的证明

且有

$$\dim V_1=\dim V_2=2,\quad \dim(V_1\cap V_2)=1,$$

因此，由维数公式知 $\dim(V_1+V_2)=3$，于是

$$V_1+V_2=\mathbf{R}^3.$$

类似地，若 $V_1,V_2,\cdots,V_k$ 是线性空间 V 的子空间，也可定义它们的交 $V_1\cap V_2\cap\cdots\cap V_k$ 为属于所有 $V_i(i=1,2,\cdots,k)$的向量全体；定义它们的和为

$$V_1+V_2+\cdots+V_k=\{\boldsymbol{\alpha}_1+\boldsymbol{\alpha}_2+\cdots+\boldsymbol{\alpha}_k\mid\boldsymbol{\alpha}_i\in V_i,i=1,2,\cdots,k\}.$$

可以验证，$V_1\cap V_2\cap\cdots\cap V_k$ 和 $V_1+V_2+\cdots+V_k$ 也是 V 的子空间.

下面的定理说明，考察 $\mathbf{K}$ 上的线性空间中一组向量的线性相关性，只要考虑它们的坐标向量的线性相关性便可，由于 $\mathbf{K}^n$ 中向量组的线性相关性的判别有着便于操作的方法，这会带来极大的方便.

定理 5.1.5　设 V 是 $\mathbf{K}$ 上的 n 维线性空间，则 V 中向量之间的线性相关性与它们在同一组基下的坐标向量之间的线性相关性完全一致.

证　任取 $\boldsymbol{\varepsilon}_1,\boldsymbol{\varepsilon}_2,\cdots,\boldsymbol{\varepsilon}_n$ 为 V 的一组基．设 $\boldsymbol{x}_1,\boldsymbol{x}_2,\cdots,\boldsymbol{x}_k$ 是 V 中的 k 个向量，则

$$\boldsymbol{x}_i=\alpha_{1i}\boldsymbol{\varepsilon}_1+\alpha_{2i}\boldsymbol{\varepsilon}_2+\cdots+\alpha_{ni}\boldsymbol{\varepsilon}_n,$$

其中 $\boldsymbol{\alpha}_i=(\alpha_{1i},\alpha_{2i},\cdots,\alpha_{ni})^{\mathrm{T}}\in\mathbf{K}^n$ 就是 $\boldsymbol{x}_i$ 的坐标向量($i=1,2,\cdots,k$). 我们将它形式地写为(因为 $\boldsymbol{\varepsilon}_1,\boldsymbol{\varepsilon}_2,\cdots,\boldsymbol{\varepsilon}_n$ 未必是普通意义的向量)

$$\boldsymbol{x}_i=(\boldsymbol{\varepsilon}_1,\boldsymbol{\varepsilon}_2,\cdots,\boldsymbol{\varepsilon}_n)\begin{pmatrix}\alpha_{1i}\\\alpha_{2i}\\\vdots\\\alpha_{ni}\end{pmatrix},\quad i=1,2,\cdots,k,$$

即

$$(\boldsymbol{x}_1,\boldsymbol{x}_2,\cdots,\boldsymbol{x}_k)=(\boldsymbol{\varepsilon}_1,\boldsymbol{\varepsilon}_2,\cdots,\boldsymbol{\varepsilon}_n)\begin{pmatrix}\alpha_{11}&\alpha_{12}&\cdots&\alpha_{1k}\\\alpha_{21}&\alpha_{22}&\cdots&\alpha_{2k}\\\vdots&\vdots&&\vdots\\\alpha_{n1}&\alpha_{n2}&\cdots&\alpha_{nk}\end{pmatrix}=(\boldsymbol{\varepsilon}_1,\boldsymbol{\varepsilon}_2,\cdots,\boldsymbol{\varepsilon}_n)\boldsymbol{X},$$

其中 $\boldsymbol{X}=(\alpha_{ij})_{n\times k}$.

设有数 $\lambda_1,\lambda_2,\cdots,\lambda_k$,使得

$$\lambda_1\boldsymbol{x}_1+\lambda_2\boldsymbol{x}_2+\cdots+\lambda_k\boldsymbol{x}_k=\mathbf{0},$$

即

$$(\boldsymbol{x}_1,\boldsymbol{x}_2,\cdots,\boldsymbol{x}_k)\begin{pmatrix}\lambda_1\\\lambda_2\\\vdots\\\lambda_k\end{pmatrix}=(\boldsymbol{\varepsilon}_1,\boldsymbol{\varepsilon}_2,\cdots,\boldsymbol{\varepsilon}_n)\boldsymbol{X}\begin{pmatrix}\lambda_1\\\lambda_2\\\vdots\\\lambda_k\end{pmatrix}=\mathbf{0}.$$

由于 $\boldsymbol{\varepsilon}_1,\boldsymbol{\varepsilon}_2,\cdots,\boldsymbol{\varepsilon}_n$ 为 V 的一组基,上式等价于

$$\boldsymbol{X}\begin{pmatrix}\lambda_1\\\lambda_2\\\vdots\\\lambda_k\end{pmatrix}=\mathbf{0},\text{即}(\boldsymbol{\alpha}_1,\boldsymbol{\alpha}_2,\cdots,\boldsymbol{\alpha}_k)\begin{pmatrix}\lambda_1\\\lambda_2\\\vdots\\\lambda_k\end{pmatrix}=\mathbf{0},$$

亦即

$$\lambda_1\boldsymbol{\alpha}_1+\lambda_2\boldsymbol{\alpha}_2+\cdots+\lambda_k\boldsymbol{\alpha}_k=\mathbf{0}.$$

关系式 $\lambda_1\boldsymbol{x}_1+\lambda_2\boldsymbol{x}_2+\cdots+\lambda_k\boldsymbol{x}_k=\mathbf{0}$ 与 $\lambda_1\boldsymbol{\alpha}_1+\lambda_2\boldsymbol{\alpha}_2+\cdots+\lambda_k\boldsymbol{\alpha}_k=\mathbf{0}$ 的等价性便说明,$\boldsymbol{x}_1,\boldsymbol{x}_2,\cdots,\boldsymbol{x}_k$ 与它们的坐标向量 $\boldsymbol{\alpha}_1,\boldsymbol{\alpha}_2,\cdots,\boldsymbol{\alpha}_k$ 的线性相关性相同.

证毕

要注意的是,无论构成 $\mathbf{K}$ 上的 n 维线性空间 V 的向量是什么,其坐标向量仍是普通意义下的 n 维向量,而且对于 V 中一个确定的基,任何向量的坐标向量都是唯一确定的. 将 V 中向量对应于它在确定基下的坐标向量,就建立起 V 与 $\mathbf{K}^n$ 的一一对应关系. 容易知道这种对应还保持线性关系. 这样,就线性结构而言,可将 V 与 $\mathbf{K}^n$ 视为一致,也称 V 与 $\mathbf{K}^n$ **线性同构**.

基变换与坐标变换

我们已经提到,同一个向量在不同的基下的坐标有所不同,那么它们有什么内在联

系呢？

设$\{\boldsymbol{a}_i\}_{i=1}^n$和$\{\boldsymbol{b}_j\}_{j=1}^n$都是$n$维线性空间$V$的基．由于每一个$\boldsymbol{b}_j$都可以由$\{\boldsymbol{a}_i\}_{i=1}^n$线性表示，即

$$\boldsymbol{b}_j=t_{1j}\boldsymbol{a}_1+t_{2j}\boldsymbol{a}_2+\cdots+t_{nj}\boldsymbol{a}_n,\quad j=1,2,\cdots,n.$$

我们将它写为

$$\boldsymbol{b}_j=(\boldsymbol{a}_1,\boldsymbol{a}_2,\cdots,\boldsymbol{a}_n)\begin{pmatrix}t_{1j}\\t_{2j}\\\vdots\\t_{nj}\end{pmatrix},\quad j=1,2,\cdots,n.$$

记$n\times n$矩阵$\boldsymbol{T}=(t_{ij})_{n\times n}$，就有

$$\begin{aligned}(\boldsymbol{b}_1,\boldsymbol{b}_2,\cdots,\boldsymbol{b}_n)&=(\boldsymbol{a}_1,\boldsymbol{a}_2,\cdots,\boldsymbol{a}_n)\begin{pmatrix}t_{11}&t_{12}&\cdots&t_{1n}\\t_{21}&t_{22}&\cdots&t_{2n}\\\vdots&\vdots&&\vdots\\t_{n1}&t_{n2}&\cdots&t_{nn}\end{pmatrix}\\&=(\boldsymbol{a}_1,\boldsymbol{a}_2,\cdots,\boldsymbol{a}_n)\boldsymbol{T}.\end{aligned}$$

这里的$\boldsymbol{T}$称为从基$\{\boldsymbol{a}_i\}_{i=1}^n$到基$\{\boldsymbol{b}_j\}_{j=1}^n$的**过渡矩阵**，$\boldsymbol{T}$的第$i$列元素组成的列向量就是$\boldsymbol{b}_i$在基$\{\boldsymbol{a}_i\}_{i=1}^n$下的坐标．由$\{\boldsymbol{a}_i\}_{i=1}^n$及$\{\boldsymbol{b}_j\}_{j=1}^n$的线性无关性易知，$\boldsymbol{T}$是可逆矩阵．不难证明，从基$\{\boldsymbol{b}_j\}_{j=1}^n$到基$\{\boldsymbol{a}_i\}_{i=1}^n$的过渡矩阵恰为$\boldsymbol{T}^{-1}$.

假设V中向量$\boldsymbol{x}$在基$\{\boldsymbol{a}_i\}_{i=1}^n$下的坐标是$(\alpha_1,\alpha_2,\cdots,\alpha_n)^{\mathrm{T}}$，在基$\{\boldsymbol{b}_j\}_{j=1}^n$下的坐标是$(\beta_1,\beta_2,\cdots,\beta_n)^{\mathrm{T}}$，即

$$\boldsymbol{x}=(\boldsymbol{a}_1,\boldsymbol{a}_2,\cdots,\boldsymbol{a}_n)\begin{pmatrix}\alpha_1\\\alpha_2\\\vdots\\\alpha_n\end{pmatrix}=(\boldsymbol{b}_1,\boldsymbol{b}_2,\cdots,\boldsymbol{b}_n)\begin{pmatrix}\beta_1\\\beta_2\\\vdots\\\beta_n\end{pmatrix},$$

代入$\boldsymbol{b}_1,\boldsymbol{b}_2,\cdots,\boldsymbol{b}_n$在基$\{\boldsymbol{a}_i\}_{i=1}^n$下的表示形式，从上式便有

$$(\boldsymbol{a}_1,\boldsymbol{a}_2,\cdots,\boldsymbol{a}_n)\begin{pmatrix}\alpha_1\\\alpha_2\\\vdots\\\alpha_n\end{pmatrix}=(\boldsymbol{a}_1,\boldsymbol{a}_2,\cdots,\boldsymbol{a}_n)\boldsymbol{T}\begin{pmatrix}\beta_1\\\beta_2\\\vdots\\\beta_n\end{pmatrix},$$

由于任何向量在一组确定的基下的坐标是唯一的，因此

$$\begin{pmatrix}\alpha_1\\\alpha_2\\\vdots\\\alpha_n\end{pmatrix}=\boldsymbol{T}\begin{pmatrix}\beta_1\\\beta_2\\\vdots\\\beta_n\end{pmatrix},\quad 或\quad \begin{pmatrix}\beta_1\\\beta_2\\\vdots\\\beta_n\end{pmatrix}=\boldsymbol{T}^{-1}\begin{pmatrix}\alpha_1\\\alpha_2\\\vdots\\\alpha_n\end{pmatrix}.$$

这就是同一向量在不同的基下的坐标之间的关系．

例 5.1.13　$\mathbf{R}^3$中向量$\boldsymbol{x}=(x_1,x_2,x_3)^{\mathrm{T}}$在自然基$\{\boldsymbol{e}_1,\boldsymbol{e}_2,\boldsymbol{e}_3\}$下的坐标就是$(x_1,x_2,x_3)^{\mathrm{T}}$，而另一组基$\boldsymbol{a}_1=(1,0,0)^{\mathrm{T}},\boldsymbol{a}_2=(1,1,0)^{\mathrm{T}},\boldsymbol{a}_3=(1,1,1)^{\mathrm{T}}$与$\{\boldsymbol{e}_1,\boldsymbol{e}_2,\boldsymbol{e}_3\}$有表示关系

$$(\boldsymbol{a}_1,\boldsymbol{a}_2,\boldsymbol{a}_3)=(\boldsymbol{e}_1,\boldsymbol{e}_2,\boldsymbol{e}_3)\begin{pmatrix}1&1&1\\0&1&1\\0&0&1\end{pmatrix},$$

于是,$\boldsymbol{x}$ 在基$\{\boldsymbol{a}_1,\boldsymbol{a}_2,\boldsymbol{a}_3\}$下的坐标为

$$\begin{pmatrix}\beta_1\\\beta_2\\\beta_3\end{pmatrix}=\begin{pmatrix}1&1&1\\0&1&1\\0&0&1\end{pmatrix}^{-1}\begin{pmatrix}x_1\\x_2\\x_3\end{pmatrix}=\begin{pmatrix}1&-1&0\\0&1&-1\\0&0&1\end{pmatrix}\begin{pmatrix}x_1\\x_2\\x_3\end{pmatrix}=\begin{pmatrix}x_1-x_2\\x_2-x_3\\x_3\end{pmatrix}.$$

所以

$$\boldsymbol{x}=(x_1-x_2)\boldsymbol{a}_1+(x_2-x_3)\boldsymbol{a}_2+x_3\boldsymbol{a}_3.$$

这与前面得到的结果相符.

例 5.1.14 已知 $\mathbf{R}^3$ 中的两组基为

$$\boldsymbol{a}_1=(1,1,-1)^{\mathrm{T}},\quad \boldsymbol{a}_2=(1,-1,1)^{\mathrm{T}},\quad \boldsymbol{a}_3=(-1,1,1)^{\mathrm{T}},$$

和

$$\boldsymbol{b}_1=(1,1,1)^{\mathrm{T}},\quad \boldsymbol{b}_2=(0,1,1)^{\mathrm{T}},\quad \boldsymbol{b}_3=(0,0,1)^{\mathrm{T}},$$

(1) 求 $\mathbf{R}^3$ 中的向量 $\boldsymbol{x}=(2,2,-4)^{\mathrm{T}}$ 在基$\{\boldsymbol{a}_1,\boldsymbol{a}_2,\boldsymbol{a}_3\}$下的坐标;

(2) 求从基$\{\boldsymbol{a}_1,\boldsymbol{a}_2,\boldsymbol{a}_3\}$到基$\{\boldsymbol{b}_1,\boldsymbol{b}_2,\boldsymbol{b}_3\}$的过渡矩阵.

解 (1) 记向量 $\boldsymbol{x}=(2,2,-4)^{\mathrm{T}}$ 在基$\{\boldsymbol{a}_1,\boldsymbol{a}_2,\boldsymbol{a}_3\}$下的坐标为$(x_1,x_2,x_3)^{\mathrm{T}}$,即

$$\boldsymbol{x}=(\boldsymbol{a}_1,\boldsymbol{a}_2,\boldsymbol{a}_3)\begin{pmatrix}x_1\\x_2\\x_3\end{pmatrix},$$

也就是

$$\begin{pmatrix}2\\2\\-4\end{pmatrix}=\begin{pmatrix}1&1&-1\\1&-1&1\\-1&1&1\end{pmatrix}\begin{pmatrix}x_1\\x_2\\x_3\end{pmatrix}.$$

因此坐标为

$$\begin{pmatrix}x_1\\x_2\\x_3\end{pmatrix}=\begin{pmatrix}1&1&-1\\1&-1&1\\-1&1&1\end{pmatrix}^{-1}\begin{pmatrix}2\\2\\-4\end{pmatrix}=\frac{1}{2}\begin{pmatrix}1&1&0\\1&0&1\\0&1&1\end{pmatrix}\begin{pmatrix}2\\2\\-4\end{pmatrix}=\begin{pmatrix}2\\-1\\-1\end{pmatrix}.$$

此时

$$\boldsymbol{x}=2\boldsymbol{a}_1-\boldsymbol{a}_2-\boldsymbol{a}_3.$$

(2) 记从基$\{\boldsymbol{a}_1,\boldsymbol{a}_2,\boldsymbol{a}_3\}$到基$\{\boldsymbol{b}_1,\boldsymbol{b}_2,\boldsymbol{b}_3\}$的过渡矩阵为 $\boldsymbol{T}$,即

$$(\boldsymbol{b}_1,\boldsymbol{b}_2,\boldsymbol{b}_3)=(\boldsymbol{a}_1,\boldsymbol{a}_2,\boldsymbol{a}_3)\boldsymbol{T},$$

也就是

$$\begin{pmatrix}1&0&0\\1&1&0\\1&1&1\end{pmatrix}=\begin{pmatrix}1&1&-1\\1&-1&1\\-1&1&1\end{pmatrix}\boldsymbol{T}.$$

因此过渡矩阵

$$T=\begin{pmatrix}1&1&-1\\1&-1&1\\-1&1&1\end{pmatrix}^{-1}\begin{pmatrix}1&0&0\\1&1&0\\1&1&1\end{pmatrix}$$

$$=\frac{1}{2}\begin{pmatrix}1&1&0\\1&0&1\\0&1&1\end{pmatrix}\begin{pmatrix}1&0&0\\1&1&0\\1&1&1\end{pmatrix}=\frac{1}{2}\begin{pmatrix}2&1&0\\2&1&1\\2&2&1\end{pmatrix}.$$

例 5.1.15　从例 5.1.11 中知道，$\{1, x, x^2, x^3\}$ 是 P_3 的基，P_3 中的元素组 $\left\{1,x,\frac{3x^2-1}{2},\frac{5x^3-x}{2}\right\}$ 在这组基下的表示是

$$\left(1,x,\frac{3x^2-1}{2},\frac{5x^3-x}{2}\right)=(1,x,x^2,x^3)\begin{pmatrix}1&0&-\frac{1}{2}&0\\0&1&0&-\frac{1}{2}\\0&0&\frac{3}{2}&0\\0&0&0&\frac{5}{2}\end{pmatrix}.$$

由于等式右边的 4×4 矩阵可逆，容易知道，$\left\{1,x,\frac{3x^2-1}{2},\frac{5x^3-x}{2}\right\}$ 也是 P_3 中的基．P_3 中的元素 $a_3x^3+a_2x^2+a_1x+a_0$ 在基 $\{1,x,x^2,x^3\}$ 下的坐标是 $(a_0,a_1,a_2,a_3)^{\mathrm{T}}$，记对角矩阵 $\begin{pmatrix}3&0\\0&5\end{pmatrix}$ 为 $\boldsymbol{D}$，则它在基 $\left\{1,x,\frac{3x^2-1}{2},\frac{5x^3-x}{2}\right\}$ 下的坐标向量

$$\boldsymbol{\beta}=\begin{pmatrix}1&0&-\frac{1}{2}&0\\0&1&0&-\frac{1}{2}\\0&0&\frac{3}{2}&0\\0&0&0&\frac{5}{2}\end{pmatrix}^{-1}\begin{pmatrix}a_0\\a_1\\a_2\\a_3\end{pmatrix}=\begin{pmatrix}\boldsymbol{I}_2&-\frac{1}{2}\boldsymbol{I}_2\\\boldsymbol{O}&\frac{1}{2}\boldsymbol{D}\end{pmatrix}^{-1}\begin{pmatrix}a_0\\a_1\\a_2\\a_3\end{pmatrix}$$

$$=\begin{pmatrix}\boldsymbol{I}_2&\boldsymbol{D}^{-1}\\\boldsymbol{O}&2\boldsymbol{D}^{-1}\end{pmatrix}\begin{pmatrix}a_0\\a_1\\a_2\\a_3\end{pmatrix}=\begin{pmatrix}1&0&\frac{1}{3}&0\\0&1&0&\frac{1}{5}\\0&0&\frac{2}{3}&0\\0&0&0&\frac{2}{5}\end{pmatrix}\begin{pmatrix}a_0\\a_1\\a_2\\a_3\end{pmatrix}.$$

例如，当 $p(x)=4x^3+3x^2+2x+1$ 时，就有

$$\boldsymbol{\beta}=\begin{pmatrix}1&0&\frac{1}{3}&0\\0&1&0&\frac{1}{5}\\0&0&\frac{2}{3}&0\\0&0&0&\frac{2}{5}\end{pmatrix}\begin{pmatrix}1\\2\\3\\4\end{pmatrix}=\frac{2}{5}\begin{pmatrix}5\\7\\5\\4\end{pmatrix}.$$

所以

$$p(x)=2+\frac{14}{5}x+2\left(\frac{3x^2-1}{2}\right)+\frac{8}{5}\left(\frac{5x^3-x}{2}\right).$$

习　题

1. 记 $\mathbf{R}_+$ 为正实数全体．定义 $\mathbf{R}_+$ 中的加法为普通的乘法，$\mathbf{R}_+$ 中的元素与 $\mathbf{R}$ 中的元素的数乘为普通的乘方运算．为了避免混淆，我们将 $\mathbf{R}_+$ 中的加法与数乘分别用 $\oplus$ 和 $\circ$ 来记，即

(加法)对于任意 $x,y\in\mathbf{R}_+$，$x\oplus y=xy\in\mathbf{R}_+$；

(数乘)对于任意 $x\in\mathbf{R}_+$ 和 $\lambda\in\mathbf{R}$，$\lambda\circ x=x^{\lambda}\in\mathbf{R}_+$.

证明：此时 $\mathbf{R}_+$ 成为 $\mathbf{R}$ 上的线性空间．

2. 下列集合是否构成向量子空间：

(1) $S=\{(x,y,z)^{\mathrm{T}}\mid x=y=z\}$；

(2) $S=\{(x,y,z)^{\mathrm{T}}\mid y=3x-2z\}$；

(3) $S=\{\boldsymbol{x}\mid \boldsymbol{A}\boldsymbol{x}=a\boldsymbol{x},\boldsymbol{x}\in\mathbf{R}^n,\boldsymbol{A}$ 是给定的 $n\times n$ 矩阵，a 是给定的常数$\}$；

(4) $S=\{\boldsymbol{x}\mid \boldsymbol{A}\boldsymbol{x}=\boldsymbol{b},\boldsymbol{x}\in\mathbf{R}^n,\boldsymbol{A}$ 是给定的 $m\times n$ 矩阵，$\boldsymbol{b}$ 是给定的 m 维向量$\}$.

3. 对通常的加法与数乘运算，下列集合 V 是否构成线性空间：

(1) $V=\{f(x)\mid f(x)$ 在$[0,1]$上连续$\}$；

(2) $V=\{f(x)\mid$ 当 $x\to\infty$ 时 $f(x)\to a$，a 是常数$\}$；

(3) $V=\{f(x)\mid$ 对于任意 x，$f(x)=f(1-x)$ 成立$\}$.

4. 证明定理 5.1.1 中的(5)．

5. 求线性空间 $S=\{\boldsymbol{x}=(x_1,x_2,x_3)^{\mathrm{T}}\mid \boldsymbol{x}\in\mathbf{R}^3,x_1=x_2=x_3\}$ 的一组基及其维数．

6. 记 S 为 $\mathbf{R}^n$ 中的 k 个向量 $\boldsymbol{a}_1,\boldsymbol{a}_2,\cdots,\boldsymbol{a}_k$ 的所有线性组合构成的集合，即 $S=\mathrm{Span}\{\boldsymbol{a}_1,\boldsymbol{a}_2,\cdots,\boldsymbol{a}_k\}$．设 $\boldsymbol{a}_1,\boldsymbol{a}_2,\cdots,\boldsymbol{a}_k$ 线性无关，记 $\mathbf{R}^n$ 的子空间 T 为 $T=\{\boldsymbol{x}\mid \boldsymbol{x}=(x_1,x_2,\cdots,x_n)^{\mathrm{T}}\in S,x_1+x_n=0\}$，证明：$T$ 的维数等于 $k-1$ 或 k.

7. 设 $\boldsymbol{a}_1=(1,3,1,-1)^{\mathrm{T}}$，$\boldsymbol{a}_2=(2,-1,-1,4)^{\mathrm{T}}$，$\boldsymbol{a}_3=(5,1,-1,7)^{\mathrm{T}}$，$\boldsymbol{a}_4=(2,6,2,-3)^{\mathrm{T}}$ 为 $\mathbf{R}^4$ 中的 4 个向量，$S=\mathrm{Span}\{\boldsymbol{a}_1,\boldsymbol{a}_2,\boldsymbol{a}_3,\boldsymbol{a}_4\}$，求 $\dim S$ 和 S 的一组基．

8. 设 $\boldsymbol{\varepsilon}_1=(1,1,1)^{\mathrm{T}}$，$\boldsymbol{\varepsilon}_2=(1,-1,0)^{\mathrm{T}}$，$\boldsymbol{\varepsilon}_3=(1,2,-1)^{\mathrm{T}}$ 和 $\tilde{\boldsymbol{\varepsilon}}_1=(1,4,0)^{\mathrm{T}}$，$\tilde{\boldsymbol{\varepsilon}}_2=(2,-1,3)^{\mathrm{T}}$，$\tilde{\boldsymbol{\varepsilon}}_3=(1,-4,1)^{\mathrm{T}}$ 是 $\mathbf{R}^3$ 中的向量．

(1) 证明 $\{\boldsymbol{\varepsilon}_1,\boldsymbol{\varepsilon}_2,\boldsymbol{\varepsilon}_3\}$ 和 $\{\tilde{\boldsymbol{\varepsilon}}_1,\tilde{\boldsymbol{\varepsilon}}_2,\tilde{\boldsymbol{\varepsilon}}_3\}$ 都是 $\mathbf{R}^3$ 的基；

(2) 求自然基 $\{\boldsymbol{e}_1,\boldsymbol{e}_2,\boldsymbol{e}_3\}$ 到 $\{\tilde{\boldsymbol{\varepsilon}}_1,\tilde{\boldsymbol{\varepsilon}}_2,\tilde{\boldsymbol{\varepsilon}}_3\}$ 的过渡矩阵；

(3) 求$\{\boldsymbol{\varepsilon}_1,\boldsymbol{\varepsilon}_2,\boldsymbol{\varepsilon}_3\}$到$\{\tilde{\boldsymbol{\varepsilon}}_1,\tilde{\boldsymbol{\varepsilon}}_2,\tilde{\boldsymbol{\varepsilon}}_3\}$的过渡矩阵;

(4) 求$\boldsymbol{x}=(1,1,1)^{\mathrm{T}}$在$\{\tilde{\boldsymbol{\varepsilon}}_1,\tilde{\boldsymbol{\varepsilon}}_2,\tilde{\boldsymbol{\varepsilon}}_3\}$下的坐标;

(5) 求$\boldsymbol{x}=3\boldsymbol{\varepsilon}_1-2\boldsymbol{\varepsilon}_2+\boldsymbol{\varepsilon}_3$在$\{\tilde{\boldsymbol{\varepsilon}}_1,\tilde{\boldsymbol{\varepsilon}}_2,\tilde{\boldsymbol{\varepsilon}}_3\}$下的坐标.

9. 设S为$\mathbf{R}^3$的2维子空间,由S的基$\boldsymbol{\varepsilon}_1=(1,0,-1)^{\mathrm{T}},\boldsymbol{\varepsilon}_2=(1,0,-2)^{\mathrm{T}}$到其新基$\{\tilde{\boldsymbol{\varepsilon}}_1,\tilde{\boldsymbol{\varepsilon}}_2\}$的过渡矩阵为$\begin{pmatrix}3&-2\\1&-1\end{pmatrix}$,求$\tilde{\boldsymbol{\varepsilon}}_1$和$\tilde{\boldsymbol{\varepsilon}}_2$,并求坐标变换公式.

10. 设$\boldsymbol{a}_1=(1,-1,0,0)^{\mathrm{T}},\boldsymbol{a}_2=(0,1,-1,0)^{\mathrm{T}},\boldsymbol{a}_3=(0,0,1,-1)^{\mathrm{T}},\boldsymbol{a}_4=(0,0,0,1)^{\mathrm{T}}$和$\boldsymbol{b}_1=(1,0,0,0)^{\mathrm{T}},\boldsymbol{b}_2=(1,2,0,0)^{\mathrm{T}},\boldsymbol{b}_3=(1,2,3,0)^{\mathrm{T}},\boldsymbol{b}_4=(1,2,3,4)^{\mathrm{T}}$为$\mathbf{R}^4$的两组基,已知$\mathbf{R}^4$中向量$\boldsymbol{x}$在基$\{\boldsymbol{a}_1,\boldsymbol{a}_2,\boldsymbol{a}_3,\boldsymbol{a}_4\}$下的坐标为$(1,2,3,4)^{\mathrm{T}}$,求$\boldsymbol{x}$在基$\{\boldsymbol{b}_1,\boldsymbol{b}_2,\boldsymbol{b}_3,\boldsymbol{b}_4\}$下的坐标.

11. 设P_2为次数不超过2的多项式全体构成的线性空间.

(1) 证明P_2的基可取为$\boldsymbol{\varepsilon}_1=1,\boldsymbol{\varepsilon}_2=x,\boldsymbol{\varepsilon}_3=x^2$,也可取为$\tilde{\boldsymbol{\varepsilon}}_1=1,\tilde{\boldsymbol{\varepsilon}}_2=x+2,\tilde{\boldsymbol{\varepsilon}}_3=(x+2)^2$;

(2) 求$\{\boldsymbol{\varepsilon}_1,\boldsymbol{\varepsilon}_2,\boldsymbol{\varepsilon}_3\}$到$\{\tilde{\boldsymbol{\varepsilon}}_1,\tilde{\boldsymbol{\varepsilon}}_2,\tilde{\boldsymbol{\varepsilon}}_3\}$的过渡矩阵;

(3) 求x^2+x+1在基$\{\tilde{\boldsymbol{\varepsilon}}_1,\tilde{\boldsymbol{\varepsilon}}_2,\tilde{\boldsymbol{\varepsilon}}_3\}$下的坐标.

12. 2阶方阵全体$\mathbf{R}^{2\times2}$按矩阵的加法和数乘运算,成为$\mathbf{R}$上的线性空间.

(1) 证明

$$\boldsymbol{a}_1=\begin{pmatrix}1&0\\0&0\end{pmatrix},\quad \boldsymbol{a}_2=\begin{pmatrix}0&1\\0&0\end{pmatrix},\quad \boldsymbol{a}_3=\begin{pmatrix}0&0\\1&0\end{pmatrix},\quad \boldsymbol{a}_4=\begin{pmatrix}0&0\\0&1\end{pmatrix}$$

和

$$\boldsymbol{b}_1=\begin{pmatrix}1&0\\0&0\end{pmatrix},\quad \boldsymbol{b}_2=\begin{pmatrix}1&1\\0&0\end{pmatrix},\boldsymbol{b}_3=\begin{pmatrix}1&1\\1&0\end{pmatrix},\quad \boldsymbol{b}_4=\begin{pmatrix}1&1\\1&1\end{pmatrix}$$

均为$\mathbf{R}^{2\times2}$的基.

(2) 求$\boldsymbol{x}=\begin{pmatrix}x_{11}&x_{12}\\x_{21}&x_{22}\end{pmatrix}$在基$\{\boldsymbol{b}_1,\boldsymbol{b}_2,\boldsymbol{b}_3,\boldsymbol{b}_4\}$下的坐标;

(3) 求$\{\boldsymbol{b}_1,\boldsymbol{b}_2,\boldsymbol{b}_3,\boldsymbol{b}_4\}$到$\{\boldsymbol{a}_1,\boldsymbol{a}_2,\boldsymbol{a}_3,\boldsymbol{a}_4\}$的过渡矩阵.

13. 设$\boldsymbol{a}_1,\boldsymbol{a}_2,\cdots,\boldsymbol{a}_n$是$n$维线性空间$V$中的$n$个向量,证明:$\mathrm{Span}\{\boldsymbol{a}_1,\boldsymbol{a}_2,\cdots,\boldsymbol{a}_n\}=V$的充要条件为$\boldsymbol{a}_1,\boldsymbol{a}_2,\cdots,\boldsymbol{a}_n$线性无关.

§ 2　线性变换及其矩阵表示

几种简单的几何变换

复杂的几何变换可以归结为简单的几何变换的累积,而任何几何图形的变换,说到底是点的变换.

我们先从 $\mathbf{R}^2$ 谈起．容易发现，若给定了一个 2×2 矩阵

$$\boldsymbol{A}=\begin{pmatrix}a_{11}&a_{12}\\a_{21}&a_{22}\end{pmatrix},$$

则对平面上任意点（即向量）$\boldsymbol{x}=\begin{pmatrix}x\\y\end{pmatrix}$，通过矩阵与向量的乘法运算

$$\boldsymbol{x}'=\boldsymbol{A}\boldsymbol{x}=\begin{pmatrix}a_{11}&a_{12}\\a_{21}&a_{22}\end{pmatrix}\begin{pmatrix}x\\y\end{pmatrix}=\begin{pmatrix}x'\\y'\end{pmatrix},$$

可以唯一确定了平面上的一点 $\boldsymbol{x}'$．$\boldsymbol{x}'$可以看成是由 $\boldsymbol{x}$ 经过某种变换得到的点，而这个变换的规律显然由矩阵 $\boldsymbol{A}$ 所确定．

例 5.2.1　问以下矩阵对 $\mathbf{R}^2$ 上的任意点 $\boldsymbol{x}$，由 $\boldsymbol{x}'=\boldsymbol{A}_i\boldsymbol{x}\,(i=1,2,3,4,5)$ 确定了什么样的变换？

（1）$\boldsymbol{A}_1=\begin{pmatrix}1&0\\0&-1\end{pmatrix}$；　（2）$\boldsymbol{A}_2=\begin{pmatrix}0&1\\1&0\end{pmatrix}$；　（3）$\boldsymbol{A}_3=\begin{pmatrix}\lambda&0\\0&\lambda\end{pmatrix}$；

（4）$\boldsymbol{A}_4=\begin{pmatrix}\cos\theta&-\sin\theta\\\sin\theta&\cos\theta\end{pmatrix}$；　（5）$\boldsymbol{A}_5=\begin{pmatrix}1&0\\0&0\end{pmatrix}$.

解　（1）由于对任意点 $\boldsymbol{x}=\begin{pmatrix}x\\y\end{pmatrix}$，有

$$\boldsymbol{x}'=\begin{pmatrix}1&0\\0&-1\end{pmatrix}\begin{pmatrix}x\\y\end{pmatrix}=\begin{pmatrix}x\\-y\end{pmatrix},$$

所以 $\boldsymbol{A}_1$ 确定的变换将任意一个点 $\boldsymbol{x}$ 变成它关于 x 轴对称的点 $\boldsymbol{x}'$（见图 5.2.1）.

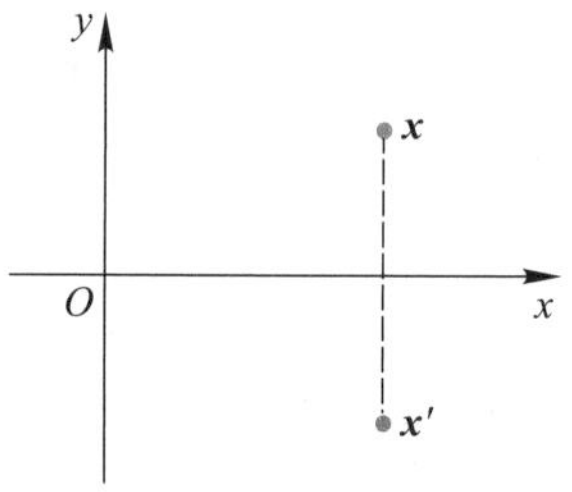

图 5.2.1

（2）由于对任意点 $\boldsymbol{x}=\begin{pmatrix}x\\y\end{pmatrix}$，有

$$\boldsymbol{x}'=\begin{pmatrix}0&1\\1&0\end{pmatrix}\begin{pmatrix}x\\y\end{pmatrix}=\begin{pmatrix}y\\x\end{pmatrix},$$

所以 $\boldsymbol{A}_2$ 确定的变换将任意一个点 $\boldsymbol{x}$ 变成它关于直线 $y=x$ 对称的点 $\boldsymbol{x}'$（见图 5.2.2）.

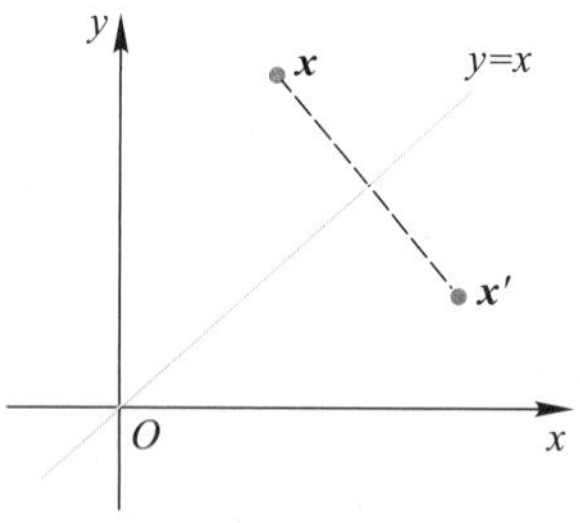

图 5.2.2

（3）由于对任意点 $\boldsymbol{x}=\begin{pmatrix}x\\y\end{pmatrix}$，有

$$\boldsymbol{x}'=\begin{pmatrix}\lambda&0\\0&\lambda\end{pmatrix}\begin{pmatrix}x\\y\end{pmatrix}=\begin{pmatrix}\lambda x\\\lambda y\end{pmatrix},$$

所以 $\boldsymbol{A}_3$ 确定的变换将任意一个点 $\boldsymbol{x}$ 变成在它与原点连线上，与原点距离伸缩为 $|\lambda|$ 倍的点 $\boldsymbol{x}'$，当 $\lambda>0$ 时，$\boldsymbol{x}'$与 $\boldsymbol{x}$ 在原点同侧；当 $\lambda<0$ 时，$\boldsymbol{x}'$点在原点另一侧；当 $\lambda=0$ 时，$\boldsymbol{x}'$为原点（见图 5.2.3）.

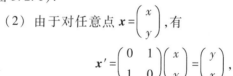

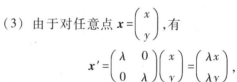

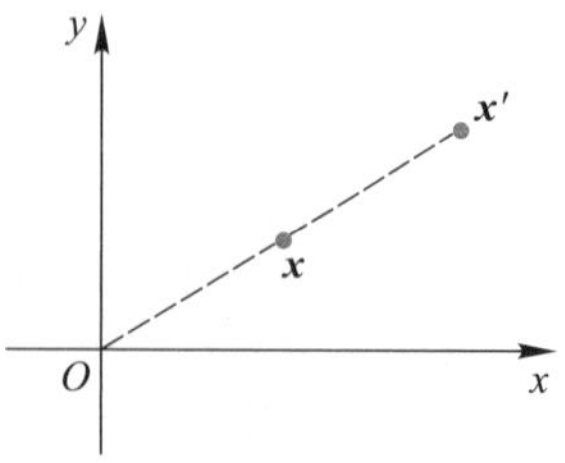

图 5.2.3

（4）对任意点 $\boldsymbol{x}=\begin{pmatrix}x\\y\end{pmatrix}$，将其记为 $\begin{pmatrix}r\cos\varphi\\r\sin\varphi\end{pmatrix}$，则有

$$\boldsymbol{x}'=\boldsymbol{A}_4\begin{pmatrix}x\\y\end{pmatrix}=\begin{pmatrix}\cos\theta&-\sin\theta\\\sin\theta&\cos\theta\end{pmatrix}\begin{pmatrix}r\cos\varphi\\r\sin\varphi\end{pmatrix}$$

$$=\begin{pmatrix} r(\cos\theta\cos\varphi-\sin\theta\sin\varphi) \\ r(\sin\theta\cos\varphi+\cos\theta\sin\varphi) \end{pmatrix}$$

$$=\begin{pmatrix} r\cos(\varphi+\theta) \\ r\sin(\varphi+\theta) \end{pmatrix},$$

所以 $\boldsymbol{A}_4$ 确定的变换将任意一个点 $\boldsymbol{x}$ 变成绕原点旋转了角度 θ 的点 $\boldsymbol{x}'$(见图 5.2.4).

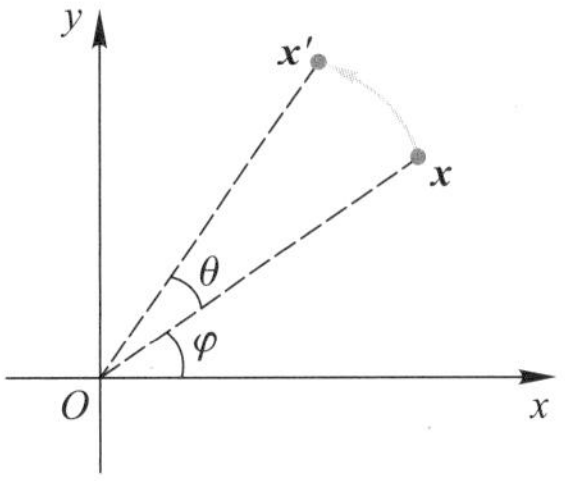

图 5.2.4

(5) 由于对任意点 $\boldsymbol{x}=\begin{pmatrix} x \\ y \end{pmatrix}$,有

$$\boldsymbol{x}'=\begin{pmatrix} 1 & 0 \\ 0 & 0 \end{pmatrix}\begin{pmatrix} x \\ y \end{pmatrix}=\begin{pmatrix} x \\ 0 \end{pmatrix},$$

所以 $\boldsymbol{A}_5$ 确定的变换将任意一个点 $\boldsymbol{x}$ 变成它在 x 轴上的投影点 $\boldsymbol{x}'$(见图 5.2.5).

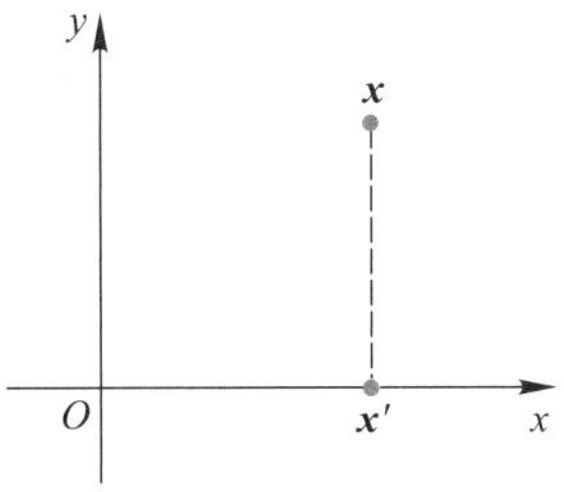

图 5.2.5

在上面的讨论中,变换由矩阵确定,因此称这样的矩阵为**变换矩阵**. 其中,$\boldsymbol{A}_1$ 与 $\boldsymbol{A}_2$ 确定的变换称为**反射变换**或**镜像变换**,$\boldsymbol{A}_3$ 确定的变换称为**相似变换**(λ 称为**相似比**),而 $\boldsymbol{A}_4$ 确定的变换称为**旋转变换**,$\boldsymbol{A}_5$ 确定的变换称为**射影变换**,它们都属于最简单的几何变换.

从这几个具体例子容易归纳出:

(1) 设 $\boldsymbol{x}_1$ 和 $\boldsymbol{x}_2$ 都是平面上的点,若对它们的线性组合 $\alpha_1\boldsymbol{x}_1+\alpha_2\boldsymbol{x}_2$ 作上述变换,可以先对 $\boldsymbol{x}_1$ 和 $\boldsymbol{x}_2$ 作上述变换后再线性组合,即

$$\boldsymbol{A}_i(\alpha_1\boldsymbol{x}_1+\alpha_2\boldsymbol{x}_2)=\alpha_1\boldsymbol{A}_i\boldsymbol{x}_1+\alpha_2\boldsymbol{A}_i\boldsymbol{x}_2.$$

也就是说,由矩阵确定的变换都满足线性运算规则.

(2) 如需要先将 $\boldsymbol{x}$ 关于直线 $y=x$ 作对称,再旋转角度 θ,则有

$$\boldsymbol{x}'=\begin{pmatrix} \cos\theta & -\sin\theta \\ \sin\theta & \cos\theta \end{pmatrix}\left[\begin{pmatrix} 0 & 1 \\ 1 & 0 \end{pmatrix}\boldsymbol{x}\right]=\left[\begin{pmatrix} \cos\theta & -\sin\theta \\ \sin\theta & \cos\theta \end{pmatrix}\begin{pmatrix} 0 & 1 \\ 1 & 0 \end{pmatrix}\right]\boldsymbol{x},$$

也就是说,由矩阵确定的变换可以复合,复合的变换矩阵恰是各个变换矩阵的乘积.

(3) 有些变换可以通过相反的过程再变换回去,即变换是可逆的,有些则不可逆. 如上面由 $\boldsymbol{A}_1\sim\boldsymbol{A}_4$ 确定的变换都是可逆的,而 $\boldsymbol{A}_5$ 确定的变换不可逆. 而通过观察发现,恰恰 $\boldsymbol{A}_1\sim\boldsymbol{A}_4$ 都是可逆矩阵,而 $\boldsymbol{A}_5$ 是不可逆矩阵. 因而可以设想,若矩阵 $\boldsymbol{A}$ 不可逆,那么 $\boldsymbol{A}$ 确定的变换不可逆;若矩阵 $\boldsymbol{A}$ 可逆,那么 $\boldsymbol{A}$ 确定的变换可逆,且确定逆变换的矩阵正是 $\boldsymbol{A}^{-1}$.

显然,借助矩阵会给讨论问题带来很大方便. 于是自然要问,既然有一个矩阵就决定了一个变换,那么什么样的变换才可以通过矩阵来表示? 进一步,这样的变换有哪些更一般的性质? 下面来回答这些问题.

线性变换

定义 5.2.1　设 U,V 是 $\mathbf{K}$ 上的线性空间($\mathbf{K}$ 为 $\mathbf{R}$ 或 $\mathbf{C}$,下同),$\mathscr{A}$ 是 U 到 V 的映射,即对于每个 $\boldsymbol{x}\in U$,存在唯一的像 $z\in V$,使得 $\mathscr{A}(\boldsymbol{x})=z$.

若 $\mathscr{A}$ 满足线性性质,即对于任意 $\boldsymbol{x},\boldsymbol{y}\in U$ 及 $\lambda,\mu\in\mathbf{K}$,成立

$$\mathscr{A}(\lambda \boldsymbol{x}+\mu \boldsymbol{y})=\lambda \mathscr{A}(\boldsymbol{x})+\mu \mathscr{A}(\boldsymbol{y}),$$

则称 $\mathscr{A}$ 为线性空间 U 到 V 的一个**线性变换**.

特别地,从线性空间 U 到其自身的线性变换称为 U 上的线性变换.

显然,例 5.2.1 中的五个变换都是 $\mathbf{R}^2$ 上的线性变换.

几个最简单的线性变换是:

(1) 线性空间 U 上的**恒等变换(单位变换)** $\mathscr{I}$:对于任意 $\boldsymbol{x}\in U$, $\mathscr{I}(\boldsymbol{x})=\boldsymbol{x}$.

(2) 线性空间 U 到 V 的**零变换** $\mathscr{O}$:对于任意 $\boldsymbol{x}\in U$, $\mathscr{O}(\boldsymbol{x})=\mathbf{0}$.

例 5.2.2　证明求导运算 $D=\dfrac{\mathrm{d}}{\mathrm{d}x}$ 是 P_n 上的线性变换.

证　对于 P_n 中的任意元素 p, p 是不超过 n 次的多项式,于是 $D(p)=\dfrac{\mathrm{d}p}{\mathrm{d}x}$ 是不超过 $n-1$ 次的多项式,即 $D(p)\in P_n$.

对于任意 $p,q\in P_n$ 及 $\lambda,\mu\in\mathbf{R}$,由求导运算法则,

$$\begin{aligned}D(\lambda p+\mu q)&=\frac{\mathrm{d}}{\mathrm{d}x}(\lambda p+\mu q)\\&=\lambda\frac{\mathrm{d}p}{\mathrm{d}x}+\mu\frac{\mathrm{d}q}{\mathrm{d}x}=\lambda D(p)+\mu D(q),\end{aligned}$$

由定义,D 是 P_n 上的线性变换.

证毕

例 5.2.3　求定积分运算 $L(f)=\int_a^b f(x)\,\mathrm{d}x$ 是 $C[a,b]$ 到 $\mathbf{R}$ 的线性变换. 实际上,L 的线性性质就是定积分的线性性质.

例 5.2.4　设映射 $\mathscr{A}:\mathbf{R}^3\to\mathbf{R}^3$ 定义为

$$\mathscr{A}(\boldsymbol{x})=\left(\sqrt{x_1^2+x_2^2},\sqrt{x_2^2+x_3^2},\sqrt{x_3^2+x_1^2}\right)^{\mathrm{T}},\boldsymbol{x}=(x_1,x_2,x_3)^{\mathrm{T}}\in\mathbf{R}^3.$$

则对于 $\lambda\in\mathbf{R}$, $\boldsymbol{x}\in\mathbf{R}^3$ 有

$$\begin{aligned}\mathscr{A}(\lambda\boldsymbol{x})&=\left(\sqrt{(\lambda x_1)^2+(\lambda x_2)^2},\sqrt{(\lambda x_2)^2+(\lambda x_3)^2},\sqrt{(\lambda x_3)^2+(\lambda x_1)^2}\right)^{\mathrm{T}}\\&=|\lambda|\mathscr{A}(\boldsymbol{x}).\end{aligned}$$

显然,当 $\boldsymbol{x}\neq 0$ 且 $\lambda<0$ 时,$\mathscr{A}(\lambda\boldsymbol{x})\neq\lambda\mathscr{A}(\boldsymbol{x})$,因此 $\mathscr{A}$ 不是线性变换.

线性变换有下列性质(其证明作为习题留给读者):

定理 5.2.1　设 U 和 V 是 $\mathbf{K}$ 上的线性空间,$\mathscr{A}$ 是 U 到 V 的线性变换,则成立

(1) $\mathscr{A}(\mathbf{0})=\mathbf{0}$, $\mathscr{A}(-\boldsymbol{x})=-\mathscr{A}(\boldsymbol{x})$;

(2) 若 $\{\boldsymbol{a}_j\}_{j=1}^k$ 是 U 中一组线性相关的向量,则 $\{\mathscr{A}(\boldsymbol{a}_j)\}_{j=1}^k$ 也是 V 中一组线性相关的向量;

(3) 将 U 中所有向量在线性变换 $\mathscr{A}$ 下的像记为 $\operatorname{Im}\mathscr{A}$,即

$$\operatorname{Im}\mathscr{A}=\{\boldsymbol{y}\in V\mid\boldsymbol{y}=\mathscr{A}(\boldsymbol{x}),\boldsymbol{x}\in U\},$$

则 $\operatorname{Im}\mathscr{A}$ 是 V 的线性子空间(称为 $\mathscr{A}$ 的**像空间**);

(4) 将 V 中零向量在线性变换 $\mathscr{A}$ 下的原像记为 $\operatorname{Ker}\mathscr{A}$,即

$$\operatorname{Ker}\mathscr{A}=\{\boldsymbol{x}\in U\mid\mathscr{A}(\boldsymbol{x})=\mathbf{0}\},$$

则 $\operatorname{Ker}\mathscr{A}$ 是 U 的线性子空间(称为 $\mathscr{A}$ 的**核空间**).

注　在定理 5.2.1 的(2)中,若$\{\boldsymbol{a}_j\}_{j=1}^k$是$U$中一组线性无关的向量,则$\{\mathscr{A}(\boldsymbol{a}_j)\}_{j=1}^k$并不一定是$V$中一组线性无关的向量,事实上零变换就是这样.

例 5.2.5　线性变换$\mathscr{A}:\mathbf{R}^3\to\mathbf{R}^2$定义为

$$\mathscr{A}(\boldsymbol{x})=(x_1+2x_2,2x_2+x_3)^{\mathrm{T}},\quad \boldsymbol{x}=(x_1,x_2,x_3)^{\mathrm{T}}\in\mathbf{R}^3,$$

求 $\mathrm{Ker}\mathscr{A}$ 和 $\mathrm{Im}\mathscr{A}$.

解　$\mathscr{A}(\boldsymbol{x})=\boldsymbol{0}$ 等价于

$$\begin{cases}x_1+2x_2=0,\\2x_2+x_3=0.\end{cases}$$

其解为

$$\boldsymbol{x}=c\left(1,-\frac{1}{2},1\right)^{\mathrm{T}},$$

其中c为任意常数. 因此

$$\mathrm{Ker}\mathscr{A}=\left\{c\left(1,-\frac{1}{2},1\right)^{\mathrm{T}}\,\middle|\,c\in\mathbf{R}\right\}.$$

对于任意$(y_1,y_2)^{\mathrm{T}}\in\mathbf{R}^2$,由于线性方程组

$$\begin{cases}x_1+2x_2=y_1,\\2x_2+x_3=y_2\end{cases}$$

的增广矩阵$\begin{pmatrix}1&2&0&y_1\\0&2&1&y_2\end{pmatrix}$与系数矩阵$\begin{pmatrix}1&2&0\\0&2&1\end{pmatrix}$的秩皆为 2,所以它有解. 这就是说,对于每个$(y_1,y_2)^{\mathrm{T}}\in\mathbf{R}^2$,均有$\boldsymbol{x}=(x_1,x_2,x_3)^{\mathrm{T}}\in\mathbf{R}^3$,使得$\mathscr{A}(\boldsymbol{x})=\boldsymbol{y}$. 因此$\mathscr{A}$为满射,即$\mathrm{Im}\mathscr{A}=\mathbf{R}^2$.

线性变换的运算

类似于函数之间的运算,也可以定义线性变换之间的运算.

定义 5.2.2　设U和V是$\mathbf{K}$上的线性空间,$\mathscr{A}$和$\mathscr{B}$是U到V的线性变换,$k\in\mathbf{K}$. 定义U到V的映射为

$$\boldsymbol{x}\to\mathscr{A}(\boldsymbol{x})+\mathscr{B}(\boldsymbol{x}),\quad \boldsymbol{x}\in U,$$

称之为$\mathscr{A}$和$\mathscr{B}$的**和变换**,记为$\mathscr{A}+\mathscr{B}$.

定义U到V的映射为

$$\boldsymbol{x}\to k\mathscr{A}(\boldsymbol{x}),\quad \boldsymbol{x}\in U,$$

称之为$\mathscr{A}$与k的**数量积**,记为$k\mathscr{A}$.

容易验证$\mathscr{A}+\mathscr{B}$和$k\mathscr{A}$也是U到V的线性变换.

定义 5.2.3　设U,V和W是$\mathbf{K}$上的线性空间,$\mathscr{A}$是U到V的线性变换,$\mathscr{B}$是V到W的线性变换,定义U到W的映射为

$$\boldsymbol{x}\to\mathscr{B}(\mathscr{A}(\boldsymbol{x})),\quad \boldsymbol{x}\in U,$$

称之为$\mathscr{B}$和$\mathscr{A}$的**乘积变换**(它也是$\mathscr{B}$和$\mathscr{A}$的**复合变换**),记为$\mathscr{B}\mathscr{A}$.

容易验证,$\mathscr{B}\mathscr{A}$是U到W的线性变换.

定义 5.2.4　设 U 和 V 是 $\mathbf{K}$ 上的线性空间，$\mathscr{A}$ 是 U 到 V 的线性变换，若存在 V 到 U 的线性变换 $\mathscr{B}$，使得

$$\mathscr{B}\mathscr{A}(\boldsymbol{x})=\boldsymbol{x},\quad \boldsymbol{x}\in U,$$

以及

$$\mathscr{A}\mathscr{B}(\boldsymbol{y})=\boldsymbol{y},\quad \boldsymbol{y}\in V,$$

即 $\mathscr{B}\mathscr{A}$，$\mathscr{A}\mathscr{B}$ 分别是 U 和 V 上的恒等变换，则称 $\mathscr{A}$ 为**可逆变换**，$\mathscr{B}$ 称为 $\mathscr{A}$ 的**逆变换**，记为 $\mathscr{A}^{-1}$，即

$$\mathscr{B}=\mathscr{A}^{-1}.$$

从定义可以看出，若 $\mathbf{K}$ 上线性空间 U 到 V 的线性变换 $\mathscr{A}$ 是可逆变换，则 $\mathscr{A}$ 是单射（即 $\mathscr{A}$ 将 U 中的不同向量映射为 V 中的不同向量，在线性变换情形，这等价于 $\mathrm{Ker}\mathscr{A}=\{\mathbf{0}\}$），也是满射（即 $\mathrm{Im}\mathscr{A}=V$）. 反之，若 $\mathscr{A}$ 既是单射也是满射，则 $\mathscr{A}$ 是可逆变换. 事实上，此时可定义 $\mathscr{A}$ 的逆映射为

$$\mathscr{B}: V\to U,$$
$$\boldsymbol{y}\to\boldsymbol{x},$$

这里 $\boldsymbol{x}$ 满足 $\mathscr{A}(\boldsymbol{x})=\boldsymbol{y}$. 由这个定义，显然成立 $\mathscr{B}(\mathscr{A}(\boldsymbol{x}))=\boldsymbol{x}\ (\boldsymbol{x}\in U)$ 和 $\mathscr{A}(\mathscr{B}(\boldsymbol{y}))=\boldsymbol{y}\ (\boldsymbol{y}\in V)$.

对于任意 $\boldsymbol{y},\boldsymbol{z}\in V$ 及 $\lambda,\mu\in\mathbf{K}$，由于 $\mathscr{A}$ 是线性变换，则

$$\mathscr{A}(\lambda\mathscr{B}(\boldsymbol{y})+\mu\mathscr{B}(\boldsymbol{z}))=\lambda\mathscr{A}(\mathscr{B}(\boldsymbol{y}))+\mu\mathscr{A}(\mathscr{B}(\boldsymbol{z}))=\lambda\boldsymbol{y}+\mu\boldsymbol{z},$$

因此由逆映射 $\mathscr{B}$ 的定义得

$$\mathscr{B}(\lambda\boldsymbol{y}+\mu\boldsymbol{z})=\lambda\mathscr{B}(\boldsymbol{y})+\mu\mathscr{B}(\boldsymbol{z}).$$

因此 $\mathscr{B}$ 是 V 到 U 的线性变换. 这说明，$\mathscr{A}$ 是可逆变换，且 $\mathscr{B}=\mathscr{A}^{-1}$.

于是我们得到

定理 5.2.2　设 U 和 V 是 $\mathbf{K}$ 上的线性空间，$\mathscr{A}$ 是 U 到 V 的线性变换，则 $\mathscr{A}$ 为可逆变换的充分必要条件为 $\mathscr{A}$ 既是单射也是满射.

线性变换的矩阵表示

下面讨论线性变换与矩阵的关系. 先看 $\mathbf{R}^m$ 到 $\mathbf{R}^n$ 的线性变换. 由例 5.2.1 不难推断，任意一个 $n\times m$ 矩阵 $\boldsymbol{A}$，必确定 $\mathbf{R}^m$ 到 $\mathbf{R}^n$ 的一个线性变换 $\mathscr{A}$. 事实上，这个线性变换 $\mathscr{A}$ 可以如下定义：

$$\mathscr{A}(\boldsymbol{x})=\boldsymbol{A}\boldsymbol{x},\quad \boldsymbol{x}\in\mathbf{R}^m.$$

反之，若 $\mathscr{A}$ 是 $\mathbf{R}^m$ 到 $\mathbf{R}^n$ 的线性变换，则唯一的存在 $n\times m$ 矩阵 $\boldsymbol{A}$，使得

$$\mathscr{A}(\boldsymbol{x})=\boldsymbol{A}\boldsymbol{x},\quad \boldsymbol{x}\in\mathbf{R}^m.$$

事实上，若分别记 $\mathbf{R}^m$ 和 $\mathbf{R}^n$ 的自然基为 $\{\boldsymbol{e}_1,\boldsymbol{e}_2,\cdots,\boldsymbol{e}_m\}$ 和 $\{\tilde{\boldsymbol{e}}_1,\tilde{\boldsymbol{e}}_2,\cdots,\tilde{\boldsymbol{e}}_n\}$. 因为 $\mathscr{A}(\boldsymbol{e}_i)\in\mathbf{R}^n$，记

$$\mathscr{A}(\boldsymbol{e}_i)=a_{1i}\tilde{\boldsymbol{e}}_1+a_{2i}\tilde{\boldsymbol{e}}_2+\cdots+a_{ni}\tilde{\boldsymbol{e}}_n=(\tilde{\boldsymbol{e}}_1,\tilde{\boldsymbol{e}}_2,\cdots,\tilde{\boldsymbol{e}}_n)\begin{pmatrix}a_{1i}\\a_{2i}\\\vdots\\a_{ni}\end{pmatrix}=\begin{pmatrix}a_{1i}\\a_{2i}\\\vdots\\a_{ni}\end{pmatrix}\quad(i=1,2,\cdots,m),$$

并记 $n\times m$ 矩阵

$$\boldsymbol{A}=\begin{pmatrix} a_{11} & a_{12} & \cdots & a_{1m} \\ a_{21} & a_{22} & \cdots & a_{2m} \\ \vdots & \vdots & & \vdots \\ a_{n1} & a_{n2} & \cdots & a_{nm} \end{pmatrix}.$$

则对于 $\boldsymbol{x}=(x_1,x_2,\cdots,x_m)^{\mathrm{T}}=x_1\boldsymbol{e}_1+x_2\boldsymbol{e}_2+\cdots+x_m\boldsymbol{e}_m\in\mathbf{R}^m$,有

$$\begin{aligned}\mathscr{A}(\boldsymbol{x})&=\mathscr{A}(x_1\boldsymbol{e}_1+x_2\boldsymbol{e}_2+\cdots+x_m\boldsymbol{e}_m)\\&=x_1\mathscr{A}(\boldsymbol{e}_1)+x_2\mathscr{A}(\boldsymbol{e}_2)+\cdots+x_m\mathscr{A}(\boldsymbol{e}_m)\\&=(\mathscr{A}(\boldsymbol{e}_1),\ \mathscr{A}(\boldsymbol{e}_2),\cdots,\mathscr{A}(\boldsymbol{e}_m))\boldsymbol{x}=\boldsymbol{A}\boldsymbol{x}.\end{aligned}$$

再说明唯一性．若有 $n\times m$ 矩阵 $\boldsymbol{B}$ 满足 $\mathscr{A}(\boldsymbol{x})=\boldsymbol{B}\boldsymbol{x}(\boldsymbol{x}\in\mathbf{R}^m)$,则

$$\boldsymbol{A}\boldsymbol{x}=\boldsymbol{B}\boldsymbol{x},\text{即}(\boldsymbol{A}-\boldsymbol{B})\boldsymbol{x}=\mathbf{0},\quad \boldsymbol{x}\in\mathbf{R}^m.$$

这就是说方程组 $(\boldsymbol{A}-\boldsymbol{B})\boldsymbol{x}=\mathbf{0}$ 的零空间的维数为 m,因此 $\operatorname{rank}(\boldsymbol{A}-\boldsymbol{B})=0$,即 $\boldsymbol{A}=\boldsymbol{B}$.

综上所述,$\mathbf{R}^m$ 到 $\mathbf{R}^n$ 的线性变换与 $n\times m$ 矩阵有着一一对应关系,且线性变换可以通过矩阵来表示．那么,一般有限维线性空间之间的线性变换与矩阵有什么联系呢?

设 $\{\boldsymbol{a}_i\}_{i=1}^m$ 和 $\{\boldsymbol{b}_j\}_{j=1}^n$ 分别是 m 维线性空间 U 和 n 维线性空间 V 中的一组基,$\mathscr{A}$ 是 U 到 V 的线性变换．设 U 中向量 $\boldsymbol{x}$ 用 $\{\boldsymbol{a}_i\}_{i=1}^m$ 表示的形式为

$$\boldsymbol{x}=\alpha_1\boldsymbol{a}_1+\alpha_2\boldsymbol{a}_2+\cdots+\alpha_m\boldsymbol{a}_m,$$

两边作线性变换 $\mathscr{A}$,由线性变换的性质得,

$$\mathscr{A}(\boldsymbol{x})=\alpha_1\mathscr{A}(\boldsymbol{a}_1)+\alpha_2\mathscr{A}(\boldsymbol{a}_2)+\cdots+\alpha_m\mathscr{A}(\boldsymbol{a}_m).$$

这就是说,线性变换由其对一组基的变换规律完全决定.

由于 $\mathscr{A}(\boldsymbol{a}_i)\in V(i=1,2,\cdots,m)$,因此它可以用基 $\{\boldsymbol{b}_j\}_{j=1}^n$ 线性表示,记

$$\mathscr{A}(\boldsymbol{a}_i)=(\boldsymbol{b}_1,\boldsymbol{b}_2,\cdots,\boldsymbol{b}_n)\begin{pmatrix} a_{1i} \\ a_{2i} \\ \vdots \\ a_{ni} \end{pmatrix},\qquad i=1,2,\cdots,m.$$

于是,若记

$$\boldsymbol{A}=\begin{pmatrix} a_{11} & a_{12} & \cdots & a_{1m} \\ a_{21} & a_{22} & \cdots & a_{2m} \\ \vdots & \vdots & & \vdots \\ a_{n1} & a_{n2} & \cdots & a_{nm} \end{pmatrix},$$

则

$$\begin{aligned}&(\mathscr{A}(\boldsymbol{a}_1),\mathscr{A}(\boldsymbol{a}_2),\cdots,\mathscr{A}(\boldsymbol{a}_m))\\&=(\boldsymbol{b}_1,\boldsymbol{b}_2,\cdots,\boldsymbol{b}_n)\begin{pmatrix} a_{11} & a_{12} & \cdots & a_{1m} \\ a_{21} & a_{22} & \cdots & a_{2m} \\ \vdots & \vdots & & \vdots \\ a_{n1} & a_{n2} & \cdots & a_{nm} \end{pmatrix}=(\boldsymbol{b}_1,\boldsymbol{b}_2,\cdots,\boldsymbol{b}_n)\boldsymbol{A}.\end{aligned}$$

进一步还有

$$\begin{aligned}\mathscr{A}(\boldsymbol{x})&=\alpha_1\mathscr{A}(\boldsymbol{a}_1)+\alpha_2\mathscr{A}(\boldsymbol{a}_2)+\cdots+\alpha_m\mathscr{A}(\boldsymbol{a}_m)\\&=(\mathscr{A}(\boldsymbol{a}_1),\ \mathscr{A}(\boldsymbol{a}_2),\cdots,\mathscr{A}(\boldsymbol{a}_m))\begin{pmatrix}\alpha_1\\\alpha_2\\\vdots\\\alpha_m\end{pmatrix}\\&=(\boldsymbol{b}_1,\boldsymbol{b}_2,\cdots,\boldsymbol{b}_n)\boldsymbol{A}\begin{pmatrix}\alpha_1\\\alpha_2\\\vdots\\\alpha_m\end{pmatrix}.\end{aligned}$$

综上所述,线性变换 $\mathscr{A}$ 由 $\{\boldsymbol{a}_i\}_{i=1}^m$ 的像唯一确定．等价地,$\mathscr{A}$ 由 $n\times m$ 矩阵 $\boldsymbol{A}=(a_{ij})_{n\times m}$ 唯一确定,称 $\boldsymbol{A}$ 为线性变换 $\mathscr{A}$ 在基 $\{\boldsymbol{a}_i\}_{i=1}^m$ 和 $\{\boldsymbol{b}_j\}_{j=1}^n$ 下的**表示矩阵**．顺便地,我们得到:当 $\boldsymbol{x}$ 在基 $\{\boldsymbol{a}_i\}_{i=1}^m$ 下的坐标为 $(\alpha_1,\alpha_2,\cdots,\alpha_m)^{\mathrm{T}}$ 时,$\mathscr{A}(\boldsymbol{x})$ 在基 $\{\boldsymbol{b}_j\}_{j=1}^n$ 下的坐标便是 $\boldsymbol{A}(\alpha_1,\alpha_2,\cdots,\alpha_m)^{\mathrm{T}}$.

例 5.2.6　设 $\mathbf{R}^2$ 上的线性变换 $\mathscr{A}$ 将任意给定的向量 $\boldsymbol{x}$ 绕原点逆时针旋转角度 θ,求 $\mathscr{A}$ 在自然基 $\{\boldsymbol{e}_1,\boldsymbol{e}_2\}$ 下的表示矩阵.

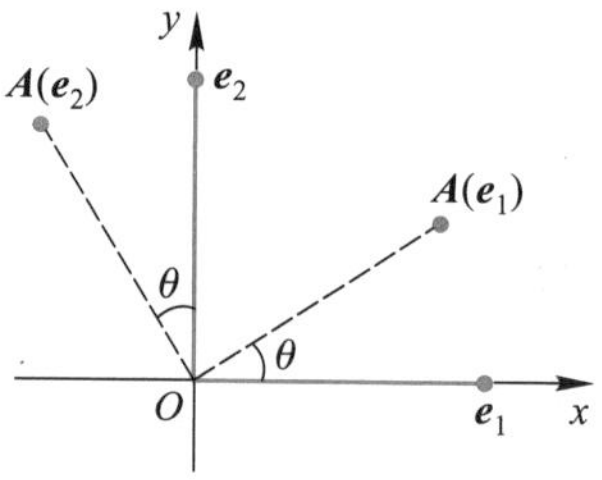

图 5.2.6

解　当 $\boldsymbol{e}_1,\boldsymbol{e}_2$ 绕原点逆时针旋转角度 θ 后,坐标分别是 $\begin{pmatrix}\cos\theta\\\sin\theta\end{pmatrix}$ 和 $\begin{pmatrix}-\sin\theta\\\cos\theta\end{pmatrix}$(见图 5.2.6),即

$$(\mathscr{A}(\boldsymbol{e}_1),\mathscr{A}(\boldsymbol{e}_2))=(\boldsymbol{e}_1,\boldsymbol{e}_2)\begin{pmatrix}\cos\theta&-\sin\theta\\\sin\theta&\cos\theta\end{pmatrix}.$$

所以,旋转变换 $\mathscr{A}$ 在自然基 $\{\boldsymbol{e}_1,\boldsymbol{e}_2\}$ 下的表示矩阵为

$$\boldsymbol{A}=\begin{pmatrix}\cos\theta&-\sin\theta\\\sin\theta&\cos\theta\end{pmatrix}.$$

由于任意向量 $\boldsymbol{x}=\begin{pmatrix}x\\y\end{pmatrix}$ 在自然基 $\{\boldsymbol{e}_1,\boldsymbol{e}_2\}$ 下的坐标就是它的分量,因此它经过变换 $\mathscr{A}$ 后,$\mathscr{A}(\boldsymbol{x})$ 在 $\{\boldsymbol{e}_1,\boldsymbol{e}_2\}$ 下的坐标是

$$\boldsymbol{A}\begin{pmatrix}x\\y\end{pmatrix}=\begin{pmatrix}\cos\theta&-\sin\theta\\\sin\theta&\cos\theta\end{pmatrix}\begin{pmatrix}x\\y\end{pmatrix},$$

这就是例 5.2.1(4)的结果.

设 $\mathscr{A}$ 是 m 维线性空间 U 上的线性变换,$\{\boldsymbol{a}_i\}_{i=1}^m$ 是 U 的一组基．$\mathscr{A}$ 在这组基下的表示矩阵是指满足

$$(\mathscr{A}(\boldsymbol{a}_1),\ \mathscr{A}(\boldsymbol{a}_2),\ \cdots,\mathscr{A}(\boldsymbol{a}_m))=(\boldsymbol{a}_1,\boldsymbol{a}_2,\cdots,\boldsymbol{a}_m)\boldsymbol{A}$$

的矩阵 $\boldsymbol{A}$,它是一个 m 阶方阵.

显然,有限维线性空间上的恒等变换在任意基下的表示矩阵都是单位矩阵,零变换在任意基下的表示矩阵都是零矩阵.

定理 5.2.3　设 U 是 $\mathbf{K}$ 上的 m 维线性空间,$\{\boldsymbol{a}_i\}_{i=1}^m$ 是 U 的基．$\mathscr{A}$ 和 $\mathscr{B}$ 是 U 上的线性变换,它们在基 $\{\boldsymbol{a}_i\}_{i=1}^m$ 下的表示矩阵分别是 $\boldsymbol{A}$ 和 $\boldsymbol{B}$. 则

（1）$\mathscr{A}+\mathscr{B}, k\mathscr{A}(k\in\mathbf{K})$ 在基 $\{\boldsymbol{a}_i\}_{i=1}^m$ 下的表示矩阵分别是 $\boldsymbol{A}+\boldsymbol{B}$ 和 $k\boldsymbol{A}$；

（2）$\mathscr{A}\mathscr{B}$ 在基 $\{\boldsymbol{a}_i\}_{i=1}^m$ 下的表示矩阵是 $\boldsymbol{AB}$；

（3）若 $\mathscr{A}$ 是可逆变换，那么 $\mathscr{A}^{-1}$ 在基 $\{\boldsymbol{a}_i\}_{i=1}^m$ 下的表示矩阵是 $\boldsymbol{A}^{-1}$.

证　只证明(2),(3).

（2）由于 $\mathscr{A}$ 和 $\mathscr{B}$ 在基 $\{\boldsymbol{a}_i\}_{i=1}^m$ 下的表示矩阵分别是 $\boldsymbol{A}$ 和 $\boldsymbol{B}$，即

$$(\mathscr{A}(\boldsymbol{a}_1),\mathscr{A}(\boldsymbol{a}_2),\cdots,\mathscr{A}(\boldsymbol{a}_m))=(\boldsymbol{a}_1,\boldsymbol{a}_2,\cdots,\boldsymbol{a}_m)\boldsymbol{A},$$

$$(\mathscr{B}(\boldsymbol{a}_1),\mathscr{B}(\boldsymbol{a}_2),\cdots,\mathscr{B}(\boldsymbol{a}_m))=(\boldsymbol{a}_1,\boldsymbol{a}_2,\cdots,\boldsymbol{a}_m)\boldsymbol{B}.$$

将 $\boldsymbol{B}$ 用列向量表示为 $\boldsymbol{B}=(\boldsymbol{b}_1,\boldsymbol{b}_2,\cdots,\boldsymbol{b}_m)$，则

$$\mathscr{B}(\boldsymbol{a}_j)=(\boldsymbol{a}_1,\boldsymbol{a}_2,\cdots,\boldsymbol{a}_m)\boldsymbol{b}_j,\quad j=1,2,\cdots,m,$$

因此

$$\mathscr{A}\mathscr{B}(\boldsymbol{a}_j)=(\mathscr{A}(\boldsymbol{a}_1),\mathscr{A}(\boldsymbol{a}_2),\cdots,\mathscr{A}(\boldsymbol{a}_m))\boldsymbol{b}_j=(\boldsymbol{a}_1,\boldsymbol{a}_2,\cdots,\boldsymbol{a}_m)\boldsymbol{A}\boldsymbol{b}_j.$$

所以

$$\begin{aligned}&(\mathscr{A}\mathscr{B}(\boldsymbol{a}_1),\mathscr{A}\mathscr{B}(\boldsymbol{a}_2),\cdots,\mathscr{A}\mathscr{B}(\boldsymbol{a}_m))\\=&(\boldsymbol{a}_1,\boldsymbol{a}_2,\cdots,\boldsymbol{a}_m)\boldsymbol{A}(\boldsymbol{b}_1,\boldsymbol{b}_2,\cdots,\boldsymbol{b}_m)\\=&(\boldsymbol{a}_1,\boldsymbol{a}_2,\cdots,\boldsymbol{a}_m)\boldsymbol{AB}.\end{aligned}$$

于是，$\mathscr{A}\mathscr{B}$ 在基 $\{\boldsymbol{a}_i\}_{i=1}^m$ 下的表示矩阵是 $\boldsymbol{AB}$.

（3）设 $\mathscr{A}^{-1}$ 在基 $\{\boldsymbol{a}_i\}_{i=1}^m$ 下的表示矩阵是 $\boldsymbol{S}$，即

$$(\mathscr{A}^{-1}(\boldsymbol{a}_1),\mathscr{A}^{-1}(\boldsymbol{a}_2),\cdots,\mathscr{A}^{-1}(\boldsymbol{a}_m))=(\boldsymbol{a}_1,\boldsymbol{a}_2,\cdots,\boldsymbol{a}_m)\boldsymbol{S}.$$

由(2)知 $\mathscr{A}\mathscr{A}^{-1}$ 的表示矩阵是 $\boldsymbol{AS}$，因此由 $\mathscr{A}\mathscr{A}^{-1}=\mathscr{I}$ 和表示矩阵的唯一性得 $\boldsymbol{AS}=\boldsymbol{I}$，因此 $\boldsymbol{S}=\boldsymbol{A}^{-1}$.

证毕

利用线性变换的矩阵表示可以得出：

定理 5.2.4　若 U 和 V 是有限维线性空间，$\mathscr{A}$ 是 U 到 V 的线性变换，则有

$$\dim \operatorname{Im}\mathscr{A}+\dim \operatorname{Ker}\mathscr{A}=\dim U.$$

事实上，若 U 是 m 维线性空间，V 是 n 维线性空间，$n\times m$ 矩阵 $\boldsymbol{A}$ 为线性变换 $\mathscr{A}$ 在 U 的基 $\{\boldsymbol{a}_i\}_{i=1}^m$ 和 V 的基 $\{\boldsymbol{b}_j\}_{j=1}^n$ 下的表示矩阵，则由

$$(\mathscr{A}(\boldsymbol{a}_1),\mathscr{A}(\boldsymbol{a}_2),\cdots,\mathscr{A}(\boldsymbol{a}_m))=(\boldsymbol{b}_1,\boldsymbol{b}_2,\cdots,\boldsymbol{b}_n)\boldsymbol{A}$$

可得

$$\dim \operatorname{Im}\mathscr{A}=\operatorname{rank}(\boldsymbol{A}),\quad \dim \operatorname{Ker}\mathscr{A}=m-\operatorname{rank}(\boldsymbol{A}).$$

这里证明的细节略去.

不同基下表示矩阵的关系

为叙述简便起见，下面只讨论线性空间到其自身的线性变换.

设 $\mathscr{A}$ 是 m 维线性空间 U 上的线性变换，$\{\boldsymbol{a}_i\}_{i=1}^m$ 是 U 的一组基，则有

$$(\mathscr{A}(\boldsymbol{a}_1),\mathscr{A}(\boldsymbol{a}_2),\cdots,\mathscr{A}(\boldsymbol{a}_m))=(\boldsymbol{a}_1,\boldsymbol{a}_2,\cdots,\boldsymbol{a}_m)\boldsymbol{A},$$

其中 m 阶方阵 $\boldsymbol{A}$ 是 $\mathscr{A}$ 的表示矩阵．作为前面讨论的特例可知，如果在基 $\{\boldsymbol{a}_i\}_{i=1}^m$ 下，$\boldsymbol{x}$ 的坐标为 $(\alpha_1,\alpha_2,\cdots,\alpha_m)^{\mathrm{T}}$，则 $\mathscr{A}(\boldsymbol{x})$ 的坐标是 $\boldsymbol{A}(\alpha_1,\alpha_2,\cdots,\alpha_m)^{\mathrm{T}}$.

下面的定理说明了有限维线性空间上的线性变换在不同的基下的表示矩阵的关系.

定理 5.2.5　设 $\mathscr{A}$ 是 m 维线性空间 U 上的任意一个线性变换, $\{\boldsymbol{a}_i\}_{i=1}^m$ 和 $\{\boldsymbol{b}_i\}_{i=1}^m$ 是 U 的两组基, 从 $\{\boldsymbol{a}_i\}_{i=1}^m$ 到 $\{\boldsymbol{b}_i\}_{i=1}^m$ 的过渡矩阵为 $\boldsymbol{T}$. 若 $\mathscr{A}$ 在基 $\{\boldsymbol{a}_i\}_{i=1}^m$ 和 $\{\boldsymbol{b}_i\}_{i=1}^m$ 下的表示矩阵分别为 $\boldsymbol{A}$ 和 $\boldsymbol{B}$, 则成立

$$\boldsymbol{B}=\boldsymbol{T}^{-1}\boldsymbol{A}\boldsymbol{T}.$$

证　线性变换 $\mathscr{A}$ 在基 $\{\boldsymbol{a}_i\}_{i=1}^m$ 和 $\{\boldsymbol{b}_i\}_{i=1}^m$ 下的表示矩阵分别为 $\boldsymbol{A}$ 和 $\boldsymbol{B}$, 即

$$(\mathscr{A}(\boldsymbol{a}_1),\ \mathscr{A}(\boldsymbol{a}_2),\ \cdots,\mathscr{A}(\boldsymbol{a}_m))=(\boldsymbol{a}_1,\boldsymbol{a}_2,\cdots,\boldsymbol{a}_m)\boldsymbol{A},$$

和

$$(\mathscr{A}(\boldsymbol{b}_1),\ \mathscr{A}(\boldsymbol{b}_2),\ \cdots,\mathscr{A}(\boldsymbol{b}_m))=(\boldsymbol{b}_1,\boldsymbol{b}_2,\cdots,\boldsymbol{b}_m)\boldsymbol{B}.$$

而从 $\{\boldsymbol{a}_i\}_{i=1}^m$ 到 $\{\boldsymbol{b}_i\}_{i=1}^m$ 的过渡矩阵为 $\boldsymbol{T}$, 即

$$(\boldsymbol{b}_1,\boldsymbol{b}_2,\cdots,\boldsymbol{b}_m)=(\boldsymbol{a}_1,\boldsymbol{a}_2,\cdots,\boldsymbol{a}_m)\boldsymbol{T}.$$

对每个 $\boldsymbol{b}_i$ 作线性变换 $\mathscr{A}$, 利用 $\mathscr{A}$ 的线性性质, 并注意到 $\boldsymbol{T}$ 是可逆矩阵, 由上式得

$$\begin{aligned}(\mathscr{A}(\boldsymbol{b}_1),\ \mathscr{A}(\boldsymbol{b}_2),\ \cdots,\mathscr{A}(\boldsymbol{b}_m))&=(\mathscr{A}(\boldsymbol{a}_1),\ \mathscr{A}(\boldsymbol{a}_2),\ \cdots,\mathscr{A}(\boldsymbol{a}_m))\boldsymbol{T}\\&=(\boldsymbol{a}_1,\boldsymbol{a}_2,\cdots,\boldsymbol{a}_m)\boldsymbol{A}\boldsymbol{T}\\&=(\boldsymbol{b}_1,\boldsymbol{b}_2,\cdots,\boldsymbol{b}_m)\boldsymbol{T}^{-1}\boldsymbol{A}\boldsymbol{T},\end{aligned}$$

因此由表示矩阵的唯一性知

$$\boldsymbol{B}=\boldsymbol{T}^{-1}\boldsymbol{A}\boldsymbol{T}.$$

证毕

下表列出在 U 上的线性变换 $\mathscr{A}$ 下, U 中向量 $\boldsymbol{x}$ 的坐标变化情况:

	在基 $\{\boldsymbol{a}_i\}_{i=1}^m$ 下的坐标	在基 $\{\boldsymbol{b}_i\}_{i=1}^m$ 下的坐标
$\boldsymbol{x}$	$\boldsymbol{\xi}$	$\boldsymbol{T}^{-1}\boldsymbol{\xi}$
$\mathscr{A}(\boldsymbol{x})$	$\boldsymbol{A}\boldsymbol{\xi}$	$\boldsymbol{T}^{-1}\boldsymbol{A}\boldsymbol{\xi}$

例 5.2.7　已知 $\mathbf{R}^3$ 中的一组基为 $\boldsymbol{a}_1=(1,0,0)^{\mathrm{T}},\boldsymbol{a}_2=(0,2,1)^{\mathrm{T}},\boldsymbol{a}_3=(0,5,3)^{\mathrm{T}}$. 若 $\mathbf{R}^3$ 上的一个线性变换 $\mathscr{A}$ 关于这组基的像为

$$\mathscr{A}(\boldsymbol{a}_1)=(1,2,1)^{\mathrm{T}},\quad \mathscr{A}(\boldsymbol{a}_2)=(0,2,3)^{\mathrm{T}},\quad \mathscr{A}(\boldsymbol{a}_3)=(0,0,1)^{\mathrm{T}},$$

(1) 求 $\mathscr{A}$ 在基 $\{\boldsymbol{a}_1,\boldsymbol{a}_2,\boldsymbol{a}_3\}$ 下的表示矩阵;

(2) 求 $\mathscr{A}$ 在 $\mathbf{R}^3$ 的自然基 $\{\boldsymbol{e}_1,\boldsymbol{e}_2,\boldsymbol{e}_3\}$ 下的表示矩阵.

解　(1) 由假设知

$$\begin{aligned}(\mathscr{A}(\boldsymbol{a}_1),\ \mathscr{A}(\boldsymbol{a}_2),\ \mathscr{A}(\boldsymbol{a}_3))&=(\boldsymbol{e}_1,\boldsymbol{e}_2,\boldsymbol{e}_3)\begin{pmatrix}1&0&0\\2&2&0\\1&3&1\end{pmatrix}\\&=(\boldsymbol{a}_1,\boldsymbol{a}_2,\boldsymbol{a}_3)(\boldsymbol{a}_1,\boldsymbol{a}_2,\boldsymbol{a}_3)^{-1}\begin{pmatrix}1&0&0\\2&2&0\\1&3&1\end{pmatrix}\\&=(\boldsymbol{a}_1,\boldsymbol{a}_2,\boldsymbol{a}_3)\begin{pmatrix}1&0&0\\0&2&5\\0&1&3\end{pmatrix}^{-1}\begin{pmatrix}1&0&0\\2&2&0\\1&3&1\end{pmatrix}\end{aligned}$$

$$=(\boldsymbol{a}_1,\boldsymbol{a}_2,\boldsymbol{a}_3)\begin{pmatrix}1&0&0\\0&3&-5\\0&-1&2\end{pmatrix}\begin{pmatrix}1&0&0\\2&2&0\\1&3&1\end{pmatrix}$$

$$=(\boldsymbol{a}_1,\boldsymbol{a}_2,\boldsymbol{a}_3)\begin{pmatrix}1&0&0\\1&-9&-5\\0&4&2\end{pmatrix},$$

所以 $\mathscr{A}$ 在基 $\{\boldsymbol{a}_1,\boldsymbol{a}_2,\boldsymbol{a}_3\}$ 下的表示矩阵为

$$\boldsymbol{A}=\begin{pmatrix}1&0&0\\1&-9&-5\\0&4&2\end{pmatrix}.$$

（2）记 $\{\boldsymbol{a}_1,\boldsymbol{a}_2,\boldsymbol{a}_3\}$ 到 $\{\boldsymbol{e}_1,\boldsymbol{e}_2,\boldsymbol{e}_3\}$ 的过渡矩阵为 $\boldsymbol{T}$. 显然

$$(\boldsymbol{a}_1,\boldsymbol{a}_2,\boldsymbol{a}_3)=(\boldsymbol{e}_1,\boldsymbol{e}_2,\boldsymbol{e}_3)\begin{pmatrix}1&0&0\\0&2&5\\0&1&3\end{pmatrix}=(\boldsymbol{e}_1,\boldsymbol{e}_2,\boldsymbol{e}_3)\boldsymbol{T}^{-1},$$

所以 $\mathscr{A}$ 在 $\mathbf{R}^3$ 的自然基 $\{\boldsymbol{e}_1,\boldsymbol{e}_2,\boldsymbol{e}_3\}$ 下的表示矩阵为

$$\boldsymbol{B}=\boldsymbol{T}^{-1}\boldsymbol{A}\boldsymbol{T}=\begin{pmatrix}1&0&0\\0&2&5\\0&1&3\end{pmatrix}\begin{pmatrix}1&0&0\\1&-9&-5\\0&4&2\end{pmatrix}\begin{pmatrix}1&0&0\\0&2&5\\0&1&3\end{pmatrix}^{-1}$$

$$=\begin{pmatrix}1&0&0\\0&2&5\\0&1&3\end{pmatrix}\begin{pmatrix}1&0&0\\1&-9&-5\\0&4&2\end{pmatrix}\begin{pmatrix}1&0&0\\0&3&-5\\0&-1&2\end{pmatrix}=\begin{pmatrix}1&0&0\\2&6&-10\\1&8&-13\end{pmatrix}.$$

例 5.2.8　在线性空间 P_3 中考虑求导运算 $\mathscr{A}=\frac{\mathrm{d}}{\mathrm{d}x}$. 由于在基 $\{1,x,x^2,x^3\}$ 下，

$$(\mathscr{A}(1),\mathscr{A}(x),\mathscr{A}(x^2),\mathscr{A}(x^3))=(0,1,2x,3x^2)$$

$$=(1,x,x^2,x^3)\begin{pmatrix}0&1&0&0\\0&0&2&0\\0&0&0&3\\0&0&0&0\end{pmatrix}$$

$$=(1,x,x^2,x^3)\boldsymbol{A},$$

以及

$$\left(1,x,\frac{3x^2-1}{2},\frac{5x^3-x}{2}\right)=(1,x,x^2,x^3)\begin{pmatrix}1&0&-\frac{1}{2}&0\\0&1&0&-\frac{1}{2}\\0&0&\frac{3}{2}&0\\0&0&0&\frac{5}{2}\end{pmatrix}=(1,x,x^2,x^3)\boldsymbol{T},$$

因此，它在基 $\left\{1,x,\frac{3x^2-1}{2},\frac{5x^3-x}{2}\right\}$ 下的表示矩阵应为

$$B=T^{-1}AT=\begin{pmatrix}1&0&-\frac{1}{2}&0\\0&1&0&-\frac{1}{2}\\0&0&\frac{3}{2}&0\\0&0&0&\frac{5}{2}\end{pmatrix}^{-1}\begin{pmatrix}0&1&0&0\\0&0&2&0\\0&0&0&3\\0&0&0&0\end{pmatrix}\begin{pmatrix}1&0&-\frac{1}{2}&0\\0&1&0&-\frac{1}{2}\\0&0&\frac{3}{2}&0\\0&0&0&\frac{5}{2}\end{pmatrix}$$

$$=\begin{pmatrix}1&0&\frac{1}{3}&0\\0&1&0&\frac{1}{5}\\0&0&\frac{2}{3}&0\\0&0&0&\frac{2}{5}\end{pmatrix}\begin{pmatrix}0&1&0&0\\0&0&2&0\\0&0&0&3\\0&0&0&0\end{pmatrix}\begin{pmatrix}1&0&-\frac{1}{2}&0\\0&1&0&-\frac{1}{2}\\0&0&\frac{3}{2}&0\\0&0&0&\frac{5}{2}\end{pmatrix}=\begin{pmatrix}0&1&0&2\\0&0&3&0\\0&0&0&5\\0&0&0&0\end{pmatrix}.$$

可以直接计算

$$\left(\mathscr{A}(1),\mathscr{A}(x),\mathscr{A}\left(\frac{3x^2-1}{2}\right),\mathscr{A}\left(\frac{5x^3-x}{2}\right)\right)=\left(0,1,3x,\frac{1}{2}(15x^2-1)\right)$$

$$=\left(1,x,\frac{3x^2-1}{2},\frac{5x^3-x}{2}\right)\begin{pmatrix}0&1&0&2\\0&0&3&0\\0&0&0&5\\0&0&0&0\end{pmatrix}.$$

我们已经知道，P_3 中元素 $p(x)=4x^3+3x^2+2x+1$ 在基 $\{1,x,x^2,x^3\}$ 下的坐标是 $\boldsymbol{\xi}=(1,2,3,4)^{\mathrm{T}}$，则在 $\left\{1,x,\frac{3x^2-1}{2},\frac{5x^3-x}{2}\right\}$ 下的坐标是 $T^{-1}\boldsymbol{\xi}=\frac{2}{5}(5,7,5,4)^{\mathrm{T}}$. 在求导后，$\mathscr{A}(p)$ 在 $\{1,x,x^2,x^3\}$ 下的坐标为

$$A\boldsymbol{\xi}=\begin{pmatrix}0&1&0&0\\0&0&2&0\\0&0&0&3\\0&0&0&0\end{pmatrix}\begin{pmatrix}1\\2\\3\\4\end{pmatrix}=\begin{pmatrix}2\\6\\12\\0\end{pmatrix},$$

则在 $\left\{1,x,\frac{3x^2-1}{2},\frac{5x^3-x}{2}\right\}$ 下的坐标为

$$T^{-1}A\boldsymbol{\xi}=B(T^{-1}\boldsymbol{\xi})=\frac{2}{5}\begin{pmatrix}0&1&0&2\\0&0&3&0\\0&0&0&5\\0&0&0&0\end{pmatrix}\begin{pmatrix}5\\7\\5\\4\end{pmatrix}=\begin{pmatrix}6\\6\\8\\0\end{pmatrix}.$$

另一方面，通过直接计算有

$$\mathscr{A}(p)=(4x^3+3x^2+2x+1)'=12x^2+6x+2=8\,\frac{3x^2-1}{2}+6x+6,$$

这与利用坐标向量计算的结果一致.

定义 5.2.5　设 $\boldsymbol{A}$ 和 $\boldsymbol{B}$ 是同阶方阵,若存在同阶可逆矩阵 $\boldsymbol{T}$ 使得

$$\boldsymbol{B}=\boldsymbol{T}^{-1}\boldsymbol{A}\boldsymbol{T},$$

则称 $\boldsymbol{A}$ 和 $\boldsymbol{B}$ 是**相似矩阵**(简称 $\boldsymbol{A}$ 和 $\boldsymbol{B}$ **相似**),记作 $\boldsymbol{A}\sim\boldsymbol{B}$.

显然,相似矩阵具有相同的行列式. 将 $\boldsymbol{A}$ 变为 $\boldsymbol{T}^{-1}\boldsymbol{A}\boldsymbol{T}$ 称为对 $\boldsymbol{A}$ 作**相似变换**.

定理 5.2.6　n 阶方阵之间的相似关系满足如下性质:

(1) **自反性**:$\boldsymbol{A}\sim\boldsymbol{A}$;

(2) **对称性**:若 $\boldsymbol{A}\sim\boldsymbol{B}$,则 $\boldsymbol{B}\sim\boldsymbol{A}$;

(3) **传递性**:若 $\boldsymbol{A}\sim\boldsymbol{B}$,$\boldsymbol{B}\sim\boldsymbol{C}$,则 $\boldsymbol{A}\sim\boldsymbol{C}$.

这个定理的证明留作习题.

定理 5.2.5 告诉我们,线性空间 U 上同一个线性变换在任意两组基下的表示矩阵必定相似. 反过来,可以证明,如果线性空间上线性变换 $\mathscr{A}$ 在一组基下的表示矩阵为 $\boldsymbol{A}$,矩阵 $\boldsymbol{B}$ 与 $\boldsymbol{A}$ 相似,则必有线性空间的另一组基,使得 $\mathscr{A}$ 在这组基下的表示矩阵为 $\boldsymbol{B}$.

那么很自然地要问,对一个给定的线性变换 $\mathscr{A}$,能否找出 U 的一组基,使得 $\mathscr{A}$ 在这组基下的表示矩阵尽可能简单? 由于最简单的表示矩阵是对角矩阵,因此上面的问题等价于:对于任意一个给定的方阵,能否找到同阶可逆方阵 $\boldsymbol{T}$,使得 $\boldsymbol{T}^{-1}\boldsymbol{A}\boldsymbol{T}$ 是对角矩阵,或者至少是块对角矩阵? 这是我们在下一节要讨论的问题.

习　题

1. 下列变换 $\mathscr{A}$ 是不是线性变换? 是线性变换的给出它在自然基 $\{\boldsymbol{e}_1,\boldsymbol{e}_2,\boldsymbol{e}_3\}$ 下的表示矩阵:

(1) $\mathscr{A}((x_1,x_2,x_3)^{\mathrm{T}})=(x_1+x_2,x_2+x_3,x_3+x_1)^{\mathrm{T}},(x_1,x_2,x_3)^{\mathrm{T}}\in\mathbf{R}^3$;

(2) $\mathscr{A}((x_1,x_2,x_3)^{\mathrm{T}})=(x_1x_3,x_1+x_3,x_2+x_3)^{\mathrm{T}},(x_1,x_2,x_3)^{\mathrm{T}}\in\mathbf{R}^3$;

(3) $\mathscr{A}((x_1,x_2,x_3)^{\mathrm{T}})=(x_1,2x_2,x_3)^{\mathrm{T}},(x_1,x_2,x_3)^{\mathrm{T}}\in\mathbf{R}^3$.

2. 设 $\{\boldsymbol{\varepsilon}_1,\boldsymbol{\varepsilon}_2\}$ 是线性空间 U 的基,U 上的线性变换 $\mathscr{A}$ 使得

$$\mathscr{A}(\boldsymbol{\varepsilon}_1+\boldsymbol{\varepsilon}_2)=3\boldsymbol{\varepsilon}_1+9\boldsymbol{\varepsilon}_2,\quad \mathscr{A}(3\boldsymbol{\varepsilon}_1+2\boldsymbol{\varepsilon}_2)=7\boldsymbol{\varepsilon}_1+23\boldsymbol{\varepsilon}_2,$$

求 $\mathscr{A}$ 在基 $\{\boldsymbol{\varepsilon}_1,\boldsymbol{\varepsilon}_2\}$ 下的表示矩阵.

3. 设 $\mathbf{R}^3$ 上的线性变换 $\mathscr{A}$ 定义为 $\mathscr{A}(\boldsymbol{x})=\boldsymbol{A}\boldsymbol{x}(\boldsymbol{x}\in\mathbf{R}^3)$,其中 $\boldsymbol{A}=\begin{pmatrix}2&2&0\\1&1&2\\1&1&2\end{pmatrix}$. 求 $\mathscr{A}$ 在基 $\{(1,-1,0)^{\mathrm{T}},(-2,1,1)^{\mathrm{T}},(1,1,1)^{\mathrm{T}}\}$ 下的表示矩阵.

4. 设 $\mathbf{R}^3$ 上的线性变换 $\mathscr{A}$ 在基 $\{(-1,1,1)^{\mathrm{T}},(1,0,-1)^{\mathrm{T}},(0,1,1)^{\mathrm{T}}\}$ 下的表示矩阵为 $\begin{pmatrix}1&0&1\\1&1&0\\-1&2&1\end{pmatrix}$,求 $\mathscr{A}$ 在自然基 $\{\boldsymbol{e}_1,\boldsymbol{e}_2,\boldsymbol{e}_3\}$ 下的表示矩阵.

5. 已知 $\mathbf{R}^3$ 中的两组基为

$$\boldsymbol{\varepsilon}_1=(-1,0,-2)^{\mathrm{T}},\quad \boldsymbol{\varepsilon}_2=(0,1,2)^{\mathrm{T}},\quad \boldsymbol{\varepsilon}_3=(1,2,5)^{\mathrm{T}},$$

和

$$\tilde{\boldsymbol{\varepsilon}}_1=(-1,1,0)^{\mathrm{T}},\quad \tilde{\boldsymbol{\varepsilon}}_2=(1,0,1)^{\mathrm{T}},\quad \tilde{\boldsymbol{\varepsilon}}_3=(0,1,2)^{\mathrm{T}},$$

且已知 $\mathbf{R}^3$ 上的线性变换 $\mathscr{A}$ 满足

$$\mathscr{A}(\boldsymbol{\varepsilon}_1)=(2,0,-1)^{\mathrm{T}},\quad \mathscr{A}(\boldsymbol{\varepsilon}_2)=(0,0,1)^{\mathrm{T}},\quad \mathscr{A}(\boldsymbol{\varepsilon}_3)=(0,1,2)^{\mathrm{T}}.$$

求 $\mathscr{A}$ 在基 $\{\tilde{\boldsymbol{\varepsilon}}_1,\tilde{\boldsymbol{\varepsilon}}_2,\tilde{\boldsymbol{\varepsilon}}_3\}$ 下的表示矩阵.

6. 对次数不超过 2 的实系数多项式全体构成的线性空间 P_2,定义变换

$$\mathscr{A}(f(x))=f(x-2),\quad f(x)\in P_2.$$

(1) 证明 $\mathscr{A}$ 为 P_2 上的线性变换;

(2) 求 $\mathscr{A}$ 在基 $\{\boldsymbol{\varepsilon}_1=1,\boldsymbol{\varepsilon}_2=x,\boldsymbol{\varepsilon}_3=x^2\}$ 下的表示矩阵;

(3) 利用基 $\{\boldsymbol{\varepsilon}_1=1,\boldsymbol{\varepsilon}_2=x,\boldsymbol{\varepsilon}_3=x^2\}$ 到基 $\{\tilde{\boldsymbol{\varepsilon}}_1=1,\tilde{\boldsymbol{\varepsilon}}_2=x+2,\tilde{\boldsymbol{\varepsilon}}_3=(x+2)^2\}$ 的过渡矩阵(上节习题 11),导出 $\mathscr{A}$ 在基 $\{\tilde{\boldsymbol{\varepsilon}}_1,\tilde{\boldsymbol{\varepsilon}}_2,\tilde{\boldsymbol{\varepsilon}}_3\}$ 下的表示矩阵;

(4) 直接求 $\mathscr{A}$ 在基 $\{\tilde{\boldsymbol{\varepsilon}}_1,\tilde{\boldsymbol{\varepsilon}}_2,\tilde{\boldsymbol{\varepsilon}}_3\}$ 下的表示矩阵,并与(3)的结果比较.

7. 2 阶方阵全体 $\mathbf{R}^{2\times2}$ 按矩阵的加法和数乘运算,成为 $\mathbf{R}$ 上的线性空间,其一组基为

$$\boldsymbol{a}_1=\begin{pmatrix}1&0\\0&0\end{pmatrix},\quad \boldsymbol{a}_2=\begin{pmatrix}0&1\\0&0\end{pmatrix},\quad \boldsymbol{a}_3=\begin{pmatrix}0&0\\1&0\end{pmatrix},\quad \boldsymbol{a}_4=\begin{pmatrix}0&0\\0&1\end{pmatrix}.$$

记 $\boldsymbol{A}=\begin{pmatrix}3&1\\1&2\end{pmatrix}$,定义 $\mathbf{R}^{2\times2}$ 上的线性变换 $\mathscr{A}$ 为

$$\mathscr{A}(\boldsymbol{x})=\boldsymbol{Ax}-\boldsymbol{xA},\quad \boldsymbol{x}\in\mathbf{R}^{2\times2}.$$

求 $\mathscr{A}$ 在基 $\{\boldsymbol{a}_1,\boldsymbol{a}_2,\boldsymbol{a}_3,\boldsymbol{a}_4\}$ 下的表示矩阵.

8. 证明定理 5.2.6.

9. 设方阵 $\boldsymbol{A}\sim\boldsymbol{B}$,证明:$\boldsymbol{A}^k\sim\boldsymbol{B}^k(k=1,2,\cdots)$. 若 $\boldsymbol{A}$ 还可逆,证明:$\boldsymbol{A}^{-1}\sim\boldsymbol{B}^{-1}$.

10. 设 $\mathscr{A}$ 是有限维线性空间 U 上的线性变换,证明 $\mathscr{A}$ 是可逆变换的充分必要条件是 $\mathscr{A}$ 为单射或满射.

11. 设 $\mathscr{A}$ 是 m 维线性空间 U 上的线性变换,$\{\boldsymbol{a}_1,\boldsymbol{a}_2,\cdots,\boldsymbol{a}_m\}$ 是 U 的一组基. 证明:$\mathscr{A}$ 为可逆变换的充要条件是 $\{\mathscr{A}(\boldsymbol{a}_1),\mathscr{A}(\boldsymbol{a}_2),\cdots,\mathscr{A}(\boldsymbol{a}_m)\}$ 也是 U 的一组基.

§ 3　特征值问题

寻求形式简单且与 $\boldsymbol{A}$ 相似的矩阵,根据 $\boldsymbol{A}$ 的不同情况可以有不同的途径,我们这里将介绍通过特征值和特征向量求解的办法,它是一种最基本的方法.

求特征值和特征向量本身就是一个非常有意义的问题,在线性变换理论、矩阵分析、微分方程求解等方面有着重要的理论价值. 同时,在物理、化学、工程技术等领域有着广泛的实用背景.

矩阵的特征值和特征向量

定义 5.3.1　设 $\boldsymbol{A}$ 是 n 阶方阵,若存在常数 $\lambda\in\mathbf{C}$ 和 n 维非零向量 $\boldsymbol{x}$ 使得

$$\boldsymbol{A}\boldsymbol{x}=\lambda\boldsymbol{x},$$

则称 λ 为 $\boldsymbol{A}$ 的**特征值**,称 $\boldsymbol{x}$ 为 $\boldsymbol{A}$ 对应于 λ 的**特征向量**.

容易验证,若 $\boldsymbol{x}$ 和 $\boldsymbol{y}$ 都是 n 阶方阵 $\boldsymbol{A}$ 对应于 λ 的特征向量,那么它们的任意非零的线性组合也是. 这就是说,对 $\boldsymbol{A}$ 的任意一个固定的特征值 λ,对应于 λ 的特征向量全体加上零向量构成 n 维向量空间中的一个子空间,这个子空间称为 $\boldsymbol{A}$ 对应于特征值 λ 的**特征空间**. 为求得 $\boldsymbol{A}$ 对应于 λ 的特征向量全体,关键在于求出对应于特征值 λ 的特征空间的一组基,即对应于 λ 的特征向量全体的极大无关组.

按定义,若 $\boldsymbol{x}$ 是 n 阶方阵 $\boldsymbol{A}$ 对应于特征值 λ 的特征向量,那么它们应当满足方程

$$(\boldsymbol{A}-\lambda\boldsymbol{I})\boldsymbol{x}=\boldsymbol{0}\quad(\boldsymbol{x}\neq\boldsymbol{0}).$$

所以,$\boldsymbol{x}$ 是以 $\boldsymbol{A}-\lambda\boldsymbol{I}$ 为系数矩阵的齐次线性方程组的非零解. 由线性方程组理论,$\boldsymbol{A}-\lambda\boldsymbol{I}$ 必是奇异矩阵,即

$$\det(\boldsymbol{A}-\lambda\boldsymbol{I})=0.$$

这样,就得到了求矩阵 $\boldsymbol{A}$ 的特征值和特征向量的方法:

(1) 记 $f(\lambda)=\det(\boldsymbol{A}-\lambda\boldsymbol{I})$,这是一个关于 λ 的 n 次多项式. 显然,λ 是 $\boldsymbol{A}$ 的特征值等价于 λ 是方程 $f(\lambda)=0$ 的根,因此称 $f(\lambda)$ 为 $\boldsymbol{A}$ 的**特征多项式**,方程 $f(\lambda)=0$ 的 k 重根称为 $\boldsymbol{A}$ 的 **$\boldsymbol{k}$ 重特征值**.

令

$$f(\lambda)=0,$$

求出它的 n 个根 $\lambda_1,\lambda_2,\cdots,\lambda_n$(重根按重数计算).

(2) 对每一个 $\lambda_j(1\leqslant j\leqslant n)$,求齐次方程组

$$(\boldsymbol{A}-\lambda_j\boldsymbol{I})\boldsymbol{x}=\boldsymbol{0}$$

的基础解系,其元素的非零线性组合就是 $\boldsymbol{A}$ 对应于 λ_j 的特征向量. 显然,$\boldsymbol{A}$ 对应于特征值 λ_j 的特征空间的维数为 $n-\mathrm{rank}(\boldsymbol{A}-\lambda_j\boldsymbol{I})$.

例 5.3.1　求矩阵

$$\boldsymbol{A}=\begin{pmatrix}3&2&4\\1&2&1\\-1&-1&-2\end{pmatrix}$$

的特征值和特征向量.

解　令

$$\det(\boldsymbol{A}-\lambda\boldsymbol{I})=\begin{vmatrix}3-\lambda&2&4\\1&2-\lambda&1\\-1&-1&-2-\lambda\end{vmatrix}=-(\lambda-1)(\lambda+1)(\lambda-3)=0,$$

得到 $\boldsymbol{A}$ 的 3 个不同的特征值 1,−1 和 3.

对特征值 $\lambda_1=1$,解齐次方程组

$$(\boldsymbol{A}-\boldsymbol{I})\boldsymbol{x}=\begin{pmatrix}2&2&4\\1&1&1\\-1&-1&-3\end{pmatrix}\boldsymbol{x}=\boldsymbol{0},$$

由于系数矩阵 $\boldsymbol{A}-\boldsymbol{I}$ 的秩为 2,每个基础解系中只有一个线性无关的解向量,取方程组的一个非零解

$$\boldsymbol{x}_1=(-1,1,0)^{\mathrm{T}},$$

它便是方程组的基础解系．则 $\boldsymbol{A}$ 对应于 $\lambda_1=1$ 的全部特征向量为 $c\boldsymbol{x}_1$（c 为任意非零常数）.

完全类似地，求出 $(\boldsymbol{A}+\boldsymbol{I})\boldsymbol{x}=\boldsymbol{0}$ 的一个基础解系 $\boldsymbol{x}_2=(-1,0,1)^{\mathrm{T}}$，则 $\boldsymbol{A}$ 对应于 $\lambda_2=-1$ 的全部特征向量为 $c\boldsymbol{x}_2$（c 为任意非零常数）；再求出 $(\boldsymbol{A}-3\boldsymbol{I})\boldsymbol{x}=\boldsymbol{0}$ 的一个基础解系 $\boldsymbol{x}_3=(-3,-2,1)^{\mathrm{T}}$，则 $\boldsymbol{A}$ 对应于 $\lambda_3=3$ 的全部特征向量为 $c\boldsymbol{x}_3$（c 为任意非零常数）.

例 5.3.2　求矩阵

$$\boldsymbol{A}=\begin{pmatrix}-29 & 6 & 18\\ -20 & 5 & 12\\ -40 & 8 & 25\end{pmatrix}$$

的特征值和特征向量.

解　令

$$\det(\boldsymbol{A}-\lambda\boldsymbol{I})=\begin{vmatrix}-29-\lambda & 6 & 18\\ -20 & 5-\lambda & 12\\ -40 & 8 & 25-\lambda\end{vmatrix}=-(\lambda-1)^2(\lambda+1)=0,$$

得到 $\boldsymbol{A}$ 的 2 个不同的特征值 1 和 -1，其中 1 是二重特征值.

对特征值 $\lambda_1=\lambda_2=1$，解齐次方程组

$$(\boldsymbol{A}-\boldsymbol{I})\boldsymbol{x}=\begin{pmatrix}-30 & 6 & 18\\ -20 & 4 & 12\\ -40 & 8 & 24\end{pmatrix}\boldsymbol{x}=\boldsymbol{0},$$

由于系数矩阵的秩为 1，每个基础解系中有 2 个线性无关的解向量．取方程组的 2 个线性无关的解为（它们构成了基础解系）

$$\boldsymbol{x}_1=(1,2,1)^{\mathrm{T}},\quad \boldsymbol{x}_2=(2,1,3)^{\mathrm{T}},$$

则 $\boldsymbol{A}$ 对应于 $\lambda_1=1$ 的全部特征向量为 $c_1\boldsymbol{x}_1+c_2\boldsymbol{x}_2$（$c_1,c_2$ 为不全为零的任意常数）.

对于特征值 $\lambda_3=-1$，同样可以解出 $(\boldsymbol{A}+\boldsymbol{I})\boldsymbol{x}=\boldsymbol{0}$ 的一个基础解系

$$\boldsymbol{x}_3=(3,2,4)^{\mathrm{T}},$$

则 $\boldsymbol{A}$ 对应于 $\lambda_3=-1$ 的全部特征向量为 $c\boldsymbol{x}_3$（c 为任意非零常数）.

特征值和特征向量的性质

定理 5.3.1　若 n 阶方阵

$$\boldsymbol{A}=\begin{pmatrix}a_{11} & a_{12} & \cdots & a_{1n}\\ a_{21} & a_{22} & \cdots & a_{2n}\\ \vdots & \vdots & & \vdots\\ a_{n1} & a_{n2} & \cdots & a_{nn}\end{pmatrix}$$

的 n 个特征值为 $\lambda_1,\lambda_2,\cdots,\lambda_n$（重根按重数计算），则

(1) $\lambda_1+\lambda_2+\cdots+\lambda_n=\sum\limits_{k=1}^{n}a_{kk}$，

这里 $\boldsymbol{A}$ 的全部对角元素之和 $\sum\limits_{k=1}^{n}a_{kk}$ 称为 $\boldsymbol{A}$ 的**迹**，记为 $\operatorname{tr}\boldsymbol{A}$.

(2) $\prod_{k=1}^{n}\lambda_k=\lambda_1\lambda_2\cdots\lambda_n=\det(\boldsymbol{A})$.

证　由于

$$\det(\boldsymbol{A}-\lambda\boldsymbol{I})=\begin{vmatrix} a_{11}-\lambda & a_{12} & \cdots & a_{1n} \\ a_{21} & a_{22}-\lambda & \cdots & a_{2n} \\ \vdots & \vdots & & \vdots \\ a_{n1} & a_{n2} & \cdots & a_{nn}-\lambda \end{vmatrix},$$

且

$$\det(\boldsymbol{A}-\lambda\boldsymbol{I})=(-1)^n(\lambda-\lambda_1)(\lambda-\lambda_2)\cdots(\lambda-\lambda_n),$$

比较上式两边 λ 的 $n-1$ 次项系数,便得到(1). 令 $\lambda=0$ 便得到(2).

证毕

定理 5.3.2　设 λ 是方阵 $\boldsymbol{A}$ 的特征值,$\boldsymbol{x}$ 是 $\boldsymbol{A}$ 对应于 λ 的特征向量.

(1) 当 $\boldsymbol{A}$ 可逆时,则 $\lambda\neq0$,且$\frac{1}{\lambda}$是$\boldsymbol{A}^{-1}$ 的特征值,$\boldsymbol{x}$ 是$\boldsymbol{A}^{-1}$ 对应于$\frac{1}{\lambda}$的特征向量;

(2) 对 m 次多项式

$$p(x)=a_mx^m+a_{m-1}x^{m-1}+\cdots+a_1x+a_0,$$

记

$$p(\boldsymbol{A})=a_m\boldsymbol{A}^m+a_{m-1}\boldsymbol{A}^{m-1}+\cdots+a_1\boldsymbol{A}+a_0\boldsymbol{I},$$

则 $p(\lambda)$ 是 $p(\boldsymbol{A})$ 的特征值,$\boldsymbol{x}$ 是 $p(\boldsymbol{A})$ 对应于 $p(\lambda)$ 的特征向量;

(3) 若 $\boldsymbol{A}$ 还是实矩阵,则 $\bar{\lambda}$ 也是 $\boldsymbol{A}$ 的特征值,$\bar{\boldsymbol{x}}$ 是 $\boldsymbol{A}$ 对应于 $\bar{\lambda}$ 的特征向量.

证　若 λ 是 $\boldsymbol{A}$ 的特征值,$\boldsymbol{x}$ 是 $\boldsymbol{A}$ 对应于 λ 的特征向量,则

$$\boldsymbol{A}\boldsymbol{x}=\lambda\boldsymbol{x}.$$

(1) 若 $\boldsymbol{A}$ 可逆,在 $\boldsymbol{A}\boldsymbol{x}=\lambda\boldsymbol{x}$ 两边左乘 $\boldsymbol{A}^{-1}$,便有

$$\boldsymbol{x}=\lambda\boldsymbol{A}^{-1}\boldsymbol{x}.$$

由于 $\boldsymbol{x}\neq\boldsymbol{0}$,因此 $\lambda\neq0$,于是

$$\boldsymbol{A}^{-1}\boldsymbol{x}=\frac{1}{\lambda}\boldsymbol{x}.$$

因此,$\frac{1}{\lambda}$是 $\boldsymbol{A}^{-1}$ 的特征值,$\boldsymbol{x}$ 是 $\boldsymbol{A}^{-1}$ 对应于$\frac{1}{\lambda}$的特征向量.

(2) 反复运用 $\boldsymbol{A}\boldsymbol{x}=\lambda\boldsymbol{x}$,对 $k=2,3,\cdots$,有

$$\boldsymbol{A}^k\boldsymbol{x}=\lambda^k\boldsymbol{x},$$

由此即可推得

$$p(\boldsymbol{A})\boldsymbol{x}=p(\lambda)\boldsymbol{x}.$$

因此,$p(\lambda)$ 是 $p(\boldsymbol{A})$ 的特征值,$\boldsymbol{x}$ 是 $p(\boldsymbol{A})$ 对应于 $p(\lambda)$ 的特征向量.

(3) 在 $\boldsymbol{A}\boldsymbol{x}=\lambda\boldsymbol{x}$ 两边取共轭,有

$$\bar{\boldsymbol{A}}\bar{\boldsymbol{x}}=\bar{\lambda}\bar{\boldsymbol{x}},$$

由于 $\boldsymbol{A}$ 是实矩阵,则 $\bar{\boldsymbol{A}}=\boldsymbol{A}$,因此

$$\boldsymbol{A}\bar{\boldsymbol{x}}=\bar{\lambda}\bar{\boldsymbol{x}}.$$

因此，$\bar{\lambda}$ 是 $\boldsymbol{A}$ 的特征值，$\bar{\boldsymbol{x}}$ 是 $\boldsymbol{A}$ 对应于 $\bar{\lambda}$ 的特征向量.

证毕

例 5.3.3　求矩阵

$$\boldsymbol{A}=\begin{pmatrix}1 & 2 & 2\\ 1 & -1 & 1\\ 4 & -12 & 1\end{pmatrix}$$

的特征值和每个特征值对应的一个特征向量.

解　令

$$\det(\boldsymbol{A}-\lambda\boldsymbol{I})=-(\lambda-1)(\lambda^2+1)=0,$$

得 $\boldsymbol{A}$ 的 3 个不同的特征值为 1 和 $\pm\mathrm{i}$.

解方程组 $(\boldsymbol{A}-\boldsymbol{I})\boldsymbol{x}=\boldsymbol{0}$ 得出对应于 $\lambda_1=1$ 的一个特征向量

$$\boldsymbol{x}_1=(3,1,-1)^{\mathrm{T}}.$$

对应于 $\lambda_2=\mathrm{i}$ 的特征向量为

$$(\boldsymbol{A}-\mathrm{i}\boldsymbol{I})\boldsymbol{x}=\begin{pmatrix}1-\mathrm{i} & 2 & 2\\ 1 & -1-\mathrm{i} & 1\\ 4 & -12 & 1-\mathrm{i}\end{pmatrix}\boldsymbol{x}=\boldsymbol{0}$$

的非零解，可以解出一个特征向量为

$$\boldsymbol{x}_2=(4+2\mathrm{i},1+\mathrm{i},-4)^{\mathrm{T}}.$$

而对应于 $\lambda_3=-\mathrm{i}$ 的特征向量不必再算，可直接取为

$$\boldsymbol{x}_3=\bar{\boldsymbol{x}}_2=(4-2\mathrm{i},1-\mathrm{i},-4)^{\mathrm{T}}.$$

例 5.3.4　设

$$\boldsymbol{A}=\begin{pmatrix}2 & 0 & 0\\ a & 1 & 1\\ b & -1 & 3\end{pmatrix},$$

已知 $\boldsymbol{A}^{-1}$ 有一个特征向量 $\boldsymbol{a}=(1,1,0)^{\mathrm{T}}$，求 a,b 的值和 $\boldsymbol{A}$ 的特征值.

解　因为 $\boldsymbol{A}$ 可逆(实际上 $\det(\boldsymbol{A})=8$)，则 $\boldsymbol{A}$ 的特征值不等于 0. 又由定理 5.3.2，$\boldsymbol{a}$ 也是 $\boldsymbol{A}$ 的特征向量. 记 $\boldsymbol{a}$ 对应的 $\boldsymbol{A}$ 的特征值为 λ，则

$$\boldsymbol{A}\boldsymbol{a}=\lambda\boldsymbol{a},$$

即

$$\begin{pmatrix}2 & 0 & 0\\ a & 1 & 1\\ b & -1 & 3\end{pmatrix}\begin{pmatrix}1\\ 1\\ 0\end{pmatrix}=\lambda\begin{pmatrix}1\\ 1\\ 0\end{pmatrix},$$

也就是

$$\begin{pmatrix}2\\ a+1\\ b-1\end{pmatrix}=\lambda\begin{pmatrix}1\\ 1\\ 0\end{pmatrix}.$$

由此得到

$$\lambda=2,\quad a=1,\quad b=1.$$

此时

$$\det(\boldsymbol{A}-\lambda\boldsymbol{I})=\begin{vmatrix}2-\lambda & 0 & 0\\ 1 & 1-\lambda & 1\\ 1 & -1 & 3-\lambda\end{vmatrix}=-(\lambda-2)^3,$$

因此 $\boldsymbol{A}$ 只有三重特征值 $\lambda=2$.

我们将前面学过的一些结论与特征值一起进行一个归纳：

推论 5.3.1　设 $\boldsymbol{A}$ 是 n 阶方阵，则以下命题等价：

(1) $\boldsymbol{A}$ 是可逆矩阵；

(2) $\det(\boldsymbol{A})\neq 0$；

(3) $\boldsymbol{A}$ 是满秩矩阵；

(4) $\boldsymbol{A}$ 的列(行)构成的向量组线性无关，因此构成 n 维向量空间的一组基；

(5) 以 $\boldsymbol{A}$ 为系数矩阵的齐次线性方程组只有零解；

(6) $\boldsymbol{A}$ 的所有特征值都不为零．

证　只证明命题(6)与(2)等价．设 $\lambda_1,\lambda_2,\cdots,\lambda_n$ 为 $\boldsymbol{A}$ 的特征值(重根按重数计算)，则

$$\det(\boldsymbol{A})=\prod_{k=1}^{n}\lambda_k.$$

从此便直接得出这两个命题的等价性.

证毕

定理 5.3.3　相似矩阵具有相同的特征多项式，因此也具有相同的特征值.

证　设 $\boldsymbol{A}$ 和 $\boldsymbol{B}$ 是相似矩阵，则存在可逆阵 $\boldsymbol{T}$ 使得

$$\boldsymbol{B}=\boldsymbol{T}^{-1}\boldsymbol{A}\boldsymbol{T}.$$

因此

$$\begin{aligned}\det(\boldsymbol{B}-\lambda\boldsymbol{I})&=\det(\boldsymbol{T}^{-1}\boldsymbol{A}\boldsymbol{T}-\lambda\boldsymbol{I})=\det(\boldsymbol{T}^{-1}(\boldsymbol{A}-\lambda\boldsymbol{I})\boldsymbol{T})\\&=\det(\boldsymbol{T}^{-1})\det(\boldsymbol{A}-\lambda\boldsymbol{I})\det(\boldsymbol{T})=\det(\boldsymbol{A}-\lambda\boldsymbol{I}).\end{aligned}$$

这说明 $\boldsymbol{A}$ 和 $\boldsymbol{B}$ 的特征多项式是相同的，因此 $\boldsymbol{A}$ 和 $\boldsymbol{B}$ 也有相同的特征值.

证毕

容易看出，例 5.3.1 和例 5.3.2 中求出的特征向量 $\{\boldsymbol{x}_1,\boldsymbol{x}_2,\boldsymbol{x}_3\}$ 是线性无关的(当然，例 5.3.2 中对应特征值 1 的线性无关特征向量 $\boldsymbol{x}_1$ 和 $\boldsymbol{x}_2$ 是特意取的)，这是不是一条规律呢？事实上，有如下结论：

定理 5.3.4　方阵 $\boldsymbol{A}$ 的对应于不同特征值的特征向量线性无关.

证　设 $\boldsymbol{x}_1,\boldsymbol{x}_2,\cdots,\boldsymbol{x}_m$ 依次是 $\boldsymbol{A}$ 的对应不同特征值 $\lambda_1,\lambda_2,\cdots,\lambda_m$ 的特征向量．如果有常数 $\mu_1,\mu_2,\cdots,\mu_m$，使得

$$\mu_1\boldsymbol{x}_1+\mu_2\boldsymbol{x}_2+\cdots+\mu_m\boldsymbol{x}_m=\boldsymbol{0},$$

用 $(\boldsymbol{A}-\lambda_2\boldsymbol{I})\cdots(\boldsymbol{A}-\lambda_m\boldsymbol{I})$ 作用于上式两边，便得

$$\mu_1(\lambda_1-\lambda_2)\cdots(\lambda_1-\lambda_m)\boldsymbol{x}_1=\boldsymbol{0}.$$

由于 $\lambda_1,\lambda_2,\cdots,\lambda_m$ 互不相同，且 $\boldsymbol{x}_1\neq\boldsymbol{0}$，可得

$$\mu_1=0.$$

同理可得 $\mu_i=0(i=2,\cdots,m)$，所以 $\boldsymbol{x}_1,\boldsymbol{x}_2,\cdots,\boldsymbol{x}_m$ 线性无关.

证毕

推论 5.3.2　若 $\lambda_1,\lambda_2,\cdots,\lambda_m$ 是方阵 $\boldsymbol{A}$ 的不同特征值，$\boldsymbol{x}_{j1},\cdots,\boldsymbol{x}_{jp_j}$ 是 $\boldsymbol{A}$ 对应于 λ_j 的线性无关的特征向量（$j=1,2,\cdots,m$），则

$$\boldsymbol{x}_{11},\cdots,\boldsymbol{x}_{1p_1},\boldsymbol{x}_{21},\cdots,\boldsymbol{x}_{2p_2},\cdots,\boldsymbol{x}_{m1},\cdots,\boldsymbol{x}_{mp_m}$$

线性无关．

证　设有数 $\mu_{11},\cdots,\mu_{1p_1},\mu_{21},\cdots,\mu_{2p_2},\cdots,\mu_{m1},\cdots,\mu_{mp_m}$ 使得

$$\mu_{11}\boldsymbol{x}_{11}+\cdots+\mu_{1p_1}\boldsymbol{x}_{1p_1}+\mu_{21}\boldsymbol{x}_{21}+\cdots+\mu_{2p_2}\boldsymbol{x}_{2p_2}+\cdots+\mu_{m1}\boldsymbol{x}_{m1}+\cdots+\mu_{mp_m}\boldsymbol{x}_{mp_m}=\boldsymbol{0}.$$

若有某个 $\mu_{j1}\boldsymbol{x}_{j1}+\cdots+\mu_{jp_j}\boldsymbol{x}_{jp_j}\neq\boldsymbol{0}$，则它是 λ_j 的特征向量，上式便说明对应于不同特征值的特征向量会线性相关，这与定理 5.3.4 相矛盾．因此

$$\mu_{j1}\boldsymbol{x}_{j1}+\cdots+\mu_{jp_j}\boldsymbol{x}_{jp_j}=\boldsymbol{0},\quad j=1,2,\cdots,m.$$

由假设 $\boldsymbol{x}_{j1},\cdots,\boldsymbol{x}_{jp_j}$ 线性无关，所以

$$\mu_{j1}=\cdots=\mu_{jp_j}=0,\quad j=1,2,\cdots,m.$$

因此 $\boldsymbol{x}_{11},\cdots,\boldsymbol{x}_{1p_1},\boldsymbol{x}_{21},\cdots,\boldsymbol{x}_{2p_2},\cdots,\boldsymbol{x}_{m1},\cdots,\boldsymbol{x}_{mp_m}$ 线性无关.

证毕

可对角化的矩阵

定义 5.3.2　若存在相似变换将方阵 $\boldsymbol{A}$ 化成对角矩阵，则称 $\boldsymbol{A}$ **可对角化**.

若 n 阶方阵 $\boldsymbol{A}$ 有 n 个线性无关的特征向量 $\boldsymbol{x}_1,\boldsymbol{x}_2,\cdots,\boldsymbol{x}_n$，对应的特征值依次为 $\lambda_1,\lambda_2,\cdots,\lambda_n$（注意，它们之中可能有相同的），即

$$\boldsymbol{A}\boldsymbol{x}_j=\lambda_j\boldsymbol{x}_j,\quad j=1,2,\cdots,n.$$

将上式写成矩阵形式，就是

$$\boldsymbol{A}(\boldsymbol{x}_1,\boldsymbol{x}_2,\cdots,\boldsymbol{x}_n)=(\boldsymbol{x}_1,\boldsymbol{x}_2,\cdots,\boldsymbol{x}_n)\begin{pmatrix}\lambda_1 & & & \\ & \lambda_2 & & \\ & & \ddots & \\ & & & \lambda_n\end{pmatrix}.$$

记对角矩阵 $\begin{pmatrix}\lambda_1 & & & \\ & \lambda_2 & & \\ & & \ddots & \\ & & & \lambda_n\end{pmatrix}$ 为 $\boldsymbol{\Lambda}$，可逆矩阵 $(\boldsymbol{x}_1,\boldsymbol{x}_2,\cdots,\boldsymbol{x}_n)$ 为 $\boldsymbol{T}$，便有

$$\boldsymbol{T}^{-1}\boldsymbol{A}\boldsymbol{T}=\boldsymbol{\Lambda}.$$

即 $\boldsymbol{A}$ 可对角化.

反之，若 $\boldsymbol{A}$ 可对角化，即存在可逆矩阵 $\boldsymbol{T}$，使上式成立．那么将以上过程反推过去便知，$\boldsymbol{T}$ 的 n 个列向量就是 $\boldsymbol{A}$ 的 n 个线性无关的特征向量．因此我们得到

定理 5.3.5　n 阶方阵 $\boldsymbol{A}$ 可对角化的充分必要条件是 $\boldsymbol{A}$ 有 n 个线性无关的特征向量.

由于每个特征值至少有一个对应的特征向量，而不同的特征值对应的特征向量线性无关，因此有

推论 5.3.3　若 n 阶方阵 $\boldsymbol{A}$ 有 n 个不同的特征值，则 $\boldsymbol{A}$ 必可对角化.

例 5.3.5　由例 5.3.1,例 5.3.2 和例 5.3.3 的结果,便得到

$$\begin{pmatrix}-1&-1&-3\\1&0&-2\\0&1&1\end{pmatrix}^{-1}\begin{pmatrix}3&2&4\\1&2&1\\-1&-1&-2\end{pmatrix}\begin{pmatrix}-1&-1&-3\\1&0&-2\\0&1&1\end{pmatrix}=\begin{pmatrix}1&0&0\\0&-1&0\\0&0&3\end{pmatrix},$$

$$\begin{pmatrix}1&2&3\\2&1&2\\1&3&4\end{pmatrix}^{-1}\begin{pmatrix}-29&6&18\\-20&5&12\\-40&8&25\end{pmatrix}\begin{pmatrix}1&2&3\\2&1&2\\1&3&4\end{pmatrix}=\begin{pmatrix}1&0&0\\0&1&0\\0&0&-1\end{pmatrix},$$

$$\begin{pmatrix}3&4+2\mathrm{i}&4-2\mathrm{i}\\1&1+\mathrm{i}&1-\mathrm{i}\\-1&-4&-4\end{pmatrix}^{-1}\begin{pmatrix}1&2&2\\1&-1&1\\4&-12&1\end{pmatrix}\begin{pmatrix}3&4+2\mathrm{i}&4-2\mathrm{i}\\1&1+\mathrm{i}&1-\mathrm{i}\\-1&-4&-4\end{pmatrix}=\begin{pmatrix}1&0&0\\0&\mathrm{i}&0\\0&0&-\mathrm{i}\end{pmatrix}.$$

定理 5.3.6　若 λ_0 是 n 阶方阵 $\boldsymbol{A}$ 的特征值,则对应于 λ_0 的特征空间的维数 $n-\operatorname{rank}(\boldsymbol{A}-\lambda_0\boldsymbol{I})\leqslant\lambda_0$ 的重数.

证　记对应于 λ_0 的特征空间为 V_{λ_0},并记 $\dim V_{\lambda_0}=k(=n-\operatorname{rank}(\boldsymbol{A}-\lambda_0\boldsymbol{I}))$. 取 V_{λ_0} 的基为 $\{\boldsymbol{x}_1,\boldsymbol{x}_2,\cdots,\boldsymbol{x}_k\}$,由基扩张定理,它们可扩张成 $\mathbf{R}^n$ 的基 $\{\boldsymbol{x}_1,\boldsymbol{x}_2,\cdots,\boldsymbol{x}_k,\boldsymbol{x}_{k+1},\cdots,\boldsymbol{x}_n\}$.

由于

$$\boldsymbol{A}\boldsymbol{x}_1=\lambda_0\boldsymbol{x}_1,\quad \boldsymbol{A}\boldsymbol{x}_2=\lambda_0\boldsymbol{x}_2,\quad \cdots,\quad \boldsymbol{A}\boldsymbol{x}_k=\lambda_0\boldsymbol{x}_k,$$

所以

$$\boldsymbol{A}(\boldsymbol{x}_1,\boldsymbol{x}_2,\cdots,\boldsymbol{x}_k,\boldsymbol{x}_{k+1},\cdots,\boldsymbol{x}_n)=(\boldsymbol{x}_1,\boldsymbol{x}_2,\cdots,\boldsymbol{x}_k,\boldsymbol{x}_{k+1},\cdots,\boldsymbol{x}_n)\begin{pmatrix}\lambda_0\boldsymbol{I}_k&\boldsymbol{B}\\\boldsymbol{O}&\boldsymbol{C}\end{pmatrix},$$

其中 $\boldsymbol{B}$ 为 $k\times(n-k)$ 矩阵,$\boldsymbol{C}$ 为 $(n-k)\times(n-k)$ 矩阵. 显然 n 阶方阵 $(\boldsymbol{x}_1,\boldsymbol{x}_2,\cdots,\boldsymbol{x}_k,\boldsymbol{x}_{k+1},\cdots,\boldsymbol{x}_n)$ 可逆,所以 $\boldsymbol{A}$ 与 $\begin{pmatrix}\lambda_0\boldsymbol{I}_k&\boldsymbol{B}\\\boldsymbol{O}&\boldsymbol{C}\end{pmatrix}$ 相似,因此它们有相同的特征多项式. 而 $\begin{pmatrix}\lambda_0\boldsymbol{I}_k&\boldsymbol{B}\\\boldsymbol{O}&\boldsymbol{C}\end{pmatrix}$ 的特征多项式具有形式 $(\lambda-\lambda_0)^k g(\lambda)$($g(\lambda)$ 为多项式),因此其特征值 λ_0 的重数至少为 k,这说明 V_{λ_0} 的维数不超过 λ_0 的重数.

证毕

将此定理结合推论 5.3.2 便得:

定理 5.3.7　方阵 $\boldsymbol{A}$ 可对角化的充分必要条件是 $\boldsymbol{A}$ 的每个特征值 λ 的重数与对应于 λ 的特征空间的维数相等.

例 5.3.6　设 $\boldsymbol{A}=\begin{pmatrix}a&&&\\&\ddots&*&\\&&\ddots&\\&&&a\end{pmatrix}_{n\times n}$,其中 $n\geqslant2$,而 $*$ 中含非零元,问 $\boldsymbol{A}$ 是否可对角化?

解　因为

$$\det(\boldsymbol{A}-\lambda\boldsymbol{I})=(a-\lambda)^n,$$

所以 $\lambda=a$ 是 $\boldsymbol{A}$ 的 n 重特征值,且 $\boldsymbol{A}$ 没有其他特征值. 由条件,$\operatorname{rank}(\boldsymbol{A}-a\boldsymbol{I})\neq0$,所以 $(\boldsymbol{A}-a\boldsymbol{I})\boldsymbol{x}=\boldsymbol{0}$ 的基础解系中的元素个数(即特征值 a 的特征空间的维数)$n-\operatorname{rank}(\boldsymbol{A}-a\boldsymbol{I})$ 小于 n,由定理 5.3.7,$\boldsymbol{A}$ 不能对角化.

例 5.3.7　密闭容器中某物质部分处于气态,部分处于液态. 每个单位时间中有 $\frac{1}{10}$ 质量

的液体蒸发成气体,同时又有$\frac{2}{10}$质量的气体凝结为液体．问一段较长时间后这种物质在两种状态下的分布如何?

解　设开始时液态和气态的物质质量分别为 x_0 和 y_0,第 k 个单位时间后物质质量分别为 x_k 和 y_k. 则有

$$\begin{cases} x_1 = 0.9x_0+0.2y_0, \\ y_1 = 0.1x_0+0.8y_0, \end{cases}$$

即

$$\begin{pmatrix} x_1 \\ y_1 \end{pmatrix} = \begin{pmatrix} 0.9 & 0.2 \\ 0.1 & 0.8 \end{pmatrix}\begin{pmatrix} x_0 \\ y_0 \end{pmatrix}.$$

记 $\boldsymbol{A} = \begin{pmatrix} 0.9 & 0.2 \\ 0.1 & 0.8 \end{pmatrix}$. 依次类推,可得

$$\begin{pmatrix} x_k \\ y_k \end{pmatrix} = \boldsymbol{A}\begin{pmatrix} x_{k-1} \\ y_{k-1} \end{pmatrix} = \cdots = \boldsymbol{A}^k\begin{pmatrix} x_0 \\ y_0 \end{pmatrix}.$$

为计算 $\boldsymbol{A}^k$,先求相似于 $\boldsymbol{A}$ 的对角矩阵.

由 $\det(\boldsymbol{A}-\lambda\boldsymbol{I})=0$ 得 $\lambda_1=1, \lambda_2=0.7$,它们对应的特征向量分别取为$\begin{pmatrix} 2 \\ 1 \end{pmatrix}$和$\begin{pmatrix} 1 \\ -1 \end{pmatrix}$. 记 $\boldsymbol{P} = \begin{pmatrix} 2 & 1 \\ 1 & -1 \end{pmatrix}$,则 $\boldsymbol{P}^{-1} = \frac{1}{3}\begin{pmatrix} 1 & 1 \\ 1 & -2 \end{pmatrix}$. 从而 $\boldsymbol{A} = \boldsymbol{P}\begin{pmatrix} 1 & 0 \\ 0 & 0.7 \end{pmatrix}\boldsymbol{P}^{-1}$,且

$$\begin{aligned} \boldsymbol{A}^k &= \left[\boldsymbol{P}\begin{pmatrix} 1 & 0 \\ 0 & 0.7 \end{pmatrix}\boldsymbol{P}^{-1}\right]^k = \boldsymbol{P}\begin{pmatrix} 1^k & 0 \\ 0 & 0.7^k \end{pmatrix}\boldsymbol{P}^{-1} \\ &= \frac{1}{3}\begin{pmatrix} 2+0.7^k & 2-2\times 0.7^k \\ 1-0.7^k & 1+2\times 0.7^k \end{pmatrix}. \end{aligned}$$

所以

$$\begin{pmatrix} x_k \\ y_k \end{pmatrix} = \boldsymbol{A}^k\begin{pmatrix} x_0 \\ y_0 \end{pmatrix} = \frac{x_0+y_0}{3}\begin{pmatrix} 2 \\ 1 \end{pmatrix} + \frac{(x_0-2y_0)\cdot 0.7^k}{3}\begin{pmatrix} 1 \\ -1 \end{pmatrix}.$$

由此可见

$$\lim_{k\to\infty}\begin{pmatrix} x_k \\ y_k \end{pmatrix} = \frac{x_0+y_0}{3}\begin{pmatrix} 2 \\ 1 \end{pmatrix}.$$

即 $k\to\infty$ 时,液态和气态的质量之比趋于 2∶1. 因此,一段较长时间后液态与气态的质量之比接近 2∶1.

上例中的这类问题广泛地出现于自然科学和社会科学各领域中．如根据不同对象购买产品的意愿预测产品的市场占有率,根据城乡人口双向流动的比例估计人口分布趋势等,都可以用类似的方法解决.

Jordan 标准形简介

当矩阵有重特征值时,它是否可以对角化的问题比较复杂．例 5.3.2 中的矩阵 $\boldsymbol{A}$ 有二

重特征值 1,$\boldsymbol{A}$ 仍是可对角化的,但这并不是规律性的.

例 5.3.8　利用相似变换化简矩阵

$$\boldsymbol{A}=\begin{pmatrix}2&-1&1\\0&3&-1\\2&1&3\end{pmatrix}.$$

解　令

$$\det(\boldsymbol{A}-\lambda\boldsymbol{I})=\begin{vmatrix}2-\lambda&-1&1\\0&3-\lambda&-1\\2&1&3-\lambda\end{vmatrix}=-(\lambda-2)^2(\lambda-4)=0,$$

得到 $\boldsymbol{A}$ 的 2 个不同的特征值 4 和 2,其中 2 是二重特征值.

对于单重特征值 $\lambda_1=4$,解齐次方程组

$$(\boldsymbol{A}-4\boldsymbol{I})\boldsymbol{x}=\begin{pmatrix}-2&-1&1\\0&-1&-1\\2&1&-1\end{pmatrix}\boldsymbol{x}=\mathbf{0},$$

可得出一个特征向量

$$\boldsymbol{x}_1=(-1,1,-1)^{\mathrm{T}}.$$

对于二重特征值 $\lambda_2=2$,由于齐次方程组

$$(\boldsymbol{A}-2\boldsymbol{I})\boldsymbol{x}=\begin{pmatrix}0&-1&1\\0&1&-1\\2&1&1\end{pmatrix}\boldsymbol{x}=\mathbf{0}$$

的系数矩阵的秩为 2,基础解系中只有 1 个线性无关的解向量,所以只能取到 1 个线性无关的特征向量

$$\boldsymbol{x}_2=(-1,1,1)^{\mathrm{T}}.$$

这样,$\boldsymbol{A}$ 只有 2 个线性无关的特征向量,因此就不能对角化.

这时,我们可以退而求其次. 考虑方程组

$$(\boldsymbol{A}-2\boldsymbol{I})^2\boldsymbol{x}=\mathbf{0},$$

即解

$$(\boldsymbol{A}-2\boldsymbol{I})\boldsymbol{x}=\boldsymbol{x}_2=(-1,1,1)^{\mathrm{T}},$$

由于增广矩阵的秩

$$\operatorname{rank}\left(\begin{array}{ccc:c}0&-1&1&-1\\0&1&-1&1\\2&1&1&1\end{array}\right)=\operatorname{rank}\begin{pmatrix}0&-1&1\\0&1&-1\\2&1&1\end{pmatrix}=2,$$

因此方程组有解. 求出它的 1 个特解

$$\boldsymbol{x}_3=(-1,2,1)^{\mathrm{T}}.$$

注意 $\boldsymbol{x}_3$ 不是对应于 2 的特征向量,它只满足

$$\begin{cases}\boldsymbol{A}\boldsymbol{x}_2=2\boldsymbol{x}_2,\\\boldsymbol{A}\boldsymbol{x}_3=\boldsymbol{x}_2+2\boldsymbol{x}_3,\end{cases}$$

写成矩阵形式,就是

$$\boldsymbol{A}(\boldsymbol{x}_2,\boldsymbol{x}_3)=(\boldsymbol{x}_2,\boldsymbol{x}_3)\begin{pmatrix}2&1\\0&2\end{pmatrix},$$

于是

$$\begin{aligned}\boldsymbol{A}(\boldsymbol{x}_1,\boldsymbol{x}_2,\boldsymbol{x}_3)&=(\boldsymbol{x}_1,\boldsymbol{x}_2,\boldsymbol{x}_3)\begin{pmatrix}4&0&0\\0&2&1\\0&0&2\end{pmatrix}\\&=(\boldsymbol{x}_1,\boldsymbol{x}_2,\boldsymbol{x}_3)\begin{pmatrix}\boldsymbol{J}_1(4)&\\&\boldsymbol{J}_2(2)\end{pmatrix}=(\boldsymbol{x}_1,\boldsymbol{x}_2,\boldsymbol{x}_3)J.\end{aligned}$$

这样,通过相似变换把 $\boldsymbol{A}$ 化成了比对角矩阵稍复杂的块对角矩阵 $\boldsymbol{J}$.

这里说明一下记号,k 阶方阵

$$\boldsymbol{J}_k(\lambda)=\begin{pmatrix}\lambda&1&&\\&\lambda&\ddots&\\&&\ddots&1\\&&&\lambda\end{pmatrix}_{k\times k}$$

称为 **Jordan(若尔当)块**,而由 Jordan 块构成的块对角矩阵

$$\boldsymbol{J}=\begin{pmatrix}\boldsymbol{J}_{k_1}(\lambda_1)&&&\\&\boldsymbol{J}_{k_2}(\lambda_2)&&\\&&\ddots&\\&&&\boldsymbol{J}_{k_l}(\lambda_l)\end{pmatrix}$$

称为 **Jordan 矩阵**. 可以证明:每一个复方阵 $\boldsymbol{A}$ 都相似于某 Jordan 矩阵,它称为 $\boldsymbol{A}$ 的 **Jordan 标准形**. 并且在不考虑 Jordan 块的次序时,Jordan 标准形是唯一的. 但详细讨论已超出本课程的要求,这里就不再展开了. 附带指出,若 $\boldsymbol{J}$ 中所有的 Jordan 块的阶数都是 1,那么 $\boldsymbol{J}$ 就是对角矩阵,因而,把 $\boldsymbol{A}$ 相似约化成对角矩阵是化成 Jordan 标准形的特殊情况.

例 5.3.9　考虑不超过 3 次的多项式全体组成的线性空间 P_3,取线性变换 $\mathscr{A}$ 为求导运算$\frac{\mathrm{d}}{\mathrm{d}x}$,取 P_3 的一组基为$\left\{1,x,\frac{x^2}{2},\frac{x^3}{6}\right\}$,则

$$\begin{aligned}\left(\mathscr{A}(1),\mathscr{A}(x),\mathscr{A}\left(\frac{x^2}{2}\right),\mathscr{A}\left(\frac{x^3}{6}\right)\right)&=\left(0,1,x,\frac{x^2}{2}\right)\\&=\left(1,x,\frac{x^2}{2},\frac{x^3}{6}\right)\begin{pmatrix}0&1&&\\&0&1&\\&&0&1\\&&&0\end{pmatrix},\end{aligned}$$

所以 $\mathscr{A}$ 在这组基下的表示矩阵是由一个 Jordan 块构成的 Jordan 标准形

$$\boldsymbol{A}=\begin{pmatrix}0&1&&\\&0&1&\\&&0&1\\&&&0\end{pmatrix},$$

由 Jordan 标准形的唯一性,这是 $\boldsymbol{A}$ 的最简形式.

线性变换的特征值和特征向量

定义 5.3.3 设 U 是 $\mathbf{K}$ 上的线性空间($\mathbf{K}$ 为 $\mathbf{R}$ 或 $\mathbf{C}$,下同),$\mathscr{A}$ 是 U 上的线性变换. 若存在 $\lambda\in\mathbf{K}$ 和非零向量 $\boldsymbol{x}\in U$,使得

$$\mathscr{A}(\boldsymbol{x})=\lambda\boldsymbol{x},$$

则称 λ 为线性变换 $\mathscr{A}$ 的**特征值**,称 $\boldsymbol{x}$ 为 $\mathscr{A}$ 对应于 λ 的**特征向量**.

若 $\boldsymbol{x},\boldsymbol{y}$ 均为 $\mathscr{A}$ 对应于 λ 的特征向量,则

$$\mathscr{A}(\boldsymbol{x}+\boldsymbol{y})=\mathscr{A}(\boldsymbol{x})+\mathscr{A}(\boldsymbol{y})=\lambda\boldsymbol{x}+\lambda\boldsymbol{y}=\lambda(\boldsymbol{x}+\boldsymbol{y}),$$

$$\mathscr{A}(c\boldsymbol{x})=c\mathscr{A}(\boldsymbol{x})=c\lambda\boldsymbol{x}=\lambda(c\boldsymbol{x}),\quad c\in\mathbf{K},$$

因此 $\mathscr{A}$ 对应于 λ 的特征向量全体加上零向量构成 U 的一个子空间,称为 $\mathscr{A}$ 对应于特征值 λ 的**特征子空间**.

设 $\{\boldsymbol{a}_i\}_{i=1}^n$ 是 $\mathbf{K}$ 上 n 维线性空间 U 的基,U 上的线性变换 $\mathscr{A}$ 在 $\{\boldsymbol{a}_i\}_{i=1}^n$ 下的表示矩阵为 $\boldsymbol{A}$. 由于对于 $\boldsymbol{x}\in U$,有 $\boldsymbol{x}=\alpha_1\boldsymbol{a}_1+\alpha_2\boldsymbol{a}_2+\cdots+\alpha_n\boldsymbol{a}_n$,记 $\boldsymbol{\alpha}=(\alpha_1,\alpha_2,\cdots,\alpha_n)^{\mathrm{T}}$,它就是 $\boldsymbol{x}$ 在基 $\{\boldsymbol{a}_i\}_{i=1}^n$ 下的坐标,则定义 5.3.3 中的 $\mathscr{A}(\boldsymbol{x})=\lambda\boldsymbol{x}$ 便等价于

$$(\boldsymbol{A}-\lambda\boldsymbol{I})\boldsymbol{\alpha}=\boldsymbol{0}.$$

因此求 $\mathscr{A}$ 的特征值可以转化成求其表示矩阵 $\boldsymbol{A}$ 的属于 $\mathbf{K}$ 的特征值问题,而此时 $\boldsymbol{A}$ 的特征向量便是 $\mathscr{A}$ 的特征向量的坐标. 由于一个线性变换在任意两组基下的表示矩阵是相似的,由定理 5.3.3 便知,它在任意一组基下的表示矩阵的特征值是相同的. 因此,可以利用任一组基下的表示矩阵来求 $\mathscr{A}$ 的特征值以及对应的特征向量.

以下两个结论可以由前面介绍的方法和结论直接得到:

定理 5.3.8 一个线性变换的对应于不同特征值的特征向量线性无关.

定理 5.3.9 设 $\mathscr{A}$ 是 n 维线性空间 U 上的线性变换,则存在 U 的一组基,使得 $\mathscr{A}$ 在这组基下的表示矩阵为对角矩阵的充分必要条件是 $\mathscr{A}$ 有 n 个线性无关的特征向量.

习　题

1. 求下列矩阵的特征值及相应的特征向量:

(1) $\begin{pmatrix}-1&1&0\\-4&3&0\\1&0&2\end{pmatrix}$;　(2) $\begin{pmatrix}2&1&0&0\\0&2&1&0\\0&0&2&1\\0&0&0&2\end{pmatrix}$;

(3) $\begin{pmatrix}5&-6&-6\\-1&4&2\\3&-6&-4\end{pmatrix}$;　(4) $\begin{pmatrix}2&5&-6\\4&6&-9\\3&6&-8\end{pmatrix}$.

2. 设 $\boldsymbol{A}$ 为实方阵,$\boldsymbol{A}^2=\boldsymbol{I}$ 且 $\boldsymbol{A}$ 的特征值全为 1,试证 $\boldsymbol{A}=\boldsymbol{I}$.

3. 设 $\boldsymbol{A}$ 是 3 阶方阵,它的三个特征值为 $\lambda_1=1,\lambda_2=-1,\lambda_3=2$. 若 $\boldsymbol{B}=\boldsymbol{A}^3-5\boldsymbol{A}^2$,求 $|\boldsymbol{B}|$ 和 $|\boldsymbol{A}-5\boldsymbol{I}|$.

4. 设 $\boldsymbol{A}$ 是 n 阶方阵.

（1）若 $A^2=I$，问 $8I-A$ 是否可逆？

（2）若每个 A 的特征值 λ 满足 $\lambda\neq\pm1$，问 $A\pm I$ 是否可逆？

5. 设方阵 $A=\begin{pmatrix}2&1&1\\1&2&1\\1&1&2\end{pmatrix}$. 已知 A^{-1} 的一个特征向量为 $x=(1,k,1)^{\mathrm T}$，求 k.

6. 设 A 是 n 阶方阵，它的 n 个特征值为 $2,4,\cdots,2n$，计算 $|A-3I|$.

7. 设 3 阶方阵 A 的特征值为 $\lambda_1=1,\lambda_2=2,\lambda_3=3$，与它们对应的特征向量依次为 $x_1=(1,1,1)^{\mathrm T},x_2=(1,2,4)^{\mathrm T},x_3=(1,3,9)^{\mathrm T}$. 设 $y=(1,1,3)^{\mathrm T}$.

（1）将 y 用 x_1,x_2,x_3 线性表示；

（2）求 A^ny　（n 为正整数）.

8. 设 $A=\begin{pmatrix}4&2&2\\0&4&0\\0&-2&2\end{pmatrix}$，求 A^n　（n 为正整数）.

9. 设 $\begin{cases}x_n=2x_{n-1}-y_{n-1},\\ y_n=\dfrac{3}{2}x_{n-1}-\dfrac{1}{2}y_{n-1},\end{cases}$ 且 $x_0=-1,y_0=1$，求 $\lim\limits_{n\to\infty}x_n$ 和 $\lim\limits_{n\to\infty}y_n$.

10. 对于矩阵序列 $A_n=(a_{ij}^{(n)})$，$n=1,2,\cdots$，如果每个 $\lim\limits_{n\to\infty}a_{ij}^{(n)}$ 存在，定义 $\lim\limits_{n\to\infty}A_n=(\lim\limits_{n\to\infty}a_{ij}^{(n)})$. 若 $A=\begin{pmatrix}\frac{1}{2}&1&2\\0&\frac{1}{3}&1\\0&0&\frac{1}{4}\end{pmatrix}$，求 $\lim\limits_{n\to\infty}A^n$.

11. 设 A 是 n 阶方阵，证明：若 $A\neq O$，但存在正整数 k，使得 $A^k=O$，则 A 不可能相似于对角矩阵.

§4　内积与内积空间

Euclid 空间

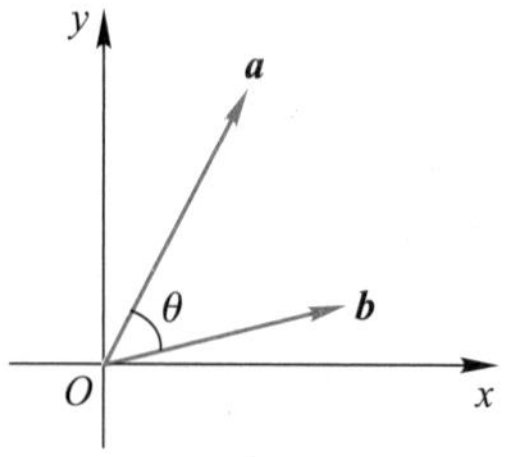

图 5.4.1

我们知道，利用三角公式，$\mathbf R^2$ 中两个向量 $a=(a_1,a_2)^{\mathrm T}$ 和 $b=(b_1,b_2)^{\mathrm T}$ 之间的夹角 θ 可以如下确定：

$$\sqrt{a_1^2+a_2^2}\cdot\sqrt{b_1^2+b_2^2}\cos\theta=a_1b_1+a_2b_2,$$

其中 $\sqrt{a_1^2+a_2^2}$ 和 $\sqrt{b_1^2+b_2^2}$ 分别就是向量 a 和 b 的长度（见图 5.4.1）.

这个公式中出现了一种新的运算：

$$((a_1,a_2)^{\mathrm{T}},\ (b_1,b_2)^{\mathrm{T}})\mapsto a_1b_1+a_2b_2,$$

我们将这种运算称为内积．内积是很重要的量，有了它，就可以衍生出向量的长度、夹角和垂直等概念.

这个运算也可以很自然地推广到 n 维线性空间中去，并由此导出“长度”和“角度”（尽管此时不再有直观的几何意义）．为了简化问题，讨论先对向量空间 $\mathbf{R}^n$ 进行.

定义 5.4.1　对于 $\boldsymbol{x}=(x_1,x_2,\cdots,x_n)^{\mathrm{T}}$，$\boldsymbol{y}=(y_1,y_2,\cdots,y_n)^{\mathrm{T}}\in\mathbf{R}^n$，定义 $\boldsymbol{x}$ 与 $\boldsymbol{y}$ 的**内积**为

$$(\boldsymbol{x},\boldsymbol{y})=\sum_{k=1}^{n}x_ky_k.$$

定义内积的实线性空间 $\mathbf{R}^n$ 为 **Euclid 空间**.

显然成立

$$(\boldsymbol{x},\boldsymbol{y})=\boldsymbol{x}^{\mathrm{T}}\boldsymbol{y}=\boldsymbol{y}^{\mathrm{T}}\boldsymbol{x}.$$

$\mathbf{R}^n$ 上的内积具有下列性质：

（1）（**正定性**）　对于任意 $\boldsymbol{x}\in\mathbf{R}^n$，成立 $(\boldsymbol{x},\boldsymbol{x})\geqslant 0$，且 $(\boldsymbol{x},\boldsymbol{x})=0$ 当且仅当 $\boldsymbol{x}=\boldsymbol{0}$；

（2）（**对称性**）　对于任意 $\boldsymbol{x},\boldsymbol{y}\in\mathbf{R}^n$，成立

$$(\boldsymbol{x},\boldsymbol{y})=(\boldsymbol{y},\boldsymbol{x});$$

（3）（**线性性**）　对于任意 $\boldsymbol{x},\boldsymbol{y},\boldsymbol{z}\in\mathbf{R}^n$ 和 $\lambda,\mu\in\mathbf{R}$，成立

$$(\lambda\boldsymbol{x}+\mu\boldsymbol{y},\boldsymbol{z})=\lambda(\boldsymbol{x},\boldsymbol{z})+\mu(\boldsymbol{y},\boldsymbol{z});$$

（4）（**Schwarz（施瓦茨）不等式**）　对于任意 $\boldsymbol{x},\boldsymbol{y}\in\mathbf{R}^n$，成立

$$(\boldsymbol{x},\boldsymbol{y})^2\leqslant(\boldsymbol{x},\boldsymbol{x})(\boldsymbol{y},\boldsymbol{y}).$$

我们这里只证明 Schwarz 不等式，其余的请读者自行证明.

证　对于 $\boldsymbol{x},\boldsymbol{y}\in\mathbf{R}^n$ 和 $\lambda\in\mathbf{R}$，由内积的正定性得

$$(\lambda\boldsymbol{x}+\boldsymbol{y},\lambda\boldsymbol{x}+\boldsymbol{y})\geqslant 0.$$

利用线性性质将其展开，并利用对称性，有

$$\begin{aligned}(\lambda\boldsymbol{x}+\boldsymbol{y},\lambda\boldsymbol{x}+\boldsymbol{y})&=\lambda^2(\boldsymbol{x},\boldsymbol{x})+\lambda[(\boldsymbol{x},\boldsymbol{y})+(\boldsymbol{y},\boldsymbol{x})]+(\boldsymbol{y},\boldsymbol{y})\\&=\lambda^2(\boldsymbol{x},\boldsymbol{x})+2\lambda(\boldsymbol{x},\boldsymbol{y})+(\boldsymbol{y},\boldsymbol{y})\geqslant 0.\end{aligned}$$

由于这个关于 λ 的二次函数为非负的，因此判别式

$$\Delta=4(\boldsymbol{x},\boldsymbol{y})^2-4(\boldsymbol{x},\boldsymbol{x})(\boldsymbol{y},\boldsymbol{y})\leqslant 0.$$

整理后便得到 Schwarz 不等式.

证毕

读者不难验证 Schwarz 不等式中等号成立，即 $(\boldsymbol{x},\boldsymbol{y})^2=(\boldsymbol{x},\boldsymbol{x})(\boldsymbol{y},\boldsymbol{y})$ 的充要条件是存在实数 k，使得 $\boldsymbol{x}=k\boldsymbol{y}$.

根据内积的定义，对于 $\boldsymbol{x},\boldsymbol{y}\in\mathbf{R}^n$ 和矩阵 $\boldsymbol{A}\in\mathbf{R}^{n\times n}$，有

$$(\boldsymbol{A}\boldsymbol{x},\boldsymbol{y})=(\boldsymbol{x},\boldsymbol{A}^{\mathrm{T}}\boldsymbol{y}).$$

这是因为

$$(\boldsymbol{A}\boldsymbol{x},\boldsymbol{y})=(\boldsymbol{A}\boldsymbol{x})^{\mathrm{T}}\boldsymbol{y}=(\boldsymbol{x}^{\mathrm{T}}\boldsymbol{A}^{\mathrm{T}})\boldsymbol{y}=\boldsymbol{x}^{\mathrm{T}}(\boldsymbol{A}^{\mathrm{T}}\boldsymbol{y})=(\boldsymbol{x},\boldsymbol{A}^{\mathrm{T}}\boldsymbol{y}).$$

定义 5.4.2　设 $\boldsymbol{x}=(x_1,x_2,\cdots,x_n)^{\mathrm{T}}$ 是 $\mathbf{R}^n$ 中的向量，称

$$\|\boldsymbol{x}\|=\sqrt{(\boldsymbol{x},\boldsymbol{x})}=\sqrt{\sum_{k=1}^{n}x_k^2}$$

为 $\boldsymbol{x}$ 的**模**（或**长度**、**范数**）．当 $\|\boldsymbol{x}\|=1$ 时，称 $\boldsymbol{x}$ 为**单位向量**.

由内积的性质可以导出模(即范数)的下列性质：

(1)(**正定性**)　对于任意 $\boldsymbol{x}\in\mathbf{R}^n$,有 $\|\boldsymbol{x}\|\geqslant 0$,且 $\|\boldsymbol{x}\|=0$ 当且仅当 $\boldsymbol{x}=\mathbf{0}$;

(2)(**齐次性**)　对于任意 $\boldsymbol{x}\in\mathbf{R}^n$ 和 $\lambda\in\mathbf{R}$,有

$$\|\lambda\boldsymbol{x}\|=|\lambda|\,\|\boldsymbol{x}\|;$$

(3)(**三角不等式**)　对于任意 $\boldsymbol{x},\boldsymbol{y}\in\mathbf{R}^n$,有

$$\|\boldsymbol{x}+\boldsymbol{y}\|\leqslant\|\boldsymbol{x}\|+\|\boldsymbol{y}\|.$$

我们这里只证明(3). 由内积的性质得

$$\|\boldsymbol{x}+\boldsymbol{y}\|^2=(\boldsymbol{x}+\boldsymbol{y},\boldsymbol{x}+\boldsymbol{y})=\|\boldsymbol{x}\|^2+\|\boldsymbol{y}\|^2+2(\boldsymbol{x},\boldsymbol{y}).$$

由 Schwarz 不等式得 $|(\boldsymbol{x},\boldsymbol{y})|\leqslant\|\boldsymbol{x}\|\,\|\boldsymbol{y}\|$,因此

$$\|\boldsymbol{x}+\boldsymbol{y}\|\leqslant\sqrt{\|\boldsymbol{x}\|^2+\|\boldsymbol{y}\|^2+2\|\boldsymbol{x}\|\,\|\boldsymbol{y}\|}=\|\boldsymbol{x}\|+\|\boldsymbol{y}\|.$$

注意到 Schwarz 不等式,可引入如下概念：

定义 5.4.3　设 $\boldsymbol{x},\boldsymbol{y}$ 是 $\mathbf{R}^n$ 上的向量,当 $\boldsymbol{x}\neq\mathbf{0},\boldsymbol{y}\neq\mathbf{0}$ 时,$\boldsymbol{x}$ 与 $\boldsymbol{y}$ 的**夹角** θ 定义为

$$\theta=\arccos\frac{(\boldsymbol{x},\boldsymbol{y})}{\|\boldsymbol{x}\|\,\|\boldsymbol{y}\|}.$$

若 $\mathbf{R}^n$ 中的向量 $\boldsymbol{x},\boldsymbol{y}$ 满足 $(\boldsymbol{x},\boldsymbol{y})=0$,则称 $\boldsymbol{x}$ 与 $\boldsymbol{y}$ **正交**(或**垂直**).

显然,零向量与任何向量正交.

定义 5.4.4　若一个向量组中的向量两两正交,且不含零向量,则称它为**正交向量组**.

定理 5.4.1　正交向量组必是线性无关向量组.

证　不妨设 $\{\boldsymbol{a}_1,\boldsymbol{a}_2,\cdots,\boldsymbol{a}_k\}$ 是 $\mathbf{R}^n$ 中的正交向量组. 若有一组系数 $\lambda_1,\lambda_2,\cdots,\lambda_k$ 使得

$$\lambda_1\boldsymbol{a}_1+\lambda_2\boldsymbol{a}_2+\cdots+\lambda_k\boldsymbol{a}_k=\mathbf{0},$$

那么两边用 $\boldsymbol{a}_j$ 作内积 $(j=1,2,\cdots,k)$,由于任意两个向量正交,得

$$\lambda_j(\boldsymbol{a}_j,\boldsymbol{a}_j)=0.$$

由于 $\boldsymbol{a}_j$ 不是零向量,因此

$$\lambda_j=0,\quad j=1,2,\cdots,k,$$

于是 $\boldsymbol{a}_1,\boldsymbol{a}_2,\cdots,\boldsymbol{a}_k$ 线性无关.

证毕

推论 5.4.1　$\mathbf{R}^n$ 中的任意一个正交向量组中至多含有 n 个向量.

正交基

线性无关向量组未必是正交向量组. 但是,任意一个线性无关向量组一定可以通过处理,化为正交向量组,使得分别以这两个向量组为基的两个线性空间相同.

设 $\{\boldsymbol{a}_1,\boldsymbol{a}_2,\cdots,\boldsymbol{a}_k\}$ 是一个线性无关向量组. 取 $\boldsymbol{b}_1=\boldsymbol{a}_1$. 令

$$\boldsymbol{b}_2=\boldsymbol{a}_2+\lambda_1\boldsymbol{b}_1.$$

两边与 $\boldsymbol{b}_1$ 作内积,并令 $\boldsymbol{b}_2$ 与 $\boldsymbol{b}_1$ 正交,即有

$$0=(\boldsymbol{b}_2,\boldsymbol{b}_1)=(\boldsymbol{a}_2,\boldsymbol{b}_1)+\lambda_1(\boldsymbol{b}_1,\boldsymbol{b}_1),$$

所以 $\lambda_1=-\dfrac{(\boldsymbol{a}_2,\boldsymbol{b}_1)}{\|\boldsymbol{b}_1\|^2}$,于是

$$b_2=a_2-\frac{(a_2,b_1)}{\|b_1\|^2}b_1.$$

按此过程做下去，便得到

$$b_1=a_1,$$

$$b_j=a_j-\frac{(a_j,b_1)}{\|b_1\|^2}b_1-\frac{(a_j,b_2)}{\|b_2\|^2}b_2-\cdots-\frac{(a_j,b_{j-1})}{\|b_{j-1}\|^2}b_{j-1},\quad j=2,\cdots,k.$$

易验证$\{b_1,b_2,\cdots,b_k\}$是正交向量组，这个过程称为**Schmidt（施密特）正交化**.

注 显然，从以上过程得到的向量组$\{b_1,b_2,\cdots,b_k\}$中的每个元素都可以由$\{a_1,a_2,\cdots,a_k\}$线性表示．事实上还可以证明，这两个向量组是等价的，因此

$$\mathrm{Span}\{a_1,a_2,\cdots,a_k\}=\mathrm{Span}\{b_1,b_2,\cdots,b_k\}.$$

例 5.4.1 利用 Schmidt 正交化将向量组

$$a_1=(1,0,0,0)^{\mathrm{T}},\quad a_2=(1,0,1,1)^{\mathrm{T}},\quad a_3=(1,1,1,1)^{\mathrm{T}}$$

化成正交向量组.

解 由 Schmidt 正交化过程，取

$$b_1=a_1=(1,0,0,0)^{\mathrm{T}},$$

$$b_2=a_2-\frac{(a_2,b_1)}{\|b_1\|^2}b_1=(1,0,1,1)^{\mathrm{T}}-(1,0,0,0)^{\mathrm{T}}=(0,0,1,1)^{\mathrm{T}},$$

$$b_3=a_3-\frac{(a_3,b_1)}{\|b_1\|^2}b_1-\frac{(a_3,b_2)}{\|b_2\|^2}b_2$$

$$=(1,1,1,1)^{\mathrm{T}}-(1,0,0,0)^{\mathrm{T}}-(0,0,1,1)^{\mathrm{T}}=(0,1,0,0)^{\mathrm{T}}.$$

则$\{b_1,b_2,b_3\}$即为所求.

设$\{a_1,a_2,\cdots,a_k\}$（$k<n$）是$\mathbf{R}^n$中任意一个正交向量组，下面说明一定可以把它扩充成$\mathbf{R}^n$中一个由正交向量组成的基．为此，记$A=(a_1,a_2,\cdots,a_k)^{\mathrm{T}}\in\mathbf{R}^{k\times n}$．考虑齐次方程组

$$Ax=\begin{pmatrix}a_1^{\mathrm{T}}\\a_2^{\mathrm{T}}\\\vdots\\a_k^{\mathrm{T}}\end{pmatrix}x=\mathbf{0}.$$

由定理 5.4.1，A的行向量线性无关，即$\mathrm{rank}(A)=k$，所以方程组有$n-k$个线性无关的解$x_1,x_2,\cdots,x_{n-k}$，它们满足

$$a_j^{\mathrm{T}}x_i=0,\quad 即(a_j,x_i)=0,\quad j=1,2,\cdots,k,\quad i=1,2,\cdots,n-k,$$

这表明每个$x_i(i=1,2,\cdots,n-k)$与$a_1,a_2,\cdots,a_k$都是正交的.

利用 Schmidt 正交化，将$\{x_1,x_2,\cdots,x_{n-k}\}$化为正交向量组$\{\tilde{x}_1,\tilde{x}_2,\cdots,\tilde{x}_{n-k}\}$，则

$$\{a_1,a_2,\cdots,a_k,\tilde{x}_1,\tilde{x}_2,\cdots,\tilde{x}_{n-k}\}$$

就是$\mathbf{R}^n$中的正交向量组．显然，它必为$\mathbf{R}^n$中的极大无关组，即$\mathbf{R}^n$的一个基.

定义 5.4.5 若$\mathbf{R}^n$中由n个向量组成的向量组$\{a_1,a_2,\cdots,a_n\}$构成正交向量组，则称$\{a_1,a_2,\cdots,a_n\}$为$\mathbf{R}^n$中的一个**正交基**．若同时还有$\|a_i\|=1(i=1,2,\cdots,n)$，则称$\{a_1,a_2,\cdots,a_n\}$为$\mathbf{R}^n$中的一个**标准正交基**.

自然基$\{\boldsymbol{e}_1,\boldsymbol{e}_2,\cdots,\boldsymbol{e}_n\}$就是$\mathbf{R}^n$中的一个标准正交基.

综上所述便得到：

定理 5.4.2　$\mathbf{R}^n$ 中任意 k 个($k<n$)相互正交的向量总可以扩充成 $\mathbf{R}^n$ 中的一个正交基；若这 k 个向量均是单位向量，则它们还可扩充成 $\mathbf{R}^n$ 中的一个标准正交基.

例 5.4.2　将例 5.4.1 中的正交向量组$\{\boldsymbol{b}_1,\boldsymbol{b}_2,\boldsymbol{b}_3\}$扩充成$\mathbf{R}^4$中的标准正交基.

解　方程组

$$(\boldsymbol{b}_1,\boldsymbol{b}_2,\boldsymbol{b}_3)^{\mathrm{T}}\boldsymbol{x}=\begin{pmatrix}1&0&0&0\\0&0&1&1\\0&1&0&0\end{pmatrix}\boldsymbol{x}=\boldsymbol{0}$$

只有一个线性无关的解

$$\boldsymbol{b}_4=\boldsymbol{x}=(0,0,1,-1)^{\mathrm{T}},$$

因此 $\{\boldsymbol{b}_1,\boldsymbol{b}_2,\boldsymbol{b}_3,\boldsymbol{b}_4\}$ 就是 $\mathbf{R}^4$ 中的正交基.

令$\tilde{\boldsymbol{b}}_j=\dfrac{\boldsymbol{b}_j}{\|\boldsymbol{b}_j\|}(j=1,2,3,4)$，即

$$\tilde{\boldsymbol{b}}_1=(1,0,0,0)^{\mathrm{T}},\quad \tilde{\boldsymbol{b}}_2=\frac{1}{\sqrt{2}}(0,0,1,1)^{\mathrm{T}},$$

$$\tilde{\boldsymbol{b}}_3=(0,1,0,0)^{\mathrm{T}},\quad \tilde{\boldsymbol{b}}_4=\frac{1}{\sqrt{2}}(0,0,1,-1)^{\mathrm{T}}.$$

则$\{\tilde{\boldsymbol{b}}_1,\tilde{\boldsymbol{b}}_2,\tilde{\boldsymbol{b}}_3,\tilde{\boldsymbol{b}}_4\}$就是$\mathbf{R}^4$中的标准正交基.

正交矩阵和正交变换

定义 5.4.6　若 n 阶实方阵 $\boldsymbol{Q}$ 的 n 个列向量是 $\mathbf{R}^n$ 中的一个标准正交基，则称 $\boldsymbol{Q}$ 为**正交矩阵**.

例如，

$$\begin{pmatrix}1&0&0\\0&1&0\\0&0&1\end{pmatrix},\ \begin{pmatrix}1&0&0\\0&1&0\\0&0&-1\end{pmatrix},\ \begin{pmatrix}0&0&1\\0&1&0\\1&0&0\end{pmatrix},\ \begin{pmatrix}\frac{2}{3}&\frac{2}{3}&\frac{1}{3}\\\frac{1}{3}&-\frac{2}{3}&\frac{2}{3}\\-\frac{2}{3}&\frac{1}{3}&\frac{2}{3}\end{pmatrix}$$

都是正交矩阵.

将 n 阶方阵 $\boldsymbol{Q}$ 按列向量表示为 $\boldsymbol{Q}=(\boldsymbol{a}_1,\boldsymbol{a}_2,\cdots,\boldsymbol{a}_n)$，则

$$\boldsymbol{Q}^{\mathrm{T}}\boldsymbol{Q}=\begin{pmatrix}\boldsymbol{a}_1^{\mathrm{T}}\\\boldsymbol{a}_2^{\mathrm{T}}\\\vdots\\\boldsymbol{a}_n^{\mathrm{T}}\end{pmatrix}(\boldsymbol{a}_1,\boldsymbol{a}_2,\cdots,\boldsymbol{a}_n)$$

$$=\begin{pmatrix} \boldsymbol{a}_1^{\mathrm{T}}\boldsymbol{a}_1 & \boldsymbol{a}_1^{\mathrm{T}}\boldsymbol{a}_2 & \cdots & \boldsymbol{a}_1^{\mathrm{T}}\boldsymbol{a}_n \\ \boldsymbol{a}_2^{\mathrm{T}}\boldsymbol{a}_1 & \boldsymbol{a}_2^{\mathrm{T}}\boldsymbol{a}_2 & \cdots & \boldsymbol{a}_2^{\mathrm{T}}\boldsymbol{a}_n \\ \vdots & \vdots & & \vdots \\ \boldsymbol{a}_n^{\mathrm{T}}\boldsymbol{a}_1 & \boldsymbol{a}_n^{\mathrm{T}}\boldsymbol{a}_2 & \cdots & \boldsymbol{a}_n^{\mathrm{T}}\boldsymbol{a}_n \end{pmatrix}=\begin{pmatrix} (\boldsymbol{a}_1,\boldsymbol{a}_1) & (\boldsymbol{a}_1,\boldsymbol{a}_2) & \cdots & (\boldsymbol{a}_1,\boldsymbol{a}_n) \\ (\boldsymbol{a}_2,\boldsymbol{a}_1) & (\boldsymbol{a}_2,\boldsymbol{a}_2) & \cdots & (\boldsymbol{a}_2,\boldsymbol{a}_n) \\ \vdots & \vdots & & \vdots \\ (\boldsymbol{a}_n,\boldsymbol{a}_1) & (\boldsymbol{a}_n,\boldsymbol{a}_2) & \cdots & (\boldsymbol{a}_n,\boldsymbol{a}_n) \end{pmatrix}.$$

而$\{\boldsymbol{a}_1,\boldsymbol{a}_2,\cdots,\boldsymbol{a}_n\}$是 $\mathbf{R}^n$ 中的标准正交基等价于$(\boldsymbol{a}_i,\boldsymbol{a}_j)=\begin{cases}1, & i=j,\\ 0, & i\neq j.\end{cases}$ 于是我们得到

定理 5.4.3 实方阵 $\boldsymbol{Q}$ 是正交矩阵的充分必要条件是$\boldsymbol{Q}^{\mathrm{T}}\boldsymbol{Q}=\boldsymbol{I}$.

这就是说,实方阵 $\boldsymbol{Q}$ 是正交矩阵等价于$\boldsymbol{Q}^{-1}=\boldsymbol{Q}^{\mathrm{T}}$.

推论 5.4.2 若方阵 $\boldsymbol{Q}$ 是正交矩阵,则$\boldsymbol{Q}^{\mathrm{T}}(=\boldsymbol{Q}^{-1})$也是正交矩阵. 或者说,$\boldsymbol{Q}$ 的 n 个行的转置也是 $\mathbf{R}^n$ 中的标准正交基.

推论 5.4.3 若 $\boldsymbol{Q}$ 是正交矩阵,则 $\det(\boldsymbol{Q})=\pm1$.

推论 5.4.4 若 $\boldsymbol{Q}_1$ 和 $\boldsymbol{Q}_2$ 都是正交矩阵,则 $\boldsymbol{Q}_1\boldsymbol{Q}_2$ 也是正交矩阵.

上述推论的证明请读者自行完成.

例 5.4.3 设 $\boldsymbol{Q}$ 是正交矩阵,且$|\boldsymbol{Q}|=-1$,证明$|\boldsymbol{Q}+\boldsymbol{I}|=0$.

证 因为

$$|\boldsymbol{Q}+\boldsymbol{I}|=|\boldsymbol{Q}+\boldsymbol{Q}^{\mathrm{T}}\boldsymbol{Q}|=|\boldsymbol{I}+\boldsymbol{Q}^{\mathrm{T}}|\cdot|\boldsymbol{Q}|=|(\boldsymbol{I}+\boldsymbol{Q})^{\mathrm{T}}|\cdot|\boldsymbol{Q}|=-|\boldsymbol{Q}+\boldsymbol{I}|,$$

所以$|\boldsymbol{Q}+\boldsymbol{I}|=0$.

证毕

定义 5.4.7 设 $\mathscr{A}$ 是 $\mathbf{R}^n$ 上的线性变换,若 $\mathscr{A}$ 作用在 $\mathbf{R}^n$ 中任意一个标准正交基$\{\boldsymbol{a}_1,\boldsymbol{a}_2,\cdots,\boldsymbol{a}_n\}$上,得到的$\{\mathscr{A}(\boldsymbol{a}_1),\mathscr{A}(\boldsymbol{a}_2),\cdots,\mathscr{A}(\boldsymbol{a}_n)\}$仍是一个标准正交基,则称 $\mathscr{A}$ 为**正交变换**.

正交变换是一种非常重要的线性变换,它有许多有用的性质.

定理 5.4.4 设 $\mathscr{A}$ 是 $\mathbf{R}^n$ 上的线性变换,则以下命题等价:

(1) $\mathscr{A}$ 为正交变换;

(2) $\mathscr{A}$ 在任意一个标准正交基下的表示矩阵为正交矩阵;

(3) $\mathscr{A}$ 保持内积不变,即对于任意 $\boldsymbol{x},\boldsymbol{y}\in\mathbf{R}^n$,成立$(\mathscr{A}(\boldsymbol{x}),\mathscr{A}(\boldsymbol{y}))=(\boldsymbol{x},\boldsymbol{y})$;

(4) $\mathscr{A}$ 保持模长不变,即对于任意 $\boldsymbol{x}\in\mathbf{R}^n$,成立$\|\mathscr{A}(\boldsymbol{x})\|=\|\boldsymbol{x}\|$.

证 (1)⇒(2):设$\{\boldsymbol{a}_1,\boldsymbol{a}_2,\cdots,\boldsymbol{a}_n\}$是 $\mathbf{R}^n$ 中的一个标准正交基,$\mathscr{A}$ 在这个标准正交基下的表示矩阵为 $\boldsymbol{Q}$,即

$$(\mathscr{A}(\boldsymbol{a}_1),\mathscr{A}(\boldsymbol{a}_2),\cdots,\mathscr{A}(\boldsymbol{a}_n))=(\boldsymbol{a}_1,\boldsymbol{a}_2,\cdots,\boldsymbol{a}_n)\boldsymbol{Q}.$$

由于$\{\boldsymbol{a}_1,\boldsymbol{a}_2,\cdots,\boldsymbol{a}_n\}$和$\{\mathscr{A}(\boldsymbol{a}_1),\mathscr{A}(\boldsymbol{a}_2),\cdots,\mathscr{A}(\boldsymbol{a}_n)\}$都是标准正交基,因此矩阵

$$\tilde{\boldsymbol{A}}=(\mathscr{A}(\boldsymbol{a}_1),\mathscr{A}(\boldsymbol{a}_2),\cdots,\mathscr{A}(\boldsymbol{a}_n))$$

和

$$\boldsymbol{A}=(\boldsymbol{a}_1,\boldsymbol{a}_2,\cdots,\boldsymbol{a}_n)$$

都是正交矩阵,所以 $\boldsymbol{Q}=\boldsymbol{A}^{-1}\tilde{\boldsymbol{A}}$ 也是正交矩阵.

(2)⇒(3):记 $\mathscr{A}$ 在 $\mathbf{R}^n$ 中的自然基$\{\boldsymbol{e}_1,\boldsymbol{e}_2,\cdots,\boldsymbol{e}_n\}$下的表示矩阵为 $\boldsymbol{Q}$,则 $\boldsymbol{Q}$ 是正交矩阵.

对于 $\boldsymbol{x},\boldsymbol{y}\in\mathbf{R}^n$,$\boldsymbol{x},\boldsymbol{y}$ 在自然基$\{\boldsymbol{e}_1,\boldsymbol{e}_2,\cdots,\boldsymbol{e}_n\}$下的坐标向量就是 $\boldsymbol{x},\boldsymbol{y}$ 本身,而 $\mathscr{A}(\boldsymbol{x})$,

$\mathscr{A}(\boldsymbol{y})$在$\{\boldsymbol{e}_1,\boldsymbol{e}_2,\cdots,\boldsymbol{e}_n\}$下的坐标向量是$\boldsymbol{Qx},\boldsymbol{Qy}$,即得

$$\mathscr{A}(\boldsymbol{x})=\boldsymbol{Qx},\quad \mathscr{A}(\boldsymbol{y})=\boldsymbol{Qy}.$$

所以

$$(\mathscr{A}(\boldsymbol{x}),\mathscr{A}(\boldsymbol{y}))=(\boldsymbol{Qx},\boldsymbol{Qy})=(\boldsymbol{Qx})^{\mathrm{T}}(\boldsymbol{Qy})$$
$$=\boldsymbol{x}^{\mathrm{T}}(\boldsymbol{Q}^{\mathrm{T}}\boldsymbol{Q})\boldsymbol{y}=\boldsymbol{x}^{\mathrm{T}}\boldsymbol{y}=(\boldsymbol{x},\boldsymbol{y}).$$

(3)⇒(1):设$\{\boldsymbol{a}_1,\boldsymbol{a}_2,\cdots,\boldsymbol{a}_n\}$是$\mathbf{R}^n$中一个标准正交基,则有

$$(\boldsymbol{a}_i,\boldsymbol{a}_j)=\delta_{ij},\quad i,j=1,2,\cdots,n.$$

若$\mathscr{A}$保持内积不变,则有

$$(\mathscr{A}(\boldsymbol{a}_i),\mathscr{A}(\boldsymbol{a}_j))=(\boldsymbol{a}_i,\boldsymbol{a}_j)=\delta_{ij},\quad i,j=1,2,\cdots,n.$$

这说明$\{\mathscr{A}(\boldsymbol{a}_1),\mathscr{A}(\boldsymbol{a}_2),\cdots,\mathscr{A}(\boldsymbol{a}_n)\}$是标准正交基,因此$\mathscr{A}$为正交变换.

平面坐标轴的旋转

(3)⇒(4):由模的定义直接导出.

(4)⇒(3):由内积的性质可得

$$(\mathscr{A}(\boldsymbol{x}),\mathscr{A}(\boldsymbol{y}))=\frac{1}{4}(\|\mathscr{A}(\boldsymbol{x})+\mathscr{A}(\boldsymbol{y})\|^2-\|\mathscr{A}(\boldsymbol{x})-\mathscr{A}(\boldsymbol{y})\|^2)$$
$$=\frac{1}{4}(\|\mathscr{A}(\boldsymbol{x}+\boldsymbol{y})\|^2-\|\mathscr{A}(\boldsymbol{x}-\boldsymbol{y})\|^2)$$
$$=\frac{1}{4}(\|\boldsymbol{x}+\boldsymbol{y}\|^2-\|\boldsymbol{x}-\boldsymbol{y}\|^2)=(\boldsymbol{x},\boldsymbol{y}).$$

证毕

显然,将向量关于某条定直线作反射,或绕定点旋转某个定角度,不改变向量的长度,这就是说,反射变换(镜像变换)和旋转变换都是正交变换.请读者验证,例 5.2.1 中的变换矩阵$\boldsymbol{A}_1,\boldsymbol{A}_2$和$\boldsymbol{A}_4$都是正交矩阵.

酉空间、酉矩阵和酉变换

在许多理论和实际问题的研究中,还大量使用复的内积空间.

定义 5.4.8　对于$\boldsymbol{x}=(x_1,x_2,\cdots,x_n)^{\mathrm{T}},\boldsymbol{y}=(y_1,y_2,\cdots,y_n)^{\mathrm{T}}\in\mathbf{C}^n$,定义$\boldsymbol{x}$与$\boldsymbol{y}$的**内积**为

$$(\boldsymbol{x},\boldsymbol{y})=\sum_{k=1}^{n}x_k\overline{y}_k.$$

定义内积的复线性空间$\mathbf{C}^n$为**酉空间**.

显然成立

$$(\boldsymbol{x},\boldsymbol{y})=\boldsymbol{y}^{\mathrm{H}}\boldsymbol{x}=\overline{\boldsymbol{x}^{\mathrm{H}}\boldsymbol{y}}.$$

这样定义的内积具有下列性质:

(1)(**正定性**)　对于任意$\boldsymbol{x}\in\mathbf{C}^n$,成立$(\boldsymbol{x},\boldsymbol{x})\geqslant 0$,且$(\boldsymbol{x},\boldsymbol{x})=0$当且仅当$\boldsymbol{x}=\boldsymbol{0}$;

(2)(**共轭对称性**)　对于任意$\boldsymbol{x},\boldsymbol{y}\in\mathbf{C}^n$,成立

$$(\boldsymbol{x},\boldsymbol{y})=\overline{(\boldsymbol{y},\boldsymbol{x})};$$

(3)(**线性性**)　对于任意$\boldsymbol{x},\boldsymbol{y},\boldsymbol{z}\in\mathbf{C}^n$和$\lambda,\mu\in\mathbf{C}$,成立

$$(\lambda\boldsymbol{x}+\mu\boldsymbol{y},\boldsymbol{z})=\lambda(\boldsymbol{x},\boldsymbol{z})+\mu(\boldsymbol{y},\boldsymbol{z}),$$
$$(\boldsymbol{x},\lambda\boldsymbol{y}+\mu\boldsymbol{z})=\overline{\lambda}(\boldsymbol{x},\boldsymbol{y})+\overline{\mu}(\boldsymbol{x},\boldsymbol{z});$$

(4) (**Schwarz 不等式**)　对于任意 $\boldsymbol{x},\boldsymbol{y}\in\mathbf{C}^n$，成立

$$|(\boldsymbol{x},\boldsymbol{y})|^2\leqslant(\boldsymbol{x},\boldsymbol{x})(\boldsymbol{y},\boldsymbol{y}).$$

同样地，定义 $\boldsymbol{x}\in\mathbf{C}^n$ 的模(或范数、长度)为 $\|\boldsymbol{x}\|=\sqrt{(\boldsymbol{x},\boldsymbol{x})}$，那么关于模的正定性、齐次性和三角不等式依然成立.

根据内积的定义，易知对于任意的 $\boldsymbol{x},\boldsymbol{y}\in\mathbf{C}^n$ 和矩阵 $\boldsymbol{A}\in\mathbf{C}^{n\times n}$，有

$$(\boldsymbol{Ax},\boldsymbol{y})=(\boldsymbol{x},\boldsymbol{A}^{\mathrm{H}}\boldsymbol{y}).$$

当 $(\boldsymbol{x},\boldsymbol{y})=0$ 时，称 $\boldsymbol{x}$ 与 $\boldsymbol{y}$ **正交**(或**垂直**). $\mathbf{C}^n$ 中 n 个相互正交的非零向量组成 $\mathbf{C}^n$ 的正交基，由单位向量组成的正交基称为标准正交基．与 $\mathbf{R}^n$ 的情况相同，$\mathbf{C}^n$ 中一组线性无关的向量也可作 Schmidt 正交化，并可扩充，进而化成 $\mathbf{C}^n$ 的正交基.

定义 5.4.9　若 n 阶复方阵 $\boldsymbol{U}$ 的 n 个列向量是 $\mathbf{C}^n$ 中的一个标准正交基，则称 $\boldsymbol{U}$ 为**酉矩阵**.

和正交矩阵类似地可以证明

定理 5.4.5　(1) $\boldsymbol{U}$ 是酉矩阵的充分必要条件是 $\boldsymbol{U}^{\mathrm{H}}\boldsymbol{U}=\boldsymbol{U}\boldsymbol{U}^{\mathrm{H}}=\boldsymbol{I}$，即 $\boldsymbol{U}^{-1}=\boldsymbol{U}^{\mathrm{H}}$；

(2) 若 $\boldsymbol{U}$ 是酉矩阵，则 $|\det(\boldsymbol{U})|=1$；

(3) 若 $\boldsymbol{U}_1$ 和 $\boldsymbol{U}_2$ 都是酉矩阵，则 $\boldsymbol{U}_1^{-1}$ 和 $\boldsymbol{U}_1\boldsymbol{U}_2$ 也是酉矩阵.

推论 5.4.5　若 λ 是酉矩阵的特征值，则 $|\lambda|=1$.

证　若 λ 是酉矩阵 $\boldsymbol{U}$ 的特征值，$\boldsymbol{x}\neq\boldsymbol{0}$ 是对应的特征向量，则有

$$\boldsymbol{Ux}=\lambda\boldsymbol{x}.$$

因为 $\|\boldsymbol{Ux}\|^2=\boldsymbol{x}^{\mathrm{H}}\boldsymbol{U}^{\mathrm{H}}\boldsymbol{Ux}=\boldsymbol{x}^{\mathrm{H}}\boldsymbol{x}=\|\boldsymbol{x}\|^2$，所以

$$\|\boldsymbol{x}\|=\|\boldsymbol{Ux}\|=\|\lambda\boldsymbol{x}\|=|\lambda|\cdot\|\boldsymbol{x}\|,$$

于是 $|\lambda|=1$.

证毕

设 $\mathscr{A}$ 是 $\mathbf{C}^n$ 上的线性变换，若 $\mathscr{A}$ 作用在 $\mathbf{C}^n$ 中任意一个标准正交基 $\{\boldsymbol{a}_1,\boldsymbol{a}_2,\cdots,\boldsymbol{a}_n\}$ 上，得到的 $\{\mathscr{A}(\boldsymbol{a}_1),\mathscr{A}(\boldsymbol{a}_2),\cdots,\mathscr{A}(\boldsymbol{a}_n)\}$ 仍是 $\mathbf{C}^n$ 中的一个标准正交基，则称 $\mathscr{A}$ 为**酉变换**.

请读者自行对酉变换导出类似定理 5.4.4 的性质.

内积空间

在 $\mathbf{R}^n$ 和 $\mathbf{C}^n$ 上能够引入内积，并且通过内积可以给这两个空间引入进一步的几何性质，如长度、夹角和距离(下面将会提到)等．事实上，许多线性空间上也可以引入内积结构，成为内积空间.

定义 5.4.10　设 V 是 $\mathbf{R}$ 上的线性空间．若存在某种规则，使得对于 V 中任何一组有序向量 $\{\boldsymbol{x},\boldsymbol{y}\}$，都唯一地对应一个实数，记为 $(\boldsymbol{x},\boldsymbol{y})$．进一步，若这种规则满足

(1) 对于任意 $\boldsymbol{x}\in V$，成立 $(\boldsymbol{x},\boldsymbol{x})\geqslant0$，且 $(\boldsymbol{x},\boldsymbol{x})=0$ 当且仅当 $\boldsymbol{x}=\boldsymbol{0}$；

(2) 对于任意 $\boldsymbol{x},\boldsymbol{y}\in V$，成立 $(\boldsymbol{x},\boldsymbol{y})=(\boldsymbol{y},\boldsymbol{x})$；

(3) 对于任意 $\boldsymbol{x},\boldsymbol{y},\boldsymbol{z}\in V$ 和 $\lambda,\mu\in\mathbf{R}$，成立 $(\lambda\boldsymbol{x}+\mu\boldsymbol{y},\boldsymbol{z})=\lambda(\boldsymbol{x},\boldsymbol{z})+\mu(\boldsymbol{y},\boldsymbol{z})$，

则称在 V 上定义了**内积**，而 $(\boldsymbol{x},\boldsymbol{y})$ 称为 $\boldsymbol{x}$ 与 $\boldsymbol{y}$ 的内积．如上定义了内积的线性空间，称为**实内积空间**.

显然，$\mathbf{R}^n$ 就是实内积空间.

例 5.4.4　在例 5.1.2 我们知道，对于闭区间 $[a,b]$ 上实值连续函数全体 $C[a,b]$，按函数相加以及函数与常数相乘运算，成为一个线性空间．对于任意 $f,g\in C[a,b]$，定义

$$(f,g)=\int_a^b f(x)g(x)\,\mathrm{d}x,$$

由定积分的性质可以验证这是一个内积，因此 $C[a,b]$ 成为一个实内积空间.

例 5.4.5　我们知道，$m\times n$ 实矩阵全体 $\mathbf{R}^{m\times n}$ 按矩阵的加法和数乘运算，成为 $\mathbf{R}$ 上的线性空间．在 $\mathbf{R}^{m\times n}$ 上定义

$$(\boldsymbol{A},\boldsymbol{B})=\sum_{i=1}^{m}\sum_{j=1}^{n}a_{ij}b_{ij},\quad \boldsymbol{A}=(a_{ij})_{m\times n},\quad \boldsymbol{B}=(b_{ij})_{m\times n}\in\mathbf{R}^{m\times n},$$

易验证这是一个内积（留作习题），因此 $\mathbf{R}^{m\times n}$ 成为实内积空间.

定义 5.4.11　设 V 是 $\mathbf{C}$ 上的线性空间．若存在某种规则，使得对于 V 中任何一组有序向量 $\{\boldsymbol{x},\boldsymbol{y}\}$，都唯一地对应一个复数，记为 $(\boldsymbol{x},\boldsymbol{y})$．进一步，若这种规则满足

（1）对于任意 $\boldsymbol{x}\in V$，成立 $(\boldsymbol{x},\boldsymbol{x})\geqslant 0$，且 $(\boldsymbol{x},\boldsymbol{x})=0$ 当且仅当 $\boldsymbol{x}=\boldsymbol{0}$；

（2）对于任意 $\boldsymbol{x},\boldsymbol{y}\in V$，成立 $(\boldsymbol{x},\boldsymbol{y})=\overline{(\boldsymbol{y},\boldsymbol{x})}$；

（3）对于任意 $\boldsymbol{x},\boldsymbol{y},\boldsymbol{z}\in V$ 和 $\lambda,\mu\in\mathbf{C}$，成立 $(\lambda\boldsymbol{x}+\mu\boldsymbol{y},\boldsymbol{z})=\lambda(\boldsymbol{x},\boldsymbol{z})+\mu(\boldsymbol{y},\boldsymbol{z})$，

则称在 V 上定义了**内积**，而 $(\boldsymbol{x},\boldsymbol{y})$ 称为 $\boldsymbol{x}$ 与 $\boldsymbol{y}$ 的内积．如上定义了内积的线性空间，称为**复内积空间**.

注意，若 V 是复内积空间，则对于任意 $\boldsymbol{x},\boldsymbol{y},\boldsymbol{z}\in V$ 和 $\lambda,\mu\in\mathbf{C}$，有

$$(\boldsymbol{z},\lambda\boldsymbol{x}+\mu\boldsymbol{y})=\overline{\lambda}(\boldsymbol{z},\boldsymbol{x})+\overline{\mu}(\boldsymbol{z},\boldsymbol{y}).$$

显然，$\mathbf{C}^n$ 就是复内积空间.

注　可以看出，实内积空间和复内积空间的定义结构是一致的，因此常将这两种空间统称为**内积空间**．内积空间的**维数**是指其作为线性空间时的维数．有限维实内积空间也常称为 **Euclid 空间**，简称**欧氏空间**；有限维复内积空间也常称为**酉空间**．在下面的叙述中，若不加特别说明，总认为所给定义或结论对这两种空间都成立.

若 S 是内积空间 V 的子空间，则可以验证，它按 V 上的内积定义也成为内积空间.

定义 5.4.12　设 V 是内积空间，$\boldsymbol{x}$ 是 V 中的向量，称

$$\|\boldsymbol{x}\|=\sqrt{(\boldsymbol{x},\boldsymbol{x})}$$

为 $\boldsymbol{x}$ 的**模**（或**长度**、**范数**）．当 $\|\boldsymbol{x}\|=1$ 时，称 $\boldsymbol{x}$ 为**单位向量**.

模具有下列性质：

定理 5.4.6　设 V 是实（复）内积空间，则

（1）（**正定性**）　对于任意 $\boldsymbol{x}\in V$，成立 $\|\boldsymbol{x}\|\geqslant 0$，且 $\|\boldsymbol{x}\|=0$ 当且仅当 $\boldsymbol{x}=\boldsymbol{0}$；

（2）（**齐次性**）　对于任意 $\boldsymbol{x}\in V$ 和 $\lambda\in\mathbf{R}(\mathbf{C})$，成立

$$\|\lambda\boldsymbol{x}\|=|\lambda|\,\|\boldsymbol{x}\|;$$

（3）（**Schwarz 不等式**）　对于任意 $\boldsymbol{x},\boldsymbol{y}\in V$，成立

$$|(\boldsymbol{x},\boldsymbol{y})|\leqslant\|\boldsymbol{x}\|\cdot\|\boldsymbol{y}\|;$$

（4）（**三角不等式**）　对于任意 $\boldsymbol{x},\boldsymbol{y}\in V$，成立

$$\|\boldsymbol{x}+\boldsymbol{y}\|\leqslant\|\boldsymbol{x}\|+\|\boldsymbol{y}\|.$$

证　我们只对复内积空间予以证明.

(1) 是显然的.

(2) 因为

$$\|\lambda \boldsymbol{x}\|^2=(\lambda \boldsymbol{x},\lambda \boldsymbol{x})=\lambda\bar{\lambda}(\boldsymbol{x},\boldsymbol{x})=|\lambda|^2\|\boldsymbol{x}\|^2,$$

所以 $\|\lambda \boldsymbol{x}\|=|\lambda|\|\boldsymbol{x}\|$.

(3) 若 $\boldsymbol{x}=\boldsymbol{0}$,则 $(\boldsymbol{0},\boldsymbol{y})=(\boldsymbol{0}+\boldsymbol{0},\boldsymbol{y})=(\boldsymbol{0},\boldsymbol{y})+(\boldsymbol{0},\boldsymbol{y})$,因此 $(\boldsymbol{0},\boldsymbol{y})=0$,结论显然成立.

若 $\boldsymbol{x}\neq\boldsymbol{0}$,令 $\boldsymbol{z}=\boldsymbol{y}-\dfrac{(\boldsymbol{y},\boldsymbol{x})}{\|\boldsymbol{x}\|^2}\boldsymbol{x}$. 易知 $(\boldsymbol{z},\boldsymbol{x})=0$,且

$$0\leqslant\|\boldsymbol{z}\|^2=\left(\boldsymbol{y}-\frac{(\boldsymbol{y},\boldsymbol{x})}{\|\boldsymbol{x}\|^2}\boldsymbol{x},\boldsymbol{y}-\frac{(\boldsymbol{y},\boldsymbol{x})}{\|\boldsymbol{x}\|^2}\boldsymbol{x}\right)=\|\boldsymbol{y}\|^2-\frac{|(\boldsymbol{x},\boldsymbol{y})|^2}{\|\boldsymbol{x}\|^2},$$

由此便得结论.

(4) 因为

$$\begin{aligned}\|\boldsymbol{x}+\boldsymbol{y}\|^2&=(\boldsymbol{x}+\boldsymbol{y},\boldsymbol{x}+\boldsymbol{y})=\|\boldsymbol{x}\|^2+(\boldsymbol{x},\boldsymbol{y})+(\boldsymbol{y},\boldsymbol{x})+\|\boldsymbol{y}\|^2\\&=\|\boldsymbol{x}\|^2+2\mathrm{Re}(\boldsymbol{x},\boldsymbol{y})+\|\boldsymbol{y}\|^2,\end{aligned}$$

且由(3)知

$$|\mathrm{Re}(\boldsymbol{x},\boldsymbol{y})|\leqslant|(\boldsymbol{x},\boldsymbol{y})|\leqslant\|\boldsymbol{x}\|\cdot\|\boldsymbol{y}\|,$$

所以

$$\|\boldsymbol{x}+\boldsymbol{y}\|^2\leqslant\|\boldsymbol{x}\|^2+2\|\boldsymbol{x}\|\cdot\|\boldsymbol{y}\|+\|\boldsymbol{y}\|^2=(\|\boldsymbol{x}\|+\|\boldsymbol{y}\|)^2,$$

由此便得结论.

证毕

下面我们集中于实内积空间考虑. 由 Schwarz 不等式,可引入如下概念:

定义 5.4.13　设 V 是实内积空间,$\boldsymbol{x},\boldsymbol{y}\in V$,当 $\boldsymbol{x}\neq\boldsymbol{0},\boldsymbol{y}\neq\boldsymbol{0}$ 时,定义 $\boldsymbol{x}$ 与 $\boldsymbol{y}$ 的**夹角** θ 为

$$\theta=\arccos\frac{(\boldsymbol{x},\boldsymbol{y})}{\|\boldsymbol{x}\|\|\boldsymbol{y}\|}.$$

对于 $\boldsymbol{x},\boldsymbol{y}\in V$,若 $(\boldsymbol{x},\boldsymbol{y})=0$,则称 $\boldsymbol{x}$ 与 $\boldsymbol{y}$ **正交**(或**垂直**).

定理 5.4.7　设 V 是实内积空间,若 $\boldsymbol{x}$ 与 $\boldsymbol{y}$ 正交,则

$$\|\boldsymbol{x}+\boldsymbol{y}\|^2=\|\boldsymbol{x}\|^2+\|\boldsymbol{y}\|^2.$$

证　若 $\boldsymbol{x}$ 与 $\boldsymbol{y}$ 正交,则 $(\boldsymbol{x},\boldsymbol{y})=0,(\boldsymbol{y},\boldsymbol{x})=0$,因此

$$\|\boldsymbol{x}+\boldsymbol{y}\|^2=(\boldsymbol{x}+\boldsymbol{y},\boldsymbol{x}+\boldsymbol{y})=\|\boldsymbol{x}\|^2+(\boldsymbol{x},\boldsymbol{y})+(\boldsymbol{y},\boldsymbol{x})+\|\boldsymbol{y}\|^2=\|\boldsymbol{x}\|^2+\|\boldsymbol{y}\|^2.$$

证毕

例 5.4.6　考虑例 5.4.4 中的内积空间 $C[0,2\pi]$. 由于 $\sin 2x,\cos x\in C[0,2\pi]$,且

$$(\sin 2x,\cos x)=\int_0^{2\pi}\sin 2x\cos x\mathrm{d}x=0,$$

所以 $\sin 2x$ 与 $\cos x$ 正交.

因为

$$\|\sin 2x\|^2=(\sin 2x,\sin 2x)=\int_0^{2\pi}\sin^2 2x\mathrm{d}x=\pi,$$

$$\|\cos x\|^2=(\cos x,\cos x)=\int_0^{2\pi}\cos^2 x\mathrm{d}x=\pi,$$

所以由定理 5.4.7 得

$$\|\sin 2x+\cos x\|^2=\|\sin 2x\|^2+\|\cos x\|^2=2\pi.$$

上式即为 $\int_0^{2\pi}(\sin 2x+\cos x)^2\mathrm{d}x=2\pi$，读者不妨直接计算来验证一下.

定义 5.4.14　设 V 是实内积空间，S 是 V 的子集．若 S 中的任何两个不同向量相互正交，且 S 不含零向量，则称 S 为**正交向量组**.

同定理 5.4.1 的证明类似，可得到

定理 5.4.8　设 V 是实内积空间，若 $\{\boldsymbol{x}_1,\boldsymbol{x}_2,\cdots,\boldsymbol{x}_n\}$ 是 V 中的正交向量组，则 $\{\boldsymbol{x}_1,\boldsymbol{x}_2,\cdots,\boldsymbol{x}_n\}$ 必是线性无关向量组.

推论 5.4.6　n 维实内积空间中的任意一个正交向量组至多含有 n 个向量.

例 5.4.7　在例 5.4.4 定义的内积空间 $C[-\pi,\pi]$ 中，证明

$$1,\sin x,\cos x,\sin 2x,\cos 2x,\cdots,\sin nx,\cos nx,\cdots$$

是正交向量组.

证　将 1 表为 $\cos 0x$，则对任何正整数 m 和非负整数 n，由于 $\sin mx\cos nx$ 是奇函数，所以

$$\int_{-\pi}^{\pi}\sin mx\cos nx\mathrm{d}x=0.$$

其次，对于任意正整数 $m\neq n$，由于 $\sin mx\sin nx$ 是偶函数，所以

$$\begin{aligned}\int_{-\pi}^{\pi}\sin mx\sin nx\mathrm{d}x&=2\int_0^{\pi}\sin mx\sin nx\mathrm{d}x\\&=\int_0^{\pi}[\cos(m-n)x-\cos(m+n)x]\mathrm{d}x\\&=\left[\frac{\sin(m-n)x}{m-n}-\frac{\sin(m+n)x}{m+n}\right]\Bigg|_0^{\pi}=0.\end{aligned}$$

同理可证，对于任意非负整数 m 和 n，当 $m\neq n$ 时有 $\int_{-\pi}^{\pi}\cos mx\cos nx\mathrm{d}x=0$. 于是所考虑的向量组是正交向量组.

证毕

若 V 是 n 维实内积空间，$\{\boldsymbol{a}_1,\boldsymbol{a}_2,\cdots,\boldsymbol{a}_n\}$ 是 V 的一个基．则利用前面介绍过的 Schmidt 正交化过程可以把 $\{\boldsymbol{a}_1,\boldsymbol{a}_2,\cdots,\boldsymbol{a}_n\}$ 变化成一个由 n 个向量组成的正交向量组 $\{\tilde{\boldsymbol{a}}_1,\tilde{\boldsymbol{a}}_2,\cdots,\tilde{\boldsymbol{a}}_n\}$，显然这也是 V 的一个基.

Legendre(勒让德)多项式序列的正交性

定义 5.4.15　设 V 是有限维实内积空间，若 V 中的一个正交向量组构成了 V 的基，则称这个基为 V 的**正交基**；进一步，若该向量组中的每个向量都是单位向量，则称这个基为 V 的**标准正交基**.

推论 5.4.7　有限维实内积空间中必有标准正交基.

定理 5.4.9　设 V 是实内积空间，$\{\boldsymbol{x}_1,\boldsymbol{x}_2,\cdots,\boldsymbol{x}_n\}$ 是 V 中由单位向量组成的正交向量组．若 V 中的向量 $\boldsymbol{y}$ 满足 $\boldsymbol{y}=\sum_{i=1}^{n}\lambda_i\boldsymbol{x}_i$，则

$$\lambda_i=(\boldsymbol{y},\boldsymbol{x}_i),\quad i=1,2,\cdots,n.$$

证　因为 $\{\boldsymbol{x}_1,\boldsymbol{x}_2,\cdots,\boldsymbol{x}_n\}$ 是 V 中由单位向量组成的正交向量组，所以 $(\boldsymbol{x}_i,\boldsymbol{x}_j)=\delta_{ij}=$

$\begin{cases}0, & i\neq j,\\ 1, & i=j.\end{cases}$ 因此对 $j=1,2,\cdots,n$，有

$$(\boldsymbol{y},\boldsymbol{x}_j)=\left(\sum_{i=1}^{n}\lambda_i\boldsymbol{x}_i,\boldsymbol{x}_j\right)=\sum_{i=1}^{n}\lambda_i(\boldsymbol{x}_i,\boldsymbol{x}_j)=\sum_{i=1}^{n}\lambda_i\delta_{ij}=\lambda_j.$$

证毕

推论 5.4.8　设 V 是实内积空间，$\{\boldsymbol{x}_1,\boldsymbol{x}_2,\cdots,\boldsymbol{x}_n\}$ 是 V 中由单位向量组成的正交向量组．若 V 中的向量 $\boldsymbol{y},\boldsymbol{z}$ 满足 $\boldsymbol{y}=\sum\limits_{i=1}^{n}\lambda_i\boldsymbol{x}_i,\boldsymbol{z}=\sum\limits_{i=1}^{n}\mu_i\boldsymbol{x}_i$，则

$$(\boldsymbol{y},\boldsymbol{z})=\sum_{i=1}^{n}\lambda_i\mu_i.$$

证　由定理 5.4.9 得，对于 $i=1,2,\cdots,n$，有

$$(\boldsymbol{z},\boldsymbol{x}_i)=\mu_i,$$

因此

$$(\boldsymbol{y},\boldsymbol{z})=\left(\sum_{i=1}^{n}\lambda_i\boldsymbol{x}_i,\boldsymbol{z}\right)=\sum_{i=1}^{n}\lambda_i(\boldsymbol{x}_i,\boldsymbol{z})=\sum_{i=1}^{n}\lambda_i(\boldsymbol{z},\boldsymbol{x}_i)=\sum_{i=1}^{n}\lambda_i\mu_i.$$

证毕

由这个推论便得到

推论 5.4.9（Parseval（帕塞瓦尔）公式）　设 V 是实内积空间，$\{\boldsymbol{x}_1,\boldsymbol{x}_2,\cdots,\boldsymbol{x}_n\}$ 是 V 中由单位向量组成的正交向量组．若 V 中的向量 $\boldsymbol{y}$ 满足 $\boldsymbol{y}=\sum\limits_{i=1}^{n}\lambda_i\boldsymbol{x}_i$，则

$$\|\boldsymbol{y}\|^2=\sum_{i=1}^{n}\lambda_i^2.$$

定理 5.4.10　设 V 是实内积空间，S 是 V 中的 n 维子空间，且 $\{\boldsymbol{x}_1,\boldsymbol{x}_2,\cdots,\boldsymbol{x}_n\}$ 是 S 的标准正交基．设 $\boldsymbol{x}\in V$，作

$$\boldsymbol{p}=\sum_{i=1}^{n}\lambda_i\boldsymbol{x}_i,$$

其中 $\lambda_i=(\boldsymbol{x},\boldsymbol{x}_i)\ (i=1,2,\cdots,n)$，则

（1）$\boldsymbol{p}\in S$；

（2）$\boldsymbol{x}-\boldsymbol{p}$ 与 S 正交，即，对于每个 $\boldsymbol{y}\in S$，$\boldsymbol{x}-\boldsymbol{p}$ 与 $\boldsymbol{y}$ 正交；

（3）对于每个 $\boldsymbol{y}\in S$，且 $\boldsymbol{y}\neq\boldsymbol{p}$，成立 $\|\boldsymbol{x}-\boldsymbol{y}\|>\|\boldsymbol{x}-\boldsymbol{p}\|$；

（4）$\|\boldsymbol{x}-\boldsymbol{p}\|=\|\boldsymbol{x}\|^2-\sum\limits_{i=1}^{n}(\boldsymbol{x},\boldsymbol{x}_i)^2$.

注　定理中的 $\boldsymbol{p}$ 称为 $\boldsymbol{x}$ 在 S 上的**投影**．定理结论的示意图见图 5.4.2.

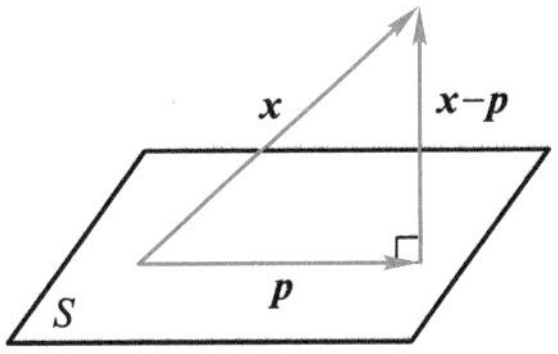

图 5.4.2

证　（1）显然.

（2）对于每个 $\boldsymbol{x}_j(j=1,2,\cdots,n)$，成立

$$(\boldsymbol{x}-\boldsymbol{p},\boldsymbol{x}_j)=(\boldsymbol{x},\boldsymbol{x}_j)-(\boldsymbol{p},\boldsymbol{x}_j)=\lambda_j-\left(\sum_{i=1}^{n}\lambda_i\boldsymbol{x}_i,\boldsymbol{x}_j\right)$$

$$=\lambda_j-\sum_{i=1}^{n}\lambda_i(\boldsymbol{x}_i,\boldsymbol{x}_j)=\lambda_j-\lambda_j=0.$$

进一步,对于每个 $y\in S$,都有表示 $y=\sum_{i=1}^{n}\mu_i x_i$($\mu_i$ 是实数,$i=1,2,\cdots,n$). 因此

$$(x-p,y)=\left(x-p,\sum_{i=1}^{n}\mu_i x_i\right)=\sum_{i=1}^{n}\mu_i(x-p,x_i)=0.$$

即 $x-p$ 与 y 正交.

(3) 若 $y\in S$,且 $y\neq p$,则由(1)知 $p-y\in S$,并且由(2)知,$p-y$ 与 $x-p$ 正交,于是由定理 5.4.7 得

$$\begin{aligned}\|x-y\|^2&=\|x-p+p-y\|^2\\&=\|x-p\|^2+\|p-y\|^2>\|x-p\|^2.\end{aligned}$$

(4) 由(2)知 p 与 $x-p$ 正交. 再由定理 5.4.7 和推论 5.4.9 得

$$\begin{aligned}\|x\|^2&=\|x-p+p\|^2=\|x-p\|^2+\|p\|^2\\&=\|x-p\|^2+\sum_{i=1}^{n}\lambda_i^2=\|x-p\|^2+\sum_{i=1}^{n}(x,x_i)^2.\end{aligned}$$

证毕

下面在内积空间中引入距离.

定义 5.4.16 设 V 是内积空间. 对于任意 $x,y\in V$,定义 x 与 y 的**距离**为

$$d(x,y)=\|x-y\|.$$

利用范数的性质容易证明距离满足下列性质:

定理 5.4.11 设 V 是内积空间,则对于 V 中的任何向量 x,y,z 成立

(1) (**正定性**) $d(x,y)\geqslant 0$,且 $d(x,y)=0$ 当且仅当 $x=y$;

(2) (**对称性**) $d(x,y)=d(y,x)$;

(3) (**三角不等式**) $d(x,z)\leqslant d(x,y)+d(y,z)$.

定理 5.4.10 的(3)说明,$d(x,y)>d(x,p)$($y\in S$ 且 $y\neq p$),即 p 是 S 中与 x 距离最短的向量.

例 5.4.8 在例 5.4.4 中定义的内积空间 $C[0,1]$ 中,找出与 e^x 距离最短的线性函数.

解 设 S 为 $C[0,1]$ 中所有线性函数全体. 显然 $1,x$ 就是 S 的基,但它们不是正交的,我们还需找出一个与 1 正交的线性函数. 为此,设它为 $x-a$ 形式,利用

$$(1,x-a)=\int_0^1(x-a)\,dx=\frac{1}{2}-a$$

便知,$x-\frac{1}{2}$ 与 1 正交.

因为 $\|1\|=1$,$\left\|x-\frac{1}{2}\right\|=\frac{1}{\sqrt{12}}$,则 $u_1(x)=1$,$u_2(x)=\sqrt{12}\left(x-\frac{1}{2}\right)$ 构成了 S 的标准正交基.

取

$$\lambda_1=(e^x,u_1(x))=\int_0^1 1\cdot e^x dx=e-1,$$

$$\lambda_2=(e^x,u_2(x))=\int_0^1\sqrt{12}\left(x-\frac{1}{2}\right)e^x dx=\sqrt{3}(3-e),$$

则由定理 5.4.10 知,在内积空间 $C[0,1]$ 中与 e^x 距离最短的线性函数为

$$p(x)=\lambda_1u_1(x)+\lambda_2u_2(x)=(e-1)\cdot 1+\sqrt{3}(3-e)\left[\sqrt{12}\left(x-\frac{1}{2}\right)\right]$$
$$=4e-10+6(3-e)x.$$

我们来看例 5.4.7 中最短距离的意义. 显然,看两个函数 f,g 在 $[0,1]$ 上函数值之间的总体差异,并不能只看其中一点或几点处的 f 和 g 的值,而是要看 f 与 g 的值的差异在 $[0,1]$ 上的"总和". 而用 $f-g$ 的值来计算,可能会出现 $f-g$ 的值在各点的符号发生变化的现象,这时的"总和"会被部分(甚至全部)抵消. 于是很自然地考虑 $(f-g)^2$ 的值在 $[0,1]$ 上的"总和",也就是积分 $\int_0^1[f(x)-g(x)]^2dx$. 这便是 f 与 g 的距离 $d(f,g)$ 的平方,两个函数距离最短便是说它们整体上最接近.

习　题

1. 分别计算内积 $(\boldsymbol{x},\boldsymbol{y})$ 和模 $\|\boldsymbol{x}\|$:

(1) $\boldsymbol{x}=(1,2,-1)^T,\boldsymbol{y}=(2,1,-1)^T$;

(2) $\boldsymbol{x}=(1+i,1)^T,\boldsymbol{y}=(1,-1+i)^T$;

(3) $\boldsymbol{x}=(1+2i,1-2i)^T,\boldsymbol{y}=(2i,i-1)^T$.

2. 利用 Schmidt 正交化方法将下列各组向量化成正交向量组:

(1) $(1,1,1)^T,(1,0,1)^T$;　(2) $(1,1,0,1)^T,(1,0,2,1)^T$.

3. 利用 Schmidt 正交化方法将下列各组向量化成标准正交向量组:

(1) $(1,1,1)^T,(-1,1,1)^T$;　(2) $(1,1,0,0)^T,(0,1,1,0)^T,(0,0,1,1)^T$.

4. 设 $\{\boldsymbol{\varepsilon}_1,\boldsymbol{\varepsilon}_2,\cdots,\boldsymbol{\varepsilon}_n\}$ 是 $\mathbf{C}^n$ 的一组标准正交基,若 $\mathbf{C}^n$ 中向量 $\boldsymbol{x}=\sum_{i=1}^n c_i\boldsymbol{\varepsilon}_i$,证明:

$$c_i=(\boldsymbol{x},\boldsymbol{\varepsilon}_i),\quad i=1,2,\cdots,n.$$

5. 已知 S 是 $\mathbf{R}^4$ 中与 $\boldsymbol{a}_1=(1,1,1,1)^T,\boldsymbol{a}_2=(1,-2,0,0)^T$ 均正交的向量全体构成的子空间.

(1) 求 S 的一组标准正交基;

(2) 扩充 S 的基,使之成为 $\mathbf{R}^4$ 的一组标准正交基.

6. 已知 $\boldsymbol{a}_1=(1,0,3,0)^T,\boldsymbol{a}_2=(0,3,-2,1)^T,\boldsymbol{a}_3=(1,1,0,0)^T$ 是 $\mathbf{R}^4$ 中的向量,求 λ,μ 的值,使得 $\boldsymbol{b}=\lambda\boldsymbol{a}_1+\mu\boldsymbol{a}_2+\boldsymbol{a}_3$ 分别与 $\boldsymbol{a}_1$ 和 $\boldsymbol{a}_2$ 正交.

7. 设 $\boldsymbol{x},\boldsymbol{y}$ 是 $\mathbf{R}^n$ 中的向量,且 $\boldsymbol{y}\neq\boldsymbol{0}$. 记

$$\boldsymbol{p}=\frac{\boldsymbol{x}^T\boldsymbol{y}}{\boldsymbol{y}^T\boldsymbol{y}}\boldsymbol{y}=\frac{(\boldsymbol{x},\boldsymbol{y})}{(\boldsymbol{y},\boldsymbol{y})}\boldsymbol{y},\quad \boldsymbol{z}=\boldsymbol{x}-\boldsymbol{p}.$$

(1) 证明 $\boldsymbol{p}$ 与 $\boldsymbol{z}$ 正交;

(2) 若 $\|\boldsymbol{p}\|=6,\|\boldsymbol{z}\|=8$,求 $\|\boldsymbol{x}\|$.

8. 设 $\boldsymbol{a}_1,\boldsymbol{a}_2,\cdots,\boldsymbol{a}_r$ 是 r 个线性无关的 n 维向量 $(r<n)$,试证存在 $n-r$ 个线性无关的非零向量与它们正交.

9. 设 $\boldsymbol{a}_1,\boldsymbol{a}_2,\cdots,\boldsymbol{a}_m$ 和 $\boldsymbol{b}$ 是 $\mathbf{R}^n$ 中给定的向量,证明:对任何与 $\boldsymbol{a}_1,\boldsymbol{a}_2,\cdots,\boldsymbol{a}_m$ 均正交的向量 $\boldsymbol{x}$,恒有 $(\boldsymbol{x},\boldsymbol{b})=0$ 的充分必要条件为 $\boldsymbol{b}$ 是 $\boldsymbol{a}_1,\boldsymbol{a}_2,\cdots,\boldsymbol{a}_m$ 的线性组合.

10. 设 $\boldsymbol{Q}$ 是正交矩阵,证明:

(1) $\det(\boldsymbol{Q})=\pm 1$;

(2) 若 $\boldsymbol{Q}_1$ 和 $\boldsymbol{Q}_2$ 都是正交矩阵,则 $\boldsymbol{Q}_1\boldsymbol{Q}_2$ 也是正交矩阵.

11. 设 $\boldsymbol{A}$ 为 n 阶实方阵,且满足 $\boldsymbol{A}^2-4\boldsymbol{A}+3\boldsymbol{I}=0$,$\boldsymbol{A}^{\mathrm{T}}=\boldsymbol{A}$,证明 $\boldsymbol{A}-2\boldsymbol{I}$ 为正交矩阵.

12. 设

$$\begin{pmatrix} a & \frac{1}{\sqrt{3}} & \frac{1}{\sqrt{3}} \\ b & \frac{1}{\sqrt{2}} & c \\ -\frac{1}{\sqrt{6}} & -\frac{1}{\sqrt{6}} & \frac{2}{\sqrt{6}} \end{pmatrix}$$

为正交矩阵,求 a,b,c.

13. 判断下列矩阵是否为正交矩阵或酉矩阵:

(1) $\begin{pmatrix} \mathrm{e}^{\mathrm{i}a} & 0 \\ 0 & \mathrm{e}^{\mathrm{i}b} \end{pmatrix}$;　　(2) $\frac{1}{\sqrt{3}}\begin{pmatrix} 1+\mathrm{i} & 1 \\ 1 & -1+\mathrm{i} \end{pmatrix}$;

(3) $\begin{pmatrix} \cos\theta & 0 & \sin\theta \\ 0 & 1 & 0 \\ -\sin\theta & 0 & \cos\theta \end{pmatrix}$;　　(4) $\begin{pmatrix} \frac{1}{\sqrt{2}} & -\frac{1}{\sqrt{3}} & \frac{1}{\sqrt{6}} \\ 0 & \frac{1}{\sqrt{3}} & \frac{2}{\sqrt{6}} \\ \frac{1}{\sqrt{2}} & -\frac{1}{\sqrt{3}} & -\frac{1}{\sqrt{6}} \end{pmatrix}$.

14. 定义向量组 $\boldsymbol{a}_1,\boldsymbol{a}_2,\cdots,\boldsymbol{a}_m$ 的 Gram(格拉姆)行列式为

$$G[\boldsymbol{a}_1,\boldsymbol{a}_2,\cdots,\boldsymbol{a}_m]=\det(\boldsymbol{a}_i,\boldsymbol{a}_j)=\begin{vmatrix} (\boldsymbol{a}_1,\boldsymbol{a}_1) & (\boldsymbol{a}_1,\boldsymbol{a}_2) & \cdots & (\boldsymbol{a}_1,\boldsymbol{a}_m) \\ (\boldsymbol{a}_2,\boldsymbol{a}_1) & (\boldsymbol{a}_2,\boldsymbol{a}_2) & \cdots & (\boldsymbol{a}_2,\boldsymbol{a}_m) \\ \vdots & \vdots & & \vdots \\ (\boldsymbol{a}_m,\boldsymbol{a}_1) & (\boldsymbol{a}_m,\boldsymbol{a}_2) & \cdots & (\boldsymbol{a}_m,\boldsymbol{a}_m) \end{vmatrix},$$

证明:$\boldsymbol{a}_1,\boldsymbol{a}_2,\cdots,\boldsymbol{a}_m$ 线性相关的充分必要条件是 $G[\boldsymbol{a}_1,\boldsymbol{a}_2,\cdots,\boldsymbol{a}_m]=0$.

15. 证明:对于矩阵 $\boldsymbol{A}$,成立 $\operatorname{rank}(\boldsymbol{A}^{\mathrm{T}}\boldsymbol{A})=\operatorname{rank}(\boldsymbol{A}\boldsymbol{A}^{\mathrm{T}})=\operatorname{rank}(\boldsymbol{A})$.

16. 在线性空间 $\mathbf{R}^{m\times n}$ 上定义

$$(\boldsymbol{A},\boldsymbol{B})=\sum_{i=1}^{m}\sum_{j=1}^{n}a_{ij}b_{ij},\quad \boldsymbol{A}=(a_{ij})_{m\times n},\quad \boldsymbol{B}=(b_{ij})_{m\times n}\in\mathbf{R}^{m\times n},$$

验证这是一个 $\mathbf{R}^{m\times n}$ 上的内积.

17. 设 $\{\boldsymbol{x}_1,\boldsymbol{x}_2,\cdots,\boldsymbol{x}_n\}$ 是实内积空间 V 的一组基. 记

$$\boldsymbol{u}_1=\frac{1}{\|\boldsymbol{x}_1\|}\boldsymbol{x}_1,$$

$$\boldsymbol{p}_k=(\boldsymbol{x}_{k+1},\boldsymbol{u}_1)\boldsymbol{u}_1+(\boldsymbol{x}_{k+1},\boldsymbol{u}_2)\boldsymbol{u}_2+\cdots+(\boldsymbol{x}_{k+1},\boldsymbol{u}_k)\boldsymbol{u}_k,$$

$$\boldsymbol{u}_{k+1}=\frac{1}{\|\boldsymbol{x}_{k+1}-\boldsymbol{p}_k\|}(\boldsymbol{x}_{k+1}-\boldsymbol{p}_k)\quad(k=1,2,\cdots,n-1).$$

证明：$\{\boldsymbol{u}_1,\boldsymbol{u}_2,\cdots,\boldsymbol{u}_n\}$ 是 V 的一组标准正交基.

18. 证明定理 5.4.11.

19. 在例 5.4.4 中定义的内积空间 $C[-1,1]$ 中，找出与$\sqrt[3]{x}$距离最短的线性函数.

§ 5　正交相似和酉相似

对称矩阵、Hermite 矩阵和正规矩阵

由于正交矩阵的逆矩阵就是它的转置，酉矩阵的逆矩阵就是它的共轭转置，因此利用正交矩阵和酉矩阵作方阵的相似变换，可以在计算中省去求逆的工作. 至于何种方阵可以通过这样的相似变换化为对角矩阵，就是我们这里要讨论的问题.

若 n 阶实方阵 $\boldsymbol{A}$ 可以利用正交矩阵作相似变换化为实的对角矩阵 $\boldsymbol{\Lambda}$，即存在同阶正交矩阵 $\boldsymbol{S}$，使得

$$\boldsymbol{S}^{\mathrm{T}}\boldsymbol{A}\boldsymbol{S}=\boldsymbol{\Lambda},$$

即

$$\boldsymbol{A}=\boldsymbol{S}\boldsymbol{\Lambda}\boldsymbol{S}^{\mathrm{T}},$$

两边取转置，便知道此时必有

$$\boldsymbol{A}^{\mathrm{T}}=\boldsymbol{S}\boldsymbol{\Lambda}^{\mathrm{T}}\boldsymbol{S}^{\mathrm{T}}=\boldsymbol{S}\boldsymbol{\Lambda}\boldsymbol{S}^{\mathrm{T}}=\boldsymbol{A}.$$

自然地，我们引入下面的定义.

定义 5.5.1　若实方阵 $\boldsymbol{A}$ 满足

$$\boldsymbol{A}^{\mathrm{T}}=\boldsymbol{A},$$

则称 $\boldsymbol{A}$ 为**对称矩阵**.

若 $\boldsymbol{A}$ 是复方阵，满足

$$\boldsymbol{A}^{\mathrm{H}}=\boldsymbol{A},$$

则称 $\boldsymbol{A}$ 为 **Hermite 矩阵**.

显然，对称矩阵就是 Hermite 矩阵的元素中都为实数的情况. 对称矩阵和 Hermite 矩阵有如下重要性质：

定理 5.5.1　若 $\boldsymbol{A}$ 是对称矩阵或 Hermite 矩阵，则有

(1) $\boldsymbol{A}$ 的所有特征值都是实的；

(2) $\boldsymbol{A}$ 对应于不同特征值的特征向量相互正交.

证　这里仅对 Hermite 矩阵证明. 设 λ 和 μ 是 $\boldsymbol{A}$ 的不同特征值，$\boldsymbol{x}$ 和 $\boldsymbol{y}$ 分别是对应于 λ 和 μ 的特征向量.

(1) 由于$(\boldsymbol{A}\boldsymbol{x},\boldsymbol{x})=(\boldsymbol{x},\boldsymbol{A}^{\mathrm{H}}\boldsymbol{x})$，且 $\boldsymbol{A}\boldsymbol{x}=\lambda\boldsymbol{x}$，$\boldsymbol{A}^{\mathrm{H}}=\boldsymbol{A}$，所以

$$(\lambda\boldsymbol{x},\boldsymbol{x})=(\boldsymbol{x},\lambda\boldsymbol{x}),$$

于是由内积的性质得

$$\lambda(\boldsymbol{x},\boldsymbol{x})=\overline{\lambda}(\boldsymbol{x},\boldsymbol{x}),$$

注意到 $\boldsymbol{x}\neq\boldsymbol{0}$ 便得 $\lambda=\overline{\lambda}$，因此 $\lambda\in\mathbf{R}$.

(2) 由于$(\boldsymbol{Ax},\boldsymbol{y})=(\boldsymbol{x},\boldsymbol{A}^{\mathrm{H}}\boldsymbol{y})$，且 $\boldsymbol{Ax}=\lambda\boldsymbol{x},\boldsymbol{Ay}=\mu\boldsymbol{y}$，所以

$$(\lambda\boldsymbol{x},\boldsymbol{y})=(\boldsymbol{x},\mu\boldsymbol{y}),$$

于是

$$\lambda(\boldsymbol{x},\boldsymbol{y})=\overline{\mu}(\boldsymbol{x},\boldsymbol{y}).$$

由(1)知 λ 和 μ 是实数，所以当 $\lambda\neq\mu$ 时，$(\boldsymbol{x},\boldsymbol{y})=0$，即 $\boldsymbol{x}$ 与 $\boldsymbol{y}$ 正交.

证毕

为了进一步讨论，我们引入下面更广泛的一类矩阵.

定义 5.5.2　若矩阵 $\boldsymbol{A}$ 满足

$$\boldsymbol{A}\boldsymbol{A}^{\mathrm{H}}=\boldsymbol{A}^{\mathrm{H}}\boldsymbol{A},$$

则称 $\boldsymbol{A}$ 为**正规矩阵**.

例如，对称矩阵和 Hermite 矩阵满足 $\boldsymbol{A}=\boldsymbol{A}^{\mathrm{H}}$，于是

$$\boldsymbol{A}\boldsymbol{A}^{\mathrm{H}}=\boldsymbol{A}^{\mathrm{H}}\boldsymbol{A}=\boldsymbol{A}^{2},$$

因而对称矩阵和 Hermite 矩阵都是正规矩阵.

又如，正交矩阵和酉矩阵满足 $\boldsymbol{A}^{\mathrm{H}}=\boldsymbol{A}^{-1}$，于是

$$\boldsymbol{A}\boldsymbol{A}^{\mathrm{H}}=\boldsymbol{A}^{\mathrm{H}}\boldsymbol{A}=\boldsymbol{I},$$

因而正交矩阵和酉矩阵也是正规矩阵.

显然，任意一个对角矩阵，不论是实的还是复的，都是正规矩阵.

正交相似

n 阶实方阵 $\boldsymbol{A}$ 和 $\boldsymbol{B}$ 相似是指存在 n 阶可逆矩阵 $\boldsymbol{S}$，使得 $\boldsymbol{B}=\boldsymbol{S}^{-1}\boldsymbol{AS}$. 当 $\boldsymbol{S}$ 还是正交矩阵时，$\boldsymbol{A}$ 和 $\boldsymbol{B}$ 就是正交相似的，这就是下面的定义.

定义 5.5.3　设 $\boldsymbol{A}$ 和 $\boldsymbol{B}$ 是 n 阶实方阵，若存在 n 阶正交矩阵 $\boldsymbol{S}$，使得

$$\boldsymbol{B}=\boldsymbol{S}^{-1}\boldsymbol{AS}=\boldsymbol{S}^{\mathrm{T}}\boldsymbol{AS},$$

则称 $\boldsymbol{A}$ 和 $\boldsymbol{B}$ **正交相似**.

通过正交矩阵 $\boldsymbol{S}$ 将 $\boldsymbol{A}$ 变为 $\boldsymbol{S}^{\mathrm{T}}\boldsymbol{AS}$ 称为对 $\boldsymbol{A}$ 作**正交相似变换**，简称对 $\boldsymbol{A}$ 作**正交变换**. 读者对照上下文就不会与线性变换中的正交变换相混淆.

前面已经提到，如果一个实方阵能正交相似于实对角矩阵的话，它一定是对称矩阵. 反之，对称矩阵一定正交相似于实对角矩阵，具体地说就是：

定理 5.5.2　若 $\boldsymbol{A}$ 为 n 阶对称矩阵，则 $\boldsymbol{A}$ 有 n 个相互正交的实特征向量. 因此存在正交矩阵 $\boldsymbol{Q}$，使得

$$\boldsymbol{Q}^{-1}\boldsymbol{AQ}=\boldsymbol{Q}^{\mathrm{T}}\boldsymbol{AQ}=\mathrm{diag}(\lambda_1,\lambda_2,\cdots,\lambda_n),$$

其中 $\lambda_1,\lambda_2,\cdots,\lambda_n$ 是 $\boldsymbol{A}$ 的特征值.

这里先对上述结论作一点说明. 由定理 5.5.1，对称矩阵 $\boldsymbol{A}$ 的特征值均是实的. 如果 $\boldsymbol{x}$ 是 $\boldsymbol{A}$ 对应于特征值 λ 的特征向量，则

$$\frac{1}{2}(\boldsymbol{x}+\overline{\boldsymbol{x}})\quad 和\quad \frac{1}{2\mathrm{i}}(\boldsymbol{x}-\overline{\boldsymbol{x}})$$

至少有一个是非零向量,这个非零向量就是 $\boldsymbol{A}$ 对应于特征值 λ 的实特征向量.

证 用归纳法. 当 $n=1$ 时,结论显然. 设结论对 $n-1$ 阶对称矩阵成立.

对于 n 阶对称矩阵 $\boldsymbol{A}$,设 λ_1 是 $\boldsymbol{A}$ 的一个特征值,$\boldsymbol{x}_1$ 是对应的实特征向量,且 $\|\boldsymbol{x}_1\|=1$. 将 $\boldsymbol{x}_1$ 扩张为 $\mathbf{R}^n$ 的一组标准正交基 $\boldsymbol{x}_1,\boldsymbol{x}_2,\cdots,\boldsymbol{x}_n$,并记

$$\boldsymbol{P}=(\boldsymbol{x}_1,\boldsymbol{x}_2,\cdots,\boldsymbol{x}_n),$$

则 $\boldsymbol{P}$ 是正交矩阵,且

$$\boldsymbol{P}^{\mathrm{T}}\boldsymbol{A}\boldsymbol{P}=\begin{pmatrix}\boldsymbol{x}_1^{\mathrm{T}}\\ \boldsymbol{x}_2^{\mathrm{T}}\\ \vdots\\ \boldsymbol{x}_n^{\mathrm{T}}\end{pmatrix}\boldsymbol{A}(\boldsymbol{x}_1,\boldsymbol{x}_2,\cdots,\boldsymbol{x}_n)$$

$$=\begin{pmatrix}\boldsymbol{x}_1^{\mathrm{T}}\\ \boldsymbol{x}_2^{\mathrm{T}}\\ \vdots\\ \boldsymbol{x}_n^{\mathrm{T}}\end{pmatrix}(\lambda_1\boldsymbol{x}_1,\boldsymbol{A}\boldsymbol{x}_2,\cdots,\boldsymbol{A}\boldsymbol{x}_n)=\begin{pmatrix}\lambda_1 & \boldsymbol{A}_{12}\\ \boldsymbol{0} & \boldsymbol{A}_{22}\end{pmatrix}.$$

其中 $\boldsymbol{A}_{12}$ 是 $1\times(n-1)$ 矩阵,$\boldsymbol{A}_{22}$ 是 $(n-1)\times(n-1)$ 阶方阵,$\boldsymbol{0}$ 是 $n-1$ 维零向量.

因为 $\boldsymbol{P}^{\mathrm{T}}\boldsymbol{A}\boldsymbol{P}$ 是对称矩阵,所以

$$\boldsymbol{A}_{12}=\boldsymbol{0}^{\mathrm{T}},\quad \boldsymbol{A}_{22}^{\mathrm{T}}=\boldsymbol{A}_{22}.$$

由归纳假设,存在 $n-1$ 阶正交矩阵 $\boldsymbol{Q}_1$,使得 $\boldsymbol{Q}_1^{\mathrm{T}}\boldsymbol{A}_{22}\boldsymbol{Q}_1=\mathrm{diag}(\lambda_2,\cdots,\lambda_n)$. 作 $\tilde{\boldsymbol{Q}}=\begin{pmatrix}1 & \boldsymbol{0}^{\mathrm{T}}\\ \boldsymbol{0} & \boldsymbol{Q}_1\end{pmatrix}$,则 $\tilde{\boldsymbol{Q}}$ 为 n 阶正交矩阵,且

$$\tilde{\boldsymbol{Q}}^{\mathrm{T}}\boldsymbol{P}^{\mathrm{T}}\boldsymbol{A}\boldsymbol{P}\tilde{\boldsymbol{Q}}=\mathrm{diag}(\lambda_1,\lambda_2,\cdots,\lambda_n).$$

取 $\boldsymbol{Q}=\boldsymbol{P}\tilde{\boldsymbol{Q}}$,它显然是正交矩阵,上式便为

$$\boldsymbol{Q}^{\mathrm{T}}\boldsymbol{A}\boldsymbol{Q}=\mathrm{diag}(\lambda_1,\lambda_2,\cdots,\lambda_n).$$

证毕

例 5.5.1 对矩阵

$$\boldsymbol{A}=\begin{pmatrix}2 & -2 & 0\\ -2 & 1 & -2\\ 0 & -2 & 0\end{pmatrix}$$

确定正交矩阵 $\boldsymbol{S}$,使得 $\boldsymbol{S}^{\mathrm{T}}\boldsymbol{A}\boldsymbol{S}$ 是对角矩阵.

解 令

$$\det(\boldsymbol{A}-\lambda\boldsymbol{I})=\begin{vmatrix}2-\lambda & -2 & 0\\ -2 & 1-\lambda & -2\\ 0 & -2 & -\lambda\end{vmatrix}=-(\lambda-1)(\lambda+2)(\lambda-4)=0,$$

就得到 $\boldsymbol{A}$ 的 3 个不同的特征值 1,-2 和 4.

对特征值 $\lambda_1=1$,解齐次方程组

$$(\boldsymbol{A}-\boldsymbol{I})\boldsymbol{x}=\begin{pmatrix}1&-2&0\\-2&0&-2\\0&-2&-1\end{pmatrix}\boldsymbol{x}=\boldsymbol{0},$$

得到对应的特征向量 $\boldsymbol{x}_1=(2,1,-2)^{\mathrm{T}}$. 完全类似地,可以解出对应于 $\lambda_2=-2$ 的特征向量 $\boldsymbol{x}_2=(1,2,2)^{\mathrm{T}}$,对应于 $\lambda_3=4$ 的特征向量 $\boldsymbol{x}_3=(2,-2,1)^{\mathrm{T}}$.

由于 $\boldsymbol{x}_1,\boldsymbol{x}_2,\boldsymbol{x}_3$ 是对应于对称矩阵 $\boldsymbol{A}$ 的不同特征值的特征向量,所以相互正交,因此 $\{\boldsymbol{x}_1,\boldsymbol{x}_2,\boldsymbol{x}_3\}$ 是 $\mathbf{R}^3$ 的一组正交基,记

$$\boldsymbol{S}=\left(\frac{\boldsymbol{x}_1}{\|\boldsymbol{x}_1\|},\quad\frac{\boldsymbol{x}_2}{\|\boldsymbol{x}_2\|},\quad\frac{\boldsymbol{x}_3}{\|\boldsymbol{x}_3\|}\right)=\begin{pmatrix}\frac{2}{3}&\frac{1}{3}&\frac{2}{3}\\\frac{1}{3}&\frac{2}{3}&-\frac{2}{3}\\-\frac{2}{3}&\frac{2}{3}&\frac{1}{3}\end{pmatrix},$$

那么

$$\boldsymbol{S}^{\mathrm{T}}\boldsymbol{A}\boldsymbol{S}=\begin{pmatrix}\frac{2}{3}&\frac{1}{3}&\frac{2}{3}\\\frac{1}{3}&\frac{2}{3}&-\frac{2}{3}\\-\frac{2}{3}&\frac{2}{3}&\frac{1}{3}\end{pmatrix}^{\mathrm{T}}\begin{pmatrix}2&-2&0\\-2&1&-2\\0&-2&0\end{pmatrix}\begin{pmatrix}\frac{2}{3}&\frac{1}{3}&\frac{2}{3}\\\frac{1}{3}&\frac{2}{3}&-\frac{2}{3}\\-\frac{2}{3}&\frac{2}{3}&\frac{1}{3}\end{pmatrix}=\begin{pmatrix}1&0&0\\0&-2&0\\0&0&4\end{pmatrix}.$$

例 5.5.2　设三阶对称矩阵 $\boldsymbol{A}$ 的三个特征值为 6,3,3,$\boldsymbol{\xi}_1=(1,1,1)^{\mathrm{T}}$ 是 $\boldsymbol{A}$ 对应于特征值 6 的特征向量,求 $\boldsymbol{A}$.

解　设 $(x_1,x_2,x_3)^{\mathrm{T}}$ 是 $\boldsymbol{A}$ 对应于特征值 3 的特征向量,它应与 $\boldsymbol{\xi}_1$ 正交,从而 $x_1+x_2+x_3=0$. 解此齐次线性方程得基础解系 $\boldsymbol{\xi}_2=(-1,0,1)^{\mathrm{T}},\boldsymbol{\xi}_3=(-1,1,0)^{\mathrm{T}}$. 用 Schmidt 方法正交化,得对应于特征值 3 的两个正交特征向量 $\boldsymbol{\xi}_2$ 和 $\boldsymbol{\xi}_3'=\left(-\frac{1}{2},1,-\frac{1}{2}\right)^{\mathrm{T}}$. 取

$$\boldsymbol{Q}=\left(\frac{\boldsymbol{\xi}_1}{\|\boldsymbol{\xi}_1\|},\frac{\boldsymbol{\xi}_2}{\|\boldsymbol{\xi}_2\|},\frac{\boldsymbol{\xi}_3'}{\|\boldsymbol{\xi}_3'\|}\right)=\begin{pmatrix}\frac{1}{\sqrt{3}}&-\frac{1}{\sqrt{2}}&-\frac{1}{\sqrt{6}}\\\frac{1}{\sqrt{3}}&0&\frac{2}{\sqrt{6}}\\\frac{1}{\sqrt{3}}&\frac{1}{\sqrt{2}}&-\frac{1}{\sqrt{6}}\end{pmatrix}.$$

则 $\boldsymbol{Q}$ 为正交矩阵,且$\boldsymbol{Q}^{-1}\boldsymbol{A}\boldsymbol{Q}=\mathrm{diag}(6,3,3)$. 因此

$$\boldsymbol{A}=\begin{pmatrix}\frac{1}{\sqrt{3}}&-\frac{1}{\sqrt{2}}&-\frac{1}{\sqrt{6}}\\\frac{1}{\sqrt{3}}&0&\frac{2}{\sqrt{6}}\\\frac{1}{\sqrt{3}}&\frac{1}{\sqrt{2}}&-\frac{1}{\sqrt{6}}\end{pmatrix}\begin{pmatrix}6&0&0\\0&3&0\\0&0&3\end{pmatrix}\begin{pmatrix}\frac{1}{\sqrt{3}}&\frac{1}{\sqrt{3}}&\frac{1}{\sqrt{3}}\\-\frac{1}{\sqrt{2}}&0&\frac{1}{\sqrt{2}}\\-\frac{1}{\sqrt{6}}&\frac{2}{\sqrt{6}}&-\frac{1}{\sqrt{6}}\end{pmatrix}=\begin{pmatrix}4&1&1\\1&4&1\\1&1&4\end{pmatrix}.$$

例 5.5.3　设 $\boldsymbol{A}$ 是 n 阶对称矩阵,且 $\boldsymbol{A}^2=\boldsymbol{A}$. 证明:存在正交矩阵 $\boldsymbol{Q}$,使得

$$\boldsymbol{Q}^{\mathrm{T}}\boldsymbol{A}\boldsymbol{Q}=\begin{pmatrix}\boldsymbol{I}_r & \boldsymbol{O}\\ \boldsymbol{O} & \boldsymbol{O}\end{pmatrix},$$

其中 $\boldsymbol{I}_r$ 是 r 阶单位矩阵.

证　由于 $\boldsymbol{A}$ 是对称矩阵,由定理 5.5.2 知,存在正交矩阵 $\boldsymbol{Q}$,使得

$$\boldsymbol{Q}^{\mathrm{T}}\boldsymbol{A}\boldsymbol{Q}=\mathrm{diag}(\lambda_1,\lambda_2,\cdots,\lambda_n),$$

其中 $\lambda_1,\lambda_2,\cdots,\lambda_n$ 为 $\boldsymbol{A}$ 的特征值. 设 $\boldsymbol{x}_i$ 是 $\boldsymbol{A}$ 对应于特征值 λ_i 的特征向量($i=1,2,\cdots,n$),由 $\boldsymbol{A}\boldsymbol{x}_i=\lambda_i\boldsymbol{x}_i$ 得

$$\boldsymbol{A}^2\boldsymbol{x}_i=\lambda_i\boldsymbol{A}\boldsymbol{x}_i=\lambda_i^2\boldsymbol{x}_i.$$

因为 $\boldsymbol{A}^2=\boldsymbol{A}$,所以 $\lambda_i^2=\lambda_i$,因此 $\lambda_i=0$ 或 1. 重新排列 $\boldsymbol{A}$ 的特征值,使得

$$\lambda_1=\cdots=\lambda_r=1,\quad \lambda_{r+1}=\cdots=\lambda_n=0,$$

于是便得到结论.

证毕

酉相似

与正交相似完全类似地可以定义酉相似.

定义 5.5.4　设 $\boldsymbol{A}$ 和 $\boldsymbol{B}$ 是 n 阶复方阵,若存在 n 阶酉矩阵 $\boldsymbol{U}$,使得

$$\boldsymbol{B}=\boldsymbol{U}^{-1}\boldsymbol{A}\boldsymbol{U}=\boldsymbol{U}^{\mathrm{H}}\boldsymbol{A}\boldsymbol{U},$$

则称 $\boldsymbol{A}$ 和 $\boldsymbol{B}$ **酉相似**.

通过酉矩阵 $\boldsymbol{U}$ 将 $\boldsymbol{A}$ 变为 $\boldsymbol{U}^{\mathrm{H}}\boldsymbol{A}\boldsymbol{U}$,称为对 $\boldsymbol{A}$ 作**酉相似变换**,简称对 $\boldsymbol{A}$ 作**酉变换**.

我们不加证明地引入矩阵论中常用的如下结论:

定理 5.5.3(Schur(舒尔)定理)　对任意复方阵 $\boldsymbol{A}$,存在同阶酉矩阵 $\boldsymbol{U}$,使得

$$\boldsymbol{U}^{\mathrm{H}}\boldsymbol{A}\boldsymbol{U}=\boldsymbol{D}$$

是上三角形矩阵,且 $\boldsymbol{D}$ 的对角元素是 $\boldsymbol{A}$ 的特征值.

现在就可以介绍如下关于矩阵对角化的一个基本而深刻的结果.

定理 5.5.4　复方阵 $\boldsymbol{A}$ 酉相似于对角矩阵的充分必要条件是 $\boldsymbol{A}$ 是正规矩阵.

证　必要性:设 $\boldsymbol{A}$ 酉相似于对角矩阵,即存在酉矩阵 $\boldsymbol{U}$,使得

$$\boldsymbol{U}^{\mathrm{H}}\boldsymbol{A}\boldsymbol{U}=\boldsymbol{\Lambda},$$

这里 $\boldsymbol{\Lambda}$ 是对角矩阵. 显然

$$\boldsymbol{\Lambda}^{\mathrm{H}}\boldsymbol{\Lambda}=\boldsymbol{\Lambda}\boldsymbol{\Lambda}^{\mathrm{H}},$$

于是

$$\begin{aligned}\boldsymbol{A}\boldsymbol{A}^{\mathrm{H}}&=(\boldsymbol{U}\boldsymbol{\Lambda}\boldsymbol{U}^{\mathrm{H}})(\boldsymbol{U}\boldsymbol{\Lambda}\boldsymbol{U}^{\mathrm{H}})^{\mathrm{H}}=\boldsymbol{U}\boldsymbol{\Lambda}\boldsymbol{U}^{\mathrm{H}}\boldsymbol{U}\boldsymbol{\Lambda}^{\mathrm{H}}\boldsymbol{U}^{\mathrm{H}}\\&=\boldsymbol{U}\boldsymbol{\Lambda}\boldsymbol{\Lambda}^{\mathrm{H}}\boldsymbol{U}^{\mathrm{H}}=\boldsymbol{U}\boldsymbol{\Lambda}^{\mathrm{H}}\boldsymbol{\Lambda}\boldsymbol{U}^{\mathrm{H}}=\boldsymbol{U}\boldsymbol{\Lambda}^{\mathrm{H}}\boldsymbol{U}^{\mathrm{H}}\boldsymbol{U}\boldsymbol{\Lambda}\boldsymbol{U}^{\mathrm{H}}\\&=(\boldsymbol{U}\boldsymbol{\Lambda}\boldsymbol{U}^{\mathrm{H}})^{\mathrm{H}}(\boldsymbol{U}\boldsymbol{\Lambda}\boldsymbol{U}^{\mathrm{H}})=\boldsymbol{A}^{\mathrm{H}}\boldsymbol{A},\end{aligned}$$

所以 $\boldsymbol{A}$ 是正规矩阵.

充分性:由 Schur 定理,对于给定的矩阵 $\boldsymbol{A}$,存在酉矩阵 $\boldsymbol{U}$,使得

$$\boldsymbol{U}^{\mathrm{H}}\boldsymbol{A}\boldsymbol{U}=\boldsymbol{D},$$

其中 $\boldsymbol{D}=(d_{ij})$ 是上三角形矩阵.

设 $\boldsymbol{A}$ 是正规矩阵，按必要性证明的过程，可以证得 $\boldsymbol{D}$ 也是正规矩阵，即

$$\boldsymbol{D}^{\mathrm{H}}\boldsymbol{D}=\boldsymbol{D}\boldsymbol{D}^{\mathrm{H}}.$$

比较上式两边（1，1）位置的元素，有

$$|d_{11}|^2=|d_{11}|^2+|d_{12}|^2+\cdots+|d_{1n}|^2,$$

因此

$$d_{12}=\cdots=d_{1n}=0.$$

在此基础上，再比较两边（2，2）位置的元素，有

$$|d_{22}|^2=|d_{22}|^2+|d_{23}|^2+\cdots+|d_{2n}|^2,$$

同样得到

$$d_{23}=\cdots=d_{2n}=0.$$

以此类推，便得到

$$d_{ij}=0,\quad i\neq j,$$

即 $\boldsymbol{D}$ 是对角矩阵.

证毕

推论 5.5.1　若 $\boldsymbol{A}$ 是 n 阶正规矩阵，则 $\boldsymbol{A}$ 有 n 个相互正交的特征向量.

例 5.5.4　对矩阵

$$\boldsymbol{A}=\begin{pmatrix}3 & \mathrm{i}\\ -\mathrm{i} & 5\end{pmatrix}$$

确定酉矩阵 $\boldsymbol{U}$，使得 $\boldsymbol{U}^{\mathrm{H}}\boldsymbol{A}\boldsymbol{U}$ 是对角矩阵.

解　容易算出，$\boldsymbol{A}$ 的 2 个不同的特征值为 $4\pm\sqrt{2}$，对应的特征向量可以分别取为

$$\boldsymbol{x}_1=\begin{pmatrix}1\\ -\mathrm{i}(1+\sqrt{2})\end{pmatrix},\quad \boldsymbol{x}_2=\begin{pmatrix}-\mathrm{i}(1+\sqrt{2})\\ 1\end{pmatrix}.$$

记

$$\boldsymbol{U}=\left(\frac{\boldsymbol{x}_1}{\|\boldsymbol{x}_1\|},\ \frac{\boldsymbol{x}_2}{\|\boldsymbol{x}_2\|}\right)=\frac{1}{\sqrt{4+2\sqrt{2}}}\begin{pmatrix}1 & -\mathrm{i}(1+\sqrt{2})\\ -\mathrm{i}(1+\sqrt{2}) & 1\end{pmatrix},$$

则有

$$\boldsymbol{U}^{\mathrm{H}}\boldsymbol{A}\boldsymbol{U}=\begin{pmatrix}4+\sqrt{2} & 0\\ 0 & 4-\sqrt{2}\end{pmatrix}.$$

从例 5.5.1 和例 5.5.4 可以看出，用正交相似变换（或酉相似变换）将正规矩阵 $\boldsymbol{A}$ 约化为对角矩阵的方法为：

（1）先求出 $\boldsymbol{A}$ 的全部特征值；

（2）对每一个不同特征值求出一组相互正交的单位特征向量（可以先求出一组线性无关的特征向量，构成特征空间的基，再用 Schmidt 过程将其正交化）；

（3）将它们按列排成矩阵 $\boldsymbol{S}$（或 $\boldsymbol{U}$），则 $\boldsymbol{S}$（或 $\boldsymbol{U}$）就是正交矩阵（或酉矩阵），且

$$\boldsymbol{\Lambda}=\boldsymbol{S}^{\mathrm{H}}\boldsymbol{A}\boldsymbol{S}\quad（或\ \boldsymbol{U}^{\mathrm{H}}\boldsymbol{A}\boldsymbol{U}）$$

就是对角矩阵.

如何求 n 阶方阵的特征值，是实际应用中经常遇到的问题．但当 n 比较大时，通过解高

次方程的求解方法十分困难,并且精度不高,因此常采用数值方法来求特征值的近似值．而且,求一个矩阵的具有某种特性的特征值,还有一些针对性的数值方法．这里由于篇幅的限制,不再详述.

一般来说,方阵的特征值是一些复数．虽然求出它们并不容易,但如果能够对它们在复平面中的位置作出估计,如在某个圆中,在右半面中等,却有着实用价值．这里只不加证明地给出一个关于特征值位置估计的结论,它在数值计算中有着重要作用.

定理 5.5.5 设 $\boldsymbol{A}=(a_{ij})_{n\times n}$ 是 n 阶复方阵,记

$$R_i=\sum_{j\neq i}^{n}|a_{ij}|=|a_{i1}|+\cdots+|a_{i,i-1}|+|a_{i,i+1}|+\cdots+|a_{in}|.$$

则 $\boldsymbol{A}$ 的特征值在复平面的下列圆盘中:

$$|z-a_{ii}|\leqslant R_i,\quad i=1,2,\cdots,n.$$

这个定理也称为 **Гершгорин(格什戈林)圆盘定理**.

习 题

1. 用正交相似变换将下列矩阵化成对角矩阵:

(1) $\begin{pmatrix}9&12\\12&16\end{pmatrix}$;　　(2) $\begin{pmatrix}1&3&0\\3&-2&-1\\0&-1&1\end{pmatrix}$;

(3) $\begin{pmatrix}1&2&2\\2&1&2\\2&2&1\end{pmatrix}$;　　(4) $\begin{pmatrix}2&2&-2\\2&5&-4\\-2&-4&5\end{pmatrix}$.

2. 用酉相似变换将下列矩阵化成对角矩阵:

(1) $\begin{pmatrix}1&2\mathrm{i}\\-2\mathrm{i}&3\end{pmatrix}$;　　(2) $\begin{pmatrix}2&-3\mathrm{i}\\3\mathrm{i}&4\end{pmatrix}$.

3. 作出符合下述要求的三阶对称矩阵:

(1) 特征值 $1,-2,3$,分别有对应特征向量 $(2,1,-2)^{\mathrm{T}},(1,2,2)^{\mathrm{T}},(2,-2,1)^{\mathrm{T}}$;

(2) 特征值 $1,1,-1$,且特征值 1 有对应特征向量 $(1,1,1)^{\mathrm{T}}$ 和 $(2,2,1)^{\mathrm{T}}$.

4. 证明:若矩阵 $\boldsymbol{A}$ 既是三角形矩阵,又是正交矩阵,则 $\boldsymbol{A}$ 必是对角矩阵.

5. 设 $\boldsymbol{a}$ 为 n 维实列向量,且满足 $\boldsymbol{a}^{\mathrm{T}}\boldsymbol{a}=1$. 证明 $\boldsymbol{A}=\boldsymbol{I}-2\boldsymbol{a}\boldsymbol{a}^{\mathrm{T}}$ 是对称的正交矩阵.

6. 设 $\boldsymbol{A}$ 是三阶对称矩阵,其特征值为 $1,2,3$. 已知 $\boldsymbol{A}$ 的对应于特征值 $1,2$ 的特征向量分别为 $\boldsymbol{x}_1=(-1,-1,1)^{\mathrm{T}},\boldsymbol{x}_2=(1,-2,-1)^{\mathrm{T}}$,求:

(1) $\boldsymbol{A}$ 的对应于特征值 3 的特征向量;(2) 矩阵 $\boldsymbol{A}$.

7. 设 $\boldsymbol{A}$ 是三阶对称矩阵,其特征值为 $1,0,-1$. 若 $\boldsymbol{A}$ 的对应于特征值 $1,0$ 的特征向量分别为 $(1,a,1)^{\mathrm{T}},(a,a+1,1)^{\mathrm{T}}$,求

(1) 常数 a;(2) 矩阵 $\boldsymbol{A}$.

8. 设 $\boldsymbol{A}=\begin{pmatrix}1&1&a\\1&a&1\\a&1&1\end{pmatrix},\boldsymbol{b}=\begin{pmatrix}2\\2\\-4\end{pmatrix}$. 已知线性方程组 $\boldsymbol{A}\boldsymbol{x}=\boldsymbol{b}$ 有解但不唯一,求

(1) 常数 a;(2) 正交矩阵 $\boldsymbol{S}$,使得 $\boldsymbol{S}^{\mathrm{T}}\boldsymbol{A}\boldsymbol{S}$ 为对角矩阵.

9. 设 n 阶 Hermite 矩阵 $\boldsymbol{A}$ 的特征值为 $\lambda_1,\lambda_2,\cdots,\lambda_n$，且满足 $\lambda_1\geqslant\lambda_2\geqslant\cdots\geqslant\lambda_n$，与它们对应的单位特征向量依次为 $\boldsymbol{x}_1,\boldsymbol{x}_2,\cdots,\boldsymbol{x}_n$，且它们相互正交．作

$$\rho(\boldsymbol{x})=\frac{(\boldsymbol{A}\boldsymbol{x},\boldsymbol{x})}{(\boldsymbol{x},\boldsymbol{x})}=\frac{\boldsymbol{x}^{\mathrm{H}}\boldsymbol{A}\boldsymbol{x}}{\boldsymbol{x}^{\mathrm{H}}\boldsymbol{x}},\quad \boldsymbol{x}\neq\boldsymbol{0}\in\mathbf{C}^n.$$

（1）若 $\boldsymbol{x}=c_1\boldsymbol{x}_1+c_2\boldsymbol{x}_2+\cdots+c_n\boldsymbol{x}_n(c_j\in\mathbf{C},j=1,2,\cdots,n)$，证明

$$\rho(\boldsymbol{x})=\frac{|c_1|^2\lambda_1+|c_2|^2\lambda_2+\cdots+|c_n|^2\lambda_n}{|c_1|^2+|c_2|^2+\cdots+|c_n|^2};$$

（2）证明

$$\lambda_n\leqslant\rho(\boldsymbol{x})\leqslant\lambda_1,\quad \boldsymbol{x}\neq\boldsymbol{0}\in\mathbf{C}^n,$$

且 $\max\limits_{x\neq 0}\rho(\boldsymbol{x})=\lambda_1,\ \min\limits_{x\neq 0}\rho(\boldsymbol{x})=\lambda_n$.

§ 6　二次型及其标准形式

一个例子

形如

$$ax^2+cy^2+dx+ey+f=0$$

的二次曲线方程，在适当条件下，只要通过一个平移

$$\begin{cases}x=x'-x_0,\\ y=y'-y_0\end{cases}$$

就可以化为二次曲线的标准形式

$$a(x')^2+c(y')^2=\tilde{f}\text{ 或 }y'=2p(x')^2.$$

但是，如果在曲线方程中出现了 x 和 y 的交叉项 xy，即

$$ax^2+2bxy+cy^2+dx+ey+f=0,$$

又该如何处理呢？显然，我们也希望通过变量代换消去交叉项 $2bxy$. 为了达到这一目的，x 与 y 应该含有新的变量 x' 和 y'，设

$$\begin{cases}x=s_{11}x'+s_{12}y',\\ y=s_{21}x'+s_{22}y',\end{cases}$$

即 x,y 与 x',y' 是一个线性变换的关系.

为了使得二次曲线的图形不走样，需要保持图形上任意两点的相对距离不变，由定理 5.4.4，这个线性变换应该是正交变换，换句话说，从 $\boldsymbol{x}=\begin{pmatrix}x\\ y\end{pmatrix}$ 到 $\boldsymbol{x}'=\begin{pmatrix}x'\\ y'\end{pmatrix}$ 的转换矩阵是正交矩阵．记

$$\boldsymbol{A}=\begin{pmatrix}a & b\\ b & c\end{pmatrix},\quad \boldsymbol{b}=\begin{pmatrix}d\\ e\end{pmatrix},$$

则 $ax^2+2bxy+cy^2+dx+ey+f=0$ 可以写成矩阵形式

$$\boldsymbol{x}^{\mathrm{T}}\boldsymbol{A}\boldsymbol{x}+\boldsymbol{b}^{\mathrm{T}}\boldsymbol{x}+f=0.$$

显然 $\boldsymbol{A}$ 是对称矩阵，因此存在正交矩阵 $\boldsymbol{S}=\begin{pmatrix} s_{11} & s_{12} \\ s_{21} & s_{22} \end{pmatrix}$，使得

$$\boldsymbol{S}^{\mathrm{T}}\boldsymbol{A}\boldsymbol{S}=\boldsymbol{\Lambda}=\begin{pmatrix} \lambda_1 & 0 \\ 0 & \lambda_2 \end{pmatrix},$$

这里 λ_1 和 λ_2 是 $\boldsymbol{A}$ 的特征值，$\boldsymbol{S}$ 的列是依次对应的相互正交的单位特征向量．作变换

$$\boldsymbol{x}=\boldsymbol{S}\boldsymbol{x}'=\begin{pmatrix} s_{11} & s_{12} \\ s_{21} & s_{22} \end{pmatrix}\boldsymbol{x}',$$

便有

$$\boldsymbol{x}^{\mathrm{T}}\boldsymbol{A}\boldsymbol{x}+\boldsymbol{b}^{\mathrm{T}}\boldsymbol{x}+f=\boldsymbol{x}'^{\mathrm{T}}\boldsymbol{S}^{\mathrm{T}}\boldsymbol{A}\boldsymbol{S}\boldsymbol{x}'+\boldsymbol{b}^{\mathrm{T}}\boldsymbol{S}\boldsymbol{x}'+f=(\boldsymbol{x}')^{\mathrm{T}}\boldsymbol{\Lambda}\boldsymbol{x}'+(\boldsymbol{b}')^{\mathrm{T}}\boldsymbol{x}'+f,$$

其中 $\boldsymbol{b}'=\boldsymbol{S}^{\mathrm{T}}\boldsymbol{b}$．再做一个平移，就可以将其化为标准形式.

例 5.6.1　适当选取坐标系，将二次曲线

$$2x^2+4xy+5y^2+4x+13y-\frac{1}{4}=0$$

化为标准形式，并在原坐标系画出它的图形.

解　将二次曲线

$$2x^2+4xy+5y^2+4x+13y-\frac{1}{4}=0$$

写成

$$\boldsymbol{x}^{\mathrm{T}}\boldsymbol{A}\boldsymbol{x}+\boldsymbol{b}^{\mathrm{T}}\boldsymbol{x}+f=\boldsymbol{x}^{\mathrm{T}}\begin{pmatrix} 2 & 2 \\ 2 & 5 \end{pmatrix}\boldsymbol{x}+\begin{pmatrix} 4 \\ 13 \end{pmatrix}^{\mathrm{T}}\boldsymbol{x}-\frac{1}{4}=0.$$

由

$$\det(\boldsymbol{A}-\lambda\boldsymbol{I})=\begin{vmatrix} 2-\lambda & 2 \\ 2 & 5-\lambda \end{vmatrix}=(\lambda-6)(\lambda-1)=0,$$

得 $\boldsymbol{A}$ 的特征值 $\lambda_1=6$ 和 $\lambda_2=1$．它们对应的单位特征向量是 $\frac{1}{\sqrt{5}}\begin{pmatrix} 1 \\ 2 \end{pmatrix}$ 和 $\frac{1}{\sqrt{5}}\begin{pmatrix} -2 \\ 1 \end{pmatrix}$.

取 $\boldsymbol{S}=\frac{1}{\sqrt{5}}\begin{pmatrix} 1 & -2 \\ 2 & 1 \end{pmatrix}$，令

$$\boldsymbol{x}=\frac{1}{\sqrt{5}}\begin{pmatrix} 1 & -2 \\ 2 & 1 \end{pmatrix}\boldsymbol{x}',$$

即有

$$\boldsymbol{x}'^{\mathrm{T}}\begin{pmatrix} 6 & 0 \\ 0 & 1 \end{pmatrix}\boldsymbol{x}'+\frac{1}{\sqrt{5}}(4,13)\begin{pmatrix} 1 & -2 \\ 2 & 1 \end{pmatrix}\boldsymbol{x}'-\frac{1}{4}=\boldsymbol{x}'^{\mathrm{T}}\begin{pmatrix} 6 & 0 \\ 0 & 1 \end{pmatrix}\boldsymbol{x}'+(6\sqrt{5},\sqrt{5})\boldsymbol{x}'-\frac{1}{4}=0,$$

再作平移 $\tilde{\boldsymbol{x}}=\boldsymbol{x}'+\frac{\sqrt{5}}{2}\begin{pmatrix} 1 \\ 1 \end{pmatrix}$，就化为了标准形式

$$\tilde{\boldsymbol{x}}^{\mathrm{T}}\begin{pmatrix} 6 & 0 \\ 0 & 1 \end{pmatrix}\tilde{\boldsymbol{x}}-9=0,$$

即椭圆的标准方程

$$\frac{(\tilde{x})^2}{\left(\sqrt{\frac{3}{2}}\right)^2}+\frac{(\tilde{y})^2}{3^2}=1.$$

记 $\theta=\arccos\frac{1}{\sqrt{5}}$,则

$$\boldsymbol{x}'=\frac{1}{\sqrt{5}}\begin{pmatrix}1 & 2\\ -2 & 1\end{pmatrix}\boldsymbol{x}=\begin{pmatrix}\cos\theta & \sin\theta\\ -\sin\theta & \cos\theta\end{pmatrix}\boldsymbol{x}$$

意味着所有的向量旋转了 $-\theta$ 角度,即坐标轴旋转了 θ 角度(见图 5.6.1 (a)).

而

$$\tilde{\boldsymbol{x}}=\boldsymbol{x}'+\frac{\sqrt{5}}{2}\begin{pmatrix}1\\ 1\end{pmatrix}$$

表示 $\tilde{\boldsymbol{x}}$ 的坐标轴是由 $\boldsymbol{x}'$ 的坐标轴分别向正向移动 $-\frac{\sqrt{5}}{2}$ 得到的(见图 5.6.1 (b)). 在坐标系 $\tilde{\boldsymbol{x}}$ 画出椭圆后回到坐标系 $\boldsymbol{x}'$,就得到了原方程在原坐标系下的图形(见图 5.6.1 (c)).

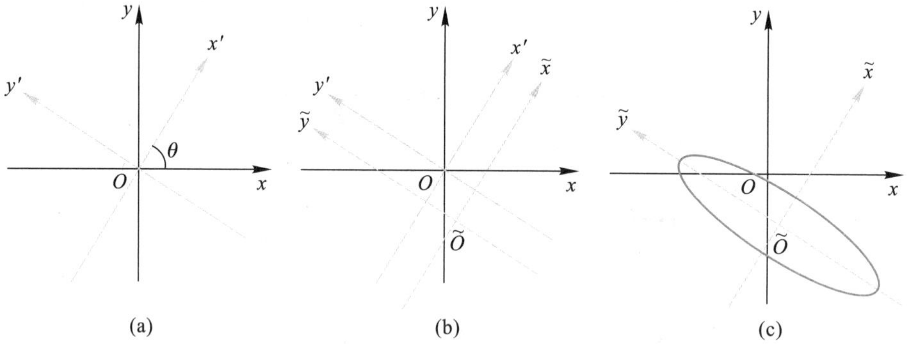

图 5.6.1

二次型与对称矩阵

从上面的例子可以看出,要简化二次曲线的方程,关键是处理二次项,这里的“二次项”指和式中每项的各个变量的次数之和为 2 的项.

现在把问题推广到多个变量,为了简化我们只考虑实的情况.

定义 5.6.1　称 n 个变量 $x_1,x_2,\cdots,x_n$ 的实系数**二次齐次多项式**

$$\begin{aligned}f(x_1,x_2,\cdots,x_n)=a_{11}x_1^2+2a_{12}x_1x_2+2a_{13}x_1x_3+\cdots+2a_{1n}x_1x_n+\\ a_{22}x_2^2+2a_{23}x_2x_3+\cdots+2a_{2n}x_2x_n+\\ a_{33}x_3^2+\cdots+2a_{3n}x_3x_n+\\ \cdots+\\ a_{nn}x_n^2\end{aligned}$$

为 n **元实二次型**,简称**二次型**.

上一小节的例子的前面三项就是两个变量 x,y 的二次型.

若令 $a_{ij}=a_{ji}(1\leqslant j<i\leqslant n)$,且将交叉项 $2a_{ij}x_ix_j$ 写成对称的两项之和

$$2a_{ij}x_ix_j=a_{ij}x_ix_j+a_{ji}x_jx_i,$$

记

$$\boldsymbol{A}=\begin{pmatrix} a_{11} & a_{12} & \cdots & a_{1n} \\ a_{21} & a_{22} & \cdots & a_{2n} \\ \vdots & \vdots & & \vdots \\ a_{n1} & a_{n2} & \cdots & a_{nn} \end{pmatrix},\quad \boldsymbol{x}=\begin{pmatrix} x_1 \\ x_2 \\ \vdots \\ x_n \end{pmatrix},$$

则有

$$f(x_1,x_2,\cdots,x_n)=\boldsymbol{x}^{\mathrm{T}}\boldsymbol{A}\boldsymbol{x}.$$

显然 $\boldsymbol{A}$ 是对称矩阵．可以证明,一个二次型唯一决定一个对称矩阵,反之亦然．称 $\boldsymbol{A}$ 为二次型 f 的**相伴矩阵**,并称 $\operatorname{rank}(\boldsymbol{A})$ 为二次型 f 的**秩**.

例如,二次型

$$f(x_1,x_2,x_3)=2x_1^2+x_2^2+3x_3^2-2x_1x_2+4x_1x_3-2x_2x_3$$

可以表为矩阵形式

$$f(x_1,x_2,x_3)=(x_1,x_2,x_3)\begin{pmatrix} 2 & -1 & 2 \\ -1 & 1 & -1 \\ 2 & -1 & 3 \end{pmatrix}\begin{pmatrix} x_1 \\ x_2 \\ x_3 \end{pmatrix},$$

这个二次型的秩为 $\operatorname{rank}\begin{pmatrix} 2 & -1 & 2 \\ -1 & 1 & -1 \\ 2 & -1 & 3 \end{pmatrix}=3$.

通过前面的例子已经看到,对处理这类问题,矩阵是非常有力的工具．因此我们下面仅对矩阵进行讨论.

设 $\boldsymbol{P}$ 是可逆矩阵,作变换 $\boldsymbol{x}=\boldsymbol{P}\boldsymbol{y}$(称之为**非退化线性变换**),那么

$$f(x_1,x_2,\cdots,x_n)=\boldsymbol{x}^{\mathrm{T}}\boldsymbol{A}\boldsymbol{x}=\boldsymbol{y}^{\mathrm{T}}(\boldsymbol{P}^{\mathrm{T}}\boldsymbol{A}\boldsymbol{P})\boldsymbol{y},$$

记对称矩阵

$$\boldsymbol{B}=\boldsymbol{P}^{\mathrm{T}}\boldsymbol{A}\boldsymbol{P},$$

则

$$f(x_1,x_2,\cdots,x_n)=\boldsymbol{y}^{\mathrm{T}}\boldsymbol{B}\boldsymbol{y}\xlongequal{\text{记为}}\tilde{f}(y_1,y_2,\cdots,y_n)$$

决定了一个关于变量 $y_1,y_2,\cdots,y_n$ 的二次型 $\tilde{f}(y_1,y_2,\cdots,y_n)$.

定义 5.6.2　设 $\boldsymbol{A}$ 和 $\boldsymbol{B}$ 是同阶方阵,若存在同阶可逆矩阵 $\boldsymbol{P}$ 使得

$$\boldsymbol{B}=\boldsymbol{P}^{\mathrm{T}}\boldsymbol{A}\boldsymbol{P},$$

则称 $\boldsymbol{A}$ 和 $\boldsymbol{B}$ 是**合同矩阵**(简称 $\boldsymbol{A}$ 与 $\boldsymbol{B}$ **合同**),将 $\boldsymbol{A}$ 变为 $\boldsymbol{P}^{\mathrm{T}}\boldsymbol{A}\boldsymbol{P}$ 称为对 $\boldsymbol{A}$ 作**合同变换**.

在上述定义中,由于 $\boldsymbol{P}$ 是可逆矩阵,由定理 4.5.4 知,$\operatorname{rank}(\boldsymbol{A})=\operatorname{rank}(\boldsymbol{B})$,这就是

定理 5.6.1　设 $\boldsymbol{A}$ 和 $\boldsymbol{B}$ 是同阶方阵,若 $\boldsymbol{A}$ 与 $\boldsymbol{B}$ 合同,则 $\boldsymbol{A}$ 与 $\boldsymbol{B}$ 有相同的秩.

同一个二次型在任意两组变量下对应的相伴矩阵必定合同．反过来,可以证明,若对称

矩阵 $\boldsymbol{A}$ 和 $\boldsymbol{B}$ 合同,则存在一个二次型和两组变量,该二次型分别在这两组变量下对应的相伴矩阵就是 $\boldsymbol{A}$ 和 $\boldsymbol{B}$.

那么很自然地要问,对一个给定的二次型 f,如何找出一组变量,使 f 在这组变量下的表示形式尽可能简单?最简单的形式当然是只含平方项,因此上面的问题等价于,对于任意一个给定的对称矩阵,能否找到可逆矩阵 $\boldsymbol{P}$,使得 $\boldsymbol{P}^{\mathrm{T}}\boldsymbol{A}\boldsymbol{P}$ 是对角矩阵?

定义 5.6.3 设二次型

$$f(x_1,x_2,\cdots,x_n)=\boldsymbol{x}^{\mathrm{T}}\boldsymbol{A}\boldsymbol{x}$$

可以通过作非退化线性变换 $\boldsymbol{x}=\boldsymbol{P}\boldsymbol{y}$ 化为

$$\tilde{f}(y_1,y_2,\cdots,y_n)=\boldsymbol{y}^{\mathrm{T}}\boldsymbol{B}\boldsymbol{y}=b_{11}y_1^2+b_{22}y_2^2+\cdots+b_{nn}y_n^2,$$

其中 $\boldsymbol{B}=\boldsymbol{P}^{\mathrm{T}}\boldsymbol{A}\boldsymbol{P}$,则称 $\tilde{f}(y_1,y_2,\cdots,y_n)$ 是该二次型的**标准形**.

这种变换也称为对二次型作**合同变换**,将二次型通过合同变换化为标准形的过程称为**约化**. 定理 5.5.2 保证了对于任意对称矩阵 $\boldsymbol{A}$,存在实可逆方阵 $\boldsymbol{P}$ 使得 $\boldsymbol{P}^{\mathrm{T}}\boldsymbol{A}\boldsymbol{P}$ 是对角矩阵,这只要将 $\boldsymbol{P}$ 取为 $\boldsymbol{A}$ 的一组相互正交的单位特征向量构成的方阵就可以了. 具体地说就是,取 $\boldsymbol{a}_1,\boldsymbol{a}_2,\cdots,\boldsymbol{a}_n$ 为 n 阶对称矩阵 $\boldsymbol{A}$ 依次对应于特征值 $\lambda_1,\lambda_2,\cdots,\lambda_n$ 的特征向量组成的单位正交向量组,作正交矩阵 $\boldsymbol{P}=(\boldsymbol{a}_1,\boldsymbol{a}_2,\cdots,\boldsymbol{a}_n)$,则 $\boldsymbol{P}^{\mathrm{T}}\boldsymbol{A}\boldsymbol{P}=\mathrm{diag}(\lambda_1,\lambda_2,\cdots,\lambda_n)$. 在变换 $\boldsymbol{x}=\boldsymbol{P}\boldsymbol{y}$ 下,便有

$$f(x_1,x_2,\cdots,x_n)=\boldsymbol{x}^{\mathrm{T}}\boldsymbol{A}\boldsymbol{x}=\boldsymbol{y}^{\mathrm{T}}\mathrm{diag}(\lambda_1,\lambda_2,\cdots,\lambda_n)\boldsymbol{y}=\lambda_1y_1^2+\lambda_2y_2^2+\cdots+\lambda_ny_n^2.$$

这种方法也称为**正交变换法**. 由此可知:

定理 5.6.2 任何二次型都可以约化为标准形.

化二次型为标准形的几种方法

利用正交变换法是化二次型 $f(x_1,x_2,\cdots,x_n)=\boldsymbol{x}^{\mathrm{T}}\boldsymbol{A}\boldsymbol{x}$ 为标准形的办法之一,它的主要步骤已经在上面讲了,这里不再重复.

但一般来讲,求特征值和特征向量的工作量比较大,而合同变换只要 $\boldsymbol{P}$ 是可逆矩阵,并不一定要求它是正交矩阵,因此可以采用其他途径来求 f 的标准形,熟知的配方法即是一种简便的方法.

此外,还可以用初等变换的方法. 若 $\boldsymbol{B}$ 是第三类初等矩阵,它左乘 $\boldsymbol{A}$ 的作用是将 $\boldsymbol{A}$ 的某一行乘以常数倍后加到该行下面的某行,则$\boldsymbol{B}^{\mathrm{T}}$ 右乘 $\boldsymbol{A}$ 的作用是将 $\boldsymbol{A}$ 的某一列乘以常数倍后加到该列右面的某列.

设对 $\boldsymbol{A}$ 左乘了第三类初等矩阵$\boldsymbol{B}_1,\boldsymbol{B}_2,\cdots,\boldsymbol{B}_k$(它们左乘 $\boldsymbol{A}$ 的作用是将 $\boldsymbol{A}$ 的某一行乘以常数倍后加到该行下面的某行)使之成为上三角形矩阵,

$$(\boldsymbol{B}_k\cdots\boldsymbol{B}_2\boldsymbol{B}_1)\boldsymbol{A}=\boldsymbol{D},$$

则

$$(\boldsymbol{B}_k\cdots\boldsymbol{B}_2\boldsymbol{B}_1)\boldsymbol{A}(\boldsymbol{B}_k\cdots\boldsymbol{B}_2\boldsymbol{B}_1)^{\mathrm{T}}$$

仍然是上三角形矩阵. 但它又是对称矩阵,因而它是对角矩阵,其对角元素就是 $\boldsymbol{D}$ 的对角元素. 这就是说,若记 $\boldsymbol{P}=(\boldsymbol{B}_k\cdots\boldsymbol{B}_2\boldsymbol{B}_1)^{\mathrm{T}}$,则 $\boldsymbol{P}^{\mathrm{T}}\boldsymbol{A}\boldsymbol{P}$ 是对角矩阵. 因为$\boldsymbol{B}_k\cdots\boldsymbol{B}_2\boldsymbol{B}_1=\boldsymbol{B}_k\cdots\boldsymbol{B}_2\boldsymbol{B}_1\boldsymbol{I}$,所以在$\boldsymbol{B}_k\cdots\boldsymbol{B}_2\boldsymbol{B}_1$ 将 $\boldsymbol{A}$ 化为上三角形矩阵的同时,也将单位矩阵 $\boldsymbol{I}$ 化为变换矩阵 $\boldsymbol{P}$ 的转置.

所以,若先形成辅助矩阵

$$(\boldsymbol{A} \mid \boldsymbol{I}),$$

然后按从上加到下的方式,用第三类初等行变换将 $\boldsymbol{A}$ 变为上三角形矩阵,则右边的 $\boldsymbol{I}$ 便变为变换矩阵 $\boldsymbol{P}$ 的转置 $\boldsymbol{P}^{\mathrm{T}}$ 了. 即,作变换 $\boldsymbol{x}=\boldsymbol{P}\boldsymbol{y}$,便可将二次型 $f(x_1,x_2,\cdots,x_n)=\boldsymbol{x}^{\mathrm{T}}\boldsymbol{A}\boldsymbol{x}$ 化为标准形

$$\tilde{f}(y_1,y_2,\cdots,y_n)=d_1y_1^2+d_2y_2^2+\cdots+d_ny_n^2,$$

其中 $d_1,d_2,\cdots,d_n$ 是矩阵$(\boldsymbol{A} \mid \boldsymbol{I})$经变换后 $\boldsymbol{A}$ 位置矩阵的对角元素. 这种方法也称为**初等变换法**.

例 5.6.2　用合同变换将二次型

$$f(x_1,x_2,x_3)=2x_1^2+x_2^2-4x_1x_2-4x_2x_3$$

化为标准形.

解法一　正交变换法. 二次型 f 在变量 x_1,x_2,x_3 下的相伴矩阵是

$$\boldsymbol{A}=\begin{pmatrix} 2 & -2 & 0 \\ -2 & 1 & -2 \\ 0 & -2 & 0 \end{pmatrix},$$

由例 5.5.1 的结论,$\boldsymbol{A}$ 的 3 个特征值是 1,-2 和 4,对应的单位正交特征向量是

$$\boldsymbol{x}_1=\frac{1}{3}\begin{pmatrix} 2 \\ 1 \\ -2 \end{pmatrix},\quad \boldsymbol{x}_2=\frac{1}{3}\begin{pmatrix} 1 \\ 2 \\ 2 \end{pmatrix},\quad \boldsymbol{x}_3=\frac{1}{3}\begin{pmatrix} 2 \\ -2 \\ 1 \end{pmatrix}.$$

取

$$\boldsymbol{P}=\begin{pmatrix} \frac{2}{3} & \frac{1}{3} & \frac{2}{3} \\ \frac{1}{3} & \frac{2}{3} & -\frac{2}{3} \\ -\frac{2}{3} & \frac{2}{3} & \frac{1}{3} \end{pmatrix},$$

则

$$\boldsymbol{B}=\boldsymbol{P}^{\mathrm{T}}\boldsymbol{A}\boldsymbol{P}=\begin{pmatrix} 1 & 0 & 0 \\ 0 & -2 & 0 \\ 0 & 0 & 4 \end{pmatrix}.$$

于是,作变换 $\boldsymbol{x}=\boldsymbol{P}\boldsymbol{y}$,便得到标准形

$$\tilde{f}(y_1,y_2,y_3)=y_1^2-2y_2^2+4y_3^2.$$

解法二　配方法. 将二次型 f 改写为

$$\begin{aligned} f(x_1,x_2,x_3) &= (2x_1^2-4x_1x_2)-4x_2x_3+x_2^2 \\ &= [(\sqrt{2}x_1)^2+\underline{(\sqrt{2}x_2)^2}-4x_1x_2]+x_2^2\underline{-(\sqrt{2}x_2)^2}-4x_2x_3 \\ &= [\sqrt{2}x_1-\sqrt{2}x_2]^2+x_2^2-2x_2^2-4x_2x_3 \\ &= [\sqrt{2}x_1-\sqrt{2}x_2]^2-(x_2^2+4x_2x_3\underline{+4x_3^2})\underline{+4x_3^2} \\ &= [\sqrt{2}x_1-\sqrt{2}x_2]^2-[x_2+2x_3]^2+4x_3^2, \end{aligned}$$

这里带下划线的项是为了配成完全平方而凑的.

于是令

$$\begin{cases} y_1=\sqrt{2}x_1-\sqrt{2}x_2, \\ y_2=x_2+2x_3, \\ y_3=x_3, \end{cases}$$

即

$$\boldsymbol{y}=\boldsymbol{P}^{-1}\boldsymbol{x}=\begin{pmatrix} \sqrt{2} & -\sqrt{2} & 0 \\ 0 & 1 & 2 \\ 0 & 0 & 1 \end{pmatrix}\boldsymbol{x},$$

便得到标准形

$$\tilde{f}(y_1,y_2,y_3)=y_1^2-y_2^2+4y_3^2.$$

解法三　初等变换法. 作辅助矩阵

$$(\boldsymbol{A}\ \vdots\ \boldsymbol{I})=\begin{pmatrix} 2 & -2 & 0 & 1 & 0 & 0 \\ -2 & 1 & -2 & 0 & 1 & 0 \\ 0 & -2 & 0 & 0 & 0 & 1 \end{pmatrix}$$

再按从上到下的次序,消去对角元素以下的元素:

用第 1 行将(2,1)位置元素消为 0:

$$\begin{pmatrix} 2 & -2 & 0 & 1 & 0 & 0 \\ -2 & 1 & -2 & 0 & 1 & 0 \\ 0 & -2 & 0 & 0 & 0 & 1 \end{pmatrix}\to\begin{pmatrix} 2 & -2 & 0 & 1 & 0 & 0 \\ 0 & -1 & -2 & 1 & 1 & 0 \\ 0 & -2 & 0 & 0 & 0 & 1 \end{pmatrix}.$$

由于(3,1)位置元素本来就是 0,就不必再处理了. 再用第 2 行将(3,2)位置元素消为 0:

$$\to\begin{pmatrix} 2 & -2 & 0 & 1 & 0 & 0 \\ 0 & -1 & -2 & 1 & 1 & 0 \\ 0 & 0 & 4 & -2 & -2 & 1 \end{pmatrix}.$$

至此,原来 $\boldsymbol{A}$ 的位置处变成了上三角形矩阵,因此,它的对角元素就是标准形的系数,而原来单位矩阵的位置处就是 $\boldsymbol{P}^{\mathrm{T}}$. 令

$$\boldsymbol{P}=\begin{pmatrix} 1 & 0 & 0 \\ 1 & 1 & 0 \\ -2 & -2 & 1 \end{pmatrix}^{\mathrm{T}}=\begin{pmatrix} 1 & 1 & -2 \\ 0 & 1 & -2 \\ 0 & 0 & 1 \end{pmatrix},$$

则

$$\boldsymbol{B}=\boldsymbol{P}^{\mathrm{T}}\boldsymbol{A}\boldsymbol{P}=\begin{pmatrix} 2 & 0 & 0 \\ 0 & -1 & 0 \\ 0 & 0 & 4 \end{pmatrix}.$$

于是,作变换 $\boldsymbol{x}=\boldsymbol{P}\boldsymbol{y}$,便得到标准形

$$\tilde{f}(y_1,y_2,y_3)=2y_1^2-y_2^2+4y_3^2.$$

这三种解法各有特点. 正交变换法的计算量最大,但它的好处是坐标变量的变换矩阵是正交矩阵,因此在新、老坐标系下,二次型方程所表示的图形从几何上看是完全相同的,只

不过改变了位置而已．配方法是初等代数的常用技巧，不需要有矩阵的背景知识，但当变量多的时候，逐个配方也不是一件太容易的事．初等变换法最简便易行，往往是约化二次型的首选，但是当约化中对角元位置出现 0 元素时需要进行行列的处理．此外，后两种方法导出的变换矩阵一般不是正交矩阵，因此在新、老坐标系下，二次型方程所表示的图形会发生变形，这种变换称为**仿射变换**，对有些需要保持几何图形的问题是不适用的.

例 5.6.3　用初等变换法将二次型

$$f(x_1,x_2,x_3)=2x_1x_2+4x_1x_3-6x_2x_3$$

化为标准形.

解　二次型 f 在变量 x_1,x_2,x_3 下的相伴矩阵为

$$\boldsymbol{A}=\begin{pmatrix}0&1&2\\1&0&-3\\2&-3&0\end{pmatrix}.$$

作辅助矩阵

$$(\boldsymbol{A}\mid\boldsymbol{I})=\begin{pmatrix}0&1&2&1&0&0\\1&0&-3&0&1&0\\2&-3&0&0&0&1\end{pmatrix},$$

这时(1,1)位置元素为0. 为了可按例 5.6.2 的方法消元，我们先将它的第 2 行加到第 1 行：

$$\to\begin{pmatrix}1&1&-1&1&1&0\\1&0&-3&0&1&0\\2&-3&0&0&0&1\end{pmatrix},$$

再将它的第 2 列加到第 1 列，而对单位矩阵的位置处不需要处理(请读者自行说明上述做法的正确性)：

$$\to\begin{pmatrix}2&1&-1&1&1&0\\1&0&-3&0&1&0\\-1&-3&0&0&0&1\end{pmatrix}.$$

现在，可以按例 5.6.2 的方法消去(2,1)位置元素．将第 1 行的 $-\dfrac{1}{2}$倍加到第 2 行，再将第 1 行的$\dfrac{1}{2}$倍加到第 3 行：

$$\to\begin{pmatrix}2&1&-1&1&1&0\\0&-\dfrac{1}{2}&-\dfrac{5}{2}&-\dfrac{1}{2}&\dfrac{1}{2}&0\\0&-\dfrac{5}{2}&-\dfrac{1}{2}&\dfrac{1}{2}&\dfrac{1}{2}&1\end{pmatrix},$$

将第 2 行的 −5 倍加到第 3 行：

$$\to\begin{pmatrix}2&1&-1&1&1&0\\0&-\dfrac{1}{2}&-\dfrac{5}{2}&-\dfrac{1}{2}&\dfrac{1}{2}&0\\0&0&12&3&-2&1\end{pmatrix}.$$

此时 $\boldsymbol{A}$ 的位置变成了上三角形矩阵．取

$$\boldsymbol{P}=\begin{pmatrix}1 & 1 & 0\\ -\frac{1}{2} & \frac{1}{2} & 0\\ 3 & -2 & 1\end{pmatrix}^{\mathrm{T}}=\begin{pmatrix}1 & -\frac{1}{2} & 3\\ 1 & \frac{1}{2} & -2\\ 0 & 0 & 1\end{pmatrix},$$

则

$$\boldsymbol{P}^{\mathrm{T}}\boldsymbol{A}\boldsymbol{P}=\begin{pmatrix}2 & 0 & 0\\ 0 & -\frac{1}{2} & 0\\ 0 & 0 & 12\end{pmatrix}.$$

于是，作变换 $\boldsymbol{x}=\boldsymbol{P}\boldsymbol{y}$，便得到标准形

$$\tilde{f}(y_1,y_2,y_3)=2y_1^2-\frac{1}{2}y_2^2+12y_3^2.$$

请读者考虑，这个二次型在应用配方法化为标准形时，应该先作何种处理？

习 题

1. 用正交变换将下列二次型化为标准形，并写出所用的变量代换：

(1) $f(x_1,x_2)=4x_1^2+4x_1x_2+x_2^2$；

(2) $f(x_1,x_2)=x_1^2+2x_1x_2-x_2^2$；

(3) $f(x_1,x_2,x_3)=3x_1^2+4x_1x_2+8x_1x_3+4x_2x_3+3x_3^2$.

2. 利用初等变换法将下列二次型化为标准形：

(1) $f(x_1,x_2)=x_1^2+4x_1x_2+3x_2^2$；

(2) $f(x_1,x_2,x_3)=5x_1^2+x_2^2+5x_3^2+4x_1x_2-8x_1x_3-4x_2x_3$；

(3) $f(x_1,x_2,x_3)=x_1^2-x_2^2-2x_1x_2+4x_1x_3$；

(4) $f(x_1,x_2)=2x_2^2+8x_1x_2$；

(5) $f(x_1,x_2,x_3)=2x_1x_2+2x_1x_3-6x_2x_3$.

3. 设 $\boldsymbol{A}$ 为 n 阶对称矩阵，证明：若对于任何 n 维列向量 $\boldsymbol{x}$，二次型 $f(x_1,x_2,\cdots,x_n)=\boldsymbol{x}^{\mathrm{T}}\boldsymbol{A}\boldsymbol{x}=0$，则 $\boldsymbol{A}=\boldsymbol{O}$.

4. 已知二次型 $f(x_1,x_2,x_3)=2x_1^2+3x_2^2+3x_3^2+2ax_2x_3\ (a>0)$ 通过正交变换可化为标准形 $\tilde{f}(y_1,y_2,y_3)=y_1^2+2y_2^2+5y_3^2$，求参数 a 及所用的正交变换矩阵.

5. 设矩阵

$$\boldsymbol{A}=\begin{pmatrix}2 & 0 & 0\\ 0 & 2 & 1\\ 0 & 1 & x\end{pmatrix},$$

有一个特征值 1.

(1) 求 x；

(2) 求矩阵 $\boldsymbol{P}$，使得 $(\boldsymbol{A}\boldsymbol{P})^{\mathrm{T}}(\boldsymbol{A}\boldsymbol{P})$ 为对角矩阵.

6. 设 $\boldsymbol{A}$ 为 n 阶对称矩阵，且 $\det(\boldsymbol{A})<0$，证明：存在 n 维列向量 $\boldsymbol{x}$，使得 $\boldsymbol{x}^{\mathrm{T}}\boldsymbol{A}\boldsymbol{x}<0$.

§7　正定二次型

惯性定理

在上一节中，我们讲了将二次型化为标准形的方法．在例 5.6.2 中，我们用了三种不同的方法求二次型的标准形，得到了三个各异的结果．仔细观察可以发现，这三个结果中，标准形中三个项的系数都是两个正的，一个负的．这里是否蕴涵着规律性的东西，即二次型的标准形中的正系数个数、负系数个数和零系数个数是固定的，与约化的方法和过程没有关系？

这个猜测是合乎情理的．如对二次曲线

$$ax^2+2bxy+cy^2+dx+ey+f=0$$

的情况，经过约化消去交叉项之后，在一定条件下，若 x^2 和 y^2 的系数同正，则是椭圆；若 x^2 和 y^2 的系数一正一负，则是双曲线；若 x^2 和 y^2 的系数一个为零一个不为零，则是抛物线．无论怎样选取坐标系，都不可能把双曲线变为椭圆或抛物线．

定理 5.7.1（惯性定理）　*二次型的标准形中的正系数个数、负系数个数和零系数个数不随约化的方法而改变．*

证明正系数个数和负系数个数不随约化方法改变将涉及许多其他知识，超出了本课程的要求，在此略去．我们在此只说明零系数不随约化方法的改变而改变．

若 $\boldsymbol{A}$ 和 $\boldsymbol{B}$ 都是某个二次型的标准形所对应的相伴矩阵，那么它们都是对角矩阵，并且 $\boldsymbol{A}$ 和 $\boldsymbol{B}$ 是合同矩阵，因而存在可逆方阵 $\boldsymbol{P}$ 使得

$$\boldsymbol{B}=\boldsymbol{P}^{\mathrm{T}}\boldsymbol{A}\boldsymbol{P}.$$

由于乘可逆矩阵不改变秩，因此

$$\operatorname{rank}(\boldsymbol{A})=\operatorname{rank}(\boldsymbol{B}),$$

这表明 $\boldsymbol{A}$ 和 $\boldsymbol{B}$ 具有相同个数的非零对角元素，因此也具有相同个数的零对角元素．即，零系数的个数不随约化方法的改变而改变．

一个二次型的标准形中的正系数个数 p、负系数个数 q 分别称为该二次型的**正惯性指数**和**负惯性指数**，$p-q$ 称为**符号差**．

定义 5.7.1　*若二次型的标准形中的系数分别是 1，-1 和 0，则称其为二次型的***规范形**．

由惯性定理立即可以得到

推论 5.7.1　*若不考虑系数的出现次序，则任意一个给定的二次型的规范形是唯一的．*

习惯上总是将规范形的表达式按系数 1，-1 和 0 的次序排列．

例 5.7.1　由例 5.6.2 的解法三知，对二次型

$$f(x_1,x_2,x_3)=2x_1^2+x_2^2-4x_1x_2-4x_2x_3,$$

取

$$P=\begin{pmatrix}1&1&-2\\0&1&-2\\0&0&1\end{pmatrix},$$

则

$$B=P^{\mathrm{T}}AP=\begin{pmatrix}2&0&0\\0&-1&0\\0&0&4\end{pmatrix}.$$

所以，作代换 $x=Py$ 后，就得到标准形

$$\tilde{f}(y_1,y_2,y_3)=2y_1^2-y_2^2+4y_3^2.$$

再对 B 用

$$P_1=\begin{pmatrix}\frac{1}{\sqrt{2}}&0&0\\0&1&0\\0&0&\frac{1}{2}\end{pmatrix}\begin{pmatrix}1&0&0\\0&0&1\\0&1&0\end{pmatrix}$$

作合同变换，有

$$(PP_1)^{\mathrm{T}}APP_1=P_1^{\mathrm{T}}BP_1=P_1^{\mathrm{T}}\begin{pmatrix}2&0&0\\0&-1&0\\0&0&4\end{pmatrix}P_1=\begin{pmatrix}1&0&0\\0&1&0\\0&0&-1\end{pmatrix},$$

因此作代换 $x=(PP_1)y$ 后，就得到它的规范形

$$\tilde{\tilde{f}}(y_1,y_2,y_3)=y_1^2+y_2^2-y_3^2.$$

正定二次型和正定矩阵

我们比较感兴趣的是二次型的标准形中的系数全部为正和全部为负的情况，它在应用中有很好的性质．由于后一种情况与前一种情况总体相差一个负号，所以先讨论系数全部为正的情况．

定义 5.7.2　设 $f(x_1,x_2,\cdots,x_n)=x^{\mathrm{T}}Ax$ 是一个二次型．若对于任意实数 $x_1,x_2,\cdots,x_n$，总有

$$f(x_1,x_2,\cdots,x_n)\geqslant 0,$$

且等号成立当且仅当

$$x_1=x_2=\cdots=x_n=0,$$

则称 $f(x_1,x_2,\cdots,x_n)$ 是**正定二次型**，它的相伴矩阵 A 称为**正定矩阵**．

换句话说，对称矩阵 A 是正定矩阵意味着，对于任意 $x\in\mathbf{R}^n$，

$$x^{\mathrm{T}}Ax=(Ax,x)\geqslant 0,$$

且等号成立当且仅当 x 是零向量．

例 5.7.2　设 $P\in\mathbf{R}^{m\times n}$，证明：$P^{\mathrm{T}}P$ 是正定的充要条件是方程组 $Px=0$ 只有零解．

证　对任何 $x\in\mathbf{R}^n$，有

$$x^{\mathrm{T}}P^{\mathrm{T}}Px=(Px,Px)\geqslant 0.$$

显然$x^{\mathrm{T}}P^{\mathrm{T}}Px=0$ 等价于 $Px=\mathbf{0}$,由此即得,$P^{\mathrm{T}}P$ 是正定的充要条件是 $Px=\mathbf{0}$ 只有零解.

证毕

定义 5.7.3　设 A 是 n 阶矩阵,则由 A 的第 $i_1,i_2,\cdots,i_k$ 行和第 $i_1,i_2,\cdots,i_k$ 列($i_1<i_2<\cdots<i_k$)交叉处的元素保持相对位置组成 k 阶矩阵 $A(i_1,i_2,\cdots,i_k)$ 称为 A 的一个 k 阶**主子阵**,相应的行列式称为 A 的一个 k 阶**主子式**.

特别地,称 $A(1,2,\cdots,k)$ 为 A 的 k 阶**顺序主子阵**,相应的行列式称为 k 阶**顺序主子式**.

例如,若

$$A=\begin{pmatrix}a_{11}&a_{12}&a_{13}&a_{14}\\a_{21}&a_{22}&a_{23}&a_{24}\\a_{31}&a_{32}&a_{33}&a_{34}\\a_{41}&a_{42}&a_{43}&a_{44}\end{pmatrix},$$

则 $A(2,4)=\begin{pmatrix}a_{22}&a_{24}\\a_{42}&a_{44}\end{pmatrix}$是 A 的一个 2 阶主子阵,$\det(A(1,2))=\begin{vmatrix}a_{11}&a_{12}\\a_{21}&a_{22}\end{vmatrix}$是 A 的 2 阶顺序主子式.

显然,对固定的 k,A 有 C_n^k 个不同的 k 阶主子阵(主子式),其中有一个是顺序主子阵(主子式).

定理 5.7.2　设 $f(x_1,x_2,\cdots,x_n)$ 是二次型,其相伴矩阵为 A,则以下命题等价:

(1) $f(x_1,x_2,\cdots,x_n)$ 是正定二次型(或 A 是正定矩阵);

(2) $f(x_1,x_2,\cdots,x_n)$ 的标准形中的系数全部为正;

(3) A 的所有特征值都是正的;

(4) A 的各阶顺序主子式均大于零;

(5) A 的所有主子式均大于零;

(6) 存在唯一对角元素为正的下三角形矩阵 L,使得 $A=LL^{\mathrm{T}}$.

证　先证明命题(1),(2),(3)是等价的.

(1) $\Leftrightarrow$(2):取可逆矩阵 P,使得 $P^{\mathrm{T}}AP=B$ 是对角矩阵. 记 $B=(b_{ij})$.

若 $f(x_1,x_2,\cdots,x_n)$ 的标准形中的系数全部为正,则 B 的对角元素全部为正. 于是对于任意 $x\in\mathbf{R}^n$,令 $y=P^{-1}x$,则

$$\begin{aligned}x^{\mathrm{T}}Ax&=y^{\mathrm{T}}(P^{\mathrm{T}}AP)y=y^{\mathrm{T}}By\\&=b_{11}y_1^2+b_{22}y_2^2+\cdots+b_{nn}y_n^2\geqslant 0,\end{aligned}$$

由于 P 是可逆矩阵,因此 $x\neq\mathbf{0}$ 意味着 $y\neq\mathbf{0}$,所以$x^{\mathrm{T}}Ax>0$,即 A 是正定矩阵.

反过来,若 B 中至少有一个对角元素 $b_{kk}\leqslant 0$,取 $x=Pe_k$,显然,$x\neq\mathbf{0}$,且

$$x^{\mathrm{T}}Ax=(Pe_k)^{\mathrm{T}}A(Pe_k)=e_k^{\mathrm{T}}Be_k=b_{kk}\leqslant 0,$$

与 $f(x_1,x_2,\cdots,x_n)$ 是正定二次型矛盾. 于是总有 $b_{kk}>0(k=1,2,\cdots,n)$,从而$f(x_1,x_2,\cdots,x_n)$ 的标准形中的系数全部为正.

(2)$\Leftrightarrow$(3):由于 A 的所有特征值就是二次型$f(x_1,x_2,\cdots,x_n)$的某个标准形的系数,由惯性定理,A 的所有特征值都是正的等价于 $f(x_1,x_2,\cdots,x_n)$任一个标准形中的系数全部为正.

下面我们以循环的方式证明整个定理.

(1)⇒(4):若 $\boldsymbol{A}$ 是正定矩阵,于是对于任意 $\boldsymbol{x}\in\mathbf{R}^n$,

$$\boldsymbol{x}^{\mathrm{T}}\boldsymbol{A}\boldsymbol{x}\geqslant 0,$$

且等号仅当 $\boldsymbol{x}=\boldsymbol{0}$ 时成立.

记 $\boldsymbol{A}_k$ 是 $\boldsymbol{A}$ 的第 k 阶顺序主子阵. 特别地,取 $\boldsymbol{x}=\begin{pmatrix}\boldsymbol{x}^{(1)}\\ \boldsymbol{0}\end{pmatrix}\begin{matrix}\}k\text{ 维}\\ \}n-k\text{ 维}\end{matrix}$,则

$$\boldsymbol{x}^{\mathrm{T}}\boldsymbol{A}\boldsymbol{x}=(\boldsymbol{x}^{(1)})^{\mathrm{T}}\boldsymbol{A}_k\boldsymbol{x}^{(1)}\geqslant 0,$$

且等号仅当 $\boldsymbol{x}=\boldsymbol{0}$ 即 $\boldsymbol{x}^{(1)}=\boldsymbol{0}$ 时成立,所以 $\boldsymbol{A}_k$ 是正定矩阵.

由(1)与(3)等价知,$\boldsymbol{A}_k$ 的全部特征值都大于零,因此 $\det(\boldsymbol{A}_k)>0$.

(1)⇒(5):对 $\boldsymbol{A}$ 的任何一个主子阵 $\boldsymbol{A}(i_1,i_2,\cdots,i_k)$,取初等矩阵 $\boldsymbol{P}_1,\boldsymbol{P}_2,\cdots,\boldsymbol{P}_m$,使之成为

$$\tilde{\boldsymbol{A}}=(\boldsymbol{P}_1\boldsymbol{P}_2\cdots\boldsymbol{P}_m)^{\mathrm{T}}\boldsymbol{A}(\boldsymbol{P}_1\boldsymbol{P}_2\cdots\boldsymbol{P}_m)$$

的顺序主子阵,即 $\boldsymbol{A}(i_1,i_2,\cdots,i_k)=\tilde{\boldsymbol{A}}(1,2,\cdots,k)$. 根据正定矩阵的定义,由 $\boldsymbol{A}$ 的正定性可知 $\tilde{\boldsymbol{A}}$ 也是正定矩阵. 因为由(1)可以推得(4),从而

$$\det(\boldsymbol{A}(i_1,i_2,\cdots,i_k))=\det(\tilde{\boldsymbol{A}}(1,2,\cdots,k))>0.$$

(5)⇒(4):显然.

(4)⇒(6):若 $\boldsymbol{A}$ 的所有顺序主子式大于零,则 $\boldsymbol{A}(1)=a_{11}>0$. 已经知道,对辅助矩阵

$$(\boldsymbol{A}\ \vdots\ \boldsymbol{I})$$

进行第三类初等行变换,即左乘由上到下的第三类初等矩阵 $\boldsymbol{B}_1,\boldsymbol{B}_2,\cdots,\boldsymbol{B}_{n-1}$,可以使第 1 列的对角线以下元素变为零,记 a_{11} 为 $a_{11}^{(1)}$,即

$$(\boldsymbol{A}\ \vdots\ \boldsymbol{I})\to\begin{pmatrix}a_{11}^{(1)} & * & \cdots & * & 1 & & & \\ 0 & a_{22}^{(2)} & \cdots & * & l_{21} & 1 & & \\ \vdots & \vdots & & \vdots & \vdots & & \ddots & \\ 0 & a_{n2}^{(2)} & \cdots & a_{nn}^{(2)} & l_{n1} & & & 1\end{pmatrix},$$

于是,容易知道

$$\begin{pmatrix}1 & 0\\ l_{12} & 1\end{pmatrix}\begin{pmatrix}a_{11} & a_{12}\\ a_{21} & a_{22}\end{pmatrix}\begin{pmatrix}1 & 0\\ l_{12} & 1\end{pmatrix}^{\mathrm{T}}=\begin{pmatrix}a_{11}^{(1)} & 0\\ 0 & a_{22}^{(2)}\end{pmatrix}.$$

注意到 $\det(\boldsymbol{A}(1,2))>0$,即知 $a_{22}^{(2)}>0$. 于是,可以用第 2 行对第 2 列对角线以下元素施以同样的处理. 用数学归纳法不难知道,进行了 $n-1$ 个过程之后有

$$(\boldsymbol{A}\ \vdots\ \boldsymbol{I})\to\begin{pmatrix}a_{11}^{(1)} & * & \cdots & * & 1 & & & \\ & a_{22}^{(2)} & \cdots & * & * & 1 & & \\ & & \ddots & \vdots & \vdots & \ddots & \ddots & \\ & & & a_{nn}^{(n)} & * & \cdots & * & 1\end{pmatrix}.$$

从而

$$\begin{pmatrix}1 & & & \\ * & 1 & & \\ \vdots & \ddots & \ddots & \\ * & \cdots & * & 1\end{pmatrix}\boldsymbol{A}\begin{pmatrix}1 & & & \\ * & 1 & & \\ \vdots & \ddots & \ddots & \\ * & \cdots & * & 1\end{pmatrix}^{\mathrm{T}}=\begin{pmatrix}a_{11}^{(1)} & & & \\ & a_{22}^{(2)} & & \\ & & \ddots & \\ & & & a_{nn}^{(n)}\end{pmatrix},$$

这里 $a_{11}^{(1)},a_{22}^{(2)},\cdots,a_{nn}^{(n)}$ 都大于零.

由于可逆下三角形矩阵的逆矩阵仍是下三角形矩阵,记下三角形矩阵

$$L=\begin{pmatrix}1&&&\\ *&1&&\\ \vdots&\ddots&\ddots&\\ *&\cdots&*&1\end{pmatrix}^{-1}\begin{pmatrix}\sqrt{a_{11}^{(1)}}&&&\\ &\sqrt{a_{22}^{(2)}}&&\\ &&\ddots&\\ &&&\sqrt{a_{nn}^{(n)}}\end{pmatrix},$$

容易验证,L 的对角元素全部为正,且满足

$$A=LL^{\mathrm T},$$

由这个等式两边的矩阵的对应元素相等,可知由 A 的第一行元素能唯一确定 L 的第一列元素,再由 A 的第二行元素唯一确定 L 的第二列元素,以此类推,即知这样的 L 是唯一的(证明的细节留给读者).

(6)⇒(1):若存在对角元素为正的下三角形矩阵 L,使得 $A=LL^{\mathrm T}=A^{\mathrm T}$,则对于任意 $x\neq 0\in\mathbf R^n$,由于 L 是可逆矩阵,所以 $L^{\mathrm T}x\neq 0$,于是

$$x^{\mathrm T}Ax=x^{\mathrm T}(LL^{\mathrm T})x=(L^{\mathrm T}x,L^{\mathrm T}x)>0,$$

即 A 是正定矩阵.

证毕

例 5.7.3　问二次型 $f(x_1,x_2,\cdots,x_n)=2\sum\limits_{i=1}^{n}x_i^2+2\sum\limits_{1\leqslant i<j\leqslant n}x_ix_j$ 是否正定?

解　该二次型的相伴矩阵为 n 阶对称矩阵

$$A=\begin{pmatrix}2&1&\cdots&1\\1&2&\cdots&1\\ \vdots&\vdots&&\vdots\\1&1&\cdots&2\end{pmatrix}.$$

对于每个 $k(k=1,2,\cdots,n)$,由例 4.2.4 知,A 的 k 阶顺序主子式

$$\det(A(1,2,\cdots,k))=\begin{vmatrix}2&1&\cdots&1\\1&2&\cdots&1\\ \vdots&\vdots&&\vdots\\1&1&\cdots&2\end{vmatrix}=k+1>0,$$

由定理 5.7.2 知,$f(x_1,x_2,\cdots,x_n)$ 是正定二次型.

定义 5.7.4　将正定矩阵 A 化成

$$A=LL^{\mathrm T},$$

称为对 A 作 **Cholesky(楚列斯基)分解**,其中 L 是对角元素为正的下三角形矩阵.

由定理 5.7.2 知,正定矩阵的 Cholesky 分解是唯一的.

注意,定理 5.7.2 的(4)⇒(6)的证明也给出了正定矩阵的 Cholesky 分解的方法:对于 n 阶正定矩阵 A,用第三类行初等变换将辅助矩阵$(A\ \vdots\ I)$变为$(B\ \vdots\ C)$,其中 $B=(b_{ij})_{n\times n}$ 为上三角形矩阵,则 $A=LL^{\mathrm T}$,而

$$L=C^{-1}\mathrm{diag}(\sqrt{b_{11}},\sqrt{b_{22}},\cdots,\sqrt{b_{nn}}).$$

例 5.7.4　判断以下对称矩阵是否正定. 若正定,作它的 Cholesky 分解.

$$(1)\ \boldsymbol{A}=\begin{pmatrix}1&2&-1\\2&5&-1\\-1&-1&5\end{pmatrix};\quad (2)\ \boldsymbol{A}=\begin{pmatrix}1&-1&2\\-1&-1&0\\2&0&2\end{pmatrix}.$$

解　(1) 由于 $\boldsymbol{A}$ 的顺序主子式

$$a_{11}=1,\quad \begin{vmatrix}1&2\\2&5\end{vmatrix}=1,\quad \begin{vmatrix}1&2&-1\\2&5&-1\\-1&-1&5\end{vmatrix}=3,$$

因此 $\boldsymbol{A}$ 正定.

按从上到下的次序,消去对角元素以下的元素:

$$\begin{pmatrix}1&2&-1&1&0&0\\2&5&-1&0&1&0\\-1&-1&5&0&0&1\end{pmatrix}\rightarrow\begin{pmatrix}1&2&-1&1&0&0\\0&1&1&-2&1&0\\0&1&4&1&0&1\end{pmatrix}$$
$$\rightarrow\begin{pmatrix}1&2&-1&1&0&0\\0&1&1&-2&1&0\\0&0&3&3&-1&1\end{pmatrix}.$$

记

$$\boldsymbol{L}=\begin{pmatrix}1&0&0\\-2&1&0\\3&-1&1\end{pmatrix}^{-1}\begin{pmatrix}1&0&0\\0&1&0\\0&0&\sqrt{3}\end{pmatrix}=\begin{pmatrix}1&0&0\\2&1&0\\-1&1&\sqrt{3}\end{pmatrix},$$

则

$$\boldsymbol{A}=\boldsymbol{L}\boldsymbol{L}^{\mathrm{T}}=\begin{pmatrix}1&0&0\\2&1&0\\-1&1&\sqrt{3}\end{pmatrix}\begin{pmatrix}1&2&-1\\0&1&1\\0&0&\sqrt{3}\end{pmatrix}.$$

(2) 由于 $a_{22}=-1<0$,不满足定理 5.7.2 的命题(5),因此 $\boldsymbol{A}$ 不是正定矩阵.

再看二次型的标准形中的系数全部为负的情况.

定义 5.7.5　设 $f(x_1,x_2,\cdots,x_n)=\boldsymbol{x}^{\mathrm{T}}\boldsymbol{A}\boldsymbol{x}$ 是一个二次型,若对于任意实数 $x_1,x_2,\cdots,x_n$,总有

$$f(x_1,x_2,\cdots,x_n)\leqslant 0,$$

且等号成立当且仅当

$$x_1=x_2=\cdots=x_n=0,$$

则称 $f(x_1,x_2,\cdots,x_n)$ 是**负定二次型**,它的相伴矩阵 $\boldsymbol{A}$ 称为**负定矩阵**.

显然,若 $\boldsymbol{x}^{\mathrm{T}}\boldsymbol{A}\boldsymbol{x}$ 是负定二次型,则 $\boldsymbol{x}^{\mathrm{T}}(-\boldsymbol{A})\boldsymbol{x}$ 是正定二次型. 等价地,若 $\boldsymbol{A}$ 是负定矩阵,则 $-\boldsymbol{A}$ 是正定矩阵. 因此由定理 5.7.2 易推得

定理 5.7.3　设 $f(x_1,x_2,\cdots,x_n)$ 是二次型,其相伴矩阵为 $\boldsymbol{A}$,则以下命题等价:

(1) $f(x_1,x_2,\cdots,x_n)$ 是负定二次型(或 $\boldsymbol{A}$ 是负定矩阵);

(2) $f(x_1,x_2,\cdots,x_n)$ 的标准形中的系数全部为负;

(3) $\boldsymbol{A}$ 的所有特征值都是负的;

(4) $\boldsymbol{A}$ 的各阶顺序主子式满足 $(-1)^k\det(\boldsymbol{A}(1,2,\cdots,k))>0\ (k=1,2,\cdots,n)$.

用 Cholesky 分解解线性方程组

若 $\boldsymbol{A}$ 是正定矩阵,则可以利用它的 Cholesky 分解 $\boldsymbol{A}=\boldsymbol{L}\boldsymbol{L}^{\mathrm{T}}$ 求解以 $\boldsymbol{A}$ 为系数矩阵的线性方程组,其方法如下.

将方程组

$$\boldsymbol{A}\boldsymbol{x}=\boldsymbol{b}$$

改写为

$$(\boldsymbol{L}\boldsymbol{L}^{\mathrm{T}})\boldsymbol{x}=\boldsymbol{L}(\boldsymbol{L}^{\mathrm{T}}\boldsymbol{x})=\boldsymbol{b},$$

引进变量

$$\boldsymbol{y}=\boldsymbol{L}^{\mathrm{T}}\boldsymbol{x},$$

则可以将原方程组化成等价的两个方程组

$$\boldsymbol{A}\boldsymbol{x}=\boldsymbol{b}\Leftrightarrow\begin{cases}\boldsymbol{L}\boldsymbol{y}=\boldsymbol{b},\\ \boldsymbol{L}^{\mathrm{T}}\boldsymbol{x}=\boldsymbol{y}.\end{cases}$$

先由第 1 个方程解出 $\boldsymbol{y}$,再将 $\boldsymbol{y}$ 作为第 2 个方程的右端向量解出 $\boldsymbol{x}$,就得到了原方程组的解.

注意方程组$\begin{cases}\boldsymbol{L}\boldsymbol{y}=\boldsymbol{b},\\ \boldsymbol{L}^{\mathrm{T}}\boldsymbol{x}=\boldsymbol{y}\end{cases}$的系数矩阵都是三角形矩阵,所以实际计算时只要用递推方法就可以了.

例 5.7.5　解方程组

$$\boldsymbol{A}\boldsymbol{x}=\begin{pmatrix}1&2&-1\\2&5&-1\\-1&-1&5\end{pmatrix}\boldsymbol{x}=\begin{pmatrix}1\\1\\1\end{pmatrix}.$$

解　例 5.7.4 已经给出了 $\boldsymbol{A}$ 的 Cholesky 分解

$$\boldsymbol{A}=\begin{pmatrix}1&0&0\\2&1&0\\-1&1&\sqrt{3}\end{pmatrix}\begin{pmatrix}1&2&-1\\0&1&1\\0&0&\sqrt{3}\end{pmatrix}.$$

先解方程组

$$\begin{pmatrix}1&0&0\\2&1&0\\-1&1&\sqrt{3}\end{pmatrix}\boldsymbol{y}=\begin{pmatrix}1\\1\\1\end{pmatrix}.$$

可以从上到下,由第 1 个方程解得 $y_1=1$;将 y_1 代入第 2 个方程,解得 $y_2=-1$;再将 y_1 和 y_2 代入第 3 个方程,解得 $y_3=\sqrt{3}$.

然后,解方程组

$$\begin{pmatrix}1&2&-1\\0&1&1\\0&0&\sqrt{3}\end{pmatrix}\boldsymbol{x}=\boldsymbol{y}=\begin{pmatrix}1\\-1\\\sqrt{3}\end{pmatrix}.$$

这次由下而上,从第 3 个方程解得 $x_3=1$;将 x_3 代入第 2 个方程,解得 $x_2=-2$;再将 x_3 和 x_2 代入第 1 个方程,解得 $x_1=6$.

这样,就得到方程组的解

$$x=\begin{pmatrix}6\\-2\\1\end{pmatrix}.$$

用 Cholesky 分解求解线性方程组具有工作量小(约为 Gauss 消元法的一半)、存储量小(只要存储 $\boldsymbol{L}$ 的系数,因此也仅为 Gauss 消元法的一半)、稳定性好等优点,因而广泛运用在实际问题中(许多方程组可以根据其问题的背景知识判断其正定性).

二次曲线的分类

现在我们利用二次型的标准形和惯性定理对二次曲线

$$ax^2+2bxy+cy^2+dx+ey+f=0\ (a,b,c\text{ 不全为 }0)$$

作一个分类.

首先考察前 3 项构成的二次型的标准形. 由惯性定理,其标准形中的正系数个数、负系数个数和零系数个数是固定的,所以只有三种类型:

1. $\begin{vmatrix}a&b\\b&c\end{vmatrix}>0$.

这时 a,c 同号且全不为零. 适当选取符号可以使这类二次型是正定二次型,我们称其为椭圆型. 经过正交变换和平移后无非 3 种情况:

(1) $\dfrac{\tilde{x}^2}{\tilde{a}^2}+\dfrac{\tilde{y}^2}{\tilde{b}^2}=1$:椭圆;

(2) $\dfrac{\tilde{x}^2}{\tilde{a}^2}+\dfrac{\tilde{y}^2}{\tilde{b}^2}=0$:原点(退化的椭圆);

(3) $\dfrac{\tilde{x}^2}{\tilde{a}^2}+\dfrac{\tilde{y}^2}{\tilde{b}^2}=-1$:"虚"椭圆(轨迹不存在).

2. $\begin{vmatrix}a&b\\b&c\end{vmatrix}<0$.

这类二次型的标准形的 2 个系数的符号相反,我们称其为双曲型. 经过正交变换和平移后无非 2 种情况:

(1) $\dfrac{\tilde{x}^2}{\tilde{a}^2}-\dfrac{\tilde{y}^2}{\tilde{b}^2}=1$:双曲线;

(2) $\dfrac{\tilde{x}^2}{\tilde{a}^2}-\dfrac{\tilde{y}^2}{\tilde{b}^2}=0$:两条相交直线(双曲线的极限情况).

3. $\begin{vmatrix}a&b\\b&c\end{vmatrix}=0$.

这类二次型的标准形的系数中有一个是 0,我们称其为抛物型. 经过正交变换和平移后无非 4 种情况:

(1) $\tilde{y}^2=2p\tilde{x}$：抛物线；

(2) $\tilde{y}^2=\tilde{a}^2$：两条平行直线（抛物线的极限情况）；

(3) $\tilde{y}^2=0$：坐标轴（退化的平行直线）；

(4) $\tilde{y}^2=-\tilde{a}^2$："虚"直线（轨迹不存在）.

以上给出了二次曲线的所有标准形式．因此，方程

$$ax^2+2bxy+cy^2+dx+ey+f=0$$

表示的曲线类型由其二次项构成的二次型完全确定.

习　题

1. 证明：将正定矩阵 $\boldsymbol{A}$ 化成

$$\boldsymbol{A}=\boldsymbol{L}\boldsymbol{L}^{\mathrm{T}}$$

的 $\boldsymbol{L}$ 是唯一的，这里 $\boldsymbol{L}$ 是对角元素为正的下三角形矩阵.

2. 若 $\boldsymbol{A}$ 和 $\boldsymbol{B}$ 为同阶正定矩阵，对下述论断，或证明其成立，或举例说明不成立：

(1) $\boldsymbol{A}+\boldsymbol{B}$ 正定；　　(2) $\boldsymbol{AB}$ 正定.

3. 判断以下矩阵是否正定：

(1) $\boldsymbol{A}=\begin{pmatrix}1&2\\2&1\end{pmatrix}$；　　(2) $\boldsymbol{A}=\begin{pmatrix}2&1&2\\1&2&1\\2&1&3\end{pmatrix}$；

(3) $\boldsymbol{A}=\begin{pmatrix}2&1&4&6\\1&2&1&5\\4&1&3&4\\6&5&4&2\end{pmatrix}$；　　(4) $\boldsymbol{A}=\begin{pmatrix}1&0&-1\\0&2&1\\-1&1&3\end{pmatrix}$.

4. 求可逆矩阵 $\boldsymbol{P}$，使下列正定矩阵 $\boldsymbol{A}$ 为 $\boldsymbol{P}^{\mathrm{T}}\boldsymbol{P}$ 形式：

(1) $\boldsymbol{A}=\begin{pmatrix}1&-1\\-1&2\end{pmatrix}$；　　(2) $\boldsymbol{A}=\begin{pmatrix}1&-1&0\\-1&2&-2\\0&-2&5\end{pmatrix}$.

5. 试证 $\boldsymbol{A}=\begin{pmatrix}3&-1\\-1&3\end{pmatrix}$ 为正定矩阵，并求正定矩阵 $\boldsymbol{B}$，使得 $\boldsymbol{B}^2=\boldsymbol{A}$.

6. 设 $\boldsymbol{A}$ 为正定矩阵，证明：对任何正整数 m，存在正定矩阵 $\boldsymbol{B}$，使得 $\boldsymbol{B}^m=\boldsymbol{A}$.

7. 设 $f(x_1,x_2,\cdots,x_n)=\boldsymbol{x}^{\mathrm{T}}\boldsymbol{A}\boldsymbol{x}$ 是一个二次型．若对于任意实数 $x_1,x_2,\cdots,x_n$，总有

$$f(x_1,x_2,\cdots,x_n)\geqslant 0,$$

则称 $f(x_1,x_2,\cdots,x_n)$ 是**半正定二次型**，它的相伴矩阵 $\boldsymbol{A}$ 称为**半正定矩阵**．证明以下命题等价：

(1) $f(x_1,x_2,\cdots,x_n)$ 是半正定二次型；

(2) $f(x_1,x_2,\cdots,x_n)$ 的正惯性指数等于它的秩；

(3) $\boldsymbol{A}$ 的所有特征值均大于或等于零；

(4) $\boldsymbol{A}$ 的所有主子式均大于或等于零；

(5) 存在 n 阶矩阵 $\boldsymbol{P}$，使得 $\boldsymbol{A}=\boldsymbol{P}^{\mathrm{T}}\boldsymbol{P}$.

8. 确定 λ 的取值范围，使得下列二次型为正定的：

（1）$5x_1^2+x_2^2+\lambda x_3^2+4x_1x_2-2x_1x_3-2x_2x_3$；

（2）$x_1^2+x_2^2+5x_3^2+2\lambda x_1x_2-2x_1x_3+4x_2x_3$.

9. 设 $\boldsymbol{\alpha}$ 是 n 维行向量（$n\geqslant 2$），问 $\boldsymbol{\alpha}^{\mathrm{T}}\boldsymbol{\alpha}$ 是否为正定矩阵？

10. 设 $\boldsymbol{A}$ 为正定矩阵，证明：若 $\boldsymbol{A}$ 还是正交矩阵，则 $\boldsymbol{A}$ 是单位矩阵.

11. 设 $\boldsymbol{A}$ 是一个 n 阶实对称矩阵，证明：当 t 充分大时，$\boldsymbol{A}+t\boldsymbol{I}_n$ 是正定矩阵.

12. 设 $\boldsymbol{A},\boldsymbol{B}$ 是 n 阶实对称矩阵，且 $\boldsymbol{A}$ 是正定的．证明：存在 n 阶实可逆矩阵 $\boldsymbol{P}$，使得 $\boldsymbol{P}^{\mathrm{T}}\boldsymbol{A}\boldsymbol{P}$ 和 $\boldsymbol{P}^{\mathrm{T}}\boldsymbol{B}\boldsymbol{P}$ 都是对角矩阵.

13. 设

$$\boldsymbol{A}=\begin{pmatrix} 1 & 1 & \cdots & 1 \\ x_1 & x_2 & \cdots & x_m \\ x_1^2 & x_2^2 & \cdots & x_m^2 \\ \vdots & \vdots & & \vdots \\ x_1^{n-1} & x_2^{n-1} & \cdots & x_m^{n-1} \end{pmatrix},$$

其中 $x_1,x_2,\cdots,x_m$ 是互不相同的实数，试讨论矩阵 $\boldsymbol{B}=\boldsymbol{A}^{\mathrm{T}}\boldsymbol{A}$ 的正定性.

14. 求下列矩阵的 Cholesky 分解：

（1）$\boldsymbol{A}=\begin{pmatrix} 4 & 0 & -4 \\ 0 & 1 & 1 \\ -4 & 1 & 6 \end{pmatrix}$；　　（2）$\boldsymbol{B}=\begin{pmatrix} 9 & 6 & 3 \\ 6 & 5 & 2 \\ 3 & 2 & 2 \end{pmatrix}$.

15. 利用上题结果，用 Cholesky 分解求解下列方程组：

（1）$\boldsymbol{Ax}=(0,1,2)^{\mathrm{T}}$；　　（2）$\boldsymbol{Bx}=(0,-1,-1)^{\mathrm{T}}$.

第六章 空间解析几何

空间解析几何是在三维坐标系中，用代数方法研究空间曲面和曲线性质的一个数学分支，它是代数与几何相结合的产物．由于在空间中引入了坐标系，空间上的点便与有序数对建立了一一对应关系，并且通过坐标法可以把几何性质数量化．由于许多空间曲线和曲面可以与代数方程（组）对应起来，几何问题便转化为代数问题，并且通过代数问题的研究可以得到新的几何结果．解析几何将变量引进了数学，使运动与变化的定量描述成为可能，因此它也是微积分的基础和必不可少的工具．本章的讨论从三维空间中向量的内积、外积和混合积开始，然后讨论直线、平面和各类二次曲面，并介绍一些曲线和曲面的基础知识．这些知识也是学习多元微积分的必要准备．

§1 向量的内积、外积和混合积

空间直角坐标系

我们知道，建立了平面直角坐标系后，平面上的每一点都与其坐标一一对应，这样就定量地确定了平面上的任一点位置．为了定量地确定空间上每一点的位置，我们需要建立空间直角坐标系．

在空间取定一点 O，过点 O 作三条相互垂直的数轴，它们都以 O 为原点，且都取相同的长度单位．这三条数轴通常分别称为 x 轴，y 轴和 z 轴，统称为**坐标轴**．它们的正方向要符合右手定则，即以右手握住 z 轴，当右手的四个手指从 x 轴正向以逆时针方向 $\frac{\pi}{2}$ 角度转向 y 轴正向时，拇指的指向就是 z 轴的正向．这样的三条坐标轴就组成了一个空间直角坐标系．点 O 称为**坐标原点**，简称**原点**．习惯上把 x 轴和 y 轴配置在水平面上，而 z 轴则铅垂向上，当然它们要符合右手定则（见图 6.1.1）．

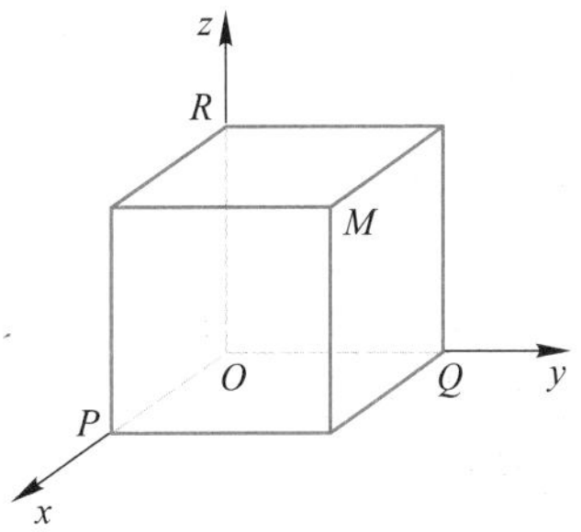

图 6.1.1

由 x 轴和 y 轴确定的平面称为 Oxy 平面，由 y 轴和 z 轴确定的平面称为 Oyz 平面，由 z 轴和 x 轴确定的平面称为 Ozx 平面，统称为**坐标平面**．三张坐标平面把空间分成八个部分，每一部分叫做**卦限**．含有 x 轴，y 轴和 z 轴正半轴的那个卦限称为第Ⅰ卦限，第Ⅱ、第Ⅲ、第Ⅳ卦限在 Oxy 平面上方，依逆时针方向依次确定．第Ⅴ、Ⅵ、Ⅶ、Ⅷ卦限在 Oxy 平面下方，由第Ⅰ卦限之下的第Ⅴ卦限，依逆时针方向依次确定.

对于空间上的任一点 M，过点 M 作三张平面分别垂直于 x 轴，y 轴和 z 轴，且与这三个轴分别交于 P,Q,R 三点（见图 6.1.1），这三点在 x 轴，y 轴和 z 轴的坐标依次为 x,y,z，那么点 M 唯一确定了一个 $\mathbf{R}^3$ 中的元素 (x,y,z)（本章中，我们用行向量来表示向量）；反之，对于 $\mathbf{R}^3$ 中的元素 (x,y,z)，分别在 x 轴，y 轴和 z 轴上取坐标为 x,y,z 的点 P,Q,R，然后通过 P,Q,R 分别作垂直于 x 轴，y 轴和 z 轴的平面，这三张平面的交点便是由 (x,y,z) 所确定的点．这样一来，我们就建立了空间上的点 M 与 $\mathbf{R}^3$ 中的元素 (x,y,z) 的一一对应关系．称 (x,y,z) 为点 M 的**坐标**．显然，原点 O 的坐标为 $(0,0,0)$．我们常将坐标为 (x,y,z) 的点 M 记为 $M(x,y,z)$.

设 $M_1(x_1,y_1,z_1)$，$M_2(x_2,y_2,z_2)$ 为空间上两点．过 M_1,M_2 各作三张平面分别垂直于三个坐标轴，这六张平面围成一个以线段 M_1M_2 为对角线的长方体（这些平面与三个坐标轴的交点如图 6.1.2 所示）.

M_1 与 M_2 的**距离** d 就是线段 M_1M_2 的长度 $\|M_1M_2\|$．由于

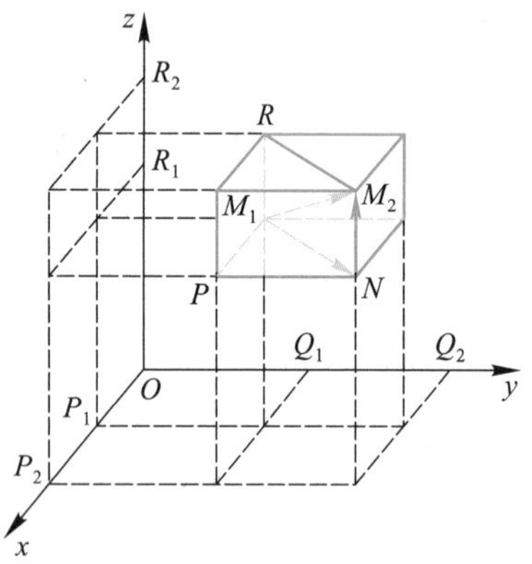

图 6.1.2

$$
\begin{aligned}
d^2 &= \|M_1M_2\|^2 = \|M_1N\|^2 + \|NM_2\|^2 \\
&= \|M_1P\|^2 + \|PN\|^2 + \|NM_2\|^2 \\
&= \|P_1P_2\|^2 + \|Q_1Q_2\|^2 + \|R_1R_2\|^2 \\
&= (x_2-x_1)^2 + (y_2-y_1)^2 + (z_2-z_1)^2,
\end{aligned}
$$

所以

$$d = \sqrt{(x_2-x_1)^2 + (y_2-y_1)^2 + (z_2-z_1)^2}.$$

这就是空间中**两点间的距离公式**.

特别地，如果 M_1 和 M_2 都在 Oxy 平面上，这时 $z_1=z_2=0$，则 M_1 与 M_2 的距离为

$$d = \sqrt{(x_2-x_1)^2 + (y_2-y_1)^2},$$

这与平面直角坐标系中的情况相吻合.

显然点 $M(x,y,z)$ 与原点 $O(0,0,0)$ 的距离为

$$\sqrt{x^2+y^2+z^2}.$$

向量

在实际生活中，我们常遇到一类量，如力、速度、加速度、电场强度等，它们既有大小又有方向．既有大小又有方向的量称为**向量**．从几何上看，向量就是空间上的有向线段，即规定了一端为起点，另一端为终点，并确定由起点指向终点为方向的线段．有向线段的长度表示向量的大小，方向表示向量的方向．向量通常用黑体字母表示，如 $\boldsymbol{a},\boldsymbol{b},\boldsymbol{c},\boldsymbol{x},\boldsymbol{y},\boldsymbol{z}$ 等.

在本书中，若向量 $\boldsymbol{a}$ 与 $\boldsymbol{b}$ 的大小相等，方向相同，我们就称它们是相等的，记为 $\boldsymbol{a}=\boldsymbol{b}$．这就是说，如果一个向量通过平行移动，与另一个向量的大小和方向完全重合，我们就认为它们是相等的.

在空间直角坐标系下，对于空间中任一点 M，记 $\overrightarrow{OM}$ 为起点为坐标原点 O，终点为 M 的

向量,过点 M 作三张平面分别垂直于 x 轴,y 轴和 z 轴,它们与这三个轴分别交于 P,Q,R 三点(见图 6.1.1),这三点在 x 轴,y 轴和 z 轴的坐标依次为 x,y,z,由于 MP,MQ 和 MR 分别垂直于坐标轴,因而也分别称 x,y 和 z 为 $\overrightarrow{OM}$ 在 x 轴,y 轴和 z 轴上的(数量)**投影**. 显然,向量 $\overrightarrow{OM}$ 与点 M 是一一对应的,而由 $\overrightarrow{OM}$ 在三个坐标轴上的投影 x,y,z 组成的 $\mathbf{R}^3$ 中的元素(x,y,z)即为 M 的坐标. 于是,$\mathbf{R}^3$ 中的元素(x,y,z)既可以表示空间中的点,又可以表示向量,空间中的点与向量就统一起来了,这就是我们将 $\mathbf{R}^3$ 中的元素称为向量的原因. 在本书中,$\mathbf{R}^3$ 中的元素有时表示点,有时表示向量,请读者根据具体情况加以确认. 对于空间中的任意向量 $\boldsymbol{x}$,我们可以将它平行移动,使它的起点重合于原点,便得到一个与 $\boldsymbol{x}$ 相等的向量 $\overrightarrow{OM}$. $\overrightarrow{OM}$ 在 x 轴,y 轴和 z 轴上的投影 x,y,z 也分别称为 $\boldsymbol{x}$ 在 x 轴,y 轴和 z 轴上的投影. 于是,我们就可以将 $\boldsymbol{x}$ 与(x,y,z)等同起来,即 $\boldsymbol{x}=(x,y,z)$,而(x,y,z)也称为 $\boldsymbol{x}$ 的**坐标**. 显然,空间中起点为 $M_1(x_1,y_1,z_1)$,终点为 $M_2(x_2,y_2,z_2)$的向量 $\overrightarrow{M_1M_2}=(x_2-x_1,y_2-y_1,z_2-z_1)$.

向量的内积和外积

在第四章中我们定义了两个向量的数乘、加法和减法,即,若空间向量 $\boldsymbol{x}=(x_1,x_2,x_3)$,$\boldsymbol{y}=(y_1,y_2,y_3)\in\mathbf{R}^3$,以及数 $b,c\in\mathbf{R}$,则

$$c\boldsymbol{x}=(cx_1,cx_2,cx_3),$$

$$\boldsymbol{x}+\boldsymbol{y}=(x_1+y_1,x_2+y_2,x_3+y_3),$$

$$\boldsymbol{x}-\boldsymbol{y}=(x_1-y_1,x_2-y_2,x_3-y_3).$$

在前一小节的几何对应之下,与平面向量一样,空间向量的加法也满足平行四边形法则和三角形法则,减法和数乘也有相应的几何解释(见图 6.1.3). 事实上,在直角坐标系中. 作 $\overrightarrow{OA}=\boldsymbol{x}$,$\overrightarrow{AB}=\boldsymbol{y}$(见图 6.1.4). 设点 B 的坐标为(z_1,z_2,z_3),因为点 A 的坐标为(x_1,x_2,x_3),则

$$\overrightarrow{AB}=(z_1-x_1,z_2-x_2,z_3-x_3).$$

由于向量的坐标是唯一确定的,所以由 $\boldsymbol{y}=(y_1,y_2,y_3)$得

$$y_1=z_1-x_1,\quad y_2=z_2-x_2,\quad y_3=z_3-x_3.$$

即

$$\overrightarrow{OB}=(x_1+y_1,x_2+y_2,x_3+y_3)=\boldsymbol{x}+\boldsymbol{y}.$$

注意到 $\overrightarrow{OB}$ 就是由三角形法则确定的 $\boldsymbol{x}+\boldsymbol{y}$,这就说明,两个向量之和的定义满足三角形法则. 其余不再详述.

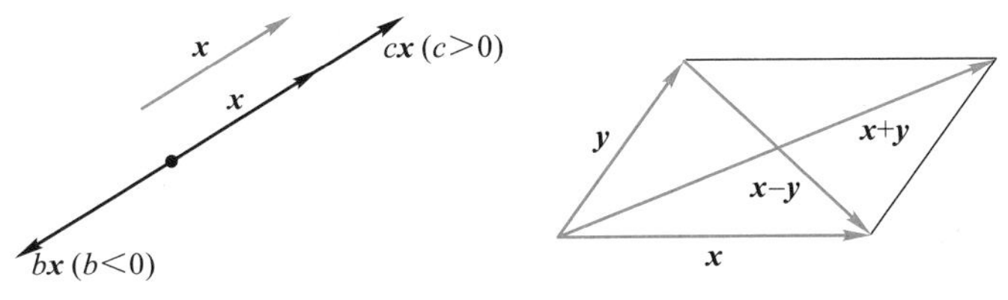

图 6.1.3

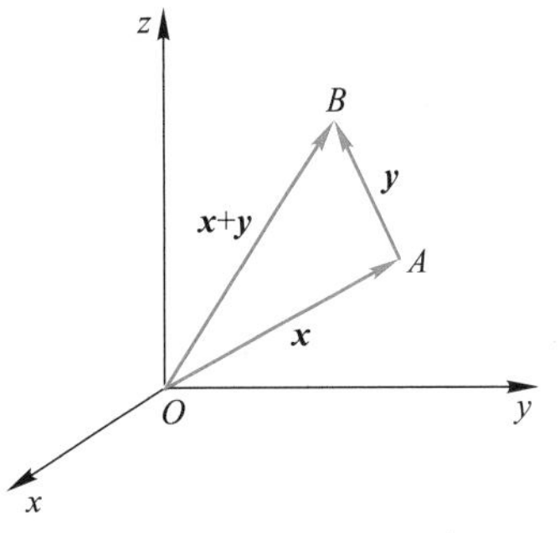

图 6.1.4

在第五章中，我们还定义了两个向量的内积，由此引出了向量的长度、夹角等概念．具体在空间 $\mathbf{R}^3$ 上就是：对空间向量 $\boldsymbol{x}=(x_1,x_2,x_3)$，$\boldsymbol{y}=(y_1,y_2,y_3)\in\mathbf{R}^3$，定义

$$(\boldsymbol{x},\boldsymbol{y})=x_1y_1+x_2y_2+x_3y_3$$

为 $\boldsymbol{x}$ 和 $\boldsymbol{y}$ 的**内积**.

$\|\boldsymbol{x}\|=\sqrt{(\boldsymbol{x},\boldsymbol{x})}=\sqrt{x_1^2+x_2^2+x_3^2}$ 就是向量 $\boldsymbol{x}$ 的**长度**，也称为 $\boldsymbol{x}$ 的**模**，它表示了向量 $\boldsymbol{x}$ 的大小．显然对于任意 $\boldsymbol{x}\in\mathbf{R}^3$，$\|\boldsymbol{x}\|\geqslant 0$，且 $\|\boldsymbol{x}\|=0$ 当且仅当 $\boldsymbol{x}=\mathbf{0}$.

内积是只有大小，没有方向的量，即数量，因此也称为**数量积**．由于向量 $\boldsymbol{x}$ 和 $\boldsymbol{y}$ 的内积 $(\boldsymbol{x},\boldsymbol{y})$ 也经常记为 $\boldsymbol{x}\cdot\boldsymbol{y}$，所以又称作**点积**.

已经知道，内积具有下列性质：

(1)（**正定性**）　对于任意向量 $\boldsymbol{x}\in\mathbf{R}^3$，成立 $\boldsymbol{x}\cdot\boldsymbol{x}\geqslant 0$，且 $\boldsymbol{x}\cdot\boldsymbol{x}=0$ 当且仅当 $\boldsymbol{x}=\mathbf{0}$；

(2)（**对称性**）　对于任意向量 $\boldsymbol{x},\boldsymbol{y}\in\mathbf{R}^3$，成立

$$\boldsymbol{x}\cdot\boldsymbol{y}=\boldsymbol{y}\cdot\boldsymbol{x};$$

(3)（**线性性**）　对于任意向量 $\boldsymbol{x},\boldsymbol{y},\boldsymbol{z}\in\mathbf{R}^3$ 和 $\lambda,\mu\in\mathbf{R}$，成立

$$(\lambda\boldsymbol{x}+\mu\boldsymbol{y})\cdot\boldsymbol{z}=\lambda(\boldsymbol{x}\cdot\boldsymbol{z})+\mu(\boldsymbol{y}\cdot\boldsymbol{z}),$$
$$\boldsymbol{z}\cdot(\lambda\boldsymbol{x}+\mu\boldsymbol{y})=\lambda(\boldsymbol{z}\cdot\boldsymbol{x})+\mu(\boldsymbol{z}\cdot\boldsymbol{y});$$

(4)（**Schwarz 不等式**）　对于任意向量 $\boldsymbol{x},\boldsymbol{y}\in\mathbf{R}^3$，成立

$$|\boldsymbol{x}\cdot\boldsymbol{y}|\leqslant\|\boldsymbol{x}\|\|\boldsymbol{y}\|.$$

两个向量 $\boldsymbol{x}$ 和 $\boldsymbol{y}$ 的**夹角**是指它们平行移动到同一起点时从 $\boldsymbol{x}$ 的正向到 $\boldsymbol{y}$ 的正向所形成的取值于 $[0,\pi]$ 的角．零向量没有方向，但习惯上约定它与任何向量的夹角可为 $[0,\pi]$ 上的任意值．若 $\boldsymbol{x},\boldsymbol{y}\neq\mathbf{0}$，则 $\boldsymbol{x}$ 与 $\boldsymbol{y}$ 的夹角为

$$\theta=\arccos\frac{\boldsymbol{x}\cdot\boldsymbol{y}}{\|\boldsymbol{x}\|\|\boldsymbol{y}\|}.$$

事实上，由余弦定理（见图 6.1.3），有

$$\|\boldsymbol{x}-\boldsymbol{y}\|^2=\|\boldsymbol{x}\|^2+\|\boldsymbol{y}\|^2-2\|\boldsymbol{x}\|\|\boldsymbol{y}\|\cos\theta,$$

而

$$\|\boldsymbol{x}-\boldsymbol{y}\|^2=(\boldsymbol{x}-\boldsymbol{y})\cdot(\boldsymbol{x}-\boldsymbol{y})=\boldsymbol{x}\cdot\boldsymbol{x}-\boldsymbol{x}\cdot\boldsymbol{y}-\boldsymbol{y}\cdot\boldsymbol{x}+\boldsymbol{y}\cdot\boldsymbol{y}=\|\boldsymbol{x}\|^2+\|\boldsymbol{y}\|^2-2\boldsymbol{x}\cdot\boldsymbol{y},$$

因此成立

$$\boldsymbol{x}\cdot\boldsymbol{y}=\|\boldsymbol{x}\|\|\boldsymbol{y}\|\cos\theta,\quad\text{即}\quad\theta=\arccos\frac{\boldsymbol{x}\cdot\boldsymbol{y}}{\|\boldsymbol{x}\|\|\boldsymbol{y}\|}.$$

称 $\|\boldsymbol{y}\|\cos\theta$ 为 $\boldsymbol{y}$ 在 $\boldsymbol{x}$ 方向上的**投影**．上式说明，$\boldsymbol{x}$ 和 $\boldsymbol{y}$ 的内积等于 $\boldsymbol{x}$ 的模乘 $\boldsymbol{y}$ 在 $\boldsymbol{x}$ 方向上的投影（见图 6.1.5）.

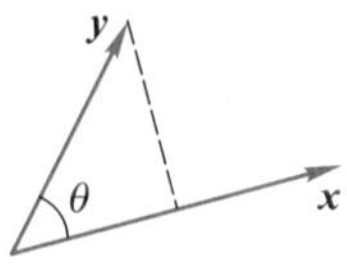

图 6.1.5

如果两个空间向量 $\boldsymbol{x}$ 与 $\boldsymbol{y}$ 的夹角为 $\frac{\pi}{2}$，就称这两个向量**垂直**或**正交**，常记为 $\boldsymbol{x}\perp\boldsymbol{y}$. 习惯上也约定零向量与任何向量垂直．显然 $\boldsymbol{x}\perp\boldsymbol{y}$ 的充分必要条件是

$$\boldsymbol{x}\cdot\boldsymbol{y}=0.$$

记 $\mathbf{R}^3$ 中与 x 轴，y 轴，z 轴同向的单位向量为 $\boldsymbol{i},\boldsymbol{j},\boldsymbol{k}$（即前面的 $\boldsymbol{e}_1,\boldsymbol{e}_2,\boldsymbol{e}_3$）．对于任意向量 $\boldsymbol{x}=(x_1,x_2,x_3)\in\mathbf{R}^3$，我们也常记作 $\boldsymbol{x}(x_1,x_2,x_3)$，而且已经知道，还可以将 $\boldsymbol{x}$ 表示为 $\boldsymbol{x}=x_1\boldsymbol{i}+x_2\boldsymbol{j}+x_3\boldsymbol{k}$.

由于当 $\boldsymbol{x}\neq\boldsymbol{0}$ 时,有

$$\boldsymbol{x}\cdot\boldsymbol{i}=x_1=\|\boldsymbol{x}\|\cos\alpha,\quad \boldsymbol{x}\cdot\boldsymbol{j}=x_2=\|\boldsymbol{x}\|\cos\beta,\quad \boldsymbol{x}\cdot\boldsymbol{k}=x_3=\|\boldsymbol{x}\|\cos\gamma,$$

其中 α,β,γ 分别为 $\boldsymbol{x}$ 与 x 轴,y 轴和 z 轴正向的夹角,而 $\|\boldsymbol{x}\|\cos\alpha$, $\|\boldsymbol{x}\|\cos\beta$ 和 $\|\boldsymbol{x}\|\cos\gamma$ 分别是 $\boldsymbol{x}$ 在 x 轴,y 轴和 z 轴上的投影. 因此,现在定义的向量在坐标轴方向上的投影与上一小节定义的向量在坐标轴上的投影是相吻合的.

称 $\cos\alpha,\cos\beta,\cos\gamma$ 为向量 $\boldsymbol{x}$ 的**方向余弦**,它可以确定 $\boldsymbol{x}$ 的方向. 显然,若 $\boldsymbol{x}=x_1\boldsymbol{i}+x_2\boldsymbol{j}+x_3\boldsymbol{k}\neq\boldsymbol{0}$,则

$$\cos\alpha=\frac{x_1}{\|\boldsymbol{x}\|},\quad \cos\beta=\frac{x_2}{\|\boldsymbol{x}\|},\quad \cos\gamma=\frac{x_3}{\|\boldsymbol{x}\|}.$$

例 6.1.1 设 $O(0,0,0)$,$A(1,2,1)$,$B(2,0,3)$ 为空间三点.

(1) 求向量 $\overrightarrow{OA}$ 与 $\overrightarrow{AB}$ 的夹角 θ;

(2) 求向量 $\overrightarrow{AB}$ 的方向余弦.

解 (1) 显然 $\overrightarrow{OA}=(1,2,1)$,$\overrightarrow{AB}=(1,-2,2)$. 所以

$$\overrightarrow{OA}\cdot\overrightarrow{AB}=1\times1+2\times(-2)+1\times2=-1,$$
$$\|\overrightarrow{OA}\|=\sqrt{1^2+2^2+1^2}=\sqrt{6},$$
$$\|\overrightarrow{AB}\|=\sqrt{1^2+(-2)^2+2^2}=3.$$

于是向量 $\overrightarrow{OA}$ 与 $\overrightarrow{AB}$ 的夹角

$$\theta=\arccos\frac{\overrightarrow{OA}\cdot\overrightarrow{AB}}{\|\overrightarrow{OA}\|\cdot\|\overrightarrow{AB}\|}=\arccos\frac{-1}{3\sqrt{6}}.$$

(2) 由于

$$\overrightarrow{AB}=(1,-2,2)=\boldsymbol{i}-2\boldsymbol{j}+2\boldsymbol{k},\quad \|\overrightarrow{AB}\|=3,$$

所以 $\overrightarrow{AB}$ 的方向余弦为

$$\cos\alpha=\frac{1}{3},\quad \cos\beta=-\frac{2}{3},\quad \cos\gamma=\frac{2}{3}.$$

例 6.1.2 设 $\boldsymbol{a}=(3,-6,-1)$,$\boldsymbol{b}=(1,4,-5)$,$\boldsymbol{c}=(3,-4,12)$,求 $(\boldsymbol{a}\cdot\boldsymbol{c})\boldsymbol{b}+(\boldsymbol{a}\cdot\boldsymbol{b})\boldsymbol{c}$ 在 $\boldsymbol{c}$ 上的投影.

解 由定义知 $(\boldsymbol{a}\cdot\boldsymbol{c})\boldsymbol{b}+(\boldsymbol{a}\cdot\boldsymbol{b})\boldsymbol{c}$ 在 $\boldsymbol{c}$ 上的投影为

$$\frac{1}{\|\boldsymbol{c}\|}\boldsymbol{c}\cdot[(\boldsymbol{a}\cdot\boldsymbol{c})\boldsymbol{b}+(\boldsymbol{a}\cdot\boldsymbol{b})\boldsymbol{c}]=\frac{1}{\|\boldsymbol{c}\|}[(\boldsymbol{a}\cdot\boldsymbol{c})(\boldsymbol{c}\cdot\boldsymbol{b})+(\boldsymbol{a}\cdot\boldsymbol{b})\|\boldsymbol{c}\|^2].$$

因为

$$\boldsymbol{a}\cdot\boldsymbol{b}=3\times1+(-6)\times4+(-1)\times(-5)=-16,$$
$$\boldsymbol{a}\cdot\boldsymbol{c}=3\times3+(-6)\times(-4)+(-1)\times12=21,$$
$$\boldsymbol{c}\cdot\boldsymbol{b}=3\times1+(-4)\times4+12\times(-5)=-73,$$
$$\|\boldsymbol{c}\|=\sqrt{3^2+(-4)^2+12^2}=13.$$

所以 $(\boldsymbol{a}\cdot\boldsymbol{c})\boldsymbol{b}+(\boldsymbol{a}\cdot\boldsymbol{b})\boldsymbol{c}$ 在 $\boldsymbol{c}$ 上的投影为

$$\frac{1}{\|\boldsymbol{c}\|}[(\boldsymbol{a}\cdot\boldsymbol{c})(\boldsymbol{c}\cdot\boldsymbol{b})+(\boldsymbol{a}\cdot\boldsymbol{b})\|\boldsymbol{c}\|^2]=-\frac{4\ 237}{13}.$$

现在引进向量的另一种乘积运算.

定义 6.1.1　设

$$\boldsymbol{x}=(x_1,x_2,x_3)=x_1\boldsymbol{i}+x_2\boldsymbol{j}+x_3\boldsymbol{k},\quad \boldsymbol{y}=(y_1,y_2,y_3)=y_1\boldsymbol{i}+y_2\boldsymbol{j}+y_3\boldsymbol{k}\in\mathbf{R}^3,$$

定义

$$\begin{aligned}\boldsymbol{x}\times\boldsymbol{y}&=(x_2y_3-x_3y_2,x_3y_1-x_1y_3,x_1y_2-x_2y_1)\\&=(x_2y_3-x_3y_2)\boldsymbol{i}+(x_3y_1-x_1y_3)\boldsymbol{j}+(x_1y_2-x_2y_1)\boldsymbol{k}\end{aligned}$$

为 $\boldsymbol{x}$ 和 $\boldsymbol{y}$ 的**外积**或**向量积**.

由于外积的运算符号是一个叉,因此又称作**叉积**.

不难验证,$\boldsymbol{x}$ 和 $\boldsymbol{y}$ 的外积可以用行列式形式地表示为

$$\boldsymbol{x}\times\boldsymbol{y}=\begin{vmatrix}\boldsymbol{i}&\boldsymbol{j}&\boldsymbol{k}\\x_1&x_2&x_3\\y_1&y_2&y_3\end{vmatrix}.$$

从定义可以看出

$$\boldsymbol{i}\times\boldsymbol{j}=\boldsymbol{k},\quad \boldsymbol{j}\times\boldsymbol{k}=\boldsymbol{i},\quad \boldsymbol{k}\times\boldsymbol{i}=\boldsymbol{j},$$
$$\boldsymbol{i}\times\boldsymbol{i}=\boldsymbol{0},\quad \boldsymbol{j}\times\boldsymbol{j}=\boldsymbol{0},\quad \boldsymbol{k}\times\boldsymbol{k}=\boldsymbol{0}.$$

容易证明外积具有下列性质:

(1)(**反对称性**)　对于任意 $\boldsymbol{x},\boldsymbol{y}\in\mathbf{R}^3$,成立

$$\boldsymbol{x}\times\boldsymbol{y}=-\boldsymbol{y}\times\boldsymbol{x};$$

(2)(**线性性**)　对于任意 $\boldsymbol{x},\boldsymbol{y},\boldsymbol{z}\in\mathbf{R}^3$ 和 $\lambda,\mu\in\mathbf{R}$,成立

$$(\lambda\boldsymbol{x}+\mu\boldsymbol{y})\times\boldsymbol{z}=\lambda(\boldsymbol{x}\times\boldsymbol{z})+\mu(\boldsymbol{y}\times\boldsymbol{z}),$$
$$\boldsymbol{z}\times(\lambda\boldsymbol{x}+\mu\boldsymbol{y})=\lambda(\boldsymbol{z}\times\boldsymbol{x})+\mu(\boldsymbol{z}\times\boldsymbol{y});$$

(3)(**外积的模长**)　对于任意 $\boldsymbol{x},\boldsymbol{y}\in\mathbf{R}^3$,成立

$$\|\boldsymbol{x}\times\boldsymbol{y}\|=\|\boldsymbol{x}\|\|\boldsymbol{y}\|\sin\theta,$$

其中 $\theta(0\leqslant\theta\leqslant\pi)$ 是 $\boldsymbol{x}$ 与 $\boldsymbol{y}$ 的夹角;

(4)(**外积的方向**)　对于任意 $\boldsymbol{x},\boldsymbol{y}\in\mathbf{R}^3$,有

$$\boldsymbol{x}\times\boldsymbol{y}\perp\boldsymbol{x},\quad \boldsymbol{x}\times\boldsymbol{y}\perp\boldsymbol{y}.$$

证　我们这里只证明(3)和(4),余下的请读者自行证明.

(3) 由定义得

$$\begin{aligned}\|\boldsymbol{x}\times\boldsymbol{y}\|^2&=(x_2y_3-x_3y_2)^2+(x_3y_1-x_1y_3)^2+(x_1y_2-x_2y_1)^2\\&=(x_1^2+x_2^2+x_3^2)(y_1^2+y_2^2+y_3^2)-(x_1y_1+x_2y_2+x_3y_3)^2\\&=\|\boldsymbol{x}\|^2\|\boldsymbol{y}\|^2-(\|\boldsymbol{x}\|\|\boldsymbol{y}\|\cos\theta)^2\\&=\|\boldsymbol{x}\|^2\|\boldsymbol{y}\|^2\sin^2\theta,\end{aligned}$$

注意到 $\theta\in[0,\pi]$,便有 $\|\boldsymbol{x}\times\boldsymbol{y}\|=\|\boldsymbol{x}\|\|\boldsymbol{y}\|\sin\theta$.

(4) 将 $\boldsymbol{x}\times\boldsymbol{y}$ 与 $\boldsymbol{x}$ 作内积,得

$$\begin{aligned}(\boldsymbol{x}\times\boldsymbol{y})\cdot\boldsymbol{x}&=(x_2y_3-x_3y_2)x_1+(x_3y_1-x_1y_3)x_2+(x_1y_2-x_2y_1)x_3\\&=\begin{vmatrix}x_1&x_2&x_3\\x_1&x_2&x_3\\y_1&y_2&y_3\end{vmatrix}=0,\end{aligned}$$

因此 $\boldsymbol{x}\times\boldsymbol{y}\perp\boldsymbol{x}$. 同理可证 $\boldsymbol{x}\times\boldsymbol{y}\perp\boldsymbol{y}$.

证毕

注意,外积运算不但不满足交换律,而且也不满足结合律,即在一般情况下,

$$(\boldsymbol{x}\times\boldsymbol{y})\times\boldsymbol{z}\neq\boldsymbol{x}\times(\boldsymbol{y}\times\boldsymbol{z}).$$

例如,

$$(\boldsymbol{i}\times\boldsymbol{i})\times\boldsymbol{j}=\boldsymbol{0},\quad \boldsymbol{i}\times(\boldsymbol{i}\times\boldsymbol{j})=-\boldsymbol{j}.$$

外积的性质也给出了其几何意义:$\boldsymbol{x}\times\boldsymbol{y}$ 是一个与 $\boldsymbol{x}$ 和 $\boldsymbol{y}$ 所确定的平面垂直的向量,$\boldsymbol{x},\boldsymbol{y},\boldsymbol{x}\times\boldsymbol{y}$ 构成一个右手系:伸平右手,先用除拇指外的四指指向 $\boldsymbol{x}$ 方向,再以逆时针小于 π 的方向向 $\boldsymbol{y}$ 方向弯曲,则拇指所指的方向就是 $\boldsymbol{x}\times\boldsymbol{y}$ 的方向(见图 6.1.6). 而性质(3)也说明了 $\boldsymbol{x}\times\boldsymbol{y}$ 的长度正好等于以 $\boldsymbol{x}$ 和 $\boldsymbol{y}$ 为邻边的平行四边形的面积.

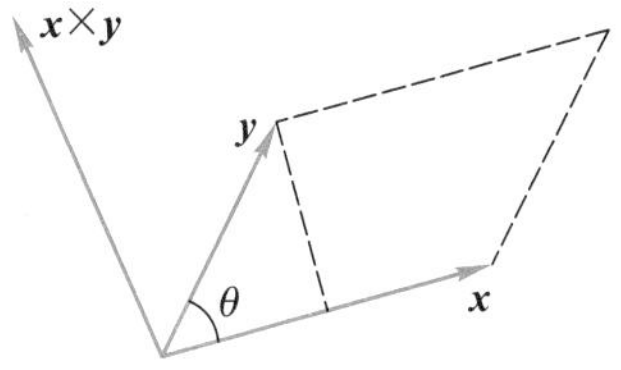

图 6.1.6

如果两个向量 $\boldsymbol{x}$ 与 $\boldsymbol{y}$ 的夹角为 0 或 π,就称这两个向量**平行**,常记为 $\boldsymbol{x}/\!/\boldsymbol{y}$. 习惯上也约定零向量与任何向量平行. 由外积的性质可知,$\boldsymbol{x}/\!/\boldsymbol{y}$ 的充分必要条件是

$$\boldsymbol{x}\times\boldsymbol{y}=\boldsymbol{0}.$$

将上式展开便是

$$(x_2y_3-x_3y_2)\boldsymbol{i}+(x_3y_1-x_1y_3)\boldsymbol{j}+(x_1y_2-x_2y_1)\boldsymbol{k}=\boldsymbol{0},$$

因此 $\boldsymbol{x}/\!/\boldsymbol{y}$ 的充分必要条件是:存在实数 λ,使得

$$(x_1,x_2,x_3)=\lambda(y_1,y_2,y_3),$$

即

$$\boldsymbol{x}=\lambda\boldsymbol{y}.$$

显然,这也是 $\boldsymbol{x}$ 与 $\boldsymbol{y}$ **共线**(即它们通过平移到同一始点后,会在一条直线上)的充分必要条件.

有了外积运算,可以很容易地找到与给定的两个向量都垂直的方向,如下例所示.

例 6.1.3　确定单位向量 $\boldsymbol{c}$,使得 $\boldsymbol{c}$ 与 $\boldsymbol{a}=(2,1,-1)$ 和 $\boldsymbol{b}=(1,0,2)$ 都正交.

解　显然 $\boldsymbol{c}$ 应该与 $\boldsymbol{a}\times\boldsymbol{b}$ 平行,且 $\|\boldsymbol{c}\|=1$,所以

$$\boldsymbol{c}=\pm\frac{\boldsymbol{a}\times\boldsymbol{b}}{\|\boldsymbol{a}\times\boldsymbol{b}\|}.$$

由于

$$\boldsymbol{a}\times\boldsymbol{b}=\begin{vmatrix}\boldsymbol{i}&\boldsymbol{j}&\boldsymbol{k}\\2&1&-1\\1&0&2\end{vmatrix}=2\boldsymbol{i}-5\boldsymbol{j}-\boldsymbol{k}=(2,-5,-1),$$

因此

$$\boldsymbol{c}=\pm\frac{1}{\sqrt{30}}(2,-5,-1).$$

例 6.1.4　已知 $O(0,0,0),A(3,0,4),B(-4,3,0)$ 为空间三定点,以 $\overrightarrow{OA},\overrightarrow{OB}$ 为邻边作平行四边形 $OACB$.

(1) 证明该平行四边形的对角线互相垂直;

(2) 求该平行四边形的面积.

解　(1) 证明：显然 $\overrightarrow{OA}=3\boldsymbol{i}+4\boldsymbol{k}$，$\overrightarrow{OB}=-4\boldsymbol{i}+3\boldsymbol{j}$，且 $\overrightarrow{OC}=\overrightarrow{OA}+\overrightarrow{OB}$，所以

$$\overrightarrow{OC}=-\boldsymbol{i}+3\boldsymbol{j}+4\boldsymbol{k},$$

且

$$\overrightarrow{AB}=-7\boldsymbol{i}+3\boldsymbol{j}-4\boldsymbol{k}.$$

平行四边形 $OACB$ 的对角线为 AB 和 OC. 因为

$$\overrightarrow{AB}\cdot\overrightarrow{OC}=(-7)\times(-1)+3\times3+(-4)\times4=0,$$

所以

$$\overrightarrow{AB}\perp\overrightarrow{OC},$$

即平行四边形 $OACB$ 的对角线互相垂直.

(2) 因为

$$\overrightarrow{OA}\times\overrightarrow{OB}=\begin{vmatrix}\boldsymbol{i}&\boldsymbol{j}&\boldsymbol{k}\\3&0&4\\-4&3&0\end{vmatrix}=-12\boldsymbol{i}-16\boldsymbol{j}+9\boldsymbol{k},$$

所以平行四边形 $OACB$ 的面积为

$$S=\|\overrightarrow{OA}\times\overrightarrow{OB}\|=\sqrt{(-12)^2+(-16)^2+9^2}=\sqrt{481}.$$

向量的混合积

定义 6.1.2　设 $\boldsymbol{x}=(x_1,x_2,x_3)$，$\boldsymbol{y}=(y_1,y_2,y_3)$，$\boldsymbol{z}=(z_1,z_2,z_3)\in\mathbf{R}^3$，$\boldsymbol{x}\times\boldsymbol{y}$ 与 $\boldsymbol{z}$ 的内积，即

$$(\boldsymbol{x}\times\boldsymbol{y})\cdot\boldsymbol{z}=(x_2y_3-x_3y_2)z_1+(x_3y_1-x_1y_3)z_2+(x_1y_2-x_2y_1)z_3$$
$$=\begin{vmatrix}z_1&z_2&z_3\\x_1&x_2&x_3\\y_1&y_2&y_3\end{vmatrix}=\begin{vmatrix}x_1&x_2&x_3\\y_1&y_2&y_3\\z_1&z_2&z_3\end{vmatrix},$$

称为依顺序 $\boldsymbol{x},\boldsymbol{y},\boldsymbol{z}$ 的**混合积**，常记为 $(\boldsymbol{x},\boldsymbol{y},\boldsymbol{z})$.

利用行列式的性质，容易验证如下混合积的两条性质：

(1) 将 $\boldsymbol{x},\boldsymbol{y},\boldsymbol{z}$ 进行轮换，所得的混合积不变，即

$$(\boldsymbol{x},\boldsymbol{y},\boldsymbol{z})=(\boldsymbol{y},\boldsymbol{z},\boldsymbol{x})=(\boldsymbol{z},\boldsymbol{x},\boldsymbol{y}).$$

(2) 任意交换 $\boldsymbol{x},\boldsymbol{y},\boldsymbol{z}$ 中两个量的位置，所得的混合积相差一个符号. 例如，

$$(\boldsymbol{y},\boldsymbol{x},\boldsymbol{z})=-(\boldsymbol{x},\boldsymbol{y},\boldsymbol{z}).$$

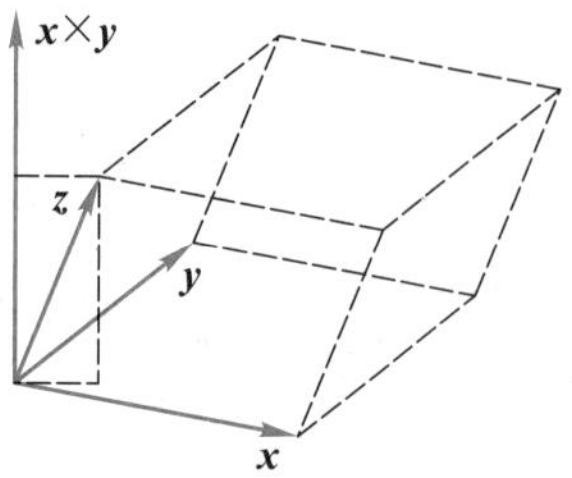

图 6.1.7

依顺序 $\boldsymbol{x},\boldsymbol{y},\boldsymbol{z}$ 的混合积的绝对值 $|(\boldsymbol{x},\boldsymbol{y},\boldsymbol{z})|$ 的几何意义是以向量 $\boldsymbol{x},\boldsymbol{y},\boldsymbol{z}$ 为邻边的平行六面体的体积. 事实上，$(\boldsymbol{x}\times\boldsymbol{y})\cdot\boldsymbol{z}$ 是将 $\boldsymbol{z}$ 在 $\boldsymbol{x}\times\boldsymbol{y}$ 方向的投影与 $\boldsymbol{x}\times\boldsymbol{y}$ 的模相乘，前面已经知道，$\|\boldsymbol{x}\times\boldsymbol{y}\|$ 是以 $\boldsymbol{x}$ 和 $\boldsymbol{y}$ 为邻边的平行四边形的面积，而投影的长度恰为平行六面体的高(见图 6.1.7). 由此可以得出：

(1) $\mathbf{R}^3$ 中任意 3 个向量 $\boldsymbol{u},\boldsymbol{v},\boldsymbol{w}$ **共面**(即它们通过平移到同一始点后，会在一张平面上)的充分必要条件是

$$(\boldsymbol{u},\boldsymbol{v},\boldsymbol{w})=0.$$

因此,向量 $\boldsymbol{w}$ 与不共线的向量 $\boldsymbol{u}$ 和 $\boldsymbol{v}$ 共面的充分必要条件是存在实数 λ,μ 使得

$$\boldsymbol{w}=\lambda\boldsymbol{u}+\mu\boldsymbol{v}.$$

(2) $\mathbf{R}^3$ 中任意 4 个点 (a_1,a_2,a_3),(b_1,b_2,b_3),(c_1,c_2,c_3),(d_1,d_2,d_3) 共面的充分必要条件是

$$\begin{vmatrix} b_1-a_1 & b_2-a_2 & b_3-a_3 \\ c_1-a_1 & c_2-a_2 & c_3-a_3 \\ d_1-a_1 & d_2-a_2 & d_3-a_3 \end{vmatrix}=0.$$

(3) $\mathbf{R}^3$ 中任意 4 个点 (a_1,a_2,a_3),(b_1,b_2,b_3),(c_1,c_2,c_3),(d_1,d_2,d_3) 构成的四面体的体积

$$V=\pm\frac{1}{6}\begin{vmatrix} b_1-a_1 & b_2-a_2 & b_3-a_3 \\ c_1-a_1 & c_2-a_2 & c_3-a_3 \\ d_1-a_1 & d_2-a_2 & d_3-a_3 \end{vmatrix},$$

上式中符号的选择必须与行列式的符号一致.

例 6.1.5　问向量 $\boldsymbol{a}=(2,3,-1)$,$\boldsymbol{b}=(1,-1,3)$,$\boldsymbol{c}=(1,9,-11)$ 是否共面?

解　因为

$$(\boldsymbol{a},\boldsymbol{b},\boldsymbol{c})=(\boldsymbol{a}\times\boldsymbol{b})\cdot\boldsymbol{c}=\begin{vmatrix} 2 & 3 & -1 \\ 1 & -1 & 3 \\ 1 & 9 & -11 \end{vmatrix}=0,$$

所以向量 $\boldsymbol{a},\boldsymbol{b},\boldsymbol{c}$ 共面.

例 6.1.6　求以向量 $\overrightarrow{OA}=(1,1,1)$,$\overrightarrow{OB}=(0,1,1)$,$\overrightarrow{OC}=(-1,0,1)$ 为邻边所确定的平行六面体的体积.

解　因为

$$(\overrightarrow{OA}\times\overrightarrow{OB})\cdot\overrightarrow{OC}=\begin{vmatrix} 1 & 1 & 1 \\ 0 & 1 & 1 \\ -1 & 0 & 1 \end{vmatrix}=1,$$

因此,所求的平行六面体的体积为 $|(\overrightarrow{OA}\times\overrightarrow{OB})\cdot\overrightarrow{OC}|=1$.

习　题

1. 设向量 $\boldsymbol{a}=(3,5,-1)$,$\boldsymbol{b}=(-1,-1,1)$,$\boldsymbol{c}=(0,3,4)$,$\boldsymbol{d}=(2,0,-6)$.

(1) 求 $\boldsymbol{a}$ 与 $\boldsymbol{b}$ 的夹角;

(2) 求 $\boldsymbol{c}$ 在 $\boldsymbol{d}$ 方向上的投影;

(3) 计算 $(\boldsymbol{a}\cdot\boldsymbol{b})\boldsymbol{c}+(\boldsymbol{c}\cdot\boldsymbol{d})\boldsymbol{a}$;

(4) 计算 $(\boldsymbol{a}\times\boldsymbol{b})\cdot(\boldsymbol{c}\times\boldsymbol{d})$;

(5) 求与 $\boldsymbol{a}$ 和 $\boldsymbol{b}$ 都正交的单位向量;

(6) 若 $\lambda a+\mu\boldsymbol{b}$ 与 $\boldsymbol{d}$ 正交,求常数 λ 和 μ 的关系.

2. 已知 $\|\boldsymbol{a}\|=3$,$\|\boldsymbol{b}\|=5$,且 $\boldsymbol{a}$ 与 $\boldsymbol{b}$ 不共线,试确定常数 k,使得 $\boldsymbol{a}+k\boldsymbol{b}$ 与 $\boldsymbol{a}-k\boldsymbol{b}$ 垂直.

3. 已知 $\boldsymbol{a}$ 和 $\boldsymbol{b}$ 是两个非零向量,试确定常数 k,使得 $k\boldsymbol{a}+\boldsymbol{b}$ 与 $\boldsymbol{a}+k\boldsymbol{b}$ 平行.

4. 证明:对任意向量 $\boldsymbol{a},\boldsymbol{b},\boldsymbol{c}$,$(\boldsymbol{a}\cdot\boldsymbol{c})\boldsymbol{b}-(\boldsymbol{c}\cdot\boldsymbol{b})\boldsymbol{a}$ 与 $\boldsymbol{c}$ 垂直.

5. 问向量 $\boldsymbol{a}=(3,4,5)$,$\boldsymbol{b}=(1,2,2)$,$\boldsymbol{c}=(1,14,8)$ 是否共面?

6. 问点 $P_1(1,0,1)$,$P_2(4,4,6)$,$P_3(2,2,3)$,$P_4(10,14,17)$ 是否共面?

7. 证明 $\mathbf{R}^2$ 中任意 3 个点 $A(a_1,a_2)$,$B(b_1,b_2)$,$C(c_1,c_2)$ 构成的三角形的面积

$$S=\pm\frac{1}{2}\begin{vmatrix}1&1&1\\a_1&b_1&c_1\\a_2&b_2&c_2\end{vmatrix},$$

上式中符号的选择与行列式的符号一致.

8. 计算点 $P_1(3,4,-1)$,$P_2(2,0,3)$,$P_3(-3,5,4)$ 构成的三角形的面积.

9. 计算点 $P_1(0,0,0)$,$P_2(3,4,-1)$,$P_3(2,3,5)$,$P_4(6,0,-3)$ 构成的四面体的体积.

§ 2　平面和直线

平面方程的几种形式

在 $\mathbf{R}^3$ 中,给定了与平面垂直的方向和平面上的一个点,就可以唯一决定这个平面.

与一张平面垂直的非零向量称为这个平面的**法向量**. 设平面 π 的法向量为 $\boldsymbol{n}(A,B,C)$ $(A^2+B^2+C^2\neq 0)$,而且该平面过点 $P_0(x_0,y_0,z_0)$(见图 6.2.1). 对平面 π 上的任何一点 $P(x,y,z)$,P 与 P_0 的连线依然在该平面上,因而 $\overrightarrow{P_0P}=(x-x_0,y-y_0,z-z_0)$ 与 $\boldsymbol{n}$ 垂直,即

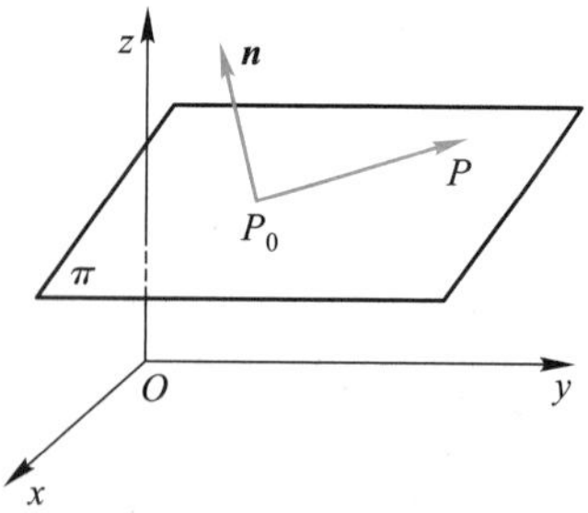

图 6.2.1

$$\boldsymbol{n}\cdot\overrightarrow{P_0P}=0.$$

用分量表示,就是

$$A(x-x_0)+B(y-y_0)+C(z-z_0)=0.$$

这就是平面 π 的方程,它也称为平面的**点法式方程**.

记常数 $D=-(Ax_0+By_0+Cz_0)$,则上述方程可以写成

$$Ax+By+Cz+D=0.$$

这说明平面的方程可以表示为如上的三元一次方程形式. 反之,一个如上形式的三元一次方程也是某个平面的方程. 这可以如下证明:取一点 $P_0(x_0,y_0,z_0)$ 满足该方程,即

$$Ax_0+By_0+Cz_0+D=0,$$

这显然是可以取到的. 则将此式与原方程相减得

$$A(x-x_0)+B(y-y_0)+C(z-z_0)=0,$$

这说明满足方程 $Ax+By+Cz+D=0$ 的点必在过 P_0 点且与向量 $\boldsymbol{n}(A,B,C)$ 垂直的平面上,并且将这个过程反推过去可看出这张平面上的点也满足这个方程. 因此 $Ax+By+Cz+D=0$ 是平面方程,它也称为平面的**一般方程**.

例 6.2.1　求过原点 $O(0,0,0)$ 和点 $P(6,-3,2)$,且与平面 $4x-y+2z=8$ 垂直的平面的

方程.

解　记所求平面为 π. 因为 π 过原点 $O(0,0,0)$ 和点 $P(6,-3,2)$，所以其法向量 $\boldsymbol{n}$ 应与 $\overrightarrow{OP}=(6,-3,2)$ 垂直. 又 π 垂直于平面 $4x-y+2z=8$，所以 $\boldsymbol{n}$ 应与向量 $\boldsymbol{n}_1=(4,-1,2)$ 垂直. 故可取

$$\boldsymbol{n}=\overrightarrow{OP}\times\boldsymbol{n}_1=\begin{vmatrix}\boldsymbol{i} & \boldsymbol{j} & \boldsymbol{k}\\ 6 & -3 & 2\\ 4 & -1 & 2\end{vmatrix}=-4\boldsymbol{i}-4\boldsymbol{j}+6\boldsymbol{k}.$$

利用平面的点法式方程，所求平面方程为

$$-4x-4y+6z=0,$$

即

$$2x+2y-3z=0.$$

确定平面的另一类条件是，不在一条直线上的三个点唯一决定一张平面. 设一平面所过的三个点为 $P_0(x_0,y_0,z_0)$，$P_1(x_1,y_1,z_1)$，$P_2(x_2,y_2,z_2)$，因此 $\overrightarrow{P_0P_1}$ 和 $\overrightarrow{P_0P_2}$ 与该平面的法向量 $\boldsymbol{n}$ 垂直，即可以取法向量

$$\boldsymbol{n}=\overrightarrow{P_0P_1}\times\overrightarrow{P_0P_2},$$

设 $P(x,y,z)$ 是平面上的任何一点，则有

$$\boldsymbol{n}\cdot P_0P=(\overrightarrow{P_0P_1}\times\overrightarrow{P_0P_2})\cdot\overrightarrow{P_0P}=0.$$

容易看出，它正好就是四点共面的条件

$$\begin{vmatrix}x-x_0 & y-y_0 & z-z_0\\ x_1-x_0 & y_1-y_0 & z_1-z_0\\ x_2-x_0 & y_2-y_0 & z_2-z_0\end{vmatrix}=0,$$

这就是所求平面的方程，它也称为平面的**三点式方程**.

由于平面方程一定是

$$Ax+By+Cz+D=0$$

的形式，因此实际计算时不必死记三点式方程的公式，可以将 P_0,P_1,P_2 的坐标直接代入这个平面的一般式方程，用待定系数法解出 A,B,C,D.

特别地，将平面所过的三个点取为过坐标轴的点 $P_0(a,0,0)$，$P_1(0,b,0)$，$P_2(0,0,c)$，代入三点式方程，就有

$$\begin{vmatrix}x-a & y & z\\ -a & b & 0\\ -a & 0 & c\end{vmatrix}=0,$$

展开整理后，得

（1）当 a,b,c 均不为 0 时，平面方程为

$$\frac{x}{a}+\frac{y}{b}+\frac{z}{c}=1,$$

称它为平面的**截距式方程**（见图 6.2.2），其中 a,b,c 依次称为该平面在 x,y,z 轴上的**截距**. 此时平面的法向量为

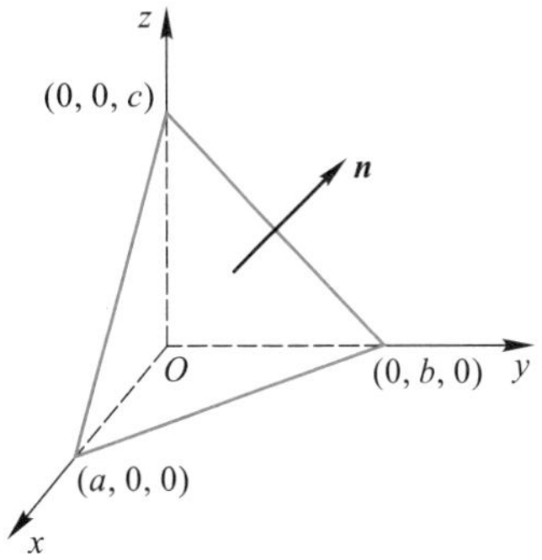

图 6.2.2

$$\boldsymbol{n}=\left(\frac{1}{a},\frac{1}{b},\frac{1}{c}\right).$$

(2) 当 a,b,c 中只有一个为 0 时,所决定的平面是坐标平面,

当 $a=0$ 时,就是 Oyz 平面 $x=0$;

当 $b=0$ 时,就是 Ozx 平面 $y=0$;

当 $c=0$ 时,就是 Oxy 平面 $z=0$.

例 6.2.2　求过点 $(3,2,1),(0,1,0),(-1,0,2)$ 的平面方程.

解　将三点的坐标代入平面的一般方程

$$Ax+By+Cz+D=0,$$

得到关于 A,B,C,D 的方程组

$$\begin{cases}3A+2B+C+D=0,\\ \quad\quad B\quad\quad +D=0,\\ -A\quad\quad +2C+D=0.\end{cases}$$

它的一个解为 $A=3,B=-7,C=-2,D=7$(此方程组有无穷多个解,只取一个解就可以了),于是所求的平面方程为

$$3x-7y-2z+7=0.$$

直线方程的几种形式

与平面类似,要确定空间中的一条直线,主要条件也有两类. 一类是确定直线的方向和直线上的一个点,另一类是确定直线上的两个点.

与一条直线平行的非零向量称为该直线的**方向向量**. 设直线 L 的方向向量为 $\boldsymbol{v}(l,m,n)$ $(l^2+m^2+n^2\neq 0)$,且它过点 $P_0(x_0,y_0,z_0)$. 于是,直线 L 上任何一点 $P(x,y,z)$ 与 P_0 的连线与 $\boldsymbol{v}$ 平行,即 $\overrightarrow{P_0P}/\!/\boldsymbol{v}$(见图 6.2.3). 按坐标分量写,就是

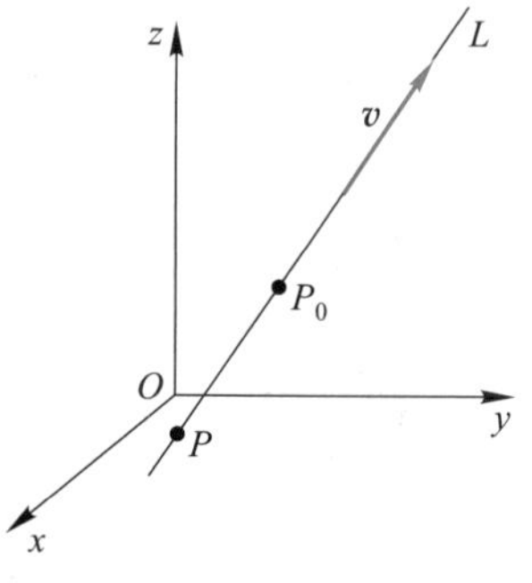

图 6.2.3

$$\frac{x-x_0}{l}=\frac{y-y_0}{m}=\frac{z-z_0}{n}.$$

这就是直线 L 的方程,它也称为直线的**对称式方程**或**点向式方程**.

注意,若 l,m,n 中有等于零的,例如,当 $l=0,m,n\neq 0$ 时,则应将上述方程理解为

$$\begin{cases}x=x_0,\\ \dfrac{y-y_0}{m}=\dfrac{z-z_0}{n}.\end{cases}$$

当 $l=m=0,n\neq 0$ 时,则应将上述方程理解为

$$\begin{cases}x=x_0,\\ y=y_0.\end{cases}$$

例 6.2.3　求过点 $(2,1,-4)$,且与直线 $\frac{x-1}{3}=\frac{y}{-1}=\frac{z-2}{1}$ 平行的直线的方程.

解　记所求直线为 L. 由于 L 与直线 $\frac{x-1}{3}=\frac{y}{-1}=\frac{z-2}{1}$ 平行,所以这个直线的方向向量

$(3,-1,1)$也可作为 L 的方向向量．于是，代入直线的对称式方程，便得所求直线 L 的方程为

$$\frac{x-2}{3}=\frac{y-1}{-1}=\frac{z+4}{1}.$$

若给定了直线上的两个点 $P_0(x_0,y_0,z_0)$ 和 $P_1(x_1,y_1,z_1)$，则 $\overrightarrow{P_0P_1}$ 的方向就是该直线的方向向量（见图 6.2.4），代入直线的对称式方程，即得到直线的**两点式方程**

$$\frac{x-x_0}{x_1-x_0}=\frac{y-y_0}{y_1-y_0}=\frac{z-z_0}{z_1-z_0}.$$

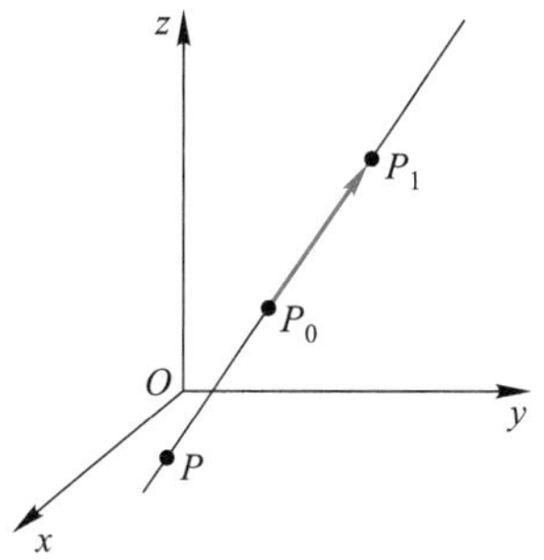

图 6.2.4

若在直线的对称式方程中记$\frac{x-x_0}{l}=\frac{y-y_0}{m}=\frac{z-z_0}{n}=t$，将等式写开，便得到

$$\begin{cases}x=x_0+lt,\\y=y_0+mt,\\z=z_0+nt,\end{cases}$$

称它为直线的**参数方程**，其中 $t\in\mathbf{R}$ 是参数．

参数方程对于求解某些具体问题很有效．

例 6.2.4　求直线$\frac{x-2}{1}=\frac{y-3}{1}=\frac{z-4}{2}$与平面 $2x+y+z-6=0$ 的交点．

解　这就是求方程$\frac{x-2}{1}=\frac{y-3}{1}=\frac{z-4}{2}$与 $2x+y+z-6=0$ 的公共解．

将直线方程写成参数方程

$$\begin{cases}x=2+t,\\y=3+t,\\z=4+2t,\end{cases}$$

其中 t 是参数．代入平面的方程，便得到

$$2(2+t)+(3+t)+(4+2t)-6=0,$$

解得 $t=-1$. 代入直线的参数方程，得到 $x=1,y=2,z=2$，即交点为$(1,2,2)$．

另外，如果给定了空间中两张互不平行的平面 $\pi_1:A_1x+B_1y+C_1z+D_1=0$ 和 $\pi_2:A_2x+B_2y+C_2z+D_2=0$（此时$(A_1,B_1,C_1)\neq\lambda(A_2,B_2,C_2)$），那么这两张平面交于一条直线．也就是说，这两个平面方程的联立方程

$$\begin{cases}A_1x+B_1y+C_1z+D_1=0,\\A_2x+B_2y+C_2z+D_2=0\end{cases}$$

同样表示一条直线．由于每条直线都可看成为两张平面的交线，因此直线的方程都可以表示为上述形式．这种方程称为直线的**一般方程**．

直线的一般方程看起来不太直观，用起来有时也不太方便．由于 π_1 的法向量为 $\boldsymbol{n}_1(A_1,B_1,C_1)$，$\pi_2$ 的法向量为 $\boldsymbol{n}_2(A_2,B_2,C_2)$，由立体几何知识，直线的方向向量 $\boldsymbol{v}$ 与 $\boldsymbol{n}_1$ 和 $\boldsymbol{n}_2$ 都垂直（见图 6.2.5），因此，可以取

$$\boldsymbol{v}=\boldsymbol{n}_1\times\boldsymbol{n}_2,$$

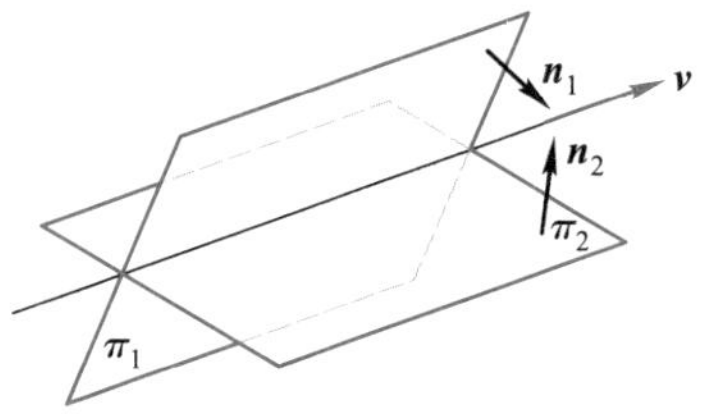

图 6.2.5

再从联立方程中求出一个解,也就是直线上的一个定点的坐标(x_0,y_0,z_0),这样就可以将它化成对称式方程了.

例 6.2.5 将直线的一般方程

$$\begin{cases}2x+y-z+1=0,\\ x\quad+2z+4=0\end{cases}$$

化成对称式方程.

解 取直线的方向向量为

$$\boldsymbol{v}=\boldsymbol{n}_1\times\boldsymbol{n}_2=\begin{vmatrix}\boldsymbol{i}&\boldsymbol{j}&\boldsymbol{k}\\2&1&-1\\1&0&2\end{vmatrix}=2\boldsymbol{i}-5\boldsymbol{j}-\boldsymbol{k}.$$

再在直线上取一点,如令 $x_0=0$,代入直线的方程,得

$$\begin{cases}y-z+1=0,\\ 2z+4=0,\end{cases}$$

从而可以解出 $y_0=-3,z_0=-2$,即$(0,-3,-2)$为直线上的一点.

于是,直线的对称式方程为

$$\frac{x}{2}=\frac{y+3}{-5}=\frac{z+2}{-1}.$$

例 6.2.6 求过点 $M_0(0,0,-2)$,与直线 $L_1:\dfrac{x-1}{4}=\dfrac{y-3}{-2}=\dfrac{z}{1}$相交,而且平行于平面 π_1:$3x-y+2z-1=0$ 的直线的方程.

解 设所求直线为 L,其方向向量为 $\boldsymbol{v}(X,Y,Z)$. 显然 $M_1(1,3,0)$是直线 L_1 上的点,$\boldsymbol{v}_1(4,-2,1)$是 L_1 的方向向量. 由于 L 过点 $M_0(0,0,-2)$,且与直线 L_1 相交,因此向量$\overrightarrow{M_0M_1}$,$\boldsymbol{v}_1$ 和 $\boldsymbol{v}$ 共面,此时混合积$(\overrightarrow{M_0M_1},\boldsymbol{v}_1,\boldsymbol{v})=0$,这就是说

$$\begin{vmatrix}X&Y&Z\\1-0&3-0&0-(-2)\\4&-2&1\end{vmatrix}=0,$$

即

$$X+Y-2Z=0.$$

又因为 L 与平面 π_1 平行,所以 $\boldsymbol{v}(X,Y,Z)$与 π_1 的法向量 $\boldsymbol{n}(3,-1,2)$垂直,因此 $\boldsymbol{v}\cdot\boldsymbol{n}=0$,即

$$3X-Y+2Z=0.$$

联立上述各方程可解得 $X=0,Y=2Z$,取 $Z=1$ 得 $Y=2$. 因此直线 L 的方程为

$$\frac{x}{0}=\frac{y}{2}=\frac{z+2}{1},$$

即

$$\begin{cases}y=2z+4,\\x=0.\end{cases}$$

本例也可先求过 M_0 且平行于 π_1 的平面 π_2 的方程,再求 π_2 与直线 L_1 的交点 M_1,最后求出过 M_0 和 M_1 的直线方程,它就是所求方程. 读者不妨自行计算一下.

平面束

设空间直线 L 的一般方程为

$$\begin{cases}A_1x+B_1y+C_1z+D_1=0,\\ A_2x+B_2y+C_2z+D_2=0.\end{cases}$$

显然,对于任意一组不同时为零的常数 λ,μ,方程

$$\lambda(A_1x+B_1y+C_1z+D_1)+\mu(A_2x+B_2y+C_2z+D_2)=0$$

就确定了一张通过 L 的平面,这样的平面全体称为通过 L 的**平面束**. 以上方程也称为通过 L 的**平面束方程**.

显然确定平面束中一张平面,只要确定 λ 与 μ 的比值,因此也常将通过 L 的平面束方程写成

$$A_1x+B_1y+C_1z+D_1+k(A_2x+B_2y+C_2z+D_2)=0$$

(注意这些平面中不包含平面 $A_2x+B_2y+C_2z+D_2=0$),或

$$k(A_1x+B_1y+C_1z+D_1)+A_2x+B_2y+C_2z+D_2=0$$

(注意这些平面中不包含平面 $A_1x+B_1y+C_1z+D_1=0$).

另外,方程

$$Ax+By+Cz+\lambda=0$$

确定一张平面,而当 λ 取不同值时,就得到一族相互平行的平面的方程. 因此上式也称为**平行平面束方程**.

例 6.2.7　求过点(1,1,1)和直线 $L:\begin{cases}3x-y+2z+2=0,\\ x-2y+3z-5=0\end{cases}$ 的平面的方程.

解　设所求通过 L 的平面方程为

$$3x-y+2z+2+k(x-2y+3z-5)=0.$$

它通过(1,1,1)点,所以将该点的坐标代入上式得

$$6-3k=0.$$

所以 $k=2$. 于是,所求的平面方程为

$$3x-y+2z+2+2(x-2y+3z-5)=0,$$

即

$$5x-5y+8z-8=0.$$

点到平面、直线的距离

(一) 点到平面的距离

平面解析几何中讨论了某一平面上的点到直线的距离问题,现在我们将它推广到空间.

设空间中一平面 π 的方程为

$$Ax+By+Cz+D=0,$$

$P(x^*,y^*,z^*)$为一已知点,过 P 点作平面 π 的垂线,显然,垂线的方向就是该平面的法向量

$\boldsymbol{n}(A,B,C)$. 取平面上一定点 $P_0(x_0,y_0,z_0)$,联结 P 与 P_0,则 $P(x^*,y^*,z^*)$到平面 π 的距离 d 就是 $\overrightarrow{P_0P}$ 在 $\boldsymbol{n}$ 方向的投影的长度(见图 6.2.6). 由投影的定义,得

$$d=\frac{1}{\|\boldsymbol{n}\|}|\overrightarrow{P_0P}\cdot\boldsymbol{n}|,$$

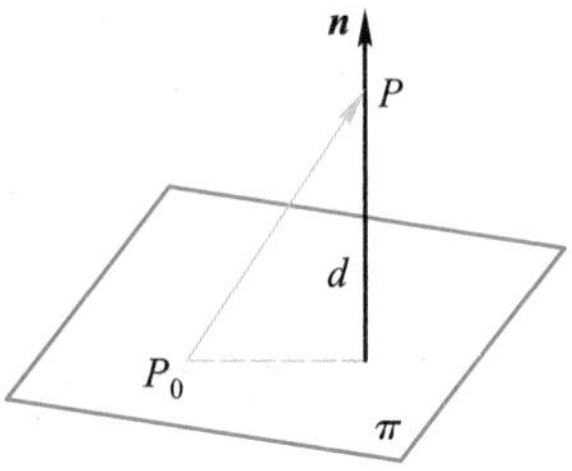

图 6.2.6

用分量表示,就是

$$d=\frac{|A(x^*-x_0)+B(y^*-y_0)+C(z^*-z_0)|}{\sqrt{A^2+B^2+C^2}}.$$

由于

$$D=-(Ax_0+By_0+Cz_0),$$

因此

$$d=\frac{|Ax^*+By^*+Cz^*+D|}{\sqrt{A^2+B^2+C^2}}.$$

这就是点 $P(x^*,y^*,z^*)$到平面 π 的距离的计算公式. 当 $P(x^*,y^*,z^*)$在该平面上时,显然有 $d=0$.

例 6.2.8　求平面 $\pi_1:2x-3y-6z-7=0$ 与平面 $\pi_2:2x-3y-6z+1=0$ 的距离.

解　显然平面 π_1 与 π_2 平行. 因此 π_1 上一点到 π_2 的距离便是两平面之间的距离. 取平面 π_1 上一点 $P(2,1,-1)$,平面 π_2 的法向量为$(A,B,C)=(2,-3,-6)$,由点到平面距离的计算公式,点 P 与平面 π_2 的距离为

$$d=\frac{|2\times2+(-3)\times1+(-6)\times(-1)+1|}{\sqrt{2^2+(-3)^2+(-6)^2}}=\frac{8}{7}.$$

这就是所求两平面之间的距离.

(二) 点到直线的距离

设空间中直线 L 的方程为

$$\frac{x-x_0}{l}=\frac{y-y_0}{m}=\frac{z-z_0}{n},$$

$P(x^*,y^*,z^*)$为一已知点,现求 P 到直线 L 的距离. 直线的方向向量为 $\boldsymbol{v}(l,m,n)$. 联结 P 和直线 L 上的点 $P_0(x_0,y_0,z_0)$,由图 6.2.7 中可以看出,点 P 到直线 L 的距离 d 是以 $\overrightarrow{P_0P}$ 和 $\boldsymbol{v}$ 为邻边的平行四边形的底边 $\boldsymbol{v}$ 上的高. 由外积的几何意义,图 6.2.7 中的平行四边形的面积

$$S=d\|\boldsymbol{v}\|=\|\overrightarrow{P_0P}\times\boldsymbol{v}\|,$$

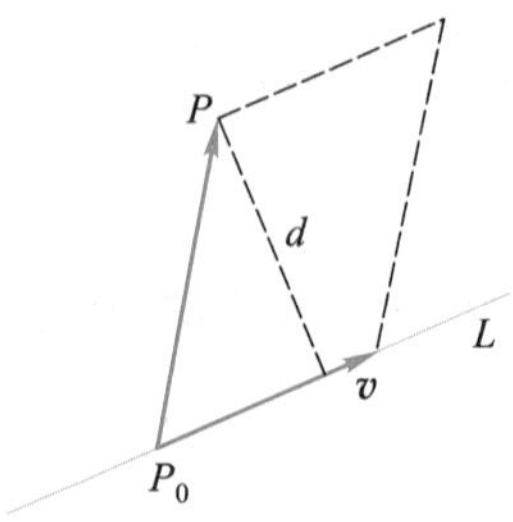

图 6.2.7

于是点 $P(x^*,y^*,z^*)$到直线 L 的距离的计算公式为

$$d=\frac{1}{\|\boldsymbol{v}\|}\|\overrightarrow{P_0P}\times\boldsymbol{v}\|=\frac{\|(x^*-x_0,y^*-y_0,z^*-z_0)\times(l,m,n)\|}{\sqrt{l^2+m^2+n^2}}.$$

例 6.2.9　求点$(5,-2,3)$与直线$\frac{x-1}{1}=\frac{y+1}{2}=\frac{z}{3}$的距离.

解　这时 $P=(5,-2,3)$,$P_0=(1,-1,0)$,则

$$\overrightarrow{P_0P}=(5,-2,3)-(1,-1,0)=(4,-1,3).$$

而 $\boldsymbol{v}=(1,2,3)$，因此

$$\overrightarrow{P_0P}\times\boldsymbol{v}=\begin{vmatrix}\boldsymbol{i} & \boldsymbol{j} & \boldsymbol{k}\\ 4 & -1 & 3\\ 1 & 2 & 3\end{vmatrix}=-9\boldsymbol{i}-9\boldsymbol{j}+9\boldsymbol{k}.$$

所以所求距离为

$$d=\frac{1}{\|\boldsymbol{v}\|}\|\overrightarrow{P_0P}\times\boldsymbol{v}\|=\frac{1}{\sqrt{1^2+2^2+3^2}}\sqrt{(-9)^2+(-9)^2+9^2}=\frac{9\sqrt{3}}{\sqrt{14}}.$$

交角

（一）平面与平面的交角

空间中两张平面的交角 θ 就是它们的法向量之间的夹角或其补角$\left(\text{通常取 } 0\leqslant\theta\leqslant\frac{\pi}{2}\right)$.因此，若两张平面的方程为

$$A_1x+B_1y+C_1z+D_1=0$$

和

$$A_2x+B_2y+C_2z+D_2=0,$$

那么它们的交角 θ 就是它们的法向量 $\boldsymbol{n}_1(A_1,B_1,C_1)$ 和 $\boldsymbol{n}_2(A_2,B_2,C_2)$ 的夹角或其补角，即

$$\cos\theta=\frac{|\boldsymbol{n}_1\cdot\boldsymbol{n}_2|}{\|\boldsymbol{n}_1\|\|\boldsymbol{n}_2\|}=\frac{|A_1A_2+B_1B_2+C_1C_2|}{\sqrt{A_1^2+B_1^2+C_1^2}\cdot\sqrt{A_2^2+B_2^2+C_2^2}}.$$

特别地，

（1）当 $A_1A_2+B_1B_2+C_1C_2=0$ 时，这两张平面垂直；

（2）当$\dfrac{A_1}{A_2}=\dfrac{B_1}{B_2}=\dfrac{C_1}{C_2}\neq\dfrac{D_1}{D_2}$时，这两张平面平行但不重合；

（3）当$\dfrac{A_1}{A_2}=\dfrac{B_1}{B_2}=\dfrac{C_1}{C_2}=\dfrac{D_1}{D_2}$时，这两张平面重合.

例 6.2.10　求平面 $x-y+2z-3=0$ 和 $2x+y+z+1=0$ 的交角.

解　此时 $\boldsymbol{n}_1=(1,-1,2)$，$\boldsymbol{n}_2=(2,1,1)$，于是由平面与平面交角余弦的计算公式得

$$\cos\theta=\frac{|1\times2+(-1)\times1+2\times1|}{\sqrt{1^2+(-1)^2+2^2}\cdot\sqrt{2^2+1^2+1^2}}=\frac{1}{2},$$

因此，这两张平面的交角为 $\theta=\dfrac{\pi}{3}$.

（二）直线与直线的交角

与平面与平面的情况类似，空间中两条直线的交角 θ 就是它们的方向向量之间的夹角或其补角$\left(\text{通常取 } 0\leqslant\theta\leqslant\frac{\pi}{2}\right)$. 若两条直线的方程为

两直线共面的条件

$$\frac{x-x_1}{l_1}=\frac{y-y_1}{m_1}=\frac{z-z_1}{n_1}$$

和

$$\frac{x-x_2}{l_2}=\frac{y-y_2}{m_2}=\frac{z-z_2}{n_2},$$

那么它们的交角 θ 满足

$$\cos\theta=\frac{|l_1l_2+m_1m_2+n_1n_2|}{\sqrt{l_1^2+m_1^2+n_1^2}\cdot\sqrt{l_2^2+m_2^2+n_2^2}}.$$

特别地，

(1) 当 $l_1l_2+m_1m_2+n_1n_2=0$ 时，这两条直线垂直；

(2) 当$\frac{l_1}{l_2}=\frac{m_1}{m_2}=\frac{n_1}{n_2}$时，这两条直线平行；

(3) 当$\frac{l_1}{l_2}=\frac{m_1}{m_2}=\frac{n_1}{n_2}$且两条直线有一个公共点时，这两条直线重合.

例 6.2.11　求直线$\frac{x-1}{1}=\frac{y-2}{-4}=\frac{z+1}{1}$和直线$\begin{cases}x+y-1=0,\\y-2z+2=0\end{cases}$的交角.

解　直线$\frac{x-1}{1}=\frac{y-2}{-4}=\frac{z+1}{1}$的方向向量可取为$\boldsymbol{v}_1=(1,-4,1)$，直线$\begin{cases}x+y-1=0,\\y-2z+2=0\end{cases}$的方向向量可取为

$$\boldsymbol{v}_2=\begin{vmatrix}\boldsymbol{i}&\boldsymbol{j}&\boldsymbol{k}\\1&1&0\\0&1&-2\end{vmatrix}=-2\boldsymbol{i}+2\boldsymbol{j}+\boldsymbol{k}.$$

利用直线与直线交角余弦的计算公式得

$$\cos\theta=\frac{|1\times(-2)+(-4)\times2+1\times1|}{\sqrt{1^2+(-4)^2+1^2}\cdot\sqrt{(-2)^2+2^2+1^2}}=\frac{1}{\sqrt{2}},$$

因此，这两条直线的交角为 $\theta=\frac{\pi}{4}$.

（三）平面与直线的交角

直线与平面的交角 θ 是直线与它在平面上的投影直线所夹的角$\left(通常取 0\leqslant\theta\leqslant\frac{\pi}{2}\right)$.

若平面方程为

$$Ax+By+Cz+D=0,$$

直线方程为

$$\frac{x-x_0}{l}=\frac{y-y_0}{m}=\frac{z-z_0}{n},$$

记所给平面的法向量 $\boldsymbol{n}(A,B,C)$ 与直线的方向向量 $\boldsymbol{v}(l,m,n)$ 的夹角为 φ（见图 6.2.8），那么直线与平面的交角 θ 满足

$$\sin\theta=|\cos\varphi|=\frac{|Al+Bm+Cn|}{\sqrt{A^2+B^2+C^2}\cdot\sqrt{l^2+m^2+n^2}}.$$

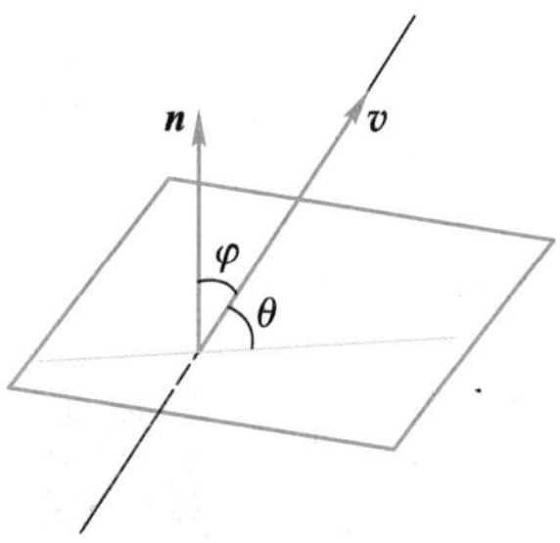

图 6.2.8

特别地，

(1) 当$\frac{A}{l}=\frac{B}{m}=\frac{C}{n}$时,平面与直线垂直;

(2) 当 $Al+Bm+Cn=0$ 时,平面与直线平行;

(3) 当 $Al+Bm+Cn=0$,且平面与直线有一个公共点时,直线位于平面上.

例 6.2.12　求平面 $x+y+z-3=0$ 和直线$\frac{x-2}{3}=\frac{y+2}{1}=\frac{z-3}{-4}$的位置关系.

解　由于给定直线与平面的交角的正弦为

$$\sin\theta=\frac{|1\times3+1\times1+1\times(-4)|}{\sqrt{1^2+1^2+1^2}\cdot\sqrt{3^2+1^2+(-4)^2}}=0,$$

所以平面和直线平行,并可能直线在平面上.

再在直线$\frac{x-2}{3}=\frac{y+2}{1}=\frac{z-3}{-4}$上任取一点,不妨取为$(2,-2,3)$,它也满足平面方程 $x+y+z-3=0$,所以点$(2,-2,3)$也在平面上. 因此,直线在平面上.

习　题

1. 写出下列平面的一般方程:

(1) 过点$(0, 1, 0)$,$(2, -1, 5)$和$(8, 0, -3)$;

(2) 过点$(-1, 1, 3)$和 y 轴;

(3) 平行于 Ozx 平面且过点$(2, -5, 3)$;

(4) 平行于 x 轴且过点$(4, 0, -2)$和$(5, 1, 7)$;

(5) 过点$(-1, 0, 1)$且平行于向量 $\boldsymbol{a}=(2, 1, 1)$和 $\boldsymbol{b}=(-1, 1, 0)$.

2. 求三张平面 $x+3y+z=1$,$2x-y-z=0$ 和$-x+2y+2z=3$ 的交点.

3. 写出下列直线的对称式方程:

(1) 过点$(3, -2, 1)$和$(-1, 0, 2)$;

(2) 过点$(-3, 0, 1)$且平行于 y 轴;

(3) 垂直于平面 $3x+2y-4z-1=0$ 且过点$(2, 3, -1)$.

4. 将下列直线的一般方程改写为对称式方程:

(1) $\begin{cases}x-y+z-1=0,\\2x+3y-z+6=0;\end{cases}$　　(2) $\begin{cases}3x-4y+z+1=0,\\x+y-z+2=0.\end{cases}$

5. 写出下列平面的一般方程:

(1) 过点$(-1, 2, 1)$和直线$\frac{x-1}{2}=\frac{y+2}{3}=\frac{z+2}{-1}$;

(2) 过点$(1, 3, -2)$且与直线$\frac{x-4}{5}=\frac{y+3}{2}=\frac{z}{1}$垂直;

(3) 过点$(3, -5, 0)$且与直线$\begin{cases}2x-2y\quad+6=0,\\3x+y-2z-5=0\end{cases}$垂直.

6. 求过点$(-1,0,4)$,与直线$\frac{x+1}{1}=\frac{y-3}{1}=\frac{z}{2}$相交,而且平行于平面 $3x-4y+z-10=0$ 的直线的方程.

7. 求平面束 $x+3y-5+\lambda(x-y-2z+4)=0$ 中在 x 轴和 y 轴上截距相等的平面.

8. 求直线 $\begin{cases}x+y-z-1=0,\\x-y+z+1=0\end{cases}$ 在平面 $x+y+z=0$ 上的投影直线的方程.

9. 求点 $(1,-2,1)$ 到平面 $x+3y-4z+1=0$ 的距离.

10. 求点 $(2,0,-1)$ 到由点 $(1,2,3)$，$(-1,4,2)$，$(0,1,-1)$ 确定的平面的距离.

11. 求点 $(1,-1,-1)$ 到直线 $\dfrac{x-1}{2}=\dfrac{y+2}{3}=\dfrac{z+2}{-1}$ 的距离.

12. 求点 $(0,2,-1)$ 到直线 $\dfrac{x-4}{5}=\dfrac{y+3}{2}=\dfrac{z}{1}$ 的距离.

13. 求直线 $\dfrac{x-1}{2}=\dfrac{y+2}{3}=\dfrac{z+2}{-1}$ 到平面 $2x-y+z=8$ 的距离.

14. 求过 $(0,1,0)$ 和 $(0,0,1)$ 的直线 L_1 与过 $(1,1,0)$ 和 $(1,-1,1)$ 的直线 L_2 之间的距离.

15. 计算交角：

（1）平面 $2x+3y+6z-12=0$ 与平面 $x-2y+z-6=0$；

（2）平面 $x-y-z+6=0$ 与直线 $\begin{cases}x-y-z=0,\\x+y+3z+1=0;\end{cases}$

（3）直线 $\begin{cases}x+2y-z-7=0,\\-2x+y+z+6=0\end{cases}$ 与直线 $\begin{cases}2x-y-z+2=0,\\3x+6y-3z-8=0.\end{cases}$

16. 求平面 $3x-2y+7z-8=0$ 和直线 $\dfrac{x}{3}=\dfrac{y}{-2}=\dfrac{z}{7}$ 的位置关系.

17. 求过点 $(2,-1,3)$ 且与直线 $\dfrac{x}{3}=\dfrac{y+7}{5}=\dfrac{z-2}{2}$ 垂直相交的直线的方程.

18. 已知直线 $L:\dfrac{x}{1}=\dfrac{y}{2}=\dfrac{z}{3}$ 和平面 $\pi:3x+2y+z+10=0$.

（1）求直线 L 与平面 π 的交点；

（2）求直线 L 与平面 π 的交角；

（3）求直线 L 在平面 π 上的垂直投影直线的方程.

19. 已知平面 $\pi:Ax+By+Cz+D=0$，两点 $M_1(x_1,y_1,z_1)$，$M_2(x_2,y_2,z_2)$ 不在平面 π 上．若平面 π 与联结 M_1,M_2 两点的线段相交于点 M，且 $\overrightarrow{M_1M}=k\overrightarrow{MM_2}$，证明：

$$k=-\frac{Ax_1+By_1+Cz_1+D}{Ax_2+By_2+Cz_2+D}.$$

20. 证明：通过点 (x_0,y_0,z_0)，并且与两张平面 $A_1x+B_1y+C_1z+D_1=0$ 和 $A_2x+B_2y+C_2z+D_2=0$ 都垂直的平面方程为

$$\begin{vmatrix}x-x_0 & A_1 & A_2\\ y-y_0 & B_1 & B_2\\ z-z_0 & C_1 & C_2\end{vmatrix}=0.$$

21. 设 $(\cos\alpha,\cos\beta,\cos\gamma)$ 为单位向量，证明：点 $A(a,b,c)$ 关于平面

$$x\cos\alpha+y\cos\beta+z\cos\gamma-p=0\quad(p>0)$$

的对称点为 $A'(a-2\delta\cos\alpha,b-2\delta\cos\beta,c-2\delta\cos\gamma)$，其中

$$\delta=a\cos\alpha+b\cos\beta+c\cos\gamma-p.$$

§ 3　曲面、曲线和二次曲面

曲面方程

若空间的曲面 Σ 上的任意一点的坐标 (x,y,z) 都满足方程 $F(x,y,z)=0$，同时，坐标满足 $F(x,y,z)=0$ 的点都在曲面 Σ 上，则称

$$F(x,y,z)=0$$

为曲面 Σ 的**轨迹方程**，一般就称为**曲面方程**. 这种形式的方程也称为曲面的**一般方程**，上一节讲的平面方程是曲面一般方程的特殊情况.

与平面解析几何类似，空间曲面的研究有两个基本问题. 第一个问题是知道曲面上的点的轨迹变化规律，求相应的轨迹方程，即曲面方程.

例 6.3.1　求以点 $P_0(x_0,y_0,z_0)$ 为中心，半径为 r 的球面的方程.

解　设 $P(x,y,z)$ 是球面上的任意一点，则

$$\| PP_0 \| = r,$$

即

$$\sqrt{(x-x_0)^2+(y-y_0)^2+(z-z_0)^2}=r,$$

因此，所求的球面方程是

$$(x-x_0)^2+(y-y_0)^2+(z-z_0)^2=r^2.$$

当 P_0 是原点时，相应的球面方程是

$$x^2+y^2+z^2=r^2.$$

例 6.3.2　求点 $P_1(1,-2,1)$ 和 $P_2(2,0,3)$ 的连线的垂直平分面方程.

解　设 $P(x,y,z)$ 是垂直平分面上的任意一点，则

$$\| PP_1 \| = \| PP_2 \|,$$

即

$$\sqrt{(x-1)^2+(y+2)^2+(z-1)^2}=\sqrt{(x-2)^2+y^2+(z-3)^2},$$

因此，所求的垂直平分面方程是

$$2x+4y+4z-7=0.$$

例 6.3.3　在 Oyz 平面上有一条曲线

$$f(y,z)=0,$$

求它绕 z 轴旋转一周而生成的旋转曲面的方程.

解　在 Oyz 平面上，设点 $P_0(0,y_0,z_0)$ 是曲面上的点，因此

$$f(y_0,z_0)=0.$$

当曲线绕 z 轴旋转时，该点转到位置 $P(x,y,z)$（见图 6.3.1），显然，

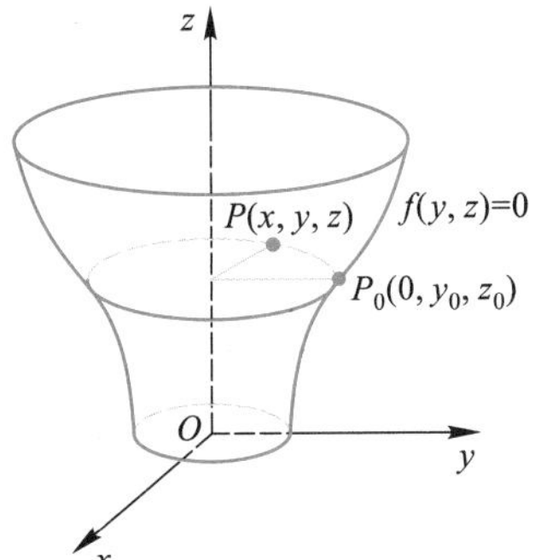

图 6.3.1

$$z=z_0,$$

而 P 到 z 轴的距离与 P_0 到 z 轴的距离相等,即

$$\sqrt{x^2+y^2}=|y_0|.$$

代入曲线方程,就得到 $P(x,y,z)$ 满足

$$f(\pm\sqrt{x^2+y^2},z)=0,$$

这就是 Oyz 平面上曲线 $f(y,z)=0$ 绕 z 轴旋转一周所生成曲面的方程.

完全类似地可以导出,它绕 y 轴旋转一周所生成曲面的方程为

$$f(y,\pm\sqrt{x^2+z^2})=0.$$

读者不难推出在 Oxy 平面上的曲线 $g(x,y)=0$ 分别绕 x 轴和 y 轴旋转一周生成的旋转曲面的方程,以及 Oxz 平面上的曲线 $h(x,z)=0$ 分别绕 x 轴和 z 轴旋转一周生成的旋转曲面的方程.

由一条空间定曲线 C 绕一条定直线 L 旋转一周而生成的曲面称为**旋转曲面**. 称曲线 C 为该旋转曲面的**母线**,直线 L 为该旋转曲面的**旋转轴**,简称**轴**.

例 6.3.4　求 Oxy 平面上的椭圆 $\frac{x^2}{4}+\frac{y^2}{9}=1$ 绕 x 轴旋转一周生成的旋转曲面的方程.

解　所求旋转曲面的方程为

$$\frac{x^2}{4}+\frac{\left(\pm\sqrt{y^2+z^2}\right)^2}{9}=1,$$

即

$$\frac{x^2}{4}+\frac{y^2}{9}+\frac{z^2}{9}=1.$$

例 6.3.5　已知点 $A(0,0,1)$ 及 Oxy 平面上的椭圆 $\frac{x^2}{9}+\frac{y^2}{25}=1$,过点 A 及椭圆上的某点 P_1 做直线,求当 P_1 绕椭圆旋转一周时,该直线的轨迹生成的曲面方程.

解　记直线的轨迹生成的曲面为 Σ. 设 $P(x,y,z)$ 为曲面 Σ 上的任一点,则由曲面 Σ 的定义知,过 A 和 P 的直线与椭圆有交点 $P_1(x_1,y_1,0)$,注意 $\overrightarrow{AP}$ 与 $\overrightarrow{AP_1}$ 共线,所以

$$\frac{x-0}{x_1-0}=\frac{y-0}{y_1-0}=\frac{z-1}{0-1}.$$

由于点 $P_1(x_1,y_1,0)$ 在椭圆上,所以

$$\frac{x_1^2}{9}+\frac{y_1^2}{25}=1.$$

从以上两式中消去 x_1,y_1 得

$$\frac{x^2}{9}+\frac{y^2}{25}=(z-1)^2.$$

这就是所求曲面方程(其图形见图 6.3.2).

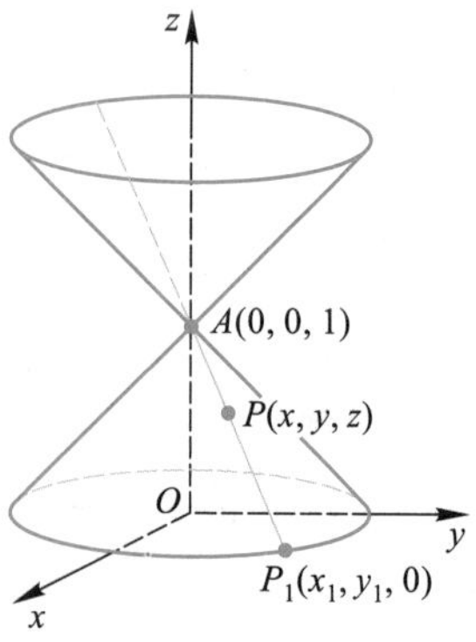

图 6.3.2

给定一条空间曲线 C 和不在 C 上的一点 P,通过 P 且与 C 相交的一族直线所组成的曲面称为**锥面**,称点 P 为该锥面的**顶点**,曲线 C 为该锥面的**准线**,这族直线中的每条直线都称为该锥面的

母线.

显然,例 6.3.5 中的曲面就是锥面. 注意锥面的准线并不是唯一的.

空间曲面研究中的另一个问题是已知方程 $F(x,y,z)=0$,绘制相应曲面的几何图形.

例 6.3.6　求方程 $x^2+y^2+z^2+2x-4y+6z-2=0$ 表示的曲面.

解　对所给的方程配方,可将

$$x^2+y^2+z^2+2x-4y+6z-2=0$$

改写为

$$(x+1)^2+(y-2)^2+(z+3)^2=16.$$

由例 6.3.1,这是以 $P(-1,2,-3)$ 为球心,半径为 4 的球面.

例 6.3.7　画出方程 $y=x^2$ 表示的曲面.

解　在 $\mathbf{R}^2$ 中,这是一条抛物线.

现在考虑在 $\mathbf{R}^3$ 中的情况. 设 Oxy 平面上的点 $P_0(x_0,y_0,0)$ 在抛物线上,即满足

$$y_0=x_0^2,$$

由于方程 $y=x^2$ 中不含变量 z,因此,对任意 z,(x_0,y_0,z) 一定也满足方程,所以也在 $y=x^2$ 所表示的曲面上.

这就是说,若过 P_0 作一条垂直于 Oxy 平面(即与 z 轴平行)的直线,由于这条直线上的任意一点的坐标为 (x_0,y_0,z),那么这条直线属于 $y=x^2$ 所表示的曲面.

取遍抛物线上所有的点,即这条直线沿抛物线平行移动,就得到了 $y=x^2$ 表示的曲面(见图 6.3.3).

给定一条空间曲线 C 和一条直线 L,平行于 L 且与 C 相交的一族平行直线所组成的曲面称为**柱面**,称曲线 C 为该柱面的**准线**,这族平行直线中的每条直线都称为该柱面的**母线**.

上例中的曲面就是以 Oxy 平面上的曲线 $y=x^2$ 为准线,母线平行于 z 轴的柱面,它称为抛物柱面.

注意柱面的准线并不是唯一的. 显然,平面是一种特殊的柱面,它的准线可取作其上的任一条直线.

不含 z 的方程 $f(x,y)=0$ 表示以 Oxy 平面上的曲线 $f(x,y)=0$ 为准线,母线平行于 z 轴的柱面. 如 $x^2+y^2=1$ 表示以 Oxy 平面上的单位圆为准线,母线平行于 z 轴的圆柱面(见图 6.3.4). 而 $x=0$ 表示以 Oxy 平面上的 y 轴为准线,母线平行于 z 轴的柱面,即 Oyz 坐标平面.

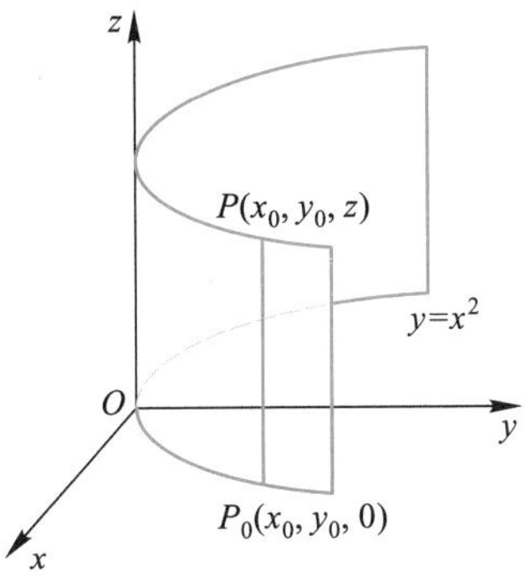

图 6.3.3

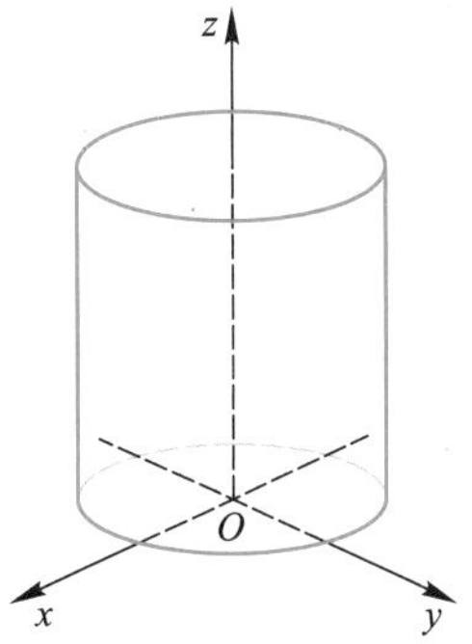

图 6.3.4

完全类似地可以得出，$\frac{x^2}{a^2}-\frac{z^2}{b^2}=1$ 表示以 Ozx 平面上的双曲线 $\frac{x^2}{a^2}-\frac{z^2}{b^2}=1$ 为准线，母线平行于 y 轴的双曲柱面（见图 6.3.5）. 而 $y-z=0$ 表示以 Oyz 平面上的直线 $y=z$ 为准线，母线平行于 x 轴的柱面，它是一张平面.

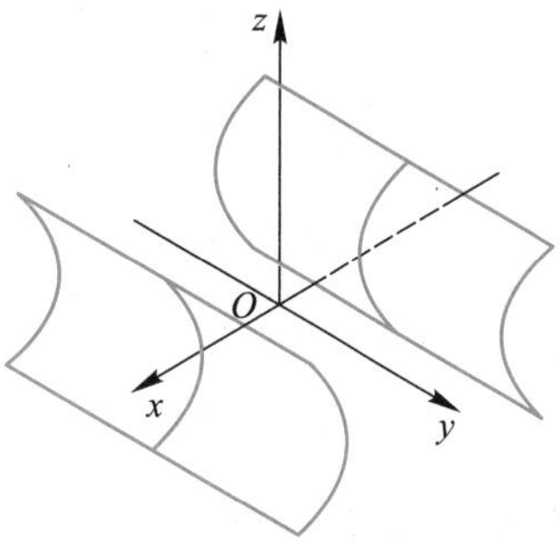

图 6.3.5

空间曲面的方程常可以用含有两个参数的如下形式表示

$$\begin{cases}x=x(u,v),\\y=y(u,v),\quad (u,v)\in D,\\z=z(u,v),\end{cases}$$

其中 D 为参数变化的范围. 它称为**曲面的参数方程**或**参数表示**. 例如，若 $\boldsymbol{a}=(a_1,a_2,a_3)$，$\boldsymbol{b}=(b_1,b_2,b_3)$ 为两个不平行的向量，则过 $P_0(x_0,y_0,z_0)$ 点，且与 $\boldsymbol{a},\boldsymbol{b}$ 皆平行的平面方程为

$$\begin{cases}x=x_0+ua_1+vb_1,\\y=y_0+ua_2+vb_2,\quad u,v\in\mathbf{R}.\\z=z_0+ua_3+vb_3,\end{cases}$$

它称为**平面的参数方程**. 事实上，对于这张平面上的任一点 $P(x,y,z)$，则向量 $\overrightarrow{P_0P}$ 与 $\boldsymbol{a},\boldsymbol{b}$ 共面，因此有实数 u,v，使得

$$\overrightarrow{P_0P}=u\boldsymbol{a}+v\boldsymbol{b},$$

按坐标分量写开，就是上面的参数形式.

例 6.3.8 设 $b>a>0$，由 Oxz 平面上以 $(b,0)$ 点为圆心，a 为半径的圆周绕 z 轴旋转一周所成的曲面，称为**环面**，如图 6.3.6 所示. 试写出这个环面的参数方程.

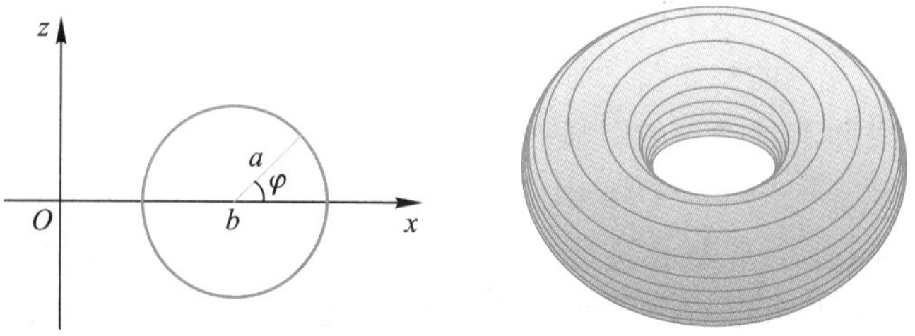

图 6.3.6

解 显然 Oxz 平面上的圆周的参数方程为 $\begin{cases}x=b+a\cos\varphi,\\z=a\sin\varphi,\end{cases}$ 若这样表示的点绕 z 轴旋转了角度 θ 得到环面上的点 (x,y,z)，则该点可表示为

$$\begin{cases}x=(b+a\cos\varphi)\cos\theta,\\y=(b+a\cos\varphi)\sin\theta,\quad \theta\in[0,2\pi),\varphi\in[0,2\pi),\\z=a\sin\varphi,\end{cases}$$

这就是环面的参数方程.

实际上，这个环面也就是 Oxz 平面上的圆 $(x-b)^2+z^2=a^2$ 绕 z 轴旋转一周所成的曲面，因此它的普通形式的方程为

$$(\pm\sqrt{x^2+y^2}-b)^2+z^2=a^2,$$

即

$$(x^2+y^2+z^2+b^2-a^2)^2=4b^2(x^2+y^2).$$

曲线方程

在例 6.3.7 中已经知道，在空间 $\mathbf{R}^3$ 中 $y=x^2$ 表示的并不是 Oxy 平面上的一条抛物线，而是一张柱面．那么，如何在 $\mathbf{R}^3$ 中表示原来的那条抛物线呢？

显然，这条抛物线既属于抛物柱面 $y=x^2$，又落在 Oxy 坐标平面，即平面 $z=0$ 上．因此，只要将这两个方程联立

$$\begin{cases} y=x^2, \\ z=0, \end{cases}$$

它表示的就是原来那条抛物线.

一般地，空间中的一条曲线可以看成是两个曲面 $F(x,y,z)=0$ 和 $G(x,y,z)=0$ 的交线．所以，曲线方程可以表示为

$$\begin{cases} F(x,y,z)=0, \\ G(x,y,z)=0, \end{cases}$$

它称为**曲线的一般方程**.

当 $F(x,y,z)=0$ 和 $G(x,y,z)=0$ 都是平面时，所得到的交线是一条直线，所以，直线的一般方程是曲线一般方程的特殊情况.

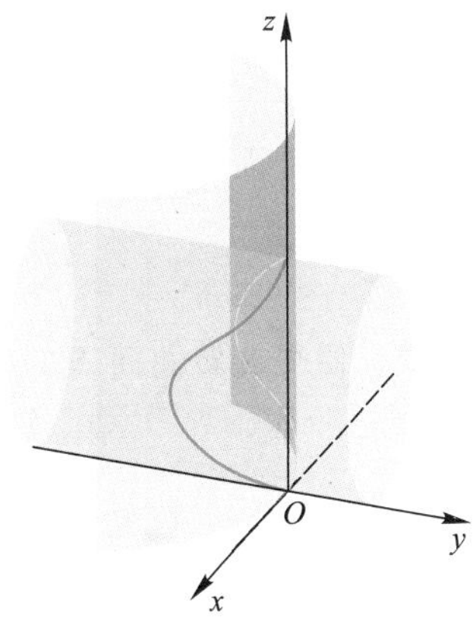

图 6.3.7

例 6.3.9　方程

$$\begin{cases} x^2+z^2=4z, \\ x^2=-4y \end{cases}$$

表示的曲线是圆柱面 $x^2+z^2=4z$ 与抛物柱面 $x^2=-4y$ 的交线，其图形见图 6.3.7.

例 6.3.10　画出方程

$$\begin{cases} x^2+y^2+z^2=a^2 \quad (z\geqslant 0), \\ x^2+y^2=ax \end{cases}$$

表示的曲线．

解　方程 $x^2+y^2+z^2=a^2(z\geqslant 0)$ 是以原点为球心的球面的上半部分，而 $x^2+y^2=ax$ 是以 Oxy 坐标平面上圆

$$\left(x-\frac{a}{2}\right)^2+y^2=\left(\frac{a}{2}\right)^2$$

为准线，母线平行于 z 轴的圆柱面．它们的交线如图 6.3.8 所示.

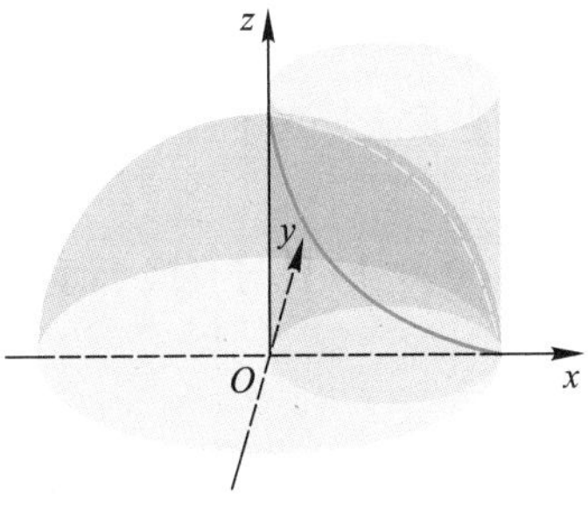

图 6.3.8

曲线的一般方程还有一个重要作用：可以用来研究曲面性质．将曲面 $F(x,y,z)=0$ 和平面 $Ax+By+Cz+D=0$ 联立，其交线

$$\begin{cases}F(x,y,z)=0,\\Ax+By+Cz+D=0\end{cases}$$

称为曲面在该平面的**截口曲线**．于是，研究曲面在不同平面上产生的截口曲线，就可以大致了解曲面的形状和性质，这种方法称为**截痕法**．为了简化过程，所用的平面往往与坐标平面相平行．

例 6.3.11　求直线 $L:\dfrac{x-1}{1}=\dfrac{y}{3}=\dfrac{z}{3}$绕直线 $L_0:\dfrac{x}{2}=\dfrac{y}{1}=\dfrac{z}{-2}$旋转一周所得的旋转曲面 Σ 的方程.

解　在直线 L 上任取一点 $P_0(x_0,y_0,z_0)$，则 P_0 满足

$$\frac{x_0-1}{1}=\frac{y_0}{3}=\frac{z_0}{3}.$$

点 P_0 绕直线 L_0 旋转一周形成一个圆，这个圆在与 L_0 垂直的平面上．又由于 L_0 过原点，因此这个圆上的点到原点的距离与 P_0 到原点的距离相等．于是这个圆上的点 $P(x,y,z)$满足

$$\begin{cases}x^2+y^2+z^2=x_0^2+y_0^2+z_0^2,\\2(x-x_0)+(y-y_0)-2(z-z_0)=0.\end{cases}$$

点 P_0 在直线 L 上连续变动，这种圆就随之变动形成了旋转曲面 Σ.

现在求旋转曲面 Σ 的方程．令$\dfrac{x_0-1}{1}=\dfrac{y_0}{3}=\dfrac{z_0}{3}=t$，则

$$x_0=1+t,\quad y_0=3t,\quad z_0=3t,$$

将其代入上面讨论的圆所满足的方程组，有

$$\begin{cases}x^2+y^2+z^2=(1+t)^2+(3t)^2+(3t)^2,\\2(x-(1+t))+(y-3t)-2(z-3t)=0,\end{cases}$$

消去 t，便得旋转曲面 Σ 的一般方程

$$x^2+y^2+z^2=(2x+y-2z-3)^2+18(2x+y-2z-2)^2.$$

例 6.3.12　已知直线 $L:\begin{cases}x=0,\\y=z\end{cases}$和球面 $\Sigma:x^2+y^2+z^2=2z$. 平行于直线 L 的光线射到球面 Σ 上，求此时该球面在 Oxy 平面所形成的阴影图形及其面积.

解　光线射到球面上，在 Oxy 平面所形成的阴影图形是由一个柱面 Σ_1 与 Oxy 平面的交线所围区域，这时柱面 Σ_1 是以球面上的一个大圆 C（其所在平面与光线，即直线 L 垂直）为准线，母线与光线平行.

先求大圆 C 的方程．直线 L 的方向向量可取为 $\boldsymbol{v}=\begin{vmatrix}\boldsymbol{i}&\boldsymbol{j}&\boldsymbol{k}\\1&0&0\\0&1&-1\end{vmatrix}=\boldsymbol{j}+\boldsymbol{k}$，因此过球面 Σ 的球心$(0,0,1)$且与直线 L 垂直的平面方程为 $y+z-1=0$. 于是大圆 C 的方程为

$$\begin{cases}x^2+y^2+z^2=2z,\\y+z-1=0.\end{cases}$$

再求柱面 Σ_1 的方程．设 $P(x,y,z)$为 Σ_1 上任一点，则过 P 点且平行于 L 的直线与大圆 C 交于一点 $P_0(x_0,y_0,z_0)$，此时

$$\begin{cases}x_0^2+y_0^2+z_0^2=2z_0,\\ y_0+z_0-1=0.\end{cases}$$

由于 $\overrightarrow{P_0P}=(x-x_0,y-y_0,z-z_0)$ 平行于 $\boldsymbol{v}$，所以存在实数 λ，使得

$$\begin{cases}x=x_0,\\ y=y_0+\lambda,\\ z=z_0+\lambda.\end{cases}$$

将此式代入上式，并消去 λ 得

$$2x^2+(y-z+1)^2=2,$$

这就是柱面 Σ_1 的方程．因此所求的在 Oxy 平面所形成的阴影图形为曲线

$$\begin{cases}2x^2+(y-z+1)^2=2,\\ z=0\end{cases}$$

所围区域．它是一个长轴为$\sqrt{2}$，短轴为 1 的椭圆，其面积为$\sqrt{2}\pi$.

曲线绕坐标轴旋转形成的旋转曲面的方程

空间曲线还有一种常用的表示方式．设 I 是区间，$x(t)$，$y(t)$，$z(t)$ $(t\in I)$ 是连续函数. 对于固定的 $t_0\in I$，$(x(t_0),y(t_0),z(t_0))$ 就确定了空间中的一个点，当 t 在 I 中连续地变动时，$(x(t),y(t),z(t))$ 就画出了空间中的一条连续曲线．因此

$$\begin{cases}x=x(t),\\ y=y(t), \quad t\in I\\ z=z(t),\end{cases}$$

也表示了一条空间曲线，称为**曲线的参数方程**或**参数表示**.

例 6.3.13　画出由方程

$$\begin{cases}x=a\cos t,\\ y=a\sin t, \quad t\in \mathbf{R}\\ z=ct,\end{cases}$$

表示的曲线，其中 $a>0$，$c>0$.

解　先考虑 $c=0$ 的特殊情况，则当 t 连续增大时，曲线在 Oxy 坐标平面上逆时针连续画出圆心在原点，半径为 a 的重叠的圆.

对一般的 $c>0$，易知当 t 连续增大时，曲线上的点按速率 c 均匀地上升.

把上面的两点综合起来，就得到了方程表示的曲线（见图 6.3.9），这条曲线称为**螺旋线**或**圆柱螺线**．旋转一周后 z 增加的高度 $2c\pi$ 称为**螺距**.

日常生活中用的平头螺钉上的螺纹就是一条螺旋线，用螺丝刀每旋紧一周，螺钉就往里移进一个螺距的长度.

类似地，可画出由参数方程

$$\begin{cases}x=t\cos t,\\ y=t\sin t, \quad t>0, \quad c>0\\ z=ct,\end{cases}$$

表示的**圆锥螺线**（见图 6.3.10）.

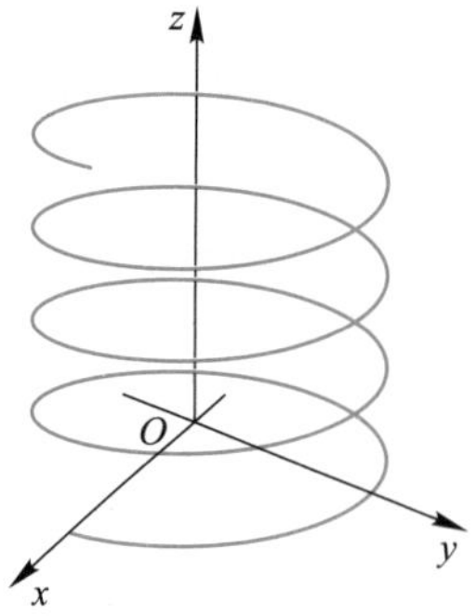

图 6.3.9

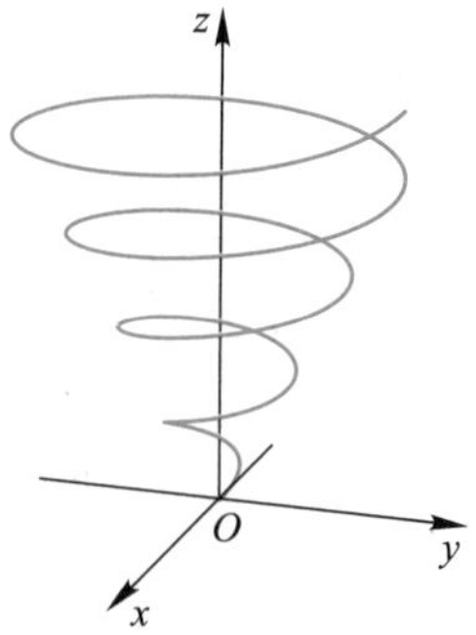

图 6.3.10

对于用参数方程

以已知曲线为准线的柱面和锥面的方程

$$\begin{cases}x=x(u,v),\\ y=y(u,v), \quad (u,v)\in D,\\ z=z(u,v),\end{cases}$$

表示的曲面 Σ,取定 $v=v_0$,则 $\begin{cases}x=x(u,v_0),\\ y=y(u,v_0),\\ z=z(u,v_0)\end{cases}$ 便给出了 Σ 上的一条曲线,称之为 $\boldsymbol{u}$ **曲线**. 同理,取定 $u=u_0$,也可给出 Σ 上的一条 $\boldsymbol{v}$ **曲线** $\begin{cases}x=x(u_0,v),\\ y=y(u_0,v),\\ z=z(u_0,v).\end{cases}$ 它们统称为**坐标曲线**. 利用一条条坐标曲线,便可勾勒出曲面的形状,这也是计算机绘图的一种方法.

例 6.3.14　画出由方程

$$\begin{cases}x=(2+\sin v)\cos u,\\ y=(2+\sin v)\sin u,\\ z=u+\cos v\end{cases}$$

表示的曲面.

解　先考虑 v 为常数的情况. 由上例知,这样的 u 曲线是螺旋线. 而 u 为常数的情形,从曲面方程可以想象出,v 曲线具有类似圆形的形状. 由此便可画出曲面,如图 6.3.11 所示.

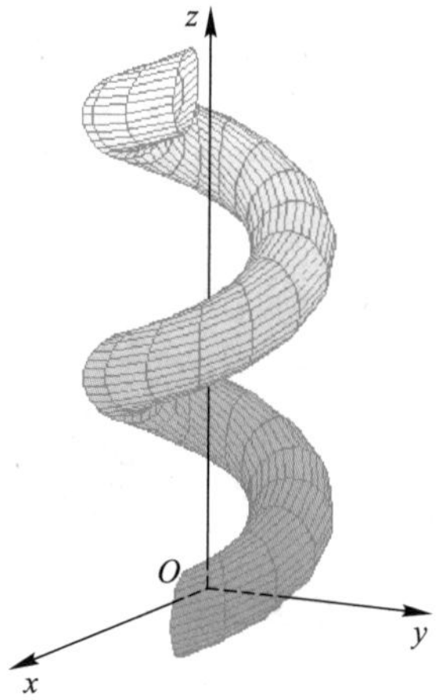

图 6.3.11

二次曲面

与二次曲线的概念相仿,我们将空间直角坐标系中与三元二次方程

$$a_{11}x^2+a_{22}y^2+a_{33}z^2+2a_{12}xy+2a_{13}xz+2a_{23}yz+b_1x+b_2y+b_3z+c=0$$

对应的曲面称为**二次曲面**. 二次曲面在曲面中占有重要地位,这不仅由于它极为常用,还在于许多复杂的曲面在一定的条件下可以用它近似代替.

利用二次型理论可以证明，经过对坐标变量的正交变换和平移变换（注意，这些变换并不改变曲面的几何形状），可以使二次曲面的方程中没有交叉项（即两个不同变量的乘积项）的二次项，并可将其简化为不同时含有某个变量的一次项和二次项，且含一次项的变量只有一个（此时可化为不含常数项）的形式，共有十七种，此类方程称为**二次曲面的标准方程**.

下面就标准方程对几个典型的二次曲面作一简单的介绍，与二次曲线类似，二次曲面可以分成三类（由于方程中三个变量不全出现的情况表示柱面，这里就不重复了．此外，也不讨论变量轮换的情况）.

（一）椭球面

将 Oyz 平面上的椭圆

$$\frac{y^2}{a^2}+\frac{z^2}{b^2}=1$$

绕 z 轴转动，得到的旋转曲面方程为

$$\frac{x^2+y^2}{a^2}+\frac{z^2}{b^2}=1,$$

这称为旋转椭球面，读者由它的产生过程很容易想象其图形.

一般的椭球面方程为

$$\frac{x^2}{a^2}+\frac{y^2}{b^2}+\frac{z^2}{c^2}=1 \quad (a,b,c>0).$$

利用截痕法，我们用平面 $z=z_0(\,|z_0|<c)$ 去截它，得曲线

$$\begin{cases}\dfrac{x^2}{a^2}+\dfrac{y^2}{b^2}+\dfrac{z^2}{c^2}=1,\\ z=z_0,\end{cases}$$

从方程中消去 z，便得到

$$\frac{x^2}{\left(a\sqrt{1-\dfrac{z_0^2}{c^2}}\right)^2}+\frac{y^2}{\left(b\sqrt{1-\dfrac{z_0^2}{c^2}}\right)^2}=1,$$

这是以 $(0,0,z_0)$ 为中心，在平面 $z=z_0$ 上的两个半轴分别为 $a\sqrt{1-\dfrac{z_0^2}{c^2}}$ 和 $b\sqrt{1-\dfrac{z_0^2}{c^2}}$ 的一个椭圆，当 $z_0\to c$ 时，椭圆收缩为一个点.

对 x 和 y 方向作类似的讨论，不难得到椭球面的图形（见图 6.3.12）．其中 $(\pm a,0,0)$，$(0,\pm b,0)$，$(0,0,\pm c)$ 称为椭球的**顶点**，a,b,c 称为椭球的**半轴**.

当 $a=b=c$ 时，椭球面方程就变为球面方程

$$x^2+y^2+z^2=a^2.$$

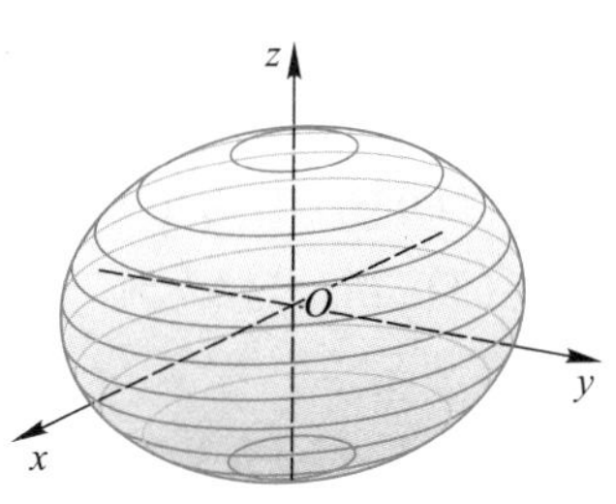

图 6.3.12

（二）双曲面

1. 单叶双曲面

将 Oyz 平面上的双曲线

$$\frac{y^2}{a^2}-\frac{z^2}{b^2}=1$$

绕虚轴(即 z 轴)转动,得到的旋转曲面方程为

$$\frac{x^2+y^2}{a^2}-\frac{z^2}{b^2}=1,$$

这称为旋转单叶双曲面.

一般的单叶双曲面方程为

$$\frac{x^2}{a^2}+\frac{y^2}{b^2}-\frac{z^2}{c^2}=1\quad(a,b,c>0).$$

我们在两个方向上用截痕法讨论这个曲面. 先用平面 $z=z_0$ 去截,得曲线

$$\begin{cases}\dfrac{x^2}{a^2}+\dfrac{y^2}{b^2}-\dfrac{z^2}{c^2}=1,\\ z=z_0.\end{cases}$$

从方程中消去 z,便得到

$$\frac{x^2}{\left(a\sqrt{1+\dfrac{z_0^2}{c^2}}\right)^2}+\frac{y^2}{\left(b\sqrt{1+\dfrac{z_0^2}{c^2}}\right)^2}=1,$$

这是以 $(0,0,z_0)$ 为中心,在平面 $z=z_0$ 上的两个半轴分别为 $a\sqrt{1+\dfrac{z_0^2}{c^2}}$ 和 $b\sqrt{1+\dfrac{z_0^2}{c^2}}$ 的一个椭圆,当 $z_0=0$ 时椭圆最小,它的两个半轴分别为 a 和 b,当 $z_0\to\pm\infty$ 时,椭圆的半轴按比例趋于无穷大.

再用平面 $y=y_0$ 去截,得曲线

$$\begin{cases}\dfrac{x^2}{a^2}+\dfrac{y^2}{b^2}-\dfrac{z^2}{c^2}=1,\\ y=y_0,\end{cases}$$

从方程中消去 y,便得到:

(1) 当 $|y_0|<b$ 时,

$$\frac{x^2}{\left(a\sqrt{1-\dfrac{y_0^2}{b^2}}\right)^2}-\frac{z^2}{\left(c\sqrt{1-\dfrac{y_0^2}{b^2}}\right)^2}=1,$$

这是以 $(0,y_0,0)$ 为中心,在平面 $y=y_0$ 上实轴与 x 轴平行,虚轴与 z 轴平行的一条双曲线.

(2) 当 $|y_0|>b$ 时,

$$-\frac{x^2}{\left(a\sqrt{\dfrac{y_0^2}{b^2}-1}\right)^2}+\frac{z^2}{\left(c\sqrt{\dfrac{y_0^2}{b^2}-1}\right)^2}=1,$$

这是以 $(0,y_0,0)$ 为中心,在平面 $y=y_0$ 上实轴与 z 轴平行,虚轴与 x 轴平行的一条双曲线.

(3) 当 $|y_0|=b$ 时,

$$\frac{x^2}{a^2}-\frac{z^2}{c^2}=0,$$

这是在平面 $y=\pm b$ 上一对相交于 $(0,\pm b,0)$ 点,且关于 z 轴对称的直线.

对 x 方向的讨论与 y 方向是类似的．于是得到单叶双曲面的图形(见图 6.3.13).

单叶双曲面具有很大的实用价值,冶金、电力、化工等领域使用的烟囱、冷却塔,有相当部分是以单叶双曲面为外形的.

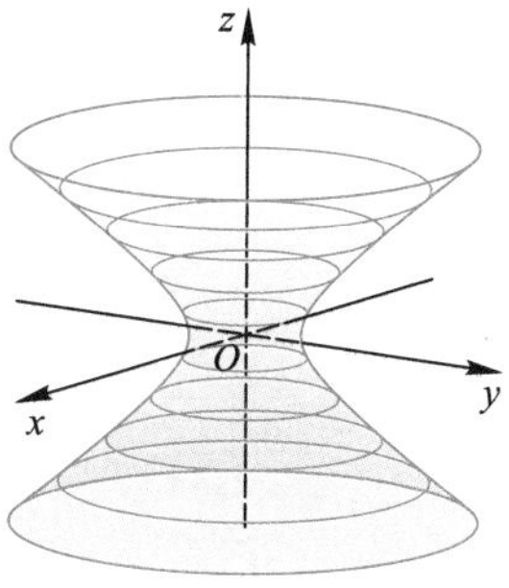

图 6.3.13

2. 双叶双曲面

若将上面所说的 Oyz 平面上的双曲线的实轴和虚轴对换一下,即

$$-\frac{y^2}{a^2}+\frac{z^2}{b^2}=1,$$

仍让它绕 z 轴(现在是实轴)转动,得到的旋转曲面方程为

$$-\frac{x^2+y^2}{a^2}+\frac{z^2}{b^2}=1,$$

显然,这时必须有 $|z|\geqslant b$,亦即图形分成了上下不相连的两部分,因而称为旋转双叶双曲面.

一般的双叶双曲面方程为

$$\frac{x^2}{a^2}+\frac{y^2}{b^2}-\frac{z^2}{c^2}=-1\quad(a,b,c>0).$$

与单叶双曲面方程类似,先用平面 $z=z_0(|z_0|>c)$ 去截,得曲线

$$\begin{cases}\dfrac{x^2}{a^2}+\dfrac{y^2}{b^2}-\dfrac{z^2}{c^2}=-1,\\ z=z_0.\end{cases}$$

从方程中消去 z,便得到

$$\frac{x^2}{\left(a\sqrt{\dfrac{z_0^2}{c^2}-1}\right)^2}+\frac{y^2}{\left(b\sqrt{\dfrac{z_0^2}{c^2}-1}\right)^2}=1,$$

这是以 $(0,0,z_0)$ 为中心,在平面 $z=z_0$ 上的两个半轴分别为 $a\sqrt{\dfrac{z_0^2}{c^2}-1}$ 和 $b\sqrt{\dfrac{z_0^2}{c^2}-1}$ 的一个椭圆,当 $z_0\to c$ 时,椭圆收缩于一个点.

再用平面 $y=y_0$ 去截,可以得到截口曲线为

$$-\frac{x^2}{\left(a\sqrt{1+\dfrac{y_0^2}{b^2}}\right)^2}+\frac{z^2}{\left(c\sqrt{1+\dfrac{y_0^2}{b^2}}\right)^2}=1,$$

这是以 $(0,y_0,0)$ 为中心,在平面 $y=y_0$ 上实轴与 z 轴平行,虚轴与 x 轴平行的一条双曲线.

对 x 方向的讨论与 y 方向是类似的．于是得到双叶双曲面的图形(见图 6.3.14).

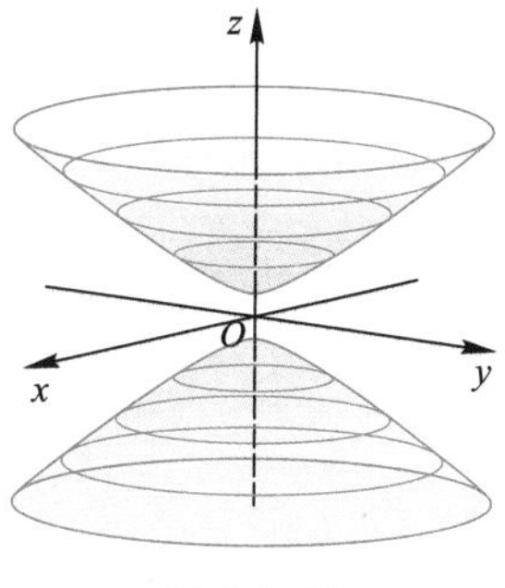

图 6.3.14

3. 锥面

让 Oyz 平面上的双曲线 $\dfrac{y^2}{a^2}-\dfrac{z^2}{b^2}=t^2$ 的焦点趋于它的中心(即 t 趋于 0),就得到一对相交于原点,且关于 z 轴对称的直线,因此,Oyz 平面上的直线

$$\frac{y^2}{a^2}-\frac{z^2}{b^2}=0$$

可以看成双曲线的极限情况. 让它绕 z 轴转动,得到的旋转曲面显然是圆锥面,它的方程为

$$\frac{x^2+y^2}{a^2}-\frac{z^2}{b^2}=0.$$

一般的二次锥面方程为

$$\frac{x^2}{a^2}+\frac{y^2}{b^2}-\frac{z^2}{c^2}=0\quad(a,b,c>0),$$

它同样可以看成是双曲面(无论是单叶还是双叶)的极限情况,其图形如图 6. 3. 15 所示,讨论的过程请读者自己完成.

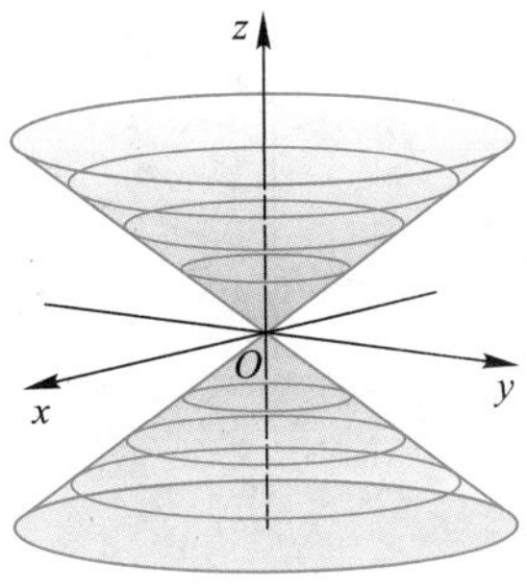

图 6. 3. 15

(三) 抛物面

1. 椭圆抛物面

将 Oyz 平面上的抛物线

$$z=\frac{y^2}{a^2}$$

绕它的对称轴(即 z 轴)转动,得到的旋转曲面方程为

$$z=\frac{x^2+y^2}{a^2},$$

这称为旋转抛物面. 显然 $z\geqslant 0$,所以图形只存在于上半空间.

一般的椭圆抛物面方程为

$$z=\frac{x^2}{a^2}+\frac{y^2}{b^2}\quad(a,b>0).$$

用平面 $z=z_0(z_0>0)$ 去截,截口曲线是一个椭圆,它的方程为

$$\frac{x^2}{(a\sqrt{z_0})^2}+\frac{y^2}{(b\sqrt{z_0})^2}=1,$$

当 $z_0\to 0$ 时,椭圆收缩于一个点.

再用平面 $y=y_0$ 去截,得曲线

$$\begin{cases}z=\dfrac{x^2}{a^2}+\dfrac{y^2}{b^2},\\ y=y_0,\end{cases}$$

因此

$$z=\frac{x^2}{a^2}+\frac{y_0^2}{b^2},$$

这是平面 $y=y_0$ 上以 $\left(0,y_0,\dfrac{y_0^2}{b^2}\right)$ 为顶点,对称轴与 z 轴平行的一条抛物线,抛物线的顶点的轨迹是平面 $x=0$(即 Oyz 坐标平面)上的抛物线

$$z=\frac{y^2}{b^2}.$$

对 x 方向作类似的讨论，就得到椭圆抛物面的图形（见图 6.3.16）．椭圆抛物面的特例——旋转抛物面可以看作空间中到一个定点（称为**焦点**）和一张给定平面（称为**准平面**）等距离的动点的轨迹（见习题第 1 题），因而它与平面解析几何中的抛物线具有类似的性质：在焦点处放一个点光源，经旋转抛物面反射后成为一束平行光；由于光路可逆，一束与准平面垂直的平行光经旋转抛物面反射后会聚于它的焦点．这个性质非常有用，如雷达、射电天文望远镜的天线都是旋转抛物面（或旋转抛物面的一部分），而伞形太阳灶的反射面是近似的旋转抛物面.

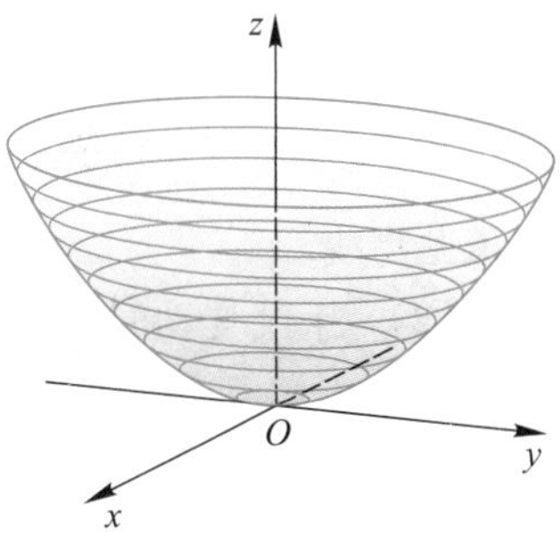

图 6.3.16

2. 双曲抛物面

双曲抛物面的标准方程为

$$z=\frac{x^2}{a^2}-\frac{y^2}{b^2}\quad (a,b>0),$$

它无法通过我们熟悉的某种曲线的旋转来获得图形的初步印象.

下面我们比较仔细地用截痕法来研究这个曲面的形状.

首先我们用平面 $z=z_0$ 去截这个曲面．容易知道：

（1）当 $z_0>0$ 时，截口曲线为

$$\frac{x^2}{(a\sqrt{z_0})^2}-\frac{y^2}{(b\sqrt{z_0})^2}=1,$$

这是平面 $z=z_0$ 上的实轴与 x 轴平行，虚轴与 y 轴平行的一条双曲线.

（2）当 $z_0<0$ 时，截口曲线为

$$-\frac{x^2}{(a\sqrt{-z_0})^2}+\frac{y^2}{(b\sqrt{-z_0})^2}=1,$$

这仍是平面 $z=z_0$ 上的一条双曲线，只是实轴与虚轴的位置与上半空间相反，变为实轴与 y 轴平行，虚轴与 x 轴平行.

（3）当 $z_0=0$ 时，截口曲线为

$$\frac{x^2}{a^2}-\frac{y^2}{b^2}=0,$$

这正是上半空间与下半空间的截口曲线的极限情况.

其次，我们再用平面 $x=x_0$ 去截这个曲面，其截口曲线为（见图 6.3.17）

$$z=-\frac{y^2}{b^2}+\frac{x_0^2}{a^2}.$$

容易知道：（1）这是平面 $x=x_0$ 上以 $\left(x_0,0,\frac{x_0^2}{a^2}\right)$ 为顶点，对称轴与 z 轴平行，开口向下的一条抛物线；

（2）当 x_0 变动时，抛物线顶点的轨迹是 Ozx 平面上的抛物线

$$z=\frac{x^2}{a^2}.$$

最后，我们用平面 $y=y_0$ 来截这个曲面，其截口曲线为

$$z=\frac{x^2}{a^2}-\frac{y_0^2}{b^2}.$$

容易知道：(1) 这是平面 $y=y_0$ 上以 $\left(0,y_0,-\frac{y_0^2}{b^2}\right)$ 为顶点，对称轴与 z 轴平行，开口向上的一条抛物线.

(2) 当 y_0 变动时，抛物线顶点的轨迹是 Oyz 平面上的抛物线

$$z=-\frac{y^2}{b^2}.$$

综合以上的分析，便可以构想出双曲抛物面的整体形状（见图 6.3.18），它被形象地称为**马鞍面**.

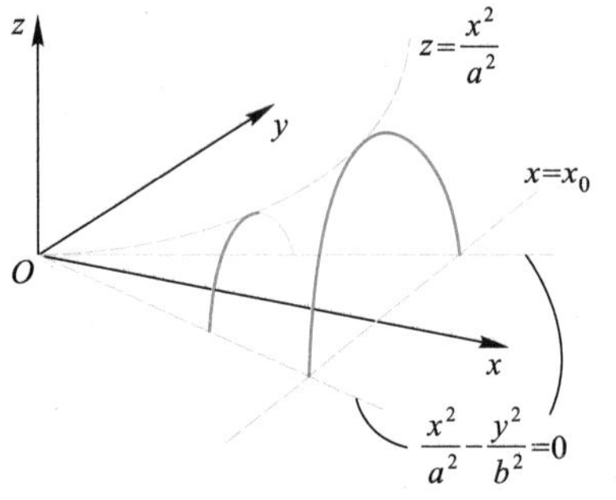

图 6.3.17

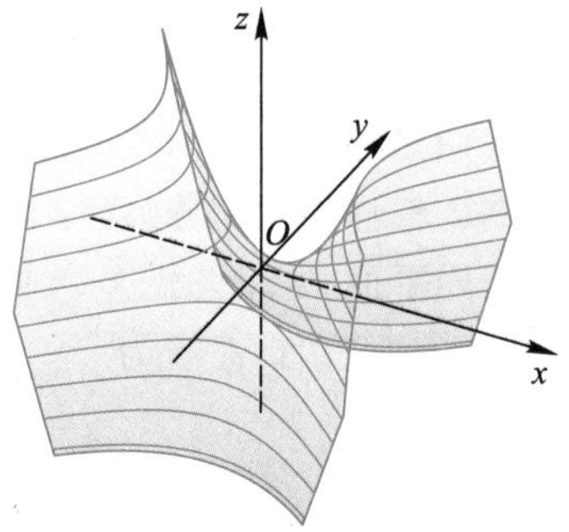

图 6.3.18

习　题

1. 求与点 $P(0,0,p)$ 和平面 $z=-p(p>0)$ 距离相等的点的轨迹方程.
2. 求与点 $P_1(0,0,-c)$，$P_2(0,0,c)$ 的距离之和为 $2a(a>c>0)$ 的点的轨迹方程.
3. 求与原点 O 及点 $P(2,3,4)$ 的距离之比为 1 : 2 的点的轨迹方程.
4. 求 Ozx 平面上的抛物线 $z^2=5x$ 绕 z 轴旋转一周生成的旋转曲面方程.
5. 求 Ozx 平面上的圆 $x^2+z^2=1$ 绕 z 轴旋转一周生成的旋转曲面方程.
6. 求 Oxy 平面上的双曲线 $\frac{x^2}{9}-\frac{y^2}{4}=1$ 分别绕 x 轴和 y 轴旋转一周生成的旋转曲面方程.
7. 求曲面 $\frac{x^2}{16}+\frac{y^2}{9}-\frac{z^2}{4}=1$ 与直线 $\frac{x}{4}=\frac{y}{-3}=\frac{z+2}{4}$ 的交点.
8. 设一柱面的母线平行于直线 $x=y=z$，准线为 $\begin{cases}x+y-z-1=0,\\x-y+z=0.\end{cases}$ 求该柱面的方程.
9. 求直线 $l:\frac{x-1}{1}=\frac{y}{1}=\frac{z-1}{-1}$ 在平面 $\pi:x-y+2z-1=0$ 上的投影直线 l_0 的方程，并求 l_0 绕 y 轴旋转一周所成曲面的方程.
10. 已知一圆柱面的轴为 $\frac{x}{1}=\frac{y-1}{-2}=\frac{z+1}{-2}$，且点 $(1,-2,1)$ 在此圆柱面上，求这个圆柱面的

方程.

11. 已知一圆锥面的顶点为(1,2,4),它的轴与平面 $2x+2y+z=0$ 垂直,且点(3,2,1)在此圆锥面上,求这个圆锥面的方程.

12. 下列方程在平面解析几何和空间解析几何中分别表示什么图形:

(1) $x^2=5$;　　(2) $y=x^2+1$;

(3) $x^2+y^2=4$;　　(4) $x^2-y^2=1$;

(5) $\begin{cases}x+2y=-1,\\2x-3y=5;\end{cases}$　　(6) $\begin{cases}\dfrac{x^2}{4}+\dfrac{y^2}{9}=1,\\y=2.\end{cases}$

13. 画出以下方程表示的曲线的简图:

(1) $\begin{cases}x^2+y^2=1,\\2x+3y+3z=6;\end{cases}$　　(2) $\begin{cases}x=a\cos t,\\y=b\sin t,\\z=ct\end{cases}\quad(t\in\mathbf{R},a>0,b>0,c>0)$;

(3) $\begin{cases}x=t\cos t,\\y=-t\sin t,\\z=ct\end{cases}\quad(t>0,c>0)$;　　(4) $\begin{cases}x^2+y^2+z^2=4,\\3x^2+3y^2=z\end{cases}\quad(z>0)$.

14. 说出下列二次曲面的名称,并画出简图:

(1) $x^2+2y^2+3z^2-4y+6z=0$;

(2) $\dfrac{x}{3}-y^2-\dfrac{z^2}{4}=0$;

(3) $x^2-4y^2+z^2-9=0$;

(4) $x^2-y^2+4z^2+2z+4=0$.

15. 将以下方程化成二次曲面的标准方程:

(1) $2x^2+y^2-4xy-4yz+4x-2z=0$;

(2) $5x^2+y^2+z^2+2xy+2xz+6yz-2x+4y-2z=0$;

(3) $x^2-y^2-2xy+4xz+2x-2y+4z=0$.

常用的平面曲线

(1) Archimedes 螺线 $r=a\theta$

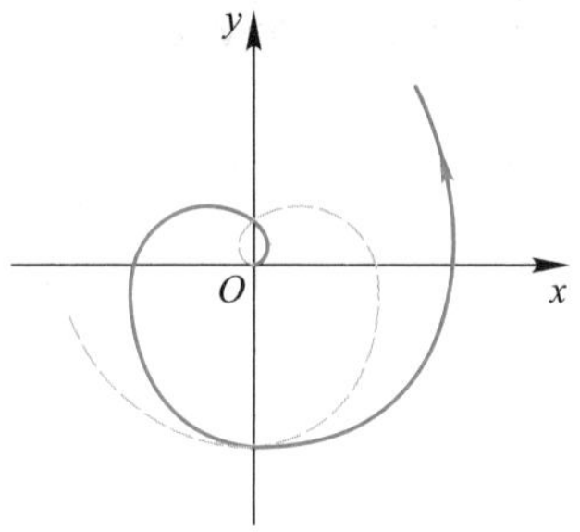

(2) 对数螺线 $r=a\mathrm{e}^{\theta}$

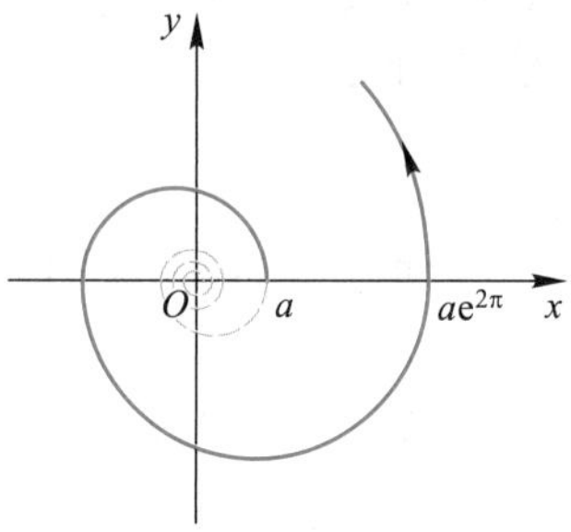

(3) 双曲螺线 $r\theta=a$

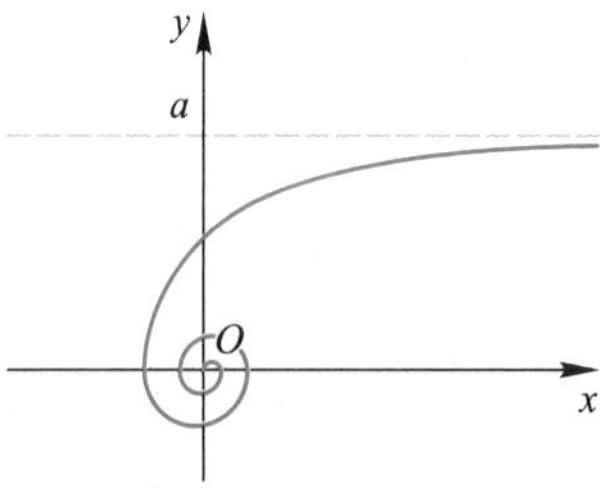

(4) 圆的渐开线 $\begin{cases} x=a(\cos t+t\sin t), \\ y=a(\sin t-t\cos t) \end{cases}$

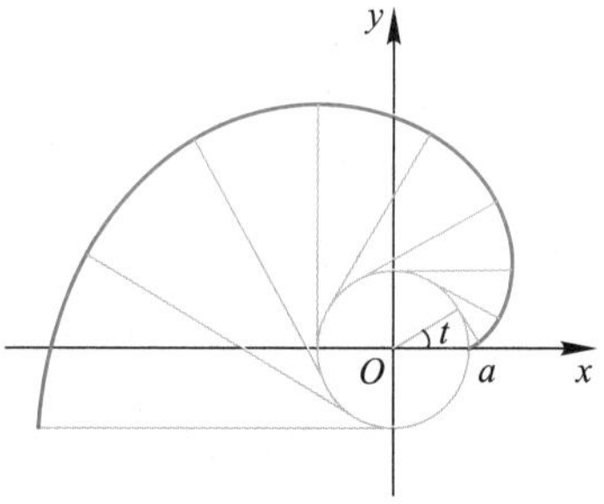

(5) 摆线或旋轮线 $\begin{cases} x=a(t-\sin t), \\ y=a(1-\cos t) \end{cases}$

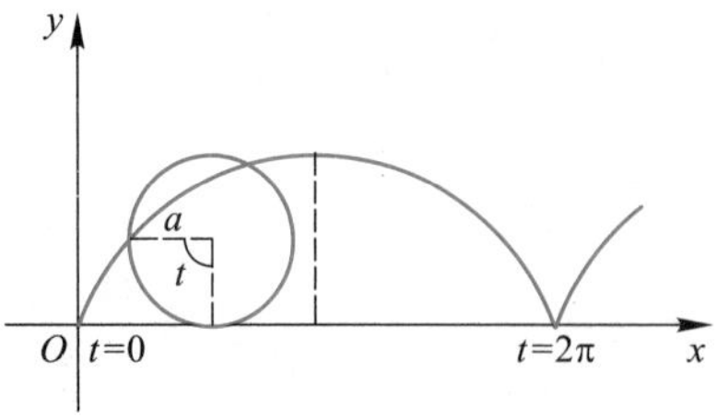

(6) 星形线 $\begin{cases} x=a\cos^3 t, \\ y=a\sin^3 t \end{cases}$ 或 $x^{\frac{2}{3}}+y^{\frac{2}{3}}=a^{\frac{2}{3}}$

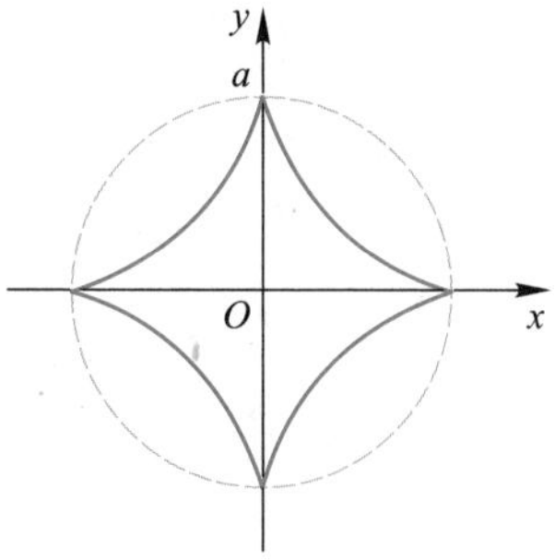

续表

(7) 双纽线 $r^2=a^2\cos 2\theta$ 或 $(x^2+y^2)^2=a^2(x^2-y^2)$

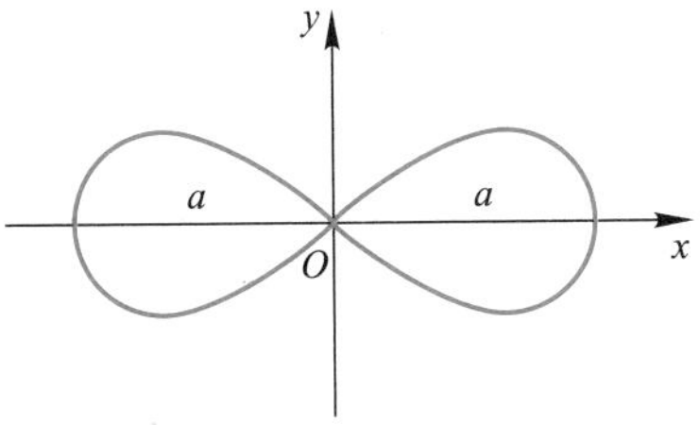

(8) 双纽线 $r^2=a^2\sin 2\theta$ 或 $(x^2+y^2)^2=2a^2xy$

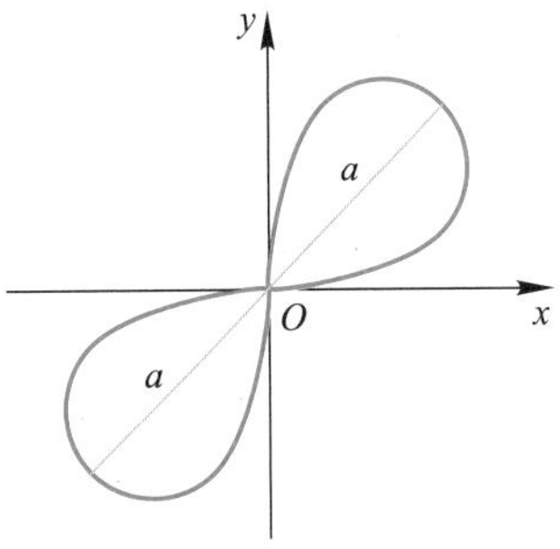

(9) 三叶玫瑰线 $r=a\cos 3\theta$

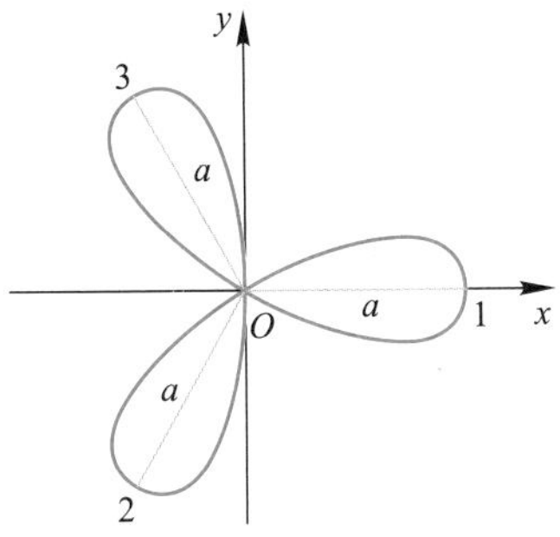

(10) 三叶玫瑰线 $r=a\sin 3\theta$

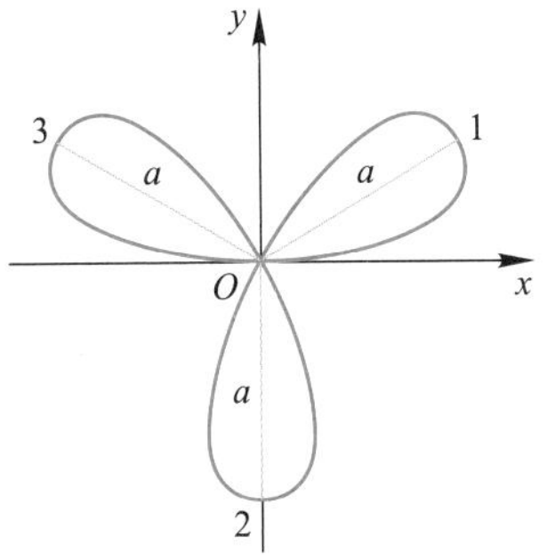

(11) 四叶玫瑰线 $r=a\cos 2\theta$

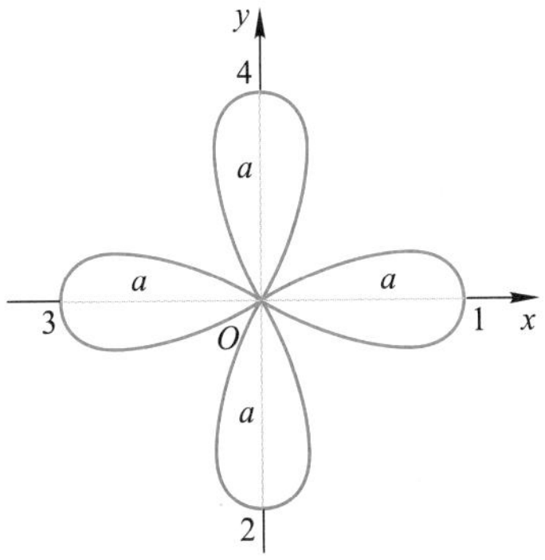

(12) 四叶玫瑰线 $r=a\sin 2\theta$

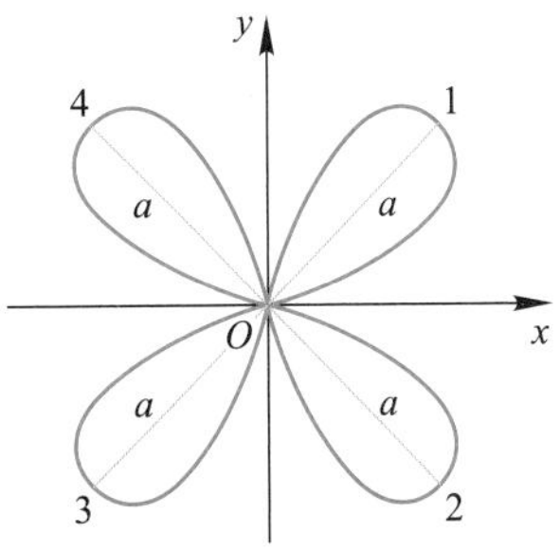

(13) 心脏线 $r=a(1-\cos\theta)$ 或 $x^2+y^2+ax=a\sqrt{x^2+y^2}$

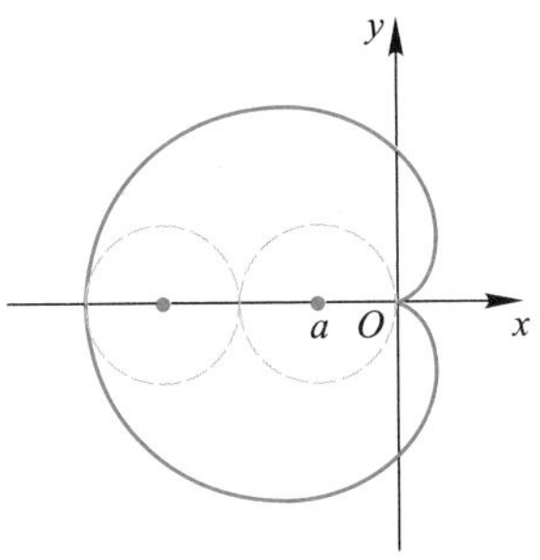

(14) 蔓叶线 $y^2(2a-x)=x^3$

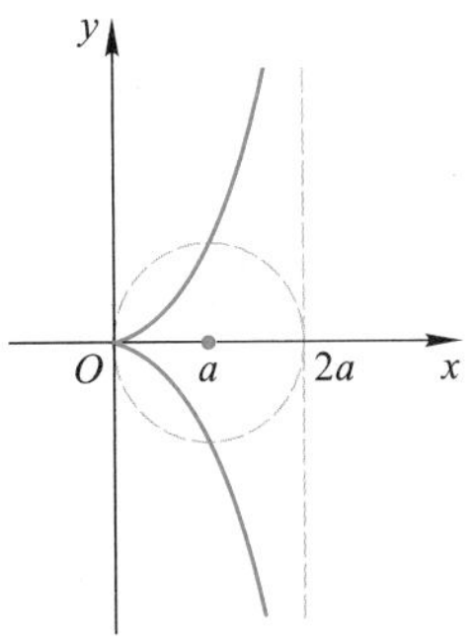

续表

（15）箕舌线 $y=\dfrac{8a^3}{x^2+4a^2}$ 或 $\begin{cases}x=2a\tan\theta,\\ y=2a\cos^2\theta\end{cases}$

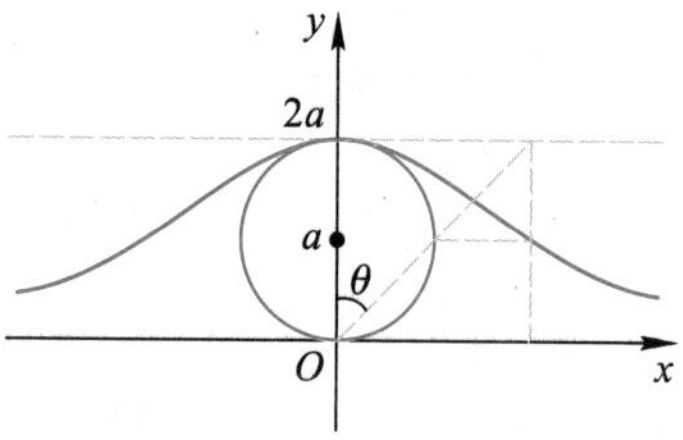

（16）斜抛物线 $x^{\frac{1}{2}}+y^{\frac{1}{2}}=a^{\frac{1}{2}}$ 或 $\begin{cases}x=a\cos^4 t,\\ y=a\sin^4 t\end{cases}$

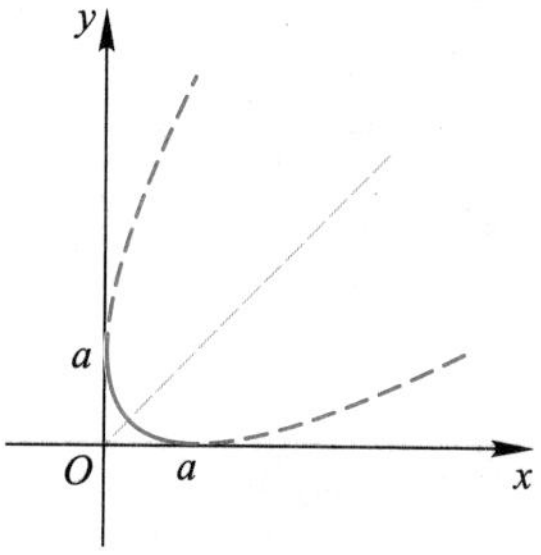

（17）Descartes 叶形线 $x^3+y^3=3axy$ 或 $\begin{cases}x=\dfrac{3at}{1+t^3},\\ y=\dfrac{3at^2}{1+t^3}\end{cases}$

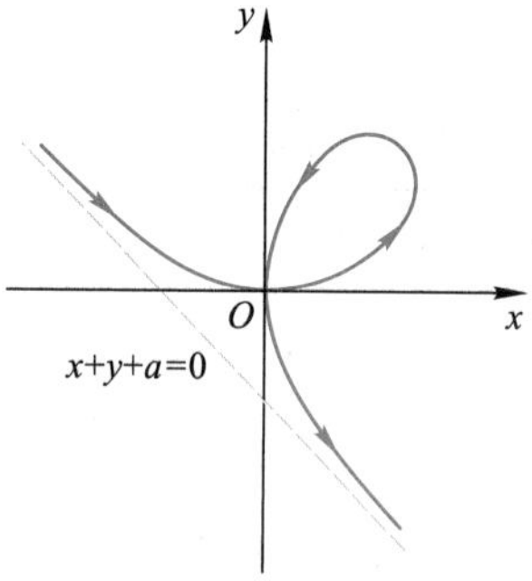

（18）悬链线 $y=a\cosh\dfrac{x}{a}=\dfrac{a}{2}\left(e^{\frac{x}{a}}+e^{-\frac{x}{a}}\right)$

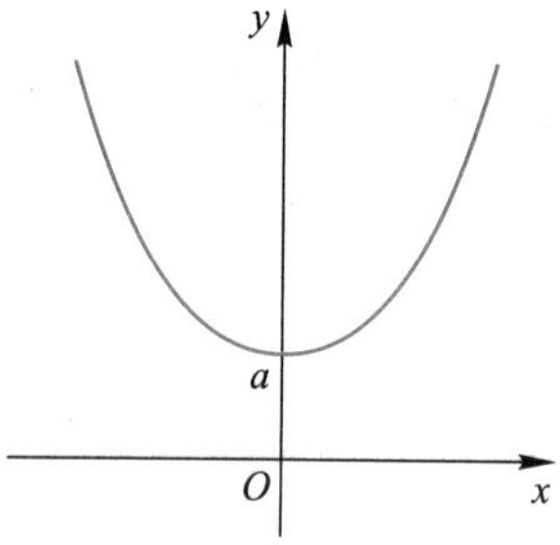

（19）Bowditch 曲线 $\begin{cases}x=\sin t,\\ y=\sin 2t\end{cases}$

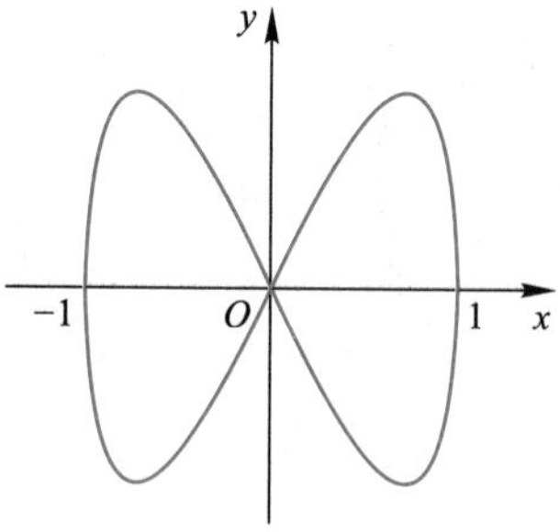

（20）Bowditch 曲线 $\begin{cases}x=\sin 2t,\\ y=\sin 3t\end{cases}$

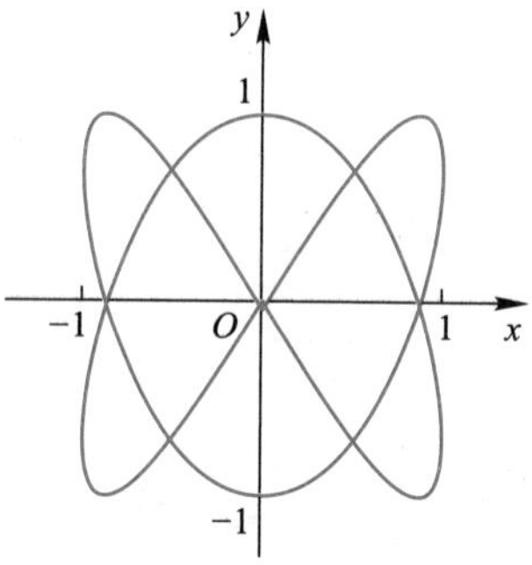

续表

(21) 内摆线 $\begin{cases} x=(a-b)\cos t+b\cos \dfrac{a-b}{b}t, \\ y=(a-b)\sin t-b\sin \dfrac{a-b}{b}t \end{cases}$	(22) 水珠形曲线 $\begin{cases} x=2a\cos t-a\sin 2t, \\ y=b\sin t \end{cases}$
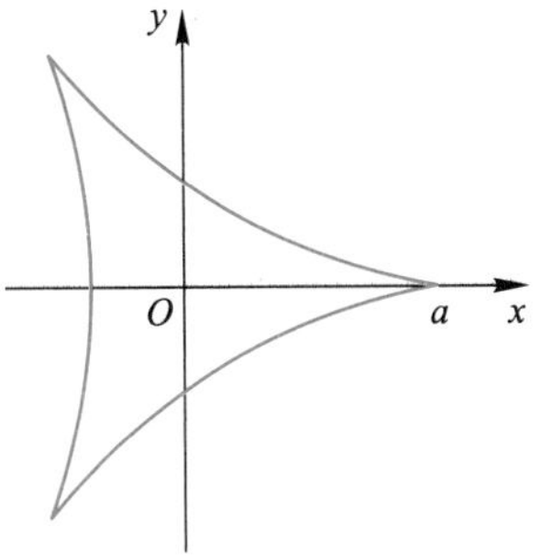	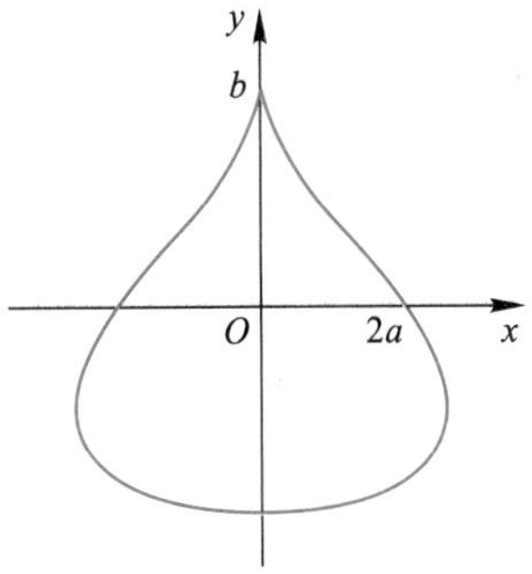
(23) 蚶线 $r=2a\cos\theta+b$ 或 $x^2+y^2-2ax=b\sqrt{x^2+y^2}$	(24) 蚶线 $r=2a\cos\theta+b$ 或 $x^2+y^2-2ax=b\sqrt{x^2+y^2}$
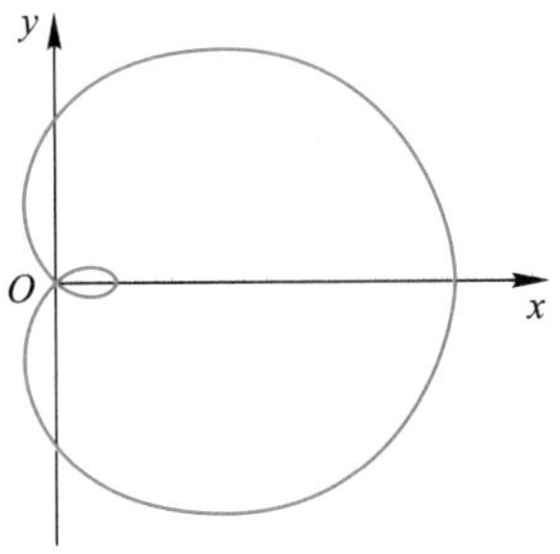 $2a>b$ 情形	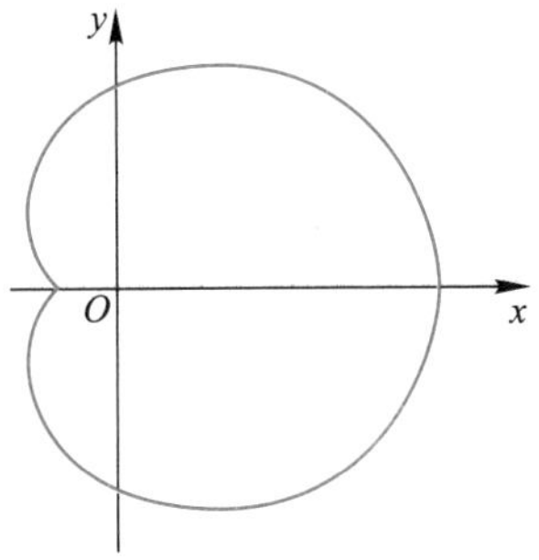 $2a<b$ 情形
(25) 蚌线 $r=a\sec\theta\pm b$ 或 $(x-a)^2(x^2+y^2)=b^2x^2$	(26) 蚌线 $r=a\sec\theta\pm b$ 或 $(x-a)^2(x^2+y^2)=b^2x^2$
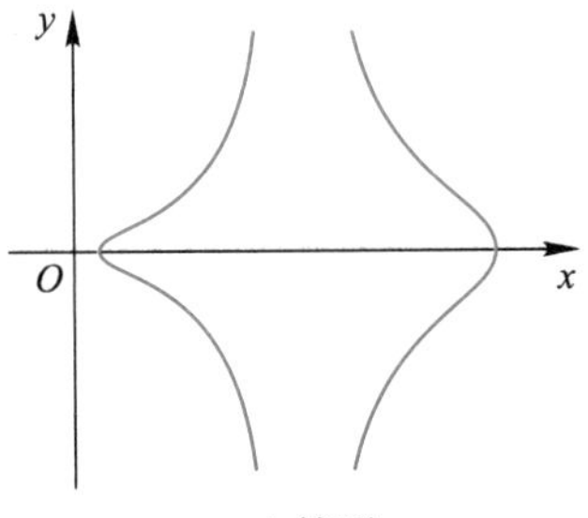 $a>b$ 情形	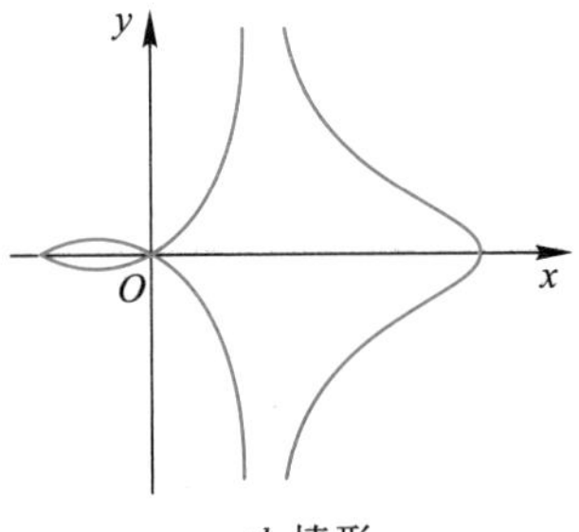 $a<b$ 情形

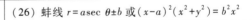

部分习题答案与提示

第一章　极限与连续

§1　函　　数

1. (1) $(-\infty,-1)\cup(-1,2)\cup(2,+\infty)$;　(2) $(-\infty,-2]\cup[2,+\infty)$;　(3) $[-1,3]$;(4) $(-\infty,0)\cup(0,5)$;　(5) $[1,4]$;　(6) $\bigcup\limits_{k=-\infty}^{+\infty}\left[\left(2k+\frac{1}{4}\right)\pi,\left(2k+\frac{5}{4}\right)\pi\right]$.

2. (1)

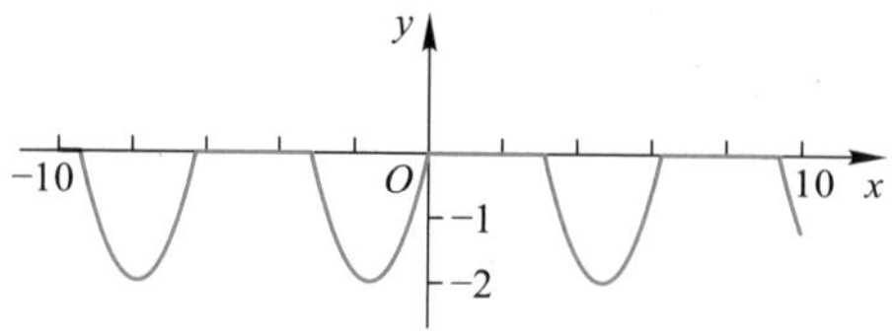

(2)

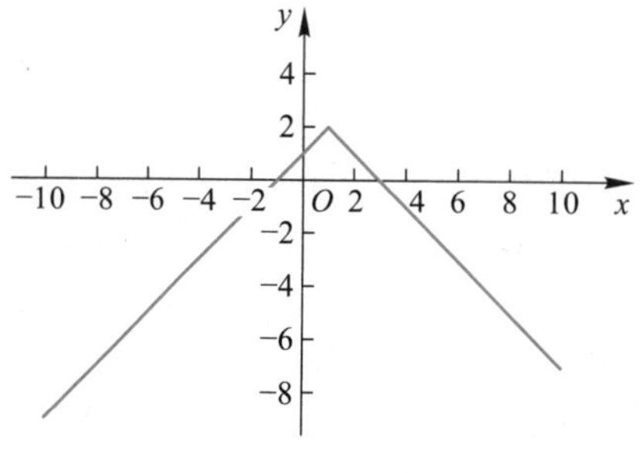

(3)

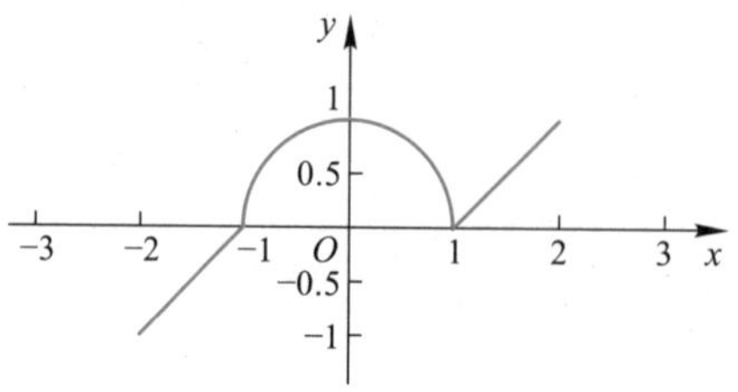

3. (1) 偶函数; (2) 偶函数; (3) 偶函数; (4) 奇函数.

5. 提示:令 $x=\frac{1}{t}$ 代入 f 满足的表达式,再与该表达式结合可解出 $f(x)=\frac{c}{a^2-b^2}\left(\frac{a}{x}-bx\right)$.

6. (1) 非周期函数; (2) $T=\pi$; (3) $T=\frac{\pi}{2}$; (4) $T=2$.

8. (1) 无界; (2) 无界; (3) 无界; (4) 无界.

9. $f\circ g(x)=2^{2x}$; $g\circ f(x)=2^{x^2}$; $f\circ f(x)=x^4$; $g\circ g(x)=2^{2^x}$.

10. (1) $f(u)=\sqrt{u}, u=3x-5$; (2) $f(u)=\sqrt{u}, u=\lg v, v=\sqrt{x}$; (3) $f(u)=\sin u, u=\lg v, v=x^2+1$.

11. (1) $y=\frac{1}{3}\arcsin\frac{x}{2}, -2\leqslant x\leqslant 2$; (2) $y=\log_a\frac{x}{1-x}, 0<x<1$;

(3) $y=\log_a(x+\sqrt{x^2+1}), -\infty<x<+\infty$; (4) $y=\cos\frac{x}{4}, 0\leqslant x\leqslant 2\pi$.

§2 数列的极限

2. 提示:利用不等式 $||a_n|-|a||\leqslant|a_n-a|$. 逆命题不成立,例如,$a_n=(-1)^{n+1}$.

3. (1) 3; (2) 2; (3) 1; (4) 0; (5) $\frac{1-b}{1-a}$; (6) $\frac{1}{2}$; (7) 1; (8) $0<a<1$ 时极限为 -1; $a=1$ 时极限为 0; $a>1$ 时极限为 1.

4. (1) $\{a_n+b_n\}$ 必发散, $\{a_nb_n\}$ 不一定发散; (2) $\{a_n+b_n\}$ 和 $\{a_nb_n\}$ 均不一定发散.

5. 提示:$a_n^2=\frac{1\times 3}{2^2}\times\frac{3\times 5}{4^2}\times\cdots\times\frac{(2n-1)(2n+1)}{(2n)^2}\times\frac{1}{2n+1}<\frac{1}{2n+1}$.

6. 提示:利用极限的夹逼性质.

7. (1) 提示:$\{a_n\}$ 单调增加,且 $a_n<2$; $\lim\limits_{n\to\infty}a_n=2$;

(2) 提示:$\{a_n\}$ 单调增加,且 $a_n<\sqrt{2}+1$; $\lim\limits_{n\to\infty}a_n=2$;

(3) 提示:$\{a_n\}$ 单调增加,且 $a_n<2$; $\lim\limits_{n\to\infty}a_n=\frac{1+\sqrt{5}}{2}$.

8. (3) 提示:注意 $\frac{1}{n^2}<\frac{1}{n-1}-\frac{1}{n}\ (n\geqslant 2)$.

10. (1) 提示:说明数列 $\{b_{2n}\}$ 和 $\{b_{2n-1}\}$ 分别收敛且极限相同; (2) $\lim\limits_{n\to\infty}b_n=\frac{1+\sqrt{5}}{2}$.

*11. 提示:数列 $\{a_n\}$ 单调增加,$\{b_n\}$ 单调减少.

§3 函数的极限

2. 提示:利用 $\left|\sqrt{f(x)}-\sqrt{A}\right|=\frac{|f(x)-A|}{\sqrt{f(x)}+\sqrt{A}}\leqslant\frac{1}{\sqrt{A}}|f(x)-A|$.

3. (1) 4; (2) na^{n-1}; (3) $-\frac{1}{x^2}$; (4) 6; (5) $-\frac{1}{2}$; (6) $\frac{n(n+1)}{2}$.

4. (1) $\frac{m}{n}$; (2) 1; (3) $-\sin x$; (4) $\frac{n^2-m^2}{2}$; (5) x; (6) -1; (7) $-\frac{3}{5}$; (8) $\frac{1}{2}$.

5. $\lim\limits_{x\to 0+0}f(x)=+\infty$, $\lim\limits_{x\to 1-0}f(x)=\frac{1}{2}$, $\lim\limits_{x\to 1+0}f(x)=1$, $\lim\limits_{x\to 2-0}f(x)=4$, $\lim\limits_{x\to 2+0}f(x)=4$.

6. $\lim\limits_{x\to n+0}f(x)=0\ (n\neq 0)$, $\lim\limits_{x\to n-0}f(x)=\frac{-1}{n(n-1)}\ (n\neq 0,1)$, $\lim\limits_{x\to 0-0}f(x)=-\infty$.

7. (1) e^8; (2) e^{-5}; (3) e^{-1}; (4) $e^{-\frac{1}{2}}$.

§4 连续函数

1. (1) 正确; (2) 不正确; (3) 正确; (4) 不正确.

2. (1) $x=-1$ 无穷间断点; (2) 没有间断点; (3) $x=0$ 无穷间断点, $x=1$ 跳跃间断点; (4) $x=\frac{n}{k\pi}(k=\pm1,\pm2,\cdots)$跳跃间断点, $x=0$ 也是间断点; (5) $x=n(n=0,\pm1,\pm2,\cdots)$可去间断点; (6) $x=0$ 可去间断点.

3. 提示:注意 $f(x)^{g(x)}=e^{g(x)\ln f(x)}$,并利用函数 $y=e^x$ 和 $y=\ln x$ 的连续性.

4. (1) e^2; (2) 1.

5. (1) $\frac{1}{4}$; (2) $\frac{1}{6}\sqrt[3]{2}$; (3) 1; (4) 0; (5) -2; (6) e; (7) -2; (8) $e^{-(a+b)}$; (9) e^{-2}; (10) e.

6. (1) $-\frac{1}{2}$; (2) $\frac{\alpha+\beta}{\sqrt{\alpha\beta}}$(提示:令 $\sin x=1-t$).

7. (1) $4x^2$; (2) $x^{\frac{1}{3}}$; (3) $\frac{1}{2}x^2$; (4) $2x$; (5) $|x|$; (6) $\frac{1}{4}x^3$.

8. 提示:利用极限的分析定义和闭区间上连续函数的有界性定理.

9. 提示:对函数 $f(x)=3^x-5x+1$ 在区间$[0,1]$上应用零点存在定理.

10. 提示:对函数 $f(x)=x^3-4x+1$ 在区间$[0,1]$上应用零点存在定理,再考虑其单调性.

11. 提示:对函数 $F(x)=f(x)-f(x+a)$ 在区间$[0,a]$上应用零点存在定理.

12. 提示:考虑函数 $F(x)=f(x)-x$,并在区间$[0,1]$上应用零点存在定理.

13. 提示:先讨论在 $x=a+b$ 点的情况,再在区间$[0,a+b]$上运用零点存在定理.

14. 提示:运用反证法和介值定理.

15. 提示:对 $c=\frac{1}{n}[f(x_1)+f(x_2)+\cdots+f(x_n)]$在$[x_1,x_n]$上应用介值定理.

16. $x=-1$ 和 $y=x-1$.

17. $y=x-\frac{1}{2}$和 $y=-x+\frac{1}{2}$.

18. $x=-2$, $x=1$ 和 $y=1$.

*19. 提示:利用例 1.4.8 的方法.

*20. 提示:按定义证明.

*21. (1) 不一致连续; (2) 一致连续; (3) 一致连续.

*22. 提示:(2)证明 $\sin x^3$ 在$(-\infty,+\infty)$上不一致连续.

第二章 微分与导数

§1 微分与导数的概念

1. 1.12 g.

2. （1） $3x^2\mathrm{d}x$； （2） $-\frac{1}{x^2}\mathrm{d}x$.

3. （1） $-f'(x_0)$； （2） $f'(x_0)$； （3） $2f'(x_0)$.

5. 当 $\alpha>1$ 时可导，且 $f'(0)=0$；当 $0<\alpha\leqslant 1$ 时，不可导.

6. 切线：$y=2x_0x-y_0$； 法线：$y=-\frac{1}{2x_0}(x-x_0)+x_0^2$.

7. $a=4, b=5$.

8. 提示：计算椭圆上的点到两个焦点的直线和切线的交角的正切值.

§2 求导运算

1. （1） $4+10x$； （2） $\cos x-x\sin x+\mathrm{e}^x(\sin x+\cos x)$； （3） $\frac{96x}{(3+2x)^3}$；

（4） $x\sec^2 x(6\sin x\cos x+4\cos x+2x\sin x+3x)$； （5） $x\mathrm{e}^{3x}(2\cos 4x+3x\cos 4x-4x\sin 4x)$；

（6） $-\frac{2(x+\sin x\cos x)}{(x\sin x-\cos x)^2}$； （7） $\frac{1+\sec x\tan x}{x-\csc x}-\frac{(x+\sec x)(1+\csc x\cot x)}{(x-\csc x)^2}$； （8） $\mathrm{e}^x(1+\mathrm{e}^{\mathrm{e}^x})$.

2. （1） $3^x\ln 3+\frac{1}{x\ln 3}$； （2） $2x\arcsin x+\frac{x^2}{\sqrt{1-x^2}}$； （3） $\left(\mathrm{e}^x+\frac{1}{x}\right)\arcsin x+\frac{\mathrm{e}^x+\ln x}{\sqrt{1-x^2}}$；

（4） $-\frac{x^2-\sinh x}{\sqrt{1-x^2}}+\arccos x(2x-\cosh x)$； （5） $\frac{2a}{a^2-x^2}$； （6） $\frac{2x^2\sqrt{x^2-a^2}+a^2\sqrt{x^2-a^2}+a^2\sqrt{x^2+a^2}}{2\sqrt{x^2-a^2}\sqrt{x^2+a^2}}$；

（7） $\frac{\sec^2\frac{x}{2}}{2\left[(a+b)+(a-b)\tan^2\frac{x}{2}\right]}$.

4. （1） $x^{\tan x}\left(\sec^2 x\ln x+\frac{\tan x}{x}\right)$； （2） $\left(\frac{x}{1+x}\right)^{x^2}\left[2x\ln\frac{x}{1+x}+\frac{x}{1+x}\right]$；

（3） $x^{1+x}\left(\ln x+\frac{x+1}{x}\right)+(\sin x)^{\sin x}(\cos x\ln\sin x+\cos x)$； （4） $\frac{1}{5}\sqrt[5]{\frac{(x-1)(x-2)}{(x-3)(x-4)}}\left(\frac{1}{x-1}+\frac{1}{x-2}-\frac{1}{x-3}-\frac{1}{x-4}\right)$.

5. $y+\frac{\sqrt{3}}{2}x-\frac{1}{2}-\frac{\sqrt{3}\pi}{6}=0$.

6. 提示：直接计算.

7. 471 m^2/s.

8. $\frac{1}{500\pi}$ m/s.

9. $3\sqrt{3}$ m/s.

10. （1） $\frac{\sin(\ln x)-\cos(\ln x)}{x^2}$； （2） $\frac{2-x^2}{(1-x^2)^{\frac{3}{2}}}$； （3） $\mathrm{e}^{2x}(12\cos 3x-5\sin 3x)$；

（4） $3x^2\mathrm{e}^{3x}(3x^2+8x+4)$； （5） $\mathrm{e}^{x+\mathrm{e}^x}+\mathrm{e}^{2x+\mathrm{e}^x}$； （6） $x^x(\ln x+1)^2+x^{x-1}$.

11. （1） $(-1)^{n-1}\frac{(n-1)!}{(1+x)^n}$； （2） $\frac{2(-1)^n n!}{(1+x)^{n+1}}$； （3） $-\frac{1}{2}(2\omega)^n\cos\left(2\omega x+\frac{n\pi}{2}\right)$；

（4） $2^x(\ln 2)^n$； （5） $(\alpha^2+\beta^2)^{\frac{n}{2}}\mathrm{e}^{\alpha x}\sin(\beta x+n\varphi)$，其中 $\cos\varphi=\frac{\alpha}{\sqrt{\alpha^2+\beta^2}}$，$\sin\varphi=\frac{\beta}{\sqrt{\alpha^2+\beta^2}}$.

12. （1） $2\,450\cdot 2^{48}\sin 2x+100\cdot 2^{49}x\cos 2x-2^{50}x^2\sin 2x$； （2） $100\cosh x+x\sinh x$.

13. $f'(0)=1, f^{(2k+1)}(0)=[(2k-1)!!]^2, f^{(2k)}(0)=0, k=1,2,\cdots$.（提示：函数 f 满足 $(1-x^2)y''-xy'=0$）.

14. $a=2, b=-1$.

15. （1） $2f'(x^2)+4x^2f''(x^2)$； （2） $\dfrac{f''(x)f(x)-[f'(x)]^2}{[f(x)]^2}$.

16. 提示：对 $(1+x)^n=\sum\limits_{k=0}^{n} C_n^k x^k$ 求导.

17. 提示：$\dfrac{d^2x}{dy^2}=\dfrac{d}{dy}\left(\dfrac{dx}{dy}\right)=\dfrac{d}{dx}\left(\dfrac{1}{y'}\right)\dfrac{dx}{dy}$.

§3 微分运算

1. （1） $(\sin 2x+2x\cos 2x)dx$； （2） $\dfrac{2-\ln x}{2x^{\frac{3}{2}}}dx$； （3） $\dfrac{dx}{(1+x^2)^{\frac{3}{2}}}$； （4） $e^{2x}(3x^2+2x^3)dx$；

（5） $(2\tan x\sec^2x-\tan x)dx$； （6） $e^{-x}[2\cos(2x+3)-\sin(2x+3)]dx$； （7） $-\dfrac{2x}{1+x^4}dx$；

（8） $2xe^{x^2}\tan(1+3x^2)[\tan(1+3x^2)+6\sec^2(1+3x^2)]dx$.

2. （1） $\dfrac{vdu-udv}{u^2+v^2}$； （2） $\dfrac{udu+vdv}{u^2+v^2}$.

3. （1） $\dfrac{x^2-ay}{ax-y^2}$； （2） $\dfrac{y-e^{x+y}}{e^{x+y}-x}$； （3） $\dfrac{1}{e^y(x+y)-(x+y)-1}$； （4） $-\dfrac{e^y}{2y+xe^y}$.

4. （1） $\dfrac{e^{2y}(2-xe^y)}{(1-xe^y)^3}$； （2） $-2\csc^2(x+y)\cot^3(x+y)$； （3） $-\dfrac{b^2(b^2x^2-a^2y^2)}{a^4y^3}$； （4） $-\dfrac{4\sin y}{(2-\cos y)^3}$.

5. 切线：$2bx-\sqrt{3}ay-ab=0$； 法线：$a\sqrt{3}x+2by-2\sqrt{3}(a^2+b^2)=0$.

6. 相互垂直.

7. （1） $\dfrac{3}{2}(t+1)$； （2） $\dfrac{t\sin t-\cos t}{t\cos t+\sin t-1}$； （3） $\dfrac{\sin t+\cos t}{\cos t-\sin t}$.

8. （1） $-\dfrac{b}{a^2\sin^3 t}$； （2） $\dfrac{4}{9}e^{3t}$.

9. 提示：直接验算.

10. $2\pi R_0 h$.

11. $-\dfrac{125\pi}{9}$； $\dfrac{100\pi}{3}$.

12. $g_0\left(1-\dfrac{2h}{R}\right)$.

13. （1） 0.484 9； （2） −0.874 7； （3） 0.800 175； （4） 2.005 17； （5） 0.002.

14. $\delta_V=10\pi\ cm^3, \delta_V^*=0.007\ 5$.

15. 0.06 cm.

§4 微分学中值定理

1. 3 个，分别在 (1,2)，(2,3)，(3,4) 内.

3. 提示：对函数 $f(x)=\dfrac{a_0}{n+1}x^{n+1}+\dfrac{a_1}{n}x^n+\cdots+a_nx$ 在 $[0,1]$ 上应用 Rolle 定理.

6. 提示：$f(x+B)-f(x)=f'(\xi)B$，再令 $x\to+\infty$.

7. 提示：对 $f(x)=\sin^n x\cos x$ 在 $[x,\sqrt{x^2+1}]$ 上应用 Lagrange 中值定理.

8. 提示:考虑函数$\dfrac{f(x)}{1+x^2}$的极值.

9. 提示:对$f(x)=\dfrac{e^x}{x}, g(x)=\dfrac{1}{x}$在$[a,b]$上应用 Cauchy 中值定理.

10. 提示:考虑$[f(a+b)-f(b)]-[f(a)-f(0)]$,对括号中的两式分别应用 Lagrange 中值定理,并利用f'的单调减少性质.

11. 提示:对$\dfrac{f(x)}{x^n}=\dfrac{f(x)-f(0)}{x^n-0^n}$连续运用 Cauchy 中值定理.

12. 提示:(1) 用反证法,并应用 Lagrange 中值定理;(3) 证明$\{x_n\}$满足 Cauchy 收敛准则.

§5 L'Hospital 法则

1. (1) 2; (2) $-\dfrac{3}{5}$; (3) $-\dfrac{1}{8}$; (4) $-\dfrac{1}{2}$; (5) $\dfrac{7}{54}$; (6) -2; (7) 1; (8) 1; (9) $-e$; (10) $\dfrac{1}{2}$; (11) $\dfrac{1}{a}$; (12) 0; (13) $+\infty$; (14) 1; (15) $+\infty$; (16) $-\dfrac{1}{2}$; (17) $-\dfrac{1}{3}$; (18) $\dfrac{1}{2}$; (19) $e^{\frac{1}{3}}$; (20) 1; (21) e^2; (22) 1; (23) 1; (24) -1.

2. (1) $\ln a$; (2) $\ln a$.

3. 0.

4. 连续. 提示:$\left(\dfrac{(1+x)^{\frac{1}{x}}}{e}\right)^{\frac{1}{x}}=e^{\frac{\ln(1+x)-x}{x^2}}$,而$\lim\limits_{x\to 0}\dfrac{\ln(1+x)-x}{x^2}=-\dfrac{1}{2}$.

5. $f'(0)=5$.

§6 Taylor 公式

1. (1) $1-\dfrac{1}{2}x+\dfrac{3}{8}x^2-\dfrac{5}{16}x^3+\dfrac{35}{128}x^4-\dfrac{63}{256}x^5+o(x^5)$; (2) $x^3-x^5+o(x^5)$;

(3) $1-\dfrac{3}{2}x+\dfrac{3}{8}x^2+\dfrac{1}{16}x^3+\dfrac{3}{128}x^4+\dfrac{3}{256}x^5+o(x^5)$.

2. (1) $-x-\dfrac{x^2}{2}-\dfrac{x^3}{3}-\cdots-\dfrac{x^n}{n}+o(x^n)$; (2) $2\left(x+\dfrac{x^3}{3}+\dfrac{x^5}{5}+\cdots+\dfrac{x^{2n+1}}{2n+1}+o(x^{2n+1})\right)$;

(3) $1+\dfrac{1}{2}x^2+\dfrac{3}{8}x^4+\dfrac{5}{16}x^6+\cdots+\dfrac{(2n-1)!!}{(2n)!!}x^{2n}+o(x^{2n})$;

(4) $2x^2-\dfrac{2^3}{3!}x^4+\dfrac{2^5}{5!}x^6-\cdots+(-1)^{n-1}\dfrac{2^{2n-1}}{(2n-1)!}x^{2n}+o(x^{2n+1})$.

3. (1) $x-\dfrac{1}{3}x^3+o(x^3)$; (2) $x^2+\dfrac{1}{2}x^3-\dfrac{1}{8}x^4+o(x^4)$.

4. $\sin 1+\cos 1\cdot(x-1)-\dfrac{1}{2}\sin 1\cdot(x-1)^2-\dfrac{1}{6}\cos 1\cdot(x-1)^3+o((x-1)^3)$.

5. 提示:$f(x+2h)=f(x)+f'(x)(2h)+\dfrac{1}{2}f''(x)(2h)^2+o(h^2)$,

$$f(x+h)=f(x)+f'(x)h+\frac{1}{2}f''(x)h^2+o(h^2).$$

$$f(x+2h)-2f(x+h)+f(x)=f''(x)h^2+o(h^2).$$

6. 提示：利用 $\sqrt{1+x}=1+\frac{1}{2}x-\frac{1}{8}x^2+R_2$ 得 $\sqrt{1.01}\approx 1.0049875$. 误差 $|R_2|<6.25\times 10^{-8}$.

7. 绝对误差 $|R_3|\leqslant 0.00026$.

8. (1) $\frac{1}{3}$; (2) $\ln^2 a$; (3) 1; (4) $-\frac{1}{12}$.

9. 提示：$\theta(x)=\frac{x-\ln(1+x)}{x\ln(1+x)}$，再运用 L'Hospital 法则.

10. $A=\frac{1}{3}, B=-\frac{2}{3}, C=\frac{1}{6}$.

11. 提示：设 $f(x_0)=-1$，则 $f'(x_0)=0$. 以 $x=0$ 和 $x=1$ 分别代入 f 在点 x_0 的 Taylor 公式 $f(x)=-1+\frac{1}{2}f''(\xi)(x-x_0)^2$，便得 $\max\limits_{0\leqslant x\leqslant 1}\{f''(x)\}\geqslant\frac{1}{x_0^2}+\frac{1}{(1-x_0)^2}\geqslant 8$.

12. 提示：设 $|f(x_0)|=\max\limits_{x\in[a,b]}\{|f(x)|\}$. 若 $x_0=a$ 或 b，则结论自然成立； 若 $a<x_0<b$，以 $x=a$ 和 $x=b$ 分别代入 f 在点 x_0 的 Taylor 公式 $f(x)=f(x_0)+\frac{1}{2}f''(\xi)(x-x_0)^2$，再讨论便得到结论.

13. 提示：任取 $x_0\in[0,1]$，以 $x=0$ 和 $x=1$ 分别代入 $f(x)$ 在点 x_0 的 Taylor 公式得到

$$f(0)=f(x_0)-f'(x_0)x_0+\frac{1}{2}f''(\xi)x_0^2,$$

$$f(1)=f(x_0)+f'(x_0)(1-x_0)+\frac{1}{2}f''(\eta)(1-x_0)^2,$$

两式相减，便得 $|f'(x_0)|\leqslant|f(0)|+|f(1)|+[x_0{}^2+(1-x_0)^2]\leqslant 3$.

14. 提示：利用 e^x 的带 Lagrange 余项的 Taylor 公式.

§7 函数的单调性和凸性

2. (1) f 在 $(-\infty,0]$ 和 $[2,+\infty)$ 上单调减少，在 $[0,2]$ 上单调增加. $f(0)=0$ 极小值，$f(2)=4$ 极大值；

(2) f 在 $(-\infty,0]$ 上单调增加，在 $[0,+\infty)$ 上单调减少. $f(0)=-1$ 极大值；

(3) 只在一个周期 $[0,2\pi]$ 上考虑，其他区间的性质可以按函数的周期性得到. f 在 $\left[0,\frac{\pi}{3}\right]$ 和 $\left[\frac{5\pi}{3},2\pi\right]$ 上单调增加，在 $\left[\frac{\pi}{3},\frac{5\pi}{3}\right]$ 上单调减少. $f\left(\frac{\pi}{3}\right)=\frac{3\sqrt{3}}{4}$ 极大值，$f\left(\frac{5\pi}{3}\right)=-\frac{3\sqrt{3}}{4}$ 极小值；

(4) f 在 $[1,e^2]$ 上单调增加，在 $(0,1]$ 和 $[e^2,+\infty)$ 上单调减少. $f(1)=0$ 极小值，$f(e^2)=\frac{4}{e^2}$ 极大值.

3. (1) f 在 $(0,e]$ 上单调增加，在 $[e,+\infty)$ 上单调减少； (2) $e^\pi>\pi^e$.

4. 提示：(1) 考虑函数 $f(x)=\sin x-x+\frac{x^3}{6}$ 的单调性；

(2) 考虑函数 $f(x)=1+x\ln(x+\sqrt{1+x^2})-\sqrt{1+x^2}$ 的单调性；

(3) 考虑函数 $f(x)=\sin x+\tan x-2x$ 的单调性.

5. (2) 提示：利用(1)结论可以证明函数 $f(x)=\frac{1}{\ln(1+x)}-\frac{1}{x}$ 严格单调减少，因此当 $x\in(0,1)$ 成立

$$\frac{1}{\ln 2}-1=f(1)<f(x)<\lim_{x\to 0+0}f(x)=\frac{1}{2}.$$

6. 提示：$\left[\left(1+\frac{1}{x}\right)^x\right]'=\left(1+\frac{1}{x}\right)^x\left[\ln\left(1+\frac{1}{x}\right)-\frac{1}{1+x}\right]$，再考虑 $\ln\left(1+\frac{1}{x}\right)-\frac{1}{1+x}$.

7. (1) $f(2)=-14$ 为最小值，$f(3)=11$ 为最大值；

(2) $f(1)=\frac{1}{2}$为最小值,$f(2)=\frac{4}{5}$为最大值;

(3) $f(0)=-1$ 为最小值,无最大值;

(4) $f\left(\frac{\pi}{4}\right)=1$ 为最大值,无最小值;

(5) $f(0)=0$ 为最小值,无最大值.

8. 提示:利用函数$f(x)=\frac{x}{1+x}$在$(0,+\infty)$上的单调增加性质,比较该函数在$|a+b|$与$|a|+|b|$处的值.

9. 提示:利用$f(x)=x^2-2ax+1-e^x$ 的三阶导数$f'''(x)<0$,说明$f'(x)<0$.

10. $0<k<1$.

11. 提示:令$f(x)=x^n+x^{n-1}+\cdots+x-1$,则$f(1)>0$,$f(0)<0$,且$f'(x)>0(x\in[0,1])$. $\lim\limits_{n\to\infty}x_n=\frac{1}{2}$.

12. 提示:利用带 Peano 余项的 Taylor 公式.

13. $x=\frac{1}{6}(a+b-\sqrt{a^2-ab+b^2})$.

14. $\alpha=\frac{2\sqrt{6}}{3}\pi$.

15. $\left(\frac{a}{\sqrt{2}},\frac{b}{\sqrt{2}}\right)$.

16. 提示:分别考虑函数$f(x)=x^n+(100-x)^n$ 和 $g(x)=x^n(100-x)^n$ 在$(0,100)$上的最值问题.

17. 提示:考虑光线行进距离的最小值问题.

18. 17.5.

19. (1) 在$\left(-\infty,\frac{5}{3}\right)$上凸,在$\left(\frac{5}{3},+\infty\right)$下凸,$\left(\frac{5}{3},\frac{20}{27}\right)$为拐点;

(2) 在$(-\infty,+\infty)$下凸,无拐点;

(3) 在$(-\infty,0)$上凸,在$(0,+\infty)$下凸,无拐点;

(4) $(-\infty,2)$上凸,在$(2,+\infty)$下凸,$\left(2,\frac{2}{e^2}\right)$为拐点.

20. (1) $(1,4)$; (2) $\left(\frac{2\sqrt{3}}{3}a,\frac{3}{2}a\right)$和$\left(-\frac{2\sqrt{3}}{3}a,\frac{3}{2}a\right)$.

21. 提示:拐点为$(-1,-1)$,$\left(2-\sqrt{3},\frac{1-\sqrt{3}}{4(2-\sqrt{3})}\right)$,$\left(2+\sqrt{3},\frac{1+\sqrt{3}}{4(2+\sqrt{3})}\right)$.

22. $k=\pm\frac{\sqrt{2}}{8}$.

24. (1)

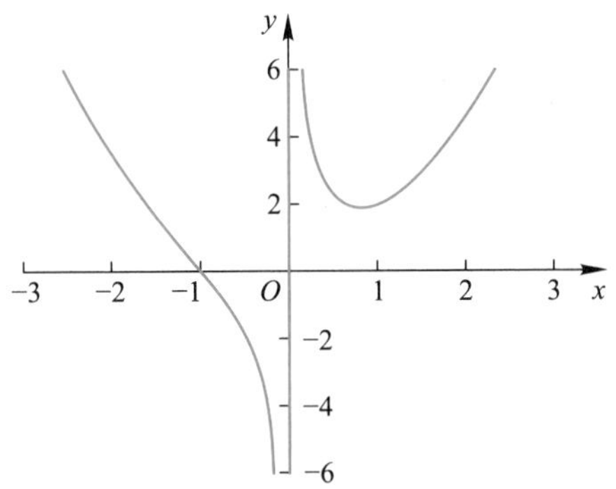

(2)

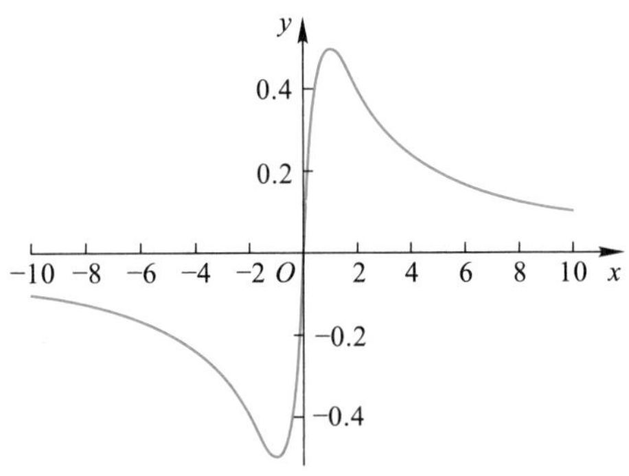

（3）

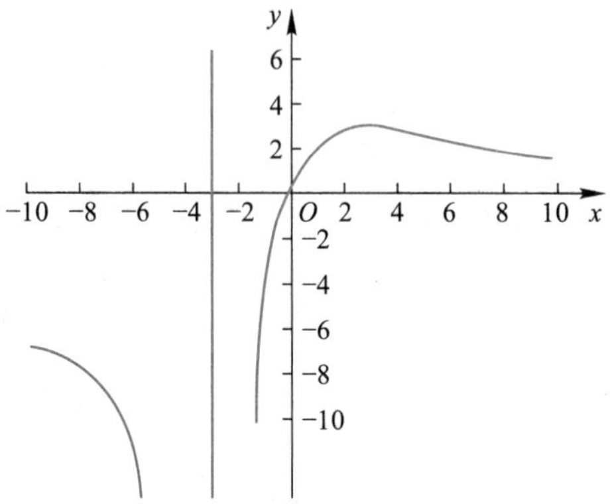

（4）

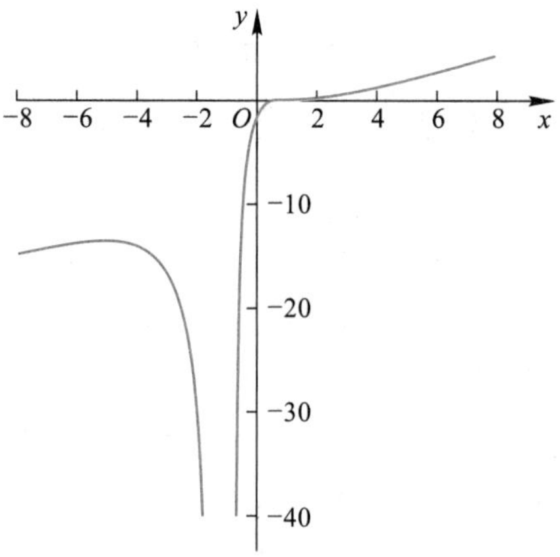

（5）

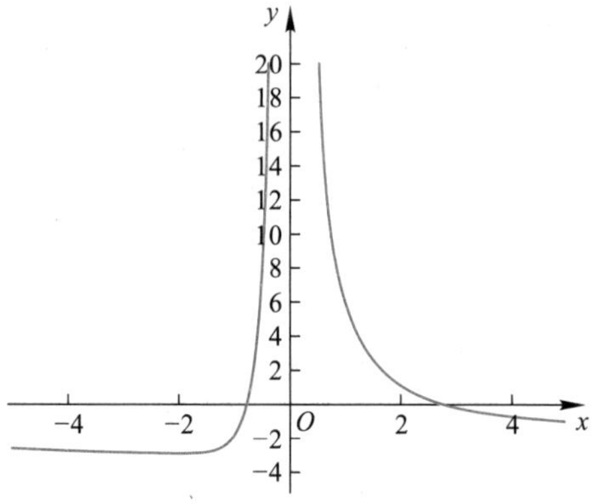

（6）

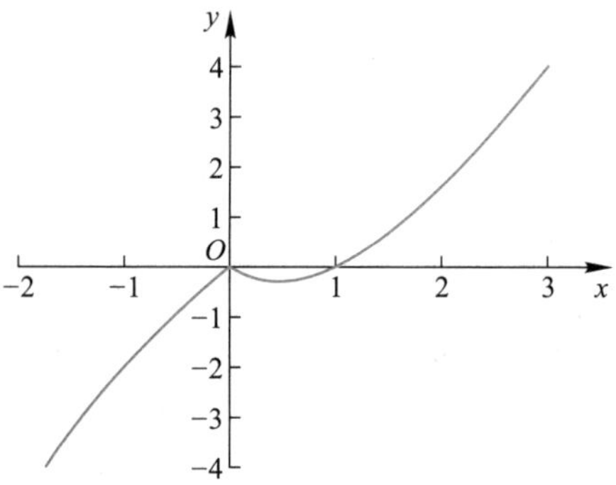

25. 提示：（1） 考虑函数 $f(x)=\frac{1}{p}x^p+\frac{1}{q}b^q-bx\,(x\geqslant 0)$；

（2） 对 $A_i=\dfrac{a_i}{\left(\sum\limits_{i=1}^{n}a_i^{\,p}\right)^{\frac{1}{p}}}$，$B_i=\dfrac{b_i}{\left(\sum\limits_{i=1}^{n}b_i^{\,q}\right)^{\frac{1}{q}}}$ $(i=1,2,\cdots,n)$应用（1）的结论；

（3） 对 $\sum\limits_{i=1}^{n}(a_i+b_i)^p=\sum\limits_{i=1}^{n}(a_i+b_i)^{p-1}a_i+\sum\limits_{i=1}^{n}(a_i+b_i)^{p-1}b_i$ 的右面两项分别应用（2）的结论.

26. 提示：利用 Jensen 不等式.

27. 提示：对函数 $\ln\frac{x}{1+x}$应用 Jensen 不等式.

§8　函数方程的近似求解

1. （1） −1.796 3； （2） 0.491 和 9.999； （3） 1.763 22； （4） −0.567 14；
（5） 1.895 494 282 和−1.895 494 282； （6） 4.730 和 7.853.

2. 4.493 409 457 909 064.

3. 2.081 575 977 818 10 和 5.940 369 990 572 71.

第三章　一元函数积分学

§1　定积分的概念、性质和微积分基本定理

1. (1) $\frac{1}{2}(b^2-a^2)$；　(2) $e-1$.

2. (1) 1；　(2) $\frac{\pi}{4}$.

3. (1) $\int_0^1 \sin x\mathrm{d}x$；　(2) $\int_0^1 e^{2x}\mathrm{d}x$；　(3) $\int_0^1 \frac{1}{1+x}\mathrm{d}x$；　(4) $\int_0^1 \log_a(1+x)\mathrm{d}x$.

4. (1) $\int_0^1 x\mathrm{d}x < \int_0^1 \sqrt{x}\mathrm{d}x$；　(2) $\int_0^{\frac{\pi}{2}} x\mathrm{d}x > \int_0^{\frac{\pi}{2}} \sin x\mathrm{d}x$；　(3) $\int_0^1 x\mathrm{d}x > \int_0^1 \ln(1+x)\mathrm{d}x$；　(4) $\int_0^1 e^x\mathrm{d}x > \int_0^1 (1+x)\mathrm{d}x$.

5. 提示：由题设存在 $c\in(a,b)$，使得 $f(c)>0$. 由 f 的连续性知，存在 $\delta>0$，使得在 $[c-\delta,c+\delta]\subset[a,b]$ 上成立 $f(x)>\frac{1}{2}f(c)$，于是

$$\int_a^b f(x)\mathrm{d}x \geqslant \int_{c-\delta}^{c+\delta} f(x)\mathrm{d}x \geqslant \int_{c-\delta}^{c+\delta}\frac{f(c)}{2}\mathrm{d}x = f(c)\delta > 0.$$

6. 提示：利用被积函数的单调性.

7. (1) $2x\sqrt{1+x^8}$；　(2) $\frac{\cos x}{\sqrt{1+\sin^2 x}}-\frac{1}{\sqrt{1+x^2}}$.

8. (1) 1；　(2) $\frac{1}{2e}$.

9. $-2x[f(x)-f(0)]$.

10. 提示：$F'(x) = \dfrac{f(x)\int_0^x (x-t)f(t)\mathrm{d}t}{\left[\int_0^x f(t)\mathrm{d}t\right]^2}$.

11. 提示：$F'(x) = \dfrac{\int_0^x [f(x)-f(t)]\mathrm{d}t}{(x-a)^2}$.

12. (1) $\frac{\sqrt{2}}{2}$；　(2) 0；　(3) $\frac{\pi}{6}$；　(4) $3e^3-2e^2$.

13. 提示：运用积分中值定理，再运用 Rolle 定理.

14. 提示：令 $F(\alpha) = \frac{1}{\alpha}\int_0^\alpha f(x)\mathrm{d}x - \int_0^1 f(x)\mathrm{d}x, \alpha\in(0,1]$，$F(0) = f(0) - \int_0^1 f(x)\mathrm{d}x$，则 $F(\alpha)$ 在 $[0,1]$ 上连续，且 $F(1) = 0$. 进一步，

$$F'(\alpha) = \frac{1}{\alpha^2}\left(\alpha f(\alpha) - \int_0^\alpha f(x)\mathrm{d}x\right), \alpha\in(0,1).$$

由积分中值定理知 $\int_0^\alpha f(x)\mathrm{d}x = \alpha f(\xi)\ (\xi\in[0,\alpha])$，再利用已知条件可知，当 $\alpha\in(0,1)$ 时 $F'(\alpha)\leqslant 0$，即 $F(\alpha)$ 在 $[0,1]$ 上单调减少.

15. 提示:由 Taylor 公式

$$f(x)=f\left(\frac{a}{2}\right)+f'\left(\frac{a}{2}\right)\left(x-\frac{a}{2}\right)+\frac{1}{2}f''(\xi)\left(x-\frac{a}{2}\right)^2\geqslant f\left(\frac{a}{2}\right)+f'\left(\frac{a}{2}\right)\left(x-\frac{a}{2}\right).$$

再对不等式两边积分.

16. 提示:取 $s=\dfrac{|f(x)|}{\left(\int_a^b|f(x)|^p\mathrm{d}x\right)^{\frac{1}{p}}}, t=\dfrac{|g(x)|}{\left(\int_a^b|g(x)|^q\mathrm{d}x\right)^{\frac{1}{q}}}$ 应用 Young 不等式,并对所得结果在$[a,b]$上取积分.

17. 提示:对不等式

$$\int_a^b|f(x)+g(x)|^p\mathrm{d}x\leqslant\int_a^b|f(x)+g(x)|^{p-1}|f(x)|\mathrm{d}x+\int_a^b|f(x)+g(x)|^{p-1}|g(x)|\mathrm{d}x$$

的左边两式分别应用 Hölder 不等式.

§2 不定积分的计算

1. (1) $\frac{n}{m+n}x^{\frac{m+n}{n}}+c$; (2) $\frac{4}{15}x^{\frac{15}{4}}+4x^{-\frac{1}{4}}+c$; (3) $x-2\arctan x+c$;

(4) $\frac{3^x\mathrm{e}^x}{\ln3+1}+c$; (5) $\frac{1}{3}x^3+2\mathrm{e}^x+c$; (6) $-\cot x-x+3\arcsin x+c$;

(7) $3\cosh x+4\sinh x+c$; (8) $\tan x-\cot x+c$.

2. (1) $\frac{\sqrt2}{2}\arctan\frac{\sqrt2}{2}x+c$; (2) $-\frac{10}{3(x^3+1)}+c$; (3) $\frac{1}{4}\sqrt{4x^2+9}+c$;

(4) $\ln|4+x^2+x^3|+c$; (5) $\sqrt{1+2\mathrm{e}^x}+c$; (6) $\frac{1}{2}\mathrm{e}^{x^2}+x^2+c$;

(7) $-\mathrm{e}^{\frac{1}{x}}+c$; (8) $\arctan \mathrm{e}^x+c$; (9) $-\frac{1}{25}\sqrt{4-25x^2}+c$;

(10) $\ln|\ln\ln x|+c$; (11) $\frac{\arcsin 2^{x-1}}{\ln2}+c$; (12) $\frac{1}{2}(\arctan x)^2+c$;

(13) $\frac{2}{3}(\arcsin x)^{\frac{3}{2}}+c$; (14) $-x+\frac{\sqrt3}{2}\ln\left|\frac{\sqrt3+x}{\sqrt3-x}\right|+c$; (15) $\frac{3}{5}\ln|x+3|+\frac{2}{5}\ln|x-2|+c$;

(16) $-\sqrt{3+2x-x^2}+2\arcsin\frac{x-1}{2}+c$.

3. (1) $\frac{2}{5}(x+1)^{\frac{5}{2}}-\frac{2}{3}(x+1)^{\frac{3}{2}}+c$; (2) $\frac{3}{7}(x+1)^{\frac{7}{3}}-\frac{3}{4}(x+1)^{\frac{4}{3}}+c$;

(3) $2\sqrt{1-\mathrm{e}^x}+\ln\frac{1-\sqrt{1-\mathrm{e}^x}}{1+\sqrt{1-\mathrm{e}^x}}+c$; (4) $\ln\frac{\sqrt{1+\mathrm{e}^x}-1}{\sqrt{1+\mathrm{e}^x}+1}+c$;

(5) $\sqrt{x^2-1}-\arccos\frac{1}{|x|}+c$; (6) $\frac{1}{3}\ln\frac{\sqrt{4x^2+9}-3}{x}+c$;

(7) $\frac{1}{a}\ln\left|\frac{a-\sqrt{a^2-x^2}}{x}\right|+c$; (8) $\frac{x}{\sqrt{1+x^2}}+c$;

(9) $2\sqrt{x+1}-2\ln(1+\sqrt{x+1})+c$; (10) $x+\frac{6}{5}x^{\frac{5}{6}}+\frac{3}{2}x^{\frac{2}{3}}+2x^{\frac{1}{2}}+3x^{\frac{1}{3}}+6x^{\frac{1}{6}}+6\ln|x^{\frac{1}{6}}-1|+c$.

4. (1) $\frac{1}{32}\sin 4x+\frac{1}{4}\sin 2x+\frac{3}{8}x+c$; (2) $\frac{1}{2}\sec^2x+\ln|\cos x|+c$;

(3) $-\dfrac{2}{\tan\dfrac{x}{2}+1}+c$;　(4) $-\cot\dfrac{x}{2}+c$;

(5) $\arctan(\sin^2 x)+c$;　(6) $\dfrac{1}{3}\ln(1+\sin^3 x)+c$;

(7) $\dfrac{\sin(\alpha-\beta)x}{2(\alpha-\beta)}-\dfrac{\sin(\alpha+\beta)x}{2(\alpha+\beta)}+c$;　(8) $\dfrac{1}{2}\ln(2\cos^2 x+3\sin^2 x)+c$.

5. (1) $-\dfrac{1}{3}xe^{-3x}-\dfrac{1}{9}e^{-3x}+c$;　(2) $\dfrac{1}{2}x^2\arctan x-\dfrac{1}{2}x+\dfrac{1}{2}\arctan x+c$;

(3) $-\dfrac{\ln x}{x}-\dfrac{1}{x}+c$;　(4) $x(\arcsin x)^2+2\sqrt{1-x^2}\arcsin x-2x+c$;

(5) $-\dfrac{1}{2}x^2\cos 2x+\dfrac{1}{4}\cos 2x+\dfrac{1}{2}x\sin 2x+c$;　(6) $\dfrac{1}{2}(1-x)e^x\cos x+\dfrac{1}{2}xe^x\sin x+c$;

(7) $-2\sqrt{1-x}\arcsin x+4\sqrt{x+1}+c$;　(8) $-x\cot x+\ln|\sin x|+c$;

(9) $\dfrac{\ln\cos x}{\cos x}+\sec x+c$;　(10) $-\dfrac{1}{2}x\cos\ln x+\dfrac{1}{2}x\sin\ln x+c$;

(11) $-\dfrac{\arcsin e^x}{e^x}-\ln\dfrac{1+\sqrt{1-e^{2x}}}{e^x}+c$;　(12) $x\ln(x+\sqrt{1+x^2})-\sqrt{1+x^2}+c$;

(13) $\dfrac{\arccos x}{\sqrt{1-x^2}}-\dfrac{1}{2}\ln\left|\dfrac{1-x}{1+x}\right|+c$;　(14) $\dfrac{e^{2x}}{4(1+2x)}+c$.

6. (1) $\dfrac{1}{7}\ln\left|\dfrac{x-2}{x+5}\right|+c$;　(2) $\dfrac{1}{3}\ln|x-1|-\dfrac{1}{6}\ln(x^2+x+1)+\dfrac{\sqrt{3}}{3}\arctan\dfrac{2x+1}{\sqrt{3}}+c$;

(3) $x-\dfrac{8}{3}\arctan\dfrac{x}{2}+\dfrac{1}{3}\arctan x+c$;　(4) $\dfrac{5(1-x)}{2(1+x^2)}+\dfrac{3}{2}\arctan x+\dfrac{1}{2}\ln(1+x^2)+c$;

(5) $\dfrac{x^5}{5}+\dfrac{x^4}{4}+\dfrac{x^3}{3}+\dfrac{x^2}{2}+x+\ln|x-1|+c$;　(6) $\dfrac{x}{4(1+x^2)^2}+\dfrac{3x}{8(1+x^2)}+\dfrac{3}{8}\arctan x+c$;

(7) $\dfrac{2x-5}{32(4x^2-4x+5)}+\dfrac{1}{64}\arctan\left(x-\dfrac{1}{2}\right)+c$;　(8) $\dfrac{1}{4(2+x^4)^2}-\dfrac{1}{4(2+x^4)}+c$.

7. (1) $-\dfrac{\sqrt{2}}{2}\arctan\left(\dfrac{1}{\sqrt{2}}\cot x\right)+c$;　(2) $\dfrac{1}{3\cos^3 x}+\dfrac{1}{\cos x}+\ln|\csc x-\cot x|+c$;

(3) $\dfrac{1}{2}(x-\ln|\sin x+\cos x|)+c$;　(4) $\ln|1+\tan x|+\ln|\cos x|+c$;

(5) $\dfrac{1}{\sqrt{3}}\ln\left|\dfrac{\sqrt{3}+\tan\dfrac{x}{2}}{\sqrt{3}-\tan\dfrac{x}{2}}\right|+c$;　(6) $\dfrac{1}{6}\ln\left|\dfrac{1-\cos x}{1+\cos x}\right|-\dfrac{1}{3}\ln\left|\dfrac{1+\cos x}{2+\cos x}\right|+c$;

(7) $\tan\dfrac{x}{2}-\ln(1+\cos x)+c$;　(8) $\dfrac{\sqrt{5}}{5}\arctan\left[\dfrac{\sqrt{5}}{5}\left(3\tan\dfrac{x}{2}+1\right)\right]+c$.

8. (1) $\dfrac{1}{2}x^2-\dfrac{x}{2}\sqrt{x^2-1}+\dfrac{1}{2}\ln(x+\sqrt{x^2-1})+c$;

(2) $-\dfrac{3}{2}\sqrt[3]{\dfrac{x+1}{x-1}}+c$;

(3) $-\sqrt[4]{x(1-x)^3}-\dfrac{\sqrt{2}}{8}\ln\dfrac{\sqrt[4]{\dfrac{1-x}{x}}+\sqrt[4]{\dfrac{x}{1-x}}-\sqrt{2}}{\sqrt[4]{\dfrac{1-x}{x}}+\sqrt[4]{\dfrac{x}{1-x}}+\sqrt{2}}-\dfrac{\sqrt{2}}{4}\arctan\dfrac{\sqrt[4]{\dfrac{1-x}{x}}-\sqrt[4]{\dfrac{x}{1-x}}}{\sqrt{2}}+c$;

(4) $\frac{1}{4}(2x+1)\sqrt{4x^2+4x+5}+\ln(2x+1+\sqrt{4x^2+4x+5})+c$;

(5) $\frac{11}{8}\arcsin\left[\frac{2\sqrt{5}}{5}\left(x-\frac{1}{2}\right)\right]+\frac{1}{4}\sqrt{1+x-x^2}-\frac{x}{2}\sqrt{1+x-x^2}+c$;

(6) $\frac{1}{3}\sqrt{(x+x^2)^3}-\frac{1}{8}(2x+1)\sqrt{x+x^2}+\frac{1}{16}\ln\left|\frac{1}{2}+x+\sqrt{x+x^2}\right|+c$.

9. (1) $\pm\sqrt{2}\ln\left|\csc\frac{x}{2}-\cot\frac{x}{2}\right|+c$; (2) $-\frac{1}{5x^5}+\frac{1}{3x^3}-\frac{1}{x}-\arctan x+c$;

(3) $(\arctan\sqrt{x})^2+c$; (4) $-\ln(e^{-x}+\sqrt{1+e^{-2x}})+c$;

(5) $-\frac{1}{4}\ln(1+x^2)+\frac{x^2\ln x}{2(1+x^2)}+c$; (6) $\frac{x\ln x}{\sqrt{1+x^2}}-\ln(x+\sqrt{1+x^2})+c$;

(7) $\frac{1}{3}\tan^3x+\frac{1}{5}\tan^5x+c$; (8) $\frac{1}{2}\arcsin\frac{\sqrt{2}}{2}\left(1-\frac{1}{x^2}\right)+c$.

10. $\frac{(\cos x-\sin^2x)^2}{2(1+x\sin x)^4}+c$.

11. $-x^2-\ln|1-x|+c$.

12. $x-\ln(1+e^x)-\frac{\ln(1+e^x)}{e^x}+c$.

§3 定积分的计算

1. (1) 1; (2) $\frac{\pi^3}{6}-\frac{\pi}{4}$; (3) $\frac{1}{2}(e^{\frac{\pi}{2}}-1)$; (4) $\frac{\pi^2}{4}-2$; (5) $-\frac{\sqrt{3}\pi}{9}+\frac{\pi}{4}+\frac{1}{2}\ln\frac{3}{2}$;

(6) $20-\frac{44}{e}$; (7) $\frac{3}{2}$; (8) 4.

2. (1) $2\ln 2-1$; (2) $-\frac{1}{2}\ln 3-\ln(\sqrt{2}-1)$; (3) $\frac{10-3\pi}{4}$; (4) $\frac{\pi-2\ln 2}{4}$; (5) $\frac{\sqrt{3}}{8a^2}$;

(6) $\frac{\sqrt{3}\pi}{9}$; (7) $\frac{1}{6}$; (8) $\frac{8}{105}$.

3. (1) 4; (2) $2-\frac{2}{e}$; (3) $\frac{16\pi}{3}-2\sqrt{3}$; (4) $\frac{5\pi}{8}$; (5) $\frac{1}{2}$; (6) $0(n\neq 2)$; $-\frac{\pi}{4}(n=2)$.

4. $\frac{\pi}{8}\ln 2$.

5. 提示:作变换 $x=-t$.

6. 提示:作变换 $x=\sqrt{t}$.

7. 作变换 $x=\pi-t$,则

$$\int_0^\pi xf(\sin x)\,dx=\pi\int_0^\pi f(\sin t)\,dt-\int_0^\pi tf(\sin t)\,dt,$$

移项便得结论.

$$\int_0^\pi\frac{x}{1+\cos^2x}dx=\frac{\sqrt{2}\pi^2}{4};\quad\int_0^\pi\frac{x\sin x}{1+\cos^2x}dx=\frac{\pi^2}{4}.$$

8. 提示:等式两边的导数相等.

9. $\frac{1}{2}(1-e^{-4})+\ln\frac{1+e}{2}$.

10. $f''(1)=2, f'''(1)=5$.

11. $\frac{1}{e}$.　　12. $\frac{5}{4}$.　　13. $n^2\pi$.　　14. $\frac{2}{\pi}$.

15. 提示:(1) 注意在$\left[0,\frac{\pi}{4}\right]$上成立 $0\leqslant \tan x\leqslant 1$;

(2) 利用等式$\tan^n x=\tan^{n-2}x(\sec^2 x-1)$.

16. 提示:由 Taylor 公式得

$$f(x)=f\left(\frac{1}{3}\right)+f'\left(\frac{1}{3}\right)\left(x-\frac{1}{3}\right)+\frac{1}{2}f''(\xi)\left(x-\frac{1}{3}\right)^2\leqslant f\left(\frac{1}{3}\right)+f'\left(\frac{1}{3}\right)\left(x-\frac{1}{3}\right),$$

将 x 换成 x^2,再对不等式两边积分.

17. 提示:(1) 对$f(x)-f(x_0)=-\int_{x_0}^{x}f'(t)\mathrm{d}(x-t)$连续运用分部积分公式; (2) 利用积分中值定理.

18. $\int_0^{\frac{\pi}{2}}\frac{\sin x}{x}\mathrm{d}x\approx 1.370\ 762\ 168$.

19. $2\ 000\ \mathrm{m}^2$.

§4　定积分的应用

1. $\frac{9}{2}$.　　2. $\frac{9}{4}$.　　3. $\frac{7}{6}$.　　4. $\frac{3\pi a^2}{8}$.　　5. $\frac{\pi a^2}{12}$.

6. $\sqrt{2}\pi a^2$.　　7. $2a^2b\pi^2$.　　8. $3\pi p^3$.　　9. $\frac{256}{15}\pi$.　　10. $\frac{2}{3}R^3\tan\alpha$.

11. 提示:考虑在 x 处,高为 $f(x)$,底边长为 Δx 的小矩形绕 y 轴旋转一周生成旋转体的体积(即两同轴圆柱体的体积之差)是

$$\Delta V=\pi(x+\Delta x)^2f(x)-\pi x^2f(x)=2\pi xf(x)\Delta x+\pi f(x)(\Delta x)^2,$$

略去高阶无穷小项便得

$$\mathrm{d}V=2\pi xf(x)\mathrm{d}x.$$

由微元法便知 $V=\int_a^b 2\pi xf(x)\mathrm{d}x$.

12. 提示:旋转体体积是一个圆锥体和一个球冠的体积之和:

$$V=\pi\int_0^{R\cos\alpha}(\tan\alpha x)^2\mathrm{d}x+\pi\int_{R\cos\alpha}^{R}(R^2-x^2)\mathrm{d}x.$$

13. (1) $a=\frac{\sqrt{2}}{2}$时取最小值$\frac{1}{3}-\frac{\sqrt{2}}{6}$; (2) $\frac{1+\sqrt{2}}{30}\pi$.

14. (1) $\frac{2}{3}(2\sqrt{2}-1)$; (2) 4; (3) $\sqrt{2}(e^{\pi}-1)$; (4) $6a$; (5) $\frac{\sqrt{5}}{2}(e^{4\pi}-1)$.

15. (1) $\frac{2\pi\sqrt{p}}{3}\left[(2h+p)^{\frac{3}{2}}-p^{\frac{3}{2}}\right]$; (2) $\frac{12\pi a^2}{5}$; (3) $\frac{32\pi a^2}{5}$.

16. (1) $\kappa=\frac{\sqrt{2}}{4}, R=2\sqrt{2}$;　　(2) $\kappa=\frac{\sqrt{2}}{4a}, R=2\sqrt{2}a$.

17. (1) $\kappa=\frac{\sqrt{p}}{(p+2x)^{\frac{3}{2}}}, R=\frac{1}{\kappa}$;　　(2) $\kappa=\frac{1}{a^2b^2\left(\frac{x^2}{a^4}+\frac{y^2}{b^4}\right)^{\frac{3}{2}}}, R=\frac{1}{\kappa}$;

(3) $\kappa=\frac{1}{3\sqrt[3]{|axy|}}, R=\frac{1}{\kappa}$;　　(4) $\kappa=\frac{1}{at}, R=\frac{1}{\kappa}$.

18. $(x-3)^2+(y+2)^2=8$.

19. 提示：取细棒中点为原点．与细棒垂直方向：$-\dfrac{2GmM}{h\sqrt{4h^2+l^2}}$，与细棒平行方向：0.

20. $\dfrac{Gm_1m_2}{l_1l_2}\ln\dfrac{(a+l_1)(a+l_2)}{a(l_1+l_2+a)}$.

21. $\dfrac{2}{3}\rho g a^2 b$，其中 ρ 是水的密度.

22. $\pi\rho g\left\{r^2Hh+\dfrac{1}{3}H[(r-h)^3-r^3]-\dfrac{1}{2}r^2[(r-h)^2-r^2]+\dfrac{1}{4}[(r-h)^4-r^4]\right\}$，其中 ρ 是水的密度.

23. 提示：取细杆中点为原点．(1) 与细杆垂直方向：$\dfrac{2k\rho l}{r\sqrt{4r^2+l^2}}$，与细杆平行方向：0；

(2) $W=2k\rho\ln\dfrac{l+\sqrt{4r^2+l^2}}{l+\sqrt{4R^2+l^2}}+2k\rho\ln\dfrac{R}{r}$，$k=\dfrac{1}{4\pi\varepsilon_0}$为常数.

24. $\dfrac{\sqrt{2H}}{15\mu\sqrt{g}}\left(\dfrac{3R^2+4Rr+8r^2}{r^2}\right)$.

§5 反常积分

1. (1) $\ln\dfrac{3}{2}$； (2) $\dfrac{1}{2}$； (3) $\dfrac{1}{\ln 2}$； (4) 2； (5) $\dfrac{\pi+2\ln 2}{4}$； (6) $\dfrac{2\sqrt{3}}{9}\pi$；

(7) $\dfrac{1}{5}\ln(2+\sqrt{3})-\dfrac{1}{10}\ln 3$； (8) 0.

2. (1) 收敛； (2) 收敛； (3) 发散； (4) 收敛； (5) 收敛； (6) 收敛.

3. (1) -1； (2) $\dfrac{\pi^2}{8}$； (3) $-\dfrac{4}{9}$； (4) π； (5) π（提示：令 $x=a\cos^2 t+b\sin^2 t$）.

4. (1) 收敛； (2) 发散； (3) 收敛； (4) 发散； (5) 收敛； (6) 当 $1<p<2$ 时收敛，当 $p\leqslant 1$ 或 $p\geqslant 2$ 时发散.

5. (1) 0； (2) $-\ln 2$.

6. (1) $\dfrac{1}{n}\Gamma\left(\dfrac{1}{n}\right)$； (2) $\dfrac{1}{n}\Gamma\left(\dfrac{m+1}{n}\right)$； (3) $\Gamma(p+1)$.

7. $\dfrac{(2n-1)!!}{2^n}\sqrt{\pi}$.

8. (1) $\dfrac{3}{128}\sqrt{\pi}$； (2) $\dfrac{(2n-1)!!}{2^{n+1}}\sqrt{\pi}$.

9. 提示：利用 B 函数与 Γ 函数的关系.

10. 提示：作变换 $x=\dfrac{a^2}{t}$.

11. 提示：利用 $\int_1^A\dfrac{\sin x}{x}\mathrm{d}x=-\dfrac{\cos x}{x}\Big|_1^A-\int_1^A\dfrac{\cos x}{x^2}\mathrm{d}x$，说明 $\int_1^{+\infty}\dfrac{\sin x}{x}\mathrm{d}x$ 收敛；利用 $\left|\dfrac{\sin x}{x}\right|\geqslant\dfrac{\sin^2 x}{x}=\dfrac{1}{2}\left(\dfrac{1}{x}-\dfrac{\cos 2x}{x}\right)$ 及 $\int_1^{+\infty}\dfrac{\cos 2x}{x}\mathrm{d}x$ 收敛，说明 $\int_1^{+\infty}\left|\dfrac{\sin x}{x}\right|\mathrm{d}x$ 发散.

12. $\dfrac{1}{\mathrm{e}}$.

第四章　矩阵和线性方程组

§1　向量与矩阵

1. (1) $(3,7,-19,-1,10)^{\mathrm{T}}$；　(2) $(-2,8,-19,7,6)^{\mathrm{T}}$.

2. (1) $\begin{pmatrix} 1 & -2 \\ 5 & -11 \\ -13 & 0 \end{pmatrix}$；　(2) $\begin{pmatrix} 12 & 14 \\ 3 & 1 \\ 15 & -19 \end{pmatrix}$.

3. $\boldsymbol{AB}=\begin{pmatrix} 15 & -14 \\ -15 & 14 \end{pmatrix}$，　$\boldsymbol{BA}=\begin{pmatrix} -1 & 4 & -2 \\ -4 & 16 & -8 \\ 7 & -28 & 14 \end{pmatrix}$，　$\boldsymbol{AC}=\begin{pmatrix} 0 & 0 \\ 0 & 0 \end{pmatrix}$，　$\boldsymbol{CA}=\begin{pmatrix} 0 & 0 & 0 \\ 2 & -8 & 4 \\ 4 & -16 & 8 \end{pmatrix}$，

$\boldsymbol{A}(2\boldsymbol{B}-3\boldsymbol{C})=\begin{pmatrix} 30 & -28 \\ -30 & 28 \end{pmatrix}$.

4. $\begin{pmatrix} 0 & b \\ 0 & 0 \end{pmatrix}$，$\begin{pmatrix} 0 & 0 \\ c & 0 \end{pmatrix}$，$\begin{pmatrix} a & b \\ c & -a \end{pmatrix}$且 $a^2+bc=0$.

5. (1) $\boldsymbol{A}^n=\begin{pmatrix} 1 & n \\ 0 & 1 \end{pmatrix}$；　(2) $\boldsymbol{A}^n=\begin{pmatrix} 1 & n & \dfrac{n(n-1)}{2} \\ 0 & 1 & n \\ 0 & 0 & 1 \end{pmatrix}$.

6. $\boldsymbol{x}^{\mathrm{T}}\boldsymbol{x}=2$，　$\boldsymbol{y}^{\mathrm{T}}\boldsymbol{y}=5$，　$\boldsymbol{xy}^{\mathrm{T}}=\begin{pmatrix} -1 & -2 \\ 0 & 0 \\ 1 & 2 \end{pmatrix}$，　$\boldsymbol{y}^{\mathrm{T}}\boldsymbol{A}=(5,6,-5)$，　$\boldsymbol{Ax}=\begin{pmatrix} -2 \\ -4 \end{pmatrix}$，　$\boldsymbol{y}^{\mathrm{T}}\boldsymbol{Ax}=-10$.

7. $\boldsymbol{A}^{\mathrm{T}}\boldsymbol{A}=\begin{pmatrix} 5 & 6 & -5 \\ 6 & 9 & -6 \\ -5 & -6 & 5 \end{pmatrix}$；　$\boldsymbol{AA}^{\mathrm{T}}=\begin{pmatrix} 2 & 4 \\ 4 & 17 \end{pmatrix}$.

8. 10.

9. (1) $\begin{pmatrix} -9 & -2 & -8 \\ 5 & 12 & 6 \\ -7 & 5 & -3 \end{pmatrix}$；　(2) $\begin{pmatrix} 1 & 5 & -4 \\ -4 & 3 & 24 \\ -6 & -25 & -4 \end{pmatrix}$.

10. (1) 例：$\boldsymbol{A}=\begin{pmatrix} 1 & 0 \\ 0 & 0 \end{pmatrix}$，　$\boldsymbol{B}=\begin{pmatrix} 0 & 0 \\ 0 & 1 \end{pmatrix}$；

(2) 例：$\boldsymbol{A}=\begin{pmatrix} 0 & 1 \\ 0 & 0 \end{pmatrix}$，　$\boldsymbol{B}=\begin{pmatrix} 0 & 0 \\ 1 & 0 \end{pmatrix}$；

(3) 例：$\boldsymbol{A}=\begin{pmatrix} 1 & 1 \\ 1 & 1 \end{pmatrix}$，　$\boldsymbol{x}=\begin{pmatrix} 1 \\ -1 \end{pmatrix}$.

11. 提示：由矩阵乘法的定义直接得到.

12. (1) $\boldsymbol{A}^{\mathrm{T}}\boldsymbol{x}=\boldsymbol{y}$；　(2) $\boldsymbol{AB}^{\mathrm{T}}\boldsymbol{x}=\boldsymbol{y}$.

13. (1) $\boldsymbol{Ax}$; (2) $\boldsymbol{y}^{\mathrm{T}}\boldsymbol{A}$.

15. 提示:利用分块乘法直接验算.

16. 提示:直接验算.

17. $\boldsymbol{A}^{2k}=\boldsymbol{I}_{2k}$, $\boldsymbol{A}^{2k+1}=\boldsymbol{A}(k=1,2,\cdots)$.

18. 提示:取 $\boldsymbol{C}=\begin{pmatrix}\mu & \boldsymbol{0}^{\mathrm{T}}\\ \boldsymbol{0} & \boldsymbol{O}_{n\times n}\end{pmatrix}$,其中 μ 为非零实数,$\boldsymbol{O}_{n\times n}$ 为 n 阶零方阵 . $\boldsymbol{0}$ 为 n 维零向量(列向量).

§2 行 列 式

1. (1) -69; (2) 512; (3) $(a^2-b^2)^2$; (4) $a^4-3a^2b^2+b^4$.

2. (1) 160; (2) $(x+a+b)(b-x)(b-a)(a-x)$; (3) $8abc$;

(4) $(a+b+c+d)(a+b-c-d)(a-b+c-d)(a-b-c+d)$.

3. 提示:利用数学归纳法.

4. 提示:利用关于列的加减的行列式性质.

5. (1) 1 142; (2) $b^4-4a^2b^2$; (3) $(-1)^n\left(b^n-b^{n-1}\sum\limits_{k=1}^{n}a_k\right)$;

(4) $[x+(n-1)a](x-a)^{n-1}$; (5) $a_1a_2\cdots a_n\left(1+\sum\limits_{k=1}^{n}\dfrac{1}{a_k}\right)$.

6. 提示:(1) 最后一列乘以(-1)分别加到前 n 列;

(2) 按最后一列展开,再将所得的表达式中的每一个行列式按最后一行展开.

7. (1) 不成立; (2) 成立; (3) 不成立.

§3 逆 矩 阵

1. $\boldsymbol{A}^{-1}=\begin{pmatrix}\cos\theta & -\sin\theta\\ \sin\theta & \cos\theta\end{pmatrix}$.

2. (1) $\begin{pmatrix}14&8&3\\8&5&2\\3&2&1\end{pmatrix}$; (2) $\begin{pmatrix}-1&2&1\\5&-8&-6\\-3&5&4\end{pmatrix}$; (3) $\begin{pmatrix}1&-2&1&0\\0&1&-2&1\\0&0&1&-2\\0&0&0&1\end{pmatrix}$;

(4) $\begin{pmatrix}\dfrac{4}{13}-\dfrac{6}{13}\mathrm{i} & \dfrac{7}{13}-\dfrac{4}{13}\mathrm{i}\\ \dfrac{3}{13}+\dfrac{2}{13}\mathrm{i} & \dfrac{2}{13}-\dfrac{3}{13}\mathrm{i}\end{pmatrix}$; (5) $\begin{pmatrix}1&\dfrac{2}{5}&-\dfrac{4}{5}\\0&1&-2\\0&0&1\end{pmatrix}$; (6) $\begin{pmatrix}0&\dfrac{1}{2}&0&-1&0&1\\1&0&0&0&0&0\\0&0&0&1&0&-1\\-3&0&1&0&0&0\\0&0&0&0&0&\dfrac{1}{2}\\9&0&-3&0&1&0\end{pmatrix}$.

3. $\boldsymbol{T}^{-1}=\begin{pmatrix}\boldsymbol{A}^{-1} & \boldsymbol{O}\\ -\boldsymbol{B}^{-1}\boldsymbol{C}\boldsymbol{A}^{-1} & \boldsymbol{B}^{-1}\end{pmatrix}$, $\boldsymbol{U}^{-1}=\begin{pmatrix}-\boldsymbol{B}^{-1}\boldsymbol{C}\boldsymbol{A}^{-1} & \boldsymbol{B}^{-1}\\ \boldsymbol{A}^{-1} & \boldsymbol{O}\end{pmatrix}$.

4. 提示:利用$\boldsymbol{A}^{-1}=\dfrac{1}{|\boldsymbol{A}|}\boldsymbol{A}^*$,注意当 $i>j$ 时,$\boldsymbol{A}^*$ 中的第 j 行第 i 列元素 $A_{ij}=0$.

6. $\begin{pmatrix}3&-1\\2&0\\1&-1\end{pmatrix}$.

7. $\begin{pmatrix} 0 & 0 & 0 & \cdots & \frac{1}{a_n} \\ \frac{1}{a_1} & 0 & 0 & \cdots & 0 \\ 0 & \frac{1}{a_2} & 0 & \cdots & 0 \\ \vdots & \vdots & \ddots & \ddots & \vdots \\ 0 & 0 & \cdots & \frac{1}{a_{n-1}} & 0 \end{pmatrix}$.

8. 提示：利用$(\boldsymbol{I}+\boldsymbol{A}+\cdots+\boldsymbol{A}^{k-1})(\boldsymbol{I}-\boldsymbol{A})=\boldsymbol{I}-\boldsymbol{A}^k$.

9. 提示：直接验证.

10. $\dfrac{1}{1-x_1^2-x_2^2-x_3^2}\begin{pmatrix} 1-x_2^2-x_3^2 & x_1x_2 & x_1x_3 \\ x_1x_2 & 1-x_1^2-x_3^2 & x_2x_3 \\ x_1x_3 & x_2x_3 & 1-x_1^2-x_2^2 \end{pmatrix}$.

11. (1) $\boldsymbol{C}=\boldsymbol{A}+\boldsymbol{C}\boldsymbol{B}$； (2) $\boldsymbol{C}=\begin{pmatrix} -1 & -3 & 2 \\ 0 & 0 & -1 \\ -3 & -6 & 9 \end{pmatrix}$.

12. $(\boldsymbol{A}+\boldsymbol{I})^{-1}=\boldsymbol{A}-3\boldsymbol{I}$.

13. -192.

14. (1) $\begin{cases} x_1=-3, \\ x_2=0, \\ x_3=5; \end{cases}$ (2) $\begin{cases} x_1=-2, \\ x_2=0, \\ x_3=1, \\ x_4=5. \end{cases}$

15. 系数行列式 $\Delta=(a+b+c)(b-a)(c-a)(c-b)$. 当 a,b,c 互不相等且 $a+b+c\neq 0$ 时，能用 Cramer 法则求解．其解为

$$\begin{cases} x_1=\dfrac{(b+c+d)(b-d)(c-d)}{(a+b+c)(b-a)(c-a)}, \\ x_2=\dfrac{(a+c+d)(d-a)(c-d)}{(a+b+c)(b-a)(c-b)}, \\ x_3=\dfrac{(a+b+d)(d-a)(d-b)}{(a+b+c)(c-a)(c-b)}. \end{cases}$$

16. 提示：用反证法．若 $|\boldsymbol{A}|=0$，则 $\boldsymbol{A}\boldsymbol{A}^{\mathrm{T}}=\boldsymbol{A}\boldsymbol{A}^*=|\boldsymbol{A}|\boldsymbol{I}=\boldsymbol{O}_{n\times n}$，于是对角元 $\sum\limits_{k=1}^{n}a_{ik}^2=0(i=1,2,\cdots,n)$，从而 $\boldsymbol{A}=\boldsymbol{O}_{n\times n}$，与题设矛盾.

17. 提示：将 $n+1$ 个互异的零点代入原方程，便得一个关于 $a_0,a_1,\cdots,a_n$ 的 $n+1$ 元线性方程组，这个线性方程组的系数行列式是一个非零的 Vandermonde 行列式，因此只有零解，即 $a_0=a_1=\cdots=a_n=0$，因此 $f(x)\equiv 0$.

§4 向量的线性关系

1. (1) 线性无关； (2) 线性相关.

2. 例如：$\boldsymbol{a}=(1,0,0)^{\mathrm{T}}$，$\boldsymbol{b}=(0,1,0)^{\mathrm{T}}$，$\boldsymbol{c}=(3,0,0)^{\mathrm{T}}$，则 $-3\boldsymbol{a}+0\boldsymbol{b}+\boldsymbol{c}=\boldsymbol{0}$，它们线性相关，但 $\boldsymbol{b}$ 不能被 $\boldsymbol{a},\boldsymbol{c}$ 线性表出.

5. 提示：用反证法．若有不全为零的常数 $k_1,k_2,\cdots,k_m,k_{m+1}$，使得

$$k_1\boldsymbol{a}_1+k_2\boldsymbol{a}_2+\cdots+k_m\boldsymbol{a}_m+k_{m+1}(t\boldsymbol{b}_1+\boldsymbol{b}_2)=\boldsymbol{0},$$

则易知 $k_{m+1}\neq 0$，于是

$$\boldsymbol{b}_2=-\frac{1}{k_{m+1}}(k_1\boldsymbol{a}_1+k_2\boldsymbol{a}_2+\cdots+k_m\boldsymbol{a}_m)-t\boldsymbol{b}_1,$$

则由已知条件知，$\boldsymbol{b}_2$ 能被 $\boldsymbol{a}_1,\boldsymbol{a}_2,\cdots,\boldsymbol{a}_m$ 线性表示．与题设矛盾．

6. 提示：设 $\boldsymbol{b}_j=\sum_{i=1}^{r}c_{ij}\boldsymbol{a}_i(j=1,2,\cdots,r)$，则 $\boldsymbol{C}=(c_{ij})_{r\times r}$ 可逆．若 $\sum_{j=1}^{r}k_j\boldsymbol{b}_j+\sum_{j=r+1}^{s}k_j\boldsymbol{a}_j=\boldsymbol{0}$，则

$$\sum_{i=1}^{r}\left(\sum_{j=1}^{r}k_jc_{ij}\right)\boldsymbol{a}_i+\sum_{j=r+1}^{s}k_j\boldsymbol{a}_j=\boldsymbol{0},$$

因此，$k_j=0(j=r+1,\cdots,s)$，以及 $\sum_{j=1}^{r}k_jc_{ij}=0$，由 $\boldsymbol{C}$ 可逆知 $k_j=0(j=1,2,\cdots,r)$．

7. (1) 能； (2) 不能．

8. 提示：(1) 记 $\boldsymbol{A}=(\boldsymbol{a}_1,\boldsymbol{a}_2,\cdots,\boldsymbol{a}_n)$，$\boldsymbol{B}=(b_{ij})_{n\times p}$．由 $(\boldsymbol{a}_1,\boldsymbol{a}_2,\cdots,\boldsymbol{a}_n)\boldsymbol{B}=\boldsymbol{O}$ 知，

$$\sum_{j=1}^{n}b_{jk}\boldsymbol{a}_j=\boldsymbol{0},\quad k=1,2,\cdots,p,$$

于是 $b_{jk}=0(j=1,2,\cdots,n,k=1,2,\cdots,p)$，即 $\boldsymbol{B}=\boldsymbol{O}$．

(2) 的证明与(1)类似．

10. 提示：将 $\boldsymbol{A}$ 的适当幂$\boldsymbol{A}^k$ 作用在 $\lambda_1\boldsymbol{x}+\lambda_2\boldsymbol{A}\boldsymbol{x}+\cdots+\lambda_k\boldsymbol{A}^{k-1}\boldsymbol{x}=\boldsymbol{0}$ 上，便可得 $\lambda_1=\lambda_2=\cdots=\lambda_k=0$．

11. 线性无关．

§5 秩

3. (1) 3； (2) 2.

4. (1) 线性无关； (2) 线性相关.

5. rank$(\boldsymbol{A})=2$. $\begin{pmatrix}1\\2\\4\\3\end{pmatrix},\begin{pmatrix}-1\\1\\-1\\0\end{pmatrix}$就是一个极大无关组.

6. $k=1$.

7. 提示：充分性：rank$(\boldsymbol{A})=1$ 意味着 $\boldsymbol{A}$ 中有一非零列向量，而其他列都是它的常数倍.

必要性：注意此时 rank$(\boldsymbol{A})\leqslant$ rank$(\boldsymbol{b}\boldsymbol{c}^{\mathrm{T}})\leqslant 1$.

8. 提示：注意 rank$(\boldsymbol{AB})\leqslant\min\{$rank$(\boldsymbol{A})$，rank$(\boldsymbol{B})\}\leqslant n<m$.

9. 提示：(1) 利用 $\boldsymbol{AA}^*=|\boldsymbol{A}|\boldsymbol{I}$；

(2) 利用 rank$(\boldsymbol{AB})\geqslant$ rank$(\boldsymbol{A})$+rank$(\boldsymbol{B})-n$($\boldsymbol{A},\boldsymbol{B}$ 为 n 阶方阵).

(3) rank$(\boldsymbol{A})<n-1$ 意味着所有代数余子式 $A_{ij}=0$.

10. 提示：对 $\boldsymbol{A}+(\boldsymbol{I}-\boldsymbol{A})=\boldsymbol{I}$ 和 $\boldsymbol{A}(\boldsymbol{I}-\boldsymbol{A})=\boldsymbol{O}$，分别应用 rank$(\boldsymbol{AB})\geqslant$ rank$(\boldsymbol{A})$+ rank$(\boldsymbol{B})-n$ 和 rank$(\boldsymbol{A}+\boldsymbol{B})\leqslant$ rank$(\boldsymbol{A})$+ rank$(\boldsymbol{B})$($\boldsymbol{A},\boldsymbol{B}$ 为 n 阶方阵).

11.

$$\boldsymbol{P}=\begin{pmatrix}0&\frac{1}{3}&\frac{1}{3}\\0&\frac{1}{3}&-\frac{2}{3}\\1&-\frac{1}{3}&\frac{2}{3}\end{pmatrix},\quad \boldsymbol{Q}=\begin{pmatrix}1&1&1\\0&1&-2\\0&0&1\end{pmatrix}.$$

注:$\boldsymbol{P},\boldsymbol{Q}$ 的解不唯一.

12. 提示:

$$(\boldsymbol{a}_1+k_1\boldsymbol{a}_2,\boldsymbol{a}_2+k_2\boldsymbol{a}_3,\cdots,\boldsymbol{a}_{m-1}+k_{m-1}\boldsymbol{a}_m,\boldsymbol{a}_m)$$
$$=(\boldsymbol{a}_1,\boldsymbol{a}_2,\cdots,\boldsymbol{a}_m)\begin{pmatrix}1&0&0&\cdots&0&0\\k_1&1&0&\cdots&0&0\\0&k_2&1&\cdots&0&0\\\vdots&\vdots&\vdots&&\vdots&\vdots\\0&0&0&\cdots&1&0\\0&0&0&\cdots&k_{m-1}&1\end{pmatrix}.$$

§6 线性方程组

1. (1) $\begin{pmatrix}x_1\\x_2\\x_3\\x_4\end{pmatrix}=c_1\begin{pmatrix}-3\\7\\2\\0\end{pmatrix}+c_2\begin{pmatrix}-1\\-2\\0\\1\end{pmatrix}$; (2) $\begin{pmatrix}x\\y\\z\\u\\v\end{pmatrix}=c_1\begin{pmatrix}16\\9\\3\\1\\0\end{pmatrix}+c_2\begin{pmatrix}-3\\-1\\0\\0\\1\end{pmatrix}$.

2. $a=0,b=2$.

$$\begin{pmatrix}x_1\\x_2\\x_3\\x_4\\x_5\end{pmatrix}=c_1\begin{pmatrix}1\\-2\\1\\0\\0\end{pmatrix}+c_2\begin{pmatrix}1\\-2\\0\\1\\0\end{pmatrix}+c_3\begin{pmatrix}5\\-6\\0\\0\\1\end{pmatrix}+\begin{pmatrix}-2\\3\\0\\0\\0\end{pmatrix}.$$

3. (1) $\begin{pmatrix}x_1\\x_2\\x_3\\x_4\end{pmatrix}=c_1\begin{pmatrix}1\\1\\0\\0\end{pmatrix}+c_2\begin{pmatrix}0\\0\\1\\1\end{pmatrix}+\begin{pmatrix}\frac{1}{2}\\0\\\frac{1}{2}\\0\end{pmatrix}$; (2) $\begin{pmatrix}x\\y\\z\\u\end{pmatrix}=c_1\begin{pmatrix}\frac{2}{3}\\\frac{7}{3}\\1\\0\end{pmatrix}+\begin{pmatrix}1\\8\\0\\-4\end{pmatrix}$;

(3) $\begin{pmatrix}x_1\\x_2\\x_3\\x_4\end{pmatrix}=c_1\begin{pmatrix}-\frac{1}{7}\\\frac{3}{7}\\1\\0\end{pmatrix}+c_2\begin{pmatrix}\frac{4}{7}\\\frac{9}{7}\\0\\1\end{pmatrix}+\begin{pmatrix}\frac{12}{7}\\\frac{13}{7}\\0\\0\end{pmatrix}$.

4. (1) $\lambda=1$;

(2) 提示:$\operatorname{rank}(\boldsymbol{A})=2$ 说明 $\boldsymbol{Ax}=\boldsymbol{0}$ 的任何两个解都线性相关,于是 $\boldsymbol{B}$ 的列向量组线性相关.

5. $k=-2$ 时方程组无解; $k=1$ 时方程组有无穷多组解; 其他情况方程组有唯一解.

6. 当 $a\neq0$ 且 $a\neq b$ 时,方程组有唯一解.

当 $a=0$ 且 $a\neq b$ 时,方程组无解.

当 $a=b=0$ 时,方程组无解.

当 $a=b\neq0$ 时,方程组有无穷多组解.

7. 提示：$\{b_1,b_2,\cdots,b_r\}$线性相关$\Leftrightarrow \sum_{i=1}^{r}k_i b_i = 0$有非零解$\Leftrightarrow \sum_{j=1}^{r}\left(\sum_{i=1}^{r}k_i c_{ij}\right) a_j = \mathbf{0}$有非零解$\Leftrightarrow \sum_{i=1}^{r}k_i c_{ij} = 0$有非零解$\Leftrightarrow \det(C^{\mathrm{T}}) = 0$，即$\det(C) = 0$.

8. (1) 当 $\lambda \neq 0$ 且 $\lambda \neq -3$ 时，b 可由a_1,a_2,a_3 线性表示，且表达式唯一；

(2) 当 $\lambda = 0$，b 可由a_1,a_2,a_3 线性表示，但表达式不唯一；

(3) 当 $\lambda = -3$，b 不能由a_1,a_2,a_3 线性表示.

9. 当 $c=1$ 时，方程组系数矩阵 A 的秩为 2，此时 $A=\begin{pmatrix}1&2&1&2\\0&1&1&1\\1&0&0&1\end{pmatrix}$，$Ax=\mathbf{0}$ 的通解为

$$\begin{pmatrix}x_1\\x_2\\x_3\\x_4\end{pmatrix}=c_1\begin{pmatrix}1\\-1\\1\\0\end{pmatrix}+c_2\begin{pmatrix}0\\-1\\0\\1\end{pmatrix}.$$

10. $a=2,b=1,c=2$.

11. 提示：若 $AB=O$，$B\neq O$，则 B 的非零列向量就是 $Ax=\mathbf{0}$ 的非零解，因此 $|A|=0$. 若 $|A|=0$，则 $Ax=\mathbf{0}$ 有非零解 α，取 $B=(\alpha,\mathbf{0},\cdots,\mathbf{0})$，则 $AB=O$.

12. 提示：必要性：三条直线交于一点$\Rightarrow\begin{cases}ax+by+cz=0,\\bx+cy+az=0,\\cx+ay+bz=0\end{cases}$有解$\begin{cases}x=x_0,\\y=y_0,\\z=1\end{cases}\Rightarrow\begin{vmatrix}a&b&c\\b&c&a\\c&a&b\end{vmatrix}=-\frac{1}{2}(a+b+c)$
$[(a-b)^2+(b-c)^2+(c-a)^2]=0$，因此 $a+b+c=0$.

充分性：考虑方程组$\begin{cases}ax+by+c=0,\\bx+cy+a=0,\\cx+ay+b=0,\end{cases}$它等价于$\begin{cases}ax+by+c=0,\\bx+cy+a=0,\end{cases}$其系数行列式

$$\begin{vmatrix}a&b\\b&c\end{vmatrix}=ac-b^2=-\frac{1}{2}[a^2+b^2+(a+b)^2]\neq 0,$$

因此有解.

13. $x_1=3,x_2=1,x_3=1$.

第五章　线性变换、特征值和二次型

§1　线性空间

1. 提示：直接验证.

2. (1) 是；(2) 是；(3) 是；(4) $b=\mathbf{0}$ 时是线性子空间，$b\neq\mathbf{0}$ 时不是.

3. (1) 是；(2) $a=0$ 时是线性空间，$a\neq 0$ 时不是；(3) 是.

5. 维数：1. 基：$(1,1,1)^{\mathrm{T}}$.

6. 提示：参见例 5.1.10.

7. $\dim S=3$；$\{a_1,a_2,a_4\}$为 S 的一组基.

8. (1) 提示：验证以它们为列组成的矩阵的行列式不等于 0；

(2) $\begin{pmatrix}1&2&1\\4&-1&-4\\0&3&1\end{pmatrix}$； (3) $\begin{pmatrix}1&2&0\\-1&1&2\\1&-1&-1\end{pmatrix}$； (4) $\begin{pmatrix}\frac{1}{3}\\\frac{1}{3}\\0\end{pmatrix}$； (5) $\begin{pmatrix}1\\1\\-1\end{pmatrix}$.

9. $\tilde{\boldsymbol{\varepsilon}}_1=(4,0,-5)^{\mathrm{T}}$, $\tilde{\boldsymbol{\varepsilon}}_2=(-3,0,4)^{\mathrm{T}}$.

若 $\boldsymbol{x}\in S$ 在基 $\{\boldsymbol{\varepsilon}_1,\boldsymbol{\varepsilon}_2\}$ 下的坐标为 $(\alpha_1,\alpha_2)^{\mathrm{T}}$，在基 $\{\tilde{\boldsymbol{\varepsilon}}_1,\tilde{\boldsymbol{\varepsilon}}_2\}$ 下的坐标为 $(\beta_1,\beta_2)^{\mathrm{T}}$，则

$$\begin{pmatrix}\beta_1\\\beta_2\end{pmatrix}=\begin{pmatrix}1&-2\\1&-3\end{pmatrix}\begin{pmatrix}\alpha_1\\\alpha_2\end{pmatrix}=\begin{pmatrix}\alpha_1-2\alpha_2\\\alpha_1-3\alpha_2\end{pmatrix}.$$

10. $\left(\frac{1}{2},\frac{1}{6},\frac{1}{12},\frac{1}{4}\right)^{\mathrm{T}}$.

11. (1) 提示：按定义验证； (2) $\begin{pmatrix}1&2&4\\0&1&4\\0&0&1\end{pmatrix}$； (3) $\begin{pmatrix}3\\-3\\1\end{pmatrix}$.

12. (1) 略； (2) $(x_{11}-x_{12},x_{12}-x_{21},x_{21}-x_{22},x_{22})^{\mathrm{T}}$； (3) $\begin{pmatrix}1&-1&0&0\\0&1&-1&0\\0&0&1&-1\\0&0&0&1\end{pmatrix}$.

13. 提示：充分性：说明任何 V 中的向量均可被 $\boldsymbol{a}_1,\boldsymbol{a}_2,\cdots,\boldsymbol{a}_n$ 线性表示.

必要性：用反证法．若 $\boldsymbol{a}_1,\boldsymbol{a}_2,\cdots,\boldsymbol{a}_n$ 线性相关，则可从 $\mathrm{Span}\{\boldsymbol{a}_1,\boldsymbol{a}_2,\cdots,\boldsymbol{a}_n\}=V$ 说明 V 中的向量均可被一个个数小于 n 的向量组线性表示，与 $\dim V=n$ 矛盾.

§2 线性变换及其矩阵表示

1. (1) 是．表示矩阵：$\begin{pmatrix}1&1&0\\0&1&1\\1&0&1\end{pmatrix}$； (2) 不是； (3) 是．表示矩阵：$\begin{pmatrix}1&0&0\\0&2&0\\0&0&1\end{pmatrix}$.

2. $\begin{pmatrix}1&2\\5&4\end{pmatrix}$.

3. $\begin{pmatrix}0&0&0\\0&1&0\\0&0&4\end{pmatrix}$.

4. $\begin{pmatrix}-1&1&-2\\2&2&0\\3&0&2\end{pmatrix}$.

5. $\begin{pmatrix}2&2&-1\\4&2&-1\\-2&-1&1\end{pmatrix}$.

6. (1) 提示：直接验证； (2) $\begin{pmatrix}1&-2&4\\0&1&-4\\0&0&1\end{pmatrix}$； (3) $\begin{pmatrix}1&-2&4\\0&1&-4\\0&0&1\end{pmatrix}$； (4) $\begin{pmatrix}1&-2&4\\0&1&-4\\0&0&1\end{pmatrix}$.

7. $\begin{pmatrix}0&-1&1&0\\-1&1&0&1\\1&0&-1&-1\\0&1&-1&0\end{pmatrix}$.

10. 提示：必要性显然，而充分性可以利用 $\dim\mathrm{Im}\mathscr{A}+\dim\mathrm{Ker}\mathscr{A}=\dim U$ 说明 $\mathscr{A}$为单射和满射.

11. 提示：必要性：若 $\mathscr{A}$为可逆变换，则从 $\lambda_1\mathscr{A}(\boldsymbol{a}_1)+\lambda_2\mathscr{A}(\boldsymbol{a}_2)+\cdots+\lambda_m\mathscr{A}(\boldsymbol{a}_m)=\boldsymbol{0}$ 可得出 $\lambda_1\boldsymbol{a}_1+\lambda_2\boldsymbol{a}_2+\cdots+\lambda_m\boldsymbol{a}_m=\boldsymbol{0}$，从而 $\lambda_1=\lambda_2=\cdots=\lambda_m=0$，因此$\{\mathscr{A}(\boldsymbol{a}_1),\mathscr{A}(\boldsymbol{a}_2),\cdots,\mathscr{A}(\boldsymbol{a}_m)\}$线性无关.

充分性：若 $\boldsymbol{x}=\lambda_1\boldsymbol{a}_1+\lambda_2\boldsymbol{a}_2+\cdots+\lambda_m\boldsymbol{a}_m\subset U$ 使得 $\mathscr{A}(\boldsymbol{x})=\boldsymbol{0}$，即 $\lambda_1\mathscr{A}(\boldsymbol{a}_1)+\lambda_2\mathscr{A}(\boldsymbol{a}_2)+\cdots+\lambda_m\mathscr{A}(\boldsymbol{a}_m)=\boldsymbol{0}$，从而 $\lambda_1=\lambda_2=\cdots=\lambda_m=0$，即 $\boldsymbol{x}=\boldsymbol{0}$. 因此 $\mathscr{A}$为单射．注意 $\mathscr{A}$也为满射，因此 $\mathscr{A}$为可逆变换.

§3 特征值问题

1. 在下列答案中只给出了特征值以及与其对应的一组线性无关的特征向量.

(1) $\lambda_1=2$, $\boldsymbol{\xi}_1=(0,0,1)^{\mathrm{T}}$; $\lambda_2=\lambda_3=1$, $\boldsymbol{\xi}_2=(-1,-2,1)^{\mathrm{T}}$;

(2) $\lambda_1=\lambda_2=\lambda_3=\lambda_4=2$, $\boldsymbol{\xi}_1=(1,0,0,0)^{\mathrm{T}}$;

(3) $\lambda_1=1$, $\boldsymbol{\xi}_1=(-3,1,-3)^{\mathrm{T}}$, $\lambda_2=\lambda_3=2$, $\boldsymbol{\xi}_2=(2,1,0)^{\mathrm{T}}$, $\boldsymbol{\xi}_3=(2,0,1)^{\mathrm{T}}$;

(4) $\lambda_1=1$, $\boldsymbol{\xi}_1=(1,1,1)^{\mathrm{T}}$, $\lambda_2=-\dfrac{1}{2}+\dfrac{\sqrt{3}}{2}\mathrm{i}$, $\boldsymbol{\xi}_2=\left(1,\dfrac{11+5\sqrt{3}\,\mathrm{i}}{14},\dfrac{15+3\sqrt{3}\,\mathrm{i}}{14}\right)^{\mathrm{T}}$, $\lambda_3=-\dfrac{1}{2}-\dfrac{\sqrt{3}}{2}\mathrm{i}$, $\boldsymbol{\xi}_3=\left(1,\dfrac{11-5\sqrt{3}\,\mathrm{i}}{14},\dfrac{15-3\sqrt{3}\,\mathrm{i}}{14}\right)^{\mathrm{T}}$;

2. 提示：因为$\boldsymbol{A}^2=\boldsymbol{I}$ 且 $\boldsymbol{A}$ 的特征值全为 1，则 $|\boldsymbol{A}+\boldsymbol{I}|\neq 0$ 以及$(\boldsymbol{A}+\boldsymbol{I})(\boldsymbol{A}-\boldsymbol{I})=\boldsymbol{O}$.

3. $|\boldsymbol{B}|=-288$, $|\boldsymbol{A}-5\boldsymbol{I}|=-72$.

4. (1) 可逆； (2) 可逆.

5. 1 或-2.

6. $-(2n-3)!!$.

7. (1) $\boldsymbol{y}=2\boldsymbol{x}_1-2\boldsymbol{x}_2+\boldsymbol{x}_3$； (2) $\boldsymbol{A}^n\boldsymbol{y}=\begin{pmatrix}2-2^{n+1}+3^n\\2-2^{n+2}+3^{n+1}\\2-2^{n+3}+3^{n+2}\end{pmatrix}$.

8. $\boldsymbol{A}^n=\begin{pmatrix}4^n & -2^n+4^n & 2^n+4^n\\0 & 4^n & 0\\0 & 2^n-4^n & 2^n\end{pmatrix}$.

9. $\lim\limits_{n\to\infty}x_n=-5$, $\lim\limits_{n\to\infty}y_n=-5$.

10. $\lim\limits_{n\to\infty}\boldsymbol{A}^n=\boldsymbol{O}_{3\times 3}$.

11. 提示：用反证法．若 $\boldsymbol{A}=\boldsymbol{P}\mathrm{diag}(\lambda_1,\lambda_2,\cdots,\lambda_n)\boldsymbol{P}^{-1}$，则

$$\boldsymbol{A}^k=\boldsymbol{P}\mathrm{diag}(\lambda_1^k,\lambda_2^k,\cdots,\lambda_n^k)\boldsymbol{P}^{-1}.$$

因此$\boldsymbol{A}^k=\boldsymbol{O}$ 可以推出 $\lambda_1=\lambda_2=\cdots=\lambda_n=0$，于是 $\boldsymbol{A}=\boldsymbol{O}$，与题设矛盾.

§4 内积与内积空间

1. (1) $(\boldsymbol{x},\boldsymbol{y})=5$, $\|\boldsymbol{x}\|=\sqrt{6}$； (2) $(\boldsymbol{x},\boldsymbol{y})=0$, $\|\boldsymbol{x}\|=\sqrt{3}$；

(3) $(\boldsymbol{x},\boldsymbol{y})=1-\mathrm{i}$, $\|\boldsymbol{x}\|=\sqrt{10}$.

2. (1) $\begin{pmatrix}1\\1\\1\end{pmatrix},\begin{pmatrix}\frac{1}{3}\\-\frac{2}{3}\\\frac{1}{3}\end{pmatrix}$； (2) $\begin{pmatrix}1\\1\\0\\1\end{pmatrix},\begin{pmatrix}\frac{1}{3}\\-\frac{2}{3}\\2\\\frac{1}{3}\end{pmatrix}$.

3. (1) $\begin{pmatrix}\frac{\sqrt{3}}{3}\\ \frac{\sqrt{3}}{3}\\ \frac{\sqrt{3}}{3}\end{pmatrix},\begin{pmatrix}-\frac{\sqrt{6}}{3}\\ \frac{\sqrt{6}}{6}\\ \frac{\sqrt{6}}{6}\end{pmatrix}$; (2) $\begin{pmatrix}\frac{\sqrt{2}}{2}\\ \frac{\sqrt{2}}{2}\\ 0\\ 0\end{pmatrix},\begin{pmatrix}-\frac{\sqrt{6}}{6}\\ \frac{\sqrt{6}}{6}\\ \frac{\sqrt{6}}{3}\\ 0\end{pmatrix},\begin{pmatrix}\frac{\sqrt{3}}{6}\\ -\frac{\sqrt{3}}{6}\\ \frac{\sqrt{3}}{6}\\ \frac{\sqrt{3}}{2}\end{pmatrix}$.

4. 提示:作 $x = \sum_{i=1}^{n} c_i\varepsilon_i$ 与 ε_i 的内积.

5. (1) $\begin{pmatrix}0\\ 0\\ \frac{\sqrt{2}}{2}\\ -\frac{\sqrt{2}}{2}\end{pmatrix},\begin{pmatrix}\frac{2\sqrt{38}}{19}\\ \frac{\sqrt{38}}{19}\\ -\frac{3\sqrt{38}}{38}\\ -\frac{3\sqrt{38}}{38}\end{pmatrix}$; (2) $\begin{pmatrix}0\\ 0\\ \frac{\sqrt{2}}{2}\\ -\frac{\sqrt{2}}{2}\end{pmatrix},\begin{pmatrix}\frac{2\sqrt{38}}{19}\\ \frac{\sqrt{38}}{19}\\ -\frac{3\sqrt{38}}{38}\\ -\frac{3\sqrt{38}}{38}\end{pmatrix},\begin{pmatrix}-\frac{\sqrt{5}}{5}\\ \frac{2\sqrt{5}}{5}\\ 0\\ 0\end{pmatrix},\begin{pmatrix}\frac{6\sqrt{95}}{95}\\ \frac{3\sqrt{95}}{95}\\ \frac{\sqrt{95}}{19}\\ \frac{\sqrt{95}}{19}\end{pmatrix}$.

注:答案不唯一.

6. $\lambda=-\frac{4}{13},\mu=-\frac{9}{26}$.

7. (2) $\|x\|=10$.

9. 提示:若 b 是 $a_1,a_2,\cdots,a_m$ 的线性组合,那么显然对任何与 $a_1,a_2,\cdots,a_m$ 均正交的向量 x,恒有 $(x,b)=0$.

反之,不妨设 $a_1,a_2,\cdots,a_r$ 是 $a_1,a_2,\cdots,a_m$ 的极大线性无关组,则由上题可知,存在 $n-r$ 个线性无关的向量 $c_1,c_2,\cdots,c_{n-r}$,它们均与 $a_1,a_2,\cdots,a_r$ 正交,这样 $a_1,a_2,\cdots,a_r,c_1,c_2,\cdots,c_{n-r}$ 便构成 $\mathbf{R}^n$ 的一个基,因此

$$b=\lambda_1a_1+\lambda_2a_2+\cdots+\lambda_ra_r+\lambda_{r+1}c_1+\cdots+\lambda_nc_{n-r}.$$

对该式取与 $c_j(j=1,2,\cdots,n-r)$ 的内积便得 $\lambda_i=0(i=r+1,\cdots,n)$,因此 b 是 $a_1,a_2,\cdots,a_r$ 的线性组合.

11. 提示:直接验证.

12. $a=\frac{1}{\sqrt{3}},\quad b=-\frac{1}{\sqrt{2}},\quad c=0$.

13. (1) 是酉矩阵; (2) 是酉矩阵; (3) 是正交矩阵; (4) 不是正交矩阵,也不是酉矩阵.

14. 提示:若 $a_1,a_2,\cdots,a_m$ 线性相关,则有不全为零的常数 $\lambda_1,\lambda_2,\cdots,\lambda_m$,使得

$$\lambda_1a_1+\lambda_2a_2+\cdots+\lambda_ma_m=\mathbf{0},$$

对该式取与 $a_j(j=1,2,\cdots,m)$ 的内积便得一个关于 $\lambda_1,\lambda_2,\cdots,\lambda_m$ 的齐次线性方程组,它有非零解,因此其系数矩阵的行列式 $G[a_1,a_2,\cdots,a_m]=0$.

反之,若 $G[a_1,a_2,\cdots,a_m]=0$,则其 m 个行向量线性相关. 因此有不全为零的常数 $\lambda_1,\lambda_2,\cdots,\lambda_m$ 使得 $(\lambda_1a_1+\lambda_2a_2+\cdots+\lambda_ma_m,a_j)=\mathbf{0}(j=1,2,\cdots,m)$,于是

$$(\lambda_1a_1+\lambda_2a_2+\cdots+\lambda_ma_m,\lambda_1a_1+\lambda_2a_2+\cdots+\lambda_ma_m)=\mathbf{0},$$

即 $\lambda_1a_1+\lambda_2a_2+\cdots+\lambda_ma_m=\mathbf{0}$. 因此 $a_1,a_2,\cdots,a_m$ 线性相关.

15. 提示:证明方程组 $A^{\mathrm{T}}Ax=\mathbf{0}$ 与 $Ax=\mathbf{0}$ 同解.

18. 提示:(1)、(2)显然,(3)利用 $\|x+y\|\leqslant\|x\|+\|y\|$.

19. $y=\dfrac{9}{7}x$.

§5 正交相似和酉相似

1. 记$\boldsymbol{S}^{\mathrm{T}}\boldsymbol{A}\boldsymbol{S}=\mathrm{diag}(\lambda_1,\lambda_2,\cdots,\lambda_n)=\boldsymbol{\Lambda}$.

(1) $\boldsymbol{S}=\begin{pmatrix}\dfrac{3}{5}&\dfrac{4}{5}\\\dfrac{4}{5}&-\dfrac{3}{5}\end{pmatrix}$, $\boldsymbol{\Lambda}=\begin{pmatrix}25&0\\0&0\end{pmatrix}$;

(2) $\boldsymbol{S}=\begin{pmatrix}-\dfrac{3\sqrt{35}}{35}&\dfrac{\sqrt{10}}{10}&-\dfrac{3\sqrt{14}}{14}\\\dfrac{\sqrt{35}}{7}&0&-\dfrac{\sqrt{14}}{7}\\\dfrac{\sqrt{35}}{35}&\dfrac{3\sqrt{10}}{10}&\dfrac{\sqrt{14}}{14}\end{pmatrix}$, $\boldsymbol{\Lambda}=\begin{pmatrix}-4&0&0\\0&1&0\\0&0&3\end{pmatrix}$;

(3) $\boldsymbol{S}=\begin{pmatrix}\dfrac{\sqrt{3}}{3}&-\dfrac{\sqrt{2}}{2}&-\dfrac{\sqrt{6}}{6}\\\dfrac{\sqrt{3}}{3}&0&\dfrac{\sqrt{6}}{3}\\\dfrac{\sqrt{3}}{3}&\dfrac{\sqrt{2}}{2}&-\dfrac{\sqrt{6}}{6}\end{pmatrix}$, $\boldsymbol{\Lambda}=\begin{pmatrix}5&0&0\\0&-1&0\\0&0&-1\end{pmatrix}$;

(4) $\boldsymbol{S}=\begin{pmatrix}-\dfrac{1}{3}&\dfrac{2\sqrt{5}}{5}&-\dfrac{2\sqrt{5}}{15}\\-\dfrac{2}{3}&0&\dfrac{\sqrt{5}}{3}\\\dfrac{2}{3}&\dfrac{\sqrt{5}}{5}&\dfrac{4\sqrt{5}}{15}\end{pmatrix}$, $\boldsymbol{\Lambda}=\begin{pmatrix}10&0&0\\0&1&0\\0&0&1\end{pmatrix}$.

2. 记$\boldsymbol{U}^{\mathrm{H}}\boldsymbol{A}\boldsymbol{U}=\mathrm{diag}(\lambda_1,\lambda_2,\cdots,\lambda_n)=\boldsymbol{\Lambda}$

(1) $\boldsymbol{U}=\begin{pmatrix}\dfrac{\sqrt{5}-1}{\sqrt{10-2\sqrt{5}}}&\dfrac{\sqrt{5}+1}{\sqrt{10+2\sqrt{5}}}\\-\dfrac{2\mathrm{i}}{\sqrt{10-2\sqrt{5}}}&\dfrac{2\mathrm{i}}{\sqrt{10+2\sqrt{5}}}\end{pmatrix}$, $\boldsymbol{\Lambda}=\begin{pmatrix}2+\sqrt{5}&0\\0&2-\sqrt{5}\end{pmatrix}$;

(2) $\boldsymbol{U}=\begin{pmatrix}\dfrac{3}{\sqrt{20+2\sqrt{10}}}&\dfrac{3}{\sqrt{20-2\sqrt{10}}}\\\dfrac{(1+\sqrt{10})\mathrm{i}}{\sqrt{20+2\sqrt{10}}}&\dfrac{(1-\sqrt{10})\mathrm{i}}{\sqrt{20-2\sqrt{10}}}\end{pmatrix}$, $\boldsymbol{\Lambda}=\begin{pmatrix}3+\sqrt{10}&0\\0&3-\sqrt{10}\end{pmatrix}$.

3. (1) $\dfrac{1}{9}\begin{pmatrix}14&-14&-2\\-14&5&-16\\-2&-16&-1\end{pmatrix}$; (2) $\begin{pmatrix}0&1&0\\1&0&0\\0&0&1\end{pmatrix}$.

注:答案不唯一.

4. 提示:不妨设$\boldsymbol{A}$是n阶上三角形矩阵. 记$\boldsymbol{A}=\begin{pmatrix}\boldsymbol{A}_1&\boldsymbol{b}\\\boldsymbol{0}^{\mathrm{T}}&a_{nn}\end{pmatrix}$,其中$\boldsymbol{A}_1$是$n-1$阶上三角形矩阵,$\boldsymbol{b}$是$n-1$

维列向量,$\mathbf{0}$ 是 $n-1$ 维零向量(列向量). 因为 $\boldsymbol{A}$ 为正交矩阵. 所以 $a_{nn}\neq 0$,且

$$\boldsymbol{I}_n=\boldsymbol{A}\boldsymbol{A}^{\mathrm{T}}=\begin{pmatrix}\boldsymbol{A}_1 & \boldsymbol{b}\\ \mathbf{0}^{\mathrm{T}} & a_{nn}\end{pmatrix}\begin{pmatrix}\boldsymbol{A}_1^{\mathrm{T}} & \mathbf{0}\\ \boldsymbol{b}^{\mathrm{T}} & a_{nn}\end{pmatrix}=\begin{pmatrix}\boldsymbol{A}_1\boldsymbol{A}_1^{\mathrm{T}}+\boldsymbol{b}\boldsymbol{b}^{\mathrm{T}} & a_{nn}\boldsymbol{b}\\ a_{nn}\boldsymbol{b}^{\mathrm{T}} & a_{nn}^2\end{pmatrix},$$

于是 $\boldsymbol{b}=\mathbf{0}$,所以 $\boldsymbol{A}=\begin{pmatrix}\boldsymbol{A}_1 & \mathbf{0}\\ \mathbf{0}^{\mathrm{T}} & a_{nn}\end{pmatrix}$,且$\boldsymbol{A}_1$ 是 $n-1$ 阶上三角形矩阵,也是正交矩阵. 用归纳法便可证明结论.

5. 提示:直接验证.

6. (1) $(1,0,1)^{\mathrm{T}}$; (2) $\begin{pmatrix}\frac{13}{6} & -\frac{1}{3} & \frac{5}{6}\\ -\frac{1}{3} & \frac{5}{3} & \frac{1}{3}\\ \frac{5}{6} & \frac{1}{3} & \frac{13}{6}\end{pmatrix}$.

注:解不唯一.

7. (1) $a=-1$; (2) $\boldsymbol{A}=\frac{1}{6}\begin{pmatrix}1 & -4 & 1\\ -4 & -2 & -4\\ 1 & -4 & 1\end{pmatrix}$.

8. (1) $a=-2$; (2) $\boldsymbol{S}=\begin{pmatrix}\frac{1}{\sqrt{2}} & \frac{1}{\sqrt{6}} & \frac{1}{\sqrt{3}}\\ 0 & -\frac{2}{\sqrt{6}} & \frac{1}{\sqrt{3}}\\ -\frac{1}{\sqrt{2}} & \frac{1}{\sqrt{6}} & \frac{1}{\sqrt{3}}\end{pmatrix}$, $\boldsymbol{S}^{\mathrm{T}}\boldsymbol{A}\boldsymbol{S}=\begin{pmatrix}3 & 0 & 0\\ 0 & -3 & 0\\ 0 & 0 & 0\end{pmatrix}$.

9. 提示:(1)按定义验证.

§6 二次型及其标准形式

1. 作变换 $\boldsymbol{x}=\boldsymbol{S}\boldsymbol{y}$

(1) $f=5y_2^2$, $\boldsymbol{S}=\begin{pmatrix}\frac{1}{\sqrt{5}} & \frac{2}{\sqrt{5}}\\ -\frac{2}{\sqrt{5}} & \frac{1}{\sqrt{5}}\end{pmatrix}$;

(2) $f=\sqrt{2}y_1^2-\sqrt{2}y_2^2$, $\boldsymbol{S}=\begin{pmatrix}\frac{1}{\sqrt{4-2\sqrt{2}}} & \frac{1-\sqrt{2}}{\sqrt{4-2\sqrt{2}}}\\ \frac{\sqrt{2}-1}{\sqrt{4-2\sqrt{2}}} & \frac{1}{\sqrt{4-2\sqrt{2}}}\end{pmatrix}$;

(3) $f=-y_1^2-y_2^2+8y_3^2$, $\boldsymbol{S}=\begin{pmatrix}-\frac{\sqrt{2}}{6} & -\frac{\sqrt{2}}{2} & \frac{2}{3}\\ \frac{2\sqrt{2}}{3} & 0 & \frac{1}{3}\\ -\frac{\sqrt{2}}{6} & \frac{\sqrt{2}}{2} & \frac{2}{3}\end{pmatrix}$.

2. (1) $y_1^2-y_2^2$; (2) $5y_1^2+\frac{1}{5}y_2^2+y_3^2$; (3) $y_1^2-2y_2^2-2y_3^2$;

（4）$2y_1^2-8y_2^2$ 或 $10y_1^2-\frac{8}{5}y_2^2$；（5）$2y_1^2-\frac{1}{2}y_2^2+6y_3^2$.

3. 提示：$\boldsymbol{A}$ 为 n 阶实对称矩阵，则存在正交矩阵 $\boldsymbol{S}$，使得 $\boldsymbol{S}^{\mathrm{T}}\boldsymbol{A}\boldsymbol{S}=\boldsymbol{\Lambda}$，其中 $\boldsymbol{\Lambda}=\operatorname{diag}(\lambda_1,\lambda_2,\cdots,\lambda_n)$ 为对角矩阵．记 $\boldsymbol{S}=(\boldsymbol{a}_1,\boldsymbol{a}_2,\cdots,\boldsymbol{a}_n)$，则由假设得

$$\lambda_i=\boldsymbol{a}_i^{\mathrm{T}}\boldsymbol{A}\boldsymbol{a}_i=0(i=1,2,\cdots,n).$$

即 $\boldsymbol{\Lambda}=\boldsymbol{O}$，于是 $\boldsymbol{A}=\boldsymbol{O}$.

4. $a=2$ 或 $a=-2$.

$a=2$ 时，$\boldsymbol{S}=\begin{pmatrix}0&1&0\\-\frac{\sqrt{2}}{2}&0&\frac{\sqrt{2}}{2}\\\frac{\sqrt{2}}{2}&0&\frac{\sqrt{2}}{2}\end{pmatrix}$；$a=-2$ 时，$\boldsymbol{S}=\begin{pmatrix}0&1&0\\\frac{\sqrt{2}}{2}&0&-\frac{\sqrt{2}}{2}\\\frac{\sqrt{2}}{2}&0&\frac{\sqrt{2}}{2}\end{pmatrix}$.

5. （1）$x=2$；（2）$\boldsymbol{P}=\begin{pmatrix}1&0&0\\0&\frac{\sqrt{2}}{2}&-\frac{\sqrt{2}}{2}\\0&\frac{\sqrt{2}}{2}&\frac{\sqrt{2}}{2}\end{pmatrix}$.

6. 提示：存在正交矩阵 $\boldsymbol{S}$，使得 $\boldsymbol{S}^{\mathrm{T}}\boldsymbol{A}\boldsymbol{S}=\operatorname{diag}(\lambda_1,\lambda_2,\cdots,\lambda_n)$，其中 $\lambda_1,\lambda_2,\cdots,\lambda_n$ 为 $\boldsymbol{A}$ 的特征值．$\det(\boldsymbol{A})<0$ 说明 $\boldsymbol{A}$ 有负的特征值，作变换 $\boldsymbol{x}=\boldsymbol{S}\boldsymbol{y}$ 便有 $\boldsymbol{x}^{\mathrm{T}}\boldsymbol{A}\boldsymbol{x}=\boldsymbol{y}^{\mathrm{T}}\begin{pmatrix}\lambda_1&&&\\&\lambda_2&&\\&&\ddots&\\&&&\lambda_n\end{pmatrix}\boldsymbol{y}$，从而可取适当 $\boldsymbol{y}$，进而得到 $\boldsymbol{x}$ 使得 $\boldsymbol{x}^{\mathrm{T}}\boldsymbol{A}\boldsymbol{x}<0$.

§7 正定二次型

2. （1）$\boldsymbol{A}+\boldsymbol{B}$ 正定；（2）$\boldsymbol{AB}$ 不一定正定．例如：$\boldsymbol{A}=\begin{pmatrix}3&-1\\-1&3\end{pmatrix}$ 和 $\boldsymbol{B}=\begin{pmatrix}2&-1\\-1&1\end{pmatrix}$ 正定，但 $\boldsymbol{AB}=\begin{pmatrix}7&-4\\-5&4\end{pmatrix}$ 并不正定（它不是对称矩阵）.

3. （1）不是；（2）是；（3）不是；（4）是.

4. （1）$\begin{pmatrix}1&-1\\0&1\end{pmatrix}$；（2）$\begin{pmatrix}1&-1&0\\0&1&-2\\0&0&1\end{pmatrix}$.

5. $\boldsymbol{A}$ 的正定性证明略．$\boldsymbol{B}=\begin{pmatrix}\frac{\sqrt{2}+2}{2}&\frac{\sqrt{2}-2}{2}\\\frac{\sqrt{2}-2}{2}&\frac{\sqrt{2}+2}{2}\end{pmatrix}$.

6. 提示：$\boldsymbol{A}$ 为 n 阶正定矩阵，则存在正交矩阵 $\boldsymbol{S}$，使得 $\boldsymbol{S}^{\mathrm{T}}\boldsymbol{A}\boldsymbol{S}=\boldsymbol{\Lambda}$，因此 $\boldsymbol{A}=\boldsymbol{S}\boldsymbol{\Lambda}\boldsymbol{S}^{\mathrm{T}}$，其中 $\boldsymbol{\Lambda}=\operatorname{diag}(\lambda_1,\lambda_2,\cdots,\lambda_n)$ 为对角矩阵，且 $\lambda_i>0(i=1,2,\cdots,n)$．记 $\boldsymbol{B}=\boldsymbol{S}\operatorname{diag}(\sqrt[m]{\lambda_1},\sqrt[m]{\lambda_2},\cdots,\sqrt[m]{\lambda_n})\boldsymbol{S}^{\mathrm{T}}$，则 $\boldsymbol{A}=\boldsymbol{B}^m$.

8. （1）$\lambda>2$；（2）$-\frac{4}{5}<\lambda<0$.

9. 不是.

10. 提示：此时$A^2=AA=A^{\mathrm T}A=I$，又 A 正定，所以 A 的特征值只能是 1. 因此存在正交矩阵 S，使得 $S^{\mathrm T}AS=\operatorname{diag}(1,1,\cdots,1)=I$，所以 $A=I$.

11. 提示：由于 A 为 n 阶对称矩阵，则存在正交矩阵 S，使得 $A=S^{\mathrm T}\Lambda S$，其中 $\Lambda=\operatorname{diag}(\lambda_1,\lambda_2,\cdots,\lambda_n)$ 为对角矩阵．于是，对任意 n 维实向量 x，

$$x^{\mathrm T}(A+tI)x=(Sx)^{\mathrm T}(\Lambda+tI)(Sx).$$

由于 $\Lambda+tI$ 为对角矩阵，当 t 充分大时其对角线元素均大于 0，此时可推知 $A+tI$ 正定.

12. 提示：由于 A 正定，则有可逆矩阵 Q，使得$Q^{\mathrm T}AQ=I$. 显然$Q^{\mathrm T}BQ$ 是对称矩阵，所以存在正交矩阵 S，使得$S^{\mathrm T}Q^{\mathrm T}BQS$ 为对角矩阵．则 $P=QS$ 即为所求.

13. 当 $m>n$ 时是半正定矩阵，但不是正定矩阵；　当 $m\leqslant n$ 时是正定矩阵.

14. (1) $L=\begin{pmatrix}2&0&0\\0&1&0\\-2&1&1\end{pmatrix}$；(2) $L=\begin{pmatrix}3&0&0\\2&1&0\\1&0&1\end{pmatrix}$.

15. (1) $\begin{cases}x_1=1,\\x_2=0,\\x_3=1;\end{cases}$ (2) $\begin{cases}x_1=1,\\x_2=-1,\\x_3=-1.\end{cases}$

第六章　空间解析几何

§1　向量的内积、外积和混合积

1. (1) $\arccos\left(-\dfrac{9}{\sqrt{105}}\right)$；(2) $-\dfrac{12}{\sqrt{10}}$；(3) $(-72,-147,-12)$；(4) -100；

(5) $\left(\dfrac{2}{\sqrt6},-\dfrac{1}{\sqrt6},\dfrac{1}{\sqrt6}\right)$和$\left(-\dfrac{2}{\sqrt6},\dfrac{1}{\sqrt6},-\dfrac{1}{\sqrt6}\right)$；(6) $3\lambda-2\mu=0$.

2. $k=\pm\dfrac{3}{5}$.

3. a 与 b 平行时 k 可为任意常数，a 与 b 不平行时 $k=\pm1$.

4. 提示：考虑它们的内积.

5. 共面.

6. 共面.

7. 提示：

$$S=\frac12\|\overrightarrow{CA}\times\overrightarrow{CB}\|=\pm\frac12\begin{vmatrix}a_1-c_1&b_1-c_1\\a_2-c_2&b_2-c_2\end{vmatrix}=\pm\frac12\begin{vmatrix}0&0&1\\a_1-c_1&b_1-c_1&c_1\\a_2-c_2&b_2-c_2&c_2\end{vmatrix}=\pm\frac12\begin{vmatrix}1&1&1\\a_1&b_1&c_1\\a_2&b_2&c_2\end{vmatrix}.$$

8. $\dfrac12\sqrt{1\ 562}$.

9. $\dfrac{45}{2}$.

§2　平面和直线

1. (1) $11x+46y+14z-46=0$；(2) $3x+z=0$；(3) $y=-5$；(4) $9y-z-2=0$；

(5) $x+y-3z+4=0$.

2. $(1,-1,3)$.

3. (1) $\frac{x-3}{-4}=\frac{y+2}{2}=\frac{z-1}{1}$; (2) $\begin{cases}x+3=0,\\z-1=0;\end{cases}$ (3) $\frac{x-2}{3}=\frac{y-3}{2}=\frac{z+1}{-4}$.

4. (1) $\frac{x+5}{-2}=\frac{y-5}{3}=\frac{z-11}{5}$; (2) $\frac{x}{3}=\frac{y-1}{4}=\frac{z-3}{7}$.

5. (1) $13x-4y+14z+7=0$; (2) $5x+2y+z-9=0$; (3) $x+y+2z+2=0$.

6. $\frac{x+1}{16}=\frac{y}{19}=\frac{z-4}{28}$.

7. $2x+2y-2z-1=0$.

8. $\begin{cases}x+y+z=0,\\y-z-1=0.\end{cases}$

9. $\frac{4\sqrt{26}}{13}$.

10. $\frac{11\sqrt{146}}{146}$.

11. $\frac{\sqrt{84}}{7}$.

12. $\sqrt{\frac{1\,139}{30}}$.

13. $\sqrt{6}$.

14. 1.

15. (1) $\arccos\frac{\sqrt{6}}{21}$; (2) 0; (3) 0.

16. 垂直.

17. $\frac{x-2}{1}=\frac{y+1}{-1}=\frac{z-3}{1}$.

18. (1) $(-1,-2,-3)$; (2) $\arcsin\frac{5}{7}$; (3) $\begin{cases}x-2y+z=0,\\3x+2y+z+10=0.\end{cases}$

19. 提示:M 点的坐标为$\left(\frac{x_1+kx_2}{1+k},\frac{y_1+ky_2}{1+k},\frac{z_1+kz_2}{1+k}\right)$.

20. 提示:所求平面的法向量可取为 $\boldsymbol{n}=(A_1,B_1,C_1)\times(A_2,B_2,C_2)$,则该平面的方程为$\boldsymbol{n}\cdot(x-x_0,y-y_0,z-z_0)=0$,即

$$\begin{vmatrix}x-x_0 & y-y_0 & z-z_0\\A_1 & B_1 & C_1\\A_2 & B_2 & C_2\end{vmatrix}=0.$$

21. 提示:过 A 点作与平面 $x\cos\alpha+y\cos\beta+z\cos\gamma=p$ 垂直的直线,其参数方程为$\begin{cases}x=a+t\cos\alpha,\\y=b+t\cos\beta,\\z=c+t\cos\gamma.\end{cases}$它与平面的交点对应于参数 $t=p-(a\cos\alpha+b\cos\beta+c\cos\gamma)=-\delta$. 于是 A' 对应于参数 $t=-2\delta$,其坐标为$(a-2\delta\cos\alpha,b-2\delta\cos\beta,c-2\delta\cos\gamma)$.

§3 曲面、曲线和二次曲面

1. $x^2+y^2=4pz$.

2. $\dfrac{x^2+y^2}{a^2-c^2}+\dfrac{z^2}{a^2}=1$.

3. $3x^2+3y^2+3z^2+4x+6y+8z-29=0$.

4. $z^2=5\sqrt{x^2+y^2}$.

5. $x^2+y^2+z^2=1$.

6. 绕 x 轴：$\dfrac{x^2}{9}-\dfrac{y^2+z^2}{4}=1$； 绕 y 轴：$\dfrac{x^2+z^2}{9}-\dfrac{y^2}{4}=1$.

7. $(4,-3,2)$.

8. $2y-2z-1=0$.

9. $\begin{cases}x-3y-2z+1=0,\\x-y+2z-1=0,\end{cases}$ $x^2-\dfrac{17}{4}y^2+z^2+\dfrac{y}{2}-\dfrac{1}{4}=0$.

10. $8x^2+5y^2+5z^2+4xy+4xz-8yz-18y+18z-99=0$.

11. $51(x-1)^2+51(y-2)^2+12(z-4)^2+104(x-1)(y-2)+52(x-1)(z-4)+52(y-2)(z-4)=0$.

12. 答案见下表：

	(1)	(2)	(3)	(4)	(5)	(6)
平面	两条直线	抛物线	圆	双曲线	点	两个点
空间	两张平面	抛物柱面	圆柱面	双曲柱面	直线	两条直线

13. (1) 椭圆； (2) 椭圆柱螺线； (3) 圆锥螺线； (4) 圆. 图略.

14. (1) 椭球面； (2) 抛物面； (3) 单叶双曲面； (4) 双叶双曲面. 图略.

15. (1) $u^2-2v^2+4w^2=\dfrac{17}{4}$，单叶双曲面； (2) $-2u^2+3v^2+6w^2=-\dfrac{16}{9}$，双叶双曲面；

(3) $-2u^2+(1+\sqrt{3})v^2+(1-\sqrt{3})w^2=1$，双叶双曲面.